那一夜
仰望无垠的星空
对我们的宇宙充满敬畏和好奇！

　　自幼，我们仰望星空，观其夜空中无数颗闪烁的星星，对宇宙充满好奇和幻想。古人凭借他们的智慧，编织了一个个美丽的神话，从盘古开天辟地、女娲补天到嫦娥奔月、夸父逐日。但是，在真实的世界，宇宙到底是如何诞生的呢？宇宙是静止不动的吗？太阳和地球是如何形成的，又会最终怎样消亡？夜空中为什么会出现形态各异的星座？为什么会出现潮汐？为什么我们面对的始终是月球的同一面？

　　阅读完本书，你将一一获得答案。本书分类讲解了宇宙的诞生、恒星和行星的形成、类地行星和巨行星的特点、星系王国以及生命的起源等知识，并穿插了数学疑难分析和新闻资讯阅读，不仅能让你轻松掌握天文学知识，还能了解天文学方面的相关新闻，深入认识我们的宇宙。

　　《领悟我们的宇宙》用开普勒定律分析行星轨道；角动量定律分析行星质量、速度与轨道半径间的关系；斯特藩－玻尔兹曼定律估算恒星温度；牛顿实验计算绕地飞行临界速度，车厢实验论证时间的相对性，推导时间－空间变量，诠释广义相对论；赫罗图的深度介绍，诠释光谱与光度的关系，分析恒星演化进程。狭义相对论探讨光速的恒定性，解释时间弯曲；哈勃定律估算宇宙年龄，诠释宇宙膨胀理论。

　　《领悟我们的宇宙》囊括了 24 个在线视频教程，150 道课后习题与答案，800个天文学、天体物理学专业词汇名词解释，1 000 幅宇宙星空精彩美图，帮助读者快速学习，提升段位，领悟我们的宇宙。另外，本书还设有专业的在线学习平台，方便学生观看视频和动画，自己动手模拟和实践，学以致用。

基本物理常数

常数	符号	数值
真空中的光速（Speed of light in a vacuum）	c	$2.997\,92 \times 10^{8}\,\text{m/s}$
宇宙引力常数（Universal gravitational constant）	G	$6.673 \times 10^{-13}\,\text{N m}^2/\text{kg}^2$
普朗克常数（Planck constant）	h	$6.626\,07 \times 10^{-34}\,\text{J} \cdot \text{s}$
电子或质子的电荷（Electric charge of electron or proton）	e	$1.602\,18 \times 10^{-19}\,\text{C}$
玻尔兹曼常数（Boltzmann constant）	k	$1.380\,65 \times 10^{-23}\,\text{J/k}$
斯特藩 - 玻尔兹曼常数（Stefan-Boltzmann law）	σ	$5.670\,40 \times 10^{-8}\,\text{W/}(\text{m}^2\text{K}^4)$
电子质量（Mass of electron）	m_e	$9.109\,38 \times 10^{-31}\,\text{kg}$
质子质量（Mass of proton）	m_p	$1.672\,62 \times 10^{-27}\,\text{kg}$

来源：数据源自美国国家标准和技术局（http://physics.nist.gv）。

单元前缀

前缀	名称	指数
n	纳	10^{-9}
μ	微	10^{-6}
m	毫	10^{-3}
k	千	10^{3}
M	百万	10^{6}
G	十亿	10^{9}
T	万亿	10^{12}

当这些前缀用于单位时，单位大小按照指数发生变化。例如：1 千米（km）等于 10^3 米（m）。

科学可以这样看丛书

Understanding Our Universe
领悟我们的宇宙

〔美〕斯泰茜·佩林 (Stacy Palen)

劳拉·凯 (Laura Kay)

布拉德·史密斯 (Brad Smith)

乔治·布卢门撒尔 (George Blumenthal) 著

周上入 译

美国经典天文学读本

顶级物理学家、天文学家为你导航

从地球大踏步跨入深空，穿越时空，领略无限宇宙

重庆出版集团 重庆出版社

果壳文化传播公司

合格证
检验工号:45

Understanding Our Universe

By Stacy Palen & Laura Kay & Brad Smith & George Blumenthal

Copyright © 2012 by Stacy Palen and Laura Kay and Brad Smith and George

Blumenthal

Chinese Translation Copyright © 2015 by Chongqing Nutshell Cultural

Communication Co.,Ltd,Chongqing Publishing Group

版贸核渝字（2014）第 49 号

图书在版编目（CIP）数据

领悟我们的宇宙 / （美）佩林等著 ；周上入译. —
重庆：重庆出版社，2015.12（2019.4重印）
（科学可以这样看丛书/冯建华主编）
书名原文：Understanding our universe
ISBN 978-7-229-09767-7

Ⅰ. ①领⋯ Ⅱ. ①佩⋯ ②周⋯ Ⅲ. ①宇宙学—普及
读物 Ⅳ. ①P159-49

中国版本图书馆CIP数据核字(2015)第086581号

领悟我们的宇宙
UNDERSTANDING OUR UNIVERSE

[美]斯泰茜·佩林（Stacy Palen）劳拉·凯（Laura Kay）布拉德·史密斯（Brad Smith）
乔治·布卢门撒尔（George Blumenthal）著 周上入 译

出 版 人：罗小卫
责任编辑：连 果
责任校对：何建云
书籍设计：热浪文化

重庆出版集团
重庆出版社 出版 果壳文化传播公司 出品
重庆市南岸区南滨路162号1幢 邮政编码：400061 http://www.cqph.com
重庆市国丰印务有限责任公司印刷
重庆出版集团图书发行有限公司发行
E-MAIL:fxchu@cqph.com 邮购电话：023-61520646

重庆出版社天猫旗舰店
cqcbs.tmall.com
全国新华书店经销

开本：870mm×1020mm 1/12 印张：46 字数：1150千
2015年12月第1版 2019年4月第1版第3次印刷
ISBN 978-7-229-09767-7
定价：168.00元

如有印装质量问题，请向本集团图书发行有限公司调换：023-61520678

Stacy Palen thanks the wonderful colleagues in her Department
and the crowd at Bellwether Farm,
all of whom made room for this project in their lives,
even though it wasn't their project.

斯泰茜·佩林对韦伯州立大学物理系的同事
和领头羊农场的全体工作人员表示感谢，
虽然这不是他们自己的项目，
但他们对此项目付出了大量的时间和心血。

Laura Kay thanks her partner, M.P.M.

劳拉·凯感谢她的搭档 M. P. M。

Brad Smith dedicates this book to his patient and understanding wife, Diane McGregor.

布拉德·史密斯将此书献给自己善解人意且包容耐心的妻子。

George Blumenthal gratefully thanks his wife, Kelly Weisberg, and his children,
Aaron and Sarah Blumenthal, for their support during this project.
He also wants to thank Professor Robert Gree-nler for stimulating
his interest in all things related to physics.

乔治·布卢门撒尔对自己的妻子凯莉·韦斯伯格和两个孩子
阿伦和萨拉深表谢意，衷心感谢他们在此项目期间对自己的不懈支持。
此外，还要感谢罗伯特·格林勒教授培养自己
在物理学领域的兴趣所做出的努力。

✦ 目录概况

✧ 目　录

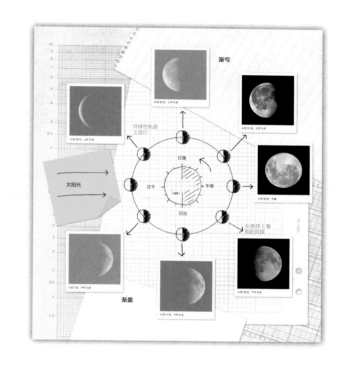

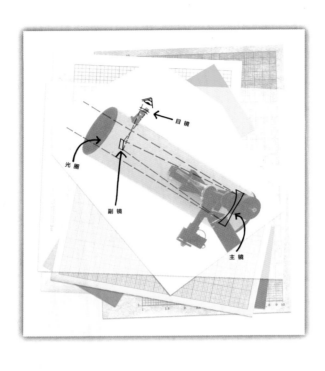

第二部分　　太阳系

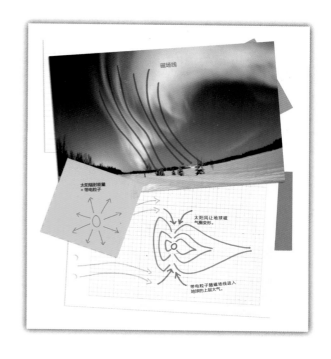

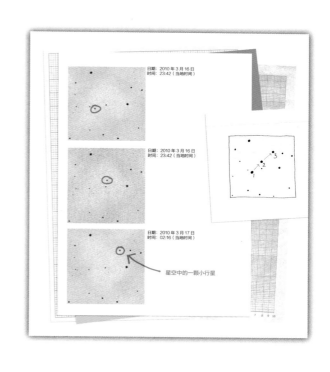

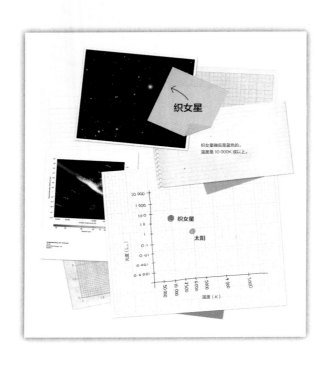

第三部分　　　恒星和恒星的演化

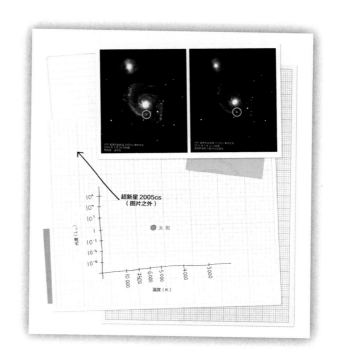

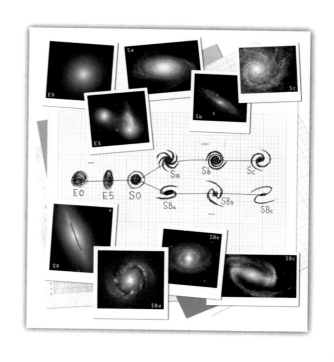

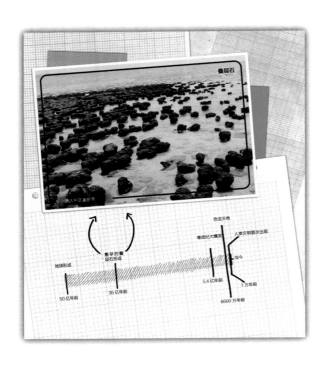

亲爱的同学：

也许你在思考为什么要修学一门普通教育科普课程。在整个学习生涯中，你一直在接触不同的思维方式——解决问题的不同方法，"了解"的不同定义，以及"知道"的多重含义。而天文学则是从科学视角看待问题。天文学家和其他所有科学家们有一套解决问题的特定方法（时常被称为"科学方法"，但大众对该术语的理解仅停留在表面）。天文学家所谓的"了解"，是指他们能够对下一步发生的情况做出正确预测。天文学家所谓的"知道"，则意味着某个想法在数十次甚至上百次试验中得到反复验证。

在你选修天文学之后，你的老师很可能已经在脑海中为你设定了两个基本目标。目标之一是了解一些基本的物理概念并熟悉夜空。目标之二则是以科学家的思维方式思考问题，不仅要学会用科学的方法解答课程中的问题，还能在生活中用科学的方法作出决策。我们撰写《领悟我们的宇宙》这本教材时，这两个目标贯彻始终。

本书中，我们不仅重在教授天文学知识（行星群落、恒星大气构成），还着重强调我们获取知识的过程。我们相信对科学方法的理解如同掌握一种珍贵的实用工具，使你终生受益。

天文学非常纯粹地展现了一种人类特有的推动力——好奇心。天文学引发公众关注，不是因为它有利可图，或可治愈癌症，或能修建更坚固的桥梁。人们选择学习天文学，是因为对我们身处其中的宇宙充满好奇。最有效的学习方式是"实践"。无论是演奏乐器，运动或是梦想成为一名好厨师，光学不练，只会裹足不前。学习天文学亦是如此，在本书中，我们研究了一套务实的理论与实践结合，促进边学边"实践"。每章的开篇都是数据图表，这些图表说明了你将参与的各种活动类型，以满足你的好奇心。有些学生对宇宙充满好奇，喜欢提问并记录实验日志，这些活动的开展便是基于这些学生的视角。

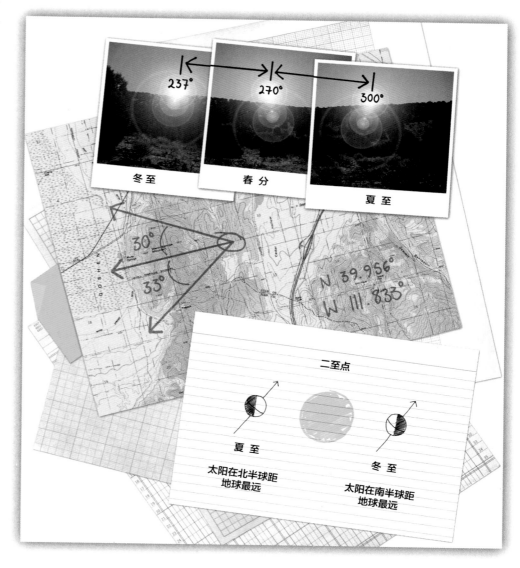

学习任何新学科时，学科语言往往是一个绊脚石。学科语言有许多专业术语——学科研究特有的专业词汇——比如超新星和造父变星。它也可以是普通字眼的特殊运用。比如，常见词"膨胀"在日常生活中通常用于描述气球或轮胎，但经济学家对其理解则大相径庭，天文学家更是不同。本书中，我们编入了"词汇标注"，解释常见词语在天文学中的含义，以帮助你认识天文学家如何运用术语。

学习科学时，还有另一个语言问题。数学是科学的基础语言，富有挑战性，难度不亚于学习一门新语种。选择数学作为科学语言并非随意而为，因为大自然"会"数学。要了解大自然，你也需要掌握这门语言。我们不希望数学语言让整个内容变得晦涩难懂，所以一个数学论证开始或结束时，我们都设有"疑难解析"栏目，汇总了其中的数学概念和公式，以求一目了然。

词汇标注

公转：在天文学中，自转指一个物体围绕穿越其中心的轴旋转，而"公转"指一个物体围绕另一个物体的轨道旋转。例如，地球绕其轴自转（形成昼夜），并围绕太阳公转。

疑难解析 2.2	开普勒第三定律

一个数的平方表示该数与自身相乘，如公式 $a^2=a\times a$。而其立方表示再乘以该数，如公式 $a^3=a\times a\times a$ 中。开普勒第三定律是指一个行星轨道周期（$P_年$，按年计算）的平方等于该行星椭圆轨道半长轴的立方（A_{AU}，按天文单位计算）。若转换成数学公式，该定律表示为：

$$(P_年)^2 = (A_{AU})^3$$

在此公式中，天文学家为了方便起见采用了非标准单位。单位年用于测量轨道周期，而天文单位则是为了方便测量轨道的长短。当采用年和天文单位时，我们可得出下图所示关系（图2.29）。值得注意的是，无论采用何种单位都不会改变我们所研究的物理关系。例如，若采用秒和米作为单位，该关系可表示为：

$$(3.2\times 10^{-8}年/秒\times P_秒)^2=(6.7\times 10^{-12}米/AU\times A_米)^3$$

简化为：

$$(P_秒)^2=3.2\times 10^{-19}\times(A_米)^3$$

假设我们想知道海王星轨道的平均半径（单位AU），首先需确定海王星的周期是多少地球年，该周期可通过仔细观察海王星相对恒星的位置而定。海王星的周期是165年，将该数值代入开普勒第三定律，得出：

$$(P_年)^2 = (A_{AU})^3$$
$$(165)^2 = (A_{AU})^3$$

若要解此方程式，必须首先计算出左边的平方数得出27 225，然后计算立方根。

计算提示：科学用计算器通常具备计算立方根的功能，上面的符号有时为 $X^{1/y}$，有时为 $\sqrt[y]{}$。计算时，首先输入基数并点击立方根按钮，再输入方根（2表示平方根，3表示立方根，以此类推）。有时候，计算器上的按钮可能显示为 x^y（或者 y^x）。在此情况下，需要将方根转换为小数输入。例如，若你想计算平方根，需输入0.5，因为平方根以 $\frac{1}{2}$ 表示。若要计算立方根，需输入0.333 333 333（重复），因为立方根以 $\frac{1}{3}$ 表示。

为了计算海王星轨道半长轴的长度，可能需要输入27 225[$X^{1/y}$]3，从而得出：

$$30.1=A_{AU}$$

因此，海王星与太阳之间的平均距离为30.1AU。

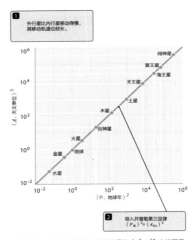

❶ 外行星比内行星移动得慢，其移动轨道也较长。

❷ 导入开普勒第三定律 $(P_年)^2 = (A_{AU})^3$

图 2.29 八个经典行星和三个矮行星的"A^3-P^2"坐标图显示它们都符合开普勒第三定律。（请注意，每个轴都标绘了10的次方，这样无论数字大小都可在同一个图表中使用，这种情况将经常出现）。

如此一来，你可以在章节内容的概念上多花些功夫，然后再重温数学公式，学习论证的规范语言。建议先看一遍"疑难解析"栏目；然后用一张纸遮住答案，尝试自己独立解答习题。做到这一点，你就学会一些科学语言了；即使此时不够熟练，但你能用它处理数据，还能指出他人的数据错误。我们希望你能够享受阅读、聆听和运用科学语言的过程，并将为你提供工具，使之学习更加容易。坚持就是胜利。

作为这个世界的公民，你对科学自有判断：什么是真科学，什么是伪科学。这些判断会影响你在杂货店、药房、汽车经销商和投票站的决定。你依据媒体传达给你的信息做出决定，但这些信息跟课堂上的大不相同。所以，你必须学习，学会辨别哪些可信而哪些不可信。为了帮助你磨炼这种技能，我们在每一章都设置了"天文资讯阅读"栏目，其中包含一篇新闻文章，并设置有一些问题来帮助你了解如何获取科学知识。学会鉴别获知的信息也十分重要。我们希望这些栏目能帮助你提升批判性的思维能力。

每个章节结尾，我们为你设置了不同类型的问题、习题和活动来锻炼技能。"小结自测"问题用以检查你对文章的理解。如果你能正确回答这些多选题、判断题和填空题，这就说明，你对本章的内容有了基本的了解。接下来，是另一组是非判断题和多选题，侧重于章节中更详细复杂的事实和概念。概念题要求你综合运用信息，回答特定情况下"怎么办"和"为什么"。"习题"则能够让你练习所学技能并以数理化方式处理问题。最后，"探索"部分则要求你以互动的方式运用所学概念和技能。本书"探索"部分中，大约有一半内容要求你在"学习空间（StudySpace）"网站上使用动画和模拟方式来解答，而其他内容则是一些使用冰块和气球等日常用品的动手操作和笔试。

天文资讯阅读

你可能认为信息就如同地球和月球的运动一样永不改变，但只要情况合适，这些数值都可能在瞬间发生变换。本文摘自《彭博商业周刊》2010年3月1日网络版。

美国国家航空航天局（NASA）科学家表示，智利地震可能导致地轴移位

撰稿人：《彭博商业周刊》亚历克斯·莫拉莱斯（ALEX MORALES）

美国国家航空暨太空总署的一位科学家表示，智利2月27日发生的已造成700人死亡的强震可能导致地球自转轴偏移，并使人类一天的时间缩减。

位于美国加州的喷射推进实验室地球物理学家理查德·格罗斯（Richard Gross）利用计算机模型，估算智利强震效应，据他表示，强震能使绵延数百公里的岩块位移数公尺，造成地球的质量分布发生变异，而影响地球的自转。

"人类一天的时间缩短了1.26微秒，也就是百万分之一点二六秒"，格罗斯今日在其邮件答疑中说道："智利的地震可能使地球自转轴线偏移2.7毫弧秒（约8厘米或者3英寸）。"

格罗斯表示，这样的微量变化很难侦测，但可以模拟出来。地震造成的某些其他变化就更为显著，英国利物浦大学地球科学教授安德烈亚斯·里特布罗克（Andreas Rietbrock）研究调查了受影响区域，指出岛屿可能发生了位移，虽然位移是从最近一次地震后才开始。

里特布罗克在今日接受电话采访时说道，智利康赛普西翁市外海的圣马里亚岛在地震后可能隆起约2米（约6英尺）。

他告诉我们岛上的岩石证明，该岛曾经因为以往的地震而上升。

冰舞效应

英国地质调查所的专家戴维·克里奇（David Kerridge）说："我们称它为'冰舞效应'，当一个花样滑冰运动员在冰上旋转时，如果她收回自己的手臂，就会越转越快。同理，当地球的质量分布发生改变，自转的速率就会改变。"

里特布罗克表示其未能与康赛普西翁的地震学家取得联系，探讨此次里氏8.8级的地震。

"非常肯定的是，地震确实让地球发出了像铃铃声一样的声音。"他补充道。

格罗斯提到，发生于2004年苏门答腊9.1级地震，引发了印度洋海啸，让一天的时间缩短了6.8微秒，同时也让地轴移动了2.3毫角秒。

中国台湾"国立中央大学"地球科学院院长赵丰在邮件中指出，在某一天发生的改变将会永久持续。

他表示，"由于大气团围绕地球旋转等其他原因，这种微小变化往往隐藏于更大的变化之中。"

新闻评论：

1. 地球自转速度发生了什么变化，是什么原因导致的？

2. 戴维·克里奇提到了所谓的"冰舞效应"，这是什么效应？将地球现象与日常现象做对比以此论证地球自转发生了变化让你更容易还是更难以理解？这种对比使该观点更令人信服还是更令人不信服？

3. 研究文章中的数字。格罗斯声称一天的时间缩短了1.26毫秒。请使用封面内页的前缀列表以科学记数法写出此数字。该数字是大还是小？这种变化会对你完成下一次家庭作业所需的时间产生实质影响吗？

4. 这是一次唯一的事件吗？之前发生过类似事件吗？

5. 地球自转速度在发生变化是一种科学假设吗？请回忆第一章中关于证伪的讨论。该假设可以证伪吗？如果可以，我们该如何验证？

6. 该文章与商业有何关系？为什么《彭博商业周刊》也报道了此事件？

7. 将本新闻报道中的冰舞效应与月球轨道相联系。月球大约以每世纪1厘米的速度远离地球。那么，月球的轨道周期将变长还是变短？你能猜测其速度是在增加还是减少？

探索 | 开普勒定律

wwnorton.com/studyspace

在本节，我们将探讨开普勒定律是如何运用在水星轨道中的。请登录学习空间（StudySpace），打开第二章行星轨道模拟器。该模拟器模拟了行星的轨道，可以让你控制模拟速度以及各种其他参数。本文中，我们将重点探讨水星的轨道，你也可以将其运用到其他行星轨道的研究上。

开普勒第一定律

在开始探讨模拟之前，在"轨道设置（Orbit Settings）"窗口，使用"参数设置（Set parameters for）"旁边的下拉菜单选择"水星（Mercury）"，然后点击"确认（OK）"。点击控制面板底部的"开普勒第一定律（Kepler's 1st Law）"标签。使用安全按钮选择"显示虚焦点（show empty focus）"和"显示中心（show center）"。

1. 你将如何描述水星轨道的形状？

取消"显示空焦点（show empty focus）"和"显示中心（show center）"的选择，选择"显示短半轴（show semiminor axis）"和"显示半长轴（show semimajor axis）"。在视觉化选项中，选择"显示栅格（show grid）"。

2. 使用栅格标记估算短半轴与长半轴之比。

3. 将该比值套入方程式 $e = \sqrt{1 - (比率)^2}$ 中计算水星轨道的离心率。

开普勒第二定律

点击控制面板顶端附近的"重置（reset）"按钮，设置水星的参数，再点击控制面板底部的"开普勒第二定律（Kepler's 2nd Law）"标签。将"调整面积大小（adjust size）"滑块滑至右边，直到扫过面积大小是 $\frac{1}{8}$。

点击"开始扫（start sweeping）"。行星将在轨道上运动，并模拟填满面积，直到轨道的 $\frac{1}{8}$ 被填满。当行星移动到其轨道最右边一点（即轨道上离太阳最远的一点）时，再次点击"开始扫（start sweeping）"。你可能需要使用"模拟控制（Animation Controls）"窗口中的滑块降低模拟速度。点击视觉化选项中的"显示栅格（show grid）"。（如果移动中的行星让你烦躁，你可以暂停模拟。）估算面积大小的最简单的方法之一是计算方格的数量。

4. 分别计算黄色区域和红色区域中方格的数量。你将需要决定如何处理方格数量的小数部分。两个面积是否一样？应该一样吗？

开普勒第三定律

点击控制面板顶端附近的"重置（reset）"按钮，设置水星的参数，再点击控制面板底部的"开普勒第三定律（Kepler's 3rd Law）"标签。在视觉化选项中选择"显示太阳系轨道（show solar system orbits）"。研究开普勒第三定律窗口中的图表。滑动离心率滑块变更被模拟行星的离心率。首先，将离心率调至较小的数值，再逐步增加。

5. 图表内是否发生任何变化？

6. 从这种变化中可以看出轨道周期与离心率有何关系？

将参数重新设置成适用于水星的数值。滑动半长轴滑块变更被模拟行星的半长轴值。

7. 你将半长轴变短时，轨道周期有何变化？

8. 若你将半长轴变长呢？轨道周期又有何变化？

9. 从这种变化中可以看出轨道周期与半长轴有何关系？

如果你觉得人类知识是一座岛屿，那么每个科学实验就是在给海岸线增添一小块鹅卵石或者一颗沙粒，渐渐扩大小岛的面积。每块鹅卵石都使我们更多地接触未知的海洋。知识之岛越大，未知的海岸线越长。在本书中，我们试图清晰地展示已然铺陈海滩的知识卵石，深埋水下只窥其表的卵石，以及那些已被海水抚平而我们仅能猜测其存在的卵石。有时，越大胆的想法越有趣，它们展示了天文学家处理未解问题和探索未知世界的方式。作为天文学家，本书作者们觉得世上最美妙的感受之一就是打磨一颗卵石并放在海岸线上。

天文学以其他研究领域无可企及的独特视角为你解读这个世界。宇宙浩瀚，迷幻而美丽，隐藏着诸多奥秘，令人惊讶的是，凭借屈指可数的原理就能理解它。学完本书后，你将感知到宇宙中你的存在——多么渺小和微不足道，又难以置信的独特而重要。

尊敬的老师：

我们编制这本书，基于以下几个重要目的：激发学生潜能，促进各种资料的收集与融合以及研究实用且灵活的工具以支持多样化的学习方式。

作为科学家和教师，我们热爱我们的工作。我们希望与学生分享激情，激励他们独立参与科学探索。作为作者，为了达到最佳效果，我们采取了一种办法——每章开篇添加了"学生笔记本"风格的示意图。这些图表模拟学生参与调查，导读页的学习目标则促使他们独立进行相关尝试。

通过对教学研究的了解和对教师的调查分析，我们收集到诸多信息，例如学生的学习方法，以及老师如何为学生设立学习目标。在本书中，针对大多数的目标和学习方式，我们有时采取大篇幅、非常直观的方式，比如专题栏目；也通过问题和习题等较为间接的办法，提出一些天文概念与日常情境相关的问题或者组织材料的新方法。

许多老师表示，希望他们的学生成为"受过教育的科学消费者"和"批判的思想家"，或者学生应该"能够阅读报刊上科学报道并理解其意义"。针对这些目标，我们专门设置了"天文资讯阅读"栏目，此栏目中包含一篇新闻文章，并附有一系列问题，引导学生批判性地思考文章内容、数据和来源。

不少老师希望学生具备更好的空间推理和视觉化能力。针对此目标，我们专门设置了培训学生创建和使用空间模型的内容。第二章中就有一例，我们让学生利用一个橘子和一盏灯来理解天球和月相。每一章都有视觉类比图表，以了解天文学概念与日常事物的对比。通过这些类比，我们努力使材料更具趣味性与相关性且更令人过目不忘。

教育研究表明，对许多学生而言，最有效的方法是通过实践来学习。每一章结尾的"探索"活动都需亲自动手，要求学生理解章节中所学的概念理论并将其运用到实践中，如在"学习空间"（StudySpace）网站上进行动画和模拟练习，或者笔试。许多这样的"探索"行为采用日常物品，可以作为课堂或家庭作业。

学习天文学，学生还必须学习科学语言——不仅是术语，还包括科学家特殊运用的日常词汇。"理论"一词就是典型例子，学生们认为他们理解这个单词，但他们的定义跟一个天文学家的定义相差甚远。一个普通词汇第一次被特殊使用时，页边的"词汇标注"会提醒学生注意，这将有助于解除学生们的困惑。除了书后的词汇表之外，"词汇标注"囊括了文中所有的加粗词汇和其他学生可能不熟悉的术语。

学生还必须相当熟练地运用更规范的科学语言——数学。我们把数学公式列举在"疑难解析"栏目中，既不影响教材章节，也不影响学生理解概念性材料。在本书中我们首先讲解数学基本理念，然后由简到难依次深入。我们还致力于粉碎一些让学生丧失信心的绊脚石，设置了运算提示、前章参考和详细全解题例等。

我们总揽全局，并作出多方努力，旨在鼓励学生在学习本书过程中熟悉材料并对自己的科学技能树立信心。我们采用"恰逢其时"的方式编排物理定理：例如，我们在第六章详细说明了斯蒂芬 - 玻尔兹曼定律（Stefan-Boltzmann），这也是该定律在本文中第一次使用。对于恒星和星系，我们首先进行一般性概括介绍，然后举例进行详细分析。你会发现，本书的介绍次序是"恒星"先于"太阳"，"星系"先于"银河系"。这样就不会想当然地以为学生了解恒星或星系，避免让他们困惑受挫。行星内容编排采用的是一种相对的方式，强调科学是一个研究个案的过程，最终得出综合结论。所有这些内容编排都从学生视角出发，并建立在对材料逻辑层次有清晰认识的基础上。甚至我们的版面设计都是以最大程度地调动学生参与为宗旨——尽可能保证宽文本的布局。

智能学习（SmartWork）是诺顿（W.W.Norton）的在线教程和作业系统，你指尖轻触即可在该平台完成对学生的测评。智能学习（SmartWork）提供了 1 000 多个跟教材直接相关的问题和习题，包含有"小结自测"、"天文资讯阅读"和"探索"等。这些都可以作为阅读测验当堂或者课后完成。智能学习（SmartWork）里的每个问题均有提示和明确的答题反馈以便引导学生正确解答。教师们可以轻松地修改在线系统里所有的问题、答案和反馈，还可以新建问题。

编排教材时，我们一直在思索：老师希望学生学到什么，什么是帮助学生学习的最佳方式？我们尽可能通过教育调研以获取指导，而它们也指引我们踏上了一些从未探索的途径。这些课程特色和布局结构对你的学生教学效果如何，请告知我们！我们非常期待教学一线的反馈。

此致

敬礼

斯泰茜·帕伦（Stacy Palen）

劳拉·凯（Laura Kay）

布拉德·史密斯（Brad Smith）

乔治·布卢门撒尔（Georege Blumenthal）

学生课外辅助材料

智能学习（SmartWork）在线作业

包括 1 000 多道题，帮助学生深入掌握《领悟我们的宇宙》教材中的知识——每道题都附有答案、提示和电子书链接。试题包括"小结自测"、"探索"（以天文之旅和内布拉斯加大学的模拟仿真为基础）以及"天文资讯阅读"等方面的问题。有些试题还配有美国国家航空航天局（NASA）提供的图片，让学生利用课程所学知识来观察了解未包括在教材中的图片。

学习空间（StudySpace）

美国诺顿图书出版社创建了自由开放的学生网站，网站内容如下：

- 每章学习计划和纲要。
- 28 个"天文之旅（Astro Tour）"动画视频，其中有些动画视频可以互动。这些动画视频结合教材中的图片，可以帮助学生生动形象地了解重要的物理和天文理念。
- 内布拉斯加大学的交互模拟系统 [有时候称为小应用程序或 NAAP（内布拉斯加天文小应用程序项目）]。基础天文学教师对该交互模拟系统非常悉，可以帮助学生操控变量，了解实体系统是如何运作的。
- 测验 + 诊断性多选测验，如果答错了，还提供反馈意见。另外还包括电子书，"天文之旅"和内布拉斯加大学模拟仿真的网页链接。
- 生词卡。
- 天文学新闻速递。

繁星之夜（Starry Night）天文软件（大学版）和练习册

吉尔福特技术社区学院史蒂文·盖尔（Steven Desch, Guilford Technical Community College）和俄亥俄州立大学唐纳德·汤助普（Donald Terndrup, Ohio State University）

繁星之夜（Starry Night）是专为学生通过电脑屏幕观察天文现象而设计的一款逼真且具有用户友好界面的天文模拟软件。诺顿公司为该软件配备了专门的练习册，其中还设置了观察作业，从而引导学生进行虚拟探索，帮助他们切实地运用书中所学知识。该练习册与《领悟我们的宇宙》教材完全同步。

教师教学

教师手册

埃弗里特社区大学克莉斯汀·沃什伯恩（Kristine Washburn, Everett Community College），古彻学院本·舒格曼（Ben Sugerman, Goucher College），俄亥俄卫斯理大学格雷戈里·D. 麦克（Gregory D. Mack, Ohio Wesleyen University）以及吉尔福德技术社区学院史蒂文·盖尔（Steven Desch，Guilford Technical Community College）

本手册包括以下内容：章节概述；根据讲义安排课堂演示 / 课堂活动；幻灯片课件纲要和讲义；包含在诺顿资源碟和学习空间（StudySpace）中的"天文之旅"动画注释；所有章节末问题的解答；针对繁星之夜（Starry Night）练习册作业的教师备注；以及关于如何运用教材中的"天文资讯阅读"和"探索"作业素材。

试题库

盐湖社区学院特里纳·范·奥斯迪（Trina Van Ausdal）和乔纳森·巴恩斯（Jonathan Barnes）

试题库是根据"诺顿评估指南"开发设计的，包括 1 300 多道题。每个章节的试题库都根据诺顿知识类型分类为以下三种：

1. 事实题，用于检验学生对事实和概念的掌握情况；
2. 应用题，要求学生应用所学解决问题；
3. 概念题，要求学生通过。

试题还根据章节和难易度进一步分类，以便进行有针对性的，方便判断正确与否的测试和测验。试题类型包括简答题、多选题和判断题。

诺顿教师资源网

该网站提供以下资源，供教师下载：

- 试题库，可选格式包括 ExamView、Word RTF 和 PDF；
- PDF 格式的教师手册；
- 搭配讲义的幻灯片课件；
- 所有照片和表格，JPEG 和 PPT 格式；
- 诺顿出版社出版的繁星之夜（Starry Night）天文软件（大学版）之教师手册；
- 28 个"天文之旅"动画视频，其中有些动画视频可以互动。这些动画视频结合教材中的图片，可以帮助学生生动形象地了解重要的物理和天文理念；
- 内布拉斯加大学的交互模拟系统；基础天文学教师对该交互模拟系统非常熟悉，可以帮助学生操控变量，了解实体系统是如何运作的；
- 课程参考资料包，支持 BlackBoard，Angel，Desire2Learn 和 Moodle。

课程参考资料包

诺顿课程参考资料包，在各种学习管理系统（LMS）中都可以找到，其中不仅包括所有测验和试题库中的试题，还包含"天文之旅"和小应用程序链接，以及"天文资讯阅读"相关讨论问题。课程参考资料包可通过 BlackBoard，Angel，Desire2Learn 和 Moodle 等平台打开使用。

教师资源夹

教师资源夹为双碟版，包括一张教师资源 DVD（DVD 中包含的文件与教师资源网上的同步）以及一张 ExamView 格式的试题库光盘。

致谢

我们衷心感谢美国诺顿图书出版公司以下员工做出的非凡努力：玛丽·林奇（Mary Lynch）和米娜·沙哈格伊（Mina Shaghaghi）保证了邮件往来畅通；克莉丝汀·德·安东尼（Christine D'Antonia）跟踪了解进度直至最后阶段；文字编辑克里斯·迪伦（Chris Thillen）清晰明了地解读了我们想要传达的意思。还要特别感谢安德鲁·索贝尔（Andrew Sobel）对该教材每页甚至每段的编辑校对，以及埃里克·法尔格伦（Erik Fahlgren）为我们提供各种点子，并鼓励和鞭笞我们努力向前。

我们也在此感谢奥特天文馆（Ott Planetarium）的罗恩·普洛克特（Ron Proctor）先生为每个章节写序，吻我波兰（Kiss Me I'm Polish）工作室将草图转换成成品，简·瑟尔（Jane Searle）管理整个制作过程以及半影（Penumbra）设计公司的凯利·帕拉利斯特（Kelly Paralist）将草图制作成艺术成品。对于布雷恩·索尔兹伯里（Brain Salisbury）提供精美的图书设计，卡罗尔·德斯诺埃斯（Carole Desnoes）为图书内页排版，以及罗伯·贝林格（Rob Bellinger）和马修·弗里曼（Matthew Freeman）编辑媒体资讯和增补内容，我们亦不胜感激。此外，我们更要感谢斯特西·洛亚尔（Stacy Loyal）帮助我们将此书送达到每位需要的人手中，以及著名的科学教育专家霍华德·沃斯（Howard Voss）对此书做出的特别贡献。

审核人员为本书最终成书做出了卓越贡献，谨此致谢。

弗罗里达州立大学詹姆斯·S. 布鲁克斯（James S. Brooks，Florida State University）

密歇根州立大学爱德华·布朗（Edward Brown，Michigan State University）

弗罗里达中央大学詹姆斯·库尼（James Cooney，University of Central Florida）

亨特学院凯勒·克鲁兹（Kelle Cruz，Hunter College）

斯蒂夫奥斯丁州立大学罗伯特·富莱费尔德（Robert Friedfeld，Stephen F. Austin State University）

堪萨斯大学斯蒂芬·A. 霍利（Steven A. Hawley，University of Kansas）

鲍尔州立大学埃里克·R. 赫定（Dr.Eric R. Hedin, Ball State University）

恰博学院斯科特·希尔德雷斯博士（Scott Hildreth, Chabot College）

鲍尔州立大学丹·考沃什（Dain Kavars, Ball State University）

得克萨斯州农工大学凯文·克里斯纳斯（Kevin Krisciunas, Texas A&M University）

西弗吉尼亚大学邓肯·洛里默（Duncan Lorimer, West Virginia University）

北佛罗里达大学简·H. 麦克吉本（Jane H. MarcGibbon, University of North Florida）

新墨西哥州立大学詹姆斯·麦卡蒂尔（James McAteer, New Mexico State University）

鞍峰学院乔·安·梅里尔（Jo Ann Merrell, Saddleback College）

中佛罗里达大学米歇尔·蒙哥马利（Michele Montgomery, University of Central Florida）

宾夕法尼亚州立大学克里斯托弗·帕尔马（Christopher Palma, Pennsylvania State University）

得克萨斯大学泛美分校尼古拉斯·A. 佩雷拉（Nicolas A. Pereyra, University of Texas-Pan American）

加州大学洛杉矶分校瓦赫·佩罗米安（Vahe Peroomian, University of California-Los Angeles）

贝勒大学德怀特·罗素（Dwight Russell, Baylor University）

美国大学尤利西斯·J. 索菲亚（Ulysses J. Sofia, American University）

华盛顿大学迈克尔·梭伦托伊（Michael Solontoi, University of Washington）

盐湖社区学院特瑞纳·范·奥斯达尔（Trina Van Ausdal, Salt Lake Community College）

阿林顿得克萨斯大学尼拉克史·维尔拉巴什纳（Nilakshi Veerabathina, University of Texas at Arlington）

◈ 视觉类比图

✦ 作者介绍

斯泰茜·佩林（Stacy Palen）

不仅是韦伯州立大学物理系的一名备受赞誉的教授，同时担任奥特天文馆（Ott Planetarium）的主任。她曾获得罗格斯大学的物理学学士和爱荷华大学的物理学博士学位。作为华盛顿大学的一名讲师和博士后，她曾在四年时间内讲授过20多次《天文学导论》。自从加入韦伯州立大学，她始终积极参与科学拓展活动，从星空派对到筹办国家科学奥林匹克竞赛。目前，斯泰茜正着手于正式/非正式天文学教育和类太阳恒星殒灭领域的研究。在日常生活中，她投入大量时间和精力进行思考、教学和从事科学实践应用方面的写作。并且，她将收获的科学成果运用到自己位于犹他州奥格登的小农场内。

劳拉·凯（Laura Kay）

1991年加入巴德纳学院，现担任学院物理学和天文学系安·惠特尼·奥林中心（Ann Whiteny Olin）教授和主任。她曾获得斯坦福大学的物理学学士学位和女权主义研究领域的AB学位，然后从加州大学圣克鲁兹分校获得天文学与天体物理学的硕士和博士学位。劳拉曾作为研究生在阿蒙森-斯科特南极科考站研究过13个月，并在智利和巴西获得奖学金。她致力于使用光学和X射线望远镜研究活动星系核。在巴德纳学院，她从事天文学、天体生物学、女性与科学和极地考察课程的教学。

布拉德·史密斯（Brad Smith）

行星科学领域的一名退休教授。他曾担任新墨西哥州立大学的天文学副教授、亚利桑那大学的行星科学和天文学教授以及夏威夷大学的天文学研究员。布拉德对太阳系天文学拥有浓厚的兴趣，他曾担任多个美国和国际航天任务的团队成员或影像团队负责人，其中包括火星探测器水手6号、7号和9号，海盗号旅行者1号和2号。后来，他将研究重点转向太阳系外行星系，作为哈勃太空望远镜实验团队成员探索星周碎屑盘。布拉德曾四次荣获美国国家航空航天局（NASA）颁发的杰出科学成就奖章。此外，他还是国际天文学联合会（IAU）行星系命名工作组的一员，并担任火星命名任务团队的负责人。

乔治·布卢门撒尔（George Blumenthal）

现为加州大学圣克鲁兹分校的校长，自1972年起便一直担任学校的天文学与天体物理学教授。他曾获得威斯康星大学密尔沃基分校的理学学士学位和加州大学圣地亚哥分校的物理学博士。作为一名天体物理学家，乔治的研究囊括多个广泛领域，其中包括构成宇宙大部分质量的暗物质、星系起源和宇宙的其他大型结构、宇宙初成时期和天体物理辐射过程以及活动星系核（如类星体）的结构。除教学和研究外，他还是加州大学圣克鲁兹分校天文学与天体物理学的系主任，并担任加州大学圣克鲁兹分校和加州大学系统学术评议会的重要成员，以及加州大学评议委员会的教职工代表。

✦ 领悟我们的宇宙

1 我们在宇宙中的位置

太阳和月球是由什么构成的？它们离我们有多远？恒星是如何发光的？与我们有什么关系？宇宙是怎样形成的，又将怎样结束？当你遥望天空时，你可能会问自己上述几个问题。针对这些问题以及许多其他受人关注的问题，天文学家一直在寻觅答案。粗略而言，天文学就是研究"恒星间的规律"。但是现代天文学——本书中谈论的天文学——已远不只是观察天空并记录所见而已。现在正是学习此门最古老学科的最佳时机。我们掌握的答案不仅在改变我们的宇宙观也在影响着我们对自己的看法。

✧ 学习目标

天文学家采用一套十分特别的流程来获取知识，这套流程有时被统称为科学方法，其中一部分则是源于对自然规律的认识。右图中，某名学生一直在观测六个月内太阳在哪里下山。学完本章后，你应该懂得这种观测是如何与科学定律和科学理论的发展相结合的。另外，你还应能做到下列几点：

- 陈述我们相对宇宙其他地方在宇宙中的位置；
- 解释影响我们日常生活的物理定律与支配宇宙的定律是如何相关的；
- 从天文学角度描述我们是从何而来的；
- 比较以科学方法观察世界与以其他方法观察世界之间的不同；
- 区分认知事实与积累事实之间的差异。

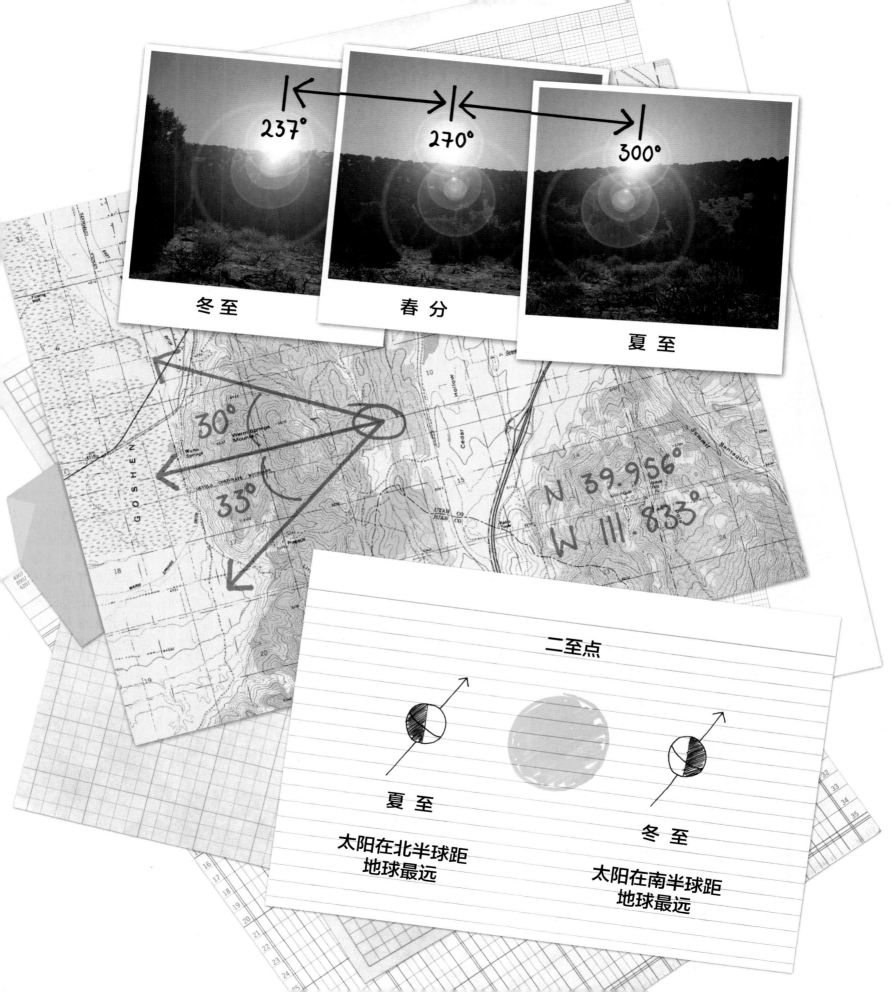

237°

270°

300°

冬 至

春 分

夏 至

30°

33°

N 39.956°
W 111.833°

二至点

夏 至

冬 至

太阳在北半球距
地球最远

太阳在南半球距
地球最远

词汇标注

巨大（massive）：在通用语言中，巨大表示"非常大"或者"非常重"。在天文学中，越"巨大"的物体其中的"填充物"越多。质量与重量与尺寸无关。

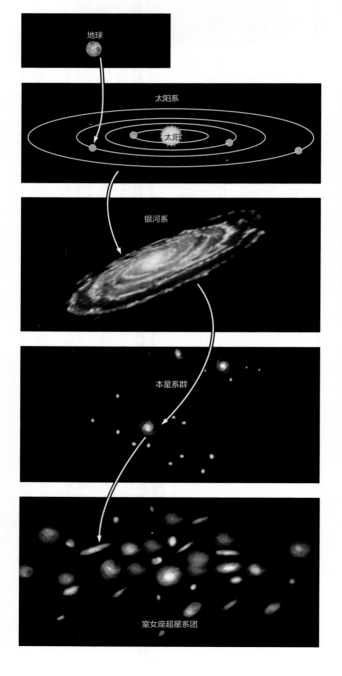

1.1 我们的相邻天体

我们在宇宙中的位置

我们之中的大部分人都有一个供邮递员送信的地址——包括国家、州、城市、街道和门牌号。现在让我们扩散一下思维，将我们所处的浩瀚宇宙也包括在内呢。我们的"宇宙地址"是什么？结果可能会是：星系团、星系群、星系、恒星、行星。

我们居住在名为"地球"的行星上，而地球在恒星"太阳"的引力作用下绕其旋转。太阳是一颗普通的正处于中年的恒星，它是巨大的，质量和光度高于某些恒星，也低于某些其他恒星。太阳之所以非凡特别是因为它相比其他恒星对我们人类至关重要。我们的太阳系包括八大经典行星——水星、金星、地球、火星、木星、土星、天王星和海王星，另外还包括许多其他小天体，例如矮行星（如冥王星、谷神星、阋神星）、小行星（如智神星和灶神星）和彗星（如哈雷彗星和百武二号彗星）。关于太阳系的大小，我们可以通过距离太阳最远的矮行星"阋神星"来定义，当然也可以合理地将远在阋神星轨道以外的小型、冰质天体包括在内。

太阳位于从银河系中心到边缘约二分之一的某处，银河系是一个由恒星、气体和尘埃构成的扁平星系，而太阳仅是银河系中数千亿颗恒星之一。天文学家还发现许多类似恒星也有行星环绕，表明其他行星系可能普遍存在。

银河系则是处在由数十个星系组成的本星系群之中，其中银河系和仙女座星系是本星系群中的巨星系，其他大部分星系是"矮星系"。本星系群又属于由成千上万个星系构成的范围更大的室女座超星系团。

现在我们可以编写"宇宙地址"了——室女座超星系团、本星系群、银河系、太阳系、地球——如图1.1所示。该地址也不是完整的，因为我们所描述的仅仅是局部宇宙。我们能够观察到的宇宙部分远远大于此——半径大约为13.7亿光年——而在此浩瀚的空间中，估计有数千亿个星系，大约等同于银河系中的恒星数量。

宇宙的尺度

当我们开始思索宇宙时，首当其冲的概念障碍就是宇宙的规模大小。如果山丘或者高山能以"大"形容，那么地球就是"巨大"。巨大之后又该如何形容呢，面对浩瀚无垠的宇宙，人类已经无法用语言来形容宇宙的大小了。其中一种

图1.1　我们在宇宙中的位置——宇宙地址：室女座超星系团、本星系群、银河系、太阳系、地球。我们居住在地球上，地球是围绕着太阳系中的太阳旋转的一颗行星，太阳是银河系中的一颗恒星，银河系是本星系群中的巨星系，而本星系群又属于室女座超星系团。

(a)

地球的周长
$\frac{1}{7}$ 秒

在宇宙中如果以光速环绕地球而行，所需时间仅仅是弹指之间。

(b)

地球 ←1.25 秒→ 月球

所示时间为光行时间。

月球最多在一秒多钟以外。

(c)

太阳 ←8.3 分钟→ 地球

因为宇宙中距离太广，此处所示天体并没有按比例显示：它们的尺寸应该小得多。

一顿快餐的时间即可到达太阳

(d)

海王星
太阳
←8.3 小时→

银河系的直径，按照轨道上距太阳最远的行星海王星计算，一晚上即可跨越。

(e)

太阳 ←4.2 年→ 比邻星，距离太阳最近的恒星

从地球到最近的恒星所需的时间相当于中学时光。

(f)

太阳
银河系
←100 000 年→

星系的直径所需光传播的时间就和我们人类的年龄差不多。

(g)

银河系 ←250 万年→ 仙女座星系

星系之间的距离所需光传播的时间相当于从出现人类最古老的祖先至今的时间。

(h)

137 亿年。

可观测宇宙的半径。

可观测宇宙的尺寸所需光传播的时间仅相当于三倍地球年龄。

图 1.2 思考一下光从一个天体到另一个天体所需的传播时间可以帮助我们更好地了解可观测宇宙中的巨大距离。

👁 视 觉 类 比

帮助我们感受宇宙规模的方法玩了一个小花招，将距离转换成时间来讨论。假设你以每小时60英里（约96千米）的速度在公路上行驶，那么你1分钟就可以行驶1英里（约1.6千米），60英里（约96千米）是你1小时可行驶的路程，而10小时你就可以行驶600英里（约960千米）。若想感受600英里（约960千米）和1英里（约1.6千米）之间的区别，想一想10小时和1分钟之间的差别即可。

光行时间有助于我们了解宇宙的规模尺度。

在天文学中我们也可以采用此法，但是车辆行驶速度太低已不可用，相反，我们将采用宇宙中的最高速度——光速。光速为每秒钟30万千米（千米/秒）。按此速度，光可以在$\frac{1}{7}$秒内绕行地球一周（40 000 千米距离）——仅在弹指间。请牢记此对比，地球的大小仅在弹指间，然后根据图1.2将此方法沿用在整个宇宙中。（该图是本书的第一张视觉类比图，将天文现象与日常事物相类比。）

将图中描述的距离在脑海中回想一下。地球与宇宙的大小对比就相当于弹指间与宇宙年龄的对比（约137亿年）。在天文学中即使相对较小的距离也非常遥远，因此通常以光年计算：光在一年内所传播的距离。

宇宙的起源和演化

当我们探索宇宙以了解宇宙是如何运转时，现代天文学和物理学经常反复地碰到一些哲学家长久以来认为独一无二的理念。纵观历史，哲学家认为宇宙是远离地球并与地球不一样的物体——与我们地球的存在无关。现代天文学家观测宇宙时，认为我们是持续不断的进程中的一部分。天文学始于宇宙的观测，而当我们发现我们的存在正是这些相同进程的结果时，我们从外在观测演变成了内在自省。

宇宙的化学演变就属于这种情况。理论和观测都告诉我们，宇宙起源于137亿年前的一次"大爆炸"。早期宇宙中发现的含量较多的化学元素是氢和氦，以及极少量的锂、铍和硼。我们居住在一个行星上，其核心主要由铁和镍组成，核心被一层含有大量硅和各种其他元素的地幔包围。我们的身体里含有碳、氮、氧、钠、磷和许多其他化学元素。如果构成地球和我们身体的元素在早期宇宙中没有出现，它们又是从何而来呢？

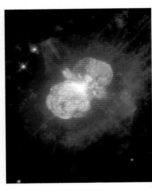

图1.3 你以及你周围的一切包括美丽壮观的瀑布，都包含有在早期恒星中产生的原子，这些恒星在太阳和地球形成以前就已经存在并消亡了。右图所示的特大质量恒星"船底座伊塔星"正在喷射出浓缩物质云团。

此问题的答案深埋于恒星中，在恒星中质量较小的原子组合成质量更大的原子。当一颗恒星在寿命终结时会失去大部分质量——包括其内部形成的新的原子——通过爆炸将原子喷回到星际空间中。我们的太阳和太阳系起源于早期恒星产生的气体尘埃云。这种化学遗留物为我们周围发生的耐人寻味的化学过程诸如生命奠定了基石。图1.3显示了我们周围的世界与恒星上的遗留物之间的密切关系。构成你所看到的一切事物的原子起源于恒星。诗人偶尔吟诵"我们都是星尘"。这不仅仅是一句诗词，这是完完全全的事实。

我们都是星尘。

自古以来，人类就在猜测我们的起源：地球是如何形成的？是谁或者是什么创造了我们？现代社会中，科学家也在寻找问题的答案，但是问题略有不同：宇宙是什么时候、如何形成的？是什么事件组合让我们得以存在于一颗围绕典型中年恒星旋转的小型岩态行星之上？我们是唯一存在的吗，或者星系中还存在其他与我们类似的生物？本书中，我们将探究地球上一切生命的起源，另外我们还将探讨太阳系以内甚至以外存在其他生命的可能性——太空生物学科目。如果星系内其他恒星中存在生命，必然存在让生命得以维持的行星。我们将介绍围绕太阳以外其他恒星旋转的行星的发现，并将它们与太阳系中的行星作对比。

词汇标注

卫星（Satellite）：在通用语言中，卫星指人类制造的卫星。在天文学中，该词指代围绕另一物体旋转的任何人造物体或是自然物体。

宇宙领悟 天文学家运用的各种工具

当我们通过天文学家的眼睛观察宇宙时，我们也同时学会了一些关于科学如何开展的知识。我们将不对本书所述的所有理念提供详细解释和说明，但我们将解释一个理念是如何形成的，以及为什么我们认为它是有效的。除非存在令人信服的理由，我们不会将某理念作为事实介绍。不确定的，我们诚实告知；确实不知道的，必然承认之。本书既不是已被发现的真理的纲目，也不是既定认知之泉。确切地说，本书是对一点一滴苦心建立（以及偶尔被拆毁再重新建立）的知识体系和认知的介绍。

科学对人类文明的重要性不言而喻，其中最明显的证明是，科学技术让我们得以探索地球以外的太空。自从1957年发射人类第一颗人造卫星"史普尼克（Sputnik）"以来，我们开始进入太空探索时代，人类已经登月（图1.4）。无人驾驶探测器已对所有经典行星进行了探测，宇宙飞船也已飞过小行星、彗星，甚至太阳。我们的发明物曾在火星、金星、土卫六（土星最大的卫星）和小行星上着陆，并曾进入木星的大气层和彗星的中心。我们对太阳系的绝大部分认知都来源于过去50年的探索。

卫星观测为我们观测宇宙提供了全新的角度。保护我们免遭有害太阳辐射伤害的大气层同时也隔离了我们与地球周围其他物体的联系。太空天文学向我们展现了被地球大气层隔离的地面望远镜无法观测到的景象奇观。人造卫星发现了许多种辐射——从最高能量的伽马射线、X射线到紫外线、红外线，再到最低能量的无线电波——带给我们一次一次令人惊异的发现。所有这一切都永远改变了我们对宇宙的认知，进一步扩大了人类的思维领域。自20世纪末以来，在地球表面进行的天文观测焕发了新活力。如图1.5所示，通过射电望远镜观测到的天空景象表明，日益发展的超凡技术可以为我们提供新的视角。

说到天文学时，我们立即会想到望远镜——不论是在地面上的还是太空中的。可能让你大吃一惊的是，许多尖端的天文研究是在大型物理设施中进行的，如图1.6所示。天文学家会与诸如物理学、化学、地质学和行星科学等相关领域中的其他同行携手合作，以更加透彻地理解物理定律，弄清楚我们对宇宙的观测结果。天文学家还受益于计算机革命。相比凭借望远镜的目镜观测太空，21世纪的天文学家花费了大量时间在电脑屏幕上。如今，天文学家使用电脑来收集和分析望远镜观测到的数据，计算天体的物理模型，以及准备和宣传他们的科研成果。

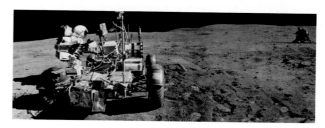

图1.4 在一次考察和收集月球样本的任务中，阿波罗15号宇航员詹姆斯·B. 艾尔文（James B. Irwin）站在月球车旁边。

G: 伽马射线 X: X射线 U: 紫外线 V: 可见光 I: 红外线
R: 无线电波

图1.5 在20世纪，望远镜技术的进步开启了了解宇宙的新窗口。该图是当我们的眼睛能够看到无线电波时看到的天空景象，该图是以位于西佛吉尼亚州绿岸（Green Bank, West Virginia）的美国国家射电天文台基地为背景拍摄的。

图 1.6　弗米实验室（Fermilab）中的粒子加速器（Tevatron），高能粒子对撞机为宇宙诞生时的物理环境提供了线索。实验天体物理学是指天文学家在受控条件下模拟重要的物理过程，现已成为天文学重要的分支之一。

科学方法涉及对概念主张进行证伪。

词汇标注

证伪：在通用语言中，我们很可能认为"伪证"是用于歪曲事实真相。在天文学家（以及科学家）的眼中，"证伪"是指"证明一个假设是错误的"，该意义将贯穿整本书。

理论：在通用语言中，该词所指程度较弱——仅表示一种理念或者猜测。在天文学中，该词表示所有著名的、经充分验证的并有大量事实作依据的原理。

1.2　科学是观察世界的一种方法

技术对我们生活的重要性显而易见，而你可能认为科学就是技术。科学是技术的基础，两者之间是相互支持的关系，科学的进步会促进技术的发展，而技术的发展也会促进科学的进步，这是事实。但科学不仅仅是技术。我们应该知道，科学是以科学的方法看待世界的根本方法，是历经不断剧变和挑战的一种世界观。

领悟宇宙 科学方法和科学原理

如果科学不仅是技术，你可能会认为科学是一种科学方法。假设某名科学家提出了一个可以解释某个特定观察结果或者现象的理念，随后他将其主张作为一种假设告知同事，而他的同事将寻找能够反驳其假设的可验证的预测。这是科学方法最重要的属性之一，因为任何一个不可证伪的假设都只可能是与信仰有关的。（请注意，可证伪的假设——可能被证明是错误的——虽然通过目前的技术也许不能被验证，但我们至少能够通过实验或者观察证明该主张是错误的）。如果经过持续不断的测试都不能证明一个假设是错误的，科学家们将承认该假设是一种理论，但绝对不会将其视为不可争辩的事实。只有当根据科学理论所作预测被证明是正确的时候，这些科学理论才能被认可。最经典的例子就是爱因斯坦相对论，在长达一个多世纪的时间里，科学界进行了各种努力以证明其推测是错误的。

日常词汇在科学家眼中有着不同的定义，因此科学也时而被误解，比如"理论（theory）"一词。在日常用语中，该词只是比"推测"、"猜测"的程度稍微深一些。例如，"推断一下这件事情有可能是谁做的呢"，"我推断第三方可能会赢得下一次竞选"。在日常用语中，该词表示某件事情需要认真斟酌。我们可以说，"无论如何，这只是推断而已"。

与此形成鲜明对比的是，科学理论是一种精心构想的命题，考虑并融合了所有相关数据以及我们对世界是如何运行的这一问题的所有理解，并对未来的观测结果和试验进行了可验证的预测。一个被坚定认可的理论是经过反复多次试验验证的。科学理论是对知识体系和认知的陈述和归纳，为我们进一步认识我们周围的世界奠定了基础。不同于简单的推测，一个成功的理论是人类对世界认知的高峰。

理论就好比松散定义的科学知识结构的最上层。在科学领域，"观点（Idea）"一词具有在平常用语中相同的意思：对某事物的见解。在科学领域，"假设"是指导向可验证预测的一种理念。假设可能是一个科学理论的先导，也可能是基于现有的理论。在科学领域，"观点"是指经仔细考究的概念，与所有现有的理论和经验知识相符，并作出可验证的推测。总而言之，预测是否成功是科学争论的决定性因素。有些科学理论经历了充分验证，具有根本意义，为此我们将这些理论称为"物理定律"。

科学原理是指引我们构建新理论的关于宇宙的一种理念或主张。例如，奥卡姆剃刀原理（Occam's razor）在科学界是一个指导性原理，认为当我们遇到两个都可以完好解释某个特定现象的假设时，越简单的那个更好。现在天文学中还有另一个关键原理：宇宙学原理。该原理称在大尺度上，宇宙在任何地方都是相同的。也就是说，特定位置不具有特殊性。延伸而言，物质和能量在时空中都遵守相同的物理定律，正如在地球上一样。我们在实验室中学到相同物理定律也可以用于认知和了解恒星核或者遥远星系的中心所发生的事情。随着宇宙学原理一次又一次地成功用于观测我们周围的宇宙以及新的理论不断成功地解释或者预测天体之间的规律和关系，我们对宇宙学原理——我们世界观的奠基石的有效性的信心倍增。在第14章中，我们将详细讨论宇宙学原理。

我们在宇宙中的位置不具特殊性。

宇宙领悟　科学是一种认知方法

通往科学知识的路径是以科学方法为坚实基础。此概念对你了解科学是如何进行的至关重要，因此我们不得不再次强调。科学方法是指首先进行观测或者形成理念，然后提出假设，再进行预测，随后进行进一步的观测或者试验以验证该预测，最后形成可验证的理论，如图1.7所示。回顾一下本章开篇的图，该图中展示的哪一个活动与本页中简化的流程图相符？为了实用目的，图1.7明确了当我们使用动词"认知"时我们所指代的意义。有时候人们认为科学方法是指科学家们如何证明事物是正确的，但实际上它是用于证明事物是错误的。在科学家们接受某事物是正确的之前，他们会不遗余力地证明它是错误的。只有经过反复尝试驳斥某主张失败后，他们才会开始接受该主张有可能是正确的。一个将经过严谨科学探讨的理论必定是可证伪的。只有可验证的且被证明不是错误的科学理论才能被承认。从这层意义上说，所有科学知识都是临时性的。

虽然科学与科学方法紧密相关，但也不能像认为音乐是谱写乐谱的规则一样简单地将科学等同于科学方法。科学方法提供了向大自然询问某种理念是否错误的规则，但却无法洞悉该理念最初是从何而来或者某项试验是如何设计的。如果你去聆听一群科学家讨论他们开展的工作，你可能会惊异地听到"洞察力"、"直觉"和"创造力"等词。科学家谈论起一种美妙的理论时，就如同艺术家谈论一幅美丽的画或者音乐家谈论一场华丽演出一样如痴如醉。当然，在某个方面，科学又与艺术或者音乐大不相同：艺术和音乐的好坏仅由人类评判，而在科学领域，却是由自然界（通过运用科学方法）来决定哪些理论可保留而哪些理论必须抛弃。自然界完全不会在意我们期望什么是真什么是假。在科学的发展进程中，许多美妙的备受人喜欢的理论都被废弃了，但同时科学也具有美学意义，像艺术一样既具有人性化特点又意味深长。

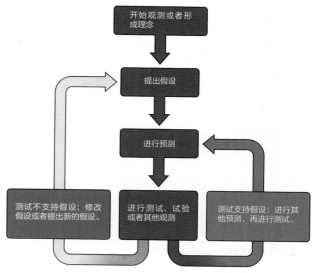

图1.7　科学方法。本图显示了一个理念或者观测结果成为一种可被证伪的假设的路径，通过对假设的预测进行观察验证或者试验验证，该假设即可能被承认为可验证的理论也可能被抛弃。注意，当科学家持续不断地验证假设时，绿色路径将无限期地继续下去。

大自然是科学的仲裁者。

宇领悟宙 科学革命

正如我们前文所述的，科学既不是技术也不是科学方法，虽然它与这两者息息相关，而简单地将科学定义为事实的集合，也是不正确的。如果我们将科学的定义限定为既有的事实，我们将无法形容科学探索的动态特征。科学家不能回答所有问题，必须根据新数据和新的认知不断地完善他们的理念主张。这种知识漏洞最初可能看似一个弱点。有些愤世嫉俗的人可能会说："瞧瞧，你真的什么都不知道。"其实，这种漏洞确为科学提供巨大力量。它让我们保持诚实。在科学领域，只要根据科学方法的规则提出证据，即使关于自然界的最珍视的主张也是可以据理加以抨击的对象。历史上许多著名的科学家就是通过证明某个深受欢迎的理念是错误的而赢得地位。

科学家大部分的时间都在既定的知识框架内工作研究，或者扩充和完善该框架或者测验其边界。但有时候，整个科学领域的框架也会发生改变。许多著作都曾阐明过科学是如何发展的，而其中最具影响力的可能是托马斯·库恩（Thomas Kuhn）所著的《科学革命的结构》。在此书中，库恩着重论述了科学家需要构建一个信念系统来解释整个世界与偶尔（以及可能惨痛地）需要彻底变革该信念系统之间的持续冲突。

例如，艾萨克·牛顿爵士（Sir Isaac Newton）在17世纪创建的经典力学就经历了200多年的严谨审查，看起来好像除了扫尾工作以补充细节以外就没有什么需要再补充研究的了。但在19世纪晚期和20世纪初期，发生了一系列科学革命，动摇了我们对真实本质认知的根基，让物理学产生了大变动。如果用一张面孔来代表这些科学革命，非阿尔伯特·爱因斯坦（Albert Einstein）（图1.8）莫属。爱因斯坦的狭义和广义相对论代替了牛顿力学。爱因斯坦并没有证明牛顿是错误的，相反他证明牛顿定律是更宽泛和更强大的物理定律在特殊情况下的一种例子。爱因斯坦的新主张统一了质量和能量的概念，摧毁了时间和空间是相互分开的这种传统观念。

我们还会碰到许多迫使科学家放弃他们珍视的概念或者将他们甩在他人身后的其他发现或者成功的理念。爱因斯坦本人无法接受在他的带领下开创了第二次革命——量子力学，直至去世也不愿意支持量子力学带来的世界观。其关键在于，在物理学中，当我们称在科学知识的严格标准下不存在任何权威时，这不仅仅空口胡说而已。任何理论，无论有多重要或者有多少依据做支撑都不能违背自然规律。

科学家的公理是，宇宙中存在一种秩序，而人类可以抓住潜藏于该秩序中的规律的本质。科学家的信条是经过观测和实验，大自然是客观真理的最终仲裁者。科学是美学和实用性的美妙结合。归根到底，科学之所以在人类文明中处于中心地位，是因为只有科学才行得通。

图1.8　阿尔伯特·爱因斯坦（Albert Einstein），或许是20世纪最著名的科学家，被《时代》杂志评选为"世纪人物"，爱因斯坦引起了两次不同的科学革命，但是其中之一他从来没有承认过。

宇领 科学挑战

没有批评和争议，科学不会获得巨大发展。16世纪的哲学家和神学家不会轻易放弃长久以来的观念——认为地球是宇宙的中心。对许多人而言，这就犹如一声惊雷，让人猛然醒悟，我们的银河系实际上也不是宇宙的全部，仅仅是浩瀚宇宙的微小部分。

你可能会感觉到科学有时候会显得任意。例如，将冥王星重新划分为矮行星之列可能看似主观。实际上，这种争议性决定更多是语义学的问题而不是科学性问题。冥王星仍然像之前一样是太阳系中一颗重要的天体，只是多添上了一个标签。正如你将在本书论述中看到的，通往科学知识的路径不会比构建该路径的逻辑更具任意性。

科学批评家曾指出，科学受到文化的影响。政治和文化因素会大大影响科学研究项目的立项。这种科研立项的选择会引导科学知识进步的方向，还会导致严重的民族问题。例如，网络上广泛发布的错误信息以及持续不断的政治争拗严重阻碍了在干细胞研究以及针对人类引起的气候变化的解决方案方面取得进步。

有些批评者甚至将此理念进一步加深，辩称科学知识本身就是一种任意的文化构建的产物。但是，成功的科学理论从不是任意的。科学理论必须符合我们掌握的对大自然如何运作的所有认知，并且，将巧妙的理念转换成一个真正的具有可验证预测的理论是需要深思熟虑和不懈努力的。科学知识最显著的特点之一是它独立于文化之外。科学家是人民群众，而政治和文化则渗入到科学的日常实践中。但最终，科学理论不是由文化规范来评判，而是由其预测是否被观测和试验所证实来判断。只要实验结果可复验，并且不依赖于实验者的文化修养，也就是说只要存在客观的物理现实，科学知识就不能被称作为一种文化构建的产物。几个世纪以来，各种思想都曾试图证明科学世界观的基础是错误的，但最后都失败了。

所有对科学持有微词的哲学家都未能提供另外一种可行的方法来获得有关大自然运作的可靠知识。此外，其他类别的人类知识都没有如同科学知识一样有严格苛刻的标准。因此，科学知识的可靠性不是其他类型的知识可以相比的。无论你是打算设计一幢永不坍塌的大楼，或是考虑以最新的医疗技术治疗疾病，或是计算宇宙飞船飞抵月球的轨道，尽管你有不同的文化背景，你都最好是咨询一位科学家而不是一名巫师。

最后，我们必须承认有些声名狼藉的科学家经常在宣称其实现了"重大突破"或者"向已被公认的科学原理发起挑战"时，故意编造或者忽略某些数据来影响结果。幸运的是，其他科学家经过重复实验终将揭露这些学术不端行为。

1.3 规律让生命和科学成为可能

在我们的日常生活中，规律无处不在，而我们也在规律中感到慰藉。但是，设想一下如果你松开某个东西它却往上升而不是下落，那我们的生活会变成怎样的呢？假如某天太阳不可预知地在中午升起在下午1:00落山，第二天又在上午6:00升起在晚上10:00落下，甚至第三天太阳竟然没有升起，又将会怎样？实际上，物体会落向地面，日出和日落也发生在预定的时间和预定的地点，如本章开篇的图所示。春去夏来，夏走秋来，秋去冬来，冬去又春来，年复一年。大自然的节奏为我们的生活带来了规律，而我们也依靠着这种规律生存下去。如果大自然没有按照正常规律运作，我们的生活——实际上是生命都不可能存在。

我们赖以生存的规律也让科学成为可能。科学的目标是识别这些规律并描绘它们的特征，然后再利用它们了解我们周围的世界。大自然中一些最有规律和最易识别的规律就是我们所见的天空的规律。一周之前的天空和今天相比有什么不同或者相同之处？一个月之前呢，或者一年之前呢？我们中的大多数人可能生活在室内和市中心，没有天天留意天空规律的意识。但是，远离烟雾弥漫和霓虹闪耀的城市，我们在今天也能像古代一样轻而易举地观看到天空中的规律和节奏。天空中的规律代表着季节的更替（图1.9），决定农作物的种植和收割时间。天文学表达了人类对了解这种规律的渴求，所以说它是所有学科中最古老的一门这就不足为奇了。

天文学家用于分析这些规律的重要工具之一就是数学。数学有许多分支，大部分都不仅仅是简单的数字运算。算数是关于计算数字，代数是关于运用符号和研究各种关系的学科，几何与图形有关，而微积分研究变化。其他数学分支还有拓扑（表面特征）和统计（各组对象和它们之间的关系）。所有这些分支都有哪些共同点，为什么我们将其归于数学这门单一学科？这是因为所有这些分支都涉及到规律。对数学最好的定义就是"规律的语言"。

如果规律是科学的核心，数学是规律的语言，那么我们说数学是科学的语言就不令人惊讶了。学习科学却逃避学习数学就相当于学习莎士比亚却不学习英语书面语或者口语。显然，这是完全不可能做到的，甚至毫无意义。对数学厌烦是阻碍我们以科学家的视角欣赏世界的最常见的因素之一。

作为本书的作者，我们也有部分责任帮助同学们超越数学这个障碍。我们应担起翻译的角色，尽可能地用普通语言来描述概念，即使这些概念以数学方式更能简单而准确的表述。而当我确实需要使用数学时，我们将以日常用语来解释方程式的意思，让你们明白方程式是如何传达你们可以将之与世界相联系的概念的。另外，在讲解数学时，我们会运用到一些你们应该了解和掌握的数学工具。

这些数学工具让科学家能够传达复杂的信息，其中一些在"疑难解析"中详细说明。科学记数法让天文学家得以描述天体尺寸的广阔范围。单位帮助我们区分时间、距离、质量和能量。几何学阐明天体的尺寸、形状和体积，

图 1.9 自古以来，我们的祖辈就已经认识到天空中的规律随着季节的交替而改变。这些和其他规律塑造了我们的生活。

以及天体之间的距离。代数用以说明某个物理量与另一物理量之间的相关规律。本书中，我们将利用最常用的工具来让我们的宇宙发现旅程尽可能的舒畅和有意义。

你们的认为则是接受挑战，认真思考我们使用的数学概念。本书中运用到的数学，和计算收支平衡、建造竖立的书架、核对汽油里程数、估算到另一个城市的行车时间、计算税额或者购买足以招待一两个额外客人的宴会食品所用到的数学没什么两样。

疑难解析 1.1 | 单位和科学记数法

数学是规律的语言,宇宙本身即是"数学"。如果你想提出有关宇宙的问题,并能懂得问题之答案,你就必须学会数学。在整本书中,我们会按需讲解数学,并提供举例说明,让你懂得如何独自掌握知识点。

单位

天文学家采用公制单位,这是因为许多换算系数是10的次方,只需移动小数点即可。例如,将米换算成厘米,仅需将小数点向右移动两位数。与此相比,将码换算成英寸需要乘以一个尴尬的系数36(乘以3将码换算成英尺,再乘以12换算成英寸)。英国是世界上极少数几个国家仍在使用英制单位的国家之一,但在日常生活中,他们也开始逐渐接受米制单位。我们购买的牛奶盛装在夸托大小的容器中,但是软饮料却装在尺寸较小的瓶子中。银行标牌经常即以华氏温标(℉)和摄氏温标(℃)显示温度。某些路标既以英里也以千米显示距离。我们在本书中使用的许多单位,你可能会觉得不熟悉或者从没见过;但是只要记住1米等于3英尺,1厘米只比半英寸短一点,以及1千米大概是$\frac{2}{3}$英里,你就会对这些单位心中有数了。

- **2.5米大概等于多少英尺?** 1米约等于3英尺,因此2.5米大概等于7.5英尺,哈勃太空望远镜的主镜的直径大概就是此数。
- **1英尺大概等于多少厘米?** 我们可以通过两种方法进行估算。因为1英尺等于12英寸,而1英寸约等于2.5厘米,因此1英尺大概等于30厘米。这只是一个粗略近似值,因为我们还可以通过另一种方法得出另一个估算值。1米等于100厘米,而1英尺约等于$\frac{1}{3}$米,因此1英尺约等于33厘米。如果我们使用标尺来精确测量,可以得出1英尺等于30.48厘米,在上述两个估算值之间。通常,这些快速估算的值只是基于基本了解的目的。在这种情况下,1英尺比1厘米长一个"数量级"(10的次方)——换句话说,1英寸等于数十(不是数百个)厘米。望远镜过去曾发现冥王星的直径只有1英尺多点。

科学记数法

科学家采用科学记数法来处理截然不同的尺寸数值。按照标准记数法写下数值7 540 000 000 000 000 000 000效率极低,尤其是其中的大部分数字都不重要。科学记数法利用前面几个数字("有效"数字),再确定小数位数,从而得出精简的格式$7.54×10^{21}$。同样,我们不是将0.000 000 000 005的所有数位都写出,而是记录为$5×10^{-12}$。10的指数表示移动多少小数位数。如果指数为正数,表示向右移动多少个小数位,如果指数为负数,表示向左移动多少个小数位。例如,地球到太阳的平均距离是149 598 000千米,但是天文学家通常将其表示为$1.49598×10^8$千米。

- **将数字$13.7×10^9$按标准记数法写出**。因为10的指数是9,且为正数,因此必须将小数位向右移动9位,即:13 700 000 000。该数为以年为单位的宇宙的年龄。通常,我们表示为"137亿年",1亿表示10的"8次方"。
- **将数字$2×10^{-10}$按标准记数法写出**。因为10的指数是10,且为负数,因此必须将小数位向左移动10位,即:0.000 000 000 2。一个原子的大小就相当于此数,单位为米。
- **将数字50 000按科学记数法写出**。为了将该数按科学记数法写出,必须将小数位向左移动4位,即$5×10^4$。银河系的半径以光年为单位即约为此数。若要将其转变成标准记数法格式,应将小数位向右移动,因为指数为正数。
- **将数字0.000 000 570按科学记数法写出**。为了将该数按科学记数法写出,必须将小数位向右移动7位,即$5.7×10^{-7}$。另外,我们还可以将其表示为$570×10^{-9}$。为什么我们要这样写呢?因为在单位上,每三个数字都有特殊的称号。10^{-9}米的特殊名称为纳米(缩写为nm)。因此,$570×10^{-9}$就等于570纳米或者570nm,这是黄色光的波长数。其中"纳"是前缀。关于其他有用的单位前缀,请见本书前页。

计算器提示:如何在计算器中输入按科学记数法书写的数字?大多数科学计算器都有一个名为"EXP"或者"EE"的按键,表示"10的多少次方"。因此,若要输入$4×10^{12}$,应在计算器上按[4][EXP][1][2]或者[4][EE][1][2]。通常情况下,该数将以本书中所述的格式显示在计算器的屏幕上,或者屏幕右方将显示数字4以及字号更小的数字12。

1.4 像天文学家那样思考

几乎每个人对天文学都会燃起兴趣的火花。既然你在阅读本书，就表明你可能也对天文学兴趣十足。太阳、月球和星星在几千年前的洞窟壁画和岩画（如图1.10所示）上就是重点绘制对象，这说明它们长久以来一直占领了人类的想象空间。随着时间的推移，当你看到或者阅读到越来越多关于现世的神奇发现的报道时——有些发现如此让人惊异赞叹，甚至会让人惊叹这到底是科学事实还是科幻小说，你对天文学的兴趣可能会变得越来越浓厚。

如果你像许多其他人一样，你对天文学的学习充其量不过是了解一些星座知识以及知道星座中的恒星的名字而已。我们期望本书可以引领你前往你从未想象过的地方，让你获得你未曾想象过的洞察力和理解力。

阅读本书仅是你学习旅程的一部分。本书只是一本指南，我们可以引导你，但路必须你自己脚踏实地地走！如果你积极投身于此次冒险，即使你忘记了期末考试上面的题，你在这次旅程中的所学所获也会让你终身受益。并且，在此次学习过程中，如果你发现自己可以利用所学知识对新情况和新信息加以分析，或者你学会了如何综合各种知识点并发展出全新的认识时，那么你所学会的已经远不只是天文学。

我们可能会让你以不同于平常思维模式的方式来思考问题，学习以全新的陌生的视角来观察世界。请记住，知识的建立始终离不开积极主动的精神。关于如何利用本书，有以下几项实用的建议：

图 1.10 古代岩画上通常刻绘有太阳、月球和星星的图案。

- **积极主动地阅读本书内容。** 每章节阅读完后，停下来认真思索。本章节讲述了哪些主要概念？它们与你之前所学的有什么联系？你是否在其他地方碰到过类似概念？在课堂笔记的最后，简要总结一下章节知识以及你的读后感。

- **让概念形象化。** 将物理和数学概念形象化常常是理解它们的关键。认真浏览每章中的照片、图标和图纸，以更好地理解关键概念。为概念画一张图。如果你理解了某个概念并能绘制出一张形容该概念的图，则表示你可能已经充分掌握了此概念。画一张图还有利于让你更清楚自己掌握了哪些知识点以及还有哪些没有掌握。

- **当你试图理解某个概念时，问自己"假如……将会怎么样？"** 假如地球质量更大将会怎么样？对地球的引力会产生怎样的影响？假如太阳更炙热呢？又会对太阳光的颜色或者太阳辐射的能量有怎样的影响？如果你对某个概念提出"假如……将会怎么样"的问题，表明你可能还没有真正理解透彻。

- **将概念讲授给他人。** 通常你都并没有真正理解透彻某个问题，直到你试图将其解释给他人听。在阅读完某个章节后，将教材内容与你的朋友或者家人分享。在班级中找一个你可以经常碰面的搭档或者一个小组，轮流向对方讲授教材内容。与对方相互提问——问题越难越好！玩一玩"考倒老师"的游戏。甚至大声向自己解释某个概念也大有帮助。

- **与讨论小组分享你的理念和见解。**如果某个概念确实让你"一见如故"，或者你真的认为它"酷毙了"，可以与他人分享你的理解和激情。
- **着重讨论概念、关系和联系。**你必须知道客观事实，但是客观事实只是开始，不是结束。利用关键概念、学习问题和其他学习辅助材料识别和集中精力于最重要的知识点上。
- **哪些已经明白，哪些还不懂，要对自己坦诚。**切勿回避你觉得理解有困难的概念。积极面对并掌握具有挑战性的概念是你学习旅程中的重要环节。你将发现，通过克服重重困难，你将取得飞速成长。
- **不要让对数学的厌倦成为你成功的绊脚石。**数学公式是对逻辑理念的表达。通常我们会对某个理念进行讨论，讨论时请务必集中精力。当你掌握了某个理念后，看一看"疑难解析"页中对数学和任何其他方程式的阐释，了解方程式中数量之间的关系是如何体现概念的，并根据实例练习。如果你想获得数学技巧方面的帮助，请登录学习空间（Study Space）（wwnorton.com/studyspace）查看更多辅助资料。另外，你也可以咨询你的讲师。

　　每章都提供各种工具帮助你完成学习旅程。"学习目标"出现在每章开篇，你可以将其当成一个检查表，当你完成某章的学习后，可以帮助你核实自己掌握了哪些。"疑难解析"为你提供数学信息和相关实例。每章都会有一句总结基本概念的"标志性语句"。"词汇标注"为你解释科学家是如何以特殊方式利用普通词语的。章节小结可以作为你学习的提醒者，也可以与自己的总结相对比，核实自己是否掌握了主要概念。

　　天文学经常出现在新闻报道中。评论科学报道与评论其他类型的报道类似，应考虑下列几点：文章的相关性、提供的证据、研究者的资格和证书、作者、出版者、时效性和综合性。一次性考虑如此多的内容十分不易，但是你所学到的技巧将让你成为一名消息灵通的公民，可以对科学做出明智的决策。为了帮助你学会这些技巧，我们在整本书中都包括了激发天文兴趣的报刊文章以及相关习题，以让你批判性地练习阅读能力。

　　在20世纪，随着技术的进步以及我们对物质、能量、空间和时间的理解，我们掌握的宇宙知识以空前的速度不断扩展。许多基本问题，包括宇宙的起源和命运以及我们的存在是如何与宇宙相关的，已从哲学猜想转变成严谨的科学探究。在当今社会，我们对宇宙的探索和发现是如此深远和令人惊异，已经远非几十年之前我们所能想象的。

　　但是，仍有待决定的是，未来的历史学家是否会因人们继续探索宇宙并继承我们目前的发现而记得我们，或者相反会因为人们失去探索精神——后退并逃离科学探索和发现的前沿而记得我们。我们未来如何发展，你的决定以及你拥抱科学的意愿将起到一定作用。

天文资讯阅读

本报道摘自《纽约时代》，讲述了将冥王星从归类为"行星"转为"矮行星"所引起的天文学争议。你可能对此争议有印象，甚至可能在当时感受深刻。

冥王星被降级为"矮行星"

撰稿人：《纽约时代》丹尼斯·奥弗比（DENNIS VERBYE）

今日，冥王星被逐出行星家族。

现在，将垫布扔开，拿起一支神奇记号笔在课堂图表上做一个记号，再用一对剪刀将太阳系修剪整理一下吧。

在历经数年争辩和为时一周的激烈争论后，天文学家通过投票对太阳系做出了重新分类。在这场被大多数人称为科学的胜利而非感情用事的投票中，冥王星被降级为"矮行星"。

全新的太阳系包括八颗行星，至少三颗矮行星和数以万计的所谓"太阳系小天体"，诸如彗星和小行星。

到目前为止，除了冥王星外，矮行星还包括最大的小行星——谷神星，以及编号为"2003 UB313"、昵称"齐娜"的天体，该天体比冥王星大，位于柯伊伯带（Kuiper Belt）附近，海王星外一片充满碎冰残骸的区域。但是，行星科学家称，该区域还潜伏着数十个其他矮行星，因此该类天体的数量将很可能迅速增长。

作为对冥王星粉丝们的感谢，天文学家宣称冥王星是新类别"海王星外天体"的标志，但在一场票数接近的投票中，此类天体没有获得"类冥王星"的称号。

"在我们所知的科学领域，新定义具有非凡的意义"，来自华盛顿卡内基研究所（Carnegie Institution of Washington）的行星理论家艾伦·博斯（Alan Boss）表示新定义在文化方面没有走极端，"我们有义务让全世界满意"。

在一周之前，天文学家曾提议将行星数量增加到12颗，包括冥王星、谷神星、齐娜，以及冥王星的卫星卡戎。博斯博士称今天的决定是行星定义完整化的结果，并表示，"天文学家们都乐意改变他们的决定，并作出能够经受最严格的科学检视和获得批准的决定"。

美国威廉斯大学的天文学家杰伊·巴萨乔夫（Jay Pasachoff）在某种程度上希望将冥王星保留在行星行列，他表示，"此次会议的精神在于未来科学领域的发现和活动，而不是针对过去的方方面面"。

加州理工学院的麦克·布朗（Mike Brown）是齐娜的发现人，由于冥王星和齐娜的降级，就他个人而言失去的是最多的，但他表示已经释怀了。"通过这种疯狂的类似马戏团一样的流程，不论怎样我们意外发现了正确的答案，"他认为，"尽管这个过程非常漫长，但科学最终得到了自我纠正，虽然这中间参合了强烈的个人情感"。

天文学家早就知道发现于1930年的冥王星与之前发现的行星有明显差距，这不仅是因为冥王星体积非常小，直径只有1 600英里（约2 560千米），甚至小于月球的直径，更是因为相比其他行星，其扁长的轨道是倾斜的，并且在其绕太阳公转耗时的248年内，有部分时间它的轨道会进入海王星的轨道之内。

他们辩称，冥王星更符合发现于海王星以外的黑暗地带的其他冰质天体的特征。2000年，当全新的罗斯地球与太空研究中心（Rose Center for Earth and Space）在美国自然历史博物馆对外开放时，冥王星在展示中被定义为一颗柯伊伯带天体而不是行星。

两年前，国际天文学联合会委派了一个由天文学家组成的工作小组负责对行星做出正式定义来解决该争议。该小组由伦敦玛丽女王学院的伊旺·威廉斯（Iwan Williams）担任主席，其结果并不理想。同年，另一个由哈佛大学教授欧文·金格里奇（Owen Gingerich）领导的小组接过此任务继续致力于解决此问题。

根据新的定义，行星必须符合下列的三项原则：在轨道上环绕着太阳；有足够的质量能产生引力使其维持球体的形状，和必须清除邻近轨道上其他的天体。最后一项标准将轨道位于柯伊伯带碎冰残骸之间的冥王星和齐娜，以及小行星带上的谷神星排除在行星之外。

矮行星只需要是圆形球体即可。

巴萨乔夫博士表示，"我认为当我们在外太阳系中发现了更多类似冥王星的天体后，就会习惯这种定义了。"

在布拉格举行的国际天文学联合大会有2 400名天文学家列席，最终投票结果为400：500。巴萨乔夫解释说许多天文学家未参与投票，认为这次投票只不过是在联合会上进行拍板定案的一次过场而已。

确切地说，这已经不是天文学家第一次重新思考行星的定义了。小行星谷神星自1801年被朱塞普·皮亚齐（Giovanni Piazzi）发现飘浮在火星和木星之间起就被称为第八颗行星。在长达半个世纪的时间里，谷神星一直被视为行星，直至越来越多的类似天体在同一区域被发现，天文学家才将它们归类为小行星。

投票后，有些天文学家指出新的定义只适用于我们的太阳系，而且到目前为止还不存在太阳系外行星这种天体。

该决定无可避免地对天文手工艺品和玩具，出版和教育领域产生了文化上、经济上的影响。例如，《世界百科全书》（*World Book Encyclopedia*）暂停了2007版本的出版，直至冥王星的分类被清晰确定为止。

当被问及冥王星重新定义带来的文化影响时，纽约海登天文馆馆长奈尔·德葛拉司·泰森（Neil deGrasse Tyson）称孩子们比较容易被说服。他表示他可以像其他天文学家一样在网上观看国际天文学联合会举行的投票。"我对计算行星的数量完全不感兴趣"，

他说，"当然我很高兴看到他们选择重新定义行星，但这对我来说没有任何影响。"

泰森博士表示，持续不断地关注公众和小学生对此次投票的看法令人担忧，也是一个令人头痛的先例。"我不知道其他科学分支对科学前沿知识有什么看法，我只是好奇公众的看法"，他说道："科学前沿应该沿着其应该发展的方向不断前进。"

新闻评论

1. 为什么冥王星被重新分类？冥王星与之前有什么不同吗？

2. 麦克·布朗（Mike Brown）表示"科学最终得到了自我纠正，虽然这中间参合了强烈的个人情感"，他说这句话是什么意思？与你在第1.2节学到的关于科学的本质有怎

样的联系？

3. 冥王星重新分类是单一的事件吗？之前是否发生过类似的"自我纠正"事件？这些"自我纠正"是科学的弱点还是优点？（参考第1.2节）。

4. 评判某个科学理念的方法之一就是提出假设性问题。假设冥王星没有被重新分类会怎么样？我将如何分类谷神星、卡戎和其他成千上万颗类似于冥王星的天体？如果我们将所有类似于冥王星的天体都包含在内，太阳系中会有多少颗行星？为了进一步研究这类天体，我们是否需要将他们视为类似于木星或者地球之类的行星？

5. 本篇报道与你在第1.2节所学的科学方法有怎样的联系？解释冥王星重新分类是如何成为科学方法的案例的。

小结

1.1 我们的太阳系仅仅是浩瀚宇宙中小小的一点。我们是星尘：地球上的粒子是大爆炸中形成的，并在恒星中加工而成，最终成为构成我们身体的基本元素。

1.2 科学方法是试图证明某个主张是错误的，而不是证明它是对的。因此，所有科学知识都是临时性的。当我们积累了大量事实后，就可以形成某个理念并进行验

证，从而获得认知。当我们找到了其中的基本联系让我们得以预测新观测的结果时，即表示我们已经获得了认知。我们在宇宙的独特位置不具有任何特殊性，整个宇宙都由相同的物理定律所支配。

1.3 数学是规律的语言，因此也是科学的语言。

◇ 小结自测

1. 我们的太阳系相比宇宙就如同_____相比三倍地球的年龄。

2. 人类的形成归因于下列天文事件，请按照发生的天文时间按序排列。
   a. 恒星消亡并将重元素喷射到恒星之间的太空中。
   b. 大爆炸产生氢和氦。
   c. 丰富的尘埃和气体聚集成云在星际空间。
   d. 恒星诞生，将轻元素组合成重元素。
   e. 太阳和行星形成于星际尘埃和气体构成的云状物中。

3. 科学方法是试图证明某个主张是_____，而不是证明它是对的；因此，所有科学知识都是临时性的。

4. 在科学领域，"认知"是指：
   a. 我们积累了大量事实
   b. 我们能够通过基本理念将各种事实联系起来
   c. 我们能够根据积累的事实预测事件的发生
   d. 我们能够根据基本理念预测事件的发生

5. 如果将我们在宇宙中所在的位置与遥远的地方相比，我们可以说：
   a. 物理定律在不同的地方各不相同
   b. 某些物理定律在不同的地方各不相同
   c. 所有物理定律在不同的地方都相同
   d. 某些物理定律在不同的地方是相同的，但对于其他

物理定律我们就不知道了

6. _____是规律的语言，因此也是科学的语言。

问题和解答题

判断题和选择题

7. 判断题：科学理论可以通过观测验证，并证明是正确的。

8. 判断题：自然界中的规律可以透露出基本的物理定律。

9. 判断题：在科学领域，理论就是猜测什么可能是真实的。

10. 判断题：一旦某个理论在科学界被证实，科学家将停止对其验证。

11. 判断题：天文学家使用许多其他科学分支的手段和方法来研究宇宙。

12. 太阳系由下列哪些天体组成：

a. 经典行星、矮行星、小行星和星系

b. 经典行星、矮行星、彗星和数以亿计的恒星

c. 经典行星、矮行星、小行星、彗星和一颗恒星

d. 经典行星、矮行星、一颗恒星和许多星系

13. 太阳属于：

a. 太阳系　　　b. 银河系　　　c. 宇宙　　　d. 以上所有

14. 光年是用于测量：

a. 距离　　　b. 时间　　　c. 速度　　　d. 质量

15. 以下哪一种不是在宇宙大爆炸中形成的？

a. 氢　　　b. 锂　　　c. 铍　　　d. 碳

16. 奥卡姆剃刀原理（Occam's razor）是指：

a. 宇宙正在向各个方向扩散

b. 自然规律在宇宙任何地方都是一样的

c. 当我们遇到两个都可以完好解释某个特定现象的假设时，越简单的那个越好

d. 宇宙中的规律实际上是随机事件的表现

概念题

17. 假设你生活在一个想象中的行星佐尔格（Zorg）上，该行星围绕太阳系附近的恒星半人马座阿尔法星（Alpha Centauri）旋转，那么你所处的宇宙地址应该怎么写？

18. 绘制一个表示你宇宙地址的图表。在这张地址图表中，你如何以最佳的方式表示各个地址不同的规模尺寸？你如何将这些规模尺寸的不同之处与你的邮政地址相比较？

19. 图1.2举例说明了宇宙中的时间尺度是如何与距离尺度相类比的。请选择其中一个距离，想一想还有没有不同的类比，即另一种所费时间相同的活动。

20. 仔细观察图1.2。如果太阳上发生了某个事件，我们多久才能知道该事件的发生？

21. 如果仙女座星系中的某颗恒星发生了爆炸，我们多久才能在地球上看到该爆炸现象？（提示：见图1.2）

22. 科学家称我们是"由星尘构成的"，请解释这是什么意思。

23. 作家埃利希·冯·丹尼肯（Erich Von Däniken）声称外星生物（即外星人）曾在远古时代到访过地球。你能想到任何能够支持或者反驳此假设的试验吗？此假设可以证伪吗？你认为这是科学还是伪科学？

24. "证伪"是什么意思？请举出一种不能证伪的理念，以及一种可以证伪的理念。

25. 解释"理论"一词在科学领域的用法与在日常用语中有什么不同。

26. "假设"与"理论"有什么区别？

27. 天文学家普遍与其他领域的科学做携手合作。如果不同科学领域存在分歧，请利用所学到的有关科学方法的知识预测将会发生什么？

28. 假设你在当地超市买到的小报上看到一则新闻声称，相比一般的儿童，满月出生的儿童更为优秀。

a. 这种理论可证伪吗？　　　　　　　b. 如果是，如何验证？

29. 一本出版于1945年的教材告诉我们光从仙女座星系到达地球需要800 000年，而本书称需要2 500 000年。据此你对科学"事实"有什么领会，我们的知识是怎样随着时间发生改变的？

30. 占星术进行可验证的预测。例如，占星术预测，你所属星座的任何一天星座运势都比其他星座的运势更适合你。在不说属于哪一个星座的前提下，向你的朋友阅读每日星座运势，并提问有多少与你朋友昨天的经历相吻合。坚持一周每天重复该试验，并作好记录。是否有某个特定的星座运势始终如一地与你朋友的经历相匹配？

31. 某名科学家在电视上声称地球以外不存在生命这是已知的事实。你觉得这名科学家有声望吗？请解释。

32. 某些占星家使用复杂的数学公式和过程来预测未来。这是不是表示占星术是一种科学？为什么是或者为什么不是？

33. 想象一下你居住在一颗围绕遥远星系中的恒星旋转的行星上。根据宇宙学原理，你在遥远之地观测宇宙的方式有什么不同吗？

34. 描述一种日常生活中经常重复的规律。该规律对你有怎样的影响？这种规律是由你自己或他人制定的，还是由大自然决定？

35. 冥王星是否应该被重新归类为矮行星？分别列出两种支持或者反对的论据。根据各自的科学价值评估这些论据，然后再从其他角度（文化、历史和情感）进行评估。如何比较这两种评估方式？

36. 假设你偶然看到一张老报纸，上面的头条新闻是"爱因斯坦证明牛顿是错误的"。该报纸是否进行了如实报道？请做出解释？

37. 在当地报纸上或者网上找到一篇天文报道，并对该报道进行总结和分析。发生了什么事情，以及为什么会发生？报道的来源是否信誉良好？你是否能够提出一个假设问题？报道中的主张是否具有科学性（即可证伪）。

38. 如本章所述，绘制一张卡通画，表明你对宇宙尺寸的理解。

39. 根据第 1.2 节的信息制作一张概念图，并用该图检验你对科学使用"理论"一词的理解。

40. 某些人称当将一盆热水和一盆冷水同时放入冰箱时，热水会比冷水更快冻结。

　　a. 这种说法对你有意义吗？

　　b. 这种说法可以证伪吗？

　　c. 请亲自做实验，并记录结果。你的直觉得到证实了吗？

解答题

41. 估算本星系群中的恒星数量。（假设相比银河系中的恒星数量，在本星系群中所有矮星系中的恒星数量微不足道，并假设仙女座与银河系相似。）

42. 天文学家描述距离时通常以光传播该距离所用的时间来表达。我们将这些距离称为光分、光时或者光年。其他情况同理，描述到附近城镇的距离时，我们既可以用英里来表述，也可以用以每小时 60 英里（约 96 千米）的速度开车到该城镇所需的时间（车程小时）来形容。描述到附近朋友家的距离时，既可以以距离也可以以时间来表述。关于你到朋友家的行程时间，请自行制定单位。

43. 纽约距离洛杉矶 2 444 英里（约 3 910 千米）。开车去需要多少小时？或者需要多少天？（假定合理的限速）如果你必须步行前往呢？如果从纽约步行至洛杉矶，需要几天，几个月或者几年？

44. （a）光从太阳传播到地球需要 8 分钟左右，冥王星距地球的距离是地球到太阳的 40 倍，那么光从冥王星传播到地球需要多长时间？（b）无线电波的传播速度等同于光速，如果你想在地球和围绕冥王星旋转的宇宙飞船之间进行双向对话，你会遇到什么问题？

45. 图 1.2 给出了光横跨银河的直径，光从银河系到仙女座以及横跨宇宙半径所需的时间。请分别按照标准记数法和科学记数法写出上述三个行程时间。

46. 天文学家利用光速以及光到达指定距离所需的时间来表述天文距离。请根据光从银河系传播到仙女座星系的行程时间，分别以千米和英里计算出银河系到仙女座的距离，再按照标准记数法和科学记数法表述计算出的数值。

47. 计算银河系的直径，单位为英里。你需参考图 1.2 找出光横越银河系所需的行程时间。你是否对该数值有概念？

48. 如果想对大额数字有概念，其中一种方法就是将它们按比例缩放成日常物体，就比如将大面积区域绘制成一张地图一样。将太阳想象成一粒沙的大小，而地球离太阳只有一粒灰尘 0.083 米（83 毫米）远。（1 光分距离相当于 10 毫米）根据此比例，多少毫米相当于 1 光秒？多少毫米相当于 1 光时？按此比例，地球到月球的距离是多少，太阳到海王星的距离又是多少？

49. 根据第 48 题所述的相同比例（1 光分相当于 10 毫米），1 光年相当于多少毫米？按此比例，地球到最近的恒星是多少距离，到仙女座星系呢？（注意 1 米 =10^3 毫米，1 千米 =10^3 米。）

50. 地球到月球的平均距离是 384 000 千米。如果按每小时 800 千米的速度（喷气式飞机的一般速度）计算，到达月球需要多少小时？相当于多少天？多少月？

51. 地球到月球的平均距离是 384 000 千米。在 20 世纪 60 年代后期，天文学家在三天左右到达了月球。他们的飞行速度必须多快（千米 / 时）才能在该时间内飞行这么长的距离？将该速度与喷气式飞机的速度（800 千米 / 时）相比。

52. 估算你的高度，单位为米。

53. 1 微米等于多少纳米？

54. 1 英里等于多少厘米？

55. 请按照科学记数法书写数值 86 400（一天以内的秒数）和 0.0123（月球质量与地球质量之比）。

56. 请按照标准记数法书写数值 1.60934×10^3（1 英里相当于的米数）和 9.154×10^{-3}（地球直径与太阳直径之比）。

57. 有时候，网络主机中的信息到达你的计算机所需的时间就相当于光从地球传播到离地球约 3.6×10^7 米的卫星再返回地球所需的时间。请计算信息到达你计算机所需的最短时间，单位为秒。

智能学习（SmartWork），诺顿的在线作业系统，包括这些问题的算法生成版本，以及附加的概念习题。如果你的导师在聪慧学习上布置了问题，请登录 smartwork.wwnorton.com。

学习空间（StudySpace），是一个免费开放的网站，并为你提供《领悟我们的宇宙》书中每一章的学习计划。学习计划包括动画、阅读大纲、生词卡、选择题测试以及聪慧学习和电子书中站点内容的链接。请访问 wwnorton.com/studyspace。

探索 | 逻辑谬误

逻辑是学习科学和进行科学思索的基础。逻辑谬误是指推理上发生的错误，培养良好的科学思维模式应避免逻辑谬误。例如，"因为爱因斯坦是这样说的"并不是一个充分的论据。不论某位科学家多么著名（即使他是爱因斯坦），也必须提供一个合逻辑的论据和证据来支持他的主张。如果某些人声称某种观点肯定是正确的，因为爱因斯坦说过此话，那就犯了诉诸权威的逻辑谬误。逻辑谬误有许多种，其中不少谬误在科学讨论中经常出现，需引起你们的注意。

人身攻击： 人身攻击的谬误是指攻击时针对进行论证的个人，而不是论证本身。人身攻击论证的极端例子是："某著名政客称地球正在变暖，但我认为该名政客是一个白痴，因此地球不可能正在变暖。"

诉诸群众： 该谬误的基本模式是"大多数人都认为 X 是正确的，因此 X 就是正确的"，"大多数人都认为地球围绕太阳旋转，因此地球是围绕太阳旋转的。"请注意，即使结论是正确的，你在论证中也犯了逻辑谬误。

窃取论点： 在此谬误（也称为循环论证）中，假定论点是正确的，再以该假设为证据证明论点是正确的。例如，"我是值得信赖的，因此我肯定会实话实说"。在这里，没有提供任何证据就得出了结论。

偏差样本： 如果从大量抽样对象中抽出的样本存在偏差，根据该样本做出的结论也不适用于整个抽样对象。例如，假设你对你所在大学的学生进行抽样调查，发现 30% 的学生每周去图书馆一到两次。然后，你总结得出，30% 的美国人每周去图书馆一到两次。在这里，你犯了偏差样本谬误，因为美国学生不是美国公众的代表性样本。

后此谬误： 该谬误是指如果某事件先于另一事件发生，则该事件是另一事件的原因。例如，"发生了日食现象之后国王就逝世了，因此是日食杀死了国王"。该谬误经常与反推理相关："如果我们能够阻止日食的发生，国王就不会死了。"

滑坡谬误： 在该谬误中，你认为事件的连锁发生必然会导致你不想要的结果。例如，"如果我不能通过天文学考试，就不能取得大学文凭，就不会找到好工作，就会生活在破烂的货船中沿河流漂泊，然后饿死"。每个"坡"的发生实际上并非必然会滑到另一个"坡"。

下文举例说明了不同类型的逻辑谬误，请确认各项示例属于哪一种谬误，每种谬误仅举例说明一次。

1. 你收到了一份连锁邮件，并威胁说如果你不接续下去，将招致可怕的后果。但是，你将这份邮件转到了垃圾邮箱中。在回家的路上，你发生了车祸，第二天早上，你就恢复了该连锁邮件并发送了出去。

2. 如果作业中的一个问题答错了，第二个问题也会答错，然后在你知道结果之前，我就知道不能完成作业了。

3. 我的所有朋友都喜欢"Degenerate Electrons"乐队，因此我的同龄人都喜欢该乐队。

4. 百分之八十的美国人都相信牙仙女，因此牙仙女是真实存在的。

5. 我的教授说宇宙正在四处膨胀，但他是个书呆子，我不喜欢书呆子，因此宇宙不可能在膨胀。

6. 当你申请某份工作时，你举荐某个朋友当你的证明人，而你未来的雇主问你，他们怎么知道你朋友值得信赖，你回答说："我可以为他担保。"

2 天空中的规律 ——地球的运动

恒星首先在传说和神话中获得了特殊地位，它们是诸神所在的地方，统治和支配着人类的生活。通过这些传说和神话，星象应运而生——星象是天空中的规律，这些规律会告诉我们一个个故事让我们记录跟踪流逝的时间。日夜交替、季节变化和潮起潮落都是对天空中其他规律的写照。通过仔细观察，我们的祖先发现，他们可以根据这些变化万千的规律预测什么时候季节会更替，什么时候会下雨。对天空的认知可以让我们认知整个世界，而认知世界就是我们强劲的动力。

让我们的祖先引起关注和产生想象的天空规律仍然是晴朗夜晚的灯塔。只不过，与我们的祖先不同的是，我们积累了几个世纪以来辛苦获得的知识，看问题的角度已大不相同，我们可以解释天空中不断变化的规律是怎样对地球和月球的运动产生不可避免的影响的。当然，该发现只不过是科学在蓬勃发展期间万千发现中的其中一个例子，为我们深入探索比我们祖先所能想象到的更浩瀚和更令人敬畏的宇宙指明了道路。

◆ 学习目标

本章中，我们将一并探讨天空中和地球上的规律。随后，我们将不仅停留在外观现象，还将深入研究引起这些规律的基本运动。右图中，某名学生正在自行进行此项研究。在地球上拍摄到的月球周期中不同时间的照片显示，月球的外观无时无刻不在发生变化。草图展示了月球的外观与地球、月球和太阳的位置有怎样的联系。学完本章后，你应能独自制作这种图，并根据你可能看到的其他照片绘制类似的图表，同时还应懂得月球外观为什么会发生变化。除此之外，你还应做到下列几点：

- 解释当地球绕地轴自转时恒星看起来是如何在天空中移动的，以及当从地球上不同的纬度上进行观测时，这些移动有怎样的区别。

- 想象一下地球绕太阳公转以及地球地轴与其轨道面之间相互倾斜是如何共同发生作用从而决定我们在夜晚能看到哪些恒星以及我们在一年中处于哪一个季节的。

- 将月球绕地球旋转的运动与我们观测到的月相和日食奇观相联系。

- 理解参考系的基本概念，以及地球的旋转参考系是如何影响我们对天体的认知的。

- 描述行星绕太阳旋转的椭圆轨道。

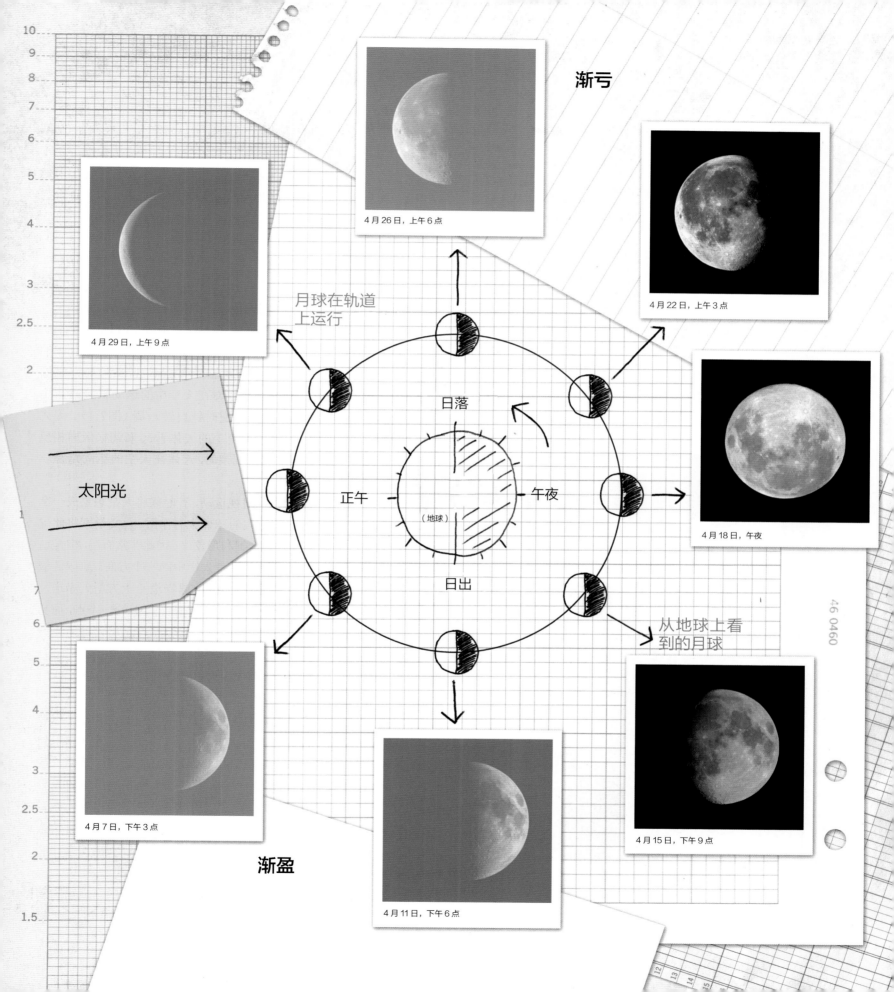

渐亏

4月26日，上午6点

4月22日，上午3点

4月29日，上午9点

月球在轨道
上运行

日落

太阳光

正午

午夜

（地球）

日出

4月18日，午夜

从地球上看
到的月球

4月7日，下午3点

4月11日，下午6点

4月15日，下午9点

渐盈

2.1 地球绕地轴自转

地球绕地轴自转产生了昼夜交替。

▶❚❚ 天文之旅：**地球自转和公转**

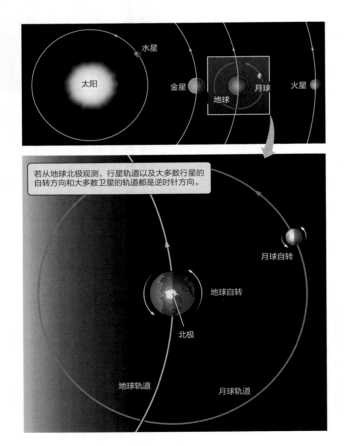

若从地球北极观测，行星轨道以及大多数行星的自转方向和大多数卫星的轨道都是逆时针方向。

图 2.1 若地球北极观测，地球和月球自转、地球和行星绕太阳公转，以及月球绕地球旋转的方向是逆时针方向。（本图未按比例绘制）。

早在克里斯多弗·哥伦布（Christopher Columbus）发现新大陆之前，亚里士多德（Aristotle）和其他希腊哲学家就知道地球是一个球体。接受地球自转运动导致天空发生日新月异的变化这个理论是十分困难的，因为地球看起来是静止不动的。但是，我们最终还是明白了地球绕地轴自转为地球上的生命设定了基本的节奏——日夜交替，时光流转。

宇宙领悟 天球是一个有效的构想

古人无法察觉到地球的自转运动，因此他们不相信地球在旋转。实际上，当地球自转时，其表面移动速度相当快——赤道上大约是每小时1 670千米。我们对地球自转的"感觉"不会比我们坐在沿着笔直的高速公路平稳行驶的汽车中所能感受到的汽车速度更高。我也不能感受到地球自转的方向，虽然地球自转的方向可以从太阳、月球和恒星每小时在天空中的运动轨迹显露出来。若从地球北极上方看，地球每隔24小时逆时针自转一周（图2.1）。因为地球自转运动让我们自西向东移动，因此天空上的天体看起来就好像向相反方向移动，即自东向西。当我们从地球表面观察时，天体在天空的运动路径就被称为周日视运动。

为了更形象化地理解太阳和恒星的周日视运动，有时候将天空想象成一个以地球为中心，表面分布着各种恒星的巨大的球体大有作用。天文学家将此虚构的球称为天球（图2.2）。天球非常容易绘制和形象化，因此非常有用，但是请始终记住天球是虚构的！天球上的每个点都代表太空中的一个方向。地球北极的正上方是北天极。地球南极的正上方是南天极。地球赤道正上方是天赤道，将天空分为北半球和南半球。如果你将一只手臂伸向天赤道上的一个点，而另一只手臂伸向北天极，你两只手臂之间的角度始终为90°，因此北天极距离天赤道为90°。请花一些时间好好想一想。你可能想在一个橘子上描绘出赤道、北极和南极，并将这些标记投影到你房间的墙壁上，让它们形象化（图2.3）。（本章中我们将再次使用到该橘子，切勿把它吃了！）

不论你身在何处，你也可以通过虚构的南北子午线将天空划分为东半球和西半球（图2.4）。该线从正北出发通过你正上方的一点即天顶一直到正南，然后再通过天底（你正下方的一点）从天球反面绕回到正北方的起点。请花一些时间将此形象化。你可能想在橘子上画上一个人，并将该人所在的子午线投影到你房间的墙壁上，那么该人的天顶在哪里？天底在哪里？子午线相对天赤道的方向是怎样的？现在，请想一想你所在位置的子午线，今天你在哪里呢？请指出你刚才所学到的所有位置：北天极、天顶、天赤道、南天极和天底。如果你能够完成此任务，说明你已经能够正确确定你在天空中的方向了。

为了解天球，首先让我们看看正午和午夜时分的太阳。天文学家称当太阳经过他们所在位置的子午线时即是"地方正午"。这时候太阳在指定的一天中位于地平线以上最高点。（该最高点并非天顶，除非你在特殊的一天并在特殊的位置，太阳才能在中午时处于你的正上方；例如在6月21日北纬23.5°）当太阳又一次穿过地球另一面的子午线时，即为"地方午夜"。若从地球上观看，天球好似在旋转，带动太阳从正午时分的最高点又一次在午夜时分穿过子午线。究竟真实情况是什么呢？太阳在全天24小时内在天空中都保持在同一位置，而地球在自转，因此我们所在的位置每时每刻都面对着不同的方向。在正午时分，我们在地球的位置已经旋转到几乎能够直对太阳了。经过半天后在午夜时分，我们在地球的位置已经旋转到几乎完全远离太阳了。

领悟宇宙 从两极观看

恒星和太阳的周日视运动取决于你所在的位置。例如，在北欧所看到的天体的周日视运动就与在热带岛屿上所看到的周日视运动大相径庭。为了让你明白为什么你的所在位置关系重大，接下来我们将以北极为特殊例子进行探讨。这一种极限情况，目的是了解我们在极限情况下以某种方式能够探索到的深度。在这种情况下，我们已尽可能处于极北位置，而北天极在天顶正上方。科学家验证他们的理论时，其中一种方法就是在此种极限情况下进行的。

词汇标注

地平线：在日常用语中，地平线是指天空与地面相交的线，而在天文学中则是指观察者保持眼睛水平并四处眺望所能看到的地平面。与地平线的连线总是与经过天顶的线成直角。

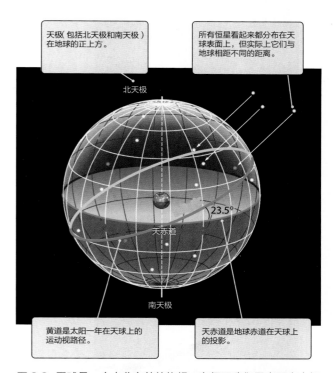

天极（包括北天极和南天极）在地球的正上方。

所有恒星看起来都分布在天球表面上，但实际上它们与地球相距不同的距离。

北天极

南天极

黄道是太阳一年在天球上的运动视路径。

天赤道是地球赤道在天球上的投影。

天赤道

23.5°

图 2.2 天球是一个十分有效的构想，有便于我们思索天空中恒星的外观和视运动。

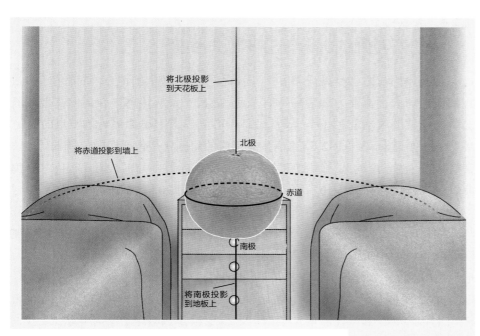

将北极投影到天花板上

将赤道投影到墙上

北极

赤道

南极

将南极投影到地板上

👁 视觉类比

图 2.3 你可以在一个橘子上画出极点和赤道，并想象将它们投影到你房间的墙壁上。同理，我们也可以想象成将地球的极点和赤道投影到天球上。（本图未按照比例绘制。）

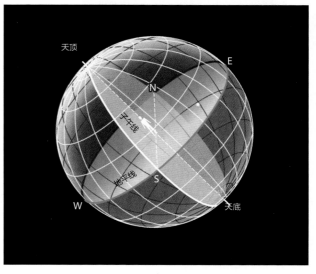

天顶

E

N

子午线

地平线

S

W

天底

图 2.4 投影到天球上的观察者的坐标系统的主要特点

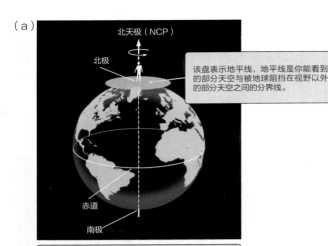

（a）

北天极（NCP）

北极

该盘表示地平线，地平线是你能看到的部分天空与被地球阻挡在视野以外的部分天空之间的分界线。

赤道

南极

从北极抬头看正上方，北天极就在天顶上。

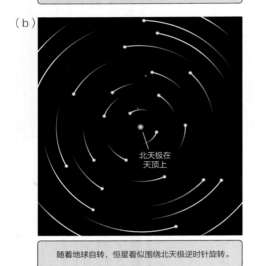

（b）

北天极在天顶上

随着地球自转，恒星看似围绕北天极逆时针旋转。

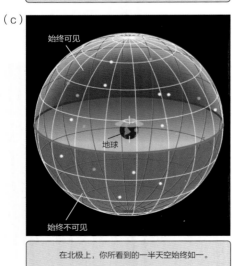

（c）

始终可见

地球

始终不可见

在北极上，你所看到的一半天空始终如一。

图2.5 （a）某名观察者站在北极上观望天空发现。（b）整晚上恒星都在围绕天极的圆形路径上逆时针运动。（c）从北极上看到的一半天空始终如一。

假设你正站在北极上观望天空，如图2.5（a）所示。（忽略此时的太阳，并假装你始终能看到天空中的星星）此时，你就站在地球的自转轴与地球表面相交之地，就好像站在一个旋转平台的中央。随着地球的转动，你头顶正上方的位置始终保持固定不变，而天空中的其他地方看起来好似在围绕该位置逆时针旋转（图2.5（b））。（如果这让你难以想象，可以观察你的橘子，想象你站在橘子的北极上，并观看你房间的四周。）注意，离极点较近的物体其旋转圈较小，而离地平线最近的物体，其旋转圈最大。

在地球上的任何地方，有一半的天空总是"在地平线之下"；你的视野被地球阻挡了，而在北极上的视野属于特殊情况，因为在这里随着地球自转运动每天都不会有类似日出日落的事情；在这里我们看到的一半天空总是一样的（图2.5（c））。除了极点以外的任何其他地方，我们所看到的一半天空随着地球自转而不断变化。相反，地球的北极总是向着同一个方向，日复一日，年复一年。为此，在北极点上所能看到的天体的圆形轨道在地平线以上都具有相同的高度或者角度。

从地球南极进行观察与北极大致相同，但却有两大差别。首先，南极处于地球北极的相反面，在南极看到的一半天空恰好是在北极无法看到的一半天空。其次，从南极观看，恒星看起来好似围绕南天极顺时针旋转，而不是逆时针旋转。我们可以坐在一把旋转椅上，再把旋转椅从右向左旋转，感受一下。当你抬头看天花板时，天花板上的可见物好似在逆时针运动；而当你看向地板时，地板上的可见物好似在顺时针运动。

宇领 在极点以外的地方，我们所看到的部分天空不断发生变化

现在设想我们已经离开了北极，向南行至纬度较低的地方。纬度用于测量我们在地球表面离北方或者南方有多远。虚构一条从地球中心到你在地球表面所在位置的线，再虚构另一条从地球中心到赤道上离你最近的一点的线。（为帮助你想象，参见图2.6）这两条线形成的角度就是你所在的位置的纬度。在北极，这两条虚构线之间的角度为90°，而在赤道则为0°。因北极的纬度为北纬90°，赤道的纬度为0°，而南极的纬度为南纬90°。

纬度决定了我们在全年所能看到的部分天空是怎样的。在南极，地平线与天顶上的南天极之间成90°直角。随着我们越向南移动，我们的地平线将越来越倾斜，我们的天顶也会越来越远离北天极。在北纬60°（如图2.6（b）），地平线相对北天极倾斜了60°。在图2.6(d)中，我们位于地球的赤道，纬度为0°，地平线相对北天极倾斜0°。上述角度之间的关系在地球其他地方也完全一样。同样在赤道上让我们首先在南地平线观察南天极吧。在南半球上，我们在南地平线上可以看到南天极，而北天极则被北地平线挡在视野以外。在南纬45°（图2.6（e）），南天极的纬度是45°。在南极（南纬90°，图2.6（f）），南天极在天顶上，地平线之上90°。

纬度不同，观察到的天空就不同，为了加强理解，最好的方法就是像图2.6那样，画几张图。如果你针对任何纬度都能绘制出此类图片，包括在每张图上标记各个角度的大小，并想象从该位置看到的天空是什么样子，表明你将可以顺利地掌握有关天空的知识。当我们在随后讨论诸如四季交替等各种现象时，这些知识将让你受益匪浅。绘图时，注意不要犯如图2.7所示的常见错误。北天极不是太空中悬在地球北极上方的某个位置，而只是一个方向——与地球自转轴平行的方向。

词汇标注

高度： 在通用语言中，该词表示某个物体（例如飞机）离地面的高度。在天文学中则表示一条从观察者到天体的虚构连线与另一条从观察者到天体正下方地平线上的某点连线之间的角度。

▶❙❙ **天文之旅：极点视野**

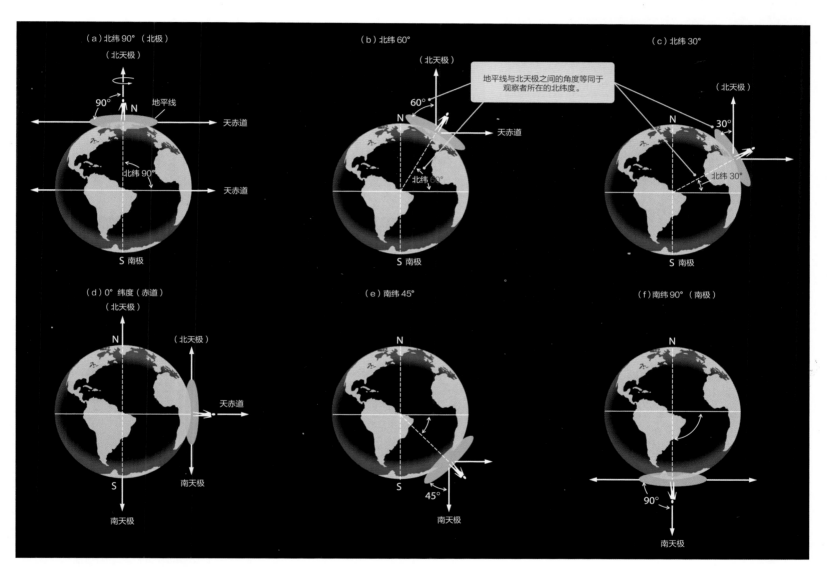

图2.6　我所看到的天空景象取决于我们在地球上的位置。本图显示了观察者所看到的天极和天赤道是如何随着观察者所在纬度的不同而变化的。

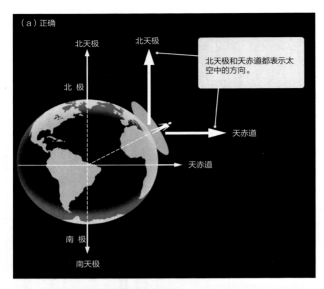

（a）正确

北天极

北天极

北极

北天极和天赤道都表示太空中的方向。

天赤道

天赤道

南极

南天极

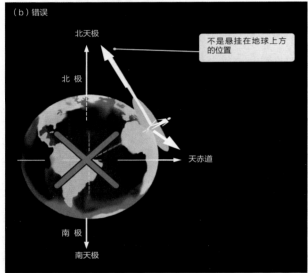

（b）错误

北天极

不是悬挂在地球上方的位置

北极

天赤道

南极

南天极

图2.7　天极和天赤道都表示太空中的方向而不是地球上方固定的位置。（红色×符号表示应避免此种误解。）

▶❚❚ 天文之旅：**天球和黄道面**

拱极星永远在地平线之上。

前文已经讲述了在不同的纬度上如何确定地平线的方向，下面我们将探讨恒星围绕天极的视运动是如何随着纬度的不同而发生变化的。图2.8(a)显示了当我们处于北纬30°所能看到的景象。随着地球的自转，天空的可见部分不断变化。从此观点看，地平线看似固定不变，而恒星看似不停移动。如果我们将注意力集中在北天极上，我们所看到的与在地球北极上所看到的几乎完全一样。北天极在天空中固定不变，而所有恒星好似整夜都在该点附近的圆形轨道上作逆时针运动。

离北天极足够近的恒星永远不会落入地平线之下。足够近是指多近呢？请记住，纬度角就是北天极的地平高度。在北天极附近此角度内的恒星永远不会落入地平线以下（即使太阳升起时我们看不见它们），这是因为它们的视路径全部在极点周围（见图2.8（a）和图2.9（a））。这些恒星称为拱极星（在极点附近）。

在该纬度，南天极附近的其他恒星永远不会从地平线上升起，永不可见。此区域和拱极星区域之间的恒星只有在一天中的某个时期可见。此中间区域中的恒星看似随着地球自转从不断变化的地平线上时而升起时而落下。只有在赤道上你才能全天24小时看到完整的天空。从赤道上观看（图2.8（b）），北天极和南天极分别在北地平线和南地平线上，整个宇宙每天都从天空中穿过。

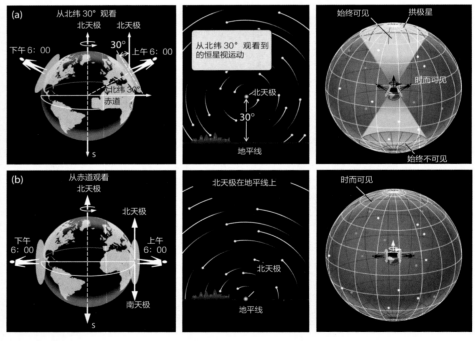

图2.8　（a）从北纬30°观看，北天极离北地平线30°。恒星看似围绕此点逆时针运动。在该纬度，天空的某些部分始终可见，而其他部分始终不可见。（b）从赤道上观看，北天极和南天极都在地平线上，整个天空在24小时内都可见。

天赤道与地平线相交的两点是正西方和正东方（图2.10）。（除非是在极点上，天赤道与地平线平行，与地平线完全不相交）天赤道上的恒星从正东方升起，在正西方落下。天球天赤道以北的恒星从东北方升起，在西北方落下。天赤道以南的恒星从东南方升起，在西南方落下。

无论你身处地球何处（极点除外），天赤道的一半总在地平线以上，对你可见，因此你可以有一半的时间看到在天赤道一侧的任何天体。在天赤道方向的恒星从正东方升起，在地平线以上的时间为12个小时，并在正西落下。但是不在天赤道方向的恒星却不是如此。图2.10（b）显示，凡是在天赤道以北的任何恒星，你可以看到它们一半以上的圆形视路径。如果你能看到某恒星一半以上的轨迹，该恒星每天在地平线以上的时间大于12小时。

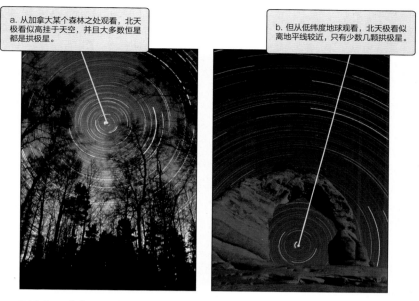

a. 从加拿大某个森林之处观看，北天极看似高挂于天空，并且大多数恒星都是拱极星。

b. 但从低纬度地球观看，北天极看似离地平线较近，只有少数几颗拱极星。

图 2.9 天空的可见时间揭露了恒星在夜晚的视运动。注意从两个不同纬度看到的天极附近的天空的不同之处。

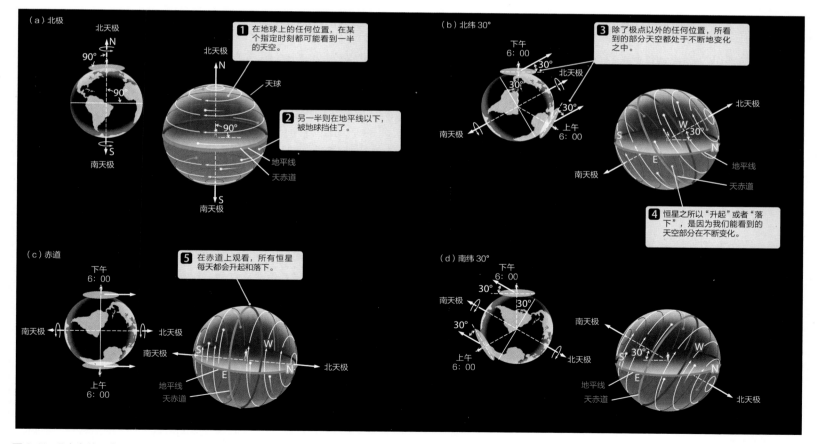

图 2.10 观察者从四个不同纬度所看到的天球。在除了极点以外的所有位置，恒星之所以升起或者落下是因为我们在一天中所看到的天球部分总是不断变化。

从北半球观看，天赤道以北的恒星一天有12个小时以上都在地平线以上。恒星越往北，在地平线以上的时间就越长。拱极星是此种现象的极端例子，它们一天24小时都在地平线以上。相反，赤道以南的恒星在地平线以上的时间不到12个小时。越往南的恒星，在地平线以上的时间越短。南天极附近的恒星总是在本半球的地平线以下。

如果你在南半球（图2.10（d）），则看到的现象相同，只是方向相反。天赤道以北的恒星仍每天12个小时在地平线之上；但天赤道以南的恒星，一天有12个小时以上都在地平线以上，而赤道以北的恒星在地平线以上的时间不到12个小时。

自古以来，出行者和海员都曾利用恒星来辨别方向。我们可以通过识别北天极或者南天极附近的恒星来找到它们。在北半球，有一颗中度明亮的恒星恰好就位于北天极附近，该恒星被称为北极星。如果你能在天空中找到北极星并测量出其地平高度，就能知道你所在的纬度。例如，你位于美国亚利桑那州菲尼克斯（Phoenix, Arizona）（北纬33.5°），北天极的地平高度为33.5°。而在美国阿拉斯加州费尔班克斯（Fairbanks, Alaska）（北纬64.6°），北天极的地平高度为64.6°。如果某航海者定位到了北极星，他不仅知道北方在哪个方向（继而知道南方、东方和西方），还知道其所在的纬度，如此就可以决定是否需要从北向南航行直至目的地。因地球自西向东自转，从天文学角度确定你所在的经度（东西方向）相当复杂。

2.2 地球绕太阳公转产生四季

地球距太阳的平均距离为1.50×10^8千米，该距离被称为一个天文单位（AU），用于测量太阳系中天体间的距离。地球在一个近似圆形的轨道上围绕太阳旋转，旋转方向和地球绕地轴旋转的方向一致——从地球北极上方看为逆时针。地球每年围绕太阳旋转一周，我们在天空中和地球上所见的许多规律都归因于此，例如我们所看到的恒星每天晚上大不相同。因为地球绕太阳公转，我们看到的夜空景象也在不断变化中。六个月之后，地球将公转到太阳的另一侧，夜空中的恒星将会是位于今晚夜空中的恒星相反方向的恒星。六个月后，夜空中的恒星将会是今日中午时高挂于天空中的恒星，当然因为耀眼的太阳光，在白天看不到它们。请花一些时间将此运动形象化。你可以再一次将橘子当成地球，也许还可以用台灯（忽略其影子）当成太阳。让橘子围绕台灯移动，当你的橘子移动到不同方向时，请留意你从橘子的"夜间侧"可以看到墙壁的哪一个部分。

另外，请花点时间为站在你橘子之上的"观察者"留意一下台灯相对房间墙壁的位置。如果我们在一年中每天相应地记录太阳相对恒星的位置，可以勾画出太阳在群星中穿行的路径，称之为黄道（图2.11）。每年9月1日，太阳都

▶❙❙ 天文之旅：**地球自转和公转**

地球围绕太阳公转，形成年的概念。

词汇标注

公转： "自转"指一个物体围绕穿越其中心的轴旋转，而"公转"指一个物体围绕另一个物体旋转。例如，地球绕其轴自转（形成昼夜），并围绕太阳公转（形成年的概念）。

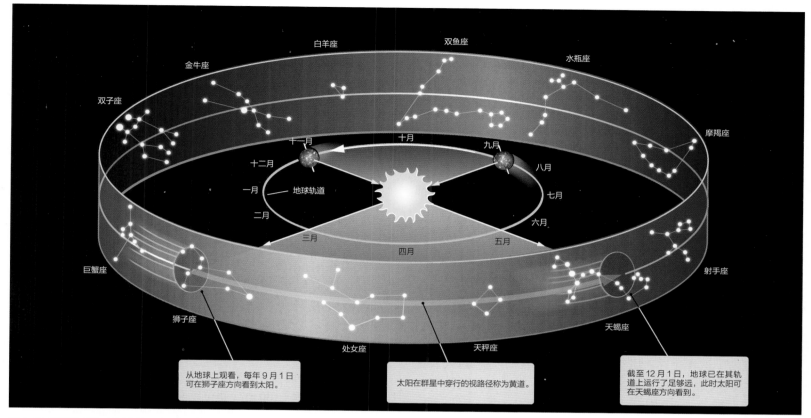

双鱼座

白羊座

双子座

金牛座

水瓶座

摩羯座

双子座

十一月 十月 九月

十二月 八月

一月 地球轨道 七月

二月 六月

三月 五月

四月

巨蟹座

射手座

狮子座

天蝎座

处女座 天秤座

从地球上观看，每年9月1日
可在狮子座方向看到太阳。

太阳在群星中穿行的视路径称为黄道。

截至12月1日，地球已在其轨
道上运行了足够远，此时太阳可
在天蝎座方向看到。

图 2.11 随着地球绕太阳公转，太阳相对恒星的视位置也在不停变化。根据太阳在一年中的运动路径而虚构出来的大圆称为黄道。黄道附近分布的星座构成黄道带。

处于狮子星座方向。六个月后即在3月1日，地球公转到太阳的另一侧，太阳处于水瓶星座方向。黄道两侧附近的星座称为黄道带星座。这些星座处于太阳运行轨迹两侧附近，古代的占星家认为它们具有特殊的神秘意义。实际上，黄道带星座只是遥远恒星的随机规律，偶然分布在黄道附近而已。

黄道是太阳每年在群星中穿行的视路径。

领宇悟宙 地轴倾斜是产生四季的原因

到目前为止我们已探讨过地球绕地轴自转以及地球绕太阳公转。为了便于理解形成四季更替的原因，需要同时考虑自转和公转产生的作用。许多人认为地球在夏季离太阳较近，在冬季离太阳较远，因而产生了四季。假如这种观点是一个假设呢？可以进行证伪吗？是的，我们可以进行预测。如果地球到太阳之间的距离是产生四季的原因，地球上的所有地方都应该在一年中的相同时间入夏。但实际上，美国六月入夏，而智利十二月才入夏。这证明该假设是错误的。那么，我们需要找出另一个解释所有既定事实的假设。为此，我们将研究地球的轴向倾斜。

▶❚❚ 天文之旅：**天球和黄道面**

疑难解析 2.1 | 运用方程式

到目前为止，我们已经探讨过科学记数法和单位。现在说说数量之间的相关性，例如距离和时间。2.1节提到过地球自转时地表的速度。我们是如何知道该速度的呢？在2.2节，我们将根据速度和时间来计算出地球轨道的大小。我们应该怎样做？这两种运算都使用相同的关系式。只要你掌握了该关系式，你就可以将其套用到任何不同的情况，无须每次都从头开始思考。

距离、时间和速度三者之间有什么关系？如果你行驶60英里的距离用时1个小时，你的行驶速度就是每小时60英里，这是语言模式来表述它们之间的关系。那么，如何用数学来表述呢？请见下列方程式：

$$速度 = \frac{距离}{时间}$$

但是，这种表述占用空间较大，因此我们以字母s代表速度，字母d代表距离，以及字母t代表时间，所得方程式如下：

$$s = \frac{d}{t}$$

若要计算地球自转时地球表面的运行速度，我们设想地球赤道上的一个点，该点旋转一周的时间是1天，所移动的距离是地球的周长，因此速度则为：

$$s = \frac{周长}{1 天}$$

周长等于$2 \times \pi \times r$，其中r表示地球半径，地球半径为6 378千米。为了计算出周长，以半径乘以2再乘以π，得出40 074千米。（可以先乘以π再乘以2吗？如果你不能记住该规则，可以试试再看结果是否一样。）

现在，我们已经知道了周长，即可计算出速度：

$$s = \frac{周长}{1 天} = \frac{40\ 074\ 千米}{1 天} = 40\ 074\ \frac{千米}{天}$$

但是，我通常不是如此表示速度的，我们通常使用千米/时。1天等于24小时，因此（1天）/（24小时）等于1。我们可以除以或者乘以1，因此将上述速度乘以（1天）/（24小时）：

$$s = 40\ 074\ \frac{千米}{天} \times \frac{1 天}{24 时}$$

单位"天"被约去，从而得出：

$$s = \frac{40\ 074\ 千米}{24 时} = 1\ 670\ 千米/时$$

该值与我们在前文获知的数值相符。

我们如何运用该方程式来求得距离？

让我们回到原方程式：

$$s = \frac{d}{t}$$

我们想求得d位于方程式的右边，我们需要将方程式右边全部调换到左边，这就是我们所称的"求"。首先需要将方程式左右对调：

$$\frac{d}{t} = s$$

之所以我们可以进行左右对调，是因为其中有等号，就好比说"两个50元等于100元"，也可以说"100元等于两个50元"。左右两边必须相等。但是，我们还没有求得d。为此，我们需乘以t，这样可以约去方程式左边下方的t：

$$\frac{d}{t} \times t = s$$

但是，如果你方程式的一边进行运算，该方程式的两边就不再相等。因此，我们在左边进行的运算，在右边也应进行相同的运算：

$$\frac{d}{t} \times t = s \times t$$

左边的被约去，最终得出：

$$d = s \times t$$

通常写为：

$$d = s\,t$$

其中，我们省去了符号$\times$。当两个因子相互并排，且两者之间没有任何符号时，表示需要计算出它们的乘积。

根据2.2节所学内容，看看你是否能自行计算出地球轨道的周长。

为了解地球轴向倾斜和地球绕太阳公转的路径是如何共同产生作用形成四季的，首先我们需设定一个极限情况。如果地球的自转轴恰好与地球的轨道面垂直（黄道面），太阳将永远在天赤道上。我们所见的天赤道位置是由我们所在的纬度决定，因此太阳每天将按照相同的路径在天空中穿行，每天早上在正东方升起，傍晚在正西方落下，太阳将有一半的时间在地平线以上，而白天和夜晚总是一样长，各自12个小时。简而言之，如果地球的自转轴恰好与地球轨道面垂直，就不会出现四季。

但是，地球上确有四季，因此我们可以得出这样的结论，地球的自转轴不可能恰好与黄道面垂直。实际上，地球的自转轴相对垂线倾斜23.5°。随着地球围绕太阳公转，其地轴在全年都指向同一个方向。有时候太阳在地球北极所指的方向，有时候又在相反的方向。当地球的北极斜对着太阳时，太阳位于天赤道的北侧。六个月后，当地球的北极不斜对着太阳时，太阳则位于天赤道的南侧。如果我们看一看黄道圈，会发现黄道圈相对天赤道倾斜了23.5°。现在，请再一次利用橘子和台灯将此形象化。稍微倾斜一下橘子，使其北极不再指向天花板，而是穿过墙或者窗户指向天空中遥远的某个地方，并一直维持在此方向，然后将橘子围绕台灯做轨道运行。在某一点，台灯将恰好处于倾斜方向，而从此点到轨道一半的地方，台灯将处于倾斜方向的反方向。

图2.12（a）显示了地球在6月21日相对太阳的方向，太阳在该日几乎位于地球北极的倾斜方向，同时太阳位于天赤道的北侧。本章前文中说过，从地球北半球观看，天赤道以北的恒星有一半以上的时间处于地平线以上。太阳也是如此，因此北半球的夜晚时长不到12个小时。该时期正处于白天时间较长的夏季。六个月后的12月22日（图2.12（b）），太阳几乎位于地球北极所指方向的相反方向，因此太阳在天空中位于天赤道的南侧。夜晚将长于12个小时，北半球处于冬季。

在前段中，我们特别以北半球为例，是因为南半球的四季与北半球相反。请再看看图2.12。6月21日，当北半球处于白天时间较长而夜晚时间较短的夏天时，太阳正位于地球南极倾斜方向的相反方向，因而此时北半球处于冬季。同理，12月22日，太阳正位于地球南极倾斜方向，南半球的夏季夜晚也较短。

▶❙❙ **天文之旅：地球自转和公转**

地球地轴倾斜产生了四季。

词汇标注

天：在日常用语中，该词既表示太阳在天空中升起时的白天，也表示地球自转一周的时长（从午夜再到午夜）。具体意思，可根据上下文确定。在天文学上，该词也具有此两种意思，因此也必须根据上下文来确定。

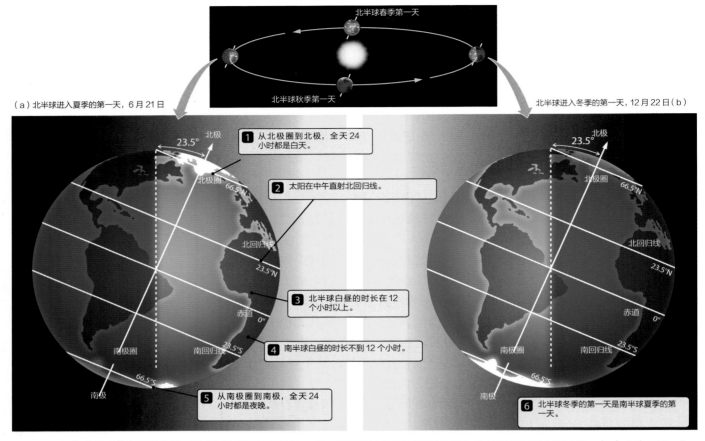

（a）北半球进入夏季的第一天，6月21日   北半球春季第一天   北半球秋季第一天   北半球进入冬季的第一天，12月22日（b）

北极   23.5°

1 从北极圈到北极，全天24小时都是白天。

北极圈 66.5°N

2 太阳在中午直射北回归线。

北回归线 23.5°N

赤道 0°

3 北半球白昼的时长在12个小时以上。

南回归线 23.5°S

4 南半球白昼的时长不到12个小时。

南极圈 66.5°S

南极

5 从南极圈到南极，全天24小时都是夜晚。

6 北半球冬季的第一天是南半球夏季的第一天。

图2.12　（a）北半球进入夏季的第一天（6月21日，夏至），北半球和地轴向太阳倾斜得最近，而南半球则离太阳最远。（b）六个月后，北半球进入冬季的第一天（12月22日，冬至），情况则完全相反。南半球和北半球的季节完全相反。

一年中，夜晚时长各不相同，这只是引起四季温度变化的部分原因，而不是全部。除此之外还有另一个重要因素：夏天太阳在天空中的位置比冬天高，因此更加直接地照射着地球。为什么这一点非常重要？为了弄明白，请将你的手靠近台灯，观察在墙上形成的影子大小。如果你将手掌面对台灯，手掌的影子比较大，当你将手掌倾斜时，影子就缩小。你手的影子大小说明，当你将手掌倾斜时，获得的能量小于将手掌直面台灯时获得的能量。如果你的手离台灯足够近，你可能会发现当你的手掌对着台灯时，感觉比较热，而此时将手掌倾斜，就不会那么热了。四季变化也是如此。夏天，你所在之地的地球表面几乎直对阳光，因此地面每平米每秒钟都吸收了较多的能量，而冬天，你所在之地的地球表面相对阳光更倾斜了，因此地面每平米每秒钟吸收的能量就较少。这是为什么夏天较热而冬天较冷的主要原因。

总而言之，导致地球上冬冷夏热有两大原因：太阳直射以及夜晚时间长短不一。

夏季阳光直射地面，因此地球表面每单位面积所吸收的能量比冬天时高。

标志季节更替的四个特殊日子

随着地球绕太阳公转，太阳沿黄道移动，而黄道相对天赤道倾斜23.5°。当太阳移动到地球北极所指方向时，该日称为夏至，每年都在6月21日左右，为北半球进入夏季的第一天。

六个月后，太阳几乎位于与北极所指相反的方向，该日称为冬至，每年都在12月22日，是一年中白昼最短的一天，也是北半球进入冬季的第一天。北半球几乎所有的文化传统都包括在十二月底举行的各类庆祝活动，这些冬季庆祝活动都有一个共同点：庆祝阳光和温暖重回地球。白昼时间将开始变长，春天又将来临。

在这两个特殊日期间，其中有两天太阳直接位于地球赤道之上，整个地球上，白昼和黑夜都是12个小时，这两个特殊日期被称为二分点（意思是"昼夜等长"）。秋分发生在秋季，大概是9月23日，介于夏至和冬至中间。春分发生在春天，大概是3月21日，介于冬至和夏至中间。

图2.13从两种视觉分别展现这四个特殊日子。第一种情况，太阳位置固定不变，这是实际情况，而第二种情况，太阳沿天赤道移动，这是地球上的观察者所看到的视觉现象。在两种情况下，我都从一个合适角度来看地球轨道面，以方便透视和让轨道面显得扁平。另外，我们还将图片倾斜，以让地球北极垂直向上。请使用橘子和台灯来重现这些图片，并按照箭头所指方向移动。在这两种视觉中来回切换。一旦你能根据图2.13（a）中太阳和地球的位置预测在图2.13（b）中的相应位置（反之亦然），就说明你掌握了这两种不同的视觉。

炉子打开后，将一壶水烧热需要一定时间，而将炉子关闭，该壶水需要一定时间才能冷却。同理，随着太阳向地球传递的热量的变化，地球也需要一定时间来反应。北半球夏季最热的月份通常是夏至之后白昼时间越来越短的七、八月份。同样，北半球冬季最冷的月份通常是冬至之后白昼时间越来越长的一、二月份。地球上气候季节的变换滞后于地球吸收到的太阳热量的变化。

今天我们使用的是以回归年为基础的公历。回归年是指从一个春分点到下一个春分点的时间——从北半球春分到北半球来年春分——约365.242189天。请注意，回归年不是一个整数，而是带有小数尾巴，约为0.25天。闰年——二月份有29天的一年——用于弥补与回归年之间的时间差，从而防止季节不同步，以免北半球八月份就进入冬季。公历历法也考虑了剩下的0.007811天，但该数字累积到一天的速度相当慢，因此我们会隔很多年才进行调整。

地球上有些地方季节变化大不相同

在地球两极，我们对季节的观念必须稍作改变。在北纬66.5°（北极圈）和南纬66.5°（南极圈），太阳在一年的部分时间位于天极附近。当太阳位于天极附近时，全天24小时都处于地平线以上，两极地区因而得名"午夜太阳之地"。但是，在北极和南极地区也会有部分时间太阳完全在地平线以下，夜晚时间为

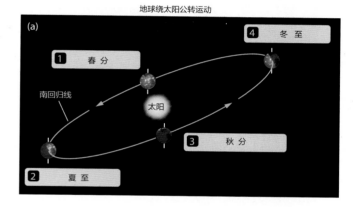

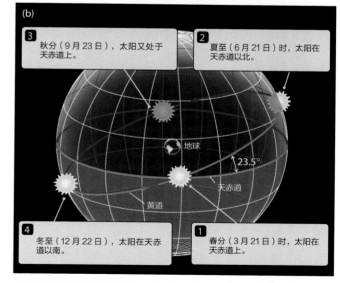

图2.13 分别以（a）太阳和（b）地球为参照系所观察到的地球绕太阳公转运动。

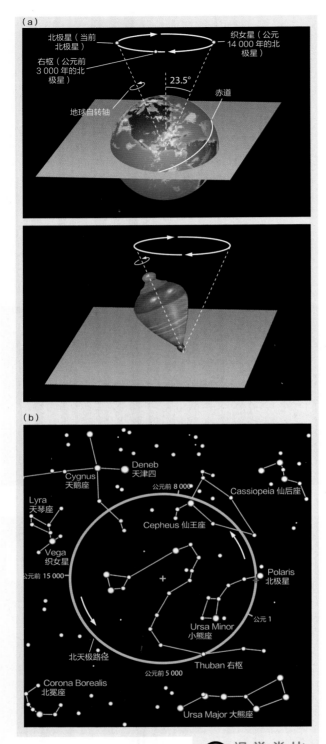

图2.14　（a）地球自转轴像陀螺轴一样变更方向。（b）岁差使地球自转轴的投影围绕黄极（黄色十字符）画一个圆。红色十字符表示21世纪地轴在天空中的投影。

24小时。在北极和南极地球，太阳永远不会直射，也不会多高；因此，即使在盛夏时节白昼最长时，北极和南极地球都比较寒冷。

赤道附近的季节又不一样。在赤道上，每天的昼夜相等，都为12个小时。太阳在春季第一天和秋季第一天直接照射地球，是因为在这两天太阳位于天赤道上。在这两天，太阳光更加直接地照射赤道。夏至，太阳位于黄道上最北的位置。夏至和冬至，太阳在中午时离天顶最远，因此太阳光照射最不直接。太阳在一年中每天都有12个小时在地平线以上，因此太阳在中午时总是挂在头顶上。

如果你位于南纬23.5°和北纬23.5°之间，例如里约热内卢或者美国檀香山上，每年有两次太阳直接照射头顶。此两个纬度之间的地带称为热带。该地带的北界线称为北回归线，南界线称为南回归线（见图2.12）。

宇领 地轴进动

当古埃及天文学家托勒密（Ptolemy）[克劳迪·托勒密尤斯（Claudius Ptolemaeus）]和其同事在2 000年前将有关天体位置和运动的知识正式化时，太阳在北半球夏季的第一天出现在巨蟹座方向，在北半球冬季的第一天位于摩羯座方向——因而得回归线。而今天，太阳在北半球夏季的第一天位于金牛座方向，在北半球冬季的第一天位于射手座方向。这就导致了一个问题：为什么会发生这种变化呢？地球和其地轴与两种运动相关，一方面，地球绕地轴自转，另一方面，地轴自身也像陀螺的轴一样在进动（图2.14（a））。地轴进动速度非常慢，进动一周期需要26 000年，在此期间，北天极将在一个圆周上移动一小段距离。第2.1节中，我们观察到北极星当前离北天极非常近。但是，如果你能穿越时空回到几千年之前或者去往几千年之后，将会发现北半球的天空看似围绕其旋转的某个点已经不再位于北极星附近（图2.14（b））。

根据前文所述，天赤道是天空中虚构的与地轴垂直的方向。地球地轴进动，因而天赤道必须随之倾斜。而随着天赤道的进动，天赤道与黄道的交点——二分点也将发生变化。地轴每隔26 000年进动一个周期，在这周期内，二分点的位置也将围绕天赤道移动一整圈，二者同时构成岁差。

｜ 2.3 月球运动和月相

月球是继太阳之后天空中最显眼的天体。地球和月球相互环绕运行，又一起围绕太阳旋转。月球从新月到满月完成一轮月相变化只需不到30天时间。当月球历经各个月相时，它的外观也会持续变化。这里，我们将从月球总是只以同一面对着我们这一事实来探讨月球的运动。

我们看到的月球表面始终是一样的

月球被照亮部分的形状和月球在天空中的位置会不断变化，但我们看到的月球表面却始终不变。不论是在下周或者下个月，甚至20或20 000年后。无论月球正面的明暗形状有何不同，你看到的仍是那个"月球"。这种现象使人产生了误解，认为月球不会自转。实际上，月球也会绕其轴自转——与其绕地球公转的周期完全一样。

请再一次使用橘子来帮助你将此概念形象化。这次，橘子代表月球而不是地球，使用椅子或者其他物体代表地球。面对你在橘子上画的人，该人面朝椅子。首先，让橘子围绕椅子做圆周运动，但不转动其轴。在这种情况下，该人相对墙壁始终面朝同一个方向，画有人像的橘子面不会始终朝着椅子。现在，再一次让橘子围绕椅子旋转，并让人像始终面朝椅子。在这种情况下，你必须转动橘子才能让人像始终面朝椅子，这就是说橘子是在围绕其轴旋转。当橘子围绕椅子完成一周旋转时，也恰好完成一周自转。月球也完全如此，每绕地球公转一周恰好完成一周自转，面朝地球的一面始终是同一面，如图2.15所示。该现象称为同步自转，因为公转和自传相互同步（或一致）。月球的同步自转不是偶然的。月球为细长形，使其正面始终向下朝着地球。

月球的背面永远背对地球，通常被错误地称为月球的阴暗面。实际上，月球背面被太阳光照射的时间和正面一样长。背面不是没有被照亮的暗面，但在20世纪中期之前，我们对月球背面毫无所知，一直将其视为未被太阳照射的阴暗面。直到宇宙飞船绕月球飞行，才知道月球背面是什么样子。

月相的变化

我们所看到的月球形状始终不停变化，这真是让人着迷。不同于太阳，月球自身不会发光。与包括地球在内的行星一样，月球是靠反射太阳光而发亮的。和地球一样，月球的一半总是处于明亮的白昼，另一半总是处于黑夜中。我所看到的月球被照亮部分总是不断变化，从而产生各个月相。时而（新月时）背离我们的一面被照亮，时而（满月时）面对我们的一面被照亮。而其他时间，我们从地球上只能看到被照亮的部分。月球时而在天空中呈圆盘状，时而呈银色月牙状。

为了帮助你形象化，请使用橘子、台灯（不带灯罩）和你的头进行模拟。你的头代表地球，橘子代表月球，台灯代表太阳。关掉房间中的所有其他灯，将椅子尽可能地远离台灯。将橘子举过头顶一点，使其一面被台灯照亮。将橘子顺时针旋转（如果从天花板看则为逆时针），观察橘子的表面是怎样变化的。当你位于橘子和台灯之间时，橘子面朝你的一面被完全照亮，橘子呈明亮

月球每绕地球公转一周恰好完成一周自转。

▶Ⅱ 天文之旅：**月球轨道：日月食和月相**

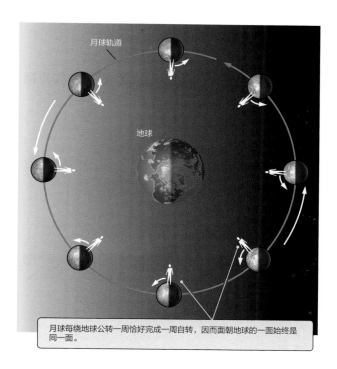

月球每绕地球公转一周恰好完成一周自转，因而面朝地球的一面始终是同一面。

图2.15 月球每绕地球公转一周恰好完成一周自转——该现象称为同步自转。

👁 视觉类比

图2.16　分别将橘子、无灯罩的台灯和你的头比作月球、太阳和地球来试验照明效应。将橘子围绕你的头旋转，并从不同的位置观察橘子，你会发现橘子被照亮的部分与月类似。

▶❚❚ 天文之旅：**月球轨道：日月食和月相**

月球的相位根据我们所能看到的明亮部位的多少而定。

的圆盘状。当橘子继续做圆周运动时，你将看到被照亮的形状会根据你所能看到的亮面的多少和暗面的多少逐渐变化。这种形状的逐渐变化恰好模拟了不断变化的月相（图2.16）。

图2.17显示了不断变化的月相。当月球处于地球和太阳之间时，月球的背面被照亮，而正面处于黑暗之中，对我们不可见，此时月球被称为新月。新月与太阳处于同一个方向，在白天出现，晚上彻夜不见。新月在天空中看起来离太阳较近，因此在日出时从东方升起，中午跨过子午线，晚上日落时从西方落下。

几天后，随着月球绕地球旋转，我们可以看到其被照亮半球的一小段弧线，此时月球被称为蛾眉月。这时，月球明亮的部分看起来一夜比一夜逐渐增加，该月相被称为渐盈眉月。（渐盈是指"逐渐变大和变明亮"。就好像正在燃烧的蜡烛底座上蜡油越来越多一样——月球明亮部分逐渐增多即为盈。）在这一周时间里，月球在太阳东方可见，因此经常在日落后可看到，靠近地平线西侧。月球明亮部分位于右下方（从北半球观看），因此蛾眉月的尖角总是指向太阳。

随着月球在其轨道上越行越远，太阳和月球之间的角度也随之增加，月球正面被照亮的部分越来越多，直到月球正面的一半变明亮，一半处于黑暗中。此时的月相称为上弦月，刚好在月相周期的四分之一处。上弦月在中午升起，日落时经过子午线，在午夜落下。

当月球在其轨道上移动了四分之一后，其正面一半以上被照亮，此相位称为渐盈凸月。此后，明亮部分继续扩大，直至我们看到月球的整个正面——满月。此时，太阳和月球在天空中彼此处于相反方向。满月在日落时出现，午夜经过子午线，早上日出时落下。

月相周期后半部分与前半部分完全相反。满月后，月球为凸圆，但月球正面部分的明亮部分为逐渐缩减。在此阶段，月球被称为渐亏凸月（渐亏是指"越来越小"）。月亏时，左侧（从北半球观看）为明亮部分。当月球又出现一半明一半暗现象时，即为下弦月。下弦月在午夜升起，接近日出时经过子午线，并在中午时落下。此后，月相继续变化，早上时分太阳西侧的天空上可见亏眉月，直至再次出现新月与太阳同起同落，开启新一轮月相周期。

你无须记住月球在各个相位每个时刻在天空中的位置和形状，这没有必要。但是，你需要透彻理解月球的运动和相位。请使用橘子或者台灯，或者画一张类似本章开篇一样的图，来模拟月球在轨道上的运行。从你绘制的图中，说出在指定的一天你将看到哪种月相及其在天空中的位置。现在，请回到本章开篇的图，并将其与图2.17比较。相比之下，图2.17更加详细，但传达的信息相同。你对之前的图有更深的认识了吗？为了检测你是否理解了，想一想月球上的宇航员回望地球时，他所看到的地球相位是怎样的。

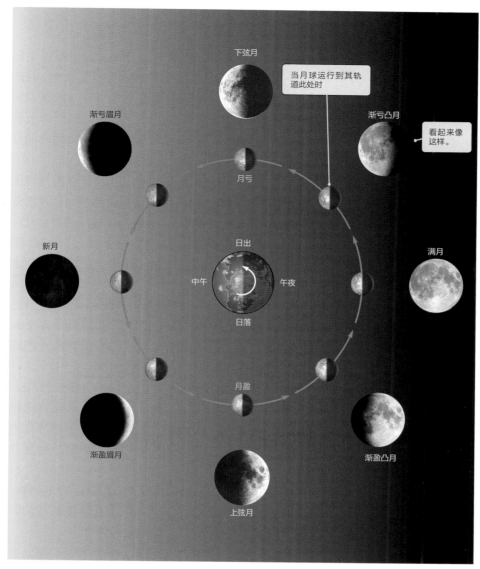

图 2.17 图中的内圈（以蓝色箭头连接）显示了观察者从地球北极高空所看到的月球绕地球公转运动之景象。图中的外圈显示了从地球上所看到的相应月相。

2.4 日月食：穿过影子

给人间带来阳光和温暖的太阳被天狗吞食，或者整个月球变为可怕的血红色，你还能想象出任何比这两个现象更让古人恐惧的天文事件吗？考古资料证明，我们的祖先曾不遗余力地研究日月食的规律。例如，图2.18所示的巨石阵可能用于预测日月食发生的时间。我们不知道4 000年前的建造者是用何工具建造巨石阵的，但可以肯定的是，他们期望通过学习日月食的某些秘密来克服对月食的恐惧——让他们相信日月食并不意味着世界末日。

图 2.18 巨石阵是位于英国乡村的古代遗迹，在 4 000 年前用于记录天文事件。

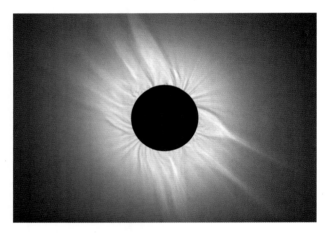

图 2.19 日全食全景

图 2.20 日偏食，月球没有全部遮挡住太阳。注意，当太阳贴近地平线时，地球大气层会让太阳形状失真。

▶‖ 天文之旅：**月球轨道：日月食和月相**

领悟宇宙 日月食的类型

日月食是因投射到太空中的影子而产生，地球穿过月球的影子即发生日食。日食有三种类型：日全食、日偏食和日环食。日全食（图2.19）发生时，月球完全挡住太阳圆盘。日偏食发生时，月球部分遮挡住太阳圆盘。日环食（图2.20）发生时，月球在其非圆形轨道上运行到离地球较远的地方，因而在地球上看起来变小了。月球的盘面与太阳重合，但却不足以将整个太阳遮挡住，此时的月球就像位于太阳中心的"黑洞"，仅剩下外面一圈"大火环"。

图2.21（a）显示了当月球的影子落到地球表面时所出现的日食的几何图形。此图未按比例绘制，显示的地球和月球之间的距离比实际情况近，因纸张大小所限，无法正确绘制，也不能展示出主要细节。图2.21（b）显示的日食几何图，按比例绘制了地球、月球和两者之间的距离。将此图与图2.21（a）比较，就明白为什么地球和月球很少按比例绘制了。如果图2.21（b）中也按比例绘制太阳，会比你的头还大，而且还应在该页左侧约66米以外。

日全食持续的时间从不超过 $7\frac{1}{2}$ 分钟，通常很短。即使如此，这也是自然中最神奇和最震撼的景象之一。世界各地的人纷纷不畏路遥来到地球各个角落见证明亮的太阳圆盘从天空中消失而只留下太阳大气层外围极弱的光芒这个奇观。

月食在特征上与日食大不相同。月食的几何图见图2.21（c）（图2.21（d）按比例绘制）。地球比月球大得多，因此地球投射到月球处的影子是月球直径的2倍以上。月全食约持续1小时40分钟。日全食在文学和诗歌中通常称为红月球（图2.22（a））；太阳发出的红光穿过地球大气层时发生弯曲折射到月球上，从而让月球"脸红"。

看到月全食的人比看到日全食的人多。在日全食发生时，若要见证日全食，你必须位于月球影子将扫过的极其狭窄的地带。另一方面，当月球被地球的影子遮盖时，面对月球的地球的半球上的任何人都可以看到月全食。

如果地球的影子没有完全遮住月球，月球的盘面部分仍然明亮，部分处于影子之中，这种现象称为月偏食。图2.22（b）显示了发生日偏食时在不同时间拍摄到的一组图片。最中间的一张月球显示几乎全部被地球影子遮住了。

我们不能总在满月时看到月食，也不能总在出现新月时看到日食。如果月球的轨道与地球的轨道处在同一平面上（想象地球、月球和太阳都位于平坦的

（a）日食几何图（不按比例）

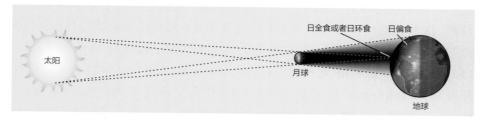

（b）按比例绘制的日食几何图

（c）月食几何图（不按比例）

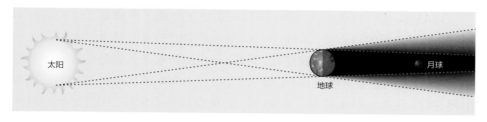

（d）按比例绘制的月食几何图

图 2.21 （a），（b）发生日食时，月球的影子落在地球表面上；（c），（d）发生月食时，月球穿过地球的影子。注意（b）和（d）均按比例绘制。

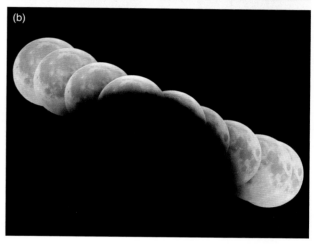

图 2.22 （a）月全食；（b）月偏食演变图。注意地球影子相对月球的大小。

桌面上），月球在每次出现新月时直接从地球和太阳中穿过，月球的影子将横穿地球表面，这样我们就会看到日食。同理，每次出现满月时也会出现月食。

　　但是，日食和月食不是每个月都发生，这是因为月球的轨道与地球轨道不完全在同一个平面上。月球绕地球公转的轨道相对地球绕太阳公转的轨道倾斜了5°左右（图2.23）。大多数时间，月球都位于地球与太阳连线"之上"或者"之下"。每年大概有两次，两个轨道面相交在一起，日月食才可能发生。

2.5　天空中行星的运动

　　古代的天文学家和哲学家假设太阳是太阳系的中心，但他们没有验证此假设的工具，也不能利用数学来创建一个更加完整和可验证的模型。相反，因为我们很大程度上不能感觉到地球在太空中的运动，太阳系地心说盛行一时。在大约1 500年的时间里，许多教育程度较高的人都认为太阳、月球和其他已知的行星（水星、金星、火星、木星和土星）都围绕固定不动的地球旋转。

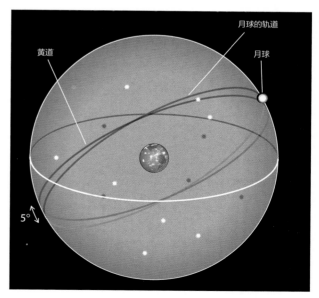

图 2.23　月球的轨道相对黄道倾斜，因此我们不能每个月都看到日月食。

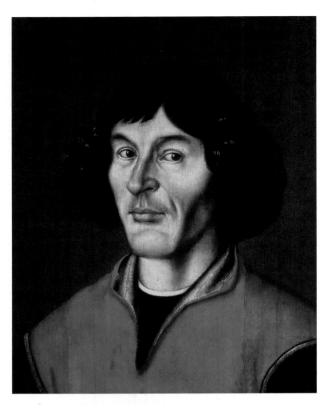

图 2.24 尼古拉斯·哥白尼（Nicolaus Copernicus）摒弃了古老的地心说而代之以日心说。

尼古拉斯·哥白尼（Nicolaus Copernicus，1473—1543；图2.24）不仅恢复了太阳而非地球是太阳系的中心这种理念，而且还创建了数学模型进行预测，这些预测可以为之后的天文学家所验证。这只是后来称为"哥白尼革命"的一系列革命的开端。在其他天文学家诸如第谷·布拉赫（Tycho Brahe，1546—1601）、伽利略·伽利雷（Galileo Galilei，1564—1642）、约翰尼斯·开普勒 （Johannes Kepler，1571—1630）和艾萨克·牛顿爵士（Sir Isaac Newton，1642—1727）的不懈努力下，太阳系日心说已经成为所有科学领域最被充分证实的理论之一。

古代人意识到行星在"固定不动的恒星"中普遍向东运行。古代天文学家还认识到这些行星偶尔还会表现出"视逆行"——意思是，它们看起来会转过身向西运动一段时间，然后再恢复到正常的向东运动。这五颗已知行星的奇怪运动一直是地心说无法解释的难题。

1543年，哥白尼提出日心说，比地心说更简单明了地解释了这种逆行运动。根据哥白尼的日心说，当地球在轨道上超越了外侧的火星、木星和土星时，这些外侧行星就会呈现视逆行。同样，当内侧的水星和金星在轨道上超越了地球时，它们也会呈现视逆行。除太阳以外，太阳系中的所有天体都会表现出视逆行。随着它们离地球越来越远，这种效应就会消失。图2.25按定时顺序显示了火星逆行"圈"。

逆行运动只是视觉上的，不是真实情况。当我们乘坐的汽车或者火车经过另一辆速度较慢的汽车或者火车时，其他车辆看起来好像在后退。如果没有外部参照系——观察者用于测量位置和运动的参照系，将难以判断哪辆车在行驶以及向哪一个方向行驶。哥白尼为太阳和其行星提供了一个合适的参照系。

通过结合几何学和对行星在天空中的位置的观测（行星的地平高度以及从地平线上升起和落下的时间），哥白尼根据地球与太阳之间的距离估算了行星与太阳之间的距离。其估算的相对距离与今天我们用现代方法获得的数据非常接近。通过这些观测，他还发现了每颗行星与地球和太阳是在什么时候排成一条线的。通过信息分析，几何学的结合，哥白尼计算出了每颗行星围

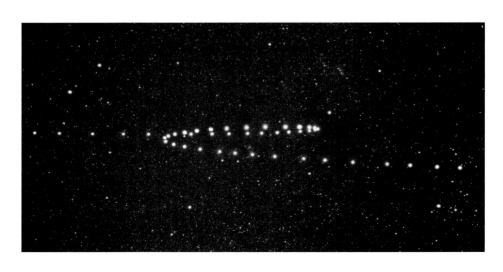

图 2.25 火星的视逆行运动

绕太阳旋转一圈需要多长时间。根据该模型，可以对各颗行星在某个指定晚上的位置进行可验证的预测。日心模型比地心模型简单得多，因此根据奥卡姆剃刀原理，日心模型更好。

第谷（Tycho，通常以其姓氏称呼）是在望远镜发明之前最后一位杰出的观测天文学家。他认真测量了行星在天空中的精确位置，获得了在当时最全面的行星数据集。在他去世后，他的助理开普勒（Kepler）获得了这些数据。开普勒利用这些数据推导出了三个规则，更加完善和准确地描述了行星的运动。这三个规则如今通称为开普勒定律。

词汇标注

焦点：在日常用语中，焦点是个多义词，既表示引起注意，也表示镜头将光线聚合形成的点。在数学领域，焦点表示椭圆内的一个固定点。椭圆有两个固定点，椭圆上任何一点到这两个固定点的距离之和是常数。

开普勒第一定律

当开普勒将第谷的观测数据与哥白尼模型的预测进行对比时，他原本期望这些数据能够证实行星的轨道为圆形轨道。相反，他发现哥白尼的预测和观测数据之间存在矛盾。他不是第一个注意到这些差异的人。开普勒没有简单地摒弃哥白尼模型，而是进行了调整使其与观测数据相吻合。

开普勒发现，如果将圆形轨道换成椭圆形轨道，这些预测几乎和观测数据完全吻合。关于行星运动的开普勒第一定律就此产生：每一个行星都沿各自的椭圆轨道环绕太阳，而太阳则处在椭圆的一个焦点中。椭圆（图2.26（a））是一种特殊的长圆形，其形状由两个焦点决定，左右上下均对称。当两个焦点越来越靠近，就会变成圆形（图2.26（b））。同样，当两个焦点越离越远，椭圆就会越来越细长。

图2.26（a）示意了椭圆的相关术语。图中的虚线表示椭圆的两个主轴线。长轴的一半称为半长轴，通常以字母A表示。轨道的半长轴是描述行星轨道的最简单的方法，因为其长度等于该行星与太阳之间的平均距离。

椭圆的形状由其离心率e决定。圆形的离心率为0。椭圆越扁长，其离心率越接近1。许多行星的轨道近似圆形，离心率接近0。地球的轨道几乎是一个以太阳为中心的圆形，离心率仅为0.017，如图2.27（a）所示。相比之下，冥王星轨道的离心率为0.249，是非常明显的椭圆形（图2.27（b）），太阳偏离其中心位置。这是矮行星冥王星区别于其他经典行星的特点之一。

开普勒第二定律

根据第谷获得的行星在天空中运动的观测数据，开普勒发现当行星越靠近太阳运动速度越快，越远离太阳运动速度越慢。例如，地球在其轨道上绕太阳旋转的平均速度是每秒29.8千米。当地球离太阳最近时，其运动速度为30.3千米/秒，而当地球离太阳最远时，运动速度则为29.3千米/秒。

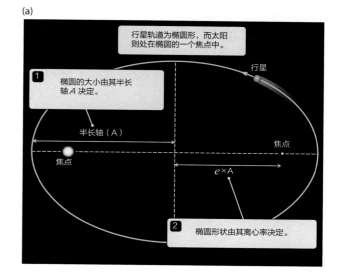

(a)

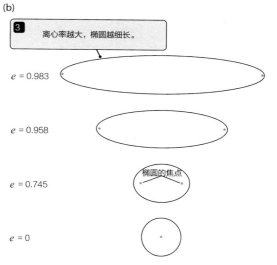

(b)

图2.26　（a）开普勒第一定律：每一个行星都沿各自的椭圆轨道环绕太阳，而太阳则处在椭圆的一个焦点中。（b）椭圆范围从圆形到细长形。

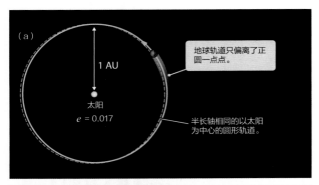

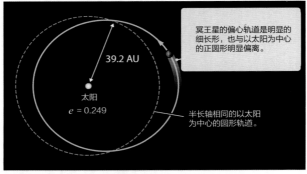

图2.27　（a）地球轨道形状和（b）冥王星轨道形状与以太阳为中心的圆形相比较。

▶❙❙ 天文之旅：**开普勒定律**

离太阳最近时行星的公转速度最大。

行星轨道周期的平方等于轨道半长轴的立方。

词汇标注

周期：在天文学中，该词用于表述重复的时间间隔时，例如天体轨道运行一周的时间。

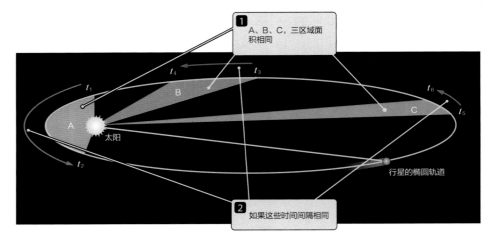

图2.28　开普勒第二定律：随着行星作轨道运行，行星与太阳之间虚构的连线会扫过一定面积。开普勒第二定律指出，如果图中所示的时间间隔相等，A、B、C三个面积也应相等。

开普勒找到了一种较为完善的方式来说明行星绕太阳公转的速度是在不断变化的。如图2.28，显示了行星轨道上的六个点。设想一条连接太阳和其行星的直线，并作出这种想象：随着行星的移动，该直线会从一个点到另一个点"扫过"一定面积。开普勒第二定律，也称为开普勒面积定律，指出无论行星在其轨道上处于任何位置，在相等时间内太阳和行星的连线所扫过的面积相等。图2.28中，如果三个间隔时间相等（即 $t_1 - t_2 = t_3 - t_4 = t_5 - t_6$），A、B、C三个面积也应该相等。

宇领悟宙 开普勒第三定律

离太阳较近的行星所运动的轨道比离太阳较远的行星所运动的轨道短。例如，木星离太阳的平均距离是地球离太阳的平均距离的5.2倍。而运行轨道的周长与其半径成正比，因此木星的公转轨道必然是地球绕太阳公转轨道的5.2倍长。但是，木星完成一周公转需要12年，因此木星的轨道不仅比地球的轨道长，而且相比地球其公转速度更慢。行星离太阳越远，其轨道周长越长，公转速度越慢。

开普勒找到了行星轨道周期与其离太阳的平均距离之间的数学关系。开普勒第三定律指出，周期的平方等于距离的立方。我们将在疑难解析2.2中详细阐述此关系。

疑难解析 2.2　　开普勒第三定律

一个数的平方表示该数与自身相乘, 如公式 $a^2=a\times a$。而其立方表示再乘以该数, 如公式 $a^3=a\times a\times a$ 中。开普勒第三定律是指一个行星轨道周期 ($P_{年}$, 按年计算) 的平方等于该行星椭圆轨道半长轴的立方 (A_{AU}, 按天文单位计算)。若转换成数学公式, 该定律表示为:

$$(P_{年})^2 = (A_{AU})^3$$

在此公式中, 天文学家为了方便起见采用了非标准单位。单位年用于测量轨道周期, 而天文单位则是为了方便测量轨道的长短。当采用年和天文单位时, 我们可得出下图所示关系 (图2.29)。值得注意的是, 无论采用何种单位都不会改变我们所研究的物理关系。例如, 若采用秒和米作为单位, 该关系可表示为:

$$(3.2\times 10^{-8}年/秒\times P_{秒})^2=(6.7\times 10^{-12}米/AU\times A_{米})^3$$

简化为:

$$(P_{秒})^2=3.2\times 10^{-19}\times (A_{米})^3$$

假设我们想知道海王星轨道的平均半径 (单位AU), 首先需确定海王星的周期是多少地球年, 该周期可通过仔细观察海王星相对恒星的位置而定。海王星的周期是165年, 将该数字代入开普勒第三定律, 得出:

$$(P_{年})^2 = (A_{AU})^3$$
$$(165)^2 = (A_{AU})^3$$

若要解此方程式, 必须首先计算出左边的平方数得出27 225, 然后计算立方根。

计算提示: 科学用计算器通常具备计算立方根的功能, 上面的符号有时为 $X^{1/y}$, 有时为 $\sqrt[x]{y}$。计算时, 首先输入基数并点击立方根按钮, 再输入方根 (2表示平方根, 3表示立方根, 以此类推)。有时候, 计算器上面的按钮可能显示为 x^y (或者 y^x)。在此情况下, 需要将方根转换为小数输入。例如, 若你想计算平方根, 需输入0.5, 因为平方根以　表示。若要计算立方根, 需输入0.333 333 333 (重复), 因为立方根以　表示。

为了计算海王星轨道半长轴的长度, 可能需要输入 27 225[$X^{1/y}$]3, 从而得出:

$$30.1=A_{AU}$$

因此, 海王星与太阳之间的平均距离为30.1AU。

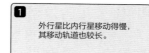

外行星比内行星移动得慢, 其移动轨道也较长。

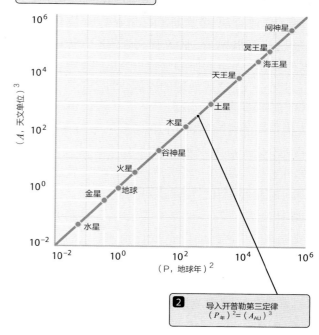

导入开普勒第三定律 $(P_{年})^2 = (A_{AU})^3$

图 2.29　八个经典行星和三个矮行星的 "A^3–P^2" 坐标图显示它们都符合开普勒第三定律。(请注意, 每个轴都标绘了10的次方, 这样无论数字大小都可在同一个图表中使用, 这种情况将经常出现)。

天文资讯阅读

你可能认为信息就如同地球和月球的运动一样永不改变，但只要情况合适，这些数值都可能在瞬间发生变换。本文摘自《彭博商业周刊》2010年3月1日网络版。

美国国家航空航天局（NASA）科学家表示，智利地震可能导致地轴移位

撰稿人：《彭博商业周刊》亚历克斯·莫拉莱斯（ALEX MORALES）

美国国家航空暨太空总署的一位科学家表示，智利2月27日发生的已造成700人死亡的强震可能导致地球自转轴偏移，并使人类一天的时间缩短。

位于美国加州的喷射推进实验室地球物理学家理查德·格罗斯（Richard Gross）利用计算机模型，估算智利强震效应，据他表示，强震能使绵延数百公里的岩块位移数公尺，造成地球的质量分布发生变异，而影响地球的自转。

"人类一天的时间缩短了1.26微秒，也就是百万分之一点二六秒"，格罗斯今日在其邮件答疑中说道："智利的地震可能使地球自转轴线偏移2.7毫弧秒（约8厘米或者3英寸）。"

格罗斯表示，这样的微量变化很难侦测，但可以模拟出来。地震造成的某些其他变化就更为显著，英国利物浦大学地球科学教授安德烈亚斯·里特布罗克（Andreas Rietbrock）研究调查了受影响区域，指出岛屿可能发生了位移，虽然位移不是从最近一次地震后才开始。

里特布罗克在今日接受电话采访时说道，智利康赛普西翁市外海的圣马里亚岛在地震后可能隆起约2米（约6英尺）。他告诉我们岛上的岩石证明，该岛曾经因为以往的地震而上升。

冰舞效应

英国地质调查所的专家戴维·克里奇（David Kerridge）说："我们称它为'冰舞效应'，当一个花样滑冰运动员在冰上旋转时，如果她收回自己的手臂，就会越转越快。同理，当地球的质量分布发生改变，自转的速率就会改变。"

里特布罗克表示其未能与康赛普西翁市的地震学家取得联系，探讨此次里氏8.8级的地震。

"非常肯定的是，地震确实让地球发出了像铃声一样的声音。"他补充道。

格罗斯提到，发生于2004年苏门答腊9.1级地震，引发了印度洋海啸，让一天的时间缩短了6.8微秒，同时也让地轴移动了2.3毫角秒。

中国台湾"国立中央大学"地球科学院院长赵丰在邮件中指出，在某一天发生的改变将会永久持续。

他表示，"由于大气团围绕地球旋转等其他原因，这种微小变化往往隐藏于更大的变化之中"。

新闻评论：

1. 地球自转速度发生了什么变化，是什么原因导致的？

2. 戴维•克里奇提到了所谓的"冰舞效应"，这是什么效应？将地球现象与日常现象做对比以此论证地球自转发生了变化让你更容易还是更难以理解？这种对比使该观点更令人信服还是更令人不信服？

3. 研究文章中的数字。格罗斯声称一天的时间缩短了1.26毫秒。请使用封面内页的前缀列表以科学记数法写出此数字。该数字是大还是小？这种变化会对你完成下一次家庭作业所需的时间产生实质影响吗？

4. 这是一次唯一的事件吗？之前发生过类似事件吗？

5. 地球自转速度在发生变化是一种科学假设吗？请回忆第一章中关于证伪的讨论。该假设可以证伪吗？如果可以，我们该如何验证？

6. 该文章与商业有何关系?为什么《彭博商业周刊》也报道了此事件？

7. 将本新闻报道中的冰舞效应与月球轨道相联系。月球大约以每世纪1厘米的速度远离地球。那么，月球的轨道周期将变长还是变短？你能猜测其速度是在增加还是减少？

小结

2.1 地球绕其轴自转引起了太阳、月球和恒星的周日视运动。我们在地球上所处的位置以及地球在其轨道上的位置决定了我们在夜晚能看到哪些恒星。

2.2 地轴倾斜让太阳光照射到地球表面不同位置的角度发生改变,从而产生四季。

2.3 月球的自转周期与其围绕地球公转的周期同步。太阳、地球和月球的相对位置决定了月相。月球处于哪个位

相是由从地球看到的其明亮面的多少确定。

2.4 太阳、地球和月球三者之间的特殊排列产生了日食和月食。

2.5 哥白尼提出了太阳系日心说,更简单地解释了行星的运动。开普勒创建了说明行星运动的三大定律。参照系是观察者用于测量位置和运动的坐标系。

◆ 小结自测

1. 太阳、月球和恒星:
   a. 随着时间改变它们的相对位置
   b. 因地球自转看起来每天都在移动
   c. 根据它们在天球上的位置,在北方或者东南方升起,在北方或者西南方落下
   d. 以上皆是

2. 我们在夜晚看到的恒星由 _____ 决定。
   a. 我们在地球上的位置
   b. 地球在其轨道上的位置
   c. 观测时间
   d. 以上皆是

3. 季节形成的原因: _____ 。

4. 你看到月球在日落时升起,这时月球所处的月相是:
   a. 满月
   b. 新月
   c. 上弦月
   d. 下弦月
   e. 残月

5. 你在子午线上看到上弦月,这时太阳在哪个位置?
   a. 西方地平线上   b. 东方地平线上
   c. 地平线以下   d. 子午线上

6. 你不能每月都看到日月食是因为:
   a. 你的观察力不高
   b. 太阳、地球和月球每年只有两次排列在一条直线上
   c. 太阳、地球和月球每年只有一次排列在一条直线上
   d. 日月食是随机发生的,无法预测

7. 参照系是观察者用于测量_____和_____的坐标系。

8. 将下列行星按照半长轴的长度从长到短排列。
   a. 公转周期为 84 地球年的行星
   b. 公转周期为 1 地球年的行星
   c. 公转周期为 2 地球年的行星
   d. 公转周期为 0.5 地球年的行星

9. 当行星离太阳 _____ 时运动速度最快,离太阳 _____ 时运动速度最慢。

问题和解答题

判断题和选择题

10. 判断题:开普勒三大定律解释了为什么行星会围绕太阳旋转。

11. 判断题:天球不是天空中实际存在的天体。

12. 判断题:日月食每月都会发生在地球某处。

13. 判断题:月相是由于地球、月球和太阳的相对位置引起的。

14. 判断题:如果某颗恒星在东北方升起,将在西北方落下。

15. 判断题:从北极观看,夜空中的所有恒星都是拱极星。

16. 地轴倾斜引起了四季,这是因为:
    a. 夏季地球的某半球离太阳更近
    b. 夏季白天较长
    c. 夏季太阳光更直接地照射地面

d. a、b两者

e. b、c两者

17. 在春分和秋分：

 a. 整个地球昼夜均等，都是12个小时

 b. 太阳在正东方升起，在正西方落下

 c. 太阳处于天赤道上

 d. 以上皆是

 e. 以上皆非

18. 我们看到的月球表面始终是同一面，这是因为：

 a. 月球不会绕其轴旋转

 b. 月球每公转一周也自转一周

 c. 当月球的另一面，面朝我们时，该面没有被太阳照亮

 d. 当月球的另一面，面朝地球时，该面正处于地球的另一边

 e. 以上皆非

19. 你在日出时在子午线上看到月球，这时月相为：

 a. 盈凸月

 b. 满月

 c. 新月

 d. 上弦月

 e. 下弦月

20. 当 _____ 影子落在 _____ 上时发生月食。

 a. 地球的；月球

 b. 月球的；地球

 c. 太阳的；月球

 d. 太阳的；地球

21. 开普勒第二定律是：

 a. 每一个行星都沿各自的椭圆轨道环绕太阳，而太阳则处在椭圆的一个焦点中

 b. 行星轨道周期的平方等于其半长轴的立方

 c. 每个作用力都有一个大小相等、方向相反的反作用力

 d. 行星离太阳最近时运动速度最快

22. 假设你在报纸上读到一篇报道称发现了一颗新行星，其在轨道上的平均速度为33千米/秒，当它离其恒星最近时，速度时31千米/秒，离其恒星最远时，速度为35千米/秒。该篇报道是错误的，因为：

 a. 平均速度太快了

 b. 开普勒第三定律称行星在相等时间内扫过的面积相等，因此行星的速度不可能发生改变

 c. 行星离其恒星的距离是恒定的，因此不会靠近或者远离

 d. 根据开普勒第二定律，行星离其恒星最近时速度才最快，而不是当它离其恒星最远时

 e. 根据给定的数据，轨道周期的平方将不等于半长轴的立方

概念题

23. 在你的学习小组中，其中两位同学正在争论月相问题。其中一位认为月相是由于地球落在月球上的影子产生的，另一位则辩称月相是因为地球、月球和太阳三者之间的方位引起的。请解释本章开篇的图片是如何证明其中一位同学的假设是错误的。

24. 为什么不存在"东天极"和"西天极"？

25. 地球有北极、南极和赤道，它们在天球上分别对应的是什么？

26. 当哥伦布（Columbus）等航海家从欧洲向新大陆航行时，通常依靠北极星来导航。当麦哲伦（Magellan）向南海航行时，他不能利用北极星来导航。请解释原因。

27. 如果你正站在地球的北极上，什么时候能在你的天顶上看到北天极？

28. 如果你正站在地球南极上，你能看到哪些恒星的升起和落下？

29. 你在地球上的哪个位置全年都可以看到整个天空？

30. 太阳在一年中穿行过的星座被称为什么？

31. 我们通常将特定星座与一年中的特定时期相联系。例如我们会在北半球的冬天（南半球的夏天）看到黄道星座双子座，在北半球的夏天看到黄道星座射手座。为什么我们在北半球的冬天（南半球的夏天）看不到射手座，或者在北半球的夏天看不到双子座呢？

32. 假设你正与喷气客机一起飞翔：

 a. 确定你的参照系

 b. 在你的参照系中可能发生什么相对运动

33. 木星的自转轴相对其轨道面倾斜3°。如果地球的自转轴也倾斜此角度，请解释这将对四季产生怎样的影响。

34. 描述以下时间太阳在天球中的周日视运动。

 a. 春分

 b. 地球北半球夏至

35. 为什么冬至不是一年中最冷的时候？

36. 只有在地球上唯一一个特定的地区，太阳在一年中某个时间段才会恰好在天顶出现。请指出这是哪一个地区。

37. 许多城市的街道都是东西或者南北排列。

 a. 为什么二分点之后的几个星期内，早晚高峰期东西向经常堵车？

 b. 根据你对（a）的回答，如果你白天在市内上班，你宁愿居住在城东还是城西？

38. 地球围绕其轴自转，并向陀螺一样进动。

 a. 地球自转一周需要多长时间？

 b. 地球进动一周需要多长时间？

39. 为什么我们看到的始终是月球的同一面？

40. 你在子午线附近看到满月时大概是一天的什么时候？上弦月什么时候在东方地平线上升起？请画一张草图进行说明。

41. 假设月球的轨道是圆形的。设想你正位于月球面对地球的一面。

　　a. 随着月球围绕地球旋转一周，地球在天空中的视运动是怎样的？

　　b. 相对从地球上看到的月相，你所看到的"地球的相位"是怎样的？

42. 有时候艺术家作画时将盈眉月的尖角对着地平线。这是真实的写照吗？请解释。

43. 天文学家有时候会作为专家证人出席法庭。假设你作为专家证人被传唤，被告辩称他没有看到原告，因为当时是午夜时分，天上月球又亮又圆，街道上都是长长的影子。该被告的说辞可信吗？为什么？

44. 为什么你在家里更有可能看到日偏食而不是日全食？

45. 为什么我们不能在每次出现满月时都看到月食或者在每次出现新月时都看到日食？

46. 为什么发生月全食时月球是血红色的？

47. 公历一年不是365天，实际上约365.25天。为了避免日历出现不同步，我们是怎样处理这四分之一天的？

48. 日月食的发生是否是对太阳和月球都围绕地球旋转这种观念的有力反驳？

49. 通俗小说中经常会出现对吸血蝙蝠的描述。这种生物即使对一点点太阳光都有强烈的反应，但在有月光的夜晚，它们却完全不受影响。这符合逻辑吗？月光与天阳光有怎样的联系？

50. 假设你正在飞机上从北半球飞往南半球。在路上，你意识到一个神奇的事情。你刚刚才处于北半球一年中最长的白天，然后又将在同一天经历南半球最短的白天！你飞行的时间是一年中的哪一天？你如何向邻座解释这种神奇的现象？

51. 每个椭圆都有两个焦点。太阳处于行星椭圆轨道的一个焦点上，那么另外一个焦点是什么？

52. 椭圆有两个轴，长轴和短轴。长轴的一半称为半长轴。行星轨道的半长轴有何特殊重要性？

53. 圆形轨道的离心率是多少？

54. 行星在其轨道上的运行速度随着其绕太阳旋转的路程而变化。

　　a. 在轨道上的哪个位置行星移动速度最快？

　　b. 在哪个位置移动速度最慢？

55. 海王星在其绕太阳旋转的轨道上需运行的距离大约是地球需运行距离的30倍。但是，海王星绕太阳运行一周几乎需要165年。这是为什么？

解答题

56. 地球在赤道上的自转速度为1 674千米/时。请根据此数据求得地球赤道直径。

57. 盈眉月每天出现在太阳东边，然后向东方更远的地方移动。这说明盈眉月升起的时间较早还是较晚？早多少时间，或者晚多少时间？

58. 浪漫主义小说家偶尔写到当英雄策马向夕阳驰去时，一轮满月正高挂天空。这种说法正确吗？为什么？请绘制一张满月时太阳、月球和地球的草图来解释。

59. 即使月球是蛾眉月，通常你也能辨认出月球不明亮的部分。这是因为地球反照现象，太阳光被地球反射，然后再反射到月球上，最后进入你的眼帘。请绘制一张月球为蛾眉月时太阳、月球和地球的草图，并标记出太阳光进入你眼中的路径。

60. 假设你是月球上的一位天文学家。请解释从你所在的月球参照系中所看到的地球的相对运动。

61. 许多人每年都在南极洲的科研基地过冬。有一人告诉你说他能在该地十二月看到满月。这可能吗？请绘制一张图进行解释？

62. 根据"天文资讯阅读"中的报道，地球的自转速率变慢了1.26微秒。根据我们的时钟，需要多少天才能将1秒抵消？

63. 如果你以100千米/时的速度行驶了100千米，所花时间是多少？如果你以120千米/时的速度行驶呢，所花时间又是多少？

64. 假设你在澳大利亚度假，度假之地正好位于南回归线上。你所在的纬度是多少？在你的位置上所看到的拱极星的范围距离南天极的最大角度是多少？

65. 月球的轨道相对地球绕太阳旋转的轨道倾斜了5°左右。从美国费城（北纬40°）观看，月球在天空中能到达的地平高度最高是多少？

66. 设想你在南半球夏至时正位于南极上。

　　a. 太阳在中午时在地平线上多高位置？

　　b. 太阳在午夜时在地平线以上（或者以下）多高位置？

67. 请找出你所在的纬度。画一张图表，显示出你所在的纬度与（a）北天极的地平高度相同，以及（b）与天赤道和你的地方天顶之间的角度（沿子午线）相同。冬至和夏至，从你的所在的位置看到的太阳在中午时分的地平高度如何？

68. 著名的南十字星座中的南极星位于天赤道以南约65°。从美国哪个州可以看到整个南十字星座。

69. 假设你使用量角器测量天顶与北极星之间40°的夹角。那么，你是位于美国还是加拿大？

70. 假设地球赤道相对其轨道倾斜了10°而不是23.5°。北极圈、南极圈以及南北回归线的纬度应是多少。

71. 假设你想在午夜时分，太阳刚刚从北方地平线上升起时见证

"子夜太阳",但你又不想往北走太远,那么:

  a. 你必须往北走多远(即到哪个纬度)?

  b. 你将在什么时候出发?

72. 春分点现在正处于黄道星座双鱼座处。因地轴进动,春分点最终将移动到水瓶座。春分点在12个传统的黄道星座中的每一个星座上将平均停留多长时间?

73. 根据图2.14(a)估算右枢将在什么时候又一次成为北极星。

74. 月球的视直径约为0.5°。月球穿过恒星在天球上移动自己直径的距离大约需要多长时间?

75. 假设月球仍位于同一轨道平面上,但离地球的距离是现在的两倍,将发生什么?

  a. 月相将保持不变。

  b. 将不可能出现日全食。

  c. 将不可能出现月全食。

76. 下列两项如果都发生,哪一项更经常发生:(a)从地球上观看到月全食,或者(b)从月球上观看到日全食?并请解释原因。

77. 假设你在太阳系中发现了一颗新的矮行星,其半长轴为46.4AU。那么它的轨道周期是多少(单位为地球年)?

78. 假设你发现了一颗围绕类似太阳的恒星旋转的行星。经过几十年的仔细观测,你发现其轨道周期为12地球年。请计算该行星半长轴的立方,再计算其半长轴。

79. 假设你在小报上看到一篇报道称"专家发现了一颗离太阳1AU、轨道周期3年的新行星"。请根据开普勒定律反驳这是不可能的。

80. 恒星日是地球相对恒星自转到同一位置所需的时间:23时56分。太阳日是地球相对太阳自转到同一位置的所需时间:24小时。请进行下列步骤弄清楚是怎么回事(记住从北天极看地球绕其轴逆时针自转,并围绕太阳逆时针公转)。

  a. 从北天极向下看,画一张太阳—地球系统草图,并画一个观察者比尔(Bill)位于地球上正处于中午的位置,以及另一个观察者莎莉(Sally)位于地球上正处于午夜的位置。

  b. 再画一张一个恒星日之后的地球图片,让莎莉相对于恒星处于同一个方向。为了让草图清晰易懂,你需要夸大地球绕太阳的公转运动。

  c. 在第二张草图上,太阳相对于比尔位于哪个位置?比尔所在之地是中午时分吗?

  d. 为了将比尔带回相对太阳的同一位置上,必须做什么?

  e. 这将导致太阳日长于还是短于恒星日?

  f. 请画第三张地球图片,让比尔再次处于中午时分的位置。莎莉会像在第一张图中那样在天空中看到相同的恒星吗?你是怎么知道的?

81. 假设厄瓜多尔中午时分有一个观察者丽塔(Rita)。随着地球绕其轴自转时,丽塔将经历一天的时间,从中午到日落到午夜再到日出最后又到中午。同时,随着地球绕太阳公转,丽塔也在围绕太阳旋转。因此,丽塔必须旋转360°多一点才能经历中午。旋转360°所需的时间是一个恒星日,而从中午再到中午所需的时间为一个太阳日。太阳日比恒星日长4分钟,因为需要"额外"自转一点点。假设地球围绕太阳公转的速度是目前的两倍,会是怎样的呢?

  a. 地球一个恒星日在轨道上运行的距离变得更长还是更短?长了多少,或是短了多少?

  b. 这是否意味着地球必须自转多一点或者少一点才能让丽塔再次回到中午?多多少,或者少多少?

  c. 如果目前的"额外"自转需要4分钟,在这种假想的自转速度更快的系统中,该"额外"自转需要多少时间?

  d. 在现实中,恒星日为23时56分。现实中的太阳日是多长时间?而在此虚构的自转速度更快的系统中,太阳日又是多长时间?

在本节，我们将探讨开普勒定律是如何运用在水星轨道中的。请登录学习空间（StudySpace），打开第二章行星轨道模拟器。该模拟器模拟了行星的轨道，可以让你控制模拟速度以及各种其他参数。本文中，我们将重点探讨水星的轨道，你也可以将其运用到其他行星轨道的研究上。

开普勒第一定律

在开始探讨模拟之前，在"轨道设置（Orbit Settings）"窗口，使用"参数设置（Set parameters for）"旁边的下拉菜单选择"水星（Mercury）"，然后点击"确认（OK）"。点击控制面板底部的"开普勒第一定律（Kepler's 1st Law）"标签。使用安全按钮选择"显示虚焦点（show empty focus）"和"显示中心（show center）"。

1. 你将如何描述水星轨道的形状？

取消"显示空焦点（show empty focus）"和"显示中心（show center）"的选择，选择"显示短半轴（show semiminor axis）"和"显示半长轴（show semimajor axis）"。在视觉化选项下，选择"显示栅格（show grid）"。

2. 使用栅格标记估算短半轴与长半轴之比。

3. 将该比值套入方程式 $e=\sqrt{1-(比率)^2}$ 中计算水星轨道的离心率。

开普勒第二定律

点击控制面板顶端附近的"重置（reset）"按钮，设置水星的参数，再点击控制面板底部的"开普勒第二定律（Kepler's 2nd Law）"标签。将"调整面积大小（adjust size）"滑块滑至右边，直到扫过面积大小是 $\frac{1}{8}$。

点击"开始扫（start sweeping）"。行星将在轨道上运动，并模拟填满面积，直到轨道的 $\frac{1}{8}$ 被填满。当行星移动到其轨道最右边一点（即轨道上离太阳最远的一点）时，再次点击"开始扫（start sweeping）"。你可能需要使用"模拟控制（Animation Controls）"窗口中的滑块降低模拟速率。点击视觉化选项中的"显示栅格（show grid）"。（如果移动中的行星让你烦躁，你可以暂停模拟。）估算面积大小的最简单的方法之一是计算方格的数量。

4. 分别计算黄色区域和红色区域中方格的数量。你将需要决定如何处理方格数量的小数部分。两个面积是否一样？应该一样吗？

开普勒第三定律

点击控制面板顶端附近的"重置（reset）"按钮，设置水星的参数，再点击控制面板底部的"开普勒第三定律（Kepler's 3rd Law）"标签。在视觉化选项中选择"显示太阳系轨道（show solar system orbits）"。研究开普勒第三定律窗口中的图表。滑动离心率滑块变更被模拟行星的离心率。首先，将离心率调至较小的数值，再逐步增加。

5. 图表内是否发生任何变化？

6. 从这种变化中可以看出轨道周期与离心率有何关系？

将参数重新设置成适用于水星的数值。滑动半长轴滑块变更被模拟行星的半长轴值。

7. 你将半长轴变短时，轨道周期有何变化？

8. 若你将半长轴变长呢？轨道周期又有何变化？

9. 从这种变化中可以看出轨道周期与半长轴有何关系？

3 运动定律

我们已学习了地球等行星和绕日轨道，但我们还未涉及其中的原因。引力是保持星球在轨道上运行的力量。因为太阳的质量远远超出太阳系其他星球的质量总和，所以它的引力影响了其附近所有天体的轨道运动，包括一些行星的近圆轨道以及彗星的极其扁长的轨道。

随着对宇宙认识的不断深入，我们已经意识到太阳系仅是引力发挥作用的其中一例。引力将恒星聚集成一个我们称之为星系的超大型群体。它把行星和恒星维系在一起，并使我们呼吸的厚层空气接近地球表面。4.5亿年前，引力导致了一个巨型尘埃和气体云的塌缩，从而行成了我们的太阳系。引力形成了空间和时间。在我们沿着宇宙继续向外探索时，我们将不断发现引力处于我们日益增长的认知中心。

✧ 学习目标

右图展示了一艘航天飞机的发射。科学家们将此图视作一种骄傲，因为它不仅显示了我们将人送到太空的惊人壮举，同时也证明了我们对科学的认知使之成为可能。当一位科学家看到此图时，他会在脑海中描绘出一个作用力的箭头，并指出什么力量在什么方向以多大的力发挥作用。（一名杰出的科学家还将寻求他尚未理解的事物，找到一条新的学习之路。）在本章末，你应知道如何思考并对引力等进行图解，了解如何画出力量之间的作用和反作用。同时，当你看到像此图的图片时，你能辨认出发挥作用的那些基本物理定律。另外，你还应能做到以下几点：

- 列出控制所有物体运动的物理定律
- 运用常数描述自然界的模式和关系
- 结合运动和引力解释行星轨道
- 解释理论如何演变成新知识

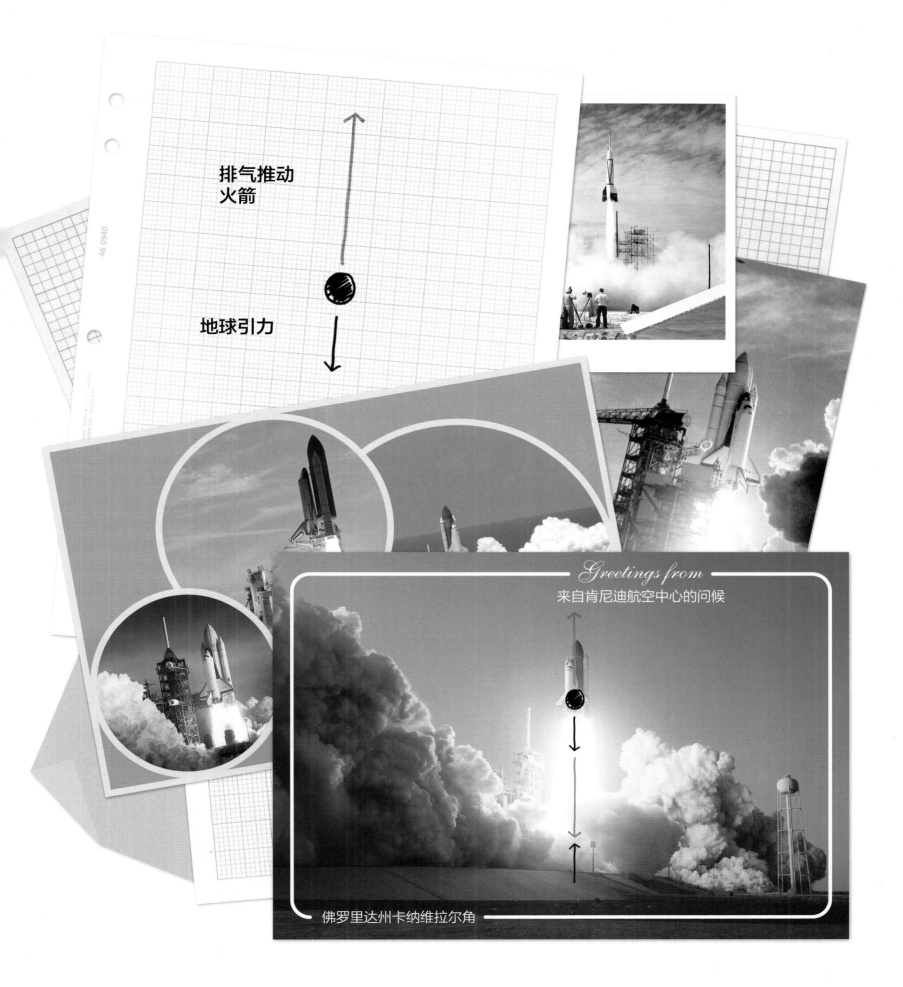

排气推动
火箭

地球引力

Greetings from
来自肯尼迪航空中心的问候

佛罗里达州卡纳维拉尔角

图 3.1 伽利略的观测显示了一段时间内卫星围绕木星的运动。

3.1 伽利略：首位现代科学家

伽利略•伽利雷是天文学历史上的英雄之一。他是首位使用望远镜观测和报告有关天体的重大发现之人，世间也留下了许多关于伽利略因这些发现而深陷巨大危险的轶事（因为他已被大家熟知）。伽利略的望远镜虽小，但它足够观测太阳的黑点、月球上凹凸不平的表面和火山口，以及星空那条被叫做银河的光带里的大量行星。

然而却是另外两个系列的观测使伽利略家喻户晓。当他将他的望远镜转向木星时，他观测到木星附近数个形成一条线的"行星"。在一段时间后，他发现此类行星其实有四颗，并且它们的位置从早到晚不断变化（图3.1）。伽利略进行了正确的推断，认为这些是木星周围轨道上的卫星，因此他提供了第一个观测证据证明星空的一些物体并未围绕地球运行。（它们是木星众多卫星中最大的几颗卫星，现仍被称作伽利略卫星。）他还观测到金星的位相和月球相似，这些位相和他望远镜中的金星影像大小相关（图3.2）。这用地心说难以解释，但日心说却能解释清楚。这些特别的观测令伽利略相信哥白尼对于太阳处于我们太阳系中心的说法是正确的。

伽利略对哥白尼日心说的公开支持遭到了天主教会的责难。1632年，伽利略出版了他最畅销的书籍《关于托勒密和哥白尼两大世界体系的对话》（*Dialogo sopra I due massimi sistemi del mondo*）。在《对话》一书中，哥白尼观点的支持者萨尔维阿蒂是一名杰出的哲学家。而地心学说的辩护者辛普利邱则运用经典的希腊哲学和教皇的观点进行辩论，显得非常愚蠢和无知。伽利略曾将他的书稿提交给教会审查，但审查者们无法接受最终的版本。伽利略对教皇明显的攻击引起了教会的注意，最终他被软禁在家。该书和哥白尼（Copernicus）的《天体运行论》（*De Revolutionibus*）一起成为了禁书； 但

图 3.2 当代对于金星位相的照片显示出当我们看到金星比较明亮时，它看起来较小，意味着此时它距离我们较远。

它却远渡重洋来到了欧洲，被翻译成其他语言，成为其他许多科学家的读物。

伽利略（Galileo）在物体运动的研究和他对天体进行的观测同样影响深远。他对下落和滚动的物体进行了实际实验——这是截然不同的方法，自然哲学家仅对运动物体进行了理论推算但从未进行过实际实验。伽利略也利用他的望远镜改善并开发了新的技术，从而成功开展了实验。例如，他进行的自由落体实验表明地球引力对所有物体产生的加速度是相同的，与物体的质量无关。伽利略对马车和球体等诸多运动物体进行的观测和实验结果，让他开始质疑其他哲学家们提出的关于物体在什么时候以及为什么持续运动或者静止的说法。尤其是，伽利略发现了运动物体将持续以恒定的速度直线运动，直到一个不平衡力作用于它致使其改变运动状态——该观点不仅涉及马车和球体的运动还包括了行星的运转。

| 3.2 科学理论的崛起：
牛顿定律掌控着所有物体的运动

经验法则，比如开普勒终其一生研究的法则，仅仅只是迈出了理解一个现象的第一步。经验法则只描述但并不解释现象。开普勒描述了行星的椭圆运行轨迹，但却不能解释其原因。

下一步则是尝试根据更普遍的物理原理或定律来理解那些经验法则。从基础物理原理着手，借助于数学，科学家可以推断出一个根据经验确定的规则。有时，科学家会从物理定律开始研究来预测一些关联，而这些关联随后将得到证实（或证伪）。当这些预测得到了实验和观测的确实支持，那么我们可能已经了解了宇宙运行的一些基本知识。

理论科学最早的进展之一同时也是一个最伟大的智力成就。艾萨克·牛顿爵士（Sir Isaac Newton）对于运动本质的研究为现在我们称之为科学理论和物理定律设立了标准。牛顿提出的三大定律掌控了宇宙的一切事物。

牛顿运动定律是我们理解行星和其他所有天体运动的基本定律。这些定律使牛顿能够观察一门大炮发射的炮弹所进行的运动，也能观测太阳周围的行星运动。我们可以通过牛顿定律知道地球在宇宙中的真实位置。

宇宙顿悟 牛顿第一定律：静止的继续静止；运动的继续运动

牛顿第一运动定律中的惯性定律是物理学的基石，最初由伽利略发现。牛顿第一运动定律提出原来运动的将在同一方向继续运动，直到一不平衡的力作用于它；原来静止的继续静止，直到一个不均衡的力作用于它。我们可以用一个较简短的表达来记忆，"物体保持运动状态不变"。我们具体指明是一个不平衡力，因为两个或更多相对的力量可能会达到平衡。假若如此，力量对物体的运动将毫无影响。例如，一个处于水平面的球体不会加速，因为地球的支撑力和重力完全平衡。

词汇标注
――――――――――

推断：天文学家、数学家和物理学家则使用该词语表示从一系列初始原理推理得出一个逻辑（或数学）的结论。

惯性：日常用语中，我们认为惯性是一个保持物体静止不变的趋势。天文学家和物理学家更普遍地认为惯性是一个物体保持运动不变的趋势——静止的继续静止，运动的继续运动。

力：日常用语中，力包括了很多意思。天文学家特指一种推力或拉力。

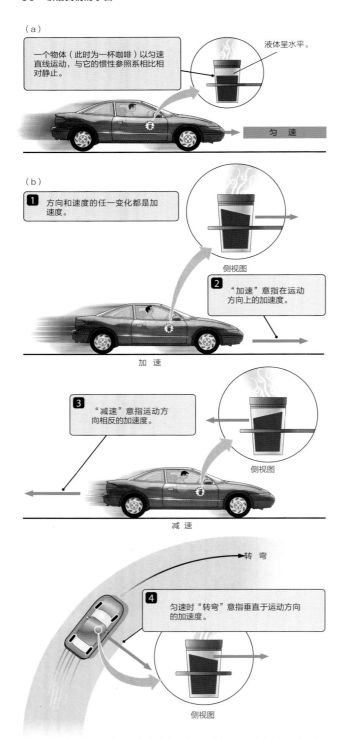

(a)

一个物体（此时为一杯咖啡）以匀速直线运动，与它的惯性参照系相比相对静止。

液体呈水平。

匀速

(b)

1 方向和速度的任一变化都是加速度。

侧视图

2 "加速"意指在运动方向上的加速度。

加速

3 "减速"意指运动方向相反的加速度。

侧视图

减速

转弯

4 匀速时"转弯"意指垂直于运动方向的加速度。

侧视图

图3.3 （a）一个物体（此时为一杯咖啡）以匀速直线运动，与它的惯性参照系相比相对静止的。（b）物体速度的任何变化均为一个加速度。（本书中，速度箭头为红色，而加速度箭头为绿色。）

词汇标注

一致：此处，天文学家意指速度和运动方向均保持不变。

让我们来回顾第2章的参照系概念。在参照系内，只有物体间的相对运动才有意义。静止的物体和运动一致的物体间无法察觉到任何差异。当你在高速路上行驶时，对于路边的旁观者而言，在车子前座处于你旁边的"静止"物体以每小时100千米的速度运动——而对于一辆以100千米/时相向行驶的汽车而言，它正以200千米/时的速度运动。这些说法都是正确有效的。

直线匀速运动的参照系被称为惯性参照系。仅相对于惯性参照系进行测试时，运动才有意义，同时，任何惯性参照系都和其他参照系一样有效。如图3.3（a），在以一杯咖啡作为惯性参照系时，即使汽车正加速行驶，它与自己相比仍处于静止状态。

牛顿第二定律：不平衡力引起运动的改变

牛顿经常把自己的成功归功于伽利略对于惯性的深刻见解，因为他只是迈出了至关重要的下一步。牛顿第一定律提出物体在没有不平衡力时始终保持运动状态不变。牛顿第二定律进一步提出，在不平衡力作用一个物体时，该物体的运动将发生改变。牛顿第二定律甚至告诉我们物体在该力作用下会如何改变运动。

在之前的段落中，我们讨论了"物体运动的改变"，但是这个短语到底是什么意思呢？当你坐在汽车驾驶座时，你可以任意控制汽车。车底有油门和刹车踏板。你可以使用它们来加速和减速汽车。同时也不要忘记你手中的方向盘。但你沿路行驶并转动方向盘时，你的速度并不一定改变，但是你的运动方向却必然发生改变。方向改变也是运动的一个改变。

物体的速度和方向一起被称为物体的速度。"以50千米/时运动"只表示运动速度；"以50千米/时向北行驶"才表示速度。物体速度的变化量称为加速度。加速度能告诉你速度变化的快慢。例如，你在4秒内从0加速到100千米/时，你会感受到一个来自座椅靠背的强大推力，同时因为推力将你向前猛推，你会和汽车一起加速。然而，假如你花2分钟从0加速到100千米/时，加速度会小到你几乎无法察觉。（见疑难解析3.1）

因为油门踏板通常被称为加速器，人们会认为加速通常意味着物体速度的增加。在此，我们需要强调，在物理运用中，运动的任何变化都是加速。图3.3（b）阐明了此点。猛踩刹车使速度在4秒内从100降到0千米/时是和4秒内从0加速到100千米/时一样的加速。同样，在你快速急转弯时，你感受到的加速度和你猛踩油门或刹车踏板时感到的加速度一样真实。加速、减速、向左转、向右转时——假如你并未以匀速直线运动，你仍在经历着加速。

疑难解析 3.1 | 计算加速度

加速度方程式指出：

$$加速度 = \frac{速度变化量}{发生此变化所用时间}$$

我们可以通过把速度变化值和时间变化值分别用 $v_1 - v_2$ 和 $t_2 - t_1$ 来更简明地表达。加速度通常缩写为 a。所以，我们可以用数学公式表达为：

$$a = \frac{v_2 - v_1}{t_2 - t_1}$$

例如，假如一个物体的速度每秒5米加速到15米/秒，那么它的最终速度是 $v_2 = 15$ 米/秒。起始速度则是 $v_1 = 5$ 米/秒。因此，速度的变化（$v_1 - v_2$）是10米/秒。假如该变化过程发生的时间为2秒，那么变化时间为 $t_2 - t_1$，是2秒。所以，加速度应为10米/秒除以2秒：

$$a = \frac{10\text{米}/\text{秒}}{2\text{秒}} = 5\text{米}/\text{秒}^2$$

也可读作"5米每二次方秒"，写为5米/秒² 或者5米·秒⁻² 。

假如我们想了解物体运动如何改变，我们需要知道两样东西：是什么不平衡力正作用于物体以及物体的质量是多少？我们可以用文字来描述这个公式，"加速度等于不平衡力的大小与质量的比值"。我们可以用数学公式表达为：

$$加速度 = \frac{不平衡力}{质量}$$

每当我们想要讨论加速度时，都需要书写很多内容。通常，我们用 a 代表加速度，F 代表作用力，m 代表质量：

$$a = \frac{F}{m}$$

牛顿第二定律常被写作 $F = ma$（要理解我们如何变化此公式，请参考疑难解析2.1），作用力等于质量单位乘以加速度单位或者千克乘以米每二次方秒（千克·米/秒²）。作用力的单位被命名为牛顿，缩写为N，因此1N=1千克·米/秒²

这是对于牛顿第二定律的数学表达。该公式说明了三点：（1）当你推动一个物体时，该物体在你推动的方向加速；（2）推力越大，则加速越大；（3）物体质量越大，越难使其加速。

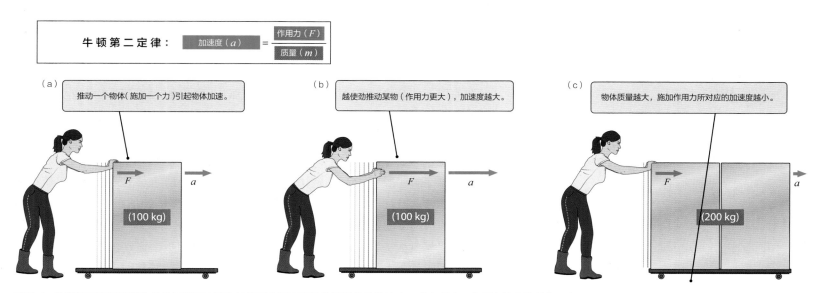

牛顿第二定律： 加速度（a）= $\dfrac{作用力（F）}{质量（m）}$

(a) 推动一个物体（施加一个力）引起物体加速。

(b) 越使劲推动某物（作用力更大），加速度越大。

(c) 物体质量越大，施加作用力所对应的加速度越小。

图 3.4 牛顿第二定律表明物体的加速度由该物体所受作用力和物体质量的比值决定。（本书中，作用力箭头为蓝色。）

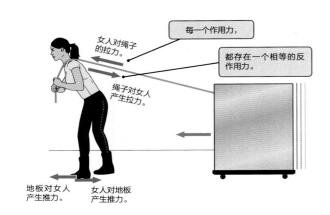

每一个作用力，

都存在一个相等的反作用力。

女人对绳子的拉力。

绳子对女人产生拉力。

地板对女人产生推力。

女人对地板产生推力。

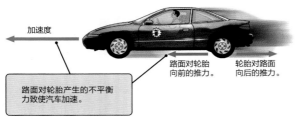

加速度

路面对轮胎向前的推力。

轮胎对路面向后的推力。

路面对轮胎产生的不平衡力使汽车加速。

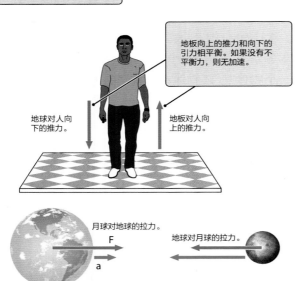

地板向上的推力和向下的引力相平衡。如果没有不平衡力，则无加速。

地球对人向下的推力。

地板对人向上的推力。

月球对地球的拉力。

地球对月球的拉力。

F

a

图3.5 牛顿第三定律指出每一个作用力都有一个相等的反作用力。这些相反的作用力通常作用在同一对的两个不同物体。

每一个作用力都有一个相等的反作用力。

牛顿第二定律指出不平衡力引起加速。物体的加速取决于两件事。首先，它取决于作用在物体上使其改变运动的不平衡力（如图3.4（a））。同样的推力推动三次，则物体经历三次加速（如图3.4（b））。运动变化发生在不平衡力指向的方向。将物体推离你，则该物体将加速远离你。

物体受到的加速度还取决于它的惯性。一些物体，例如，一个曾运送冰箱的空盒子，非常容易被人推动。但是，一台冰箱，虽然它们的尺寸相同，却很难推动。一个物体的质量相当于惯性。物体有质量，所以有惯性（如图3.4（c））。质量越大，惯性越大，同时，同一个不平衡力作用时产生的加速度则越小。

领悟宇宙 牛顿第三定律：无论推动什么物体，都会受到反推

想象你正站在一块滑板上，并用一只脚推动自己。你的脚每一次蹬向地面都使你前进得更远。但为什么会这样呢？你的肌肉收缩，你的脚向地面施加一个作用力。（地球巨大的质量使其拥有巨大的惯性，所以地球的加速几乎难以察觉。）然而这并不能解释你加速的原因。事实上，你的加速意味着当你对地面施以推力时，地面肯定也向你施加了反推力。

牛顿的部分天才之处在于他能够看透日常事件中的一些规律。牛顿意识到每次物体向其他物体施以作用力时，一个相称的作用力会由后者施向前者。第二个作用力和第一个大小相同但恰好在相反的方向。你将地球向后推，则地球将你向前推。船桨在水中向后划，而水则将桨向前推，从而使船向前滑行。火箭引擎将热气喷出它的喷口，这些热气反推火箭，把它推向太空。

所有这些都是牛顿第三定律的例证，该定律指出所有的作用力都成对出现，并且成对的作用力大小相同但方向相反。这些作用一反作用力总是发生在两个不同的方向。你的重量作用在地面，地面则向你施加一个相同大小的反作用力。每一个力量都有一个相等的反作用力。这是为数不多我们可以说是始终正确的说法之一。图3.5为我们列举了几个例子。牛顿第三定律中隐藏了一个伟大的游戏。它叫做"找出作用力"。看看你周围世界正在运行的作用力，为每一个作用力找到它的配对力。它会永远在那儿！再比如，翻回到本章首页的那张图。两个相等但相反的成对作用力在该图中被标注了出来。一对作用力正作用在火箭和地球之间，同时，火箭和排气口之间也有一对作用力发挥作用。因为火箭排气口的作用力大于火箭的重力，所以火箭能加速向上。

要了解牛顿三大运动定律如何共同发挥作用，请学习图3.6。一名宇航员在太空飘浮，相对于临近的航天飞机，他处于静止状态。宇航员如何在没有拴绳拉动的情况下回到飞船呢？假设该名100千克的宇航员将1千克的扳手以10米/秒向飞船相反的方向扔出，牛顿第二定律指出要引起扳手运动的改变，宇航员必须向扳手施加与飞船相反的作用力，而牛顿第三定律指出，扳手则因此必向宇航员施以相同大小的反方向作用力。扳手对宇航员的作用力引起宇航员开始飘向飞船。宇航员将以多快的速度运动呢？让我们再次回到牛顿第二定律。引起

1千克的扳手加速到10米/秒的作用力将对100千克的宇航员产生相对较小的影响。因为加速度等于作用力与质量的比值，那么100千克的宇航员将只经历1千克扳手经受加速度的1/100的加速度，所以他将只有1/100的最终速度。宇航员将飘向飞船，但只以1/100×10米/秒或0.1米/秒的速度悠闲地飘动。

3.3 物体质量导致引力存在于任何两个物体之间

在探索了开普勒关于太阳周围行星的运动定律和牛顿运动定律之后，我们现在来了解引力，是它将这两个经验和理论科学的核心联合在一起。地表的重力加速度通常写作g，它的平均值为9.8米/秒²。实验表明地球上的所有物体都以此加速度降落。无论你向下扔一颗弹珠或炮弹，1秒后，它都将以9.8米/秒的速度下落，2秒后则是19.6米/秒，而3秒后则是29.4米/秒。（较高速时应考虑空气阻力的因素，但对于密度大的缓慢物体可忽略不计。）

牛顿意识到假如所有的物体都以相同加速度下落，那么一个物体受到的地心引力则必定由它的质量来决定。请回顾牛顿第二定律了解其原因（加速度等于作用力与质量的比值，或$a=F/m$）。所有物体的重力加速度相同的唯一办法是假设所有物体所受的作用力的大小与质量的比值相同。也就是说，一个物体质量是原来的两倍，则你向其施加两倍的地心引力。如果是原来的三倍，则向其施加三倍的地心引力。

作用于物体的地心引力在准确的术语中被广泛地叫做重量。在地球表面，重量等于质量乘以地球的重力加速度g。根据我们日常语言的运用，不难找到人们混淆质量和重量的原因。我们通常会把一个质量为2千克的物体说成"重量"为2千克，然而用牛顿（N）表达重量才更准确，力量的公制单位：

$$F_{重量} = m \times g$$

在此，$F_{重量}$是一个物体以牛顿为单位的重量，m是物体以千克为单位的质量，而g则是以米每平方秒为单位的地球重力加速度。地球上一个质量为2千克的物体重量应为2千克×9.8米/秒²，或19.6N。月球上的重力加速度为1.6米/秒²，此时2千克的质量将只有2千克×1.6米/秒²，或3.2N的重量。虽然不同地点你的质量不变，但你的重量会发生变化。月球上你的重量约为地球上重量的六分之一。

1 一名宇航员在太空推动一个扳手，根据牛顿第三定律，扳手将会反推宇航员。

2 根据牛顿第二定律，扳手和宇航员均被加速。

航天飞机

3 根据牛顿第一定律，匀速向相反方向运动。

图 3.6 根据牛顿定律，假如一名飘浮在太空的宇航员扔出一个扳手，两物体将向相反方向运动，运动速度与其质量成反比。（加速度和速度箭头并未按比例标注。）

地球上的所有物体都以相同的加速度 g 下落。

词汇标注

重量：此日常用语中，我们通常交互使用重量和质量。例如，我们常交互使用千克（一个质量单位）和磅（一个重量单位），但严格来说，这是错误的。天文学家使用质量指代一个物体中所含物质的数量，而重量则指行星施加在一个物体的重力引力。你的重量会随着地点而改变，但无论你处于什么行星，你的质量都将保持不变。

牛顿推理得出万有引力定律

牛顿下一个伟大的发现来自于运用第三定律研究引力问题。牛顿第三定律提出每一个作用力都有一个相等的反作用力。因此，假如地球向一个2千克的物体施加19.6N的作用力，那么该物体也肯定会向地球施加一个19.6N的作用力。扔下一只10千克的冰冻火鸡，它向地球下落——但同时，地球也向这只火鸡下落。我们无法察觉到地球运动的原因是因为它有巨大的惯性。当它使10千克的火鸡从1千米的高度降落时，地球向火鸡移动的距离仅相当于一个原子尺寸的极小一部分。

牛顿据此推理出这种关系应该对任一物体有效。假如物体的质量变成原来的两倍，则物体和地球之间的引力会增加一倍，那么使地球的质量增加一倍也会出现同样的结果。简而言之，地球和物体间的引力必定等于两个质量乘以某个数字：

引力=某数×地球质量×物体质量

假如物体质量是原来的三倍，那么引力将是原来的三倍。同样，假如地球的质量变为原来的三倍，引力也会变成原来的三倍。假如地球和物体的质量都是原来的三倍，引力将变成原来的3×3倍，即9倍。因为物体向地球的中心降落，所以我们可以知道引力是两个质点之间沿着连心线方向的相互吸引力。

"那么顺便想想，"牛顿推理道，"为什么我们要把注意力局限于地球的引力呢？"如果引力是取决于质量的作用力，那么任何两个质点间都应该有引力存在。假设我们有两个质点——姑且叫做质点1和质点2，或者简写为m_1和m_2。两者之间的引力即某数乘以两者的质量：

两者的引力=某数×m_1×m_2

结合伽利略的落体观测：（1）牛顿运动定律和（2）牛顿坚信地球是和其他物体一样的质点，我们就可以推断出这些结论。我们无须对这些另作解释说明——我们所做的都非臆断。但之前表达式中的"某数"呢？现在，我们有足够灵敏的仪器来测量实验室中两个相邻质点之间的作用力，并且可以直接得到这个某数的数值。然而，牛顿没有此类仪器，因此，他不得不在别处继续他对引力的探究。

开普勒也曾思考过这个问题。他推断因为太阳是行星轨道的中心，所以太阳必定对行星的运动施以一定的影响。他还推测无论太阳产生什么影响，这个影响都必将随着与太阳距离的加大而变小。（毕竟，和维持其他行星缓慢绕着太阳运行相比，要使水星保持在它的快速急剧的轨道需要一个更强的影响力。）开普勒的推测更进了一步。尽管他并不知道作用力、惯性或引力，但他却擅长几何。也正是几何表明了太阳的这个影响力可能会随着行星距日距离的增加发生改变。

正如开普勒自己曾经推测的一样，想象你将一定数量的颜料涂在一个球体表面。假如是一个小球体，你可以涂一层厚颜料。假如球体较大，颜料必须涂更广的范围，从而颜料层也就变薄。球体表面面积取决于球体的单位半径。若球体半径增加一倍，则球体表面会变成原来的四倍。假如你在这个更大的新球体上涂颜料，颜料必须覆盖原来四倍的面积，那么颜料的厚度就只有原来涂较小球体时厚度的四分之一。若球体半径变为原来的三倍，球体表面积为原来的九倍，而颜料厚度则仅为之前的九分之一。

开普勒认为太阳施加给行星的影响可能和上例中的颜料相似。随着太阳产生的影响在太空中扩散得越来越远，它将覆盖一个越来越大并以太阳为中心的假想球体。太阳的影响应与"1"和太阳与行星距离的平方比值成正比。我们把这种关系称之为平方反比定律。

开普勒有一个非常有趣的想法，虽然不是一个可测试预测的科学假设。他缺乏太阳如何影响行星的解释，也缺少数学工具来计算一个物体将如何运动。然而牛顿却同时拥有了这两样。假如任意两物体间都有引力，那么太阳和每个行星间也应该存在引力。这个引力可能就是开普勒所说的"影响"吗？假如是的话，引力则可能根据平方反比定律发挥作用。牛顿对引力的表达式现在则变成如下形式：

$$两物体间的引力=某数\times \frac{m_1\times m_2}{(物体距离)^2}$$

表达式中仍然还有一个"某数"未知，而这个某数是一个常数。它的数值是物体间引力的固有力量大小，在所有物体间都不变。牛顿把它命名为万有引力常数，写作G。多年以后，G的实际数值才被首次测算出来。现在，人们已普遍接受G的数值为6.673×10^{-11} $m^3/(kg\cdot s^2)$。目前仍有很多物理学家积极研究这个常数的精确数值。

所有研究的综合：万有引力定律

牛顿的万有引力定律，如图3.7，指出引力存在于任何两个拥有质量的物体之间，且具有以下特性：

引力遵循平方反比定律。

1. 它是两物体间沿着连心线方向的相互吸引力，F。
2. 该引力的大小与一个物体质量m_1和另一物体质量m_2的乘积成正比。若将m_1变成原来的两倍，F也变成原来的两倍。同样，若m_2增加一

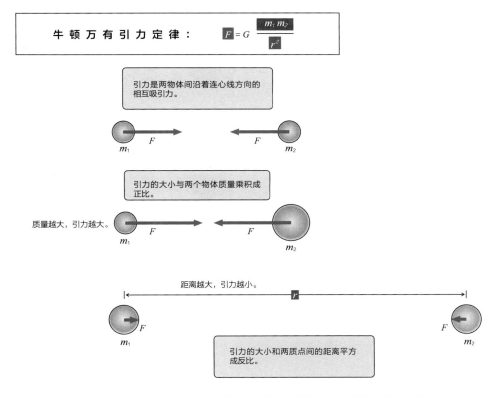

牛顿万有引力定律： $F=G\dfrac{m_1 m_2}{r^2}$

引力是两物体间沿着连心线方向的相互吸引力。

质量越大，引力越大。

引力的大小与两个物体质量乘积成正比。

距离越大，引力越小。

引力的大小和两质点间的距离平方成反比。

图3.7 引力是两质点间的相互吸引力。引力的大小由物体的质量大小和它们之间的距离决定。

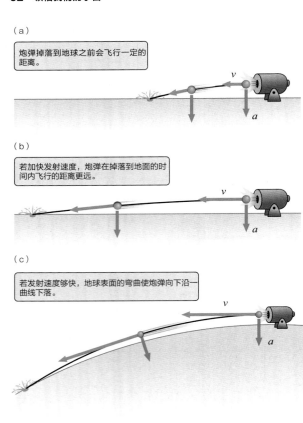

(a)

炮弹掉落到地球之前会飞行一定的距离。

(b)

若加快发射速度,炮弹在掉落到地面的时间内飞行的距离更远。

(c)

若发射速度够快,地球表面的弯曲使炮弹向下沿一曲线下落。

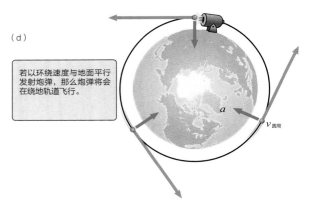

(d)

若以环绕速度与地面平行发射炮弹,那么炮弹将会在绕地轨道飞行。

图 3.8 牛顿意识到若以适当的速度发射一颗炮弹,它将以一个圆形轨道绕地球飞行。速度(v)以红色箭头标明,加速度(a)以绿色箭头标明。

▶❙❙ **天文之旅:牛顿定律和万有引力**

倍,F 也变成原来的两倍。

3. 它与两质点中心间的距离 r 平方成反比。若 r 增加一倍,则 F 只有原来的 1/4。若 r 变为原来的三倍,F 将仅为原来的 1/9(参考疑难解析 3.2)。

万有引力定律用包括比例常数 G 在内的数学公式表达应为:

$$F = G \frac{m_1 m_2}{r^2}$$

3.4 轨道是一个物体绕行另一个物体的路径

牛顿运用他的运动定律和万有引力定律来计算行星绕日运动的路径。他的计算预测了以太阳为焦点的行星轨道将为椭圆状,且当行星接近太阳时,行星的速度将会增加,同时,它的公转周期的二次方应等于轨道的半长轴的三次方(适当单位情况下)。牛顿万有引力定律预测出行星应以开普勒定律描述的方式围绕太阳运行。就在这一刻,所有的研究都汇聚在一起。通过解释开普勒定律,牛顿找到了引力定律的确凿证据。在此过程中,他还将宇宙学原理(请回顾第一章)从有趣的理念领域带进了可测试的科学理论领域。

牛顿定律告诉了我们一个物体在外力作用下如何运动以及物体间如何通过引力相互作用。要将物体运动如何改变的表达过渡到物体究竟在何处这种更实际的表达,我们必须小心"加入"一段时间内物体的运动。想知道我们如何做到这点,我们需要进行一个"假想实验"——正是这个假想实验帮助牛顿理解了行星的运动。

宇领悟宙 牛顿绕着地球发射了一枚炮弹

若扔下一枚炮弹,它会像任何质点一样直接下落到地面。然而,假如我们从一门与地面平行的大炮中发射炮弹,如图3.8(a)所示,它将出现不同的结果。炮弹仍在和之前相同的时间内落向地面,但在降落过程中,它沿着一个曲线的路径飞行,这段曲线让它落地前产生了一段水平距离。炮弹发射速度越快见图3.8(b),它落地前飞行的距离越远。

在现实世界中,这项实验会遇到一个自然的限制。炮弹要在空气中飞行,必须把空气推离出它的飞行路线——这个效力我们通常称作空气阻力——从而减低它的速度。但因为这只是一个假想实验,我们可以忽略现实世界的复杂情况。取而代之的是想象炮弹的惯性将使它沿着路线一直飞行,直到撞到某物为止。随着炮弹发射速度不断加快,它落地前飞行的距离也越来越远。假如炮弹飞行够远,地球表面的"弯曲使它向下降落",如图3.8(c)。最终我们想象炮弹飞行快到令地面的曲度和炮弹落下的弹道弧度相同,这就出现了图3.8(d)的情况。此时,原本一直落向地心方向的炮弹实际上在"绕着地球飞行"。

1957年,苏联利用一颗火箭发射了人造地球卫星斯普特尼克1号。它的尺

疑难解析 3.2 | 牛顿引力定律：玩转比例

假如你是一名艺术家，你会玩转色彩和光影图案来创作新作品。假如你是一名音乐家，你可能会玩转音调和节奏来作曲。作家玩转文字的组合，同样，科学家也会玩转数学来寻求对世界新的了解。

玩转公式最有效的方法是学习比例。我们常使用短语"发生同样变化"来描述比例。例如，在牛顿引力定律中，我们发现作用力和涉及的物体质量发生同样变化：

$$F = G \frac{m_1 m_2}{r^2}$$

这是什么意思呢？它的意思是若一个物体的质量增加一倍，则作用力也同样变化。若物体质量增加的倍数为2.63147，作用力仍发生同样变化。这是一个简单快捷方法，无须把G、r和m_2放入方程式就可以进行计算。假设你的质量m_1突然增加了一倍，那么引力F对你（即你的重量）产生什么影响呢？F也将增加一倍，从而使你的重量翻倍。这是某种程度上可以直观感受到的。假如你体内的物质突然变为原来的两倍，那么你的重量也应为原来的两倍。

假如你学习方程式，你会发现我们正在运用疑难解析2.1学到的规则：无论你对方程式的一边做过什么，你必须对另一边也做同样的事情。既然如此，我们在右边使某项乘以2，那么我们也必须在左边的那一项也乘以2。

让我们来思考另一个例子。假设你在医务室发现你的重量F减少了10%；你的新体重是原来的0.90。你的质量减少了多少呢？要知道这个答案，我们可以在左边项乘以0.90。因此，我们也必须在右边让某项也乘以0.90。G没有改变，同样，地球的质量和半径也没有改变。那么就只剩你的质量了，它是上一次你在医务室时的0.90。你失去了身体原质量的10%。

这些例子中，我们着重关注互为正比的项。反比要略微复杂一些：在这种情况下，当一项增加一倍时，另一项将变成原来的一半。当一项是分母另一项是分子时，会出现这种情形。我们之前学习距离、时间和速度的关系时，就已经见过此类情况：

$$s = \frac{d}{t}$$

速度和距离互成正比。假如相同时间内，你行进的距离是你朋友的两倍，那么你的速度也是他的两倍。但速度和时间则成反比，假如你花了两倍的时间行进这段距离，那么你的速度则只有之前的一半。思考一下我们对于方程式两边都要进行同样操作的规则。在方程式右边，你将时间乘以2。但时间是分母，所以你实际让右边乘以的是1/2。你也必须在左边做相同的事情，让s乘以1/2（注意成正比或反比的两项单位不同）。

让我们回到牛顿引力定律，看看当我们改变r，物体间的距离，会发生什么变化。例如，我们可以这样提问，"假如地球和月球的距离增加一倍，它们之间的引力会如何改变呢？"牛顿引力定律与r^2成反比；即，它和$1/r^2$发生同样变化：

$$F = G \frac{m_1 m_2}{r^2}$$

因此，假如r增加一倍，我们可以预期F会减少；目前为止，一切都很顺利。但是我们如何处理平方呢？假如我们把$(2r)$放到(r)在方程式中的位置，我们可以发现我们必须写作$(2r)^2$。这就意味着r的平方和2的平方。因此$(2r)^2=4r^2$。我们在右边乘了1/4，那么左边也须如此。所以，引力就变成了原来大小的1/4。距离增加两倍使作用力降低了4倍。这种$1/r^2$的比例在天文学中时有出现。让我们花点时间来练习一下，假如距离增加的倍数为3.5或10，抑或减小原来的1/2，1/4或者1/10，这些情况下引力会发生什么改变。当你可以完成这些时，你就将拥有一个可以在之后章节中不断使用的工具。

寸大概和一个篮球相似，飞行高度足以超越大气层，此时，我们便能忽略空气产生的阻力，而牛顿的假想实验具有了伟大的现实意义。正如牛顿想象中的炮弹一样，斯普特尼克1号运行的速度足够快速，从而开始围绕地球飞行。斯普特尼克1号是第一颗进入地球轨道的人造卫星。这便是轨道飞行：一个物体围绕另一物体自由运行。

轨道飞行是指在行星周围的"环绕飞行"。

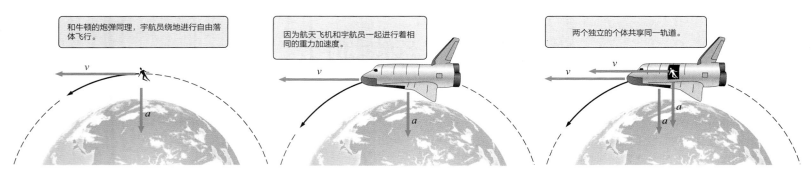

图 3.9 一个"无重量"的宇航员并没有摆脱地球的引力，而是和宇宙飞船在绕地自由落体飞行时共享同一轨道。

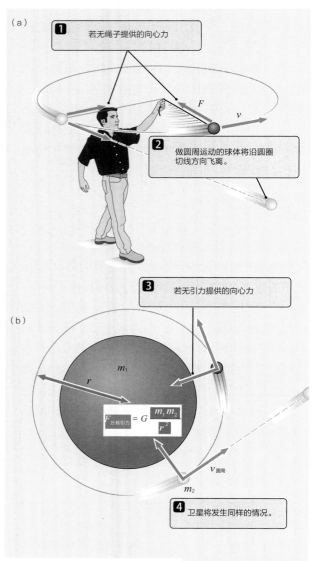

(a)

1 若无绳子提供的向心力

2 做圆周运动的球体将沿圆圈切线方向飞离。

(b)

3 若无引力提供的向心力

$$F_{万有引力} = G \frac{m_1 m_2}{r^2}$$

4 卫星将发生同样的情况。

👁 **视觉类比**

图 3.10 （a）绳子提供的向心力使球体保持圆周运动。（我们忽略了作用在球体上的较小引力。）（b）同样，引力提供的向心力使卫星保持在圆形轨道上运动。

轨道的概念同样回答了为什么宇航员可以在宇宙飞船舱内自由飘浮的问题。原因并不是他们摆脱了地球的引力，正是地球的引力将他们保持在轨道中。答案就在伽利略早期的观测中，他的观测显示出每一个物体无论质量大小掉落轨迹都相同。宇航员和宇宙飞船运动方向相同，速度相同，都在进行相同的重力加速度，因此，他们共同绕地飞行。图3.9展示了这一点。宇宙飞船绕地飞行的同时宇航员也在做同样的动作。我们的身体在地表时会落向地心方向，但地面阻止了进一步的下降。在地球上，我们重量的产生是因为地面对我们向上的支撑力与向下的引力相抵消。然而，在宇宙飞船上时，因为和宇宙飞船进行同轨道绕地飞行，宇航员则不会受到任何没有外力的影响而下降。宇航员在进行自由落体运动。

当一个物体围绕另一个物体自由落体运动时，我们把质量较小的物体称作较大物体的卫星。行星是太阳的卫星，小行星是行星的天然卫星。牛顿想象的炮弹就是一颗卫星。宇宙飞船和宇航员是地球的独立卫星，他们共享同一轨道。

宇领 牛顿的炮弹必须飞多快？
宙悟

牛顿的炮弹如果发射速度够快，就可以进行绕地自由落体；但多快的速度才"足够快"？牛顿的绕轨炮弹以匀速沿一个圆形路径飞行。这种运动被称作均速圆周运动。你可能对其他均速圆周运动的例子比较熟悉。例如，想象一个球，如图3.10（a）所示，由一根绳子牵引绕着你的头旋转。若你放开那根绳子，球将沿它当时飞行的方向直线飞离。正是那根绳子阻止了飞离的发生，不断改变球运动的方向。这个中心力被称作向心力。使用质量更大的球体，对球体加速，或使圆圈变小从而使绳子绷得更紧，都会增加保持球体圆周运动所需的向心力。

牛顿的炮弹（或卫星）的例子中并没有绳子保持该球体进行圆周运动。这个作用力是由引力提供，如图3.10（b）所示。牛顿的假想实验若要成功，引力的作用力必须大小合适，使卫星能在它的圆形路径上保持运动。因为这个作用力是特定的数量值，所以它遵循以下的原则：卫星必定以一个特定的速度，在此，我们把它叫作v_{circ}，即环绕速度。若卫星以任何其他速度运行，则无法以环形轨道运行。还记得那枚炮弹吗？假如炮弹运动速度过慢，则会掉落出环形路径并落到地面。同样，假如炮弹运动速度过快，它的运动会使它飞出环形路径。只有当炮弹以正好适当的速度运动——环绕速度——才能绕地球的环形路径飞行。

宇领 大多数轨道并非正圆
宙悟

一些地球卫星以匀速沿环形路径飞行。就像绳子上的那颗球一样，卫星以环绕速度飞行，和地球始终保持着相同的距离，既不在轨道上加速也不会减速。但是假如卫星在轨道相同地点向相同的方向运行，但速度却快于环绕速度？地球的牵引力不变，由于卫星的速度变大，地球的引力不足以使它的路径发生足够的弯曲从而保持在一个环形内。因此，卫星开始往环形轨道高处飞行。

随着卫星和地球之间距离的加大，卫星将逐渐减速。想象一颗球被扔向空中，如图3.11（a）所示。随着球体不断往上飞，地球的引力将使其逐渐减速。球体向上飞行的速度不断减小，直到它的垂直运动在某一瞬间停止，随后开始下落：球体不断加速落向地球。卫星也会出现相同的情况。随着卫星逐渐远离地球，地球的引力会使卫星减速。卫星离地球越远，运动速度越慢——正如被抛入空中的球体一样。卫星也会和球体一样到达弯曲路径最高点时开始落向地球。随着卫星落向地球，地球引力也会使它不断加速。卫星的轨道从环形变成了椭圆形。

任何椭圆轨道上的物体都会发生这种情况，包括环绕太阳的行星。开普勒第二定律指出行星离太阳最近时运行最快，而最远时最慢。现在我们知道其中的原因。如图3.11（b）所示，行星远离太阳时速度降低，然后当它们向内向太阳方向运行时获得加速。

牛顿定律不仅解释了开普勒定律，还预测了开普勒定律中没有的轨道。图3.12显示了一系列的卫星轨道，每一颗距离地球最近的位置都在同一点，但在该点的速度却不同。卫星在离地球最近点的速度越快，则可以飞离地球越远，而它轨道的离心率更高。因为卫星受引力影响始终围绕一个物体飞行，因此，只要它保持椭圆轨道，不管离心率有多大，该轨道都被称为束缚轨道。

在越来越快的卫星运行过程中，有一个临界点——当卫星运行过快，引力无法逆转它向外的运动时，卫星将飞离地球并不再飞回。要达到这一临界点的最低速度被称为逃逸速度，即v_{esc}。一旦卫星的速度在最近点等于或超过v_{esc}，它就进入了非束缚轨道，不再受引力束缚进行环绕运行。沿非束缚轨道运行的彗星只会飞过太阳一次，然后继续飞向外太空，不再回来。

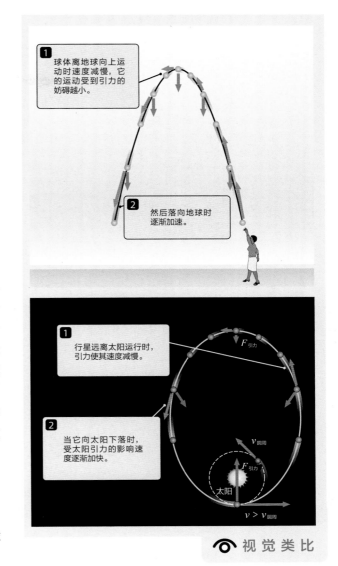

图 3.11 （a）扔向空中的球体离地向上飞时速度减慢，回落地球时速度加快。（b）沿椭圆轨道绕太阳运行的行星出现了和球体相同的情况。（虽然任何一颗行星都没有如图所示的离心轨道，但彗星的轨道却比此更离心）

▶❚ 天文之旅：**椭圆轨道**

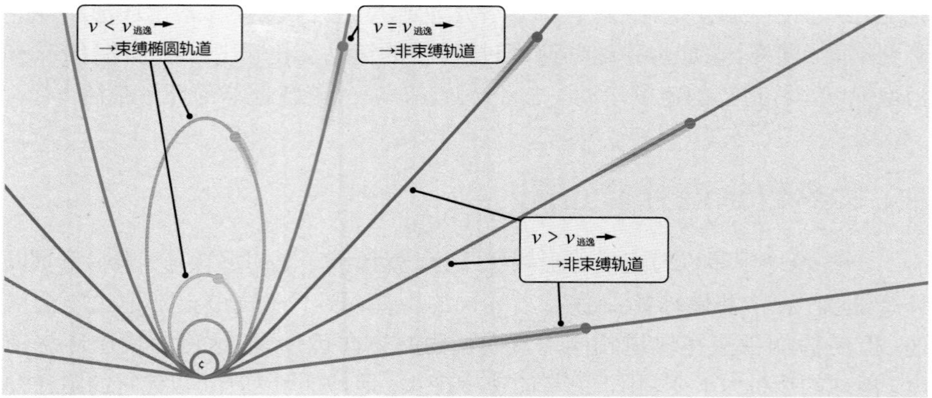

$v < v_{逃逸} \rightarrow$
$\rightarrow$束缚椭圆轨道

$v = v_{逃逸} \rightarrow$
$\rightarrow$非束缚轨道

$v > v_{逃逸} \rightarrow$
$\rightarrow$非束缚轨道

图 3.12　最近点相同但在该点速度不同的一些轨道。物体最近点的速度决定了轨道的形状以及它是束缚或非束缚轨道。

牛顿的理论是测量质量的强大工具

　　牛顿向我们展示了相同的物理定律可以同时描述地球上炮弹的飞行和天空中行星的运行。牛顿的这个做法开创了一个全新的方式来研究宇宙。哥白尼将地球逐出了宇宙中心的位置，但牛顿将他的地球引力论运用到天体间的引力相互作用，从而把宇宙学原理从哲学领域带到了可测试的科学理论领域。

　　牛顿的方法比单纯的经验论在哲学层面上的效果更令人满意，而且也更强大。牛顿定律可以用于测量地球和太阳的质量。只运用开普勒的经验法则是无法进行这一计算的。如果我们能测量轨道的面积和周期——任何轨道——那么，我们能运用牛顿万有引力定律来计算任何被绕轨运行的物体。这同样也可以用来计算其他行星、遥远的恒星、我们的或遥远的星系，甚至巨大的星系群的质量。实际上，几乎我们所有关于天体的知识都直接来源于对这一定律的运用。

　　牛顿发现他的运动和引力定律预测的椭圆轨道完全与开普勒的经验定律一致。牛顿通过这一点验证了他关于行星和炮弹都遵守相同运动定律的理论，也证实了他的万有引力定律的正确性。假如牛顿的预测无法通过观测得出，他将不得不舍弃它们并一切从头开始。

　　开普勒关于行星运动的经验法则不仅为牛顿指明了一条道路，还为他的运动和引力定律提供了至关重要的观测试验。同时，牛顿的运动和引力定律也对行星和卫星运行方式提出了一个有力的全新理解。理论和经验观测工作一起向前推动着我们对宇宙的理解。

牛顿定律为开普勒的经验结果提供了物理解释。

天文资讯阅读

牛顿定律有时会给出一个令人惊讶的结果，比如将雪花变成致命弹药，正如下文中2011年初的故事。

温馨提示：请清理你车上的积雪

《联盟领导人报》詹森·施赖伯（JASON SCHREIBER）

在本周强烈的东北风暴之后，司机们如果没有适当清扫他们车辆上的冰和积雪，可能会受到警察的严酷对待。

当局提醒司机们一定要记得清理，否则可能会根据疏忽驾驶法被罚款。

"这归根结底是因为司机的懒惰和对其他司机的不敬。很不幸，因为人们驾驶时缺乏常识，你不得不制定这些法律，"普莱斯托的警官帕特·卡吉亚诺（Pat Caggiano）说道。

该法律在杰西卡·史密斯（Jessica Smith）逝世之后的2002年颁布。1999年，这名妇女因一辆卡车上滑落的一大片冰块而导致死亡。

这条法律记录在册已有将近十年，但据警察说司机们仍未认识到他们会因为未适当清理车辆而收到罚单。

一场如周三那样的风暴之后，有些地区地面会有近两尺的积雪，而此时正是这个问题的多发期。警察说一些司机仅清理挡风玻璃部分的积雪以免遮挡他们的视线，却让积雪一直覆盖在引擎盖、车顶和车身上。

丹维尔警察局长韦德·帕森斯（Wade Parsons）非常了解那些降落的冰块和积雪可能引起的危险。一年前，他的部门调查了一起事件。该事件中，一块重达40磅（约18.14公斤）的冰块从一辆货车顶滑下撞到了82岁的埃多·克雷申蒂尼（Edo Crescentini）驾驶的汽车的挡风玻璃。

当冰块从向西行驶的货车上吹落时，这名金斯敦的男子正驾车在丹维尔的111号公路上向东行驶。冰块落到了向东的车道并撞上了克雷申蒂尼的福特金牛座汽车的挡风玻璃。冰块刚刚贴着他的头顶飞过。

"司机们应为任何从他们的车辆飞出的冰块和积雪所引起的伤亡损失负责。"帕森斯说道。

车窗上残留的积雪也可能因为阻碍了司机的视线从而引发交通事故。

"当司机们在出行前没有完全清理干净他们车辆上的积雪和冰块时，我们非常担心，尤其是在像我们之前（星期三）经历的大型暴风雪之后。路口由于巨大的雪堆导致可见度大幅降低，再加上一辆没有完全清理干净的车辆，这可以演变成一场灾难。"帕森斯继续说道。

该法律规定任何疏忽驾驶或导致车辆疏忽驾驶……或是任何引起或可能引起人身或财产置于危险的驾驶行为都将被判为违法行为。

司机们初犯时将面临250到500美元不等的罚款，再犯则将面临高达1 000美元的罚款。

埃平A分队的州警加里·伍德（Gary Wood）说，如果发现任何车辆上有积雪和冰块，骑警们都会阻止司机继续行驶。

骑警有自由裁量权，他们可以自行判断是否需要开罚单。

警察们说他们的主要目的是要把信息传递给司机。

"假如你正沿街驾驶你的车辆，而你的挡风玻璃只几乎清理出了两个眼睛的范围或者积雪和冰块像一块垫子一样覆盖在你的车顶，那么你很有可能被我们拦下。"汉普斯特德的警官约翰·弗雷泽（John Frazier）表示。

新闻评论：

1. 在第一起描述的事故中，杰西卡·史密斯由于一块从货车上滑落的巨大冰块而导致死亡。这可能意味着她被冰块正面击中。请问这起事故还可能会以一些什么其他方式发生呢？

2. 在第二起描述的事故中，一块40磅（约18.14公斤）的冰块从卡车顶滑落并撞上了一块挡风玻璃。那么，请问这块40磅（约18.14公斤）的冰块有多大？（提示：1加仑的水重8磅。）

3. 在第二起事故中，假如冰块轻轻地放到挡风玻璃上，挡风玻璃会被撞碎吗？

4. 画出第二起事故发生的草图。标注卡车行驶的方向、冰块在空中运动的方向以及福特汽车运动的方向。

5. 假设在第二起事故中，车辆和卡车都以72千米/时（45英里/时）的速度行驶，并且冰块也和卡车相同的速度运动，当冰块撞到挡风玻璃时它们的相对速度是多少？

6. 你对你的计算结果惊讶吗？为什么？

小结

3.1 伽利略的实验为牛顿创造了条件。

3.2 牛顿的三大定律（简而言之：惯性、$F=ma$ 以及"每个动作都有一个大小相等且方向相反的作用力"）掌控着所有物体的运动。不平衡力会引起加速或运动的改变。而均衡性则描述了自然界中的模式和关系。质量给物体带来惯性，惯性抵抗运动状态的改变。

3.3 作为自然界的基本力之一，万有引力把整个宇宙约束

在一起。万有引力是任意两个物体间由于质量而产生的作用力。该引力的大小与每个物体的质量成正比，与它们距离的平方成反比。

3.4 因为太阳对行星的万有引力，行星被约束在椭圆轨道绕太阳运行。任何圆形轨道都有特有的环绕速度。当物体达到逃逸速度时，轨道开始"释放"。了解轨道的这些特性可以帮助宇航员测量行星或恒星的质量。

◆ 小结自测

1. 假设你将下列物体从一个高塔上扔下，根据物体所受的重力，按照从小到大的顺序排序。
   a. 苹果
   b. 塑料装饰苹果
   c. 装饰金苹果

2. 根据物体所受的重力加速度，将问题1中的选项按照从小到大的顺序排序。

3. 想象你正沿着一条森林小径行走，下列哪一个选项不是一对"作用—反作用力"？
   a. 你和地球之间的引力；地球和你之间的引力。
   b. 你的鞋对地球向后的推力；地球对你的鞋向前的推力。
   c. 你的脚在鞋内对鞋向后的推力；你的鞋对脚向前的推力。
   d. 你对地球向下的推力；地球对你向前的推力。

4. 下列哪一个选项会出现不均衡力
   a. 物体加速

   b. 物体改变运动方向但速度不变
   c. 物体改变速度和方向
   d. 上述全部

5. 牛顿万有引力定律中，
   a. 作用力与两个物体的质量成正比
   b. 作用力与物体间的半径成正比
   c. 作用力与物体间的半径平方成正比
   d. 作用力与轨道质量成反比

6. 假设你被运送到一个质量是地球两倍但半径相同的行星，那么你的重量将_____了_____倍。
   a. 增加；2
   b. 增加；4
   c. 减少；2
   d. 减少；4

问题和解答题

判断题和选择题

7. 判断题：物体的自然状态是静止不动。因此，当一本书被推着滑过一张桌子时，书将逐渐减速至最终停止。

8. 判断题：作用力必须能保持物体以相同速度运动。

9. 判断题：当物体落向地球时，地球也向上飞向物体。

10. 判断题：要知道太阳等中心物体的质量，我们只需知道半长轴以及地球的轨道周期。

11. 想象你正用绳子拉着一个雪橇上的小孩，下列哪一个选项是一对"作用—反作用力"？
    a. 你对绳子向前的拉力；绳子对你向后的拉力

    b. 雪橇对地面向下的重力；地面对雪橇向上的支持力
    c. 雪橇对小孩向前的推力；小孩对雪橇向后的推力
    d. 绳子对雪橇向前的拉力；雪橇对绳子向后的拉力

12. 假设你了解到一辆新车只需2秒可以从0加速到100千米/时，该车的加速度是多少？
    a. 约50千米/时
    b. 约14米/秒²
    c. 约50千米/秒²

d. 约200千米

e. 约0.056 千米/时²

13. 想象你正站在高塔顶端，向下扔了四个尺寸不同的保龄球。四个保龄球分别为以下不同材质：塑料、铅、泡沫和南瓜。在忽视空气阻力的情况下，它们将会以什么顺序到达地面？

a. 铅、南瓜、泡沫、塑料

b. 铅、泡沫、南瓜、塑料

c. 塑料、铅、泡沫、南瓜

d. 以上皆不对，它们将同时到达地面

概念题

14. 开普勒和牛顿定律都讲述了一些行星运行的知识，但它们之间存在一个根本差异。请问差异是什么？

15. 亚里士多德告诉我们一切物体的自然状态都是静止的。这个观点与我们对事物的观察一致，请解释为什么亚里士多德的观点是错误的？

16. 惯性是什么？它与质量有什么关系？

17. 速度和加速度的区别是什么？

18. 当驾驶车辆时，通过车辆对我们发出的作用力，我们可以感觉到速度和方向的改变。那么，我们在汽车和飞机上系安全带是为了保护我们不受速度或加速度的影响吗？请解释原因。

19. 想象一颗行星正沿一个正圆轨道绕太阳运行。由于轨道是圆形，因此行星匀速运行。那么，这颗行星还在经历加速度吗？请解释你的回答。

20. 一名宇航员站在地球上可以轻松举起质量为1千克的扳手，但无法举起质量为100千克的科研仪器。在国际空间站时，她却能同时操控两件工具，但是科学仪器的反应速度比扳手慢。请解释原因。

21. 在1920年，《纽约时报》编辑拒绝刊登一篇基于火箭先驱罗伯特·戈达德的论文对航天飞行进行预测的文章，并说道"火箭在外太空没有任何物体对其推动，因此它不能在外太空运行"（直到1969年6月20日阿波罗11号登月，《纽约时报》才撤销该论述）你，当然，更明事理。请问该名编辑的逻辑有什么错误？

22. 请解释重量和质量的区别。

23. 你在月球上的重量和在地球上的不同。为什么？

24. 想象一个摇摆的钟摆。每一次摆动中，摆锤首先落向地球，然后向上摆动，直到它和地球之间的万有引力最终停止其运动。假如钟摆在轨道上，它会摆动吗？请解释你的推理过程。

25. 请描述束缚轨道和非束缚轨道的区别。

26. 两个物体正离开太阳的临近区域运行，一个沿束缚轨道运行，而另一个则沿非束缚轨道运行。这两个物体将会发生什么？你预计其中一个会最终回来吗？

27. 假如宇航员发现一个物体正在沿非束缚轨道接近太阳。关于该物体的来源我们可以知道什么呢？

28. 在赤道附近的宇航中心发射火箭有什么好处？为什么火箭从未向西发射？

解答题

29. 一辆跑车4秒内可以从0千米/时加速到100千米/时。

a. 它的平均加速度是多少？

b. 假如汽车的质量为1 200千克，汽车承受了多大的推力？

c. 什么推动汽车使其加速？

30. 一辆火车以0.1米/秒²的加速度驶出车站。在驶离车站2 $\frac{1}{2}$ 分钟之后，速度单位为千米/时，那么，火车的速度是多少？

31. Flybynite航空公司以800千米/时的速度从巴尔的摩飞到丹佛需要3小时。为了省油，管理员要求飞行员把速度降到600千米/时。那么，飞机要搭乘旅客沿原路线飞达目的地需要多长时间？

32. 假设你正推着一台质量为50千克的带轮小冰箱，且你的推力是100牛。

a. 冰箱的加速度是多少？

b. 若冰箱从静止状态开始运动，那么，冰箱加速到脱离你的速度（即冰箱运动的速度比你跑动的速度更快——约为10米/秒）需要多长时间？

33. 你正驾驶汽车以90千米/时的速度行驶在一条笔直的道路上，若将道路设为参照物，另一辆车正以110 千米/时的速度接近你。

a. 相对于你自己的参照系，另一辆车正以多快的速度接近你？

b. 相对于另一名司机的参照系，你正以多快的速度接近该名司机的汽车？

34. 你一边以20千米/时的速度骑着自行车一边吃着苹果。你经过了一个路人身旁。

a. 以你自己作为参照物，苹果运动的速度是多少？

b. 以路人作为参照物，苹果运动的速度是多少？

c. 以上哪一个观点更合理？

35. 假设牛顿的炮弹以7.9千米/秒的速度在地球表面运动，多快的速度能使炮弹绕地球飞行一圈？

36. 一个质量为100千克的金球和另一个1千克的木球悬挂在彼此相距1米的地方，那么，以牛为单位，它们的引力分别是多少？

a. 金球作用在木球的引力

b. 木球作用在金球的引力

37. 地球的平均半径和质量分别是6 371千米和5.97×10²⁴千克。显示出地球表面的重力加速度是9.8米/秒²。

38. （a）加速度为9.8米/秒²是什么意思？（b）假如你跳下一辆飞机，1秒后你将以9.8米/秒的速度下降。2秒后你的速度将是2×9.8=19.6米/秒，或略超过70千米/时。在没有阻力的情况下，20秒后你的下降速度是多少？

39. 重量指的是重力作用在质量上力的大小。我们通常将物体的质量乘以当地的重力加速度得出一个物体的重力。火星表面的重力加速度是地球重力加速度的0.377。假如你的质量是85千克，你在地球上的重量则是830N（$m×g=85$千克×9.8米/秒²＝830N）。请问你在火星上的重量是多少？

40. 假设你去跳伞，

a. 在你跳下飞机时，你的重力加速度是多少？

b. 假如你和一位飞行教员系在一起，你们的质量就会加倍，那么，加速度会加大、减小还是不变？

c. 在你跳下飞机时，你所受的重力是多少（假如你的质量是70千克）？

d. 假如你和一位飞行教员系在一起，你们的质量加倍，那么，重力会加大、减小还是不变？

41. 天王星到太阳的平均距离是地球到太阳距离的19倍，那么太阳对地球的引力比对天王星的引力大多少？

42. 地球在轨道上以29.8千米/秒的速度运行。海王星的近圆轨道半径是4.5×10⁹千米，而围绕太阳一圈需要164.8年。计算海王星在其轨道上缓慢运行的速度。（提示：环绕速度是指物体环圈运行时的速度，可以通过运行时间除以运行的距离——圆圈的圆周$2\pi r$——得出）

43. 假设一颗类地行星正围绕明亮的织女星运行，它们之间的距离是1个天文单位（AU）。织女星的质量是太阳的两倍。

a. 要绕织女星一圈需要多少地球年？

b. 类地行星绕织女星运行的速度是多少？

44. 取6 371千米作为地球的半径，对停在发射台的NASA航天飞机所受的引力和它在地球上空350千米处绕地飞行时所受的引力进行比较。

 智能学习（SmartWork），诺顿的在线作业系统，包括这些问题的算法生成版本，以及附加的概念习题。如果你的导师在聪慧学习上布置了问题，请登录smartwork.wwnorton.com。

 学习空间（StudySpace）是一个免费开放的网站，并为你提供《领悟我们的宇宙》书中每一章的学习计划。学习计划包括动画、阅读大纲、生词卡、选择题测试以及聪慧学习和电子书中站点内容的链接。请访问wwnorton.com/studyspace。

在上一章探索中，我们使用了行星轨道模拟器来运用开普勒定律探索水星。现在，我们知道如何利用牛顿定律来解释开普勒定律如此描述轨道的原因，那么，让我们再一次运用模拟器来探索水星轨道的牛顿特征。请访问学习空间网站，并打开第 3 章行星轨道模拟器应用程序。

加速度

在开始模拟探索之前，在"轨道设置"面板中为"水星"设置参数，然后点击"OK"。在控制面板底端点击牛顿特征键。在可视化选项下选择"展示太阳系轨道"和"显示栅格"。动画速率改为 0.01，然后点击"开始动画"键。

检查面板下方的图表。

1. 当加速度最小时，水星处于它轨道的什么地方？

2. 当加速度最大时，水星处于它轨道的什么地方？

3. 加速度的最大值和最小值分别是多少？

在牛顿特征表中，标示与加速度对应的"矢量"和"直线"框。这些将插入一个箭头显示加速度的方向，以及一条直线来延伸箭头。

4. 箭头指向太阳系里的哪一个物体？

想一想牛顿第二定律。

5. 施加在行星的作用力是什么方向？

速度

再次检查面板底部的图表。

6. 当速度最小时，水星处于它轨道的什么地方？

7. 当速度最大时，水星处于它轨道的什么地方？

8. 加速度的最大值和最小值分别是多少？

通过点击图表窗口框增加模拟的速度矢量和直线，仔细研究箭头。

9. 速度和加速度始终垂直（它们之间的角度始终保持 90 度）吗？

10. 假如轨道是正圆，速度和加速度之间的角度是多少？

假想行星

运用轨道设置把半长轴改为 0.8AU。

11. 和水星相比，这颗假想行星会如何进行轨道运动？

现在将半长轴改为 0.1AU。

12. 和水星相比，现在这颗行星的轨道周期是多少？

13. 总结你对绕轨物体的速度和半长轴之间关系的观察。

4 光与望远镜

光是我们生活中的一种基本元素，因为有了光，我们才能直接感知到视线范围内的事物。我们对地球以外的宇宙知识主要来自天体发出的或反射的光。幸运的是，光是一个见多识广的信使。天体发出的光能够告诉我们它的温度，成分和速度，甚至是我们与天体之间的物质的性质。

光将在恒星中心产生的能量向恒星外传输并一直传输到太空中。本章中，我们将着手学习光以及天文学家如何利用光来研究宇宙。研究光就是了解恒星由什么物质组成，恒星如何诞生以及如何消亡。令人有点诧异的是，研究光还能告诉我们宇宙的大小和范围，宇宙如何和何时起源以及随着时间的推移如何变化。为了解开这些神秘的面纱，首先，我们必须要了解天文学家如何研究它们。

◆ 学习目标

不像物理学家或化学家，他们能够在实验室中控制各项条件，而天文学家必须努力通过从遥远的天体传输到我们周围的光来解开宇宙的秘密。首先，必须得收集和处理这些信息，然后才能进行分析并将其转化成有用的知识。下页图中，一位学生刚得到一个望远镜。她兴奋地朝着天空望去，但她花了一段时间才弄明白光沿着望远镜行走的路径——这是弄清如何使用望远镜的一个重要步骤。学完本章后，你应能够绘出其他望远镜的相似图，解释大多数现代望远镜为何都是类似这个望远镜的反射镜。你应理解对各种不同光的天文学观测如何向

我们提供关于宇宙的各种不同信息。你还应能够：

- 比较和对比波与粒子。
- 解释光为何有时表现出波的特性，有时表现出粒子的特征。
- 解释对各种不同光的天文学观测如何向我们提供关于宇宙的各种不同信息。
- 列出望远镜的类型，并将其与收集到光的类型进行匹配。
- 理解望远镜的光圈和焦距与分辨率和影像大小有何关系。

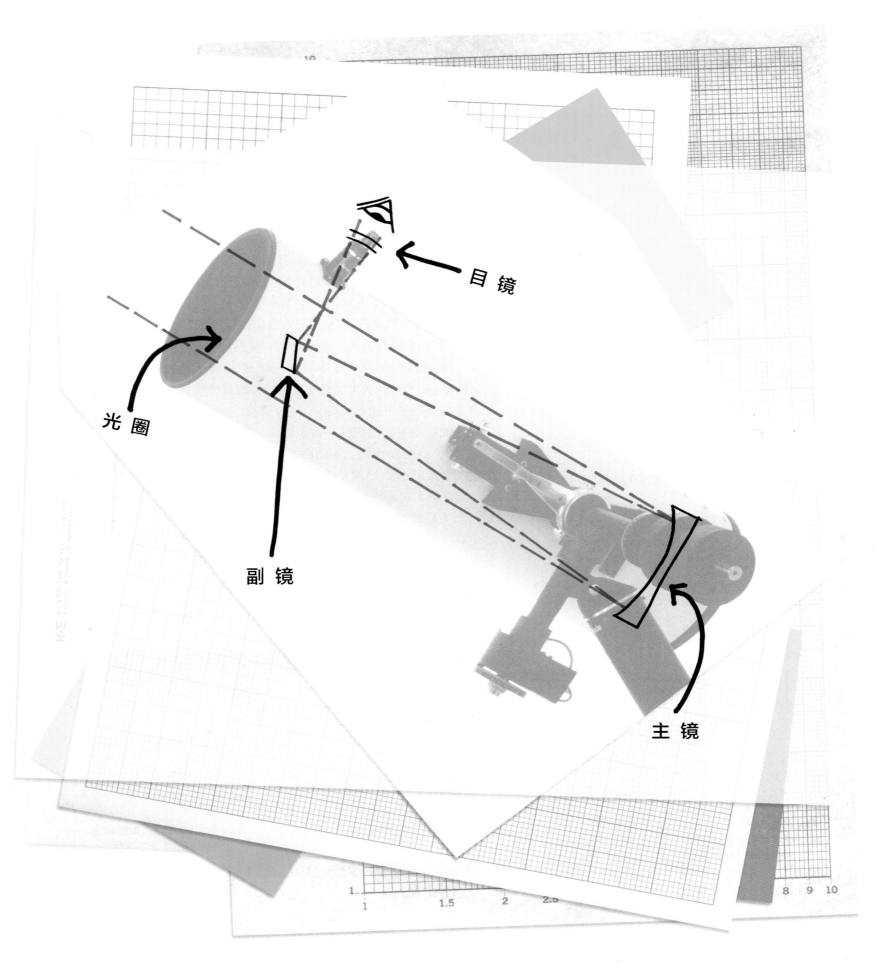

目 镜

光 圈

副 镜

主 镜

4.1 光速

17 世纪70年代末，丹麦天文学家奥利·罗默（Ole Romer）（1644—1710）研究木星的卫星，测量每个卫星在该行星后面消失的时间。出乎意料的是，罗默发现，观测到的这些活动的时间并没有规律，相比预测时间稍有不同。有时，卫星从木星后面消失的速度远比预期的快，而有时则比预期的慢。罗默意识到，其中的不同取决于地球处于自身轨道的哪个位置。他开始追踪地球离木星最近时的木星卫星，当地球离木星最远时，卫星消失的速度"迟了"16.5分钟。但，当地球转动到离木星最近时，卫星再次以预期的时间从木星后面经过。

罗默观测到第一个清晰的证据，光以有限速度传播。如图4.1所示，当地球距离木星较远时，卫星出现得"迟"，这是因为光必须行走两颗行星之间的额外距离。罗默早在1676 年公布的值偏低——2.25×10^8米/秒（m/s）——因为那时地球轨道的大小尚不可知。根据现代测算，光在真空中的速度为$2.999\,792\,458 \times 10^8$ 米/秒。本书中，我们将四舍五入为 3×10^8 米/秒。国际空间站以每小时28 000公里的迅猛速度围绕地球转动，90分钟即可绕地球一圈。光的速度接近这个速度的40 000倍，只需1/7秒就可绕地球一圈。

光的行走时间是表达宇宙距离的一种简便方法，基本单位是光年。光年顾名思义，就是光行走一年的距离。想想绕地球一圈只需1/7秒。再想想以这个速度行走8分钟。这就是到达太阳的距离。再想想以这个速度行走一年。这还不到距离太阳最近恒星1/4的路程。宇宙浩瀚无垠、渺无边际。

光年是光行走一年的距离。

真空中的光速是一个基本常数，通常以c表示。然而，谨记，这只是光在真空中的传播速度。光穿过介质的速度，例如水或玻璃，往往低于常数c。

> 光在真空中的速度为300 000千米/秒。

> 一光年等于光在一年中传播的距离。

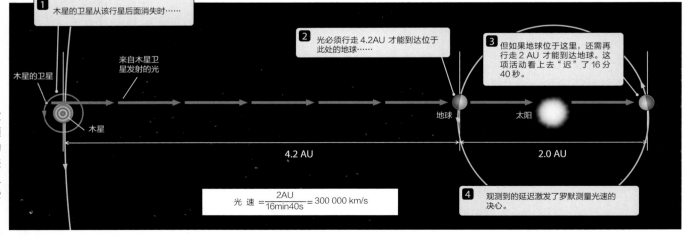

图 4.1 丹麦天文学家奥利·罗默认识到，预测和观测的木星卫星的运动轨迹之间的明显差异取决于地球和木星之间的距离。他利用这些观测结果来测量光速。

1 木星的卫星从该行星后面消失时……

2 光必须行走 4.2AU 才能到达位于此处的地球……

3 但如果地球位于这里，还需再行走 2 AU 才能到达地球。这项活动看上去"迟"了16分40秒。

木星的卫星

来自木星卫星发射的光

木星

地球

太阳

4.2 AU

2.0 AU

$$\text{光 速} = \frac{2AU}{16min40s} = 300\,000 \text{ km/s}$$

4 观测到的延迟激发了罗默测量光速的决心。

4.2 什么是光?

要理解什么是光以及光如何与物质相互作用,我必须首先了解什么是物质。物质就是占据空间且具有质量的任何东西。原子是物质的基本构件,由质子的中央巨大原子核(通常带正电)以及中子(不带电)组成。众多带负电的电子围绕在原子核周围。带有相同数量质子的原子为同一种类型,也称为元素。例如,具有两个质子的原子为氦元素(图4.2)。分子由多个原子因共用电子连接在一起而形成。我们回到贯穿本书的原子模型中。

带电粒子,例如电子或质子,如为正电,则形成一个背离电荷的电场,如图4.3所示。若为负电,则形成一个靠近电荷的电场。带电粒子的存在导致电力的产生,它直接靠近或背离这些粒子。如果两个粒子带有异性电荷,则它们互相吸引。如它们带有同性电荷,则互相排斥。另一方面,磁力,是因带电粒子移动而引起的一种力。移动的电荷在其周围产生磁场,并对附近的移动带电粒子施加一种力。静止电荷不产生磁场。电磁波由不断变化的电场和磁场组成。

电场和磁场互相关联。电场改变导致磁场发生变化,磁场改变也会导致电场发生变化。这些变化相互影响。这个过程一旦开始,它就可能自我维持。正在加速的带电粒子形成这些不同的场,产生电磁波(图4.4),电磁波从加速电荷周围向四周传播。苏格兰物理学家詹姆斯·克拉克·麦克斯韦(James Clerk Maxwell)(1831—1879)提出了电磁波理论,他还预测了这种波的传播速度。在麦克斯韦进行计算时,他发现这个速度应该为 $3×10^8$ m/s——即光速。麦克斯韦还表明光是一种电磁波。

麦克斯韦对光的波描述还解释了光如何形成以及如何与物质进行互相作用。想象一个装满静水的水槽情形。一滴水从水龙头滴入水槽中。

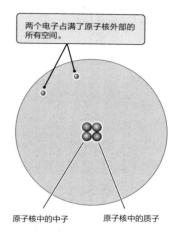

图 4.2 氦原子。

加速的电荷发光。

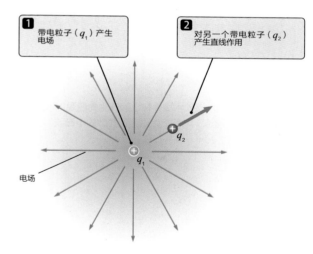

图 4.3 麦克斯韦的电磁波理论描述了带电粒子如何移动和相互作用。带正电的粒子,q_1 产生电场,沿电场线向外作用。

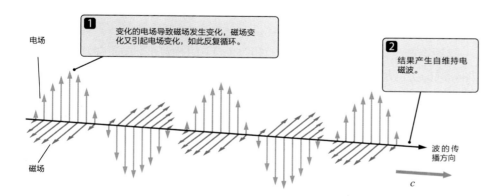

图 4.4 电磁波发生在离波源较远处,由互相垂直且与以波传播方向垂直的振荡电场与磁场组成。

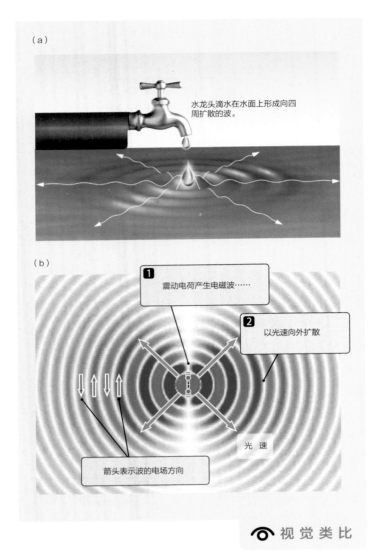

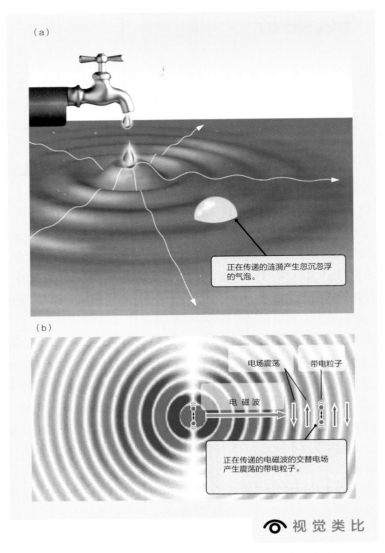

图 4.5　（a）一滴水滴入水槽中在水面产生向四周扩散的波。（b）以类似的方式，震荡（加速）电荷产生以光速扩散的电磁波。

图 4.6　（a）波在水面上扩散时形成一个气泡，使得气泡忽沉忽浮。（b）同样，正在传递的电磁波产生回应波的震荡电荷。

这时会产生向水表面涟漪扩散（图4.5（a））的扰流或波。正在加速的电荷（图4.5（b））也是以类似的方式，产生向四周扩散的扰流，称为电磁波。然而，水槽中的涟漪是水面的机械变形，需要有介质穿过，但光波是一种完全不同的波，不需要介质。光波不是由机械变形引起，而是来自电场和磁场强度的改变。

现在，想想肥皂泡漂浮在水槽中的情形，如图4.6（a）所示。在水龙头滴水形成涟漪之前，肥皂泡静止不动。水上下浮动导致肥皂泡上下沉浮。同理，电磁波导致带电粒子动来动去（图4.6（b））。产生电磁波需要能量，而能量通过波来传递。距离波源很远的物质也可吸收这种能量。因此，因生成粒子而丢失的一些能量传输给了其他带电粒子。物质散发光和吸收光是具有带电粒子的电场和磁场交互作用的结果。

疑难解析 4.1 | 波长和频率

在你将广播调到 770 AM 频道时，你将收到一种以770 千赫（kHz）或7.7×10^5 Hz 频率广播的电磁信号。我们可以利用波长与频率的关系来计算AM信号的波长：

$$\lambda = \frac{c}{f} = \frac{3 \times 10^8 \text{ m/s}}{7.7 \times 10^5/\text{s}} = 390 \text{ m}$$

这个AM波长大约是标准足球场的周长。

我们将这个波长与典型的FM信号（99.5FM）的波长进行了对比，此信号以99.5 兆赫（MHz）或9.95×10^7Hz频率广播，波长如下：

$$\lambda = \frac{c}{f} = \frac{3 \times 10^8 \text{ m/s}}{9.95 \times 10^7/\text{s}} = 3 \text{ m}$$

这个FM波长约为10 英尺。FM波长远远短于AM波长。

人眼对绿色光和黄色光最为敏感，因为它们的波长约在$500 \sim 550$ nm之间。波长约为520nm的绿色光的频率如下：

$$f = \frac{c}{\lambda} = \left(\frac{3 \times 10^8 \text{ m/s}}{5.2 \times 10^{-7} \text{ m}}\right) = \frac{5.8 \times 10^{14}}{\text{s}} = 5.8 \times 10^{14} \text{ Hz}$$

此频率相当于每秒产生约5 800亿个波峰。

波有四大特征：振幅、速度、频率和波长，如图4.7所示。波的振幅指波在平衡位置上的高度。（如为光波，振幅与光的亮度有关）。波以特定的速度（v）传播。（如为光波，如前所述，速度为3×10^8 m/s，用 c 来表示）。经过空间中某个点每秒的波峰次数称为频率，f。频率以每秒圈数或赫兹（Hz）来测量。从一个波峰到下一个波峰之间的距离为波长λ（这是希腊字母表中的第11个字母）。光波波长的常用单位是纳米（nm）。1纳米等于十亿分之一米（10^{-9}m）。

波的速度可通过频率乘以波长计算得出。将这个概念转变成数学概念，我们得出$v = \lambda f$。光在真空中的速度通常为c，因此，既然已知光波的波长，就得算出其频率，反之亦然。由于速度是常数，其波长和频率成反比。如果增大波长，必须得减小频率。疑难解析4.1 进一步解析了此关系。

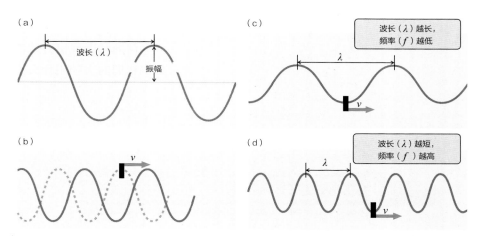

图 4.7 （a）波的特征包括一个波峰到下一个波峰之间的距离（波长λ），在介质原样状态之上的最大高度（振幅）以及（b）波形传递的速度（v）。（c）波长越长的波，其频率越低。（d）相反，波长越短的波，其频率越高。

光是一种波，也是一种粒子

尽管光的波理论成功地描述了许多现象，但仍有众多光无法很好地描述。19 世纪晚期和20世纪早期的科学家发现，将光视为一种粒子可以很好地理解有关光的许多困惑。我们现在知道，光有时表现出波的特征，有时表现出粒子的特征。

长波长意味着低频率，短波长意味着高频率。

▶Ⅱ 天文之旅：**光是一种波，光是一种光子**

光子的能量与其频率成比例。

在粒子模式下，光由无数称为光子的粒子组成。光子通常以光速行走，并且携带能量。

通过将光子的能量与波的频率或波长联系起来，光的粒子描述与光的波描述相得益彰。这两者直接互成比例，比例常数为普朗克常数 h，等于 6.63×10^{-34} 焦耳·秒（焦耳是一种能量单位）。具体来说为 $E=hf$。电磁波的频率越高，每个光子携带的能量越大。例如，蓝色光的光子具有较高的频率，因此，携带的能量比红色光的光子多。

一束光携带的总能量称为强度。一束红色光可携带与一束蓝色光相同的能量，但红色光束所含的光子必须多于蓝色光束。因此，光类似于钱。一个10美元硬币价值为10美元，而要将1便士的硬币（低能量光子）凑够成10美元，则需要的个数必定多于25美分硬币（高能量光子）（图4.8）。

物理学家所说的光子是指光能量被量子化。单词量子化（quantized）的词根来自数量（quantity），指有些东西被分成多个分散的单位。光子是光的量子。

光的波粒二象性与世界上的日常生活常识概念相冲突。我们很难想象一个事物同时具有海上波浪的特性和沙滩排球的特性。然而，光就是如此。很显然，光的波模式是一种可用于大多数情况的正确描述。但，同一事物——光——如何同时表现出波动性和粒子性呢？光就是光。问题不在于实现的本质，而在于我们的大脑用什么来思考问题。

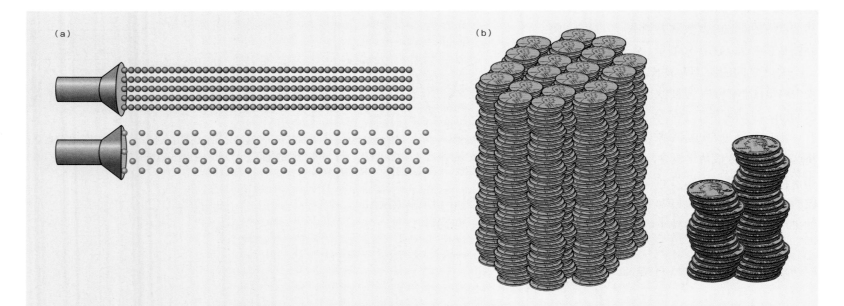

图4.8 （a）红色光携带的能量比蓝色光少，因此，要形成一束具有一定亮度的光束，红色光子须多于蓝色光子。（b）同理，1便士没有25美分硬币值钱，因此，相比25美分硬币，需要更多的便士才能累积到10美元。

◉ 视觉类比

4.3 如何收集光？

　　望远镜是一种用于收集和聚焦光的设备。望远镜有两种类型：折射式望远镜（采用透镜）和反射式望远镜（采用镜面）。望远镜的大小根据收集区域（主透镜或主镜）的直径来确定，称为光圈。天文学家所说的4.5米望远镜是指主镜（或透镜）的直径为4.5米。光在真空中的速度c与光在介质中的速度v之比称为介质的折射率n，即$n=c/v$。例如，对于普通玻璃，n为1.5，因此，光在玻璃中的速度约为200 000 千米/秒。由于光在进入介质时传输速度会改变，进入玻璃拐角处的光会弯折。弯折度取决于入射角度和玻璃的折射率。图4.9（a）展示了波阵面在介质中的示意图。图4.9（b）展示了出入介质的实际光射线。每次在折射率发生变化时射线出现弯折。方向的改变称为折射，这是折射望远镜（图4.10）的基础。因为望远镜的玻璃透镜呈曲面形状，透镜外边缘处的光比靠近透镜中心的光折射得更厉害。这将集中进入望远镜的光射线，将这些射线带入望远镜焦面的一个锐聚焦上，并形成一个画面。透镜与焦面之间的距离称为望远镜的焦距。增大焦距（通过减小透镜锐度的方式）时，影像放大，影像中的物体越突出。

　　镜面面积越大，聚光能力越强，观测到微弱星体的能力越强。但折射式望远镜的尺寸有一些实际限制，因为镜面越大，重量越大。折光式望远镜还有另外一个重大缺陷：色差。这就是太阳光穿过一块雕花玻璃时产生彩虹的原因，每个颜色都以不同的角度折射，因为折射率根据光的波长而定。

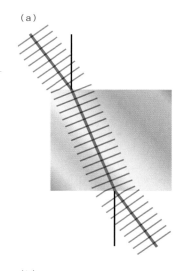

（a）

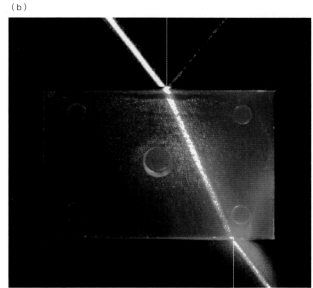

（b）

图 4.9 （a）一系列波阵面在新介质中的示意图。（b）实际光射线进入和离开介质。光波进入折射率较高的介质时，会折射（弯曲）。当光波重新进入折射率较低的介质时，会再次折射。

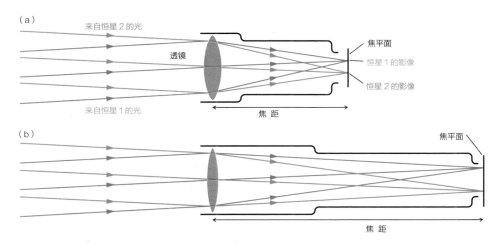

（a）

来自恒星2的光

透镜

来自恒星1的光

焦平面

恒星1的影像

恒星2的影像

焦距

（b）

焦平面

焦距

图 4.10 （a）折射式望远镜使用的镜头能够收集和聚焦来自两个恒星的光，在其焦平面形成恒星影像。（b）望远镜的焦距越长，影像越大，影像中的物体越突出。

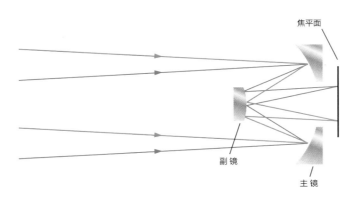

焦平面

副镜

主镜

图4.11 反射式望远镜采用镜面来收集和聚集光。大型望远镜通常使用副镜，副镜通过主镜中的一个小孔将光指引到主镜后面可进入焦平面。

在天文学应用中，这个色差会导致影像模糊。例如，在一颗恒星的影像中，恒星位置周围产生彩色光晕，而不是一颗清晰的白色恒星。高品质照相机和望远镜制造商使用由两块不同玻璃镜片组成的组合镜头，从而校正色差。

反射式望远镜采用镜面而非透镜来聚焦影像（图4.11）。来自恒星的光首先穿透主镜。通常，副镜将来自主镜的光路径折入焦平面上。副镜可使得望远镜的长度大大缩短，重量大大减轻。

相比折射式望远镜，反射式望远镜有几大重要优势。由于镜面不会扩散白光，以形成彩虹，色差不再是个问题。主镜可从后面支撑，可以更薄，因此比物镜更轻。还有其他优势，即，当今所有的大型望远镜均为反射镜类型。回顾一下本章开头的插图，展示的是一架反射式望远镜。这种情况下，焦平面位于望远镜的侧面，而非底部。这个创新让望远镜更易于使用，因为用户无须将望远镜高高架起就能进行观测。尽管此类创新比较常见，但使用镜面将光聚集到焦平面上这个基本概念仍然不变。

4.4 如何探测光？

人眼能够感知到波长介于350nm（深紫光）到700nm（远红光）之间的光。视网膜就是人眼的光感受器（图4.12），视网膜上感应光的单个感受细胞称为视杆细胞和视锥细胞。视锥细胞分布在位于视觉中心的眼睛视轴附近，而视杆细胞则分布在离眼睛视轴较远的地方，负责我们的周边视觉。来自一颗恒星的光子进入眼睛的瞳孔中，刺激视觉中心的视锥细胞。随后，视锥细胞向大脑发出一个信号，将这一信息解释为"我看到了一颗恒星"。在晴朗黑暗的夜空和视力良好的情况下，哪些因素限制我们无法用肉眼看到最昏暗的恒星呢？这种限制一部分取决于两个因素：即光的所有感受器的特征：合成时间和量子效率。

合成时间为眼睛可累加光子的时间间隔。大脑大约每100毫秒"读取"一次眼睛收到的信息。

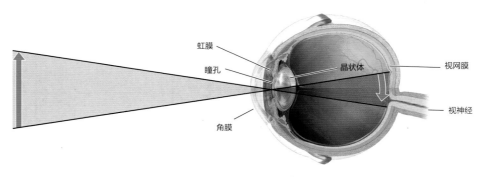

虹膜

瞳孔

晶状体

视网膜

视神经

角膜

图4.12 人眼示意图

比这更快的事物似乎会同时出现。如果一个电脑屏幕上的两个图像间隔30毫秒出现，你看到的只是一张图片，因为你的眼睛会每间隔100毫秒才会累加（或合成）看到的一切。然而，如果图像间隔200毫秒出现，你会看到不同的图像。这个相对简单的合成时间就是限制我们夜间视力的最大因素。之所以无法用肉眼看到那些特别昏暗的恒星，是因为这些恒星发出的光子太少，以至于眼睛在100毫秒内无法感受到。

量子效率也会限制夜间视力。这个效果决定了对每个接受到的光子产生多少响应。对于人眼而言，10个量子一定会在100毫秒内刺激视锥细胞，从而激活一个响应。因此，人眼的量子效率约为10%：每10%，眼睛就会向大脑发送一个信号。因此，合成时间和量子效率共同决定了光子在大脑反应出"哈哈，我看见一些东西了"之前必须要达到的速度。

然而，即使我们在较短的时间跨度内接收到了足以看见一颗恒星的许多光子，我们的视力还进一步受到眼睛分辨率的限制，分辨率指在我们无法区分下述两个点之前光的两个点距离对方的远近程度。最佳视力的人眼可分辨出以1弧分（$\frac{1}{60}$度）区分的物体，即约为满月直径$\frac{1}{30}$的角距离。虽然这看起来很小，但我们仰望星空时，成千上万颗星星和星系以此类直径隐藏在天空的一角。

直至1840年，人们才发现，人眼的视网膜是唯一的天文探测器。天文学观测的永久记录仅限于经验丰富的观测者于望远镜的目镜上观测之时在纸上绘制的内容，如图4.13（a）所示。

宇宙领悟 感光板

1840年，约翰·威廉·德雷伯（John W. Draper）（1811—1882年），纽约的一名化学教授，制作出早期的天文照片，如图4.13（b）所示。他的主题是月亮。早期的照片不仅制作过程缓慢，而且照片显得凌乱。天文学家不愿意使用这些照片。19世纪70年代晚期，人们发明了一种更快，更简单的工艺，天文照片兴起。现在天文学家们能够轻松地制造出行星，星云和星系的图片了。不久，成千上万张感光板形成了填满主要观测内容的感光板库。

图4.13 （a）罗斯伯爵，威廉·帕森斯（William Parsons, 3rd Earl of Rosse, 1800—1867）于1845年绘制的M51星系图画。（b）约翰·威廉·德雷伯于1840年拍摄的月亮照片。

G X U V I R

G: 伽马射线 X: X射线 U: 紫外线 V: 可见关 I: 红外线 R: 无线电波

在天文学领域中,大多数照相系统的量子效率都非常低,一般为1%~3%,远远低于人眼。但不像眼睛,摄影可以将积分时间增加到数小时曝光时间来弥补量子效率较低的缺点。照片使得天文学家能够记录和研究之前看不见的天体。

照片也并非十全十美。昏暗的天体通常需要长时间的曝光,可能为一整夜观测。每张感光板仅可使用一次,并且价格昂贵。到20世纪中期,人们开始研究能够克服感光板诸多缺点的电子探测器。

领悟宇宙 电耦合元件

1969年,科学家在贝尔实验室发明了一种不同寻常的探测器,称为电耦合元件或CCD。天文学家不久便意识到,这就是他们一直在寻找的东西,CCD成为了几近所有天文成像应用的首选探测器。CCD输出一种数字信号,这种信号可直接从望远镜发送给以电子方式储存的图像处理软件,以便进行后期分析。CCD是一种超薄硅晶片,比一根人头发还细,分成一个二维图像元素阵列或像素,如图4.14(a)所示。当光子产生一个像素时,它就在这个硅晶片上产生一个小电荷。随着每个CCD像素的读出,流入电脑的数字信号与累积电荷成精确比例。第一台天文学CCD是个仅含数千像素的小阵列。如今,在天文学领域中使用的较大CCD——如图4.14(b)中所示——可能包含数亿像素。随着计算能力越来越快,人们仍在研制更大的CCD,以跟上图像处理要求的步伐。

CCD现已广泛用于我们不可或缺的多种设备中,例如数码相机,数码摄像机以及照相手机。你的手机通过利用以三组排列的CCD像素网格来拍摄彩

> CCD是天文学家的首选探测器

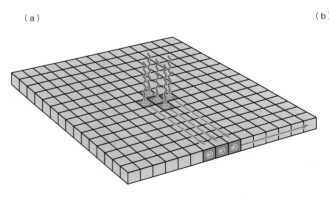
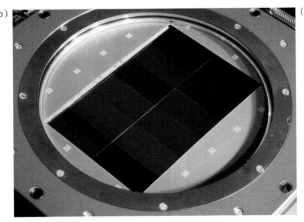

图 4.14 (a)电耦合元件(CCD)的简易框图。来自恒星的光子落入像素(灰色方格),并在硅晶体中产生自由电子。电子移动至底部的收集登记处。然后,每一行向右移动,其中,每个像素的电荷转换成数字信号。(b)这个非常大的 CCD 具有 12 288×8 192 像素。(c)CCD 用于多数电子产品。

色照片（图4.14（c））。每一组中的每个像素只对应特定的色彩范围——例如，仅对应红光。这会降低相机的分辨率，因为最终影像上的每个点需要三个像素信息。天文学家选择使用照相机上的所有像素来测量落入每个像素上的光子数量，而不管颜色如何。他们在照相机前面放入滤波器，仅允许特定波长的光通过。诸如哈勃太空望远镜拍摄的彩色照片由多张照片构建而成，为每张照片着色，再仔细匹配和重叠这些照片，以形成美丽的有用图像。有时，这些颜色为"真实"颜色，即如果实际上用眼睛来看这个天体的话，这些颜色接近你可能看到的颜色。然而，有时，这些颜色却代表了光谱的不同部分，并告诉你天体的温度或不同组成部分。天文学家使用可更换的滤波器来代替指定的颜色像素，不仅可以提高灵活性，还提高了分辨率。

光谱和光谱仪

想必你一定看过如图4.15中所示的彩虹划过天空的景象。这种按颜色对光进行分类实际上是按波长进行分类。谈及光按波长分散时，实际上指的是光的光谱。可见光谱的长波长端是红光，波长大约介于600和700nm之间。可见波长的另一端是紫色光，是蓝色光中的最蓝光。人眼可见的最短波长紫色光的波长约为350nm。介于这两端之间的，即，如彩虹中所示，是剩余的可见光谱（图4.16）。可见光谱中的颜色，按波长递减顺序排列，分别为

红　　橙　　黄　　绿　　蓝　　靛　　紫

光具有比人眼可感知的波长更长或更短的波长。光的整个不同波长范围统称为"电磁波谱"。

图4.16 依次排列了整个电磁波谱范围内的光，从可见光开始，一个一个往后。除了最短波长，可见光谱的高频蓝色光最末端（波长介于40~350nm之间）为紫外线（UV）光。我们将波长短于40nm或$4×10^{-8}$米的光称之为X光。波长更短的光，如波长在10^{-10}米以下，我们称之为伽马辐射或者伽马射线。

我们从可见光谱的红色光最末端开始，以相反的方向直至结束。波长长于700nm（$7×10^{-7}$m）以及波长短于500μm（$5×10^{-4}$m）的光称为红外射线。波长长于这个范围的光，我们称之为微波射线。波长最长的光，即波长约几厘米长的，称为无线电波。

天文学家通常用纳米来表示可见光的波长，对于更短的波长，用微米（μm）来表示红外射线，用毫米、厘米和米来表示电磁波谱中的微波和无线电波。

图 4.15 电磁波谱的可见光部分以这种彩色红的光顺序排列。

可见光只是电磁波谱的一小部分。

词汇标注

辐射：在常用语言环境中，射线与核弹或放射性物质的发射有关。某些情况下，这种射线实际上是一种以伽马射线存在的光。其他情况下，它可能是粒子。天文学家用这个词来描述在太空中传输能量的物质——光。天文学家通常互用这两个词——光和射线，特别是在涉及不可见范围内的波长之时。

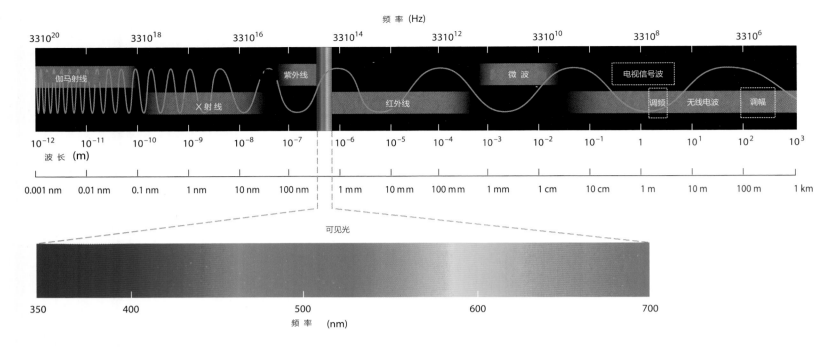

图 4.16　通常，电磁波谱分成几个宽泛定义的区域，从伽马射线到无线电波。本书中，我们采用让你容易记住的图标为天文图像贴上相应的标签。此外，伽马射线（G）、X 射线（X）、紫外线（UV）、可见光（V）、红外线（I）和无线电波（R）也同样贴上了相应的标签。如果要表示一个以上区域，则突出显示多个标签。

光谱仪或分光计，是可让我们通过研究其光谱探测到遥远天体的成分和物理性质的工具。每种类型的原子或分子对恒星的光谱都有着独特的影响，要么散发特定波长的光，要么吸收光。原子和分子向光谱中散发光时会产生光谱线，吸收光时会产生吸收线。不论哪种情况，将于第 10 章详述，每种类型的原子或分子都有着独特的线，这些线如同指纹告诉天文学家们天体是由哪些特定的原子和分子组成。光谱学是通过天体成分的波长来对天体的光进行研究。后面几章将介绍众多光谱学应用，继续我们对太阳系以及更广范围的研究之旅。

4.5　分辨率和大气

本章前文中，我们了解到，望远镜焦距越长，所产生的影像尺寸就越大，所产生的图像越分明（如图4.10所示）。借用第4.4节的术语，我们可以说，望远镜的焦距越长，影像的分辨率越高。这就是为何望远镜看到的恒星比人眼看到的恒星要清楚很多的原因。人眼的焦距一般只有几毫米，而职业天文学家所用的望远镜焦距通常有几十米，甚至几百米。这些望远镜看到的图像比人眼看到的图像要大很多，因此，它们包含更多细节。

然而，焦距仅可解释望远镜和裸眼之间的分辨率差别。还有一个差异源自光的波性质。光波穿过望远镜的光圈，从透镜或镜面的边缘扩散（图4.17）。

衍射以及影像的模糊度取决于波长与望远镜光圈之间的比率。

疑难解析 4.2 衍射极限

透镜的角分辨率（θ）极限，即衍射极限取决于光的波长（λ）和光圈（D）的比率。

$$\theta = 2.06 \times 10^5 \frac{\lambda}{D} \ \text{arcseconds}$$

常数2.06×10^5将单位改成了弧秒。弧秒是一个非常小的角度度量单位，先将一度除以60得到弧分，再除以60得到弧秒。要想知道弧秒的大小，想象一下你将一个网球传给你的朋友，然后告诉他，沿直线向前跑8英里（约12.8千米），再拿起这个网球。如果他真的能做到，则你从网球一侧看到另一侧的角度大约为1弧秒。

λ和D必须用相同的单位表示（通常为米）。λ/D比率越小，分辨率越高。人眼瞳孔的尺寸在亮光下约为2毫米，在黑暗中约为8毫米。通常瞳孔尺寸约为4毫米或0.004米。可见光（绿光）的波长为550nm或5.5×10^{-7}米。代入公式中，我们得出：

$$\theta = 2.06 \times 10^5 \left(\frac{5.5 \times 10^{-7} \, \text{m}}{0.004 \, \text{m}} \right) \text{arcseconds}$$

$$= 28.3 \ \text{弧秒}$$

或约0.5弧分。但如前所述，人眼可实现的最佳分辨率为1弧分，通常为2弧分。我们无法得到人眼的理论分辨率，因为透镜的光特性和视网膜的物理特性并不完美。

这与望远镜的分辨率如何作比呢？以哈勃太空望远镜用于光谱可见部分为例，其主镜的直径为2.4米，并假定为可见光，将其代入公式中，我们得出：

$$\theta = 2.06 \times 10^5 \left(\frac{5.5 \times 10^{-7} \, \text{m}}{2.4 \, \text{m}} \right) \text{arcseconds}$$

$$= 0.047 \ \text{弧秒}$$

这大约是人眼分辨率的600倍。

波面（一系列平行波）穿过不透明物体边缘时出现的变形称为衍射。衍射将一些光从路径中"转移"走，稍稍模糊了望远镜产生的影像。模糊的角度取决于光的波长和望远镜的光圈。光圈越大，衍射产生的问题越小。某给定望远镜可实现的最佳分辨率称为衍射极限（参见疑难解析4.2）。

衍射极限告诉我们望远镜口径越大，分辨率越高。理论上，10米凯克望远镜在可见光中的衍射极限分辨率为0.0113弧秒，这可让你在60公里以外阅读报纸头条。但对于光圈大于1米的望远镜，地球上的大气会阻碍获得更好的分辨率。

图4.17 （a）来自恒星的光波被望远镜的透镜或镜面边缘衍射。（b）衍射导致星际影像变得模糊，限制了望远镜分辨天体的能力。（c）绿色激光照射的圆形光圈的衍射。

(a)

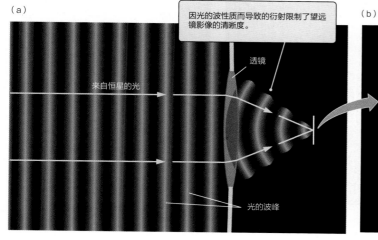

因光的波性质而导致的衍射限制了望远镜影像的清晰度。

透镜

来自恒星的光

光的波峰

(b)

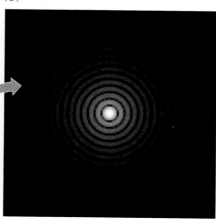

(c)

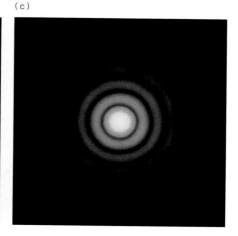

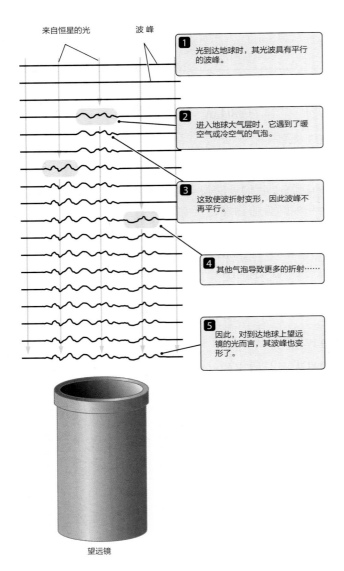

来自恒星的光　　　波峰

1 光到达地球时，其光波具有平行的波峰。

2 进入地球大气层时，它遇到了暖空气或冷空气的气泡。

3 这致使波折射变形，因此波峰不再平行。

4 其他气泡导致更多的折射……

5 因此，对到达地球上望远镜的光而言，其波峰也变形了。

望远镜

图4.18 地球大气层中的暖空气或冷空气气泡使得光的波阵面从远处的目标中发生折射。

如果你曾有过在夏季望穿公路的经历，你一定看到过光线以这种方式弯曲时空气闪闪发光以及闷热的空气从滚烫的地面升起湍流的泡泡这两种现象。

如果我们从高处往下看，这种现象就不那么明显了，但夜空中星星闪烁也是由同样的现象而导致的。由于望远镜放大了行星的角半径，它们也同时放大了大气的闪光效果。因大气折射而导致望远镜在地球表面受到分辨率限制的现象称为视宁度。将望远镜（如哈勃太空望远镜）放到地球表面的优势之一就是望远镜不会受到视宁度的阻碍。

现代技术采用计算机控制的自适应光学元件，已大大改善了基于地面的望远镜。自适应光学元件弥补了大气折射现象。为了更好地理解自适应光学元件的工作原理，我们需要进一步了解地球上的大气是如何抹掉美妙绝伦的星像的。让我们回顾下图4.17。遥远星空发出的光以平行的平面波阵面到达地球的大气顶层。

（a）

（b）

图4.19 （a）未使用自适应光学元件拍摄的海王星和（b）星团照片。右边为修正照片。

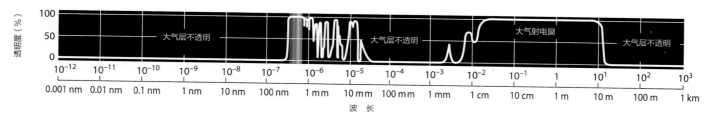

图 4.20 地球大气层阻碍大部分电磁辐射。

如果地球的大气十分均匀,波阵面在达到基于地面的望远镜目标透镜或主镜时仍保持为平面。在穿过望远镜的光学系统后,波阵面可能在焦平面产生细小的衍射光斑,如图4.17(b)所示。但是地球的大气并不均匀。大气中布满了与周围温度稍有差别的小气泡。温度不同意味着密度不同,密度不同意味着每个气泡以不同的方式弯曲光线。

这些气泡如同弱透镜,在波阵面达到望远镜时,不再处于一个平面上,如图4.18所示。望远镜焦平面上的影像不只是细小的衍射光斑,而是变形了,变模糊了。自适应光学元件可弥补这些折射。首先,望远镜内置的光学装置测量波阵面。之后,光在到达望远镜的焦平面之前,被另一个柔性镜面反射回来。计算机分析波阵面,弯曲柔性镜面,以便精确地修正波阵面的折射。经自适应光学元件修正的影像示例如图4.19所示。自适应光学元件的广泛使用使得基于地面的望远镜影像质量可与哈勃太空望远镜相媲美。

地球上大气层导致的问题远不止影像变形这一项。几乎所有的X射线,紫外线和红外线到达地球时无法抵达地面,这是因为这些光线部分或全部被臭氧层、水蒸气、二氧化碳和其他大气层颗粒吸收了。

4.6 对不可见光波的观测

如图4.20所示,我们的大气层在光谱范围内的几个区域是透明的。这些大气窗区中范围最大的便是大气射电窗区,因此我们才得以在地面(而不是在太空)构架无线电波望远镜。大部分无线电波望远镜都呈可操纵的大圆盘形状,直径通常为几十米,如图4.21(a)所示。世界最大的单镜无线电波望远镜为305米阿雷西博望远镜,修建在波多黎各的一个天然碗状洼地中(图4.21(b))。构造巨大无比,无法进行操纵。阿雷西博望远镜仅可在地球转动将物源带到主镜上方时才能观测到在天顶20度内穿过地球的物源。

大小与无线电波望远镜如出一辙,它们也有着相对较差的角分辨率。望远镜的角分辨率取决于λ/D比率,其中λ为电磁波的波长,D为望远镜的光圈直径。比率越大,分辨率越差。无线电波望远镜的光圈直径大于大多数光学望远镜的光圈直径,这一点十分有用。

(a)

(b)

图 4.21 (a)澳大利亚的大型无线电波望远镜。(b)阿雷西博无线电波望远镜是世界最大的单主镜望远镜。悬挂在主镜上的可操纵接收器仅可在目标物体接近天顶时有限指向天体目标。

图 4.22 新墨西哥的甚大望远镜（VLA）

但无线电波的波长比可见光的波长大得多，因此无线电波望远镜若要接收到这些极长波长的无线电波，也会受到阻碍。以巨型阿雷西博望远镜为例，其分辨率通常为 1 弧分，比人眼的分辨率高不了多少。因此，电波学天文学家们必须开发出提高分辨率的方法，其中最智能的方法就是使用干涉仪。

当我们从数学上合并两个无线电波望远镜的信号时，它们就如同一架直径等于其距离的望远镜。例如，两个直径为10米的望远镜位于距离各自1 000米开外的位置，则直径变为1 000米，而不是10米。这就称为干涉，因为它利用光的波性质，即，望远镜发出的信号互相干扰。通常，干涉阵列采用众多望远镜。通过它们的使用，天文学家可实现甚至超出光学望远镜的最大角分辨率。

位于新墨西哥州的甚大望远镜（下称"VLA"）就是大型电波干涉阵列之一，如图4.22所示。VLA 由27个单独的可移动主镜组成，这些主镜能够以 Y 型配置延伸达 36 公里之远。此阵列的波长为10厘米，可获得小于1弧秒的分辨率。超长基线阵列（下称"VLBA"）采用10架无线电波望远镜，这些望远镜可延伸超过8 000公里远，即，从加勒比的维京群岛到太平洋的夏威夷之间的距离。此阵列的波长为 10 厘米，可获得小于0.006弧秒的分辨率。无线电波望远镜可进入近地轨道，因为太空超长基线阵列（下称"SVLBA"）甚至可以克服这个极限。未来SVLBA的效果可能将基线延伸到 100 000 公里远，此时，产生的分辨率将超过任何现有光学望远镜。

光学望远镜组成阵列，从而使得分辨率大大超过单个望远镜，但鉴于技术原因，单个望远镜之间距离无法做到像无线电波望远镜那么远。位于智利的欧洲南部观测室（ESO）操控的超大望远镜（下称"VLT"）将四个8米的望远镜（图4.23）与四个可移动的1.8米辅助望远镜进行合并。其基线距离达200米，因此角分辨率可达微弧秒范围。

进入地球大气层之上：机载和轨道天文台

地球大气层会使望远镜的影像变形，地球大气层上的颗粒，如水蒸气，会阻碍大部分电磁波谱进入地面，因此，天文学家试图尽可能地将他们的仪器放在大气层上。世界上的大多数大型天文望远镜都位于海拔 2 000 米甚至更高的地方。莫纳克亚山，位于夏威夷的一座休眠火山，莫纳克亚山天文台（MKO）就位于这座山上，距离太平洋海平面4 200米。在这个高度上，MKO望远镜坐落在 40% 的地球大气层之上。更重要的是，90% 的地球大气层水蒸气都在此高度之下。然而，对于研究红外学的天文学家而言，这剩余10% 的水蒸气仍然是个不小的麻烦。

解决水蒸气问题的方法之一就是利用高空飞行的飞机。NASA的柯伊伯（Kuiper）机载天文台（下称"KAO"），它是一架改装了的C-141货机，载有一台90厘米的望远镜，是首批高空飞行天文台。它在12～14千米高度的高空中巡航，这个高度位于地球大部分水蒸气之上。NASA的KAO于1995年退役，取而代之的是同温层红外线天文台（下称"SOFIA"），该天文台于 2011 年建立。SOFIA载有一台2.5米的望远镜，在光谱范围内的远红外区域工作，即从1到650微米（μm）。它在大约12千米高的同温层飞行，位于KAO飞行范围的低端，但仍然处于地球底层大气层中99% 的水蒸气之上。

机载天文台通过将望远镜放在大气层中大部分水蒸气之上来解决大气对红外线的吸收。但完全进入全部电磁波谱则是另一回事。这需要完全处于地球的大气层之上。第一颗天文学卫星是英国的羚羊1号，发射于1962年，用于研究太阳紫外线，X 射线以及宇宙线的能谱。如今，我们已经有了众多轨道天文望远镜，能够涵盖从伽马射线到微波的电磁波谱范围。

光学望远镜，如2.4米口径的哈勃太空望远镜（下称"HST"），在称之为近地轨道的适当高度（约位于地球表面600千米的高度）才能成功运行。对于其他卫星，600千米还不够高。钱德拉 X 射线天文台，NASA X射线望远镜无法穿越一丁点的大气，因此，需要在处于距离地球表面16 000千米以上的轨道。斯皮策（Spitzer）太空望远镜是一种红外望远镜，也十分敏感，需要完全隔离地球自身的红外射线。因此，解决之道只有将其放入太阳轨道，距离地球几千万千米。未来众多太空望远镜，包括詹姆斯·韦伯（James Webb）太空望远镜，NASA的HST替代望远镜，将远离地球，直接位于太阳附近的轨道。

现在，你可了解到天文学家使用的各种不同望远镜的重要性了。天文学家勇敢尝试，以期望远镜能够覆盖整个电磁波谱，尽管每个地区有着不同的挑战，但，如果我们要看清整个宇宙，就必须克服这些困难。

图 4.23 智利由欧洲南方天文台所运营的超大望远镜（VLT）。可移动辅助望远镜可让四架望远镜用作光学干涉仪。

轨道天文台可探索地面无法触及的波谱区域。

天文资讯阅读

詹姆斯·韦伯（James Webb）太空望远镜将取代即将衰老的哈勃太空望远镜。这种望远镜更大，看得更远，在覆盖红外光谱方面也更加优秀。科学家们正在忙于构建这种望远镜及其所用的镜头。本文描述了其中一种仪器的开发进度。

新型太空望远镜采用从未生产过的材料；国家航空航天局表示没问题

撰稿人：《大众科学杂志》丽贝卡·伊尔（REBECCA BOYLE）

研制詹姆斯·韦伯太空望远镜的NASA工程师们正在从零开始进行一系列工作——他们已经设计了新的镜片和可折叠的太空茧。他们的最新工作极具代表性：为了能够在太空中最冷的地方起作用，他们发明了全面的复合材料。他们称之为不可得元素。

韦伯望远镜的核心是一个汽车般大小的集成科学仪器模块，这个模块将所有的望远镜仪器紧密固定在一起。望远镜的高精度光学元件需要在稳定的环境下才能发挥作用，因此，底盘必须异常坚固，足以避免因距离地球100万英里（约160万公里）之上的极端冻结而收缩。

工程师们精心梳理各种科学文献，以找出能够符合这种标准的材料，结果什么也没发现。他们决定必须要快速找出一些东西来，因此，他们用数学模型来评估好几种成分。最终，他们发现了可能会产生称之为碳素纤维、氰酸酯树脂系统的两种复合材料。

做出3英寸底盘管是个理想情形，但工程师们仍需找出如何将其放在一起的方法——大约有900个组件。最终，他们尝试了多种方法，其中包括使用他们发明的一种黏合剂黏合镍合金配件、夹子和特殊复合板。

做完这些，他们还需找出如何测试的方法，因为戈达德（Goddard）宇宙飞行中心的三层太空环境模拟器还不够冷。

韦伯望远镜在2014年某个时间发射后，将停留在拉格朗日点，这是太空中一个特殊的点，其中地球和月球的引力场处于平衡状态，因此卫星可停留在两者之间。由于受到巨型太空伞遮蔽阳光，望远镜仪器在白天所处的环境温度大约为39开氏度（约-244摄氏度）到-389.5华氏度（约-234摄氏度）。模拟器达到的最高温度为100开氏度（约-173摄氏度），这足以测试大多数其他太空设备。

但团队希望能将桁架冷却到27开氏度（约-246摄氏度），大约相当于冥王星的表面温度，这样只是为了确保桁架不会开裂。

因此，他们建造出一个酷似金枪鱼罐头的护罩，并将护罩插入到腔室中。一旦测试腔室中的空气被抽空，护罩中就会泵送氦气，从而将桁架冷却到27开氏度（约-246摄氏度）。

经过26天的试验，桁架并未开裂。如数学模型所示，当温度达到27开氏度时，它收缩了170微米——大约一根针的宽度。NASA的收缩极限为500微米，因此这种超级材料证明了自身的价值。

吉姆·庞修斯（Jim Pontius）表示，ISIM可以毫不费力地带领机械工程师。"技术挑战是吸引人们参加这个项目的根本"，他说道。

新闻评论：

1. 总结本文。对望远镜的什么部位进行测试？

2. 这种望远镜停留的环境有何特别之处？为何很难设计？

3. 使用本章学到的词汇，解释望远镜底盘不会收缩为何如此重要？如果会收缩，将会发生什么情况？

4. 请在网上查看詹姆斯·韦伯太空望远镜的模型，并描述什么是"巨型太空伞"。该报道的记者采用"巨型"一词是出于什么考虑？

5. 请将试验结果（170微米）与允许偏差（500微米）相比较。你是否觉得可以采用这些经过测量的参数发射该仪器？为什么？

6. 推测下诸如詹姆斯·韦伯太空望远镜的望远镜价值。我们可能了解什么具有重要价值？这项努力还会带来什么其他副产品技术？

小结

4.1 真空中的光速为 300 000 千米 / 秒，没有任何物体的速度能超过光速。

4.2 光在整个宇宙中带有信息和能量。光既是一种电磁波，又是一种粒子流，称为光子。

4.3 光学望远镜通常有两种基本类型：折射式和反射式。所有大型天文望远镜均为折射式望远镜。

4.4 CCD 是当今天文探测器的首选。从伽马射线到可见

光到无线电波，所有射线都是一种电磁波。

4.5 大型望远镜收集更多的光，分辨率更高。地球的大气层阻碍众多光谱区，并致使望远镜拍摄的影像变形。

4.6 无线电和光学望远镜可组成阵列，从而大大提高了角分辨率。将望远镜放入太空可解决地球大气层导致的问题。

◆ 小结自测

1. 光是一种_____：
 a. 波
 b. 粒子
 c. 既是一种波，也是一种粒子
 d. 既不是波也不是粒子

2. 所有大型天文望远镜都是折射式望远镜，这是因为：
 a. 色差降至最低
 b. 它们没那么重
 c. 它们可能更短
 d. 以上都正确

3. 人类能够从地面上观测到以下哪种现象？
 a. 无线电波
 b. 伽马射线
 c. 紫外线
 d. X 射线
 e. 可见光

4. 以波长降序排列下列光。
 a. 伽马射线
 b. 可见光
 c. 红外光
 d. 紫外光
 e. 无线电波

5. 将下列望远镜特性（字母编码）与相应的定义（数字编码）相匹配。
 a. 光圈　　　　　　（1）几个望远镜组合成一个
 b. 分辨率　　　　　（2）镜头到焦平面之间的距离
 c. 焦距　　　　　　（3）直径
 d. 色差　　　　　　（4）区分天空中互相靠近的天体的能力
 e. 衍射　　　　　　（5）计算机控制主动聚焦
 f. 干涉仪　　　　　（6）彩虹效应
 g. 自适应光学元件　（7）因尖角产生的模糊效果

问题和解答题

判断题和选择题

6. 判断题：任何物体的速度都不可能超过 $3 \times 10^8 \text{m/s}$。

7. 判断题：波的频率与光子的能力有关。

8. 判断题：蓝色光的波长大于红色光的波长。

9. 判断题：蓝色光携带的能量多于红色光。

10. 判断题：可见光是一种电磁波。

11. 如果一束光的波长分成两半，对频率有何影响？
 a. 频率将扩大四倍
 b. 频率将扩大两倍
 c. 频率不变
 d. 频率将降低两倍
 e. 频率将降低四倍

12. 光在介质中的速度与光在真空中的速度相比如何？
 a. 相同，因为光速是恒定的
 b. 在介质中的速度始终快于真空中的速度
 c. 在介质中的速度始终慢于真空中的速度
 d. 在介质中的速度可能快于，也可能慢于在真空中的速度，取决于介质

13. 天文学家将望远镜放入太空的目的在于：
 a. 更接近星体
 b. 避免大气层的影响
 c. 主要观测无线电波波长
 d. 提高量子效率

14. 干涉仪的优势在于:
 a. 分辨率大大提高
 b. 焦距大大提高
 c. 聚光能力大大提高
 d. 衍射效应大大提高
 e. 色差大大减弱

15. 基于地面望远镜的角分辨率通常由以下哪种因素决定?
 a. 衍射
 b. 折射
 c. 焦距
 d. 大气视宁度

概念题

16. 我们了解到光在真空的速度为$3×10^8$ m/s。光有可能以更低的速度行进吗?请解释你的答案。

17. 光年是一种时间或距离测量单位吗,还是两者都是?

18. 光可以描述为一种波或一种粒子吗,还是两者均可?请解释你的答案。

19. 静止充电的粒子产生电场吗?是否产生磁场?

20. 指出描述波的其他名称。

21. 指出位于电磁波谱最末端的电磁辐射类型。

22. 如果蓝色光的光子所含的能量大于红色光,一束红光如何才能携带与一束蓝光相同的能量?

23. 伽利略的望远镜使用单透镜而不是复合透镜。折射式望远镜使用单透镜的主要劣势是什么?

24. 最大的天文折射望远镜具有 1 米光圈。为何建造更大折射望远镜不切实际,例如,两倍光圈?

25. 指出并解释至少两个反射望远镜优于折射望远镜的优点。

26. 你的相机可能装有变焦镜头,从广角(短焦距)到长焦(长焦距)。广角和长焦之间相机的焦平面上图片尺寸分别如何?

27. 什么导致折射?

28. 高品质折射望远镜和照相机制造商如何避免色差问题?

29. 考虑口径不同但焦距相同的两个最佳光学望远镜。口径较大的望远镜其焦平面的星体影响是更大还是更小?请解释你的答案。

30. 指出两种地球大气干扰天文学观测的方式。

31. 解释星星为何闪耀。

32. 为何没有基于地面的伽马射线和X射线望远镜?

33. 请解释自适应光学元件以及他们如何提高望远镜的图片质量。

34. 请解释积分时间及其对探测微弱天体有何影响。

35. 请解释量子效率及其对探测微弱天体有何影响。

36. 世界最大的望远镜为何位于高山之上?

37. 有人认为我们将天文望远镜放入轨道中,因为这样望远镜离要观测的天体更近。请解释这种常见错误有何不妥。

解答题

38. 钻石的折射率n为2.4。那么光在钻石中的速度如何?

39. 你将广播调到AM790频道。这个频道以790千赫($7.90×10^5$赫)的频率进行广播。这个无线电信号的波长为多少?你再调到FM 98.3。这个频道以98.3兆赫($9.83×10^7$赫)的频率进行广播。这个无线电信号的波长又为多少呢?

40. 许多业余天文学家开始入手4英寸(光圈)望远镜,然后晋级到16英寸望远镜。望远镜聚光能力(如同一个区域)通过什么因素提高?

41. 比较大型光学望远镜(光圈10米)和适应了黑暗的人眼(相当于光圈8米)的聚光能力。

42. 比较哈勃太空望远镜(光圈2.4米)和业余望远镜(光圈20厘米)的角分辨率。

43. 假设一架望远镜的光圈为 1米。计算在光谱范围内近红外区域($\lambda=1\,000$nm)进行观测时的望远镜分辨率。计算在光谱范围内紫外线区域($\lambda=400$nm)进行观测时的望远镜分辨率。望远镜在哪个区域的分辨率更高?

44. 假设人眼的最大光圈D为大约8毫米,可见光的平均波长λ为$5.5×10^{-4}$毫米。
 a. 计算人眼在可见光中的衍射极限。
 b. 比较衍射极限与实际分辨率(1~2弧分,即60~120弧秒)如何?
 c. 什么原因导致这项差异?

45. 人眼的分辨率约为1.5弧分。无线电望远镜(以21厘米进行观测)需要什么样的光圈才具有这种分辨率?即使大气层在无线电波中透明,我们仍看不见电磁波谱中的无线电波区域。利用计算来解释人眼为何看不到。

46. 最早的天文CCD具有160 000像素,每个像素记录8比特(256个亮度水平级)。新一代天文CCD可能包含上十亿像素,每个像素记录15比特(32 768个亮度水平级)。比较每种类型CCD在单个图像中产生的数据比特数。

47. 在第46题中,你可计算新一代CCD图像的比特数。要1分钟读取一个芯片,每秒必须传输多少比特?(即,计算机必须以多快的速度传输数据?)

48. 假设CCD的量子效率为80%,照相底板的量子效率为1%,如果需花1小时的时间才能用指定的望远镜拍摄某个天体,那么用CCD取代照相底板的话,我们可节省多长的观测时间?

49. VLBA采用一个无线电望远镜阵列,距离地球表面高度8 000公里,约为从维尔京群岛到夏威夷的距离。
 a. 计算无线电天文学家以1.35纳米的微波波长观测星际水

分子时阵列的角分辨率。

b. 此分辨率与两个相隔100米以550纳米可见光波长作为干涉仪的光学望远镜之角分辨率相比如何？

50. 太空甚长基线干涉仪（SVLBI）在运行中可能具有100 000公里的基线。当我们研究从遥远的银河系发出17毫米波长之光的星际微粒时，其角分辨率如何？

51. 火星侦察轨道器（MRO）以平均280公里的高度在火星上空飞行。如果它的相机角分辨率为0.2弧秒，则MRO可在火星表面探测的最小物体的尺寸有多大？

52. 就光而言，其速度、波长、频率的关系为 $c=\lambda\times f$。如果我们观测到来自频率为10赫兹（Hz）的遥远宇宙事件发出的重力波，则此重力波的波长为多少？

 智能学习（SmartWork），诺顿的在线作业系统，包括这些问题的算法生成版本，以及附加的概念习题。如果你的导师在聪慧学习上布置了问题，请登录smartwork.wwnorton.com。

 学习空间（StudySpace）是一个免费开放的网站，并为你提供《领悟我们的宇宙》书中每一章的学习计划。学习计划包括动画、阅读大纲、生词卡、选择题测试以及聪慧学习和电子书中站点内容的链接。请访问wwnorton.com/studyspace。

探索 ｜ 光是一种波

wwnorton.com/studyspace

访问学习空间（StudySpace），打开第 4 章的天文之旅"光既是一种波，又是一种光子"。查看第 1 节，点击"播放"按钮，直至第 2 节。

这里我们将探讨下列问题：波共有几种性质？各个性质之间有何关系？

按部就班学习至实验章节，在这里你可调整波的特性。观测模拟一段时间，查看频率增加得多快。

1. 增加波长，使用箭头键。频率计上的比率有何变化？

2. 重置模拟实验，再减小波长。频率计上的比率有何变化？

3. 波长和频率之间有何关系？

4. 想象一下，你增加了频率而不是波长。增加频率时，波长应如何变化？

5. 重置模拟实验，并增加频率。波长会以你预期的方式变化？

6. 重置模拟实验，并增加振幅。波长和频率计有何变化？

7. 减小振幅，波长和频率计有何变化？

8. 振幅是否与波长或频率存在某种关系？

9. 为何不能更改这种波的速度？

5 恒星和行星的形成

恒星之间的空间并不是空的，其间存在着由冷气体和尘埃构成的庞大云团。这些云团之间还弥漫着热气体，在热气体的挤压作用下，云团得以聚集在一起。云团中的原子和分子在引力作用下相互吸引。有些云团在引力作用下发生塌缩，分裂形成恒星，有时候进一步分裂形成行星。令人震惊的是，星际尘埃和气体按照某些物理原理创造了地球以至整个宇宙的一切。

直到20世纪的最后25年，有关太阳系的所有探讨都始于对其组成部分的叙述："太阳系包括具有如此性质的行星，还包括卫星、小行星和彗星……"而关于太阳系的起源则有各种推测。但是，在二十世纪的最后几十年中，恒星天文学家和行星天文学家从两个完全不同的方向得出了关于早期太阳系的相同结论。我们现今对太阳和围绕其旋转的天体的认知就是建立在此统一认识的基础之上。

◆ 学习目标

我们的太阳系是太阳诞生过程中的副产品。我们在其他恒星周围也发现了围绕这些恒星旋转的行星系统，表明太阳系可能不是独一无二的。右图显示了恒星和行星形成的各个阶段的蒙太奇照片。学完本章后，你应能确认各个阶段所涉及的物理原理，并详细阐述各阶段之间的衔接关系。另外，你还应掌握以下知识：

- 明白引力和角动量在恒星和行星形成过程中发挥的作用。
- 以图表解释年轻恒星周围物质盘的尘埃颗粒是如何黏结在一起形成

越来越大的实心物体的。

- 懂得为什么行星在一个平面上围绕太阳旋转，以及为什么它们绕太阳公转的方向与太阳自转的方向相同。
- 解释物质盘中的温度是如何影响行星、卫星和其他天体的组成成分和位置的。
- 明白天文学家是怎样发现恒星周围的行星的。
- 解释为什么其他恒星的行星系统是普遍存在的。

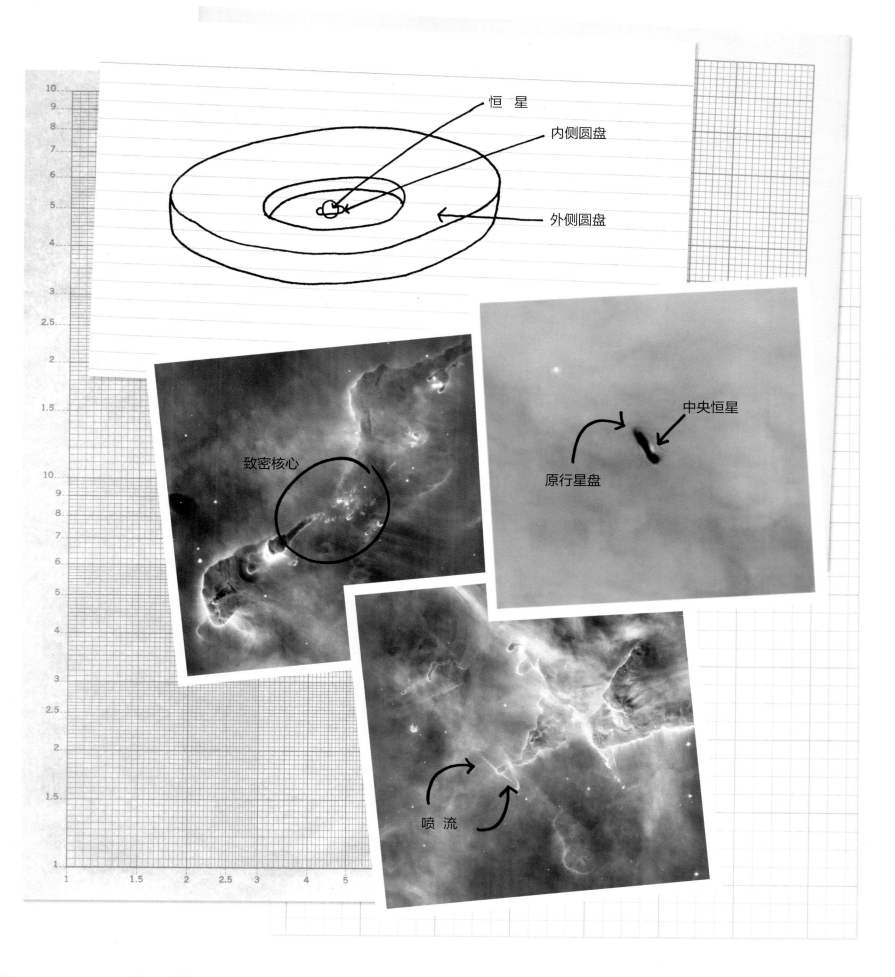

恒 星

内侧圆盘

外侧圆盘

致密核心

中央恒星

原行星盘

喷 流

5.1 分子云是恒星形成的托儿所

为了阐述所有的一切是如何开始的，从太阳系（图5.1）开始说起最合适不过了。太阳系是由行星、卫星和其他围绕普通恒星太阳旋转的更小的天体形成的系统。一般而言，行星围绕一颗恒星旋转所构成的系统称之为行星系。银河系中有许多行星系统。请勿将我们的太阳系与"宇宙"相混淆。太阳系只是银河系中的一小部分，而银河系也只是宇宙中很小的一部分。请翻到图1.2，重新回顾一下相关尺寸比例。

自引力将行星和太阳聚集在一起。自引力是行星或者恒星各个部分之间存在的将行星或者恒星的所有部分向其中心牵引的万有引力。这种内向力又受到结构强度（例如构成类地行星的岩石的结构强度）或者因恒星内部压强产生的外向力的反作用力。如果外向力小于自引力，天体将会缩紧。如果外向力大于自引力，天体就会向外扩散。在一个稳定的天体上，内向力和外向力相互平衡。

这种自引力和内部压强的反作用力概念同样适用于星系中恒星间广大空间中存在的星际物质。气体和尘埃。如图5.2所示，星际云——星际物质相对较密的区域——具有自引力：星际云的任一部分都与其他各个部分在引力作用下相互吸引。在大多数星际云中，内部压强远远大于自引力，因此星际云应该向外扩散。但是，星际云周围密度较低温度较高的气体会产生相反的压强，从而星际云得以聚集在一起。（压力与密度和温度成正比）密度最高温度最低的星际云称为分子云，因为在这些星际云中，氢原子可以结合形成氢分子。有些分子云质量和密度极高，温度也极低，其自引力远远超过内部的压力，因此它们将在其自身重力作用下塌缩。

词汇标注

压强：在天文学中，压强特指原子或者分子高速运动和相互碰撞时相互施加到某个面积上的力。

密度：在日常用语中，该词具有多重含义。在天文学中，密度是指单位体积中所包括的质量。体积相同的物质，密度越高质量越大。在日常生活中，你可以通过感受相同大小的物体的重量来判断密度：台球和网球大小几乎相等，但台球的质量更大，感觉更重，这是因为台球的密度更大。

太阳系是宇宙中极其微小的一部分。

▶❚ **天文之旅：恒星的形成**

有些分子云在其自身重力下塌缩。

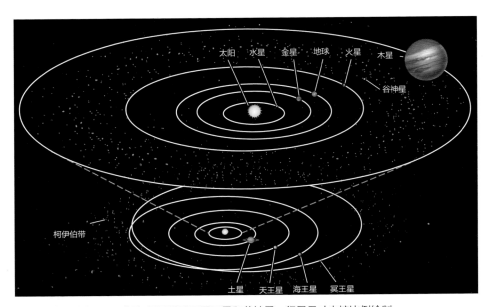

图 5.1 我们的太阳系。矮行星只显示了冥王星和谷神星，行星尺寸未按比例绘制。

我们可能以为分子云会迅速塌缩。但实际上，在几个其他效应的影响下，塌缩过程相当漫长。其中较为重要的效应就是角动量守恒，我们将在本章后面进行探讨。（这是我们在第2章的"新闻资讯阅读"中所提及的"冰舞效应"。）湍流——云中气团的无规则运动——和磁场也产生了一定影响。但是，这些效应都是临时的，而引力虽弱但却持续不断。随着云团自引力的反作用力逐渐消失，云团将慢慢塌缩。

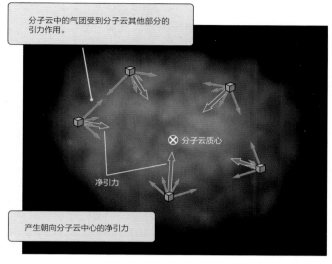

分子云中的气团受到分子云其他部分的引力作用。

⊗ 分子云质心

净引力

产生朝向分子云中心的净引力

图 5.2 自引力让分子云塌缩。

宇宙领悟 分子云塌缩时发生分裂

随着分子云体积的缩小和密度的增大，其自引力也将增加。假设一个分子云最初的直径为4光年，当该分子云塌缩到直径为2光年时，其不同部分之间的平均距离只有塌缩刚开始时的二分之一。其结果是，分子云各部分之间的万有引力将是之前的四倍。如果分子云的大小只有塌缩开始时的四分之一，引力将是之前的16倍。随着分子云的塌缩，内向引力将增加；引力增加又会加速塌缩；反过来塌缩加速又会让引力增加得更快。

分子云不是均匀的。有些区域较密，塌缩速度比周围区域更快。随着这些区域的塌缩，它们的自引力也将增加，因而塌缩速度变得更快。图5.3显示了此过程。分子云密度的细微变化变成了气体致密收缩。最终结果是，分子云不会塌缩成单个天体，而是分裂成无数致密的分子云核心。单个分子云可以形成成百上千或者成千上万个分子云核心，每个分子云核心直径一般都是几个光年。某些核心将最终形成恒星。

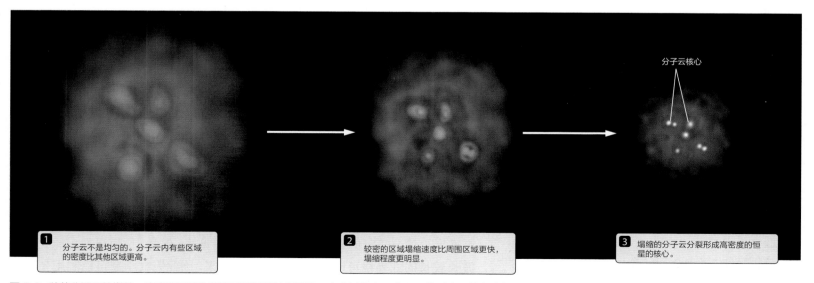

分子云核心

1 分子云不是均匀的。分子云内有些区域的密度比其他区域更高。

2 较密的区域塌缩速度比周围区域更快，塌缩程度更明显。

3 塌缩的分子云分裂形成高密度的恒星的核心。

图 5.3 随着分子云的塌缩，高密度区域比低密度区域塌缩得更快。在此过程中，分子云分裂成无数个致密分子云核心，嵌入在大分子云内。这些分子云核心可能继续演变形成恒星。

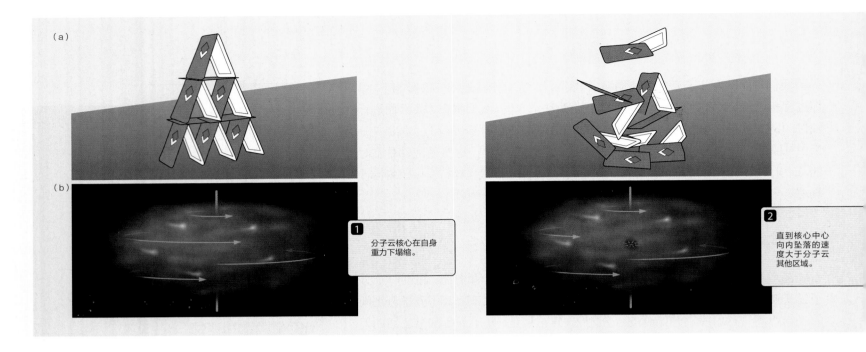

图5.4 （a）当纸牌屋的底层被敲空后，整个结构将彻底垮塌。（b）同理，当分子云核心越来越密时，将从内向外塌缩。根据角动量守恒定律，不断下落的物质将形成吸积盘流入不断增大的原恒星中。

随着分子云核心的塌缩，引力将逐渐增加，最终超过压强，磁场湍流形成的反作用力。这种现象将首先发生在分子云核心的中心，因为在核心的中心，云物质收缩得最强烈。分子云核心的内部将开始快速向内坠落。在失去支撑的情况下，下一个外层也开始向中心自由坠落。该过程持续不断：每层分子云轮流向内坠落，最低一层从上一层中拉出。如图5.4所示，分子云核心就好像纸牌屋一样，当底层被敲空以后，整个结构都将坠落瓦解。

5.2 原恒星变成恒星

现在，我们将从最深处的核心开始讲解，然后再回头探讨"残余物"到底发生了什么变化。核心被称为"原恒星"：将变成恒星的天体。随着分子云的塌缩，原恒星的表面温度将升高到成千上万度。微粒在引力作用下向中心坠落，运动速度越来越快。当这些微粒的密度达到最高时，将发生相互碰撞，产生无规则运动，导致核心温度升高。我们将这个过程称之为引力能转换成了热能。原恒星表面的温度是太阳表面温度的好几万倍，原恒星表面每平方米都会释放出能量，因此原恒星的发光度是太阳的几千倍。

虽然原恒星发出大量光，但这些光通常在可见光下不可见。原因有两点，第一，原恒星大部分辐射的是光谱中的红外线，而非可见光；第二，原恒星处于高密度尘埃分子云的最深处。尘埃会阻挡可见光。但是，原恒星发出的大部分波长较长的红外线可以从分子云中逃逸出来，因此天文学家可以利用光谱中的红外线观测它们。另外，恒星发出辐射可以让云核中的尘埃升温，这些尘埃同样也会发出红外线。

词汇标注

光度：在日常用语中，该词可与亮度互换。但是天文学家通常观测遥远距离之外的天体。因此，在天文学中，亮度表示天体在天空中出现的光亮程度，而光度表示在天体发出的在光谱所有波段有多少。一颗明亮的恒星，有可能它的光度较高，也有可能表示它离地球较近。一颗暗淡的恒星，其光度可能极高，但却离我们非常遥远。

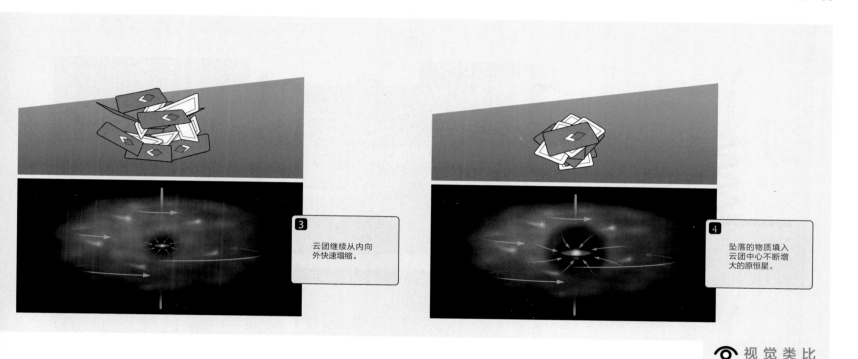

③ 云团继续从内向外快速塌缩。

④ 坠落的物质填入云团中心不断增大的原恒星。

👁 视觉类比

20世纪80年代研发的红外感光仪为原恒星和其他年轻恒星体的研究带来了革命。在红外线下进行观测，黑暗云团完全是高密度云核、年轻恒星体和发光的尘埃的结合。图5.5显示了在天鹰星云的气体和尘埃柱内的恒星形成红外图。

宇领宙悟 **动态平衡：不断演化的原恒星**

在任何特定的时刻，原恒星都处于动态平衡状态，热气体向外的推动力与向内拉的引力相互抵消。但是，这种平衡也在不断变化中。天体是如何做到既保持完美平衡又同时发生变化的呢？图5.6所示为一个简单的弹簧秤。如果将某个物体放在该秤上面，弹簧将被压缩直到该物体重量产生的向下作用力与弹簧向上回弹的力达到平衡。弹簧越被压缩，弹簧回弹的力就越大。我们根据物体重力在哪个刻度与弹簧的推力相等来测量物体的重量。

现在，让我们向弹簧秤上慢慢倒入沙子。在任何时候，沙子向下的重力始终与弹簧向上的弹力相互平衡。随着沙子重量的增加，弹簧被慢慢压缩。弹力和沙子的重量始终处于平衡状态，但是这种平衡随着沙子的增加而不断变化。这种情况与我们的原恒星类似，气体向外的压力就如同弹力一样。物质坠落到原恒星上，增加了原恒星的质量和引力。同时，原恒星在不断辐射，其内部热能也在慢慢丢失。但是，坠落在原恒星上的物质也在不断压缩原恒星，使其温度增加。原恒星内部变得越来越密，温度越来越高，压力随之

图 5.5 哈勃太空望远镜拍摄到的天鹰星云上的高密度分子气体和尘埃柱。在同样的地方，哈勃太空望远镜拍摄到的红外图片，显示年轻恒星正在这些柱状体中形成。

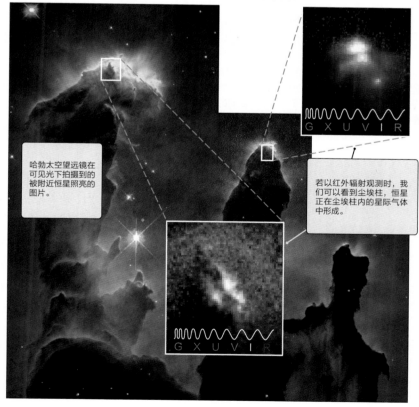

哈勃太空望远镜在可见光下拍摄到的被附近恒星照亮的图片。

若以红外辐射观测时，我们可以看到尘埃柱，恒星正在尘埃柱内的星际气体中形成。

G X U V I R

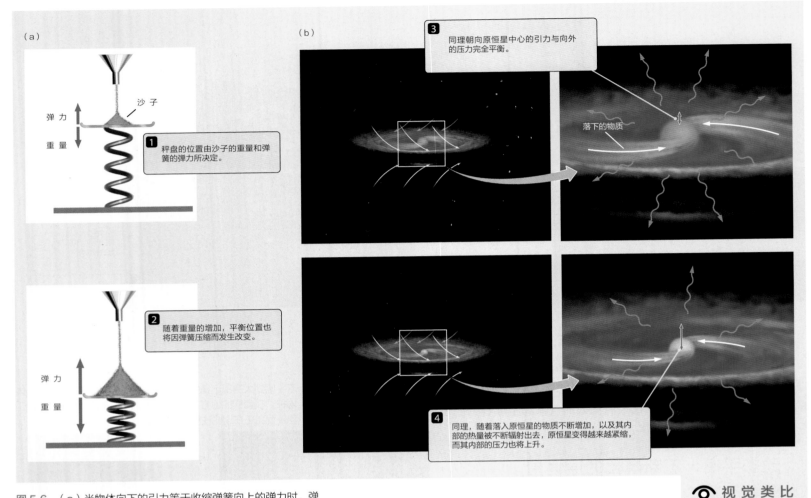

（a）

弹力

重量

沙子

1 秤盘的位置由沙子的重量和弹簧的弹力所决定。

弹力

重量

2 随着重量的增加，平衡位置也将因弹簧压缩而发生改变。

（b）

3 同理朝向原恒星中心的引力与向外的压力完全平衡。

落下的物质

4 同理，随着落入原恒星的物质不断增加，以及其内部的热量被不断辐射出去，原恒星变得越来越紧缩，而其内部的压力也将上升。

👁 视 觉 类 比

图5.6 （a）当物体向下的引力等于收缩弹簧向上的弹力时，弹簧秤达到平衡。随着沙子的增加，该平衡点的位置发生改变。（b）同理，原恒星的结构也由压力和引力之间的平衡性所决定。如同弹簧秤一般，随着原恒星不断辐射出能量以及其他物质坠落到其表面上，原恒星的结构也在不断变化中。

▶❚❚ **天文之旅：太阳系的形成**

上升——足以平衡其上方物质的重力。因此原恒星始终能够维持动力平衡。

在原恒星不断释放能量和逐渐收缩的过程中，原恒星始终保持这种动力平衡。引力能转换成热能，使得核心的温度不断升高，继而增加了对抗引力的压力。随着原恒星越变越小，内部温度越来越高，这种过程一直持续进行，直到原恒星中心的温度升高到足以点燃核聚变的温度，开始将氢聚变为氦。氢聚变为氦的过程为大多数恒星的主要能源。图5.7显示了此连续事件。

原恒星的质量决定了其是否能最终变成一颗恒星。随着原恒星缓慢塌缩，其中心的温度将越升越高。如果原恒星的质量是太阳质量的8%（$0.08\ M_\odot$），其核心温度将能最终达到1000万K[1]，继而开始氢聚变为氦的核反应。新诞生的恒星将再一次调整其结构，直到其向外辐射能量的速率与其内部释放能量的速率完全相等。

注释【1】：我们在此使用科学温标开尔文，该温标的刻度与摄氏温标相同，但是其零度是-270摄氏度。水的凝固点是273K，沸点是373K。

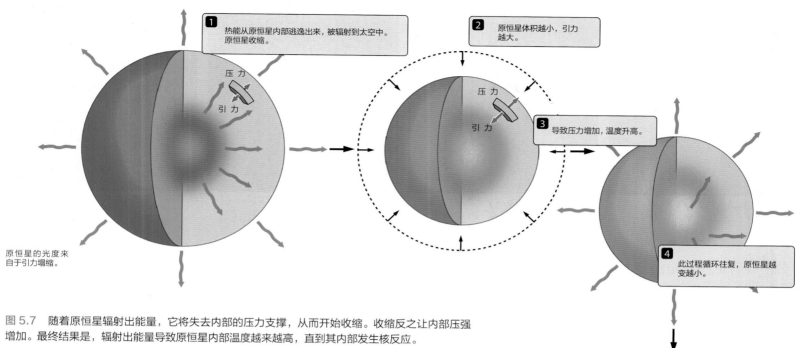

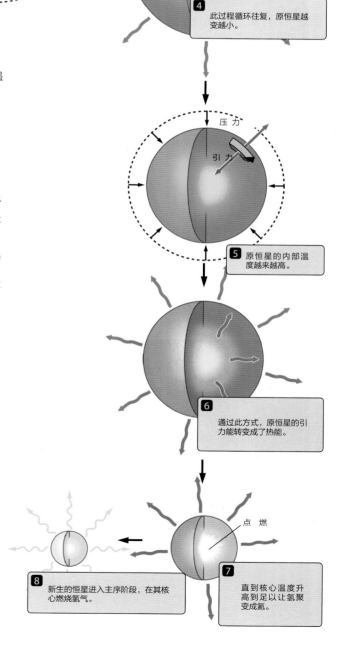

1 热能从原恒星内部逃逸出来，被辐射到太空中。原恒星收缩。

2 原恒星体积越小，引力越大。

3 导致压力增加，温度升高。

原恒星的光度来自于引力塌缩。

4 此过程循环往复，原恒星越变越小。

图 5.7　随着原恒星辐射出能量，它将失去内部的压力支撑，从而开始收缩。收缩反之让内部压强增加。最终结果是，辐射出能量导致原恒星内部温度越来越高，直到其内部发生核反应。

5 原恒星的内部温度越来越高。

如果原恒星的质量小于太阳质量的8%，它将永远不能达到足够高的温度，无法演变成一颗恒星。这些"失败的"恒星称之为褐矮星。褐矮星既不是恒星也不是行星，是介于两者之前的一种天体——通常称之为亚恒星天体。褐矮星主要通过消耗其自身的引力能发光。褐矮星会随着时间的推移不断缩小和变暗。自20世纪90年代中期发现了第一颗褐矮星以来，到目前为止已经发现了成百上千颗。

6 通过此方式，原恒星的引力能转变成了热能。

5.3　行星的形成

让我们回到塌缩分子尘埃云，探讨行星是怎样形成的。观测发现，年轻恒星体周围围绕着气体和尘埃盘，如图5.8所示。此观测证据告诉我们，云团首先塌缩成一个云盘，类似于一个旋转的披萨面团被铺开形成扁平的圆形饼皮。云盘内的尘埃或气体分子最终走向三种命运：向内移动到中心的原恒星上，停留在云盘内形成行星和其他天体，或者被抛回星际空间。

当天文学家致力于研究恒星是怎样形成之时，其他不同背景的科学家——主要为地理化学家和地理学家——正在拼凑太阳系的历史。行星科学家经过对太阳系当前结构的研究推测出行星在早期时必然具有的大部分特性。太阳系中所有行星的轨道几乎都在一个平面上，因此早期的太阳系必定是平坦的。

点　燃

8 新生的恒星进入主序阶段，在其核心燃烧氢气。

7 直到核心温度升高到足以让氢聚变成氦。

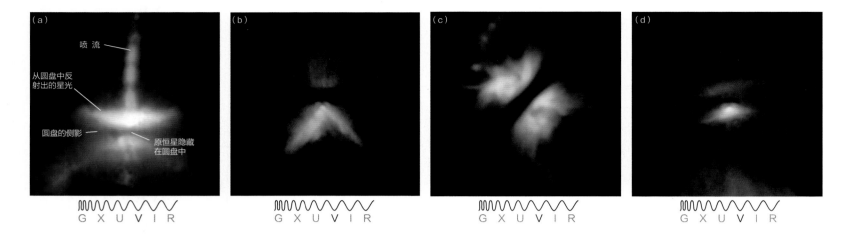

图 5.8 （a）和（b）：哈勃太空望远镜拍摄到的图片显示新形成的恒星周围围绕着一个圆盘。黑暗带为圆盘在边缘投下的阴影，明亮区域为被星光照亮的尘埃。有些圆盘物质将从与圆盘平面向垂直的方向以强大的喷流形式喷发出去。（c）和（d）：哈勃太空望远镜拍摄到的图片，显示年轻的恒星周围围绕着一个尘埃盘。在这些图片中，尘埃被放射的星光照亮。行星可能正在或者已在这些尘埃盘中形成。

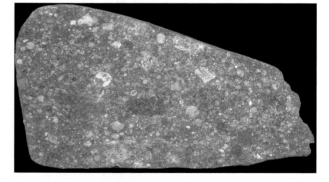

图 5.9 陨石是早期太阳系形成时降落在行星表面的碎片。从该陨石的横截面可以清楚地看出，该陨石由许多小颗粒黏合而成。

另外，所有行星都按照相同方向围绕太阳旋转，因此形成行星的物质也必定按照相同方向旋转。陨石中含有早期太阳系留下的物质。如图5.9所示，许多陨石都类似混凝土，其中卵石和河沙与更精细的填料混合，这说明太阳系中体积较大的天体必然是通过体积较小的天体聚集而成。根据此种思路，我们发现在早期太阳系中，由气体和固体物质组成的扁平圆盘围绕着年轻的太阳。我们的太阳系是从这些旋转的气体和尘埃盘中产生的。

当天文学家和行星科学家相互比较所做的记录时，他们发现他们从两个完全不同的方向得出了关于早期太阳系的相同画面。恒星的形成与太阳系的起源和演变相互关联，是天文学和行星科学的基础——这是我们对太阳系认知的中心基调。

图5.10显示了大约50亿年之前形成太阳的原恒星。原恒星太阳周围围绕着一个扁平的气体和尘埃盘，该气体和尘埃盘按照支配行星轨道运动的相同运动和万有引力定律围绕太阳旋转。该气体和尘埃盘称为行星盘，其质量只是原恒星的1/100，但却足以形成当今太阳系中的各种天体。为什么原恒星的形成不仅会促使恒星的产生，还会形成一个扁平的旋转的气体和尘埃盘呢？关于此问题的答案涉及角动量问题。

领悟宇宙 坍塌云团会自转

你可能看过花样滑冰者在冰面上打转（图5.11）。如自转的天体一样，花样滑冰者在旋转时会产生一定大小的角动量。角动量的大小取决于下列三个因素：

1. 物体自转的速度。自转速度越快，角动量越大。
2. 物体的质量。当台球和网球以相同速度旋转时，台球的角动量更大，因

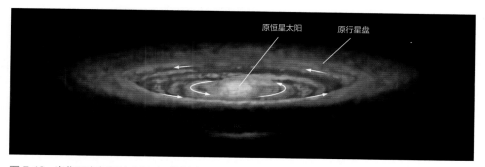

图 5.10 当你研究年轻的太阳时，将其当成其周围围绕着一个外缘发亮的自转的扁平气体和尘埃盘。

为它的质量更大。

3. 物体的质量相对其自转轴是如何分布的——即物体的展开情况如何。当一定质量的物体按照指定的速度自转时，物体越展开，角动量越大。慢速自转的展开型物体，其角动量可能大于快速自转的紧凑型物体。

在疑难解析5.1中，我们讲解了如何计算自转天体——地球的角动量。

角动量在物理学和天文学中至关重要，因为角动量是守恒的。不论是孤立物体或者一组物体，它们的角动量大小始终不变。这就是角动量守恒定律。物理学中还存在其他守恒定律，包括动量守恒定律、能量守恒定律和电荷守恒定律。守恒定律是许多重大发现的关键。每次出现违背守恒定律的现象时，我们就知道遇到了需重新认识的新事物。

花样滑冰者和坍塌的云团都受到了角动量守恒的影响。花样滑冰者可以通过收回或者伸展手臂控制自己的旋转快慢。当她收回手臂时，身体会变得更紧凑，在角动量不变的情况下，她的转速会更快。当她的手臂紧抱胸前时，整个旋转动作快得模糊不清。而后她将伸开双臂和其中一条腿完成旋转——该动作可以让她将身体伸展开来，迅速减慢旋转速度。在此过程中，因其旋转速度和身体紧凑度形成的角动量将始终保持不变。

正如花样滑冰者收回双臂加快旋转一样，形成太阳的云团在坍缩过程中也会越转越快。但是，这里也有一个令人困惑的谜题。假设太阳形成于一个云团——云团直径为一光年，自转速度太慢因而需要100万年才能完成一周自转。当云团塌缩到太阳的大小时，自转速度将非常快，完成一周自转将只需要0.6秒，这是太阳实际自转速度的300万倍。如果太阳按照此速度自转，太阳本身将被撕裂。看起来好像在太阳的实际形成过程中角动量不守恒——但这是不正确。我们肯定忽略了某些东西，角动量到哪里去了呢？

👁 视觉类比

图 5.11 花样滑冰者根据角动量守恒定律改变其旋转速度。同样，坍缩的云团体积越小，自转速度越快。

疑难解析 5.1	角动量

角动量将贯穿整本书。在轨道上运行的物体的角动量 L 取决于该物体的质量 m，速度 v 和该物体轨道的半径 r。以数学公式表示如下：

$$L = mvr$$

例如，我们可以根据此关系式计算地球围绕太阳旋转的轨道角动量 L_o。地球的质量为 5.97×10^{24} 千克，轨道速度为 2.98×10^4 米/秒，轨道半径为 1.496×10^{11} 米，得出

$$L_o = (5.97 \times 10^{24} \text{kg}) \cdot (2.98 \times 10^4 \text{m/s}) \cdot (1.496 \times 10^{11} \text{m})$$
$$L_o = 2.66 \times 10^{40} \text{kgm}^2/\text{s}$$

我们可以将之与地球绕其轴自转的角动量大小进行比较。地球自转的角动量算法不同。地球是一个实心物体，其中有填充物，我们必须计算每一小部分的角动量，然后求和。通过计算一个均匀球体的自旋角动量，我们发现自旋角动量 L_S 与该物体半径的平方成正比，与自旋周期 P 成反比：

$$L_S = \frac{4\pi MR^2}{5P}$$

如果我们假设地球是一个均匀的球体，半径为 4.38×10^6 米，自转周期为 86 400 秒（1天），由此得出：

$$L_S = \frac{4\pi(5.97 \times 10^{24}\,\text{kg})(6.38 \times 10^6\,\text{m})^2}{5 \times 86\,400\,\text{s}}$$

$$L_S = 7.07 \times 10^{33}\,\text{kg m}^2/\text{s}$$

因此，地球的轨道角动量大约是其自旋角动量的400万倍。

吸积盘的形成

坦缩的方向非常重要。假设花样滑冰者弯曲膝盖向下收缩身体而不是收回手臂。此时，她同样能将其身体收缩，但其速度不会发生变化，这是因为她身体的任何部位都没有越来越靠拢其自旋轴。同理，分子云团坍缩时，引力会增加，导致其内部开始向内自由下落，让外层不断增加的物体如雨点般下落。此时，云团的外面部分失去已坍缩的内部支撑，也随之坠落。分子云团最终将坍缩落入到一个较薄的转动的吸积盘上。

吸积盘的形成在天文学上很常见，因此有必要花些时间认真研究吸积盘

图 5.12　分子云团在与其自转轴平行的方向发生塌缩，形成吸积盘。

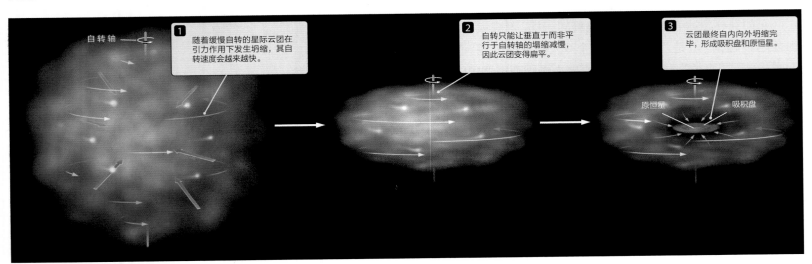

形成的过程。物质落向原恒星时，沿着弯曲的几乎椭圆的路径移动。这些路径的方向是任意的，但有一个主要特点——若从沿着自转轴的方向观看，不是顺时针，就是逆时针。这就是我们所说的云团自转。假设你自己在云团上靠近边缘的某个位置望向云团中心。在你眼中，所有物质都从左向右轨道运行，有些向上移动有些向下移动。有些物质的运行轨道比较陡峭，几乎是垂直运动，而有些物质的运行轨道比较平缓，几乎是向一边移动。现在，想象两个物质发生碰撞，黏结形成一个更大的物质。两个物质都在比较平缓的轨道上移动，其中一个向上移动，另一个向下移动。那么结合而成的更大的物质会发生什么情况呢？它继续从左向右轨道运行，但是向上和向下的运动将相互抵消，因此轨道将变得更平缓。想象两个在陡峭轨道上运行的物质一个向上一个向下运行时，相互碰撞吸积在一起又会出现什么情况。同样，碰撞结合后，其运行轨道将更加平缓。在这种情况下，物质向上和向下的运动相互抵消，形成圆盘，在该圆盘上所有物质的运行轨道都相当平缓，但是所有轨道仍然遵循相同的整体方向——不是顺时针，就是逆时针。因为所有物质离旋转轴的距离保持不变，因此角动量也始终不变（图5.13）。

天文学家现在可以解释为什么太阳的角动量不同于原始云团的角动量。旋转的吸积盘的半径是在其中心形成的太阳的半径的数千倍。原始星际云团中的角动量在很大程度上转移给了吸积盘，而非其中央的原恒星。

落入吸积盘中的大多数物质或者成为恒星的一部分，或者有时候以强大喷流的形式被喷射回星际空间，如图5.14所示。在这些喷流中旋转的物质将

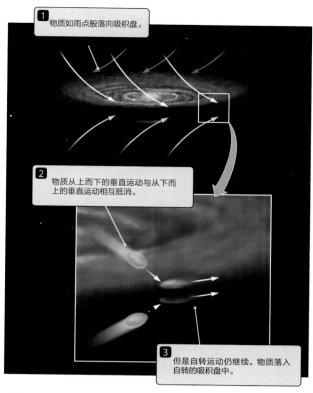

图 5.13 自转的分子云上的气体从相对面向内坠落，堆积形成一个旋转的圆盘。

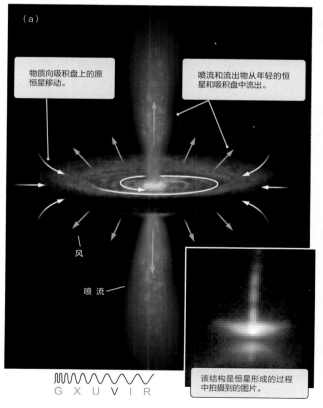

图 5.14 （a）物质落入到围绕原恒星旋转的吸积盘中，然后再向内运动，最终落入到恒星上。在此过程中，有些物质被与吸积盘垂直的强大喷流驱散出去。（b）斯皮策太空望远镜拍摄到的图片显示，一个年轻的正在发育的恒星正在向外喷射喷流。请注意，年轻恒星周围围绕着的近乎侧向的暗淡吸积盘。

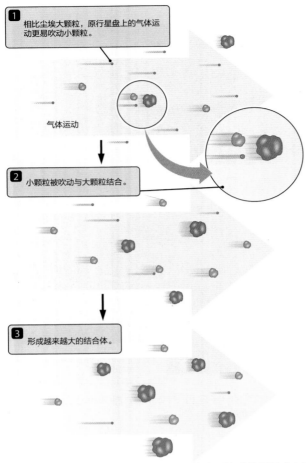

1 相比尘埃大颗粒，原行星盘上的气体运动更易吹动小颗粒。

气体运动

2 小颗粒被吹动与大颗粒结合。

3 形成越来越大的结合体。

图 5.15　原行星盘上的气体运动将尘埃小颗粒碰撞吸积成大颗粒，让尘埃颗粒越来越大。这是一个持续的过程，最终形成了直径非常大的天体。

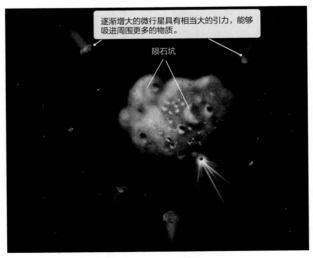

逐渐增大的微行星具有相当大的引力，能够吸进周围更多的物质。

陨石坑

图 5.16　微行星具有足够大的引力，能够吸进周围的物质，从而得以进一步变大。

角动量从吸积盘中带走了。但是，还有少量物质残留在吸积盘中，正是这些残留在圆盘中的物体——恒星形成过程中的残留物——形成了行星。

天文学家进行的理论计算早已预测年轻恒星周围应存在吸积盘。如图5.8所示，哈勃太空望远镜拍摄到的图片显示年轻恒星周围围绕着侧向吸积盘。其中的黑暗带为侧向吸积盘的阴影，吸积盘的顶部和底部被正在形成的恒星发出的光照亮。与这些图片显示的情况类似，我们的太阳和太阳系与形成于原恒星和吸积盘中。

小天体吸积形成大天体

积盘中的无规则运动会推动固体小颗粒经过大颗粒，此时小颗粒将与大颗粒黏结。（这种小颗粒之间的"吸积"过程是在将你床下的灰尘球粒黏结在一起的相同静电作用下发生的）尘埃颗粒刚开始只有几微米大小，经过碰撞吸积后稍微变大，又变成了鹅卵石大小，继而进一步聚集成巨石大小，此时就不易被气体吹散了（图5.15）。当尘埃团进一步增大到直径约100米时，尘埃团之间的物体非常少，并且相隔较远，它们就不会频繁碰撞了，它们变快的速度减慢，但却不会停止。

如果大块物体要相互黏合在一起而不是爆炸变成碎片，它们之间的相互碰撞必须相当缓慢轻柔。碰撞速度必须在0.1米/秒左右或者以下，这样两个碰撞巨团才能黏结在一起。石头直径可能约有一米，因此请放慢速度，每10秒钟前行一步。在吸积盘中，会发生更强烈的碰撞，使得大块物质重新分裂成小块。该过程并不是天体越变越大的统一过程，但是长时间以后，最终形成了大型天体。

当天体最终变大成直径几百米时，它们将清除阻挡其运动的小型天体。但是，当物体达到直径一千米左右时，另一种过程将变得重要。这些直径一千米左右的物体称为微行星（微小的行星），它们的质量已经足够大，产生的引力将开始吸引附近的天体（图5.16）。微行星不仅仅通过与其他天体的偶然碰撞增大，而且还能够吸引和捕获其直接路径之外的小型天体。此时，增大速度加快，较大的微行星快速吞噬其轨道附近剩余的天体。在此过程中，最终形成的天体质量已经足够大，我们称之为行星。有些行星可能相对较小，而有些则相当巨大。

5.4　内侧圆盘和外侧圆盘的组成物质各不相同

岩石、金属和冰

在炎热的夏天，冰会融化，水也会快速蒸发；但是，在寒冷的冬季夜晚，即便我们的呼气也会在眼前冻结成微小的冰晶。有些物质，例如铁、硅酸盐（含有硅酮和氧的矿物质）和碳，属于金属和岩石物质，即使在极高温下也保持固体形态。这种在高温下也不熔化或者蒸发的物质称为耐火物质。其他诸如水、氨

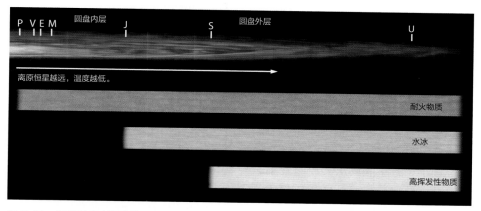

图 5.17 原行星盘上温度的不同决定了此后演化成微行星和行星的尘埃颗粒的组成成分。此图显示了原恒星（P）以及金星（V）、地球（E）、火星（M）、木星（J）、土星（S）和天王星（U）的轨道。

和甲烷等物质只有在低温下才能保持固体形态。这些耐火性较低的物质称为挥发性物质（或者简称为"挥发物"）。

　　原行星盘中各个部位的温度各不相同，极大程度地影响了盘内尘埃颗粒的组成（图5.17）。在原行星盘内最热的位置（离原恒星最近），只有耐火物质才能以固体形态存在。因此，在原行星盘内层，尘埃颗粒几乎全部由耐火物质组成。而在盘内较远的位置，有些挥发性不是非常高的挥发物，如水冰和某些有机物能够以固体形态存在，成为尘埃颗粒组成物质的一部分。高挥发性物质，例如甲烷、氨、一氧化碳冰质物和某些简单的有机分子等，只能在吸积盘中温度极低、远离中央原恒星的最外层才能保持固态。盘中尘埃颗粒组成成分的不同体现在从这些尘埃中形成的行星的组成成分上。离中央恒星最近的行星主要由岩石和金属等耐火物质组成，几乎不含挥发物。在离中央恒星最远的地方形成的行星不仅含有耐火物质，还含有大量冰质物和有机物。

　　如果发生混沌碰撞，行星组成成分将发生变化。在称之为行星迁移的过程中，引力散射将迫使某些行星远离它们的最初形成地。天王星和海王星可能最初形成于在木星和土星的轨道附近，但是在与木星和土星的引力碰撞作用下，它们被向外驱逐到目前的位置。行星也可以通过将其部分轨道角动量转移到周围的圆盘物质上而发生迁移。角动量的损失让行星缓慢向内旋转靠近中央恒星。关于此种情况，我们将在第5.6节中探讨热木星时，通过其他行星系统举例说明。

容易挥发的冰存在于圆盘外侧，只有耐火物质才能存在于圆盘内侧。

宇领宙悟 固体行星聚集大气

　　一旦某个固体行星形成之后，它将吞噬原行星盘中的气体，继续增大，动作迅速。年轻的恒星和原恒星会放射出快速移动的粒子和强辐射，这些粒子和强辐射会快速驱散吸积盘上的残留物。诸如木星等此类行星形成和累积大气需要1 000万年左右。质量大的行星可以吞噬更多吸积盘的主要组成物质氢和氦。

词汇标注

有机：该词通常与生命有关，或者在美国贴有"有机"标签的食品，表示杀虫剂和灭草剂的使用符合各项规定。对科学家而言，有机是指有机化学中的"碳基"。有机物是指含有碳的物质。

冰质物：在通用语言中，虽然"干冰"也非常普遍，冰特指水的固体形态。对天文学家而言，冰表示各种挥发性物质的固体形态。

混沌：混沌通常表示杂乱或者紊乱。对科学家而言，混沌是指初始状态的微小变化会对系统的最终状态造成极其巨大的影响。

行星在形成过程中吞噬的气体是行星的原始大气。大型行星的原始大气的质量可以大于其固体之身，例如巨行星木星就是这种情况。超大型天体在吞噬气体和尘埃时也会吞噬微型吸积盘。有时候，它们会如同原行星盘中的物质形成行星一样以差不多的方式增大成更大的天体。最终会形成一个微型"太阳系"——许多卫星围绕着该行星旋转。

质量较小的行星也会从原行星盘中吞噬一些气体，只不过这些气体随后又失去了。小型行星的引力可能较小，无法保留低质量气体，例如氢气和氦气。即使一颗小型行星能够从其周围聚集一些氢气和氦气，这些原始大气也只是短暂的。诸如地球等小型行星周围的大气都是在行星的生命周期内形成的次生大气。火山是产生大气重要的来源之一，因为火山会将二氧化碳和其他气体从行星内部喷射出来。此外，在原行星盘外侧形成的含有挥发性物质较多的彗星会向新形成的恒星塌陷，有时候还会与行星发生碰撞。对于离中央恒星较近的行星而言，彗星是水、有机化合物和其他挥发性物质的重要来源。

5.5 八大行星的故事

大约50亿年前，我们的太阳还是一颗原恒星，周围围绕着由气体尘埃构成的原行星盘。在几十万年的演化过程中，许多尘埃集合形成了微行星——太阳附近岩石和金属积聚物以及离太阳最远之地岩石、金属、冰质物和有机物。在直径约几个天文单位的原行星盘内侧，个别岩石和金属构成的微行星（很可能不到六个）不断增大，成为其轨道内占主导地位的天体。它们或者吞噬剩下的大部分微行星，或者将它们从原行星盘的内侧驱逐出去。这时，这几个占主导地位的微行星的尺寸已经达到行星的大小，质量从地球质量的1/20到地球质量不等。它们已成为类地行星。水星、金星、地球和火星就是在此过程存活下来的类地行星。还有一两个类地行星可能曾经在年轻的太阳系中形成过，但最后都被毁灭了。

在形成这四颗类地行星之后的几亿年内，仍在轨道上围绕太阳运行的残留碎片继续如雨点般落到这些行星的表面。今天，早期撞击痕迹仍然可以在一些类地行星的多坑表面上看到，如图5.18所示的水星表面。这些雨点般的碎片仍在继续坠落，只不过速度放慢了不少。

在原恒星变成一颗恒星前，原行星盘的内侧仍然含有大量气体。在早期阶段，地球和金星都带有微弱的由氢气和氦气构成的原始大气，但这层稀薄的大气最后都流入了太空中。直到形成如今围绕着金星、地球和火星的次生大气之前，类地行星都没有浓厚的大气层。因为水星离太阳比较近，月球的质量太小，这两个天体都不能维持大量的次生大气。

在距离太阳五天文单位甚至更远的地方，微行星结合形成了许多质量是地球5～10倍的天体。这些行星大小的天体是由不仅含有岩石和金属而且还

光子的能量与其频率成比例。

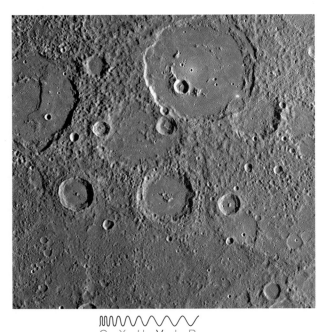

G X U V I R

图 5.18 水星上的巨大陨石坑表明在年轻的太阳系的最后阶段，小型微行星如雨点般落在行星和大型微行星表面，让这些行星和微行星继续增大。

含有挥发性冰质物和有机化合物的微行星形成的。四颗此类巨大天体此后成为巨行星的核心成员：木星、土星、天王星和海王星。这些行星的核心周围形成了微型吸积盘，不断吞噬大量氢和氦，这些物质随后会落到行星表面上。

木星的巨大固体核心会吞噬和保持大量气体——大约是地球质量的300倍。其他行星核心吞噬的氢气和氦气的量比较少，可能是因为它们的核心质量较小，或者是因为周围可供吞噬的气体较少。土星吞噬的气体质量不到地球质量的100倍，而天王星和海王星吞噬的气体质量只有地球质量的几倍。

这种模型表明，形成一颗类似木星的行星可能需要1 000万年。某些科学家认为原行星盘不可能在此过程中存在如此长时间来形成诸如土星等气体巨行星。所有气体可能在不到一半的时间里就会消散，从而中断了向木星供应氢气和氦气。必定还有其他事件发生。原行星盘可能破裂形成相当于大型行星的巨大天体，这一过程可以解决这种潜在冲突。两个过程可能都对太阳系行星系统和其他行星系统的形成发挥了重要作用。

在形成行星的过程中，随着原子和分子运动速度的加快，引力能转换成了热能。这种能量转换加热了巨行星核心周围的气体。原木星和原土星实际上会发出深红色的光，可能就是因为它们的温度相当高，这种情况有点类似于电炉上的加热元件。它们的内部温度可能高达50 000K（约49 726.85 摄氏度）。但是，它们也永远不能成为恒星。正如我们在5.2节所述的，气体球的质量必须至少为太阳质量的8%才能变成恒星，这是土星质量的80倍。

与太阳周围的行星的成分组成一样，巨行星卫星的组成也遵循相同的方式：最内侧的卫星在最高温的条件下形成，因此含有的挥发性物质最少。木卫一形成时，木星非常灼热，可与遥远的太阳相比。灼热的行星产生的高温蒸掉了周围大部分挥发性物质。木卫一现今不含有任何水分。但是，木卫二欧罗巴，木卫三盖尼米得和木卫四卡里斯托可能仍含有比较多的水，这是因为这些卫星是在远离灼热的木星之外形成的。

卫星在巨行星周围的微型吸积盘中形成。

并不是原行星盘上的所有微行星都会变成行星。木星是一颗名副其实的巨行星，它的引力相当大，使得木星和火星之间的区域非常不稳定，因而该区域内的大多数微行星都不能形成一颗大的行星。（谷神星是唯一例外，谷神星的质量已大到可以归类为矮行星。）此区域现如今被称为小行星带，其中有许多自早期就存留下了的微行星。

小行星和彗核是存活到今天的微行星。

现如今，太阳系最外层也存在微行星。这些天体相当于形成于一个大冰库中，保留着许多高挥发性物质，这些物质在形成圆形盘的颗粒中曾经出现过。不同于原行星盘内侧的拥挤状态，其外侧部分的微行星相当离散，无法形成大型行星。太阳系外围的冰质微行星现如今作为彗核保留下来——是形成太阳系行星系统的物质的比较原始的样品。遥远的冰冻矮行星冥王星和阋神星正是这些太阳系外围天体的特殊例子。

早期太阳系是一个极其猛烈和混乱之地。太阳系内的许多天体都有迹象表明太阳系内发生过重塑世界的毁灭性的碰撞。例如，火星北半球和南半球的地形迥异，一些行星科学家解释称这是一次或者多次巨大碰撞的结果。水星表面上有一个巨大的撞击坑，产生该撞击坑的碰撞具有相当大的毁灭性，甚至让火星另一面的地壳都发生了弯曲。在太阳系外围，土卫一上有一个大小为卫星直径三分之二的撞击坑。天王星曾经遭遇过非常猛烈的撞击，切实地撞击到了该行星的一侧表面。现今，天王星的自转轴几乎偏离了其轨道平面九十度。

甚至连我们的地球也不能逃脱这些毁灭性事件造成的破坏。关于月球的形成，当前最佳的假设是，除了我们如今已知的四颗类地行星以外，太阳系至少还包括另外一颗类地行星——大小和质量大概与火星相当。当新形成的行星进入它们如今的轨道时，这第五颗行星与地球发生了擦边碰撞，然后被彻底摧毁。该行星的碎片以及从地球外层撞击下来的物质在地球周围形成了巨大的碎片云状物。在短暂时期内，地球很有可能也向土星一样周围围绕着一圈环状物。但是这些碎片很快结合形成了单一的天体，正是我们所知的月球。

请再次回顾本章开篇的图，该图显示了恒星和行星形成的某些阶段。我们在前文中不仅探讨了恒星和行星形成的一般过程，还以太阳系为例进行了说明。因此，你应能说出图中未给出的形成阶段，解释恒星和行星形成的整个过程。

5.6　行星系统是普遍存在的

本章以探讨普通行星和普通恒星的形成开始，仅在随后具体讲解太阳系。为此，我们意在强调一个重要的问题：根据我们目前的认知，形成太阳和太阳系的条件绝对不具有任何特殊性。当天文学家使用望远镜观测我们周围的年轻恒星时，他们看到的云盘与形成我们的太阳系的云盘种类相同（图5.19）。据我们所知，无论新恒星正在何地诞生，导致太阳系形成的物理过程都普遍适用。

1995年，天文学家宣布发现了第一颗被确认为围绕类太阳恒星旋转的太阳系外行星。该行星尺寸有木星大小，非常近距离地围绕着飞马座51号旋转。到目前为止，已知的太阳系系外行星数量已达数百颗，并且几乎每天都有新发现。

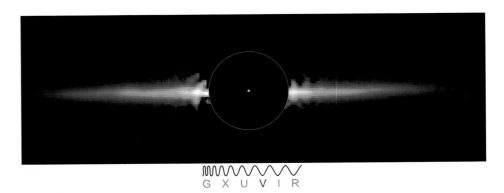

图 5.19　从侧面观测，恒星周围的尘埃盘从年轻的（1 200 万年）恒星显微镜座 AU 向外延伸了 60AU。恒星发出炽热耀眼的光掩盖了尘埃，而恒星本身被望远镜焦平面上的挡板遮住了。图上的圆点代表恒星的位置。

太阳系外行星的发现衍生出一个问题，我们所谓的"行星"到底表示什么意思呢？在我们的太阳系中，我们理所当然地满足于我们目前对行星的定义。但是，太阳系以外的行星又如何定义呢？国际天文学联合会将太阳系外行星定义为围绕太阳以外的恒星轨道运行的，质量小于13倍木星质量的天体。大于该质量但小于8/100太阳质量的天体为褐矮星。质量大于8/100太阳质量的天体被定义为恒星。

宇领宙悟 寻找太阳系外行星

行星围绕恒星旋转时，行星的引力也会微弱地拖曳恒星，让恒星晃动。有时候我们可以探测到这种晃动，从而推断行星的特性——质量以及离恒星的距离。为了明白此过程，我们必须懂得多普勒效应。

你是否曾经在街上听到过消防车飞驰而过时发出的尖啸警报声？当消防车离你越来越近时，警报声的音调非常高，而当它远离你时，警报声的音调明显降了下来。如果你闭上眼睛倾听，你能根据警报声的音调变化，就可以轻易分辨出消防车什么时候会从你处经过。即使没有听到过消防车的警报声，你也能感受到这种效应。日常的汽车声音也是如此。随着汽车离你远去，所发出的声音的音调也会立即变低。这种效应就是所谓的多普勒效应。

声音的音调就如同光的颜色，取决于波的波长。音调越高，声波的波长越短。当某个物体离我们越近时，不论是其发出的光波或是声波，都将聚集在该物体前方。请参照图5.20，显示了移动物体发出的连续波峰的位置。

如图5.21（a）所示，从光源参照系上测得的光的波长称为静止波长。如果某个天体，例如恒星向你移动，从该天体到达你所在位置的光的波长小于静止波长，光比静止时更蓝。从某个天体向你移动的光发生了蓝移（图5.21（b））。相反，从某个离你远去的光源发出的光则会偏移成更长的波长。你说看到的光比该光源未曾远离你时更红，我们称该光发生了红移，如图5.21（c）所示。光的波长在多普勒效应下偏移的多少称之为多普勒频移，取决于发光体的速度。物体相对你的运行速度越快，频移越大。

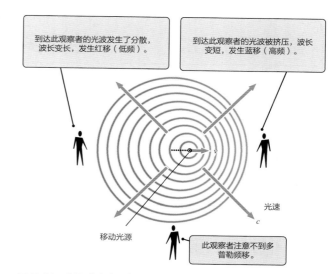

到达此观察者的光波发生了分散，波长变长，发生红移（低频）。

到达此观察者的光波被挤压，波长变短，发生蓝移（高频）。

光速

移动光源

此观察者注意不到多普勒频移。

图5.20 光源或者声源相对观察者的运动可让光波或者声波分散（发生红移或者让声调降低）或者挤压在一起（发生蓝移或者让声调上升）。光的波长或者声音频率发生的这种变化称为多普勒频移。

▶❙❙ 天文之旅：**多普勒效应**

图5.21 从天体发出的光将根据是否（b）接近或者（c）远离我们，发生蓝移或者红移（a）。

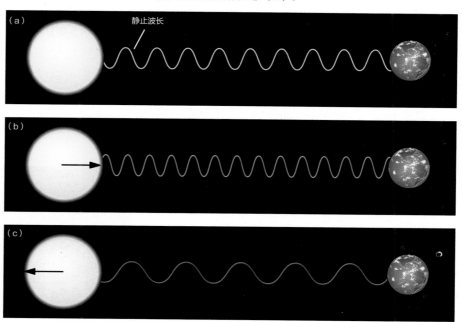

（a）　静止波长

（b）

（c）

疑难解析 5.2 | 应用多普勒频移

在第4.4节中，我们注意到原子和分子仅发射和吸收特定波长的光。原子或者分子光谱上有类似条形码而非彩虹的吸收线或者发射线，每种原子或者分子都有各自独特的线条集。这些线条称为光谱线。氢原子的主要光谱线静止波长$\lambda_{静止}$为656.3纳米（nm）。假设你使用望远镜测量遥远天体光谱中的氢原子的光谱线，发现该光谱线的波长$\lambda_{静止}$不是656.3纳米，而是659.0纳米。你即可推算该天体的径向速度如下：

$$v_r = \frac{\lambda_{观测} - \lambda_{静止}}{\lambda_{静止}} \times c$$

$$v_r = \frac{659.0\,nm - 656.3\,nm}{656.3\,nm} \times 3 \times 10^8\,m/s$$

$$v_r = 1.2 \times 10^6\,m/s$$

该天体正在以1.2×10^6米/秒或者1 200千米/秒的速度远离你（因为波长更长了）。

现在让我们转向我们的邻近的恒星半人马座阿尔法（Alpha Centauri），该恒星正以 -21.6千米/秒（-2.16×10^4米/秒）的半径速度向我们靠近。（速度为负表示天体正向我们靠近。）

半人马座阿尔法光谱的静止波长$\lambda_{静止}$为517.27纳米，那么观测到的镁谱线的波长$\lambda_{观测}$是多少呢？首先，我们需要调整多普勒方程式，将$\lambda_{观测}$调换到方程式左边，然后代入所有数值。

$$v_r = \frac{\lambda_{观测} - \lambda_{静止}}{\lambda_{静止}} \times c$$

求解，得出：

$$\lambda_{观测} = \lambda_{静止} + \frac{v_r}{c}\lambda_{静止}$$

方程式右边的两个数都含有，提出公因子后将方程式精简为：

$$\lambda_{观测} = \left(1 + \frac{v_r}{c}\right)\lambda_{静止}$$

代入已知数求解观测到的波长。

$$\lambda_{观测} = \left(1 + \frac{-2.16 \times 10^4\,m/s}{3 \times 10^8\,m/s}\right) \times 517.27\,nm$$

$$\lambda_{观测} = 517.23\,nm$$

观察到的多普勒蓝移（517.23 — 517.27）只有 - 0.04纳米，利用现代仪器也可以轻易测得。

多普勒频移仅涉及径向速度——即，物体在视线方向是靠近还是远离你。因此用以测量恒星发出的光的多普勒频移的方法就称为光谱径向速度法。如果某个物体从你的视线方向穿过，光线既不会发生红移也不会发生蓝移。在疑难解析5.2中，我们将讲解如何使用多普勒频移计算天体的径向速度或者天体发出的光发生了多少频移。

我们可以以太阳系为例说明多普勒频移是如何帮助我们发现行星的。假设某位外星天文学家将光谱仪对准太阳。太阳和木星都围绕着太阳表面附近共同的质心旋转，如图5.22所示。该天文学家将发现太阳的径向速度在某周

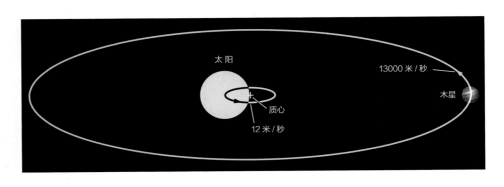

图 5.22 太阳和木星都围绕着太阳表面附近共同的质心旋转。外星天文学家使用光谱仪进行测量，将发现太阳的径向速度每隔 11.86 年会增加或者减少 12 米 / 秒，而木星的轨道周期就是 11.86 年。

期内增加或者减少了12米/秒，而该周期等于木星轨道周期11.86年。根据此信息，该外星天文学家可合理地推断出，太阳至少有一个质量相当于木星大小的行星。如果没有更精确的仪器，将不会意识到太阳周围还有其他质量较小的行星。但是，在此令人兴奋的发现的鼓舞下，他将提高仪器的灵敏度。如果该名天文学家可以测量小至2.7米/秒的径向速度，他将可以探测到土星，如果精确度更高，可以测量小至0.09米/秒的速度，他就能探测到地球。

基于目前的技术，我们的径向速度测量仪只能精确到大约1米/秒，但这仍然是至今从地面发现太阳系外行星的最成功的方法。天文学家利用此方法发现围绕太阳类恒星旋转的巨行星，但是还远不能发现质量与我们的类地行星相似的其他天体。

用于发现太阳系外行星的另一种方法是中天法，通过观察行星从母恒星前面经过时产生的效应来检测行星的存在。当行星从其母恒星前面经过时，恒星发出的光会稍微减弱，如图5.23所示。你可以尝试绘制一张观察行星经过恒星所需的几何图形，但是这里存在一个大的限制条件。若要从地球上观察到行星从恒星的前面经过，地球必须几乎位于该行星的轨道面上。径向速度法和中天法还有另一个重要差别：径向速度法可让我们知道行星的质量和其离恒星的轨道距离，而中天法只能告诉我们行星的大小。当前基于地球表面的技术限制了中天法的灵敏度，只能精确到恒星亮度的0.1%左右。

采用中天法，只有当地球位于地球轨道面的某个位置时，上述外星天文学家才可以推断出地球的存在，并且还能探测到太阳亮度降低了0.009%。我们的天文学家已经拥有具备此能力的太空仪器。通过中天法，法国对流旋转和行星横越任务（CoRoT）卫星发现了一颗直径只有地球直径1.7倍的行星。2009年，美国国家航空航天局（NASA）发射了围绕太阳飞行的开普勒太空望远镜，该望远镜具备的能力更高，可以探测到地球大小的行星的凌日现象。在短短数年间，被该望远镜探测到的候选系外行星就翻了番。

另一种涉及到相对性效应的方法为引力透镜效应（参见第13章）。未被发现的行星的引力场会让遥远之外的恒星发出的光弯曲，因而当该行星从该恒星前面经过时，该恒星将暂时增亮。如同径向速度法一样，引力透镜效应只能让我们得以估算行星的质量。引力透镜效应也如同中天法一样有助于我们探测地球大小的行星。

第四种方法是直接成像。该方法在概念上比较简单，但技术上却难以做到，因为这涉及到在明亮恒星的强烈光照下寻找相对暗淡的行星，远比在晴朗的白天天空中寻找光芒夺目的恒星更具挑战性。即使通过直接成像发现了某颗天体，也很难确定该天体是否是一颗真正的行星。假设我们在一颗明亮的恒星附近发现了一颗暗淡的天体，该天体是否为视线内的另一颗遥远的恒星？进一步观测可以告诉我们，它在太空中是否围绕该明亮的恒星运动。那么，它是否可能是褐矮星而非真正的行星呢？对此，我们需要进一步观测以确定它的质量。

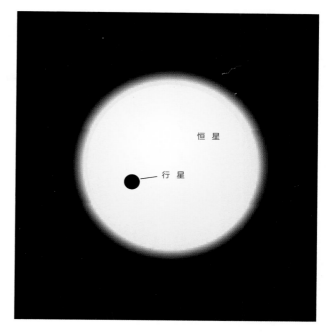

图5.23　当行星从恒星前面经过时，将阻挡从该恒星表面发出的某些光线，让恒星的亮度稍微减弱。（此图夸大了恒星的减弱效果。）

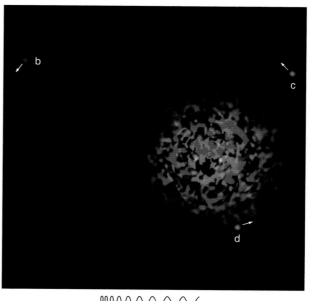

图5.24　红外图像展示了三颗质量几倍于木星的行星（分别以b、c和d标示），每颗都围绕恒星"8799"（被遮蔽）旋转。

使用地面望远镜进行红外成像观测，发现了好几颗行星（图5.24）。当使用哈勃望远镜观测仅25光年以外的明亮的肉眼可见的恒星北落师门b时，我们首次在可见光下发现了太阳系外行星。该行星北落师门的质量不到木星质量的三倍，在尘埃残余环中围绕离残余环170亿千米的中央恒星旋转（图5.25）。

最令人兴奋的发现将来自于未来。未来我们不仅会探测到围绕附近恒星旋转的类地行星，还能测量这些行星的物理和化学性质。

宇宙领悟 其他行星系统与太阳系行星系统不一样

我们对太阳系外行星的发现取得了骄人成绩。自人类于1995年确定了第一颗围绕类太阳恒星旋转的太阳系外行星后，天文学家已经陆续发现了数百颗系外行星。许多类太阳恒星都有多个行星环绕。图5.25展示了其中几个具有代表性的行星系统。目前，美国国家航空航天局（NASA）发射的开普勒望远镜正在执行探测类地行星的任务。

随着已知行星系统的增多，我们可以将太阳系与其他行星系统进行比较。这些行星系统大部分与太阳系不同。许多都带有热木星，热木星是类似于木星的行星，其围绕类太阳恒星旋转的轨道是一个比较小的圆圈，离其母恒星的距离比水星到太阳的距离还要近。某些其他行星系统中行星轨道为非常扁长的椭圆形，不同于太阳系中相对圆形的行星轨道。还有些行星系统中的行星质量远远大于木星。这是不是意味着我们的太阳系比较另类？这不一定——但也有可能。这需要开普勒宇宙飞船的进一步探测结果才能解答。

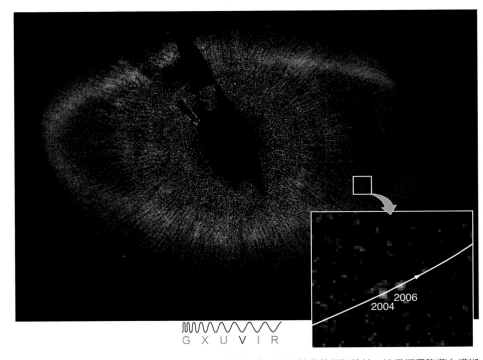

图 5.25 从地球上观测，北落师门 b 正围绕着附近肉眼可见的北落师门旋转。该母恒星隐藏在模糊不清的面具之后，亮度是行星的十亿倍左右。该行星位于围绕恒星周围的尘埃残余环中。

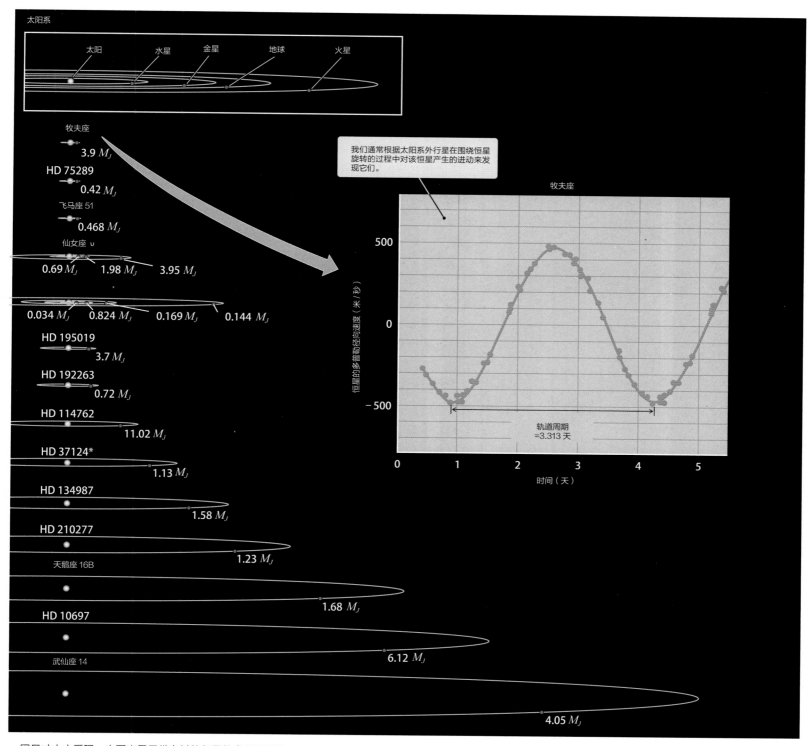

太阳系

太阳　水星　金星　地球　火星

牧夫座
3.9 M_J

HD 75289
0.42 M_J

飞马座 51
0.468 M_J

仙女座 υ
0.69 M_J　1.98 M_J　3.95 M_J

0.034 M_J　0.824 M_J　0.169 M_J　0.144 M_J

HD 195019
3.7 M_J

HD 192263
0.72 M_J

HD 114762
11.02 M_J

HD 37124*
1.13 M_J

HD 134987
1.58 M_J

HD 210277
1.23 M_J

天鹅座 16B
1.68 M_J

HD 10697
6.12 M_J

武仙座 14
4.05 M_J

我们通常根据太阳系外行星在围绕恒星旋转的过程中对该恒星产生的进动来发现它们。

牧夫座

恒星的多普勒径向速度（米/秒）

500

0

−500

轨道周期
=3.313 天

0　1　2　3　4　5

时间（天）

· 因尺寸大小受限，本图未显示带有其他行星的多行星系统。
巨蟹座 55：质量 3.835M_J，轨道半径 5.8AU。
HD 37124：质量 0.61 M_J，轨道半径 0.53AU；质量 0.68 M_J，轨道半径 3.2 AU；以及质量 0.6M_J，轨道半径 1.6AU。
武仙座 14：质量 2.1 M_J，轨道半径 6.9AU。

图 5.26　除了太阳系外的数百颗恒星周围都发现了围绕它们旋转的行星系统，证实了天文学家长久以来的猜测——行星是恒星形成过程中自然形成的普遍的副产品。本图展示了个别具有代表性的行星系统，并举例说明了径向速度法。（行星质量按木星质量单位 M_J 计算。）太阳系按照比例绘制。

例如，当某颗热木星近距离地围绕其母恒星旋转时，将对该恒星产生强大的拖曳力，因而造成该恒星的径向速度发生较大变化。这意味着，当我们使用光谱径向速度法进行探测时，最易探测到该行星。另外，近距离围绕其母恒星旋转的大质量行星更有可能周期性地在该恒星前面经过，也便于我们用中天法探测到它们。因此，这些热木星系统可能不能代表大多数行星系统。它们只是比较容易被发现而已。科学家称这种现象为"选择效应"。

许多天文学家都比较惊异于热木星的形成，因为根据他们当时掌握的行星形成理论（仅以太阳系为基础），这些巨型的，含有挥发物较多的行星不可能在离其母恒星非常近的地方形成。热木星行星应形成于原行星盘上距离较远，温度较低的区域，只有在这种区域，构成它们大部分体积的挥发物才能得以留存。也许热木星原本在离其母恒星十分遥远的位置形成，只不过后来又向内迁移了。到目前为止，我们还不知道行星为什么能够迁移如此远的距离，但这其中必定涉及到与气体或者微行星之间的互动作用，在互动过程中，轨道角动量或多或少地从行星转移到了周围物质中，从而让行星向内螺旋移动。

许多太阳系外行星与我们的行星系统大有不同，在研究它们的过程中，我们对行星形成的认知在某些方面受到了挑战。但是，各种发现都传递出明确的信息：恒星的形成常常或者有可能总是伴有行星的形成。此结论具有深远的意义。宇宙中有成百上千个星系，而一个星系中有1 000亿颗恒星，那么会有多少颗类似地球的行星呢（或者卫星）。而在众多类地球的行星中，又有多少颗具备条件发生我们称之为"生命"的特殊化学反应呢？在第18章，我们将探索什么类型的行星才会是生命的栖息地。

本章所学的知识是哥白尼（Copernicus）很早前发起的革命的延续。哥白尼对权威发起了大胆挑战，指出地球并不是一切事物的中心。现在我们知道行星系统是普遍存在的，它们形成的规律既适用于地球也适用于遥远的分子云。要想了解人类的形成历史，我们必须探索如今仍在地球周期形成的恒星。本章的开篇图展示了在哪些区域恒星仍在形成中。现在，你已知道该图展示的内容，并能分析出恒星正在哪里形成，以及下一阶段将发生什么。请留意新闻中出现的更多图片，提高发现新生恒星的技能。

天文资讯阅读

轨道望远镜观测到许多潜在行星

天文学不是没有争议的。在主要依赖公共基金领域，形成了一种"科学为人人拥有"的行为规矩：利用在一年之内公开可用的公共望远镜收集数据，因此人人都可以从新发现中获益。但是，正如下文2010年的新闻报道所述，这种行为规矩与科学家需要透彻分析数据之间的矛盾愈演愈烈。

撰稿人：《洛杉矶时报》记者托马斯·H. 毛姆II（THOMAS H. MAUGH II）

美国国家航空航天局在星期二宣称，在仅仅43天的时间里，开普勒轨道望远镜就发现了706颗潜在的围绕其他恒星旋转的行星。

在此之间，已知太阳系外行星的数量为461颗，虽然此次发现的潜在行星中有些可能会被进一步观测排除在外，但仍足以让已知系外行星的数量翻番。

值得关注的是，许多已知系外行星为地球大小，或者稍大，表明它们可能是由岩石构成，并且含有水，生命可能有条件在这里进化。

加利福尼亚理工学院（Caltech）天文物理学家约翰·约翰逊（John Johnson）虽然不是发表此次宣告的科学团队中的成员，但他表示"这是目前为止宣称发现系外行星数量最多的一次，意义重大"。

然而，此次宣告也伴有争议。总部设置在加利福尼亚州北部的美国国家航空航天局艾姆斯研究中心的开普勒小组仅公开了其中306颗潜在行星的数据。该信息以论文的形式发布在天体物理学预先公布网上。

科学团队成员并未公开另外400颗候选行星的数据，以方便他们进一步证实是否每一颗都是真正的行星，这需要进一步进行地面观测。其他科学团队在不知道这些行星的确切位置的情况下将无法证实潜在行星是否是真正的行星。

美国国家航空航天局通常要求尽快公布轨道观测器或者通过其他手段观测到的数据。但是，开普勒科学团队辩称道，因为发射延迟和其他问题，跟踪目标行星的能力有限。尤其是，潜在新行星所在的太空区域只能在夏季才能从地面上观测到，因此团队成员还未有机会进一步确认数据。

美国国家航空航天局在科学团队着手处理数据采集问题之前就延长了数据保密期限。美国国家航空航天局表示，所有保密的数据将在6个月内公之于众，另外还有一些数据将按季度公布。

俄亥俄州立大学天体物理学家斯科特·高迪（B.Scott Gaudi）也不是该科学团队中的一员，他表示："对此我也有点矛盾，越快公布数据，看到的人就越多，但另一方，探测到地球大小的行星是一件非常重大的事情，谁也不想把数据弄错了。"

约翰逊补充道："大家都不想干等着，特别是当你能够接触到改变历史的数据时。"

2009年3月美国国家航空航天局在卡纳维拉尔角（Cape Canaveral）发射了开普勒号宇宙飞船。该宇宙飞船携带了一架直径55英寸的望远镜，其视野范围是哈勃太空望远镜的33 000倍。

该区域中共有450万颗恒星，而科学团队对其中15万颗类太阳恒星进行监测，这些恒星离地球距离从数十光年到3 000光年不等。开普勒每隔30分钟观测一次，根据微小的光度变化探测是否有一颗轨道行星在它们的母恒星与地球之间穿过。该望远镜将在同一区域监测3年时间。

在此期间，该望远镜将提供轨道周期较短的行星的观测数据，还将探测轨道周期较长，只是偶尔在其母恒星和地球之间穿过的行星。

开普勒望远镜将只探测运行轨道在目标恒星和地球之间的行星，因为这些行星系统只是宇宙中十分微小的部分，最终的探测数据可以揭示出宇宙中实际的行星数量是无数的。

到目前为止，大多数我们观测到的质量较小的潜在行星的轨道周期比较短，而且离它们的母恒星相对较近。

"如果，你只是一个观测者，这是一个好兆头"，约翰逊表示，"但如果你是一个理论家，这可不是好迹象，因为理论学家一致认为，大多数行星离它们的母恒星的距离比较远。该区域应该存在'行星沙漠'现象。"

新闻评论：

1. 总结本文章。开普勒科学家正在做什么，为什么要这样做？

2. 开普勒采用了什么方法来发现行星？

3. 你能列出哪些理由支持延长开普勒科学团队保留开普勒数据不公布的期限？

4. 如果不支持延长又有哪些理由？

5. 一般而言，为什么科学家可能会延迟公布或者发布数据？

6. 通过这些数据可以作出哪种重大宣称？作为公众的一员，这些宣称会对你产生怎样的影响？

7. 请在网上搜读更多有关开普勒计划的最新新闻。计划的结果如何？2011年2月，科学家宣告发现了多少颗行星？

小结

5.1 恒星和其行星系统都形成于坍缩的星际气体和尘埃云。

5.2 当内部温度和压力上升到足以引起核反应的温度时，原恒星就会变成恒星。

5.3 行星是恒星形成时常见的副产品，许多恒星都围绕着行星系统。太阳系是在围绕正在形成的太阳旋转的由气体和尘埃构成的原行星盘中形成的。

5.4 固体类地行星（水星、金星、地球和火星）形成于温度较高的原行星盘内侧。气体巨行星（木星、土星、海王星和冥王星）形成于温度较低的原行星盘外侧。

5.5 我们的太阳系形成于 50 亿年前，大约是宇宙诞生后的 90 亿年后。矮行星形成于小行星带以及海王星的轨道之外的区域。小行星和彗核都是残留的碎片。

5.6 在银河系中发现了成百上千颗围绕其他恒星旋转的太阳系外行星。

✦ 小结自测

1. 请按照恒星形成时发生的时间先后顺序：

   a. 发生核反应，形成恒星

   b. 分子云在引力作用下收缩

   c. 根据角动量守恒规律产生了盘状物

   d. 在碰撞中形成了微行星

   e. 从中央恒星吹来强烈的风

2. 类地行星不同于巨行星，是因为它们在形成过程中：

   a. 太阳系内层富含重元素

   b. 太阳系内侧比太阳系外侧的温度高

   c. 太阳系外侧体积更大，因而形成行星的物质更多

   d. 太阳系内侧运动速度更快，因而离心力更重要

3. 行星系统可能：

   a. 非常常见——每颗恒星都有行星环绕

   b. 比较常见——星系中的许多恒星都有行星环绕

   c. 稀少——只有少量恒星有行星环绕

   d. 非常稀少——只有一颗恒星有行星环绕

4. 核反应需要极其高的＿＿＿＿＿＿和＿＿＿＿＿。

   a. 温度，压力

   b. 体积，压力

   c. 密度，体积

   d. 质量，面积

   e. 温度，质量

5. 光谱径向速度法更适用于探测：

   a. 离中央恒星较近的大质量行星

   b. 离中央恒星较近的小质量行星

   c. 离中央恒星较远的大质量行星

   d. 离中央恒星较远的小质量行星

   e. 以上皆非。该方法可用于探测任何类型的行星，效果一样

问题和解答题

判断题和选择题

6. 判断题：分子云在引力作用下聚集在一起。

7. 判断题：引力和角动量对行星系统的形成非常重要。

8. 判断题：原恒星内部发生了核反应。

9. 判断题：易挥发物质只有在低温下才能保持固态。

10. 判断题：太阳系是从在引力作用下坍缩的巨大气体和尘埃云中形成的。

11. 判断题：引力透镜法类似于中天法，两者都只能在行星从明亮的天体前面经过时才可行。

12. 判断题：天体向我们移动时，看起来比静止不动时更红。

13. 分子云发生坍缩的原因是：

    a. 引力

    b. 角动量

    c. 静电

    d. 核反应

14. 根据角动量守恒原理，伸开双臂的花样滑冰者将：

    a. 旋转得更慢

    b. 旋转得更快

    c. 按相同速度旋转

    d. 完全停止旋转

15. 是什么让物质团变成了微行星：

a. 在引力作用下牵引其他物质团

b. 与其他物质团发生碰撞

c. 通过相反的电荷吸引其他物质团

d. 角动量守恒

16. 类地行星和巨行星的组成成分不相同，是因为：

a. 巨行星更大

b. 类地行星离太阳更近

c. 巨行星主要由固体物质构成

d. 类地行星有卫星环绕

17. 下列哪个行星仍有原始大气？

a. 水星

b. 地球

c. 火星

d. 木星

18. 可采用下列哪种方法发现太阳系外行星：

a. 光谱径向速度法

b. 中天法

c. 引力透镜法

d. 直接成像法

概念题

19. 比较太阳系的大小与宇宙的大小。

20. 构成太阳和太阳系其他部分的物质来源是什么？

21. 搭建一个纸牌屋。当你将其推翻时，请仔细观察。纸牌哪一层最先倒在桌面上？该现象与你在本章所学的坍缩的尘埃云有何联系？

22. 图5.5展示了恒星正在分子云中形成。在两个可见的柱状物中，其中一个有颜色，另外一个是黑色的。从此可以看出这两个柱状物的相对位置是怎样的，照亮它们的光源又是怎样的？在图中能否找到可能将它们照亮的天体？

23. 在诗歌中，行星有时候被称为"太阳之子"，但实际上更准确的描述应是太阳的兄弟姐妹。请解释原因。

24. 说明恒星天文学家和行星天文学家是如何从两种不同的路径得出关于行星形成的相同结论的。

25. 请用自己的语言简述太阳系形成的过程。

26. 请仔细观看图5.7。假设宇宙是另一种样子，在第2步中，收缩的恒星让引力减少而非增加，从而使得压力大于引力。在这种情况下，这对恒星的形成具有什么意义？

27. 图5.7中第1、2、5步中的灰色小框代表什么意思？

28. 什么是原行星盘？

29. 物理学家认为角动量和能量等个别特性是"守恒的"。这是什么意思？守恒定律是否表示单个物体永远不会失去或者获得角动量或者能量？请解释原因。

30. 花样滑冰者是怎样根据角动量守恒定律控制其旋转速度的？

31. 请解释为什么根据能量守恒定律关于太阳系形成的早期理论会遭到质疑？

32. 什么是吸积盘？

33. 请描述微小的尘埃颗粒变成大质量行星的过程。

34. 请观察你床下的积尘。如果你床下没有，请看看你室友的床下，冰箱下或者任何可能有积尘的地方。如果你发现有积尘，将一团积尘吹向另一团。请仔细观察，说说当它们相遇时会发生什么。如果你重复此动作，这些积尘是否有足够的引力将它们聚集在一起？如果它们不是在地板上而是在太空中呢，也会出现同样结果吗？是什么力阻碍了它们之间的引力，以致不能在你的床下聚集成更大的灰团。

35. 请观察图5.18中的水星图片。有种观点认为，许许多多的微星曾在早期太阳系中横冲直撞，此图片是如何支持该观点的？图片右上方的大撞击坑中还有几个小撞击坑。哪一种撞击坑出现得早，较大的还是较小的？你是怎么知道的？你可以从中看出它们的相对年龄吗？此点知识对学习下一章内容极其重要。

36. 原行星盘的内侧温度比外侧温度更高有两种原因，这两种原因分别是什么？

37. 在分子云团坍缩形成吸积盘的过程中，能量以三种形式存在。请分别列出，并描述。

38. 为什么在太阳系的任何地方都能发现岩石物质。

39. 当提及冰时，我们总是会想到水冰；但对科学家而言，冰具有特殊含义，请解释原因。

40. 为什么四颗巨行星能够集合浓厚的原始大气，而类地行星却不能？

41. 术语"有机"表示什么意思？

42. 请解释当前三颗类地行星周围的大气来源？

43. 在最后一颗形成之后，太阳系的残余碎片会发生什么情况？

44. 列出太阳系中的类地行星和巨行星。

45. 描述天文学家用以探测太阳系外行星的四种方法。

46. 仔细观察图5.22。以垂直向下俯视太阳系的角度重新绘制此图。再从同一视角绘制一系列展示木星围绕太阳旋转的完整轨道图片。从观察者的视角看，太阳和木星在页面上从左至右旋转,据此标记太阳和木星的运动(靠近,原理,两者皆不)。太阳和木星是否始终在质心的同一侧?

47. 仔细观察图5.23。重新绘制该图,注意图中亮度降低的曲线部分。再绘制三张图。在第一张图中,展示行星从恒星底部穿过时的光变曲线。在第二张图中,展示如果行星比图5.23中的行星大时,光变曲线会是怎样的。在第三张图中,展示如果行星从上至下而非从一边到另一边恰好从恒星中部穿过时,光变曲线又会是怎样的。

48. 作为发现太阳系外行星的方法之一,为什么中天法非常受限?

49. 为什么天文学家拍摄太阳系外行星的照片非常困难?

50. 天文学家发现许多围绕其他恒星旋转的行星的质量都更类似于木星而非地球,并且它们的轨道离其母恒星非常近。这是不是证明太阳系是与众不同的?请解释。

51. 请到户外观看夜空。根据夜空漆黑度的不同,你可以看到几十颗或者几百颗恒星。你觉得它们之中有许多或者只有少数有行星围绕吗?请解释。

解答题

52. 根据本书封底上有关行星的信息回答下列几个问题:

a. 太阳系中所有行星的总质量是多少,单位为地球质量($M_\oplus$)。

b. 木星占行星总质量的百分之几?

c. 地球占行星总质量的百分之几?

53. 请根据下列数值对比木星的轨道角动量与其自旋角动量:$m = 1.9\times10^{27}$千克,$v = 13.1$千米/秒,$r = 5.2$AU,$R = 7.15\times10^4$千米,$P = 9$时56分。假设木星是一个均匀的天体,木星的轨道角动量和自旋角动量分别占木星总角动量的百分之几?请参考"疑难解析5.1"。

54. 假设太阳是一个均匀的球体,半径为700 000千米,自转周期为27天。在其生命终结时,太阳的残余物将会是一种称作白矮星的天体,半径只有5 000千米。假设质量保持不变,当太阳变成白矮星时新的自转周期是多少?

55. 太阳的质量为2×10^{30}千克。请根据前面两个问题给出的信息对比木星的轨道角动量和太阳的自旋角动量。从对比结果中可以看出太阳系中的角动量分布如何?

56. 金星的半径是地球的94.9%,质量是地球的81.5%,其自转周期是243天。金星的自旋角动量与地球的自旋角动量之比是多少?假设金星和地球是均匀的球体。

57. 木星的质量相当于318个地球,轨道半径是5.2AU,轨道速度是13.1千米/秒。地球的轨道速度是39.8千米/秒。木星的轨道角动量与地球的轨道角动量之比是多少?

58. 文中举例说明了一个直径10^{16}米,自转周期10^6年的分子云团是如何坍缩成了太阳大小(直径1.4×10^9米)的球体。其中指出,如果云团的所有角动量都转移到了该球体中,该球体自转周期应只有0.6秒。请进行计算确认此结果。

59. 小行星灶神星的直径为530千米,质量为2.7×10^9米。

a. 计算灶神星的密度。

b. 水的密度是每立方米1 000千克(kg/m³),岩石的密度是2 500kg/m³。从三种密度之间的差别可看出原始天体的构造成分是怎样的?

60. 你观测到遥远恒星中氢的光谱线,其波长为502.3纳米,该光线的静止波长为486.1纳米。该恒星的径向速度是多少?该恒星是靠近地球还是远离地球移动?

61. 当前最先进的技术可以测量到1米/秒以上的径向速度。假设你正在观测波长575纳米的碘谱线。如果径向速度为1米/秒,那么产生的波长频移是多少?

62. 地球围绕太阳旋转时会拖曳太阳,但其产生的效应比任何已知的太阳系外行星都小得多,只有0.09米/秒。在太阳575纳米光谱段,对波长产生的频移是多少?

63. 如果某位外星天文学家在木星从太阳前面穿过时观测到了光的曲线图,在木星从太阳前面穿过的过程中,太阳的亮度将降低多少?

64. 一颗昵称为"俄赛里斯"(Osiris,埃及神话中的冥神)的热木星被发现围绕大小为太阳质量的恒星HD 209458旋转,其轨道周期只有3.525天。

a. 该太阳系外行星的轨道半径是多少?

b. 对比该行星的轨道与水星围绕太阳旋转的轨道,俄赛里斯必定经历了什么环境条件?

65. 法国对流旋转和行星横越任务(CoRoT)卫星发现了一颗直径为地球直径1.7倍的行星。

a. 该行星的体积是地球的多少倍?

b. 假设该行星的密度与地球密度相同,其质量是地球质量的多少倍?

66. 让我们将视线转向行星CoRoT-11b。该行星是通过中天法探测到的,天文学家随后又采用径向速度法进行了测量,从而确定了它的大小和质量,进而可以得出其密度。根据该行星的密度,我们可以知道它是气体行星还是岩石行星。该行星的半径为$1.43R_J$,质量为$2.33M_J$。

a. 该行星的质量以千克为单位是多少?

b. 该行星的半径以米为单位是多少?

c. 该行星的体积是多少?

d. 该行星的密度是多少?是高于还是低于水的密度(1 000

千克/米³）？该行星是气体行星还是岩石行星？

67. 太阳系外行星俄赛里斯每隔3.525天从其类太阳母恒星HD 209 458（直径=1.7×10⁶米）前面经过，让该恒星的亮度降低了约1.7%（0.017）。

　　a. 俄赛里斯的直径是多少？

　　b. 将其直径与木星直径（平均直径=139 800千米）对比。

 智能学习（SmartWork），诺顿的在线作业系统，包括这些问题的算法生成版本，以及附加的概念习题。如果你的导师在聪慧学习上布置了问题，请登录smartwork.wwnorton.com。

 学习空间（StudySpace）是一个免费开放的网站，并为你提供《领悟我们的宇宙》书中每一章的学习计划。学习计划包括动画、阅读大纲、生词卡、选择题测试以及聪慧学习和电子书中站点内容的链接。请访问wwnorton.com/Studyspace。

探索 | 多普勒频移

wwnorton.com/studyspace

　　请登录学习空间（StudySpace）浏览针对第 5 章的互动模拟：多普勒频移示范（Doppler Shift Demenstrator）。该模拟程序非常简单，只需几个简单的操作。首先，从光源（窗口中标记"S"的球体）发射光。观测光从光源放射出并到达观测者（标记"O"的球体）的过程。在面板左上方中比较从光源发射出的光的波长与观测者观察到的光的波长之间的区别。

　　将光标放在光源上，按住鼠标左键将光源向观察者拖动。

1. 从光源放射出的光的波长会发生什么变化？

2. 观察者看到的光的波长会发生什么变化？

　　将光标放在光源上，按住鼠标左键拖动光源观察。

3. 从光源放射出的光的波长会发生什么变化？

4. 观察者看到的光的波长会发生什么变化？

　　调节速度，让其尽可能快速，然后拖动光源让其慢慢地在一个大圈上移动。

5. 观察者看到的光的波长会发生什么变化？

　　请将此示范与用以探测太阳系外行星的光谱径向速度法相联系。

6. 上述三个模拟中哪一个对应于以此方法探测到行星时恒星的运动模式。

7. 当恒星进行此种运动时，随着时间的推移我们作为观察者看到的光波会有什么变化？

6 内太阳系中的陆地世界

　　过去的五十年是行星不断被探索和发现的激动人心的美好时光。无人驾驶探测器成功在所有八大行星上着陆，宇航员登上了月球表面。当今，新的探索任务继续不断地刷新我们对太阳系的认识，然而从这些太空探测器发回来的大量关于行星的信息却让我们难以消化。其中一种整理这些信心的方法就是比较太阳系最内侧的行星：水星、金星、地球和火星，这四颗行星统称为类地行星。虽然月球是地球唯一的自然卫星而非行星，但它与类地行星相似，因此在本章中也将一并讨论。

　　根据天体之间的相似之处与不同之处，我们可以提出一些基本问题。例如，当我们要解释为什么月球上有许多撞击坑时，我们也必须解释为什么地球上保存下来的撞击坑却非常稀少。既然我们可以解释为什么金星的大气层比较厚，我们也可以解释为什么地球和火星的大气层又并非如此。这种方法就是比较行星法。通过将行星进行比较，我们可以知道行星为什么是现在这种地形地貌。

◇ 学习目标

　　右图所示是大型望远镜拍摄到的月球的照片，以及手绘的月球周围的草图。从这些图中我们可以发现不同地质特征的相对年龄，如果我们将其与月球岩石的年龄相比较，可以发现这些不同地质特征的实际年龄。学完本章后，你应能看明白类似的图片，确定在各个天体上哪一种地质特征形成的时间更早，哪一种较晚。除此之外，你还应能做到以下几点：

● 解释塑造类地行星地形地貌的四种地质过程所起到的作用。

● 根据撞击坑的密度确定行星表面的年龄。

● 解释我们是如何根据放射性定年法知道岩石年龄的。

● 根据地震产生的地震波相关信息绘制地球的内部构造。

● 列出不同行星上构造作用的形式。

● 列出侵蚀改变和磨损表面特征的多种方式。

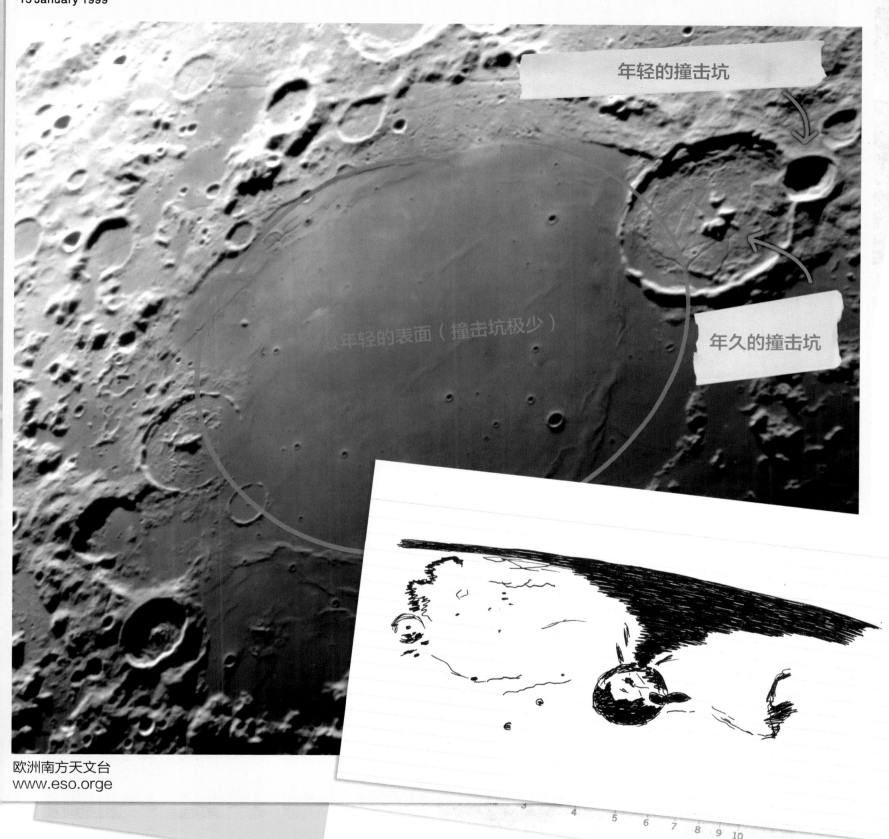

Lunar Surface: Mare Humorum
15 January 1999

年轻的撞击坑

年轻的表面（撞击坑极少）

年久的撞击坑

欧洲南方天文台
www.eso.orge

图 6.1　1968 年 12 月，阿波罗 8 号宇航员拍摄到的地球从月球上升起的照片。

生物圈

水圈　　岩石圈

图 6.2　从太空中观看，我们可以根据地球的颜色看出地球不同的地貌特征。

6.1 塑造地球表面地形的主要过程

在大部分人类的历史长河中，地球在人类看来都是广阔无垠的。但是阿波罗8号宇航员从太空回望地球拍摄到的地球照片（图6.1）彻底改变了这种看法。对于许多人而言，这是一个哲学上的转折点，迫使我们不得不面对地球的真实模样：一颗"小蓝宝石"。而从心理上来说，唯一的变化是科学视觉的变化：从今以后我们将从更广阔的宇宙空间来认识地球。从太空中更近距离地观看地球（图6.2），地球是五彩缤纷的。地球大气层中飘荡着白云朵朵，冰冻的北极和南极上是一片洁白的冰雪，蓝色的海洋、大海、湖泊和河流——地球的水圈——覆盖了地球的大部分面积。棕色部分是地球岩石外壳，表示地球的岩石圈，岩石圈的外面一层就是地壳。绿色部分代表地球上的绿色植物，是地球的生物圈——是地球特性中最不寻常的。

四种主要的地质作用不断地塑造着我们的地球（图6.3）。陨石碰撞在地壳上留下了显著的疤痕，让我们知道过去这些地方发生了激烈碰撞。构造作用让地球的地壳发生褶皱和断裂，形成山脉、峡谷和深海沟，产生地震。火山作用可以让地球喷流出火山岩和火山灰，覆盖广袤的地区，从而形成山峦或者平原。

陨石撞击

构造作用

火山作用

侵蚀作用

图 6.3　陨石撞击、构造作用、火山作用和侵蚀作用都可以在地球上找到铁证。

表 6.1
类地行星和月球的物理性质比较

	水星	金星	地球	火星	月球*
轨道半长轴（AU）	0.387	0.723	1.000	1.524	384 000千米
轨道周期（年）[1]	0.241	0.615	1.000	1.881	27.32^d
轨道速度（千米/秒）	47.4	35.0	29.8	24.1	1.02
质量（$M_\oplus$=1）	0.055	0.815	1.000	0.107	0.012
赤道半径（千米）	2 440	6 052	6 378	3 397	1 738
赤道半径（$K_\oplus$=1）	0.383	0.949	1.000	0.533	0.272
密度（水=1）	5.43	5.24	5.51	3.93	3.34
自转周期[1]	58.65^d	243.02^d	23^{h}56^m	24^{h}37^m	27.32^d
倾角（度）[2]	0.01	177.36	23.44	25.19	6.68
表面引力（米/秒^2）	3.70	8.87	9.81	3.71	1.62
逃逸速度（千米/秒）	4.25	10.36	11.19	5.03	2.38

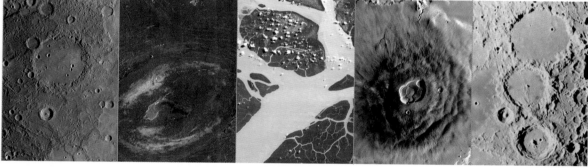

*月球的轨道半径和轨道周期分别以千米和天为单位。月球的轨道半径和速度是相对地球的数值。

（1）上标符号d、h、m分别表示天、小时、分钟。

（2）倾角大于90°表示该行星逆行自转或者反向自转。

侵蚀作用缓慢但持续地磨损地球表面。

地球表面受到构造作用、火山作用和陨石撞击的影响，会形成山峦、峡谷和海洋盆地，造成地形起伏。流水和风化造成的侵蚀作用会冲刷、磨蚀各种丘陵，高山和陆地，由此产生的碎石岩屑进一步填塞峡谷、湖泊和海洋盆地。如果侵蚀作用是唯一有效的地质作用，将最终冲刷平整个行星的表面。但是，地球的地质运动和生物运动都十分活跃，其表面始终处于形成和瓦解的不同作用斗争之中。这四种地质作用共同塑造了地球的表面，每一种都在地球表面上留下的独特的痕迹。其他行星表面也具有类似的地形地貌。

表6.1对比分析了类地行星和月球的基本物理性质。

构造作用、火山作用和陨石撞击在地球表面形成起伏不平的地形，而侵蚀作用又将这些起伏不平的地形冲刷平整。

6.2 陨石撞击促进行星地貌的形成和演变

▶❚❚ 天文之旅：**塑造行星的地质作用**

　　虽然所有类地行星都受到构造作用、火山运动、陨石撞击和侵蚀作用的影响，但这四种作用的相对重要性却不一样。巨大的陨石撞击会突然集中地释放出能量。行星和其他天体围绕太阳高速旋转；例如，地球的平均轨道速度为30千米/秒。天体的动能与其速度成正比，因而轨道运行的天体之间的碰撞会释放出大量的能量。当某个天体与某行星相撞时，该天体的动能会加热和压缩行星表面，并将物质抛离到距离碰撞产生的撞击坑（图6.4）更远的地方。有时候，这些被抛出的物质还带有强大的能量，回落在行星表面上从而形成次级撞击坑。

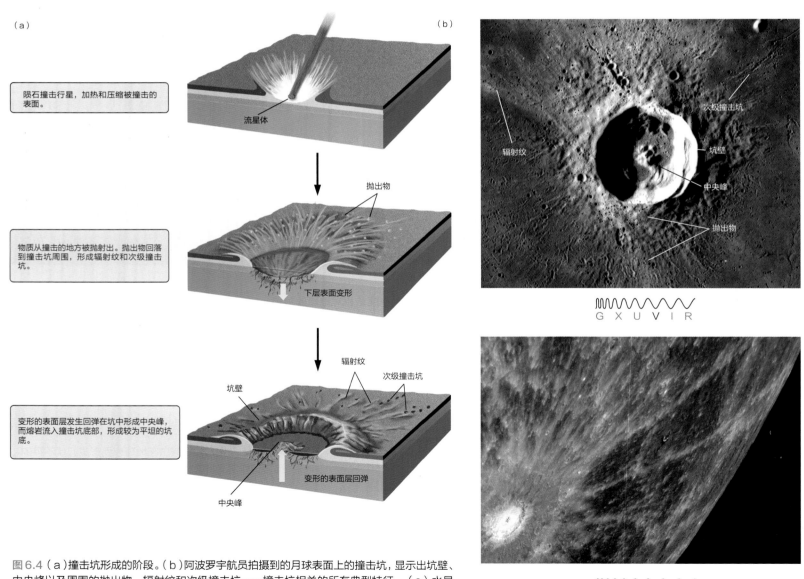

（a）

陨石撞击行星，加热和压缩被撞击的表面。

流星体

抛出物

物质从撞击的地方被抛射出。抛出物回落到撞击坑周围，形成辐射纹和次级撞击坑。

下层表面变形

辐射纹

次级撞击坑

坑壁

变形的表面层发生回弹在坑中形成中央峰，而熔岩流入撞击坑底部，形成较为平坦的坑底。

变形的表面层回弹

中央峰

（b）

辐射纹

次级撞击坑

坑壁

中央峰

抛出物

G X U V I R

G X U V I R

图6.4（a）撞击坑形成的阶段。（b）阿波罗宇航员拍摄到的月球表面上的撞击坑，显示出坑壁、中央峰以及周围的抛出物，辐射纹和次级撞击坑——撞击坑相关的所有典型特征。（c）水星上具有辐射纹结构的撞击坑。

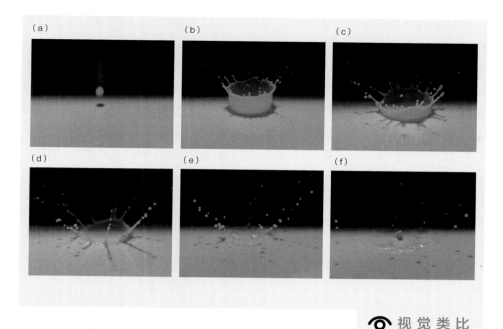

图 6.6 亚利桑那州北部的陨石坑（也称为巴林杰陨石坑直径）直径为 1200 米，是在大约五万年前镍铁流星体撞击地球时形成的。

👁 视觉类比

图 6.5 一滴牛奶滴入牛奶池中发生的现象展示了撞击坑各个特征形成的过程，包括坑壁（b 和 c），次级撞击坑（d 和 e），以及中央峰（f）。

被加热和压缩的物质也会回弹，在撞击坑底部形成中央峰或者环形山脉。该过程在很大程度上类似于一粒牛奶滴入一杯牛奶中所发生的现象，如图6.5。

撞击所释放出的能量足以融化甚至蒸发岩石，有些撞击坑的坑底就是撞击熔岩构成的冷却表面。撞击所释放出的能量还能致使新矿物的形成。诸如冲击改性石英等矿物就只在撞击过程中形成。这些特殊的矿物就是地球表面在古时候遭受了强烈撞击的证据。产生此类撞击太空陨石有三种类似的称谓：流星体、陨星和陨石。流星体是指仍在太空中的天体；流星体穿过大气层即变为陨星，而当它们撞击地面后未被毁坏的残余部分则是陨石。

美国亚利桑那州的陨石坑是地球上保存最完好的撞击坑之一（图6.6）。该撞击坑是在大约五万年前小行星碎片撞击地球产生的。根据该撞击坑的尺寸和形状以及撞击物的残余部分，我们可以知道该小行星碎片是由镍铁构成，直径约50米，质量约3亿千克，撞击速度为每秒13千米（千米/秒）。该碎片大约一半的原始质量都在撞击地面之前在大气中蒸发了，撞击释放的能量超过30颗广岛原子弹爆炸产生的能量。但，该陨石坑的直径只有1 200米，远小于我们在月球上看到的撞击坑或古时候地球上的撞击痕。

水星、火星和月球的表面遍布着许多撞击坑。例如，月球表面有数百万个大小不等的撞击坑，一个撞击坑中甚至还有几个小撞击坑（图6.7）。相比而言，地球和金星上的大多数撞击坑都被摧毁了。地球上只发现了不到200个撞击坑，而金星上只存在大约1 000个撞击坑。地球上的撞击坑比较少，主要是地球海洋盆地中的板块构造作用和陆地上的侵蚀作用的结果，而火星上的撞击坑则是被熔岩流破坏了。

G X U V I R

图 6.7 阿波罗 17 号拍摄到的图片显示，月球表面的撞击坑十分密集。

词汇标注

蒸发：在通用语言中，蒸发通常表示"完全消失"，即使构成物体的成分也不复存在。在天文学中，该词特指"变成蒸汽"。此处表示岩石在撞击释放出的能量的作用下变成了气体。

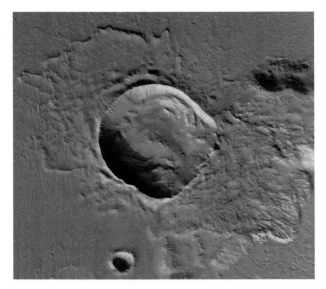

图 6.8　火星上有些撞击坑看起来像岩石砸进泥泞中所形成的形状，表明从撞击坑中抛射出的物质含有大量水。该撞击坑的直径大约 20 千米。

行星表面上撞击坑的数量暗示了行星表面的年龄。

词汇标注

年龄：在通用语言中，行星的年龄是指行星自形成之后存在于宇宙中的时间长短。行星表面的年龄可能远比行星的年龄小，因为火山活动或者板块运动等会将行星上的物质从内向外移动。因此，我们应该意识到行星年龄和行星表面年龄之间的区别，这点至关重要。这并不奇怪，你自身比你最外层的皮肤要老得多，因为最外层的皮肤几乎每个月都会更新一次。

地球和金星上的撞击坑较少还有另一原因。月球表面直接暴露在宇宙轰炸中，而地球和金星则或多或少地受到了各自大气层的保护。从月球上采集的岩石样本显示，月球上许多比针头还小的撞击坑是由微流星体撞击形成的。与此相反，大部分直径小于100米的流星体在到达地球表面之前就在地球大气层的作用下被烧毁或者摧毁了。（地面上发现的小陨石很有可能是大型陨石体进入大气层后破裂而成的碎片）金星的大气层远远厚于地球的大气层，因此提供的保护作用更大。

通过研究行星表面的撞击坑，我们可以更深层次地了解行星的表面。例如，月球表面的撞击坑周围通常围绕着成串的尺寸较小的次级撞击坑，这些次级撞击坑是由于撞击时抛出的物质回落月球表面而形成的，如同图6.4（b）所示。火星上的有些撞击坑形状怪异，撞击坑周围的结构类似于将一块岩石扔入泥泞中产生的形态（图6.8）。这些岩流的出现表明火星表面的岩石在撞击时含有水或者冰。不是所有的火星撞击坑都带有这种特征，因此水或者冰只可能集中存在于某些区域，并且这些多冰的位置可能随着时间的推移，发生了位移。

在这些撞击坑形成之时，火星表面可能存在液态水。火星上存在类似于峡谷和干涸河谷的地址特征，进一步佐证了此假设。但也存在另一种可能性，目前火星表面部分干燥，部分为冰冻层覆盖，表明火星表面上曾经可能存在的液态水已渗入到地下，非常类似于地球两极地区的冰冻状态。陨石撞击释放出的能量可以融化这些冰块，将表面物质变成稠度类似于塑性混凝土的泥浆。这些泥浆继而在撞击作用下被抛出撞击坑，飞溅到周围的地形中，然后在表面上滑动，从而形成今天我们所看到的泥浆状撞击坑。

领悟宇宙　校准宇宙时钟

在太阳系形成之初，所有行星都经历过一段被强烈撞击的时期，这是因为早期太阳系中飘荡着许多微行星。行星上可见撞击坑的数量取决于这些撞击坑被摧毁的速度。诸如地球、火星和金星等地质活动比较活跃的行星，只存留了形成历史较短的撞击坑的痕迹。相对而言，月球表面仍然保留了在太阳系早期就已形成的撞击坑的痕迹。月球既没有大气层，也不存在表层水，其内部寒冷且没有任何地质活动，因而月球表面已超过十亿年时间没有发生过变化了。水星上保存完好的撞击坑表明，火星与月球一样也很长时间没有发生过地质活动了。行星科学家采用这种陨石撞击记录来估算行星表面的年龄和地质历史——大量陨石撞击坑意味着行星表面的年龄越长，地质活动越少。

我们可以根据撞击坑的数量来测算行星表面的相对年龄。但是，要想知道有特定数量的撞击坑的表面年龄是多少，我们需要知道时钟的快慢速度，也就是说，我们需要"校准陨石撞击的时钟"。

为此，我们以月球为例进行标定。月球表面是不均匀的，部分区域遭受了强烈撞击，因而有些撞击坑重重相叠，而其他区域相对平滑，表明最近发生的地质活动较多。

在1969年到1976年期间，阿波罗宇航员和苏联无人驾驶探测器曾多次登上月球，从月球表面上九个不同位置采集了岩石样本。通过测量各种放射性元素和其衰变成的元素的相对数量（该过程被称为放射性测定年代），科学家得以确定月球表面区域的年龄（参见疑难解析6.1）。测量结果令人惊讶。虽然月球上平滑区域确实比撞击坑较多的区域年轻，但这些区域仍然非常年长。月球上年龄最长、撞击坑最多的区域可追溯到大约44亿年前，而月球表面最平滑的区域的年龄一般也在31亿年到39亿年之间。这就是说，太阳系中几乎所有陨石撞击都发生在最初的十亿年间（图6.9）。请将此数字与本章开篇图比较，本章开篇图根据从地面拍摄到的湿海月面（Mare Humorum）上的撞击坑图像进行了年龄分析。

我们可以通过撞击坑和放射性测定年代判断大部分月球表面的年龄。

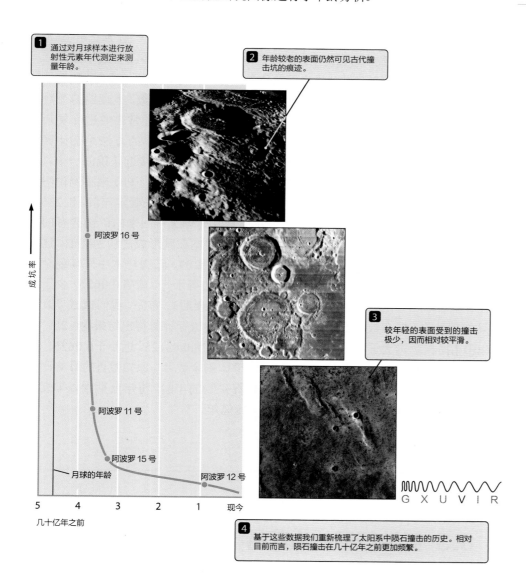

1 通过对月球样本进行放射性元素年代测定来测量年龄。

2 年龄较老的表面仍然可见古代撞击坑的痕迹。

3 较年轻的表面受到的撞击极少，因而相对较平滑。

4 基于这些数据我们重新梳理了太阳系中陨石撞击的历史。相对目前而言，陨石撞击在几十亿年之前更加频繁。

图6.9 通过对阿波罗宇航员从月球特定地区带回来的岩石样本进行放射性元素年代测定来确定撞击坑的成坑率是怎样随着时间的推移而变化的。由此所得到的成坑记录还可以用于判定月球表面其他区域的年龄。

疑难解析 6.1	如何估算宇宙年龄

地质学家可通过测量放射性元素（也称为放射性同位素）和其衰变产物的相对数目来确定矿物的年龄。同位素是同一元素的不同原子，其原子具有相同数目的质子，但中子数目却不同。放射性元素称为母体，其衰变的产物称为子体。放射性同位素原子数目减少到其初始值一半时所需要的时间称为半衰期。每经过一个半衰期，放射性同位素的原始数目都将减少一半。例如，经过三个半衰期之后，母体放射性同位素的最终数目P_F将为原始数目P_O的$\frac{1}{2} \times \frac{1}{2} \times \frac{1}{2} = \frac{1}{8}$。如果我们以$n$表示半衰期的个数，可以得出下列关系式：

$$\frac{P_F}{P_O} = \left(\frac{1}{2}\right)^n$$

本方程式右边是一个指数表达式，意思是半衰期的n次方。请运用指数的运算法则来计算。例如，如果$n=0$，本方程式的右边将等于1，这可以理解。如果还没有经过一个半衰期，最终数目与原始数目之比应为1。如果$n=1$，本方程式的右边则等于二分之一，即最终数目与原始数目之比为二分之一。经过一个半衰期后，只有一半的数目剩下。

计算器提醒：指数计算不同于第1章所学的10的次方的计算。在此方程式中，底数不是10，因而不能使用计算器上的EE或者EXP键，而应使用x^y（有时候为y^x）键。首先，在计算器上输入底数0.5，再按x^y键，最后输入n值。例如，如果你想计算经过三个半衰期后所剩物质的数目，你可以依次按[0]、[.]、[5]、[x^y]、[3]、[=]，计算结果（请试试看，最后结果应为$\frac{1}{8}$，或者0.125）。

铀238（符号：^{238}U）是铀在自然界中最常见的同位素，经过一系列反应后将衰变成铅206（^{206}Pb）。铀238衰变成铅206的半衰期为45亿年，意思是说45亿年后，铀238纯样本中的铀和铅数目各占一半。如果我们发现一个其中铀和铅的数目各占一半的样本，我们就知道其中有一半的铀原子已变成铅原子，因而得出：

$$\frac{P_F}{P_O} = \frac{1}{2}$$

将本方程式与前述方程式对比，如果$\left(\frac{1}{2}\right)^n = \frac{1}{2}$，那么$n=1$。为此，我们可以得出该矿物是在一半衰期或者45亿年之前形成的。

当我们分析岩石的化学成分来确定岩石的年龄时，我们只知道方程式左边的比例，而不是半衰期的个数。半衰期的个数是你需要求解的！为了求得半衰期的个数，通常需要进行复杂的数学运算，其中涉及到对数。因此，最简单的方法是在计算器中输入合理的半衰期核数值，直到找到最接近正确的一个。

下文我们以铀235（^{235}U）衰变成铅207（^{207}Pb）来举例说明如何根据物质衰变之前和衰变之后的比例来确定年龄。铀235的半衰期为7亿年。假设宇航员从月球上带回来的矿物含有的铅207是铀235的15倍，另假设该样本在其形成之初为纯铀。这就是说，$\frac{15}{16}$的铀235已经衰变成铅207，矿物样本中只有剩余$\frac{1}{16}$的母体。现在，已知方程式左边等于$\frac{1}{16}$，或者0.0625，少于$\frac{1}{2}$，因此n肯定大于1（经过多个半衰期）。首先，我们试试半衰期个数为2，将数值2输入计算器中进行计算得出结果为0.25，远大于0.0625。再试试数值5，结果为0.03125，远小于0.0625。最后试试数值4。如果$n=4$，母体剩余数目与原始数目的最终比值刚好等于0.0625。若要计算矿物的年龄，将半衰期乘以半衰期的个数即可：4×7亿年=28亿年。

6.3 类地行星的内部特征揭秘了它们的性质

地质作用是一切的根源，不仅销毁了过去地球上所发生的撞击的痕迹，也在持续不断地重塑地球的表面。为了弄清楚到底发生了哪些地质作用，我们接下来将探讨地表以下的结构。我们脚下几万米深的地方到底是什么，又是如何探测到的？

宇宙领悟 我们可以探测到地球的内部

准确地说，人类对地球的了解还只停留在地球表层。到目前为止，最深的钻井也只有12千米深，而地球中心大约有6 350千米深。即使如此，科学家对地球的内部却有颇多认识。我们可以根据地球的引力强度确定地球的质量。

将质量除以体积得到地球的平均密度为每立方米5 500千克（千克/米³）。但是地球表层物质的平均密度只有2 800千克/米³。整个地球的密度大于地球表层的密度，因而地球内部的密度必然远远超过地球表层的密度。为此，我们可以推断出地球内部应含有大量密度高达8 000千克/米³的铁。在此，我们以陨石与地球进行比较。陨石和地球是在同一时间由类似物质构成的，我们可以推论地球的总体组成成分应与陨石物质的组成成分类似，而陨石中含有大量的铁。

地震产生的震动为我们提供了更多有关地球内部的信息。发生地震时，震动以地震波的形式向四面八方传播出去。地震波的形式有多种。表面波在地球表面扩散，非常类似于海洋上的波浪。有时候地震产生的表面波就如同水上的涟漪一样在乡村田野上起伏翻滚。这种表面波可以让地球表面发生移位，阻断公路等。

我们可以通过地震波了解地球的内部结构。

地球内部还会产生其他形式的波。初波（P波）是挤压和拉伸物质的纵波。想象一根沿地板伸直的弹簧。沿着水平方向快速推动该弹簧（图6.10（a））将

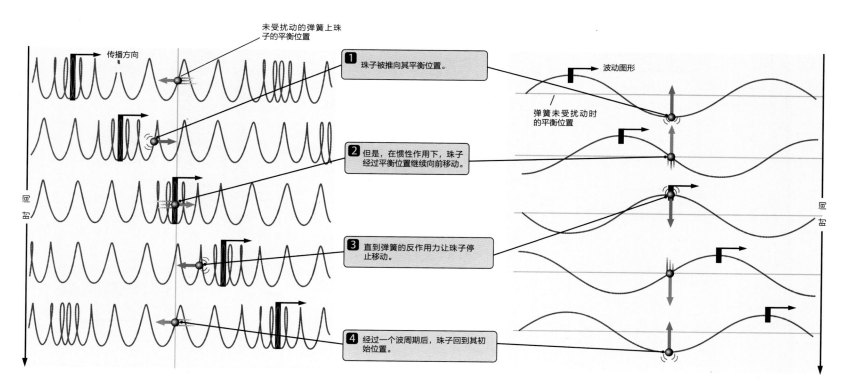

图6.10 机械波是外力平衡扰动的结果。（a）纵波是指振动方向与波的传播方向一致的波。（b）横波是振动方向与波的传播方向垂直的波。初波是纵波，次级地震波是横波。

产生纵波。声波也是一种纵波。次波（S波）是一种横波，可以让物质向侧面移动（图6.10（b））。

地震波在地球内部的传播取决于其穿过的物质的性质（图6.11）。P波可以穿过固态或者液态物质，但是S波只能穿过固态物质。另外，所有地震波根据不同的岩石密度、温度和组成成分以不同的速度传播。当岩石密度突然发生变化时，地震波可能会在边界上发生折射（弯曲），甚至反射，如同光线被玻璃窗

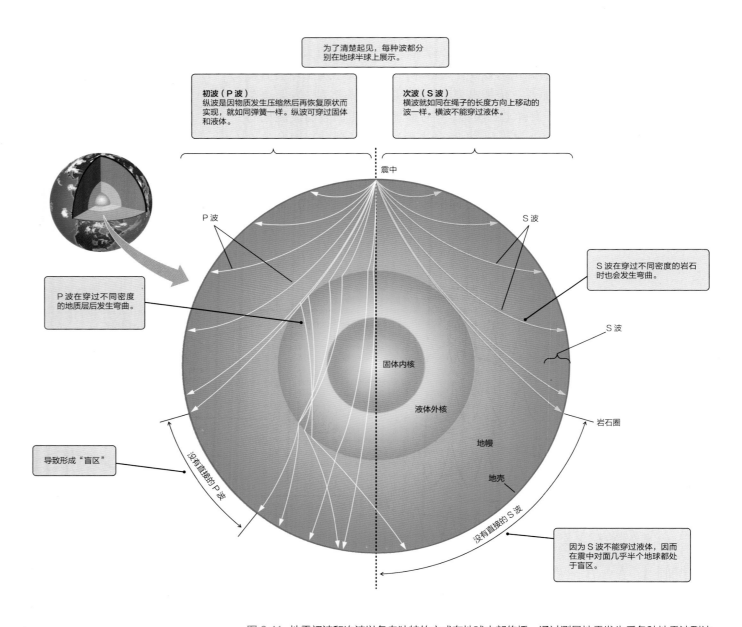

为了清楚起见，每种波都分别在地球半球上展示。

初波（P波）
纵波是因物质发生压缩然后再恢复原状而实现，就如同弹簧一样。纵波可穿过固体和液体。

次波（S波）
横波就如同在绳子的长度方向上移动的波一样。横波不能穿过液体。

P波

S波

S波

S波在穿过不同密度的岩石时也会发生弯曲。

P波在穿过不同密度的地质层后发生弯曲。

震中

固体内核

液体外核

地幔

地壳

岩石圈

导致形成"盲区"

没有直接的P波

没有直接的S波

因为S波不能穿过液体，因而在震中对面几乎半个地球都处于盲区。

图 6.11 地震初波和次波以各自独特的方式在地球内部传播。通过测量地震发生后各种地震波到达的时间和地点，我们可以验证我们对地球内部详细模型的预测。注意因初波（黄色）在液体外核外边界上发生折射以及次波（蓝色）不能穿过液体内核而形成的"盲区"。

折射或者反射一样。这种行为将在地球另一面的液体核心上形成"盲区",如图6.11所示。我们对地球液体外核的许多认识都来自于对这些盲区的研究。

地震仪是用于测量地震波的仪器。在过去一百多年中,遍布地球各地的数以千计的地震仪测量到了地球上发生的各种震荡,包括无数次的地震和其他震荡事件,例如火山爆发和核爆炸。通过将所有这些测量数据集合在一起,我们对地球内部勾画出了一个比较直观全面的轮廓草图。

创建地球内部的模型

为了不仅仅停留在轮廓草图上,地质学家结合他们对物质特性以及这些物质在不同温度和压力下会有怎样行为的认识,采用物理定律来分析地球内部的特征。例如,科学家们明白一种既定事实,即地球内部任何一点上的压力必须足够高,这样向外的力才能平衡该点以上所有物质产生的重力。基于这些认识,科学家们搭建了一个地球内部模型,该模型以轮廓草图为基础,并符合物理一致性。科学家们又在创建的模型中引入地震,计算地震波将如何在地球模型中传播,并预测在世界各地的不同地震测站上地震波将是什么样子的。然后,他们将这些预测数据与发生地震时实际观测到的地震波数据进行比较,以检验他们的模型。根据预测数据与观测数据之间的差异程度,科学家们可以判断这些模型的优缺点。然后,他们将对模型的结构进行调节(始终符合已知的物质的物理定律),直到预测数据几乎与观测数据一致。

这就是地质学家根据当前的地球内部轮廓图(图6.12)进行研究的方法。地球内部主要包括由内核和外核构成的地核、深厚的地幔和地壳。地球的核心主要由铁、镍和其他致密金属构成,地幔由中密物质构成,而地壳则是由低密物质构成。

如图6.12所示,地球的内部是不均匀的。物质根据密度相互分离,该过程称为分异。当不同类型的岩石混合在一起时,它们可以混合并存。一旦这些岩石开始熔化,密度较高的物质将向底部下沉,密度较低的物质则会浮于上面。如今,地球内部很少物质处于熔融状态。但这种分层结构表明,地球曾经非常炽热,其内部完全是液体状态。所有类地行星和月球曾经都处于熔融状态。图6.12截面图展示了各个类地行星和月球的分层结构。

月球是由地球分裂形成的

如图6.12所示,月球的核心非常小,其组成物质类似于地幔。解释月球组成成分的最佳模型涉及到灾难性撞击。一颗火星大小的原行星与年轻的地球发生了猛烈碰撞,炸毁并蒸发了地球部分分异的地壳和地幔上的一些物质(图6.13)。这些碎片浓缩在一起形成了月球。在碰撞蒸发阶段,许多气体消失在太空中。这种模型解释了为什么月球的组成成分与地球的地幔类似,也解释了为什么月球上缺少水和其他挥发物,而地球、火星和金星却含有大量挥发物。

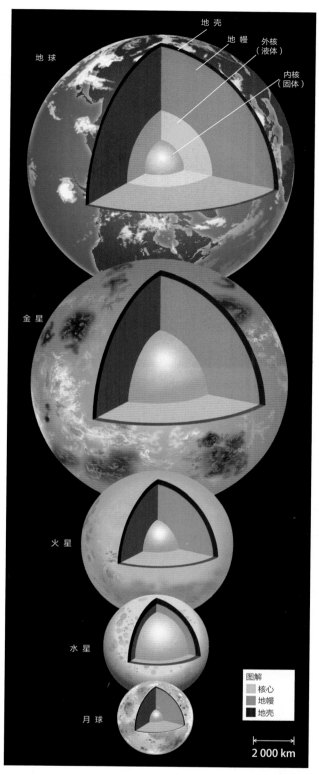

图 6.12 类地行星和月球内部结构比较。水星、金星和火星的部分核心可能是液态。

图6.13 艺术家演示火星大小的原行星与年轻的地球相撞。目前占主导地位的假说提出,这种碰撞产生的碎片在地球周围合并到一起,形成了月球。

图6.14 (a)地球和其海洋在潮汐应力作用下发生潮汐隆起现象。(b)地球自转让地球的潮汐隆起稍微偏离地球与月球之间的连线。(c)随着地球自转经过潮汐隆起部分后,我们就会经历海洋潮汐。为了清楚起见,图中夸大了潮汐幅度。观察者从地球北极上方俯看,尺寸和距离未按比例。

6.4 行星内部的演变是加热和冷却的过程

行星内部越深的地方,温度越高。这种热能推动了行星的地质活动。行星内部是处于加热还是冷却状态取决于行星内部接收到的能量与产生和释放出的能量之间的平衡状态。

地球内部的部分热能是从地球形成时遗留下来的。陨石碰撞会释放出大量能量,并且短寿命放射性元素也会产生许多能量,在这些能量的作用下,行星会发生熔化。地球表面将能量释放到太空中,然后快速冷却,在熔融的核心上形成固体地壳。固体地壳的传热性不高,因而内部也保留了余热。在亿万年的历史长河中,地球内部的能量继续从地壳上散失出去,释放到太空中,地球内部逐渐冷却,地幔和内核变成固态。

但是,如果地球内部的热源只是这些余热,地球的内核将会全部固化。当今地球内部的温度之所以如此之高,必然存在另一种能源持续不断地加热地球内部。

其中一种持续加热源是月球和太阳产生的潮汐摩擦。月球的引力将地球沿大致地球—月球连线方向拉伸,由此产生的潮汐称为月球潮汐。太阳的引力将地球沿大致地球—太阳连线方向拉伸,由此产生的潮汐称为太阳潮汐,强度大约是月球潮汐的一半。在两种情况下,地球自转会牵引潮汐处于地球与月球或者太阳连线稍微偏前的位置。(图6.14)。在新月和满月时,月球、地球和太阳正好处于同一条线上,月球潮汐和太阳潮汐相互叠加,形成高潮位极高、低潮位极低的现象(图6.15),称为大潮(英文中称为spring tide,这与春季无关,而是指海水从海洋中喷涌而出)。当月球在上弦或下弦的位置,从地球看到的太阳和月球相距90度,太阳和月球的引力从不同方向作用到地球上,产生的潮差较小,称为小潮(英文neap tide,源自撒克逊语,意思是稀缺)。在每个月这些时候,相对来说不易在潮汐地区捕获到贝类和其他食物,因为这时的低潮位比平时更高。

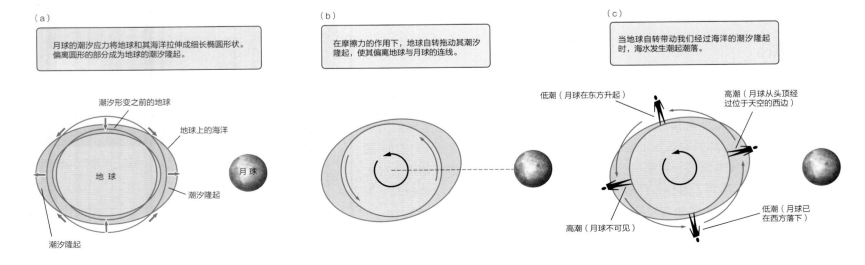

（a）月球的潮汐应力将地球和其海洋拉伸成细长椭圆形状。偏离圆形的部分成为地球的潮汐隆起。

潮汐形变之前的地球
地球上的海洋
地球
潮汐隆起
潮汐隆起
月球

（b）在摩擦力的作用下,地球自转拖动其潮汐隆起,使其偏离地球与月球的连线。

（c）当地球自转带动我们经过海洋的潮汐隆起时,海水发生潮起潮落。

低潮（月球在东方升起）
高潮（月球从头顶经过位于天空的西边）
高潮（月球不可见）
低潮（月球已在西方落下）

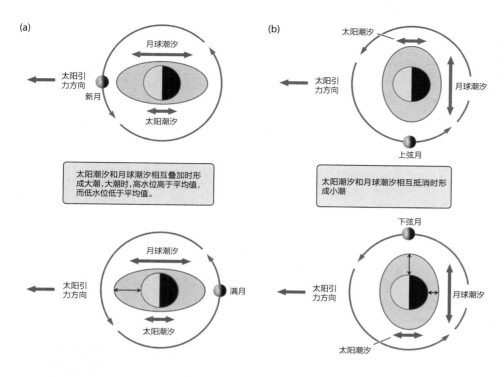

(a) 月球潮汐 太阳潮汐 太阳引力方向 新月

太阳潮汐和月球潮汐相互叠加时形成大潮,大潮时,高水位高于平均值,而低水位低于平均值。

月球潮汐 太阳潮汐 太阳引力方向 满月

(b) 太阳潮汐 月球潮汐 太阳引力方向 上弦月

太阳潮汐和月球潮汐相互抵消时形成小潮

下弦月 太阳引力方向 月球潮汐 太阳潮汐

图6.15 太阳对地球的潮汐作用大约是月球对地球潮汐作用的一半。太阳潮汐和月球潮汐(a)相互叠加时形成大潮,(b)相互抵消时形成小潮。

潮汐效应是因作用在固体天体上的引力的强度变化引起的(图6.16)。例如,地球离月球最近的部分受到月球的引力最大,而离月球最远的部分受到的引力则最小,从而拉伸地球。不仅海洋对月球和太阳的潮汐应力反应特别明显,地球本身也会受到潮汐应力的影响。地球具有一定弹性(类似于橡皮球),潮汐应力让你脚下的地面每天升高30厘米左右。这将消耗大量能量,这些能量最终都变成热能消散出去。同理,橡皮泥经过反复拉伸和挤扁也会升温。

但是,仅仅潮汐加热还不足以解释为什么地球内部的温度非常高。实际上,地球内部大部分"额外"能量来自于地表之下长寿的放射性元素。这些放射性元素衰变时会释放出大量能量,加热地球的内部。地球内部加热和消散到太空中的能量之间的平衡决定了地球内部的温度,随着时间的推移,地球内部温度越来越低。

温度是影响行星内部结构的重要因素,但却不是唯一因素,物质是固体还是液体还取决于其受到的压力。在高压下,原子和分子之间的距离会更加拉近,让物质更有可能变成固态。越到地球中心,温度和压力的效应相互排斥抵消:物质在高温下更易熔化,但在高压下却更有可能固化。在地球外核中,高温占据上风,物质保持在熔融状态。在地球中心,虽然温度比外核更高,但是压力更占优势,因而地球内核由固体物质构成。

行星通过对流、热传导和辐射等方式释放内部的热能。你肯定对热辐射比较熟悉,实际上热辐射就是红外光。你的皮肤就是一种红外探测器,把手放在烤炉上空可以感觉到火炉是否烫手。所有物体都会发光,温度越高,发出的光越多(参见疑难解析6.2)。发出的光的类型(红外光、可见光和紫外线等)也取决于物体的温度高低。物体温度越高,发出的光的波长越短(参见疑难解析6.3)。在

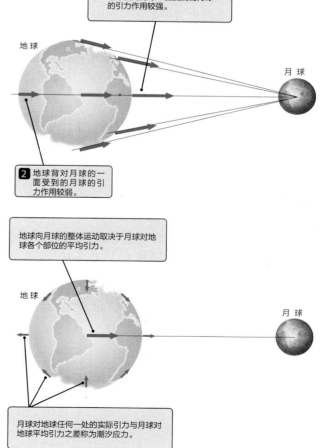

1 地球面对月球一面受到的月球的引力作用较强。

地球

月球

2 地球背对月球的一面受到的月球的引力作用较弱。

地球向月球的整体运动取决于月球对地球各个部位的平均引力。

地球

月球

月球对地球任何一处的实际引力与月球对地球平均引力之差称为潮汐应力。

图6.16 潮汐应力沿地球与月球之间连线的方向上向两侧拉伸地球,并沿垂直于该连线的方向挤压地球。

疑难解析 6.2 | 斯特藩-玻尔兹曼定律

图6.17展示了光源在不同温度下的光谱。假定光源的电磁辐射只与温度有关，与其组成材料无关，这种光源称为黑体。如果我们绘出该光源所有波长范围内的辐射强度图，可以得到一条特征曲线，即为黑体光谱。物体温度越高，在各个波长范围的辐射量越多，因此曲线会随着温度的升高而上升。物体的光度（发射的光的总量）也随之增加。实际上，物体的光度会随着温度的增加快速增加。将光谱上所有能量相加发现，光度L的增加与温度T的四次方成正比：

$$L \propto T^4$$

这就是所谓的斯特藩-玻尔兹曼定律。本定律最初由奥地利（斯洛文尼亚）物理学家约瑟夫·斯特藩（Josef Stefan, 1835—1893）提出，并经其学生路德维希·玻尔兹曼（Ludwig Boltzmann, 1844—1906）发展衍生。

物体表面每平方米每秒钟辐射的能量称为通量F。通量与光度成对比，但比光度更易测量（对比一下捕获地球从所有方向射出的光子，以及捕获从你脚下特定面积射出的光子，可以得出光度等于通量乘以表面积之和）。我们可以通过斯特藩-玻尔兹曼常数σ（希腊字母"西格玛"）将通量与温度联系起来。σ值等于5.67×10^{-8} W/(m²K⁴)，其中W表示瓦特，以数学公式表示为：

$$F = \sigma T^4$$

即使温度变化极小，物体辐射的能量也会发生很大的改变。物体的温度升高一倍，通量将增加2^4倍或者16倍；物体的温度升高两倍，通量将增加3^4倍或者81倍。

假设我们想知道地球的通量和光度。地球的平均温度是288K，因而地球表面的通量为：

$$F = \sigma T^4$$
$$F = (5.67 \times 10^{-8} \text{W/(m}^2\text{K}^4))(288\text{K})^4$$
$$F = 390 \text{W/m}^2$$

如果我们想知道每秒钟辐射的所有能量，必须乘以地球的表面积（A）。地球表面积等于$4\pi R^2$，其中地球的半径为6 378 000米或者6.378×10^6米，从而得出光度为：

$$L = F \cdot A$$
$$L = F \cdot 4\pi R^2$$
$$L = (390 \text{W/m}^2) \cdot (4\pi \cdot (6.378 \times 10^6 \text{m})^2)$$
$$L = 2 \times 10^{17} \text{W}$$

这意味着地球辐射的能量相当于2 000万亿个100瓦灯泡所产生的能量。地球辐射的能量十分巨大，但还远远小于太阳辐射的能量。

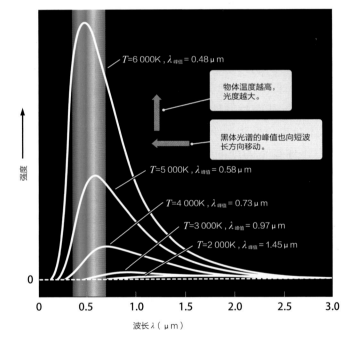

图 6.17 温度在2 000K到6 000K范围内的光源发射出的黑体光谱。温度越高，光谱峰值越向短波长方向移动，光源每平方米每秒钟辐射的能量大小也随之增加。

第11章探讨太阳内部的热传递时，我们将详细讲解热传导方面的知识。在本章中，我们只做简单介绍，液体通过对流传热，固体通过热传导传热。注意，根据考量的时标长短，有些物质可能或者表现出固体特性或者表现出液体特性。例如，在短时标内，比如在地震中，地球地幔表现出固体特性，而在地质时标内，地幔被视为厚度极深的液体层，发生对流传热。

疑难解析 6.3 | 维恩定律

再次回到图6.17。请注意每条曲线的峰值沿水平轴的排列。随着温度T的升高，谱峰向短波长方向移动，说明谱峰与温度成反比例。插入常数2 900μm·K（通过测量此反比关系而得），以数学公式表示为：

$$\lambda_{峰值} = \frac{2\,900\ \mu m \cdot K}{T}$$

这就是维恩定律，以发现此关系的德国科学家威廉·维恩（Wilhelm Wien，1864—1928）的名字命名而来。在此方程式中，$\lambda_{峰值}$表示在谱峰时的波长，在谱峰上，物体的电磁辐射达到最大。

假设我们想计算地球辐射的峰值波长。将地球平均温度288K代入维恩定律中，得出：

$$\lambda_{峰值} = \frac{2\,900\ \mu m \cdot K}{T}$$

$$\lambda_{峰值} = \frac{2\,900\ \mu m \cdot K}{288\ K}$$

$$\lambda_{峰值} = 10.1\ \mu m$$

略高于10μm。地球的辐射在光谱的红外区达到最高。

行星的内部温度的高低取决于其大小尺寸。行星的体积决定了其内部的加热量，而行星表面积决定了损失的能量多少，因为热能必须从行星的表面消散出去。体积较小的行星，相比其体积，它们的表面积较大，因而能较快冷却。体积较大的行星，它们的表面积与体积之比较小，因为冷却速度较慢。因此，当我们发现体积较小的天体（水星和月球），其地质活动没有体积较大的类地行星（金星、地球和火星）活跃，也就没有什么惊异的了。

宇宙领悟 大多数行星都有自己的磁场

罗盘针与地球磁场相匹配，指"北"和指"南"。指北一端并不是指向地理上的北极，而是指向加拿大北部沿海北冰洋中的某个位置，这是地球的北磁极。地球的南磁极在南极洲沿岸离地球的地理南极约2 800千米远的地方。地球就好像其内部有一根巨大的磁棒，该磁棒稍微倾斜于地球的自转轴，两端在两个磁极附近（图6.18）。

地球的磁场始终在不断变化。当前，地球北磁极每年向西北移动几十千米。照此速度，地球北磁极在本世纪末将可能位于西伯利亚。

《地质编录》显示，地球的磁场在地球的历史长河中发生了巨大的变化。当由铁等物质构成的磁体的温度足够高时，将失去磁化作用。随着磁体逐渐冷却，在周围任何磁场的作用下就重新恢复磁化作用。因此，含铁矿物质记录了当它们冷却时地球的磁场。

地球磁场作用类似于巨磁棒，但磁极的方向随时间变化。

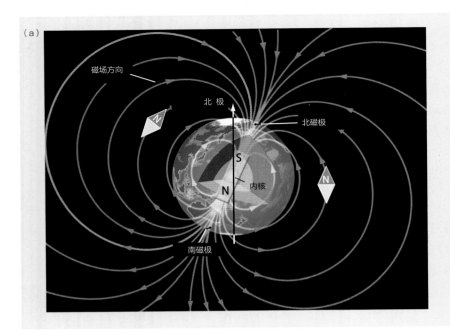

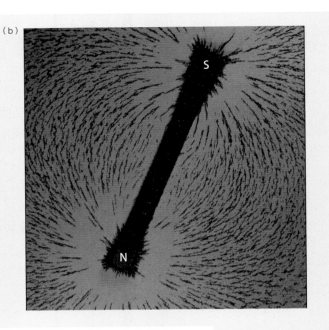

图 6.18　（a）地球磁场可以形象化为一根倾斜于地球自转轴的巨大磁棒。罗盘针沿着磁力线方向排列，指向地球北磁极。注意，因为磁棒会异极相吸，因此地球假设的磁棒的南极对应地球的北磁极。（b）磁棒周围散布的铁粉有助于我们将磁场形象化。

👁 视觉类比

地质学家可以通过这些矿物质了解地球的磁场是如何随着时间的推移而变化的。地球的磁场已有几十亿年的历史，但并非亘古不变，它的南北磁极曾经对换过位置，大约每500 000年对换一次。

实际上，地球的磁场不是因为地球内部埋有一根磁棒形成，而是因为移动电荷导致。地球的磁场是地球绕其轴自转以及地球移动的导电液体外核共同作用的结果。在这两者的共同作用下，地球将机械能转换成了磁能。

在阿波罗计划中，宇航员对月球的局部磁场进行了测量，小型人造卫星也搜寻过月球的全球性磁场。月球的磁场相当弱，几乎没有，这是因为月球体积非常小，因而内部温度较低，并且月球的核心也相当小。但是，人类在早期的月球岩石上探测到了剩磁，表明月球曾经拥有熔融核心和磁场。

水星是目前除地球外仍具有强大磁场的类地行星。水星拥有较大的铁质核心，核心有部分处于熔融状态，产生流动，再加上水星绕其轴自转，因而形成了强大了磁场。按理说，金星也应该有磁场，因为金星可能拥有含铁核心，其内核像地球一样部分熔融，但实际上金星没有磁场，可能是因为自转速度慢。但水星的自转速度也非常慢（每58.6地球日自转一周），因此为什么金星没有磁场，仍然是一个谜。

金星和火星上没有磁场仍然让人费解。

火星只具有微弱的磁场，其磁场可能在火星形成早期就已经被冻结了。磁场特征只出现在远古的地壳岩石中。地质上较年轻的岩石甚至没有残余磁性，表明火星的磁场在很早以前就消失了。现今火星上没有强大的磁场，可能是其核心较小的原因导致。但是，经天文学家预测，火星的内核有部分为熔融状态，而且火星自转速度也相当快，因此火星缺乏强大的磁场仍然令人惊讶。

6.5 构造作用促进行星表面的演变

通过前文的学习，我们对行星的内部已经有了一定的了解，现在我们将开始探讨行星的表面。如果你曾经开车穿越过山区或者丘陵地形，你可能看到过图6.19所示的地方，公路从凿开的岩石中穿越而过。通过这些开凿切口，我们可以看到其中已经弯曲、断裂或者破碎的岩石层。这些岩石层向我们透露了地球在久远的地质时期中的种种经历。

图6.19　构造作用让地壳发生褶皱，如本图中的路边劈开的岩石中所示。

大陆漂移与重新结合在一起

在20世纪早期，人类恍然大悟地发现，地球大陆各部分就像拼图游戏中的碎片一样可以拼合在一起。另外，南美洲东海岸的岩石层和化石记录竟然与非洲西海岸的岩石层和化石记录相一致。基于这些种种证据，阿尔弗雷德·魏格纳（Alfred Wegener，1880—1930）提出了大陆漂移说：认为地球上所有大陆曾经是统一的巨大陆块，后来在数百万年的历史中大陆分裂并漂移，逐渐达到现在的位置。

该理论遭到极大的怀疑，因为地质学家想象不到任何一种力学机制可以

（a）

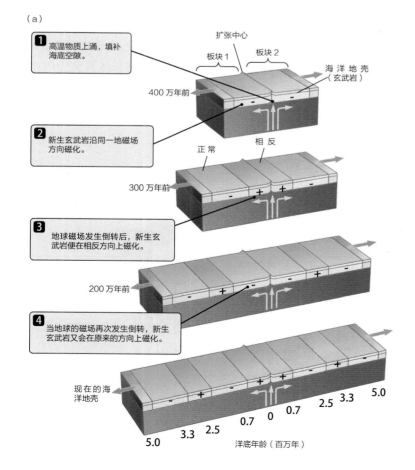

1 高温物质上涌，填补海底空隙。

2 新生玄武岩沿同一地磁场方向磁化。

3 地球磁场发生倒转后，新生玄武岩便在相反方向上磁化。

4 当地球的磁场再次发生倒转，新生玄武岩又会在原来的方向上磁化。

（b）

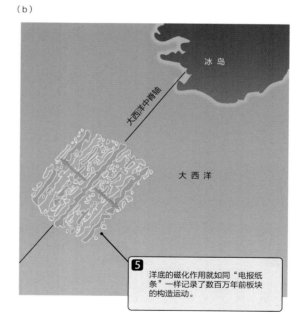

5 洋底的磁化作用就如同"电报纸条"一样记录了数百万年前板块的构造运动。

图6.20　（a）随着新的海底在扩张中心形成，冷却的岩石也逐渐发生磁化。磁化的岩石随后在构造运动作用下被冲走。（b）诸如本图所示的冰岛附近海底中的带状磁结构为板块构造理论提供了证据。

▶‖ 天文之旅：**大陆漂移说**

金星和火星上没有磁场仍然让人费解。

让如此巨大的陆块发生移动。但是20世纪90年代，地质学家在对海底的研究过程中发现了支持大陆漂移说的令人信服的证据（图6.20）。调查研究发现玄武岩条带具有令人惊讶的特点，玄武岩是一种由冷却岩浆形成的岩石，大洋裂谷两侧都分布有这种岩石。在这些裂谷中，高温物质向地球表面上涌，形成新的洋底。当这些高温物质冷却时即沿着地球磁场方向发生磁化。离裂谷的距离越远，洋底年龄越老，形成时间越早。结合对岩石的放射性年龄测定，这些磁记录表明大陆板块在长远的地质时间中发生了移动。

新近精确的测量技术和全球定位系统（GPS）更为直接地验证了上述结果。有些区域每年被撕开的距离约为铅笔的长度。经过数百万年的地质时间，这些板块运动产生的作用将加剧。经过1 000万年（按地质标准而言非常短的时间）之后，每年移动15厘米将变成1 500千米，到时就不得不重新绘制地图了。

当今，地质学家认识到地球的地壳是由无数个相对脆弱的小分段或者岩石圈板块构成的，这些板块的运动持续不断地改变着地球的表面。该理论称为板块构造论，或许是20世纪地质学中最大的一次进步。板块构造论可以解释地球的许多地质特征。

宇领 对流是板块构造的动力

岩石圈板块的移动需要巨大的动力，这些动力是源自于对流过程中从地球内部逃散出来的热能。如果你曾观察过灶台上水壶中的水，就能注意到对流现象（图6.21（a））。炉子产生的热能加热水壶底部的水。底部温度较高的水慢慢扩散，密度变低，低于上层温度较低的水。上层温度较低的水下沉，取代上涌的温度较高的水。当低密度水到达液面时，将释放部分能量到空气中，然后冷却，密度继而升高，再下沉到水壶底部。水从某些位置上涌，然后又在

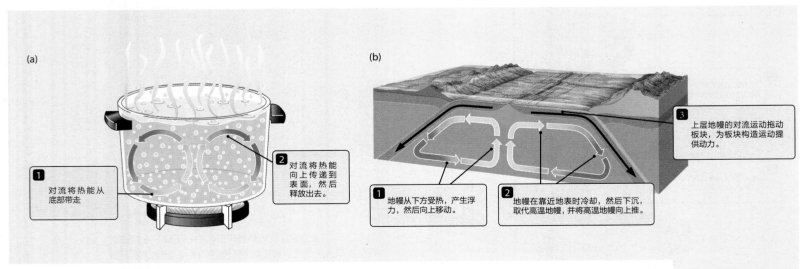

(a)

1 对流将热能从底部带走

2 对流将热能向上传递到表面，然后释放出去。

(b)

1 地幔从下方受热，产生浮力，然后向上移动。

2 地幔在靠近地表时冷却，然后下沉，取代高温地幔，并将高温地幔向上推。

3 上层地幔的对流运动拖动板块，为板块构造运动提供动力。

图6.21 （a）液体底部受热时发生对流。（b）同理，地球地幔中发生的对流驱动板块构造运动，虽然这其中涉及的时间尺度和速度与灶台上被加热的水壶不可同日而语。　　👁 视觉类比

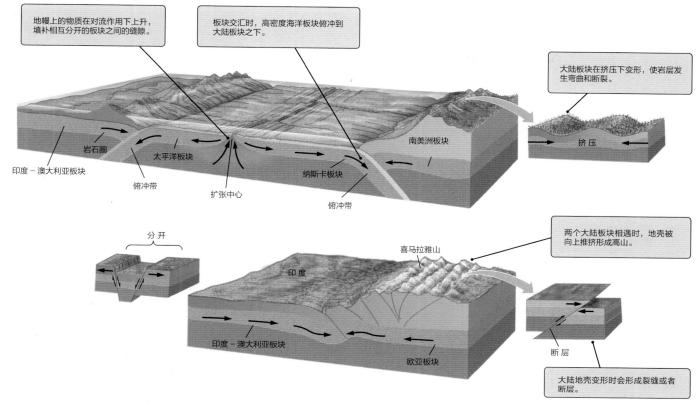

地幔上的物质在对流作用下上升，填补相互分开的板块之间的缝隙。

板块交汇时，高密度海洋板块俯冲到大陆板块之下。

大陆板块在挤压下变形，使岩层发生弯曲和断裂。

岩石圈

印度－澳大利亚板块

俯冲带

扩张中心

太平洋板块

纳斯卡板块

俯冲带

南美洲板块

挤压

分开

两个大陆板块相遇时，地壳被向上推挤形成高山。

喜马拉雅山

印度

印度－澳大利亚板块

欧亚板块

断层

大陆地壳变形时会形成裂缝或者断层。

图6.22 构造板块相互分开和碰撞是许多地质特征形成的原因。

其他位置下沉，形成所谓的对流单体。

　　放射性衰变提供热源，推动地幔中的对流运动（图6.21（b））。地球的地幔并非处于熔融状态，但在某种程度上是可移动的，因而对流得以缓慢发生。地壳被分割成七个大板块和许多漂浮在地幔上方的小板块。地幔中的对流单体推动这些板块移动，同时带动板块上的大陆和海洋。在对流作用下，沿海洋盆地裂谷带还会形成新地壳，在这些裂谷带上，地幔物质不断上涌、冷却，然后慢慢分流。

　　图6.22展示了板块构造运动和产生的某些结果。如果地幔在同一位置冷却和分流，必将在另一个位置聚集和沉降。在沉降区，一个板块在另一个板块下面滑动，对流拖动地壳物质下沉到地幔中。马里亚纳海沟（Mariana Trench）——地球洋底最深的地方就处于这种情况。大部分洋底处于上升区和沉降区之间，因此洋底是地壳最年轻的部分。实际上，年龄最老的海底岩石也不到2亿年。

　　但是，在某些地方，板块并不会下沉而是相互碰撞，然后被推挤向上。随着印度-澳大利亚板块与亚欧板块相互碰撞，地球最高的山峰珠穆朗玛峰以每世纪0.5米的速度升高。在某些其他地方，板块相遇时相互倾斜，然后相互滑过。例如，在加利福尼亚的圣安地列斯断层，太平洋板块与北美洲板块交错滑过。断层是地壳中发生的断裂。

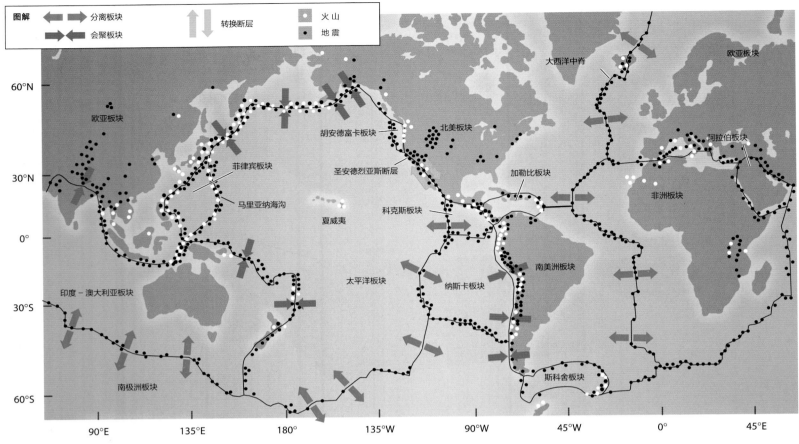

图 6.23　大地震和火山活动通常集中发生在地球的主要构造板块的边界附近。

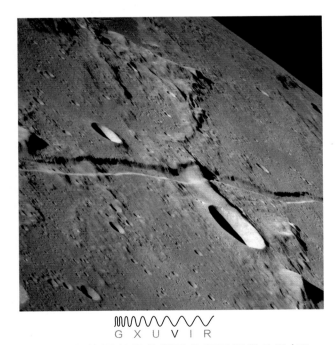

图 6.24　阿波罗 10 号拍摄到的阿丽阿黛月溪（Rima Ariadaeus）高清图片，阿丽阿黛月溪是月球上两个构造板块之间 2 000 米宽的峡谷。

图 6.25　水星上的断层造成了数百千米长的悬崖，例如此图中双环陨石坑旁边从左上方向右下方延伸的悬崖。这些地质特征的形成是水星逐渐冷却收缩时水星地壳发生挤压的结果。

板块交汇的地方,地质活动非常活跃。了解地球板块轮廓最佳的方式是观察地震和火山发生之地的地图,如图6.23所示的地图。板块相互碰撞时,会形成巨大应力。当两个板块最终突然交错滑过时,会释放出应力,造成地震。板块之间的摩擦力将让岩石熔化,熔化的岩石通过裂缝涌向地表,从而发生火山爆发。板块漂移时,板块上有些部分比其他部分移动的速度快,使板块发生拉伸、弯曲或者断裂。这些效应可以从褶皱岩石和断裂构造岩中看出。会聚板块边界附近通常都会形成山脉,这是因为在这些地方板块发生了弯曲和断裂现象。

其他行星上的构造作用

让人惊讶的是,我们只在地球上观察到板块构造运动。但是,所有类地行星和有些卫星都表现出构造破裂的迹象。月球上许多地区的地壳都出现断裂,形成断层谷,如图6.24所示。大部分这些地质特征都是月球地壳在剧烈碰撞下发生断裂和变形的结果。

水星上也有断裂带和断层。另外,水星上许多悬崖长达数百千米(图6.25)。与其他类地行星一样,水星也曾为熔融状态。在水星表面冷却形成地壳之后,水星的内部继续冷却和收缩。随着水星不断收缩,其地壳发生断裂和弯曲,就如同葡萄缩水变成葡萄干时葡萄皮会起皱一样。水星地壳形成之后水星的体积必须缩小5%,才足以解释水星表面上有如此之多的断层。

或许太阳系中最令人印象深刻的非火星上的水手谷(Valles Marineris)莫属了(图6.26)。水手谷长约4 000千米,几乎是美国科罗拉多大峡谷的四倍深,如果该峡谷位于地球上,将能够连接旧金山和纽约。在水手谷中可以看到火星地壳上的一系列巨大裂缝,这些裂缝应该是局部力(或许与地幔对流有关)从下向上推挤地壳而形成。形成裂缝后,这些裂缝又受到风、水和山体滑坡的侵蚀,从而形成了我们如今看到的结构。火星上其他地方的断层与月球上类似,但类似于水星上的悬崖却没有形成。

金星的质量只比地球小20%,但其半径却只比地球小5%。因为这些相似点,许多科学家推测金星可能也表现出板块构造的痕迹。但是,他们的推测却未被麦哲伦航天器证实。麦哲伦航天器通过雷达穿透金星周围的浓厚云层,完成了金星表面90%的地图测绘工作,第一次向人们展示了金星表面高分辨率的照片。图6.27展示了金星其中一侧面的图片。虽然金星上有许多火山地貌和构造断裂带,但却没有类似在地球上所见的岩石圈板块或者板块运动迹象。不过,金星上的撞击坑相对比较稀少,表明其表面的年龄不超过10亿年。

金星上没有板块构造运动仍是一个谜。金星的内部应该非常类似于地球的内部,其地幔也应该正在发生对流。在地球上,地幔对流和板块构造运动会从地球内部释放出大量热能。地球还有好几个热点,例如夏威夷群岛,在这些热点区域,地幔深处的高温物质上涌,释放出大量热能。在金星上,热能可能主要从热点区域从金星内部消散出去。金星表面的环形断裂带(冕状物),横跨几百千米到一千千米以上,可能是让金星岩石圈断裂的高温地幔不断上涌的结果。

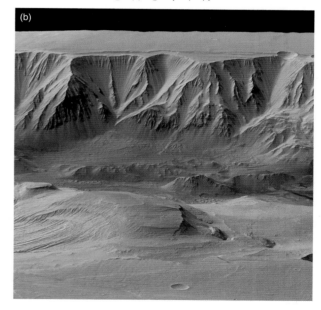

图6.26 (a)海盗号轨道器拍摄到的水手谷图片,水手谷是火星上的主要构造特征,从左向右横跨图的中心。该峡谷体系长达4000千米以上。左侧的黑点为塔西斯(Tharsis)地区的大型遁形火山。(b)此张峡谷岩壁的特写图是由欧洲航天局的火星快车号宇宙飞船拍摄的。

也许金星上存在一种完全不同于构造运动的地质作用。能量在金星内部聚集，直到岩石圈熔融、翻转，释放出大量能量，然后表面开始冷却和凝固。这种观点极具争议，但可以解释为什么金星表面相对较年轻，并且还能让人更易理解不同行星的地质历史非常迥异。到目前为止，我们仍不确定为什么金星和地球在板块构造运动上表现出如此大的不同。

6.6 火山活动：地质活跃行星的标志

地球内部的熔融岩石称为岩浆，并非如人们有时认为的那样会从地球熔融的核心上涌到地球表面。地震波显示，岩浆源自于热能来源相结合的下地壳和上地幔。这些热源包括地幔中上涌的对流单体，在地壳中运动产生的摩擦热以及高浓度的放射性元素。

地球火山活动与构造作用有关

地球的热能源并非是均匀分布的，火山通常沿板块边界分布或位于热点地区。诸如图6.23所示的图片表明，大部分地球的火山运动与推动板块运动的力

▶Ⅱ 天文之旅：热点上形成一系列岛屿

图 6.27　金星的大气层阻挡了我们在可见光下观看到金星的表面。此张金星的假色照片是麦哲伦航天器拍摄到的雷达影像。明亮的黄色和白色区大多为地壳上的断裂带和山脊。图像中的某些环形地貌特征可能是热点——地幔上涌的区域。火星表面大部分由熔岩流构成，图中橙色所示。

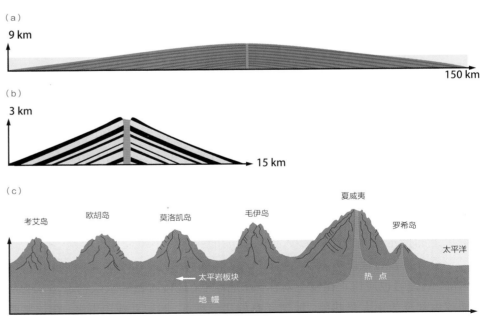

图 6.28　岩浆到达地球地表通常会形成（a）遁形火山，例如莫纳罗亚山（Mauna Loa），此类火山的斜坡比较缓和，斜坡主要由流动熔岩流构成；以及（b）复式火山，例如维苏威火山（Vesuvius），此类火山的外观为陡峭、对称的锥形，由黏稠熔岩流构成。（c）热点是板块从其上面滑过时形成一系列火山的熔岩对流柱。

相关。板块交汇滑过彼此时会产生大量摩擦力，使得岩石温度升高达到熔点。

　　因板块自身的重力作用，岩石圈板块底部的物质受到巨大的压力。该压力提高了该物质的熔点，迫使物质即使在高温下也保持固态。随着该物质强行在地壳中上升，受到的压力下降；随着压力下降，物质的熔点也会下降。在板块底部的固态位置可能会在接近地表时熔化。在对流携带地幔热物质上涌到地表的地方是火山频繁爆发之地。冰岛是地球上火山活动最活跃的地区之一，跨坐在大西洋中脊（见图6.23）。

　　一旦岩浆到达地球表面，可以形成许多种地质结构（图6.28）。熔岩流通常会形成广阔平坦的岩床，尤其是当火山灰从狭长的断裂带即裂缝中喷发出来时。从单个"点源"喷出的流动性非常高的熔岩流，将会向周围地形或者洋底散开，形成遁形火山（图6.28（a））。稠密的熔岩流将与爆炸形成岩石沉积物混合，形成侧坡陡峭的结构即复式火山（图6.28（b））或者体积较小的圆丘，称为火山弯丘。

　　发生火山活动的第三种情况就是，在岩石圈板块内部对流柱向地表上涌，造成局部热点（图6.28（c））。热点上的火山活动与其他地方的火山活动非常类似，只是在这些地方对流上涌发生在单个点上，而不是在板块的边缘线上。这些热点将地幔和岩石圈物质熔化，迫使这些物质向地表上涌。

　　地球上有许多热点，包括美国黄石公园和夏威夷群岛周围的地区。夏威夷群岛属于遁形火山带，是因群岛所在的岩石圈板块移动经过热点形成的。岛屿停止扩大，是因为板块运动带动岛屿远离热点的结果。岛屿在形成之初就遭受的侵蚀作用继续磨损岛屿。同时，热点之上将形成新的岛屿。如今夏威夷热点位于夏威夷大岛的东南海岸附近，继续为活火山提供热能。在该热点之上正在形成最年轻的夏威夷岛——罗希岛（Loihi）。目前，罗希已是一座高于洋底3 000米以上的巨大遁形火山，最终将冲破海洋表面与夏威夷大岛汇合——但将是未来100 000年以后了。

宇领宙悟　火山作用在太阳系中无处不见

　　即使在阿波罗计划开始之前，科学家们拍摄到的图片就显示出月球阴暗区域类似流体的地貌特征。某些最先使用望远镜的观察者认为，这些阴暗区域看起来像大片水域——因而得名"月海"（maria，拉丁语表示海的意思）。月海实际上是宽广的硬化的熔岩流，类似于地球上的玄武岩。月海上的撞击坑相对较少，因此月球上的火山熔岩流必定是在强烈碰撞期结束之后才发生的。

　　阿波罗宇航员带回从月海上采集到的岩石样本后，发现其中许多含有气泡——火山物质具有的典型特征（图6.29）。流经月球表面的岩浆必定具有较强的流动性（图6.30）。岩浆的流动性一部分归因于其化学成分，解释了为什么月海玄武岩形成了广阔的岩床，填补了诸如撞击盆地等低洼地区。另外，还解释了为什么月球上没有典型的火山：熔岩流动性太高，不能堆积。

词汇标注

流动性：描述物质流动的难易度。如果物质流动性非常高，就会像水一样流动。如果流动性不高，就会像糖浆或者柏油一样流动。本书中还有另一个比较常用的词语"黏稠"，黏稠的物质流动性比较低。

图6.29　此岩石样本是由阿波罗15号宇航员从月球的熔岩流中采集的，表面可见许多小气泡，是典型的富含气体的火山物质。此岩石尺寸大约为6厘米×12厘米。

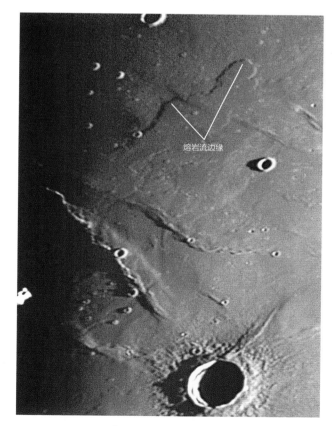

熔岩流边缘

图6.30　流经月球雨海（Mare Imbrium）的岩浆，其流动性肯定相对较高，才能在只有几十米厚的岩盆上扩散数百千米。

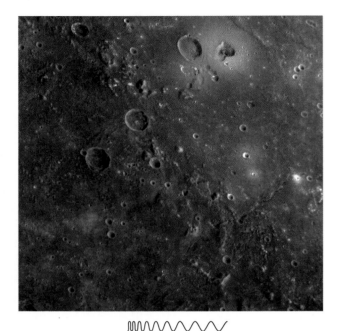

图 6.31 水星上所见到的最大火山，位于卡洛里斯盆地（Caloris Basin）边缘，底部直径大约有 50 千米。

通过研究岩石样本，我们还发现大部分月球熔岩流的年龄都在30亿年以上。只有少数区域可能存在比较年轻的岩浆；大多数此类岩浆还没有直接采样。从月球上强烈撞击地形上采集到岩石样本是由岩浆构成的，因此年轻的月球必定经历过熔融阶段。这些岩石是从"岩浆海"中冷却形成的，年龄超过40亿年，保留了太阳系早期历史的痕迹。月球上大部分热源和火山活动在大约30亿年前就停止了——而地球上的火山作用仍在继续。此结论与我们在本书之前章节得出的观点一致，即体积较小的行星更能有效地冷却，因此没有体积较大的行星活跃。

水星也显示出过去曾有火山活动的迹象。美国水星探测器探测到水星上存在表面类似月海的平原。这些撞击坑稀疏分布的平原是水星最年轻的区域，是流动熔岩流入并填补巨大撞击盆地而形成的。信使号还发现了许多火山（图6.31）。

火星表面一半以上面积都是火山岩。岩浆覆盖了火星上广大区域，淹没了久远的冲击坑地形。大部分喷发这些熔岩流的火山口或者裂缝都被掩盖在它们喷发出的岩浆之下（图6.32）。火星上最令人印象深刻的地貌特征之一就是巨大的遁形火山。这些火山是太阳系中最大的山峰。奥利匹斯山（Olympus Mons）高达27千米，底部直径宽550千米，远远高出地球上最高大的山峰。火星上的巨大火山不仅尺寸巨大，而且大多数都与其同类夏威夷群岛一样属于遁形火山。随着成千上万次单个火山爆发的发生，奥利匹斯山和其相邻的火山还在不停增长。它们已在热点之上保持了数十亿年，随着火山爆发连续不断的发生变得越来越高，越来越宽。

熔岩流和其他火山地貌几乎跨越了火山整个历史，估计从44亿年前地壳

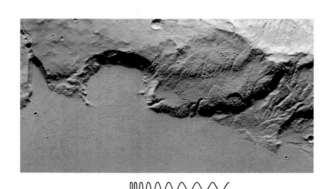

图 6.32 在欧洲航天局火星快车号宇宙飞船拍摄到的鸟瞰图中，火星上的一个撞击坑被岩浆淹没。

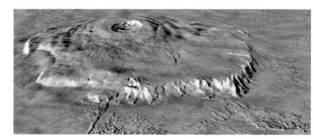

图 6.33 太阳系中已知的最大火山即火星上的奥利匹斯山，该火山为 27 千米高遁形火山，类似于夏威夷群岛中的莫纳罗亚山（Mauna Loa）。（a）火星全球勘探者号拍摄到的奥利匹斯山局部视图。（b）此斜视图是根据海盗号探测器拍摄到的俯视图和火星探测器上的激光高度计提供的地形数据绘制而得。

形成开始一直到最近的地质时间都有它们的足迹，覆盖了这颗红色行星表面一半以上的面积。但请注意，在这里"最近"可能仍表示10亿年之前。虽然我们已经确认火星上存在一些"看似年轻"的熔岩流，但是在对岩石样本进行放射性元素测年之前，我们仍然无法知道最近发生的火山喷发的时间年龄。原则上，火星上现今仍然会发生火山爆发。

金星是所有类地行星中拥有火山数量最多的行星。雷达影像显示金星表面大部分是火山地形，包括掩盖数千平方千米的高流动性泛流熔岩，巨大的遁形火山，火山弯丘和数千千米长的熔岩渠道。这些熔岩的温度和流动性都非常高，才得以流动如此长的距离。

6.7 侵蚀作用：磨蚀高山，填补低洼

侵蚀作用可以摧倒高地，填补低洼，从而让行星表面趋向平坦。侵蚀作用涉及到许多过程。第一步是"风化"，岩石在风化作用下碎裂成许多小块，还可能会改变化学性质。例如，地球上海岸线沿岸的岩石受到物理风化作用，岩石在海浪的猛烈冲击下破碎成海滩泥沙。另一种风化作用涉及到化学反应，例如空气中的氧气与岩石中的铁结合生成铁锈。其中最有效的一种风化作用是冻融循环，在此过程中，液体水涌入岩石裂缝中并冻结，使得岩石膨胀，继而破碎。

遭受风化作用后的岩石碎片被流水、冰川或者狂风带走，在其他区域作为沉积物沉积下来。在遭受侵蚀的地方，我们可以看到河谷、风雕丘陵或者冰川高山等地形。如果经侵蚀后岩石碎片沉积到其他地方，会形成河流三角洲、山丘或者山峰和悬崖脚下的岩石林。在拥有水和风的行星上，侵蚀作用最具影响力。地球拥有非常多的水和风，因此大多数撞击坑甚至在被构造活动摧毁之前就被侵蚀作用磨蚀和填补了。

即使月球和水星上几乎没有大气层和流水，也受到某种侵蚀作用的影响。来自太阳和外太空的辐射慢慢分解有些类型的矿物质，从而显著地风化岩石。但是，这种风化作用最多只能影响几毫米深。岩石还会受到微小陨石的破坏。另外，只要存在重力和高差，都可能发生滑坡。水能够加剧滑坡，但不是产生滑坡的唯一因素，因此我们也在水星和月球上观察到滑坡现象。

地球、火星和金星都显示出受风暴影响的迹象。宇宙飞船着陆器返回来的火星（图6.34）和金星图片向我们展示了受到风蚀影响的火星和金星的表面。山丘在地球和火星上十分常见，金星上也被证实存在一些沙丘。轨道航天器还发现了风蚀山岭，以及称为风条纹的表面图案。这些表面图案在风吹打山丘、撞击坑和悬崖周围的沉积物的过程中不时形成、消失或者变化，成为当地的"风向标"，告诉行星科学家当地的主导地面风向。火星上还会发生席卷全球的沙尘暴。

现今，地球是唯一表面含有大量液态水的行星，这是因为地球拥有适宜的温度条件和大气条件。水具有强大的侵蚀力，在地球上侵蚀作用主要是水

图 6.34　此火星表面的全景视图由机遇号登陆器拍摄，显示了火星表面被风侵蚀形成的沙丘。

所有类地行星中金星上的火山最多。

图 6.35　火星勘测轨道飞行器拍摄到的火星上某个陨石坑上的沟道。这些沟壑形成于陨石坑边缘（左上）附近，呈蜿蜒条纹状，十分类似于地球上被流水冲刷而成的河道。

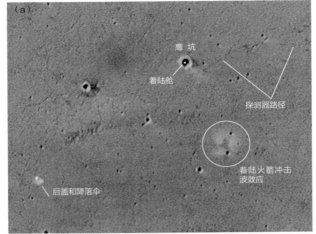

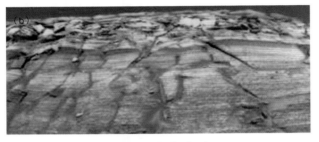

图6.36 （a）机遇号火星车着陆区域的轨道图像。着陆后保护气囊沿着地面弹出，最终落在鹰坑中——本次任务的科学家称此次精准着陆为"一杆进洞"。图中撞击坑中间的白点为着陆舱。从撞击坑出来后的轨道是机遇号开始对火星进行探测的路径。（b）着陆区域附近所见的层状岩石可能是流水沉积物。

造成的。河流和小溪每年都会将100亿公吨左右的沉积物冲入大海。即使如今火星表面上没有液态水，但在过去的某个时候火星上很可能有大量液态水流过。火星表面上具有类似于地球上的河道的地貌特征（如图6.35所示），表明火星表面曾出现过液态水。另外，火星上许多区域内还存在小尺度河谷网络，这些很可能是因流水冲刷形成的。

探索水存在的痕迹是目前人类探测火星的重要课题之一。2004年，NASA发射了两辆装配高科技仪器的火星车，分别是机遇号和勇气号，探测火星上是否存在水。机遇号着陆的火星平原含有丰富赤铁矿，在地球上赤铁矿通常地处有水的地方。机遇号的着陆位置选择在轨道数据显示存在赤铁矿的区域，因为赤铁矿是一种通常在有水的地方才形成的富含铁的矿物。机遇号的任务就是验证该数据信息的正确性。该火星车最终着落在一个小型撞击坑中（图6.36（a））。研究人员第一次在机遇号火星探测器附近发现新形成的火星岩石。在此之前，登陆器和火星车采集到岩石样本都因陨石撞击或者河流洪水冲刷改变了原始特征。

机遇号探测器着陆区域中的层状岩石（图6.36（b））表明它们过去曾被水浸泡或者搬运。这种层状结构是典型的由柔和的水流冲刷而形成的沙质沉积物。（有些地质学家认为，这些层状岩石是火山灰沉积物而不是河流水沙。这是科学家们根据相同数据诚实地得出不同意见的典型例子）火星车上的仪器发现了一种含硫量相当高的矿物，从而得出这种矿物很有可能是从水中沉淀形成的。岩石的放大图像显示岩石表面上含有"蓝莓"状物质，这些圆形小颗粒，直径有几毫米宽，很可能是在层状岩石中形成的。这种岩石特征非常类似于地球上流水浸透沉积物而形成的地貌特征。经过分析发现，这些蓝莓状颗粒就是赤铁矿颗粒，从而证实了轨道数据的正确性。欧洲航天局发射快车号火星探测器和美国国家航空航天局发射的奥德赛号火星探测器进一步在机遇号火星车着陆区域周围大片区域内探测到赤铁矿地形和富硫化合物的存

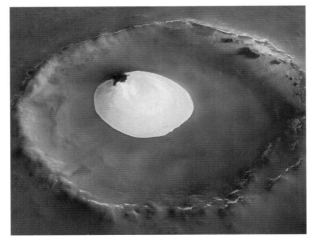

图6.37 此图像由欧洲航天局发射的火星快车号探测器拍摄，显示火星北极地区的某个撞击坑中存在水冰。该撞击坑直径约35千米，水冰估计有200米厚。该撞击坑300米高的坑壁阻挡了此纬度大部分太阳光，从而防止了冰块蒸发。本图颜色近乎自然色，但地势起伏夸大了三倍。

在。这些观测数据显示远古时期火星上的海洋面积大于北美五大湖（苏必利尔湖、密歇根湖、休伦湖、伊利湖和安大略湖）的面积之和，并且深达500米。

勇气号火星车在170千米宽的古谢夫（Gusev）陨石坑中着陆，选择这个着陆点是因为科学家们认为它在远古时候可能曾经是一个湖。科学家们期望该地区的地表沉积物能提供进一步证据证明火星表面曾存在液态水。但是，勇气号在古谢夫陨石坑中探测到的数据仅仅显示古谢夫撞击坑平坦的底部主要是由玄武质岩石构成，这令人惊讶，可能也有点让人失望。只有当该勇气号探测器冒险来到着陆区域2.5千米以外的丘陵地带才发现被火星上的水腐蚀的玄武质岩石。

水到哪里去了呢？部分水蒸发进入火星薄薄的大气层中，部分在火星极地附近以冰的形式存在，如同地球上的冰川中保存了大量水一样。但是，与我们地球极地上的冰川不同的是，火星上的冰是冰冻二氧化碳和冰冻水的混合，因此火星上必然到处都暗藏了水。如图6.37所示，火星表面上发现了少量水，美国国家航空航天局发射的凤凰号火星探测器在火星北半球高纬度地区的地表土壤之下一厘米左右地方探测到了水冰（图6.38）。但是，火星上大部分水都埋藏在地表之下。美国国家航空航天局发射的火星勘测轨道飞行器探测表明不仅火星极地地区存在大量地下冰冻水，低纬度地区也存在大量地下冰冻水。

虽然只有地球和火星显示在其历史的某一时期内存在有液态水的迹象，水星和月球如今也可能存在水冰。水星和月球极地地区的某些极深的撞击坑的底部处于永久性阴暗区，因而在这些永久性阴暗区，温度始终保持在180K（约-93.15摄氏度）以下。行星科学家多年来一直推测在这些撞击坑中可能会发现冰——这些冰可能来源于彗星。在20世纪90年代初，对水星北极的雷达测量以及对月球极地地区的红外线测量看似证实了此种可能性。2009年，美国国家航空航天局将月球勘测轨道飞行器（LRO）以及其伴随航天器月球陨石坑观测与遥感卫星（LCROSS）发射到月球轨道，继续寻找可能存在的地表冰冻水源。遥感卫星的第二节半人马座火箭与遥感卫星分离撞向月球极地地区的陨石坑——卡比厄斯陨石坑（Cabeus）。月球勘测轨道飞行器对撞击产生的岩浆柱采集了相关数据，发现撞击导致150千克以上的水冰和水蒸气从陨石中飞溅出来。这些数据表明陨石坑坑底之下埋藏了大量的水。月球上存在水冰，让未来向月球移民更具现实意义。

图 6.38 凤凰号火星探测器的机器臂挖掘的沟渠显示，火星地表以下几厘米深的地方存在干冰。该沟渠尺寸为20厘米×30厘米。

如同在火星和月球上一样，水星上也存在水冰。

天文资讯阅读

人们对类地行星（除地球以外）和月球的所有了解几乎都来自于对它们的表面特性的观测。正如地球表面以下埋藏着地表上罕见的元素一样，其他太阳系天体的表面以下也同样藏有类似的宝藏。

美国国家航空航天局称：月球上的水量和化学成分的复杂度高于先前的推测

撰稿人：《洛杉矶时报》阿米拉·卡恩（AMINA KHAN）

美国国家航空航天局（简称NASA）周四公布的最新数据指出，月球的含水量和化学成分的复杂度都远比科学家先前以为的还高。

去年，太空总署把一具火箭投入月球南极附近的一座冰冻月坑，并且测量了撞击扬起的物质，结果科学家计算出撞击产生的羽状尘埃物中含有25加仑左右的水。然而，过去11个月以来的分析发现，水蒸气与冰的量比较接近41加仑，比之前公布的数字增加了64%。

"那里的含水量是撒哈拉沙漠的两倍"，安东尼·卡拉普雷特（Anthony Colaprete）如此表示。他是北加州航空航天局艾姆斯研究中心的月球陨石坑观测与遥感卫星（简称LCROSS）任务小组的首席科学家。

该卫星上的仪器——包括近红外线与可见光的光谱仪——扫描了碎屑尘埃云，并且辨识了其中所含的化合物。结果发现，羽状尘埃碎片中大约5.6%是水，正负误差值为2.9%。出乎意料的是，该羽状尘埃碎片中也含有极为多样化的化学物质，包括汞、甲烷、银、钙、镁、纯氢与一氧化碳。

这些发现发表于六份彼此相关的论文里，由《科学》期刊于周四刊登。

"月球的密室其实位于两极地带，而且我认为那座密室里塞藏了许多东西，我们都还没真正研究过"，彼得·舒茨（Peter Schultz）表示。他是布朗大学的行星地质学家，也是遥感卫星（LCROSS）的团队成员。

卡拉普瑞特利用新的测量结果进行估计，发现整个卡比厄斯（Cabeus）陨石坑可以容纳高达十亿加仑的水量。

这项发现对于可能利用月球作为星际中继站的太空探险家来说颇为便利。（月球上的）水可以拿来饮用，也可以用于制造可供呼吸的氧气。此外，也可以生产氢燃料以供长程航行的太空船使用。

未涉足此次研究的诺克斯维尔（Knoxville）田纳西大学的行星地理化学家劳伦斯·泰勒（Lawrence Taylor）评价道："我们无法将许多大件物品带到月球上去，也无法带太多水，因此我们正在学习如何在月球上靠山吃山，靠水吃水。"

但是，奥巴马政府却放弃了在月球上建立太空殖民地的计划。

新闻评论：

1. 经过对数据的初步分析，科学家发现羽状尘埃物中含有25加仑水，但是此后此数字被修订为41加仑。在此过程中，天文学家采用了哪种天文观测方法。

2. 本文章称羽状尘埃碎片中大约5.6%是水，正负误差值为2.9%，那么，羽状物质中含有的水分至少或者至多占多少百分比？含水量属于大范围吗？

3. 列出此次试验中发现的其他化学物。这些元素在哪些方面对人类有利或者有害，列出其中一个方面。

4. 美国平均每日的城市用水量大约是每户100加仑。如果卡比厄斯陨石坑确实含有10亿加仑水的容纳量，该陨石坑中的水一天可为多少户美国家庭提供用水？一个月，一年或者10年呢？

5. 上述第4题的答案会对在月球移民地长期生存产生什么影响？如果在移民地采取了水回收再利用等措施，上述预测会有什么变化？如果利用这些水生成供人类呼吸的氧气和作为燃料的氢气，上述预测又会有什么变化？

小结

6.1 比较行星学是了解行星的关键。陨石撞击、火山作用、构造作用让类地行星形成起伏地貌。

6.2 可以通过撞击坑的相对密集度判断行星表面的相对年龄。岩石的年龄可以通过放射性测年法测定。受大气层保护的类地行星（地球和金星）上撞击坑较少。

6.3 科学家通过地震波探测地球的内部结构。月球最有可能是当一颗火星大小的原行星与地球相撞而形成的。

6.4 放射性衰变和潮汐效应为地球内部提供热源。月球和太阳都对地球产生潮汐；月球和太阳产生的潮汐而相互叠加时相互抵消。地球具有强烈的磁场，但是金星和火星却没有磁场。导致类地行星磁场差异的原因仍不确定。

6.5 解释地球表面变化的理论称为板块构造学。所有类地行星都表现出构造破裂的迹象，但是只有地球上存在构造板块。月球和水星上的平坦区域为远古熔岩流。

6.5 火山作用将地球表面与熔融内部联系起来。金星上的火山最多，太阳系中最大的山是火星上的火山。

6.7 侵蚀作用通过风磨蚀金星和火星的表面，通过风和水磨蚀地球的表面。火星上现在有大量地下水冰，其表面上过去曾存在液态水。

◆ 小结自测

1. _____、_____和_____塑造了类地行星表面的地势结构，而_____又磨蚀摧毁这些结构。
   a. 撞击、侵蚀作用、火山作用；构造作用
   b. 撞击、构造作用、火山作用；侵蚀作用
   c. 构造作用、火山作用、侵蚀作用；撞击
   d. 构造作用、撞击、侵蚀作用；火山作用

2. 如果撞击坑 A 位于撞击坑 B 中，由此可得知：
   a. 撞击坑 A 形成于撞击坑 B 之前
   b. 撞击坑 B 形成于撞击坑 A 之前
   c. 两个撞击坑差不多在同一时间形成
   d. 撞击坑 B 形成了撞击坑 A
   e. 撞击坑 A 形成了撞击坑 B

3. 如果放射性元素 A 衰变成放射性元素 B 的半衰期为 20 秒，那么 40 秒之后：
   a. 元素 A 将不复存在
   b. 元素 B 将不复存在
   c. 元素 A 一半数目将不复存在
   d. 三分之一的元素 A 将不复存在

4. 我们通过什么方式了解类地行星的内部：
   a. 地震波
   b. 针对引力场的卫星观测数据
   c. 关于冷却的物理论证
   d. 针对磁场的卫星观测数据
   e. 以上皆是

5. 地球内部的热源来自于：
   a. 角动量和引力
   b. 放射性衰变和引力
   c. 放射性衰变和潮汐效应
   d. 角动量和潮汐效应
   e. 引力和潮汐效应

6. 月球和水星上的熔岩流形成了广阔平坦的平原。但是我们在地球上却没有看到类似的地貌，这是因为：
   a. 地球上的岩浆比较少
   b. 地球上曾经发生的猛烈撞击比较少
   c. 地球上会发生板块构造活动，造成地球表面更新换代
   d. 地球的体积相比这些平原大得多，因此这些平原不引人注意
   e. 地球的自转速度远远超过月球和水星的自转速度

7. 请对下列行星根据行星表面上近期仍然发生作用的风蚀的强弱排序：
   a. 水星   b. 金星
   c. 地球   d. 月球
   e. 火星

问题和解答题

判断题和选择题

8. 判断题：所有类地行星上都存在火山作用。
9. 判断题：陨石撞击不再对类地行星产生影响。

10. 判断题：塑造行星表面的地质作用已在地球上停止了。
11. 判断题：地震波反映出地球内部的结构。

12. 判断题：相比体积较小的天体，体积较大的天体其地质活动的活跃时间更长。

13. 判断题：水星不存在板块构造活动。

14. 判断题：水星上没有火山。

15. 判断题：风蚀是金星上重要的地质作用。

16. 在塑造类地行星表面的四个作用中，具有最大潜力产生毁灭性后果的是：

    a. 撞击

    b. 火山作用

    c. 构造作用

    d. 侵蚀作用

17. 我们可以知道类地行星上地貌特征的相对年龄是因为：

    a. 最上面的年龄一定最老

    b. 最上面的年龄一定最年轻

    c. 尺寸大的一定最老

    d. 尺寸大的一定最年轻

    e. 我们所见的所有地貌特征的年龄都一样

18. 我们可以通过以下方式得知类地行星上的地貌特征的实际年龄：

    a. 通过放射性测定年代法测定从类地行星上采集的岩石的年龄

    b. 比较不同行星上的撞击坑成坑率

    c. 假定行星表面上的所有地貌特征年龄都一样

    d. a和b皆是

    e. b和c皆是

19. 类地行星的陨石撞击：

    a. 相比之前更常见

    b. 自太阳系形成后成坑率几乎相同

    c. 相比之前不太常见

    d. 时而更常见，时而不太常见

    e. 不再发生

20. _____波具有压缩性，而_____波沿着与传播路线垂直的方向振动。

    a. 纵波；横波

    b. 横波；纵波

    c. P波；S波

    d. S波；P波

    e. a和b皆是

    f. b和c皆是

21. 地质活动可能仍然活跃的类地行星有：

    a. 地球、月球和水星

    b. 地球、火星和金星

    c. 地球、金星和水星

    d. 只有地球

    e. 只有地球和金星

22. 大潮只在以下时候发生：

    a. 太阳在天空中位于春分点附近

    b. 月球为上弦月或者下弦月时

    c. 月球、地球和太阳成直角时

    d. 月球为新月或者满月时

    e. 太阳为满相时

23. 如果某个物体温度越来越高，将变得：

    a. 越来越蓝

    b. 越来越红

    c. 越来越亮

    d. 越来越暗淡

    e. a和c皆是

    f. b和d皆是

24. 科学家了解地球磁场的演变历史，是因为：

    a. 地球的磁场自地球形成之后就未曾改变

    b. 他们知道地球的磁场如今是如何变化的，再据此推算之前的演变

    c. 磁场被冰冻锁在岩石中，板块构造作用又将磁场展开

    d. 将地球磁场与其他行星上的磁场进行比较

    e. 存在记录自地球形成之后磁场测量数据的书面文件

25. 水蚀对下列哪些天体而言是重要的地质作用：

    a. 所有类地行星

    b. 只有地球

    c. 只有地球和火星

    d. 只有地球、火星和月球

    e. 只有地球、火星和金星

概念题

26. 假设你生活在二十世纪初。你认为当时的地球与现在相比有何不同？

27. 列出证据阐释塑造类地行星表面的四种地质作用：构造作用、火山作用、陨石撞击和侵蚀作用。

28. 在探讨类地行星时，为什么要将月球加入探讨之列？

29. 比较行星学是什么意思？为什么具有重要意义？

30. 月球上一个区域中有许多撞击坑，而另一个区域却是平坦的火山平原。哪一个区域的年龄更老，你是如何知道的？

31. 是否所有岩石可以通过放射性测年法测定年代？请解释。

32. 假设你有两块岩石，两块都含有放射性同位素和其衰变产物。在岩石A中，母体和子体的数目各占一半。在岩石B中，

子体的数目是母体的两倍。哪一快岩石的年龄更老？请解释你是如何根据已知信息得出此答案的。

33. 解释科学家是如何知道美国亚利桑那州大峡谷最底部的岩石层的年龄比峡谷边缘的岩石层更老。

34. 假设某个行星表面上有三个年龄截然不同的撞击坑，请据此绘制一张草图，并根据年龄从最年轻到最老依次标记出来。

35. 描述催生地球岩浆形成的热源。

36. 解释为什么月球核心的温度比地球核心的温度低。

37. 指出构成地球内部的三个部分。

38. 对比类地行星的核心，如图6.12所示。地球核心有什么独特之处？

39. 行星的分异是什么意思？分异是由什么导致的？

40. 解释纵波和横波有什么区别。

41. 为什么S波对于探测地球的固体内核毫无用处？

42. 科学家是如何知道地球的核心中存在液体区域的？

43. 比较金星、地球和水星上的构造作用。

44. 经发现所有类地行星都存在火山作用。内太阳系中最大的火山在哪里？

45. 描述形成月球的碰撞理论。

46. 请仔细观看图6.14（a）。图中显示了地球上由月球导致的两个隆起。将此图与图6.16比较。请用自己的话描述为什么月球的引力会导致地球上发生两处潮汐——一处在离月球最近的一面，另一处在背离月球的一面。

47. 如果你看到了两个相同类型的物体，其中一个比另一个更蓝，更明亮。关于颜色更蓝的物体的温度，你可以得出什么结论？

48. 天文爱好者最喜爱的天体之一是天鹅座双星系统，其中一颗为金黄色，另一颗为亮蓝色。从它们的颜色可以推论出两个恒星的相对温度如何？

49. 描述板块构造作用，指出在哪颗（哪些）行星上观测到了此作用。

50. 举证解释地球磁场会发生倒转。

51. 为什么地震和火山爆发常常发生在板块边界附近。

52. 什么是侵蚀作用？侵蚀作用归因于哪些因素？

53. 你可以从行星表面的年龄推算行星的年龄吗？为什么可以，为什么不可以？

54. 举出证据说明火星表面曾存在液态水。

55. 为什么现在火星上没有液态水？

56. 为什么在月球上发现水对我们最终在月球上建立移民地产生了影响？

解答题

57. 地球的半径是6 378千米。

　　a. 地球的体积是多少？（提示：半径r的球体体积是$(\frac{4}{3})\pi r^3$。）

　　b. 表面积是多少？（提示：半径r的球体表面积是$4\pi r^2$。）

　　c. 假设地球的半径突然增加一倍，体积和表面积分别将有什么变化？

58. 假设你发现了一件古陶器，并带到你朋友的实验室中进行检验。你的朋友是一名物理学家，他发现陶瓷釉中含有放射元素镭。镭会衰变成氡，半衰期为1 620年。你朋友告诉你说在对陶器进行燃烧处理的过程中釉中不可能含有氡，但现在发现其中每含一个镭原子就含有三个氡原子。请问该陶器有多长历史？

59. 考古样品通常采用放射性定年法测定年龄。碳14的半衰期是5 700年。

　　a. 经过多少个半衰期后样品中含有的碳14的数目才能变成最初所含数目的$\frac{1}{64}$。

　　b. 历史多少年？

　　c. 假设碳14的子体在样品形成之时就存在（甚至先于任何发生性衰变发生之前），就不能假定你所看到的所有子体都是碳14衰变的结果。如果你做出了此假定，你将会过高估算还是过低估算样品的年龄？

60. 不同的放射性同位素，其半衰期各不相同。例如，碳14的半衰期是5 700年，铀235的半衰期是7.04亿年，钾40的半衰期是13亿年，而铷87的半衰期是490亿年。

　　a. 解释为什么你不会使用半衰期与碳14来计算太阳系的年龄。

　　b. 宇宙的年龄大约是140亿年。这是不是意味着所有铷87原子都还没有衰变完？

61. 火星的平均温度大约是210K（约-63.15 摄氏度）。火星每平方米发生的黑体通量是多少？

62. 面积1平方米（m^2）的面板被加热到500K（约226.85 摄氏度），此时向周围辐射的能量是多少瓦？

63. 金星的平均温度大约是773K（约499.85 摄氏度）。在与金星同等的温度下黑体辐射的峰值波长是多少？

64. 假设某行星的通量测量值为350W/m^2，该行星的平均温度是多少？

65. 黑体辐射的峰值波长是500nm（可见光谱区中间），该黑体的温度是多少？

66. 在某些已知的最热的恒星上，黑体温度高达100 000K（约99 726.85 摄氏度）。

　　a. 这些恒星辐射的峰值波长是多少？

　　b. 该波长可以从地球表面上观测到吗？请解释原因。

67. 人体的温度大约为37℃，人体发出的辐射处于红外光谱区。

　　a. 你发出的辐射的峰值波长是多少，单位为微米。

　　b. 假设裸露在外的人体表面积是0.25米²，你辐射的能量有多少瓦？

68. 假设地球和火星是一个完美的球体，半径分别为6 378千米和3 390千米。

　　a. 计算地球的表面积。

　　b. 计算火星的表面积。

　　c. 地球表面的72%被水覆盖。将地球陆地面积与火星的总表面积进行比较。

69. 形成美国亚利桑那州陨石坑的天体估计其半径为25米，质量为3亿千克。计算该撞击天体的密度，解释从其密度可看出该天体的组成成分如何。（提示：物体的密度等于质量除以体积。）

70. 地球的平均半径长6 378千米，质量为5.97×10²⁴千克。

　　a. 计算地球的平均密度。请独自完成，不允许查询该值。

　　b. 地球地壳的平均密度是2 600千克/米³。基于该数值你对地球内部有何认识？

71. 假设南美洲东海岸和非洲西海岸之间的平均距离是4 500千米。另假设GPS测量显示着两个大陆现在以每年3.75厘米的速度分开。如果该速度在整个地质时间内保持恒定，多少年后这两个大陆将合并成一个超级大陆。

智能学习（SmartWork），诺顿的在线作业系统，包括这些问题的算法生成版本，以及附加的概念习题。如果你的导师在聪慧学习上布置了问题，请登录smartwork.wwnorton.com。

学习空间（StudySpace）是一个免费开放的网站，并为你提供《领悟我们的宇宙》书中每一章的学习计划。学习计划包括动画、阅读大纲、生词卡、选择题测试以及聪慧学习和电子书中站点内容的链接。请访问wwnorton.com/studyspace。

登录学习空间（StudySpace）第 6 章互动模拟网页，并打开"Tidal Buldge Simulator（潮汐隆起模拟器）"。

开始模拟前，检查设置。设定你从地球北极上方俯看地球。

1. 本图中地球和月球的尺寸是否大致符合比例？

2. 本图中它们之间的距离是否符合比例？

3. 潮汐是否按比例显示？

4. 解释为什么模拟器的制作者选择了这种比例？

5. 在此位置上，北美洲东海岸发生的是高潮还是低潮？

从第 2 章可知当我们从此位置观测地球时，地球为逆时针旋转。点击"Include effects of Earth's Rotation（包括地球自转效应）"方框。

6. 潮汐隆起发生了什么变化？

7. 为什么地球自转会产生此效应？

点击"Run（运行）"方框。

8. 在一天的时间内，北美洲东海岸发生了多少次高潮？

9. 在一天的时间内发生了多少次低潮？

10. 为什么会发生两次高潮？在远离月球的一面，是什么导致潮汐发生的？

11. 随着月球围绕地球轨道运行，潮汐会发生变化吗？

当月球绕行回到窗口右侧时，取消选择"Run（运行）"以停止模拟。点击方框"Include Sun（包括太阳）"。

12. 当你将太阳包括在模拟中时，潮汐会发生什么变化？

现在，再次开启模拟。当月球为上弦月时停止模拟。取消选择"Include Sun（包括太阳）"方框。

13. 当你不考虑太阳的作用时，潮汐有什么变化？

启动模拟直到月球为满月时。取消选择"Run（运行）"以停止模拟。点击方框"Include Sun（包括太阳）"。

14. 你再次考虑太阳的作用时，潮汐又有什么变化？

15. 哪一种天体主导了地球上的潮汐，月球还是太阳？

7 金星、地球和火星的大气层

　　地球的大气就像空气的海洋一样围绕在我们周围。地球上的各种天气，不论是令人舒适的天气还是暴风雨天气都归因于地球的大气层。如果没有大气层，地球上就不会有云和雨，也不会有溪流、湖泊和海洋。甚至，不会存在任何生物。没有大气层，地球就会像月球一样，就不会出现人类。

　　在第 6 章探讨的五个类地天体中，只有金星和地球拥有浓厚的大气层。火星的大气层非常稀薄，水星和月球上的大气层几乎无法察觉。为什么有些类地行星拥有厚厚的大气层，而其他类地天体上的大气层却非常稀薄甚至基本上没有呢？大气层是恰好随着其包裹的行星一起形成的，还是在行星形成之后才出现的？对于这些问题，我们需要追溯到大约 50 亿年之前行星刚刚形成之时。

◆ 学习目标

　　在浓厚大气层的包含下，地球形成和保持了比较温和的气候。右图展示了极光的照片，极光是来自太阳的高能粒子与大气发生交互作用而形成的，如草图所示。学完本章后，你应能解释形成极光所需的条件，勾画地球磁场及其与太阳风的交互作用。另外，你还应能做到以下几点：

- 绘出各层大气的示意图，并解释各层大气存在的原因。
- 比较温室效应在地球、金星和火星上的强弱程度。
- 列举地球、金星和火星上的大气层不同之处。
- 描述人类生活如何重塑了地球的大气层。
- 评估表明地球气候处于不断变化中的各种证据。

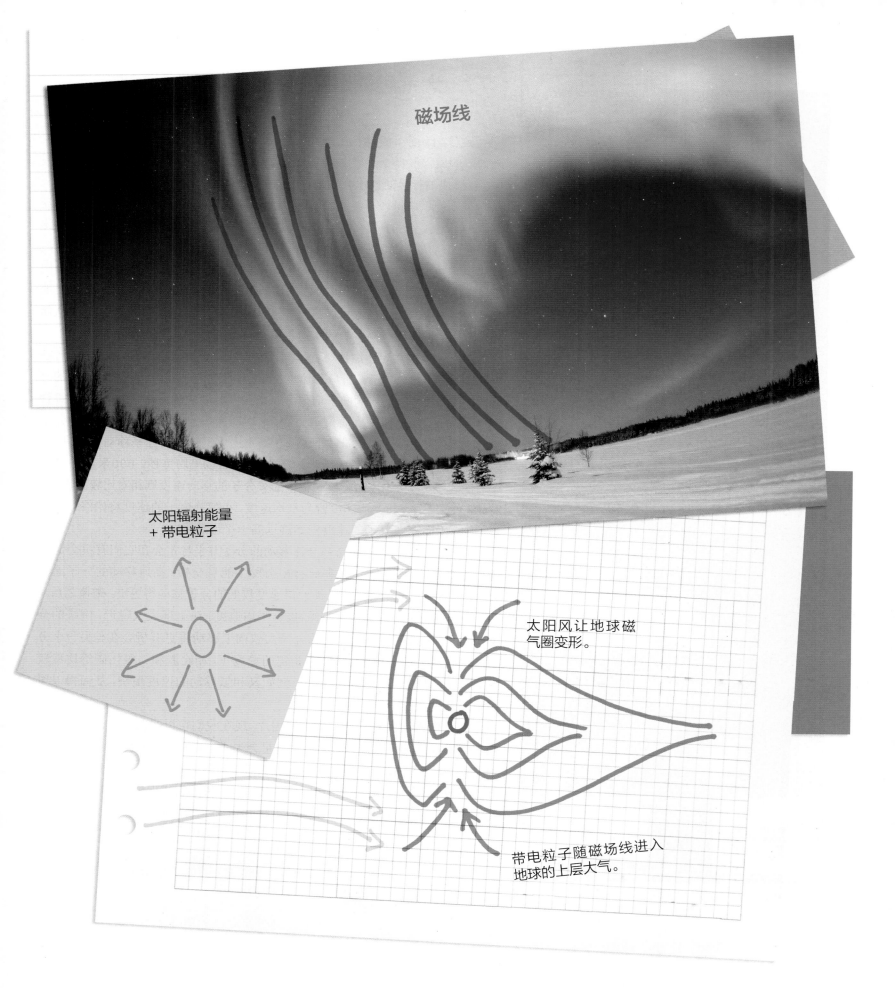

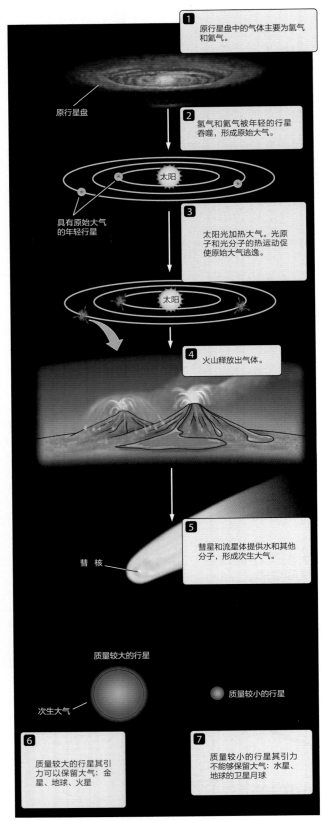

1 原行星盘中的气体主要为氢气和氦气。

原行星盘

2 氢气和氦气被年轻的行星吞噬，形成原始大气。

太阳

具有原始大气的年轻行星

3 太阳光加热大气。光原子和光分子的热运动促使原始大气逃逸。

太阳

4 火山释放出气体。

5 彗星和流星体提供水和其他分子，形成次生大气。

彗核

质量较大的行星

质量较小的行星

次生大气

6 质量较大的行星其引力力可以保留大气：金星、地球、火星

7 质量较小的行星其引力不能够保留大气：水星、地球的卫星月球

图 7.1 类地行星大气层的形成阶段

7.1 大气层就是空气的海洋

如图7.1所示，类地行星的大气层是分阶段形成的。年轻的行星从不断围绕太阳的原行星盘上吞噬一些剩余的氢气和氦气，直到这些气体供给源被耗尽。新形成的行星的气体大气被称为原始大气。

类地行星质量较小，引力较弱，因此不能保留住诸如氢气和氦气之类的轻气体。当原行星上的气体供给源被耗尽后，行星的原始大气开始消散。[1] 气体分子是如何从行星中逃离出去的呢？根据第3章的解释，当物体的垂直速度超过逃逸速度时，物体——无论是分子还是火箭——都会从行星中逃离出去。同等质量的分子，温度高的比温度低的移动得快。来自太阳的高强度辐射和类地行星大气层中的初始热源可以将大气原子和分子的动能提高到一定程度，从而使得它们中的一部分从行星的引力场中逃离出来。

接下来我们将更详细探讨行星大气中的分子是如何移动的。分子（或者任何物体）的动能取决于其质量和速度。当某体积容量的空气含有不同质量的分子时，该空气的总动能倾向于均匀分布在各种类型的分子中。也就是说，每种类型的分子，从最轻的到质量最大的，平均动能都一样。但是，如果每种分子具有相同的平均能量，质量较小的分子必定比质量较大的分子移动得更快。例如，在室温下氢气和氧气的混合物中，氢分子将以平均每秒2 000米（米/秒）左右的速度到处乱闯，而质量大得多的氧分子的移动速度则相对比较缓慢，只有500米/秒。注意，上述速度皆为平均速度。小部分分子的速度将始终远低于平均速度，而少许分子的速度则始终远高于平均速度。

在行星大气的深处，这些高速移动的分子几乎肯定会在它们有机会逃出行星之前与其他分子相撞。在碰撞中会发生能量交换。高速移动的分子通常会与低速移动的分子合并，从而使得速度较低的分子移动得更快。碰撞之后，两个分子的移动速度都很有可能接近平均速度。在上层大气附近，围绕的分子比较少，而且如果高速移动的分子大致向上移动将更有机会在与另一个分子发生碰撞之前逃逸出行星。在指定的温度下，相比氮和二氧化碳等质量较大的分子，质量较小的分子和原子例如氢和氦移动的速度更快，从而得以更快地消散到太空中。

让我们再次回看早期太阳系的图片，现在我们可以明白为什么受到太阳强烈辐射且只具备微弱引力的类地行星会失去它们从原行星盘中吞噬的氢气和氦气。另一方面，巨行星的质量远远大于类地行星，且位于外太阳系温度较低的环境中。由于具备强大的引力和低温条件，它们得以保留几乎所有原始大气，第8章中我们将对此进一步探讨。

【1】并不是所有大气损耗都是因缓慢漏气导致的。微行星的撞击也会摧毁类地行星上的大量原始气体。

宇宙领悟 有些大气是后来演化而成的

当今称之为次生大气的地球大气层的形成可能归因于吸积、火山作用和撞击。在行星吸积过程中，含有水、二氧化碳和其他挥发物质的矿物聚集在地球内部。此后，随着地球内部的温度越来越高，这些气体就从矿物中释放出来，并在火山作用下被带到地球表面，然后在地球表面上聚集形成我们的次生大气。

大量彗星和流星体撞击地球可能是另一个重要的气体来源。当外太阳系中的巨行星发展成熟之后，它们将摄动彗星和流星体的轨道。有些彗星和流星体散落到太阳系的内侧，从而撞击类地行星，并在撞击过程中带来水、一氧化碳、甲烷和氨气。撞击带来的水将与在火山作用下已经释放到大气中的水混合。在地球上，或许包括在火星上，大部分水蒸气将随后凝结成雨水，流入低洼地区形成最早期的海洋。

其他分子不能以原始形态存活。太阳发出的紫外线可以轻易分解氨和甲烷等分子。例如，氨会分解成氢和氮。在此过程中，质量较轻的氢原子会快速逃逸到太空中，只剩下质量较重的氮原子。氮原子再相互结合形成质量更大的单分子，进一步降低了这些分子逃逸到太空中的可能性。氨在太阳照射下发生分解是类地行星以及土星卫星之一土卫六上的大气中分子态氮的主要来源。目前，分子态氮是地球和土卫六的主要大气成分。

水星的质量相对较小且离太阳较近，因此水星上的次生大气几乎全部遗失到太空中，就如同水星早已经失去了原始大气一样。如果温度足够高，即使质量与二氧化碳相当的分子也会从小型行星中逃逸出去。另外，太阳产生的高强度紫外线辐射也可以将分子分解成质量更小的部分，更能快速地逃逸到太空中。月球离太阳的距离比水星离太阳的距离远得多，因此月球的温度远低于水星。但是，月球的质量非常小，因而即使在低温下分子也能轻易逃逸出去。质量小和离太阳相对较近是导致水星和月球几乎没有大气的主要原因。

▶Ⅱ **天文之旅**：**大气：形成和逃逸**

原始大气由吞噬的气体构成。

次生大气是吸积、火山作用和撞击的结果。

7.2 三颗行星的故事——次生大气的演变

金星、地球和火星上的火山活动目前仍然十分活跃或者在过去的地质时间内曾经非常活跃，并且都曾遭到早期太阳系中发生的如雨般的彗星撞击。它们具有相似的地质历史，表明它们的早期次生大气也有可能非常相似。金星和地球的质量和组成成分都十分相似，二者轨道之间的距离在0.3天文单位（AU）以下（大约为地球离太阳的平均距离的三分之一）。火星的成分也与地球类似，但其质量大约只有地球或者金星的十分之一。目前，金星和火星的大气的构成成分几乎相同：主要为二氧化碳，还有少量的氮气。

词汇标注

摄动：该词在日常用语中不常用。在天文学中，该词是指天体的轨道在引力相互作用下发生改变。

虽然大气组成成分相似，但火星和金星上的大气量与地球上的大气量差异巨大。金星表面上的大气压力几乎是地球上的一百倍。与此相比，火星表面上的平均大气压力不到地球的百分之一。地球区别于这些行星的另一重要因素是，地球的大气主要由氮气和氧气构成，只含有很小一部分的二氧化碳。虽然这些行星刚开始都拥有类似的大气组成成分和相当的大气量，但最后却相差甚远。为什么它们会发生如此不同的演变呢？

质量会对行星的大气产生怎样的影响

金星和火星之间的主要差异是不能只从行星质量方面就可以解释清楚的。金星的质量几乎是火星的八倍，因此我们可以假设金星内部含有的可以生成二氧化碳的碳也是火星的八倍，二氧化碳是二者次生大气的主要成分。即使这两颗行星的质量存在差异，但是，如今金星上的大气质量是火星的2 500倍以上。为什么大气质量如此迥异？我们可以考察它们表面引力的相对强度得出答案，这涉及到行星的质量和半径。金星的引力足以保留住其大气，而火星的引力较小不能保留住大气。并且，当火星等行星上如此多的大气遗失到太空中时，就会产生逃逸现象。大气越少，防止脱离分子逃逸出去的干预分子就越少，逃逸速率随之增加。该过程继而导致越来越少的大气和越来越高的逃逸速率。

金星的表面引力更强，因而比火星更能有效保留住大气。

大气温室效应

如今金星、地球和火星上的大气质量之间存在差异，因而对各自的表面温度甚至各自大气的演变产生了巨大影响。在疑难解析7.1中，我们通过找出行星辐射的能量与接收到的能量之间的均衡性来计算行星的温度。经计算发现，这种方法比较适用于没有大气的行星，而对于地球，特别是金星，计算结果与测量值相差甚远。这是值得高兴的消息，意味着还存在新的知识有待挖掘，在此处所谓的新知识就是吸收太阳辐射的大气温室效应。

行星大气产生的大气温室效应和传统的温室效应虽然导致的结果大致相同，但它们发挥作用的方式却不一样。行星大气和温室内部都因吸收太阳能量而升温，但两者之间的相似性就此结束。传统温室效应是当你在阳光明媚的一天将车窗关闭后车内发生的温室效应。太阳光从车窗洒入，加热车子内部，使得车内的空气温度升高。在车窗关闭的情况下，热空气将无法散发出去，车内的温度可以爬升到82摄氏度。

疑难解析 7.1　｜　我们如何获知行星的温度？

行星的温度取决于其吸收到的太阳光的多少和辐射回太空中的能量之间的平衡。如果行星的温度保持恒定，就必须辐射与其吸收的能量相等的能量，就如同图7.2，以相同的速度放满和清空水桶中的水，从而将水位保持恒定。如今，我们可以应用工具根据此定量观点对行星的温度进行实际预测。

首先，需要确定吸收到的太阳光的多少。从太阳的角度观看，行星看起来就像一个半径为R的圆盘，因而被太阳照耀的行星面积等于：

$$行星的吸收面积 = \pi R^2$$

辐射到行星上的能量大小还取决于在行星轨道距太阳的距离上太阳光的强度。假设某个大剧院舞台上有一个灯泡，如果你与该灯泡同时站在舞台上，接收到的光线较强——你身体的每个部位每秒钟都会从灯泡上吸收到许多能量。而在剧院的最后一排，光线的强度减弱：在远距离之外，灯泡的能量散发到更大的面积上。光线强度随着球体面积的增加而减少。同样，在行星轨道上太阳光的强度等于太阳的光度L除以$4\pi d^2$。

$$太阳光的强度 = \frac{L}{4\pi d^2}$$

一颗行星不可能吸收到所有投射到其表面的太阳光。反照率α表示行星反射的太阳光比率。行星吸收到的太阳光比率等于1减去反照率。整个行星积雪覆盖的，反照率较高，接近1，而整个行星表面都是黑色岩石的，反照率较低，接近0。

$$吸收的太阳光比率 = 1 - a$$

现在我们即可计算行星每秒钟吸收到的能量。将上述关系以方程式表示，即为：

$$\begin{matrix}每秒钟吸收的\\能量\end{matrix} = \begin{matrix}行星的吸收\\面积\end{matrix} \times \begin{matrix}太阳光的\\强度\end{matrix} \times \begin{matrix}吸收的太阳\\光比率\end{matrix}$$

$$= \pi R^2 \times \frac{L}{4\pi d^2} \times (1-a)$$

行星辐射出的能量大小取决于行星的表面积$4\pi R^2$。根据斯特藩-玻尔兹曼定律，每平方米每秒钟辐射的能量等于σT^4。将二者结合起来，得出：

$$\begin{matrix}每秒钟吸收的\\能量\end{matrix} = \begin{matrix}行星的表面\\积\end{matrix} \times \begin{matrix}每秒钟每平方米\\辐射的能量\end{matrix}$$

$$= 4\pi R^2 \times \sigma T^4$$

对于温度恒定的行星，每秒钟辐射的能量必须等于吸收的能量。当我们二者设为相等时，可以得出下列等式：

$$每秒钟辐射的能量 = 每秒钟吸收的能量$$

$$4\pi R^2 \sigma T^4 = \pi R^2 \frac{L}{4\pi d^2}(1-a)$$

或者

$$T^4 = \frac{L}{16\sigma\pi d^2}(1-a)$$

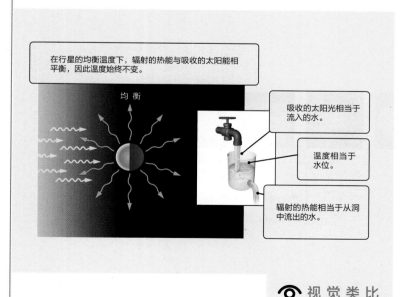

在行星的均衡温度下，辐射的热能与吸收的太阳能相平衡，因此温度始终不变。

均衡

吸收的太阳光相当于流入的水。

温度相当于水位。

辐射的热能相当于从洞中流出的水。

👁 视觉类比

图7.2　行星因吸收太阳光而升温，因向太空辐射热能而降温。如果不存在其他加热源或者冷却方式，此两个过程之间的均衡将决定行星的温度。

我们如何获知行星的温度？

根据此公式可求得T^4，但我们需要获知的是T。如果计算等式两边的四次方根，可得出：

$$T = \left[\frac{L(1-a)}{16\sigma\pi d^2}\right]^{\frac{1}{4}}$$

其中，L、σ和π为已知数。如果按照天文单位（AU）表示行星到太阳的距离，该方程式可简化为：

$$T = 279\,\text{K} \times \left(\frac{1-a}{d^2_{\text{AU}}}\right)^{\frac{1}{4}}$$

距离太阳1AU的黑体（$d=0$），温度是279K。地球的反照率是0.306，离太阳的距离是1AU，因而地球的温度等于：

$$T = 279\,\text{K} \times \left(\frac{1-0.306}{1^2}\right)^{\frac{1}{4}}$$

$$T = 255\,\text{K}$$

计算器提示：若要计算某个数值的四次方根，你既可以按下计算机上的x^y（或者y^x）按键再输入指数0.25，或者你的计算机上有一个标有$x^{\frac{1}{y}}$的按键，对于其中的y值可以输入数值4。例如，如果你想计算$3^{\frac{1}{4}}$，你可以按下按键[3]、[x^y]、[0]、[.]、[2]、[5]，或者[3]、[$x^{\frac{1}{y}}$]、[4]。

图7.3展示了在太阳系中行星的预测温度和实际温度。竖直条表示各行星表面（或者巨行星的云顶）的测量温度范围。大黑点表示运用上述方程式得出的预测温度。总体上，预测温度与实际测量温度基本相当，因此我们对行星温度的基本理解很有可能接近事情的真相。水星和火星的测量数据和预测数据尤其一致。

地球和巨行星的实际温度比预测温度稍高一些。金星的实际温度远高于预测。当我们对行星的均衡温度进行数学建模时，我们作出了许多假设。例如，我们假设行星的温度在行星任何地方都相同，显然这是不对的；又例如，我们可能预计行星上处于白天的区域温度高于处于夜晚的区域。我们还可能假设投射到行星之上的太阳光是行星唯一的能量之源。最后，我们假设行星可以像黑体一样向太空辐射能量。

根据数学模型预测的温度和测量的温度之间的差异告诉我们，对于部分行星而言，这些假设必然全部或者部分不正确。为什么这些恒星的温度高于预测？这让我们面临着全新而又有趣的挑战。科学观点时而成功，时而失败，但即使失败了，我们也可以得到关于宇宙的更多认识。

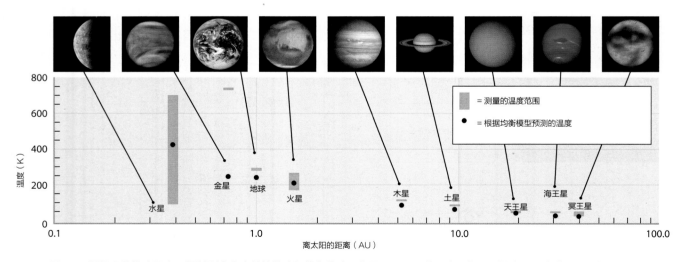

图 7.3 根据吸收的太阳光和辐射到太空中的热能之间均衡的主要行星和冥王星的温度，与观测的表面温度范围相比较。有些预测值正确，而有些则不正确。

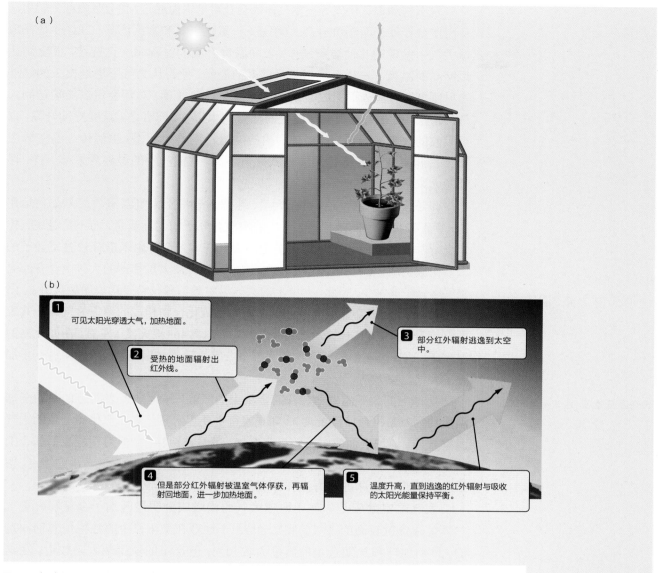

（a）

（b）

1 可见太阳光穿透大气，加热地面。

2 受热的地面辐射出红外线。

3 部分红外辐射逃逸到太空中。

4 但是部分红外辐射被温室气体俘获，再辐射回地面，进一步加热地面。

5 温度升高，直到逃逸的红外辐射与吸收的太阳光能量保持平衡。

图7.4（a）在实际的温室中，红外辐射被玻璃俘获，玻璃可以让可见光通过，但却不能让红外线通过。被俘获的红外辐射使得温室温度升高到新的均衡温度。（b）在大气温室效应中，诸如水和二氧化碳等温室气体吸收红外辐射，然后再向四面八方辐射出，从而减慢能量向大气外传输的速度。这将促使行星的温度升高到新的均衡温度。

👁 视 觉 类 比

　　图7.4阐释了大气温室效应。氮气、氧气、二氧化碳和水蒸气等大气气体可以自由让可见光通过，由此太阳可以温暖行星大地。受热表面再以红外光的行星辐射出多余能量，但是，其他大气分子中的二氧化碳和水蒸气会强烈吸收红外辐射，再转换成热能。这些相同的分子向四面八方大量辐射出热能——部分热能消散到太空中，但是大部分会回到地面。此时，地面将接收既来自太阳又来自大气的热能。

▶❚❚ 天文之旅：**温室效应**

如果没有温室效应，地球将会冻结。

水蒸气和二氧化碳等温室气体既会让可见辐射通过，也会吸收红外辐射，从而使得行星表面温度升高。（甲烷、一氧化二氮和富氯化氮（CFCs）是在地球大气中发现的其他温室气体）表面温度升高的过程将一直持续，直至到达足够高的温度——从而辐射出足够多的能量，使得从大气中逃逸出去的红外辐射刚好与行星表面吸收到的太阳光能量达到平衡。对流会将热能输送到大气的顶层，而在大气顶层热能更易辐射到太空中。简言之，温度持续升高，直至吸收的太阳光能量与行星辐射出的能量达到均衡状态。虽然传统温室效应和大气温室效应发挥作用的方式略有不同，它们产生的最终后果都一样：俘获的太阳辐射让局部环境升温。

接下来我们将详细探讨在火星、地球和金星上大气温室效应是如何运作的。真正发挥作用的是行星大气中温室气体分子的实际数量，而不是温室气体本身所占的比例。例如，虽然火星上的大气基本上全部由术语有效温室分子的二氧化碳构成，但是与金星或者地球的大气相比，火星稀薄的大气中含有的温室气体分子非常少。因此，火星上的大气温室效应仅仅将平均表面温度升高了5度左右。与此相比，金星上由二氧化碳和含硫化合物构成的浓厚大气却让其表面温度升高了400K（约127摄氏度）到737K（约464摄氏度）左右。在如此高的温度下，地表岩石中的所有水和大部分二氧化碳都被驱逐到大气中，进一步加强了大气温室效应。

地球上的大气温室效应没有金星上的严重——地球地表附近的平均全球温度约为288K（约15摄氏度）。如果没有主要因水蒸气和二氧化碳导致的大气温室效应，地球表面的温度将下降33度。虽然差距甚微，但对塑造我们如今的地球意义重大。如果没有温室效应，地球的平均全球温度将低于水的冰点，留给我们的将会是冰冻的海洋和冰川覆盖的陆地。

大气温室效应是如何让地球大气的构成成分明显区别于金星和火星上二氧化碳含量较高的大气的呢？这是由于地球在太阳系中的独特位置而决定的。早期地球和早期金星的质量大致相当，但金星的轨道离太阳较近。在这两颗行星上，火山作用释放出大量二氧化碳和水蒸气，构成二者的早期次生大气。大部分地球上的水快速从大气中落下，形成宽阔的海洋。但是，因为金星离太阳较近，其表面温度高于地球的表面温度，因此金星上大部分雨水立即就被蒸发了，非常类似于地球沙漠地区中的水一样。从此，金星变成了一个表面含有极少量水而大气中充满水蒸气的行星。随着金星大气中水蒸气和二氧化碳持续不断的集聚，致使温室效应失控，让行星表面温度不断升高。最终，金星的表面变得非常炎热，液态水已无法存留。

早期含水较多的地球和干旱的金星之间的差异改变了大气和表面的演变。

地球上，雨水和河流造成的水蚀持续不断地让未风化矿物暴露在空气中，这些矿物继而与大气中的二氧化碳发生化学反应生成固体碳酸盐。此化学反应消耗掉大气中的部分二氧化碳，将其转移到地球地壳中，成为石灰岩的主要构成成分。随后，地球海洋中生命的演变也加快了大气中二氧化碳的消失。微小的海洋生物发育了由碳酸盐构成的保护外壳，并在生命终结后在海洋底形成了石灰岩沉积层。经过水蚀作用和生命的化学演变，如今地球大气中的大部分二氧化碳都被封存在石灰岩层中。地球在太阳系中的特殊位置好像让地球免于发生失控温室效应。如果现今封存在石灰岩层中的所有二氧化碳并没有经过上述反应封存，地球的大气构成成分将类似于金星或者火星。

为什么金星、地球和火星上的含水量存在如此大的差异仍让人费解。地质证据表明，火星表面上曾经存在大量液态水，并且奥德赛号火星探测器发现证据表明火星上仍有大量水以地下水冰的形式存在。地球的液态水和固态水非常充足：大约为10^{21}千克，相当于地球总质量的0.02%。地球的水，97%是海洋水，海洋的平均深度约为4千米。如今，地球上的水是金星上的100 000倍。金星上的水到哪里去了呢？一种可能性是，金星大气中含量较多的水分子被太阳的紫外辐射分解成了氢和氮。因为质量极低，氢原子快速消散到太空中。但是，氧原子最终向下迁移到行星表面上，从而与行星大气隔开并与表面的矿物质结合。

7.3 地球的大气——我们最熟知的大气

既然我们已经明白了影响类地行星大气演变的某些整体过程，接下来我们将对此进一步详细探讨。我们将从地球的大气开始探讨，这是因为我们不仅熟知地球的大气，还可以通过它了解大气的结构和天气现象，从而让我们更好地了解金星和火星的大气，甚至土卫六和巨行星的大气。

我们可以将地球的大气比喻成一块气体毯子，厚几百千米、总质量约为5000万亿公吨，其质量不到地球总质量的一百万分之一。地球的大气对地球表面每平方米产生的压力是100 000牛，我们将此压力当作1巴：地球海平面上的平均大气压力为1巴，相当于在水下10米所经受的压力增加的大小。我们通常感觉不到地球的大气压力，这是因为我们的身体内外都受到相同的压力，二者完全相互抵消。如我们在第5章所学，恒星内部任何一点上的压力都应足以平衡该点之上的重力。该定律对于行星大气也同样适用：行星表面的大气压力必须足够大以平衡覆盖其上的大气的重力。

词汇标注

巴（b）：在天文学中，巴为一个单位，等于地球海平面上的平均大气压力。毫巴（mb）等于千分之一巴。

生命是地球大气组成成分的控制器

生命是地球大气中氧气存在的根源。

地球的大气在全球范围内相对均匀，主要由两种气体构成：大约五分之四为氮气，五分之一为氧气。地球的大气中还含有许多含量较少的重要成分，例如水蒸气和二氧化碳，其含量根据位置和季节的不同而略有区别。

地球的大气组成成分与金星和火星差异巨大。我们在前文中已经探讨了二氧化碳含量的区别，但是让地球区别于所有其他已知行星的是氧气。地球的大气中含有非常充足的氧气，而其他行星的大气中却没有。这是为什么呢？氧气是高活性气体，能够通过化学方式结合或者氧化几乎所有其接触的物质，铁锈（氧化铁）就是如此产生的。大气中含有大量氧气的行星需要通过一种方式来更替在氧化作用中消耗的氧气。在地球上，植物非常完美地完成了此任务。

地球大气中的氧气浓度在行星的历史进程中发生了变化，如图7.5所示。当大约40亿年之前地球的大气初始形成之时，几乎没有氧气。大约28亿年前，远古形态的蓝藻菌（含有叶绿素的单细胞生物体，叶绿素可以让这些生物体从太阳光中获取能量）开始向大气中释放其新陈代谢的废物即氧气。起初，氧气轻易地与地表岩石和土壤中裸露在外的金属和矿物质结合，致使大气中的氧气就像其形成一样快速消耗。最终，植物的爆炸性增长，加速了氧气的生成，使得大气的浓度仅在2 500万年前就接近当今的水平。所有真正的植物，从微小的绿藻类到巨杉，都会吸收太阳光将二氧化碳转变成碳水化合物，并释放出废物氧气，该过程称为光合作用。地球大气中的氧含量之所以能够保持微妙的平衡主要得益于植物。如果植物消失殆尽，地球大气中的所有氧气和所有动物包括人类几乎都会消失。

图 7.5 地球大气中氧气的含量随着地球上植物的增长而增加。

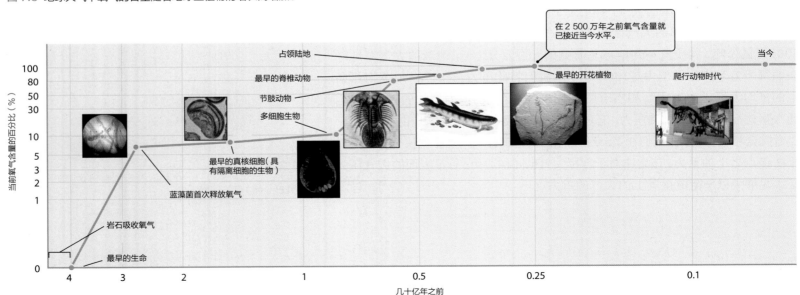

地球的大气就像洋葱一样分为若干层

地球大气分由性质明显不同的若干层构成。人类赖以生存和呼吸的地球大气最底层称为对流层，其质量占地球大气质量的90%，地球上所有天气现象都发生在对流层。在对流层中，随着海拔的升高，大气压力、密度和温度都会随之下降，空气发生上下循环对流，从而避免因底部受热以及高层冷却而发生极端温度。

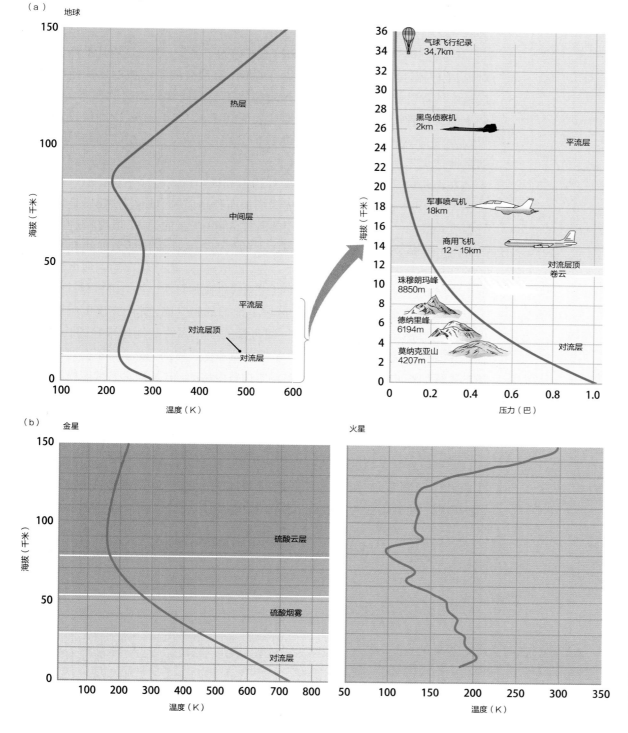

图 7.6 （a）地球大气层的温度和压力与海拔高度关系曲线图。（b）金星和火星的大气温度比较。

对流还能影响大气中水蒸气的垂直分布。空气中水蒸气的含量多少主要取决于空气温度：空气温度越高，其中保留的水蒸气越多。当空气发生对流向上移动时，空气逐渐冷却，当空气温度下降到不再能保留住其中的所有水蒸气时，水将凝结成小水滴或冰晶。当这些水滴或者冰晶越聚越多后，将变成我们所看到的云。而当这些小水滴形成大水滴时，就会下雨或者下雪。因此，地球大气中的大部分水蒸气都在地面以上2千米之内的地方。在海拔4千米之地，莫纳克亚山天文台几乎位于地球大气层三分之一以上的地方，相当于在百分之九十的大气水蒸气上方。这对于天文学家通过红外光谱区观测天空非常重要，因为水蒸气会强烈吸收红外线。

对流层以上直至海拔50千米的地方称为平流层。平流层内几乎不会发生对流，因为温度和海拔的关系发生了颠倒，温度会随着海拔的增加而增加。这是由抽样引起的，臭氧层保护地球生物不受高能紫外辐射的伤害。平流层之上的区域称为中间层，大约距地球表面50千米至90千米。中间层没有臭氧吸收太阳光，因而温度再次随着海拔的升高而下降。平流层底部和中间层顶部是地球大气中温度最低的地方。

在海拔90千米以上，太阳的紫外辐射和太阳风高能粒子会让原子和分子发生电离，再一次让温度随着海拔的增加而升高。该区域称为热层，是地球大气温度最高的一层。在接近热层顶部海拔为600千米的地方，温度可达1 000K（约726.85摄氏度）。热层之内和之上的气体在太阳发出的紫外线和高能粒子的作用下发生电离，形成等离子体层，即电离层。部分频率的无线电波经过此电离层反射回地球表面，从而可以让无线电操作员在世界范围内相互交流。

海拔在等离子层以上的广大区域是地球的磁气圈，其中充满太阳发射出的已被地球磁场捕获的带电粒子。磁气圈的半径大约是地球半径的10倍，体积是地球体积的1 000倍以上。除非带电粒子正在移动，磁场将不会对带电粒子产生任何影响。带电粒子沿着磁场方向自由移动，但是当它们试图横跨磁场方向，就将受到既与其运动方向垂直又与磁场方向垂直的力。在该力的作用下，它们将在磁场方向上回旋运动，如图7.7（a）所示。

如果磁场在某一点开始收缩，正在向该收缩点移动的粒子将受到磁力作用，使其沿着其之前的运动方向反弹回去。如果带电粒子位于磁场两端都发生收缩的区域内，如图7.7（b）所示，它们将在两端之间反弹数次。这种磁场称为磁瓶。地磁场在两个磁极上都发生了收缩，从而形成了一个巨大的磁瓶。

词汇标注

太阳风：在通用语言中，风是指因两地之间温度的不同而引起的空气的有形流动。你可以透过你的皮肤感到风的存在，有时候风还可以吹倒树木或掀翻房屋。太阳风远比普通的风稀薄，不易察觉。太阳风是几乎向相同方向移动的大量高能带电粒子，从此意思而言，太阳风又与大气风类似。

等离子体（电浆）：在科学领域，表示某种气体中的大部分原子和分子失去了部分电子，剩下净正电荷。因为这些粒子是带电的，因此会与电场和磁场发生交互作用。

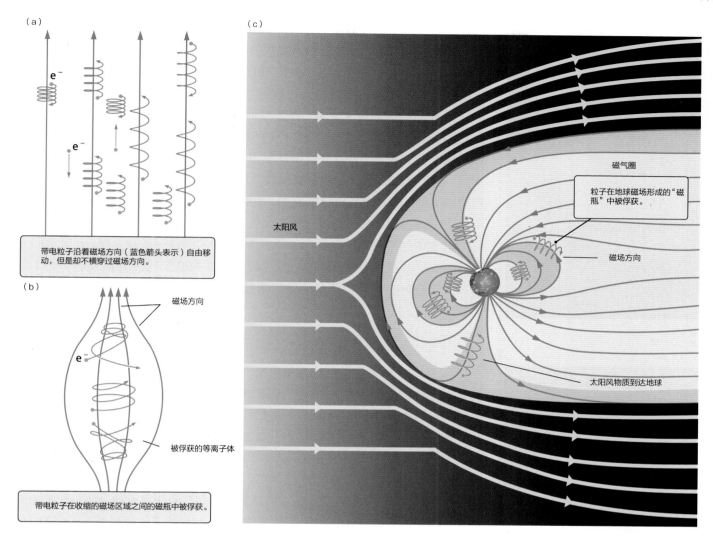

（a）

e⁻

e⁻

带电粒子沿着磁场方向（蓝色箭头表示）自由移动，但是却不横穿过磁场方向。

（b）

磁场方向

e⁻

被俘获的等离子体

带电粒子在收缩的磁场区域之间的磁瓶中被俘获。

（c）

磁气圈

粒子在地球磁场形成的"磁瓶"中被俘获。

太阳风

磁场方向

太阳风物质到达地球

图 7.7 （a）在均匀磁场中带电粒子（本图中为电子）的运动。（b）当磁场收缩时，带电粒子会被俘获在"磁瓶"中。（c）地球磁场就如同一捆磁瓶，将带电粒子封锁在地球大气中。在这些图中，带电粒子运行的螺旋半径被夸大了。

地球和气磁场都暴露在太阳风中。当这些粒子遇到地球磁场时，其流畅的运动将被扰乱，速度将迅速降低——它们将被地球的磁场分流，就如同河水碰到大石头发生分流一样。通过磁场时，部分带电粒子将被地球的磁场俘获，在地球的两个磁极之间反复回弹，如图7.7（c）所示。

理解地球的磁气圈具有重要的现实意义。磁气圈内的某些区域尤其含有高强度的高能带电粒子，对电子设备和宇航员都可能造成伤害。地球磁气圈内发生的干扰会引起地球磁场发生较大变化，从而使电网跳闸，引起停电和严重破坏通信。

地球的磁场会俘获太阳发射出的带电粒子。

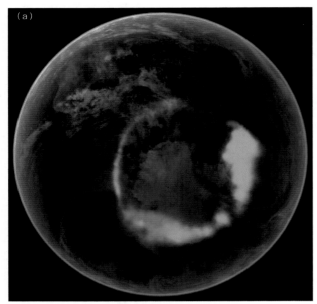

（a）

GXUVIR

（b）

GXUVIR

图7.8　被地球磁气圈俘获的粒子与上层大气中的分子发生碰撞，从而形成极光。（a）从太空中观测到的地球南磁极附近的极光环。（b）从地面上看到的北极光。

太阳加热的不均匀性是地球天气形成的根源。

高能带电粒子还会穿过磁场进入磁极附近两个环状带的电离层。这些带电粒子（大部分为电子）与上层大气中的氧原子、氮原子和氢原子等发生碰撞，撞出的光就好像一个个的微型霓虹灯。这些光环被称为极光，可从太空中看到（图7.8（a））。而从地面上观看时（图7.8（b）），极光看起来非常炫目，犹如一张五彩缤纷的巨大光幕。在北半球远离赤道的地方，人们看到的是北极光，而在南半球看到则是南极光。只有当太阳风特别强烈时，人们有可能在低纬度地区看到极光。本章开篇图既展示了拍摄到的极光图片又展示了手绘示意图。现在你应能描述它的形成过程了，并勾画出粒子和磁场是如何相互作用形成极光的。极光不是地球特有的，我们在金星、火星和所有巨行星以及某些卫星上都曾观测到极光。

前文所述的大气一般结构也并不是地球大气所特有的。金星、火星（图7.6（b））以及土卫六和巨行星的大气也同样包括构成大气的主要部分——对流层、平流层和电离层。巨行星的磁气圈是太阳系中最大的磁气圈。

为什么会吹风

风是局部地区或者全球范围内空气的自然流动，是不同地区之间温度的变化而导致的。一般而言，白天气温比晚上高，夏季比冬季高，赤道上比两极地区高。大面积的水，例如海洋，也会影响气温。气体受热，压力增加，压力又反过来作用到周围环境中。这些压力之间的差异导致了风的形成。风的强度取决于各地之间温差的幅度。

地球赤道的空气被地面加热，在对流作用下上升。受热的表面空气取代了上方的空气，而这些上方的空气没有地方可去只有向两极流动。当这些空气向两极流动时，温度将越来越低，密度越来越大。它们将取代极地的表面空气，迫使极地的表面空气又重新向赤道流动，完成循环。最后，赤道地区的温度比循环之前低，而两极地区的温度则比循环之前高。这种赤道和两极之间的全球性空气流动称为哈德里环流（图7.9（a））。在其他因素的作用下，全球性流动将被中断，变成一系列更小的哈德里环流圈，其中行星自转是主要的因素。大部分行星和其大气都在快速自转，产生的效应会使空气的水平流动改向，从而严重干扰哈德里环流（图7.9（b））。

地球自转对风以及对任何物体的运动产生的效应称为科里奥利效应，一种相对运动效应。这是因为自转会让地球上的物体也发生旋转。赤道附近的物体会按照自转方向（向东）移动，运动速度高于极地附近的物体。如果你从北半球的某个点开枪直接射向北方，子弹的移动路径将会是一条向东的曲线，这是因为子弹向东移动的速度已经快于北方遥远之外的其他物体——包括地

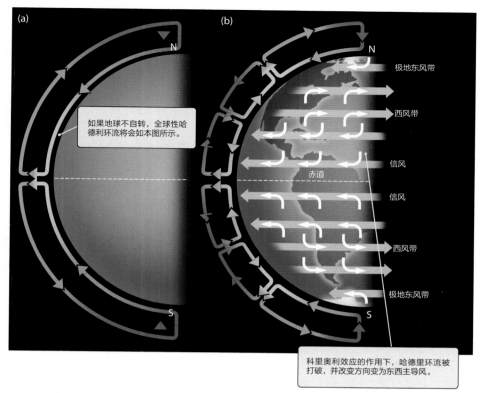

（a）

（b）

N

如果地球不自转，全球性哈德利环流将会如本图所示。

极地东风带

西风带

赤道

信风

信风

西风带

极地东风带

S

科里奥利效应的作用下，哈德里环流被打破，并改变方向变为东西主导风。

图 7.9 （a）经典的哈德里环流。（b）哈德里环流通常被分割成更小的环流圈。科里奥利效应的作用下，向两极和向赤道流动的空气改变方向，变成纬向环流。

面（图7.10）。反之亦然，如果你从北方的某点向赤道开枪，子弹的路径将呈向西的曲线，因为其向东移动的速度慢于赤道上地面向东移动的速度。此效应对于理解大气环流至关重要：当某团空气开始直接向极地或者远离极地移动时，在科里奥利效应的作用下，该团空气将发生转向，变为大致与地球赤道平行。

　　由于气流移动发生转向，主导风向将变为东西风（图7.9（b））。气象学家将这些风称为纬向风。自转速度越快，导致的科里奥利效应越强，纬向风越大。纬向风通常仅出现在相对狭窄的纬带内。大部分行星的大气内，赤道和极地之间纬向风分为东风（从东向西吹）和西风（从西向东吹）。这两个术语是早期陆地气象学带来的历史遗留问题，风不是以其向哪个方向吹而命名而是以其从哪个方向吹来而命名。

　　在地球大气中，赤道和北半球或者南半球极地之间存在若干交替的纬向风带。此种纬向流动模式称为地球的全球环流，其中最著名的纬向环流是亚热带信风，包括将帆船从欧洲带往美洲的东风，以及让帆船回到欧洲的中纬度盛行的西风（见图7.9（b））。

受热不均和科里奥利效应是造成东西信风的原因。

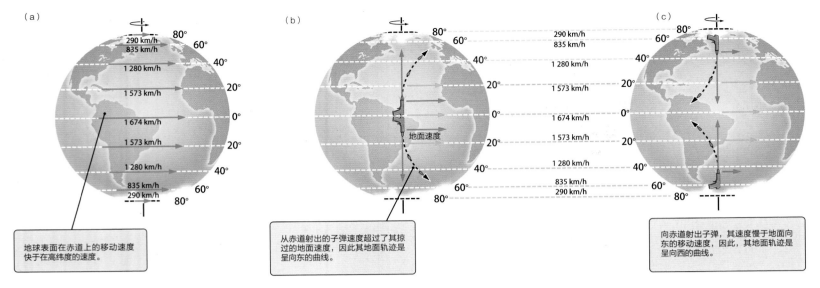

图 7.10　科里奥利效应的作用下，当物体横越地球表面时，其运动方向看起来发生了偏转。

金星的大气中含有大量二氧化碳，因而金星是温室效应的典型代表。

在地球的全球环流模式下，还存在与大面积低压区和高压区有关的风系。由于科里奥利效应的作用，在低压区形成了一种称之为气旋的环流模式。气旋控制下多暴风雨天气，包括飓风。同理，高压系统是空气压力高于平均值的局部地区。我们可以将这些空气浓度高于平均值的地区比拟成"空气之山"。由于科里奥利效应，高压区旋转的方向与低压区相反，因而这些高压环流系统将发生反气旋，反气旋控制下多晴天。

7.4　金星的大气层具有高温、高密度特点

金星和地球在许多方面都相似，因而可能被视为姊妹行星。实际上，当我们根据辐射定律预测这两颗行星的温度时，得出的结论是它们的温度十分接近。但该结论是我们在没有考虑温室效应和二氧化碳阻断行星表面发出的红外辐射的作用之前得出的。金星的大气中，二氧化碳占96%，只有很少量的氮气（3.5%）和更少量的其他气体。二氧化碳形成的厚毯俘获了金星发出的红外辐射，致使金星表面温度非常炙热，高达737K（约463.85摄氏度），足以熔化铅。

如果说地球是一颗郁郁葱葱的天堂，那么温室效应失控则已将金星变成了气候恶劣的"炼狱"，因为金星不仅温度高，而且其大气中还含有数量足以令人窒息的含硫气体。经行星科学家观测发现，金星高层大气中的硫化物含量随时间在变化，表明金星上的硫可能是火山活动的不定时爆发而产生的。另外，金星表面上的大气压力是地球表面上的92倍——相当于地球海洋下900米深的水压大小，足以粉碎二战时期的潜水艇外壳。金星在许多方面都可能与地球并称为姊妹行星，但是人类将永远也不可能登陆金星表面。

与地球上一样，金星的大气温度在对流层中也随着高度的增加而持续下降，并在对流层顶下降到160K（约-113.15摄氏度）左右。在海拔50千米左右，金星大气的平均温度和压力几乎与地球海平面上的大气相差无几。在海拔50千米至90千米之间（见图7.6（b）），大气的温度非常低，足以让硫氧化物与水蒸气反应形成浓硫酸云层（H_2SO_4）。这些浓厚的云层完全遮挡了我们对金星表面的观察视线，如图7.11所示。直到20世纪90年代，装备有穿透云层的雷达设备的宇宙飞船发回了低分辨率的火星表面图像。

与其他行星不同的是，金星的自转方向与其绕地球公转的方向相反。相对恒星而言，金星需要243个地球日才能自转一周，但是金星上的一个太阳日——太阳返回到天空中同一位置所需的时间，只有117个地球日。金星上没有季节之分，因为其自转轴几乎与轨道平面垂直。金星的自转非常慢，对其大气产生的科里奥利效应非常弱，因此金星上的全球性环流非常接近于经典的哈德里模式（见图7.9（a））。金星是已知的唯一具备此特点的行星。

假设你身处（并生活在）金星的表面上。因为太阳光不能轻易穿透你头顶上的浓厚云层，金星表面上正午时分也不会比地球上阴沉沉的一天明亮多少。太阳落山需要非常长的时间，因为金星自转速度太慢了。正当你觉得太阳落山会缓解炎热的天气时，你发现厚厚的大气层竟然将热量从白昼半球传递到了夜晚半球。在金星上，温度在夜间甚至在极地附近也不会下降多少。温差如此之小，也就意味着金星表面上几乎没有风。但是大气高层中，风速将达到110米/秒。由于温度高且风力微弱，金星的底层大气中几乎没有云雾。太阳光遇到浓密的大气层发生强烈散射，因而远处的所有景象看起来都是蓝蓝的模糊一团。（在地球的大气中也会产生同样的效应，但是程度较小。）

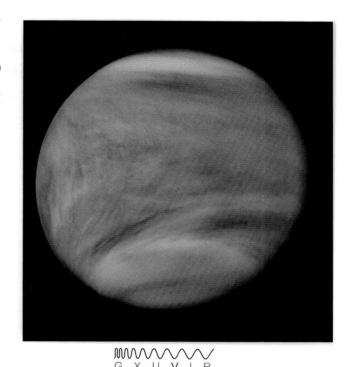

GXUVIR

图 7.11 浓厚的云层阻挡了我们观测金星表面的视线。

7.5 火星的大气具有温度低和稀薄的特点

相比金星，火星表面就舒适宜人多了。因而，我们可以自信地预测人类将很有可能在本世纪结束以前登上这颗红色星球，甚至更早。人类将发现火星表面是一片荒凉的世界，土壤因含铁地表矿物发生氧化而呈红色（图7.12）。火星的天空有时候为深蓝色，但通常都是略带桃粉色的，这是由于火星大气中含有大量尘埃导致的。火星大气的密度比地球的低，因此对受热和冷却的反应更迅速，由此造成的温度极值更大。正午赤道附近，未来的宇航员将可以在舒适的温度20℃下工作——这是比较凉快的室温。但夜晚的温度一般会降至零下100℃，而在极地的夜晚，空气温度可低至零下150℃，足以让空气中的二氧化碳冻结成干冰霜。

火星的表面非常寒冷，而且空气十分稀薄。

图 7.12 勇气号火星探测器拍摄到的火星表面图像。如果没有尘土，火星天空中薄薄的大气应看起来呈深蓝色。

火星表面的气压极低，对人类而言也让人难以适应。火星表面上的平均大气压力相当于地球上海拔35千米高空的压力，远远高于地球上最高的山峰。

火星赤道面与其轨道面的夹角与地球类似，因此火星上也有四季。但火星上每个季节的时间长度更长，这主要存在两个原因：一是火星距离太阳的轨道距离在一年中发生的变化较大，二是火星的大气比较稀薄，因而对季节变化的反应更大。由于火星表面上的昼夜、季节性和纬度温差极大，经常会导致局部强风，有时候风速可能超过100米/秒。强风会卷起大量尘土（图7.13），将它们吹散到行星表面各个地方。一个多世纪以来，宇航员都曾观测到火星在春季会发生季节性沙尘暴。超级沙尘暴会快速蔓延，在几个星期内席卷整个火星（图7.14）。由此产生的大量尘土几个月内都难以从大气中消散。沙尘从一个地区到另一个地区的季节性移动，使得大片灰暗的岩石表面时而裸露在外，时

相比地球，季节性变化对火星气候的影响更大。

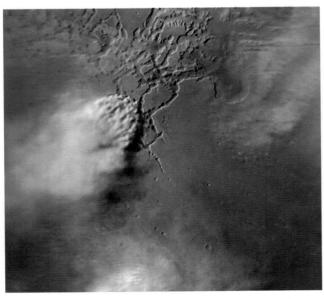

图 7.13 火星上的峡谷遭受到沙尘暴的袭击。

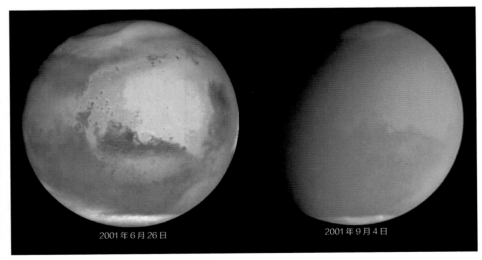

2001 年 6 月 26 日　　　　2001 年 9 月 4 日

图 7.14 哈勃太空望远镜拍摄到的图片展示了 2001 年 9 月发生的几乎覆盖整个火星的全球性沙尘暴的演变过程。

而被沙尘覆盖。基于此种现象，19世纪末和20世纪初的一些天文学家认为火星上的植被正在经历季节性生长和消亡。而公众的想象力将这些天文学家的解读进一步发散扩大，幻想众多火星上存在高等智慧文明以及好战的火星人入侵地球（此主题在一些电影中层出不穷）。

7.6 气候变化：地球正在变暖吗？

为了弄明白气候变化的观测数据，首先必须清楚气候与天气之间的区别。天气是指地球上任何指定位置在指定时间的大气运行状态，是某个地区短时期内的大气状态。气候是指地球大气的平均状态，包括温度、湿度和风系等，是从整体描述地球的大气状态。

地球的气候是一个漫长的温度循环周期表，每个周期通常持续成百上千年，有时候也会产生时间较短寒冷期即冰河时期（图7.15）。这些平均全球温度的变化远远小于典型的地理或者季节性温度变化，但是因为地球大气对平均全球温度十分敏感，因此只需下降几度就会将气候带入冰河时期。科学家们至今仍不能完全明白温度是如何随着气候的变化而波动的，太阳能量输出的微小变化等外部影响可能是其中一种原因。另外，地球轨道或者其自转轴倾角的变化也可能是原因之一。或者，这种温度的变化可能是由地球内部的火山爆发（火山爆发产生大量全球性的阻挡阳光的云雾）或者海洋与大气之间的长期交互作用引起的。

如第7.2节所述，显然在温室效应的作用下，地球和金星的温度都高于根据它们距离太阳的位置而推测的本应具备的温度。甚至火星的温度都高于假设没有大气时的温度，即使其稀薄的大气产生的温室效应也相当微弱。在我们的太阳系中，我们掌握了许多天文证据表明温室效应是如何影响包括地球大气在内的行星大气的。天文学家将这些不同的行星看作"警示参照物"，展现不同数量的温室气体会导致什么结果。

例如，设想在一个极端的情况下，地球大气中突然出现大量二氧化碳或者其他温室气体。随着地球持续变暖，地面温度将继续升高，致使更多的二氧化碳和水蒸气进入大气层，从而加剧大气温室效应。其结果将是，地球温度越来越高，大气水蒸气越来越多，最终地面压力将至少升高到现在的300倍，甚至会高于目前金星上的压力，这是因为地球上存在大量的水。地球的表面温度也会升高，可能会超过800K（约226.85 摄氏度）。我们的地球可能在还没有达到此阶段之前就没有生命存在了。

气候是指地球大气的平均状态。

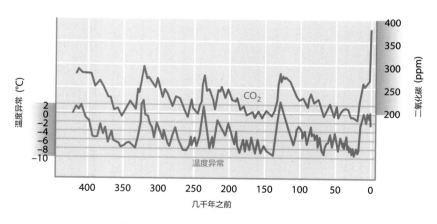

图 7.15　在地球过去 45 万年的历史进程中全球温度和二氧化碳含量的变化。请注意此图中的 y 轴。左侧 y 轴表示温度的数据变化，右侧 y 轴表示二氧化碳的数据变化，二者都绘制在同一图中，便于对比二者之间的相似点和不同点。温度异常是指偏离长期平均温度。正异常表示全球温度高于平均值，负异常表示温度低于平均值。

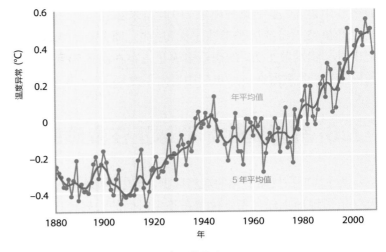

图 7.16　过去 130 年中地球全球温度的变化，按照温度异常显示。

与地球大气真实、相对较小的变化有关的物理现象比上述极端情况复杂得多。大气中水蒸气增加会导致大量云层的产生，从而阻碍太阳光照射到地球表面上。洋流是将能量从地球一个半球传递到另一个半球的关键所在，没有人知道温度的升高是如何影响这些系统的。这是一个相当复杂的过程，因而仍不可能准确地预测人类现在对地球大气造成的微弱变化会产生什么样的长期后果。在某种实际意义上，我们正在对地球大气进行试验。我们提出的问题是："如果我们持续不断地增加大气中的温室分子的数量，地球的气候会怎样？"答案仍然是未知数，但我们还是看到了一些结果。图7.15展示了过去45万年中二氧化碳含量和地球大气温度的变化。从此图可看出，温度和二氧化碳明显相关。其中一个升高，另一个也随之升高。自工业革命以来，二氧化碳的含量已上升到前所未有的水平。但对于此图所示的时间跨度而言，虽然从此图可以看出温度没有像之前那样在温度上升到峰值之后就突然下降，我们仍然难以看出过去几百年内温度到底发生了怎样的变化。为此，我们需要"放大"才能看得更清楚。

地球温室气体的增加会引起气候的巨大变化。

过去130年的温度测量值显示，平均全球温度表现出平稳上升趋势（图7.16）。大部分计算机模型指出，这种趋势表明地球开始进入了因人造温室气体增加而导致的长期气候变化的时代。有些气候学家辩称这只属于短期循环周期。但我们知道地球的大气层维持着微妙的平衡，而地球的气候是一个复杂的混沌系统，即使微弱的变化也会引起巨大的、通常出乎意料的结果。更复杂的是，地球的气候与海洋温度和洋流密切相关，例如厄尔尼诺现象和拉尼娜现象就是如此，海洋温度的微小变化会导致空气温度出现较大的全球性变化，引起降雨。最近的研究表明，北大西洋中墨西哥湾流的变化会对北美洲和北欧的气候造成巨大影响，并且这些变化不是经过几个世纪后才会发生，而就是最近几十年的问题。目前最佳的模型显示，大气中温室气体的小幅增加将很有可能对今后50至100年短期内的气候产生巨大的影响。如果持续向大气中排放大量的二氧化碳，人类就相当于正在对整个地球进行试验，以发现地球的气候对目前状态的微弱变化有多么敏感。

天文资讯阅读

调查指出：气候变化怀疑论者大多非可靠专家

气候变化可能是当今美国最具争议和两极分化最严重的科学议题。科学界的激烈争论在公众中造成了诸多困惑，这是因为公众既缺少对物理定律的基本认识，又难以抉择哪些信息来源是可信的。

撰稿人：PHYSICSWORLD.COM，詹姆斯·达赛（JAMES DACEY）

在对1 372名气候科学家对金星调查的基础上，报告结论指出，绝大多数气候科学家是支持人类活动是造成气候变化的主要因素这一基本观点的。报告也指出，大多数声称怀疑人类活动造成气候变化的所谓科学家，其可靠性的出版物记录较少。

该调查由斯坦福大学的威廉·安德雷格（William Anderegg）发起，调查对象仅包括撰写一些科学性评论或者签署了一些与人类活动造成气候变化相关公共文件的研究人员。参与者被问到的问题是：他们是否确信还是怀疑政府间气候变化专门研究委员会（IPCC）提出的关于人类活动造成气候变化的基本言论。

研究小组发现，97%的受访者对这一观点是持确信态度的。而且，研究人员对参与者的气候科学出版物数量进行了排序。结果发现，在排名前50名的科学家中仅有一位对此言论持怀疑态度，而在排名前100位的科学家中，也仅有3位对此持怀疑态度。

尽管结果非常明显，但该调查报告的方法也受到了一些质疑。

加迪夫大学（Cardiff University）的社会科学研究者洛兰·惠特马什（Lorraine Whitmarsh）指出，该研究首次对持不同态度的气候变化科学家的可靠性进行了研究，但她对这些调查对象的遴选过程表示担忧。

"该调查特意选择这些签署发表了引人注目的公共文件的科学家，因而排除了其他持有不同观点的研究员，而这些研究员的观点可能没那么极端。"她表示。

这也正如威廉指出的那样，该调查报告把26%的研究人员排除在外，这些人员既不确信也不怀疑人类活动造成气候变化的观点。

曼彻斯特大学（University of Manchester）的一名气候研究员安德鲁·拉塞尔（Andrew Russel）表示，该调查结果非常令人关注，但却不确定该调查结果对气候科学的交流有多大帮助。他指出"科学最终会赢得这场争论"。

拉塞尔认为媒体也难辞其咎，因为媒体过于强调对人类活动造成气候变化的怀疑。她指出，"有些有效的、真正的质疑问题需要气候学家的解释，但是因为这些问题与部分媒体自己的编造不吻合，因此没有得到报道"。

这项调查已经在《全国科学院学报》上发表。

新闻评论：

1. 斟酌一下调查的质量标准：发表的有关气候研究的论文数量。如果按照此标准评判，如何对这两个小组（持确信态度的和持怀疑态度的）进行对照比较？你认为按照发表的论文数量进行评判令人信服吗？

2. 在排名前100名的气候科学家中，确信人类活动造成气候变化这一观点的科学家占多少百分比？你认为此百分比令人信服吗？如果不是，达到多少百分比人才让你信服？

3. 惠特马什指出有些科学家被排除在调查之外，请认真斟酌她的观点。你认为将这些科学家排除在外会让调查结果的可信度削弱还是提高，或者不会产生任何影响？为什么？

4. 科学家有时候认为所有呈现的观点都是同等可信的，将令人误解，而媒体有责任曝光对某个问题持对立观点的学者的资格和成就。媒体如何做才让你了解事实的真相？他们又该如何做才能让没有受过科学教育的人清楚明白？

小结

7.1 原始大气主要是由从原行星盘中吞噬的氢和氦构成。类地行星在形成之后不久其原始大气就消失到了太空中。次生大气是由火山气体以及彗星和流星体撞击行星产生的挥发物质构成的。

7.2 大气温室效应让地球不至于冰冻，但却让金星的大气变成了炼狱。

7.3 植物是地球大气中保持充足氧气的根源。地球的磁

气圈保护我们免受太阳风的伤害。在科里奥利效应的作用下，大气环流产生信风带和气旋。

7.4 金星的大气层十分浓厚，主要由高温二氧化碳构成。

7.5 火星的大气层非常稀薄，主要由低温二氧化碳构成。

7.6 人类正在改变地球的大气和影响全球气候，这将造成意想不到的后果。

✦ 小结自测

1. 请按照时间先后顺序排列地球大气的形成和演变步骤：
   a. 植物将二氧化碳转变成氧气
   b. 氢和氦从大气中消失
   c. 火山、彗星和流星体逐渐产生大量挥发性物质
   d. 从原行星盘中吞噬氢和氦
   e. 氧气促使新生命体的增长
   f. 生命让二氧化碳从地表下进入到大气中

2. 下列哪些行星的大气发生温室效应：
   a. 金星
   b. 地球
   c. 火星
   d. 以上皆是

3. 金星、地球和火星上的气候存在差异的主要原因是：
   a. 大气组成成分的不同

   b. 离太阳的相对距离不同
   c. 大气的厚薄程度不同
   d. 大气形成的时间不同

4. 地球的磁气圈具有下列哪些特点：
   a. 保护我们免受太阳风伤害
   b. 对极光的产生十分重要
   c. 远远超出地球大气的范围
   d. 以上皆是

5. 天气和气候：
   a. 意思基本相同
   b. 表示完全不同的时间范畴
   c. 表示完全不同的规模范畴
   d. b 和 c 皆是。

问题和解答题

判断题和选择题

6. 判断题：类地行星目前的大气是在这些行星形成时就产生的。

7. 判断题：在行星形成时，行星的大气主要由氢和氦构成。

8. 判断题：生命是地球大气中含有氧气的根源。

9. 判断题：地球上大部分水可能来源于彗星和流星体。

10. 判断题：地球、金星和火星上都发生大气温室效应。

11. 判断题：发生大气温室效应的原因是温室气体减缓了红外辐射的逃逸。

12. 判断题：天气主要发生在平流层中。

13. 判断题：在其他条件相同的情况下，反照率越高，行星的温度越低。

14. 判断题：地球的温度在过去100年中明显上升。

15. 判断题：纵观45万年，当今地球大气中二氧化碳的含量百

分比达到最高。

16. 金星温度高而火星温度低的主要原因是：
    a. 金星离太阳较近
    b. 金星的大气层较浓厚
    c. 金星的大气主要由二氧化碳组成，火星则不是
    d. 金星上的风力较强

17. 火星的大气经常为橘粉色的，这是因为：
    a. 火星的大气主要由二氧化碳构成
    b. 太阳在天空中处于低角度
    c. 火星上没有海洋，不能向天空反射蓝光
    d. 火星上的暴风将灰尘卷入大气中

18. _____中的对流是地球上天气形成的原因。

a. 平流层

b. 中间层

a. 对流层

d. 电离层

19. 极光产生的原因是：

    a. 太阳发射出的粒子和地球大气之间的交互作用

    b. 上层大气产生的雷击

    c. 平流层臭氧被破坏，形成了一个空洞

    d. 地球磁场与地球大气之间的交互作用

20. 臭氧层保护地球上的生命免于遭受：

    a. 太阳风中的高能粒子

    b. 微陨星

    c. 紫外线辐射

    d. 被地球磁场俘获的带电粒子

21. 哈德利环流被分裂成多个信风带，是因为：

    a. 太阳能加热造成对流

    b. 飓风和其他风暴

    c. 与太阳风之间的交互作用

    d. 行星快速自转

22. 地球经历长期的气候循环周期，时间跨度为：

    a. 约140万年

    b. 约14万年

    c. 约1 400年

    d. 约140年

23. 在过去的45万年中，地球的温度与下列哪一项的演变轨迹最接近：

    a. 太阳光度

    b. 大气中的氧气含量

    c. 臭氧空洞的大小

    d. 大气中二氧化碳的含量

24. 气候科学中的不确定因素主要是：

    a. 物理原因的不确定

    b. 当前效应的不确定

    c. 过去效应的不确定

    d. 将来效应的不确定

25. _____的气候科学家赞成人类活动引起地球气候的变化。

    a. 10%   b. 50%

    c. 75%   d. 97%

概念题

26. 描述原始大气的起源和命运。

27. 类地行星的原始大气基本上全部由氢和氦构成。解释为什么原始大气中只包括这些，而没有其他气体。

28. 类地行星的次生大气是如何产生的？

29. 水星和月球上的大气极其稀薄。它们的大气可能有两种来源，分别是什么？

30. 氮气是地球大气的主要成分，但氮气并不是形成太阳和行星的原行星盘的主要构成成分。地球上的氮气是怎样产生的？

31. 地球上的水一部分是在火山作用下被释放到地面上。另一可能来源是什么？

32. 引力将物体向类地行星的表面靠拢。但大气分子却不断地逃逸到太空中。解释为什么这些分子可以克服引力的控制。分子的质量对其冲破引力控制的能力有什么影响？

33. 失控的大气是什么意思？解释失控的大气是怎么发生的。

34. 我们将行星表面的升温归咎于大气温室效应。大气温室效应与传统的温室效应有什么区别？

35. 说出除了二氧化碳以外另外两种温室分子。

36. 大气温室效应如何才能对地球生命有利？

37. 解释图7.3，为什么水星上测得的温度范围远远大于其他行星的温度范围。

38. 如果金星和火星上的大气都主要由有效的温室分子二氧化碳构成，为什么金星非常炙热，而火星则十分寒冷？

39. 认真观察图7.4，重新绘制其中的图（b）。然后绘制一张没有温室气体的行星图表，再绘制一张温室气体含量不断增加的行星图表。请务必对每张图进行标注。

40. 植物生命是如何影响地球大气的组成成分的？

41. 天文学家已能够探测到围绕其他恒星旋转的类似地球的行星。什么观测数据能够表明这些行星上存在一些已知的生命形式？

42. 当你查看气压表时，发现气压读数仅为920豪巴。导致读数低于平均值的效应可能有两种，分别是什么？

43. 产生北极光（北部天空）的原因是什么？

44. 类地行星大气中形成风的主要原因是什么？

45. 太阳风对地球上层大气有怎样的影响，其对整个人类社会有什么影响？

46. 人类为什么不能看清金星的表面，而为什么可以看清火星的表面？

47. 假设你能够在金星表面上生存下来，请描述你所处的环境应该是怎样的。

48. 解释为什么在金星表面上几乎没有昼夜温差，甚至赤道上和两极地区之间也几乎没有温差。

49. 1975年苏联向金星发射了两个带有照相机的航天器，让行星科学家首次（也是唯一一次）得以看到金星表面的特写图像。两个照相机在一个小时后都失灵了。是什么环境条件最有可能让这两个照相机失灵的？

50. 人类将有可能最终登陆火星表面。描述他们将遭遇的环境。

51. 火星上的季节与地球类似，但更极端，请解释原因。

52. 解释气候与天气之间的区别。

53. 有什么证据表明地球、金星和火星上存在温室效应？

54. 仔细观察图7.15，这些数据可以追溯到多远之前？从此图可以看出二氧化碳浓度与温度之间有什么关系？

55. 描述图7.16中所示的总体趋势。

解答题

56. 图7.5展示了地球的历史过程中地球大气所含氧气的发展历程。此图在两个轴上都采用对数尺度。科学家们采用对数图来研究指数行为——随着时间的推移发展速度越来越快。仔细观察y轴上的数字是如何随着x轴的高度而增加的。0到1之间的距离与1到2之间的距离是一样的吗？0到10之间的距离与90到100之间的距离相比又是如何？根据线性比例重新绘制y轴，其中氧含量每增加10%，y轴上的间距相等。将新绘制的图与图7.5对比，它们之间有什么不同？

57. 指数可能是非常难以掌握的数学概念，但对自然界的行为进行建模却非常重要。为了帮助你理解指数，请想一想棋盘格。棋盘格有8排，每排8个方格，合计64个方格。

   a. 假设你在第一个方格上放上1个硬币，第二个方格上放上2个硬币，第三个方格上放上3个硬币，以此类推。此为线性行为：每次增加的数量都相同；每到一个方格，你都会增加相同数量的硬币——1个硬币。那么在第64个方格上将有多少硬币？

   b. 现在，假设你按照指数关系添加硬币，在第一个方格上放上1个硬币，第二个方格上放上2个硬币，第三个方格上放上4个硬币，第四个方格上放上8个硬币，以此类推。请预测在第64个方格上将会有多少个硬币？现在，请使用计算器慢慢计算，对于每个方格都乘以2，直到最后一个方格。（计算过程非常恼人，但对于你充分理解对数非常重要）在第64个方格上会有多少个硬币呢？与你的预测值相符吗？你可能会注意到以下两点。第一，线性运算比较容易，其中的逻辑也易于掌握。这一点不足为奇，人类通常不善于理解指数行为。第二，在指数运算下，数字刚开始好像以合理的数量增加，直到突然变得荒谬。明白自然界中哪些事物成线性发展，哪些事物成指数发展至关重要。本章所述的失控大气就表现为指数发展。

数行为，因为其中涉及到反馈回路。

58. 地球大气的总质量为$5×10^{18}$千克，其中二氧化碳的含量大约占地球大气质量的0.06%。

   a. 地球大气中二氧化碳的质量是多少？

   b. 据估计，每年全球二氧化碳的排放量大约是$3×10^{13}$千克。这意味着二氧化碳每年将增加的百分比是多少？

59. 图7.15在同一个图中展示了两组数据。x轴表示时间，对于两个数据组都一样。右侧的y轴表示大气中二氧化碳的含量，左侧的x轴表示温度异常值，温度异常值是指当年温度与一个时期内的平均温度之间的差异。两条曲线的发展趋势是否一样？这是不是就一定表示其中一条曲线的变化是由另一条曲线导致的？是否还有其他信息促使我们认为二氧化碳含量的增加会导致温度的升高？

60. 在地球海洋中，水深每增加10米，水压就升高1巴。如果水压要达到金星上大气表面压力的大小，水深应该是多少米？

61. 离太阳距离为1AU且没有大气的行星，如果吸收了辐射到其上面的所有太阳电磁能量（反照率=0），该行星的平均黑体表面温度将为279K（约5.85摄氏度）。

   a. 如果行星的反照率为0.1（典型的岩石覆盖的表面），该行星的平均温度将是多少？

   b. 如果行星的反照率是0.9（典型的积雪覆盖的表面），该行星平均温度将是多少？

62. 某颗假设行星名为祝融星（Vulcan）。如果该行星的轨道尺寸是水星轨道的四分之一，且其反照率与水星相同，那么该行星表面的平均温度是多少？假设水星表面的平均温度为450K（约176.85摄氏度）。

63. 地球的平均反照率约为0.31。

   a. 计算地球的平均温度，单位为摄氏度。

   b. 该温度与你的预测值相符吗？请解释。

64. 矮行星阋神星（Eris）距离太阳的最远距离是97.7 AU。假设该矮行星的反照率是0.8，当其处于离太阳最远的位置时，其平均温度是多少？

智能学习（SmartWork），诺顿的在线作业系统，包括这些问题的算法生成版本，以及附加的概念习题。如果你的导师在聪慧学习上布置了问题，请登录smartwork.wwnorton.com。

学习空间（StudySpace）是一个免费开放的网站，并为你提供《领悟我们的宇宙》书中每一章的学习计划。学习计划包括动画、阅读大纲、生词卡、选择题测试以及聪慧学习和电子书中站点内容的链接。请访问wwnorton.com/Studyspace。

关于气候变化的一种预测是，随着地球逐渐变暖，极地冰冠和冰川中的冰将会融化。毫无疑问的是，地球上大部分冰川和冰原都会如此。为此，我们就会合理地提出如下问题：这会产生什么实际影响吗，为什么？下文将探讨地球上冰川融化将导致的几个后果。

试验 1: 浮冰

针对此试验，你需要准备一支永久性记号笔，一个半透明塑料杯、水和冰。将少许冰块放入塑料杯中，加入水直到冰块漂浮起来（即不接触杯底）。用记号笔在杯子外侧标记水位，并在该标记上贴上标签，注明为初始水位。

1. 随着冰块不断融化，你觉得杯子中的水位会发生什么变化？

耐心等待，直到冰块全部融化；再次标记水位。

2. 冰融化后，杯中的水位有什么变化？

3. 根据你的试验结果进行预测，当北极漂浮于海洋上的冰开始融化后，全球海平面将发生什么变化？

试验 2: 陆地上的冰

针对此实验，除了试验 1 中所需的材料以外，还需准备一个纸碗或者塑料碗。向杯子中倒入半杯水，标记水位，然后贴上标签注明此水位为初始水位。在碗底刺一个洞，然后将纸碗或者塑料碗放在水杯上面，向碗内放入少许冰块。

4. 随着冰块逐渐融化，你认为杯中的水位会发生什么变化？

耐心等待，直到冰块全部融化；再次标记水位。

5. 冰融化后，杯中的水位有什么变化？

6. 在本试验中，杯中的水等同于海洋，而碗中的冰则等同于陆地上的冰。根据你的试验结果进行预测，当南极大陆上的冰原开始融化后，全球海平面将发生什么变化？

试验 3: 为什么冰融化会产生重大影响？

在网上输入关键字 "夜间的地球"搜索夜晚拍摄到的地球的卫星图片。图片上的亮斑代表人口活动的中心的地带。大致而言，亮斑越多，表示人口越密集（虽然这与各个地区科技进步有关）。

7. 人类通常聚居在哪里——近海岸还是内陆？

沿海地区是指靠近海平面的地区。如果北极冰原和南极冰原全部融化，海平面将上升 90 米。

8. 如果未来几十年内海平面升高 60～80 米，将会对全球人口造成什么影响？（为了便于你理解，请记住楼房每层楼大约有 3 米高。）

8 巨行星

木星、土星、天王星和海王星属于巨行星。虽然它们离我们非常遥远，但因为它们的质量体积特别大，因此除了海王星以外，其他巨行星都肉眼可见。木星和土星非常璀璨夺目，堪比最明亮的恒星。与此相比，天王星则较为暗淡，而对于海王星，如果不借助望远镜，肉眼是无法看到的。

1781 年，当威廉·赫歇尔（Willianm Herschel）编撰天空的目录时，发现了一颗微小的天体，起初他以为这是一颗彗星，但后来他观测到该天体在夜空中的运动速度非常缓慢，让他确信这是一颗新的行星——天王星。19 世纪，天文学家发现天王星在天空中的运行轨迹偏离了预测路径，这可能是因为天王星受到了未知行星的引力作用。通过数学预测模型，约翰·格弗里恩·伽勒（Johann Gotfried Galle）开始在柏林天文台搜寻这颗未知的行星。果然，他在开始观测的第一天晚上就在预测的位置发现了海王星。海王星是太阳系中最远的行星。

通过哈勃太空望远镜，我们对巨行星有了新的认知，但是让我们对巨行星的认知产生飞跃发展的是诸多太空探测器：先锋者号（Pioneer）、旅行者号（Voyager）、伽利略号（Galileo）和卡西尼号（Cassini）。

✧ 学习目标

不同于内太阳系中的固体岩态行星，外太阳系中的行星能够吞噬和保留太阳原行星盘中的气体和挥发物质，膨胀成体积和质量巨大的行星。右图所示为木星表面上的大红斑的两组观测数据，某名学生已根据此信息计算出了该巨行星的自转周期。学完本章后，你应能将大红斑的尺寸和起源与基于地球的现象进行比较，并懂得如何利用大红斑计算出木星的自转周期。另外，你还应能做到以下几点：

- 区分巨行星之间巨行星与类地行星之间的不同。
- 阐释为什么巨行星会呈现出目前的外观。
- 阐释引力能是如何转变成热能的，以及是如何影响巨行星的大气的。
- 解释巨行星内部深处的极端条件。
- 阐释巨行星环的起源和基本结构。

~Pat/Desktop/jupiter.fits
直径: 315 像素
x_0 = 70px
时间: 23:07

直径 =315 像素
周长 =990 像素
x_0=70 像素
t=23:07

公式:

$$\frac{周长}{移动距离} = \frac{自转周期}{耗用时间}$$

~Pat/Desktop/jupiter_1.fits
直径: 315 像素
x_0   x_1 = 240px
时间: 00:47   Δx = 170px

直径 =315 像素
周长 =990 像素
x_0=70 像素
x_1=240 像素
△ x=170 像素
t=00:47
△ t=1.67 小时

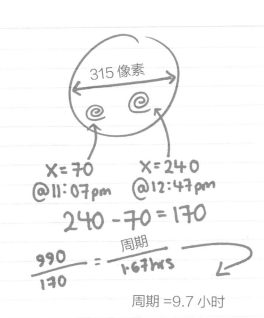

315 像素

X=70   X=240
@11:07pm   @12:47pm

240 - 70 = 170

$$\frac{990}{170} = \frac{周期}{1.67hrs}$$

周期 =9.7 小时

8.1 巨行星的体积和质量都特别大，温度极低

　　木星是离太阳最近的巨行星，距离太阳5AU以上（见表8.1）。在太阳系如此偏远的地方，太阳光十分微弱，提供的热量微不足道。若从木星上观察，太阳只是一颗非常小的圆盘，其亮度只有相对地球亮度的$\frac{1}{27}$。从木星的距离观察，太阳看起来不再是一个大圆盘，仅是一颗比地球夜空中出现的满月球大500倍的恒星。木星上的白天相当于地球上的黄昏时分。因为缺少太阳光照射，木星上白天的云顶温度大约在123K（约-150.15 摄氏度）左右，而在海卫一（Triton）上，该温度可降至37K（约-236.15 摄氏度）。

表 8.1
巨行星物理性质比较

	木星	土星	天王星	海王星
轨道半长轴（AU）	5.203	9.54	19.2	30
轨道周期（地球年）	11.86	29.45	84.0	164.8
轨道速度（千米/秒）	13.06	9.64	6.80	5.43
质量（$M_\oplus=1$）	317.8	95.16	14.5	17.1
赤道半径（千米）	71 490	60 270	25 560	24 760
赤道半径（$R_\oplus=1$）	11.21	9.45	4.01	3.88
密度（水=1）	1.326	0.687	1.270	1.638
自转周期（地球日）	0.414	0.444	0.718	0.671
倾角（度）*	3.13	26.73	97.77	28.32
表面引力（米/秒²）	24.79	10.44	8.69	11.15
逃逸速度（千米/秒）	59.5	35.5	21.3	23.5

* 倾角大于90°的，表示该行星逆行或者反向自转。

疑难解析 8.1 ｜ 计算巨行星的直径

假设根据牛顿定律，某颗行星相对地球正在以每秒25千米的精确速度移动。当该行星向着背景星横越天际时，你即开始仔细观测。首先，记录行星第一次"掩星"的时刻，然后再记录恒星从行星中心的背后经过再从相反面涌现的时刻。经计算发现，该事件刚好历经2 000秒。在此时间内，该行星以特定的速度移动了特定的距离（其直径）。我们可以根据疑难解析2.1所述的速度、距离和时间的方程式求得该行星移动的距离。

$$速度 = \frac{距离}{时间}$$

将此方程式重新排列以求得距离，首先将方程式两边都乘以时间，然后将左右两边对调，得出：

$$距离 = 速度 \times 时间$$

代入速度25千米/秒和时间2 000秒，即可求得行星移动的距离：

$$距离 = 25 \text{ km/s} \times 2\,000 \text{ s}$$
$$距离 = 50\,000 \text{ km}$$

该行星的直径等于其在2 000秒内移动的距离，即50 000千米。

行星的中心很少会直接从恒星的前面经过，但是我们可以根据从广泛分布的天文台上测得的掩星数据进行几何计算，从而获知行星的大小和外观。另外，借助宇宙飞船上的摄像机拍摄到的图像，我们还可以根据轨道探测器发出的无线电信号准确测量行星和其卫星的大小和外观。

木星、土星、天王星和海王星相比质量体积较小的岩态类地行星巨大得多。木星是八颗行星中最大的一颗，体积是太阳的十分之一，约为地球的11倍。土星只比木星稍微小一些，直径是地球的9.5倍。天王星和海王星都是地球的4倍大小，海王星比天王星稍小。测量行星大小最准确的方法是观测该行星发生凌日所需的时间（疑难解析8.1）。科学家将这些事件称为"掩星"（图8.1）。

如果不考虑太阳的质量，巨行星的质量占太阳系总质量的99.5%。所有其他太阳系天体，包括类地行星、矮行星、卫星、小行星和彗星都只占剩下的0.5%。木星的质量是太阳系内其他行星质量总和的两倍以上：是地球质量的318倍，土星质量的$3\frac{1}{2}$倍。即使如此，木星的质量仍然仅为太阳质量的千分之一。天王星和海王星是巨行星中质量最小的，但都是地球质量的15倍以上。

在航天时代之前，科学家们通过观测行星卫星的运动来测量行星的质量。根据第3章所学，如果我们知道一颗行星的质量，就可以根据牛顿万有引力定律和开普勒第三定律来预测该行星的卫星的运动。反之，如果我们知道卫星的运动轨迹，我们就能求得该行星的质量。该方法仅适用于拥有卫星的行星，而这些早期计算的准确性取决于科学家采用地面望远镜测得的卫星位置的精确性。如今，借助行星探测器，我们可以非常准确地测量行星的质量。当探测器飞过某颗行星时，行星的引力会让探测器偏斜。通过利用地球上的多个天线跟踪和比较探测器的无线电信号，我们可以探测到探测器飞行路径的细微变化，从而准确测量行星的质量。

利用巨行星对探测器的引力作用计算巨行星的质量。

图 8.1 掩星是指行星、卫星或者环形物从恒星前面经过而产生的遮蔽现象。通过仔细观测星光亮度的变化和该变化持续的时间，可以获知遮蔽天体的大小和性质。

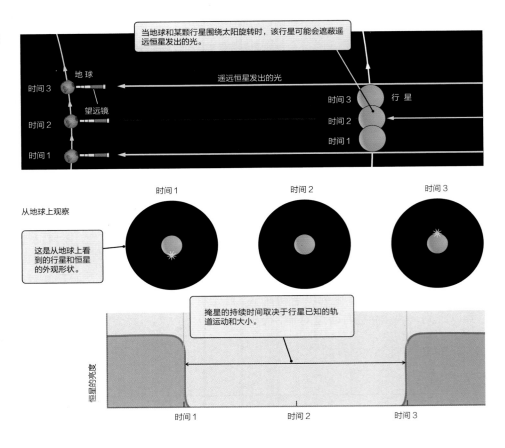

我们看到的都是大气而不是表面

巨行星主要由气体和液体构成。木星和土星都是由氢和氦构成，属于气态巨行星。天王星和海王星属于冰态巨行星，因为它们含有的水和其他冰质物远远超过木星和土星。在巨行星上，相对浅薄的大气层与海洋深处无缝相连，交汇构成了密度较大的液体或者固体核心。虽然巨行星的大气层相比其下的液体层较薄，但仍比类地行星的大气层厚得多，厚达上万千米而非上千千米。我们能看到的只是这些大气的最上层。我们看到的木星和土星，是浓厚云层的最上面，其下面还有诸多其他层大气。虽然我们能够看到土星上较薄的云层，但我们看到的几乎都是明净的，看起来好像是无底洞的大气。通过大气模型可知，下面肯定掩藏有浓厚的云层，但是因为太阳光遇到大气分子后会发生散射（见第7章），因此我们无法看到下面的大气层。海王星呈现出些许高云，但是在低云和高云之间是深厚而明净的大气。

木星的化学成分非常类似于太阳

通过学习第6章，我们知道类地行星主要由硅酸盐等脉石矿物构成，并含有数量不等的铁和其他矿物。类地行星的大气由轻体物质构成，这些大气的质量——甚至包括海洋在内——相比这些类地行星的总质量而言都是微不

词汇标注

海洋：在地球上，海洋通常特指广袤无垠的盐水水域。天文学家将该词汇的定义进一步延伸，表示广袤无垠的任何液体区域——不一定是水。

云：正如海洋在其他天体上不一定特指水域一样，天文学家所称的云层也不一定是水蒸气形成的云——在金星上有硫酸云。

足道的。类地行星是太阳系中密度最高的天体,是水密度的3.9倍(火星)到5.5倍(地球)。

相比之下,巨行星的密度较低,因为巨行星主要是由氢、氦和水等轻体物质构成的。在巨行星中,海王星的密度最高,大约是水密度的1.6倍。土星的密度最低,只有水密度的0.7,这就是说土星可以漂浮在水上,其70%的体积被淹没在水下。如果你能找到一个面积巨大的湖泊,你将发现木星和天王星的密度就在海王星和土星的密度之间。

巨行星的化学成分不全都是一样的。天文学家以太阳中元素的相对数量作为标准参考值,该术语称为太阳丰度。如图8.2所示,氢(H)是富含量最高的元素,其次为氦(He)。木星的化学成分与太阳非常类似,每一个氦原子相应有12个氢原子,这符合太阳和整个宇宙的通常状态。木星只有2%的质量是由重元素构成(质量大于氦的原子)。氧原子(O)、碳原子(C)、氮原子(N)和硫原子(S)与氢原子结合,分别形成水分子(H_2O)、甲烷(CH_4)、氨(NH_3)和硫化氢(H_2S)。除此以外,普遍发生的还有其他更复杂的结合。氦气以及氖

词汇标注

丰度:在天文学中,该词特指化学成分所占的百分比。如果你从某个天体上采集了样本,其中含有的氢占一定百分比,该百分比就是样本所含氢的丰度。这就意味着,如果相比你朋友采集的样本,你采集的样本中的氢的丰度较高,该样本中其他元素的丰度必然较小,即使样本中的原子数量更多。这是因为所有元素所占的百分比之和必定等于一。

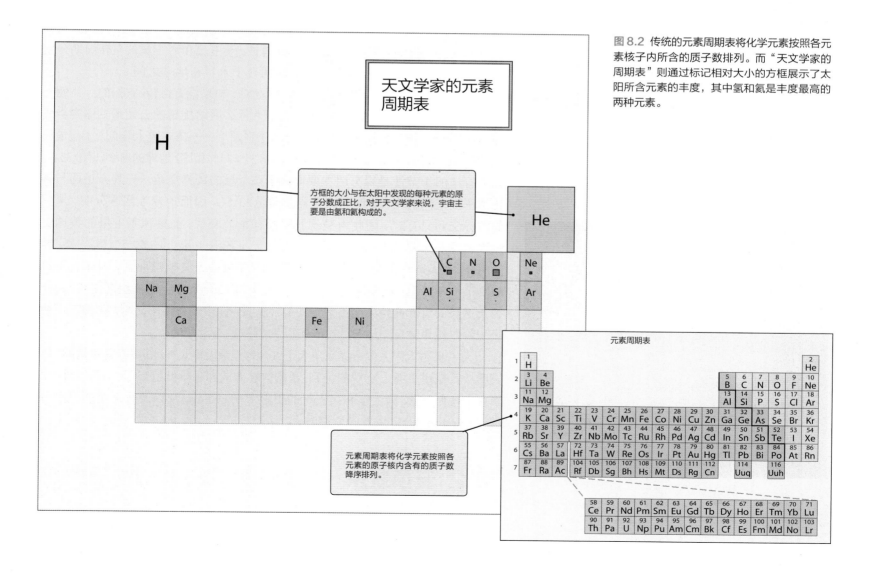

图8.2 传统的元素周期表将化学元素按照各元素核子内所含的质子数排列。而"天文学家的周期表"则通过标记相对大小的方框展示了太阳所含元素的丰度,其中氢和氦是丰度最高的两种元素。

词汇标注

惰性：在日常用语中，该词表示懈怠或者懒惰。在此为化学名词，表示某个元素不能与其他元素结合形成分子——不会发生化学反应。
流体：在日常用语中，流体和液体通常可以互换使用。在科学领域，流体是指任何流动的物体，因此其使用范围既包括液体，也包括气体。

图8.3 哈勃太空望远镜于1999年拍摄到的土星影像。从此图可以看出，土星的扁率比较明显。土星圆盘的顶部附近可见土星体积较大的橙色卫星土卫六以及其黑色的影子。

图8.4 卡西尼号探测器拍摄到的木星影像。

气和氩气等其他某些气体为惰性气体，不会与其他元素结合形成大气分子。木星的液体核心含有木星上大部分的铁和硅酸盐，以及大量的水，逐渐从形成木星的原石岩质微星中脱离开来。

图7.4阐释了大气温室效应。氮气、氧气、二氧化碳和水蒸气等大气气体可以自由让可见光通过，由此太阳可以温暖行星大地。受热表面再以红外光的行星辐射出多余能量，但是，其他大气分子中的二氧化碳和水蒸气会强烈吸收红外辐射，再转换成热能。这些相同的分子向四面八方大量辐射出热能——部分热能消散到太空中，但是大部分会回到地面。此时，地面将接收既来自太阳又来自大气的热能。

这四颗巨行星的主要成分差别在于氢元素和氦元素的丰度。土星中的重元素丰度比木星高（因而土星上的氢和氦的丰度略低）。在天王星和海王星上，重元素的丰度都较高，是构成这两颗行星的主要成分。这些证据证实了第5章所述的行星形成假设。

巨行星自转

巨行星自转速度非常快，因而一天的时间也非常短。木星上的一天只有10个小时，而土星上的一天只比10个小时稍长。天王星和海王星的自转周期分别是16个小时和17个小时，因此一天的时间介于木星和地球之间。

在快速自转下，巨行星的外形发生了扭曲。如果没有自转，它们的流体躯干将会是完美的球形。我们在第5章学习了为什么坍缩旋转的云团最后必定会成为云盘。同理，快速自转的巨行星也会趋于扁圆形——在赤道上隆起。土星最扁圆，其赤道直径几乎比其极直径长10%（图8.3）。与此相比，地球的扁率只有0.3%。

行星的季节性是否分明主要取决于该行星的黄赤交角——其赤道面与其轨道平面之间的交角。地球的黄赤交角是23.5°，因而地球上四季分明。木星的黄赤交角只有3°，因此木星上几乎没有季节交替。土星和海王星的黄赤交角比地球和火星的黄赤交角略大，因此土星和海王星上的季节气候温和，界限明显。令人奇怪的是，天王星的自转轴几乎就位于其轨道面上，因此天王星的季节非常极端；在极地地区，基本上是42年白天和42年黑夜相互交替。为什么天王星的黄赤交角完全不同于其他行星呢？许多天文学家认为，在天王星的吸积阶段结束之际，天王星被一颗巨大的微星撞翻了。

天王星是太阳系中黄赤交角大于90°的五颗天体之一，其黄赤交角是98°，表明从其轨道平面上空观测，该行星的自转方向为顺时针。除了天王星以外，太阳系中只有金星、冥王星和冥王星的卫星卡戎（Charon）以及海王星的卫星海卫一（Triton）的自转方向为逆时针。

8.2 云顶景象

木星可能是所有巨行星中最色彩斑斓的一颗（图8.4）。木星绝大部分是淡黄色的，而相互平行的带色的条纹则变化不定，从橙色到褐色，有时带点白色、蓝色或灰色。颜色较深的条纹结构称为地带，颜色较浅的称为区域。这些条纹地带中或者其边缘附近分布有许多小块云团。木星上最显著的特征是木星南半球上有一个面积巨大的，通常为红砖色的椭圆形结构，就是著名的大红斑，如图8.4中右下角所示。该大红斑长25 000千米，宽12 000千米，可以容纳两个地球并排排列其中（图8.5）。

大红斑已在木星的大气中循环流动了至少300年，在望远镜诞生后不久即被人类首次观测到，自此以后随着其在木星大气中的漂移，大红斑的尺寸、形状、颜色和运动发生了不可预见地改变。通过分析大红斑内的小片云团的观测数据显示，大红斑是一个巨大的大气漩涡，大约每隔一周逆时针旋转一次，其云型看起来非常类似于陆地飓风，但旋转方向相反，表现为反气旋流动，而非气旋流动。（反气旋流动是指高压系统）木星上大气中的许多小片椭圆形云团中，以及土星和海王星大气中类似的云团中都随处可观测到类似的漩涡行为。

木星是一颗动荡、翻滚的巨行星，大气流动和漩涡十分复杂，因此即使历经几十年的分析和研究，科学家们仍无法完全弄明白木星上的大气流动和漩涡是如何交互运动的。仅大红斑展示的结构就比太空时代开始之前人类观测到的所有木星上的结构复杂得多。就其动态而言，大红斑还解释了一些相当奇怪的行为，例如"云团吞噬"。通过拍摄一系列延时图像中，旅行者探测器观测到大量阿拉斯加大小的云团被大红斑吞噬。有些云团被数次拖入到漩涡周围然后再被抛射出去，而有些云团则被完全吞噬，再不复见（图8.6）。在木星的中纬度地区也可以观测到结构和行为类似于大红斑的其他小片云团。

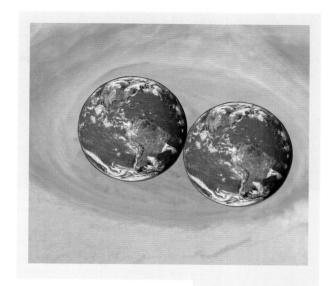

👁 视觉类比

图 8.5 木星上的大红斑是地球的两倍大小。

图 8.6 旅行者号探测器在与木星相遇时拍摄到的序列图像，展示了木星上大红斑的旋流和反气旋运动。

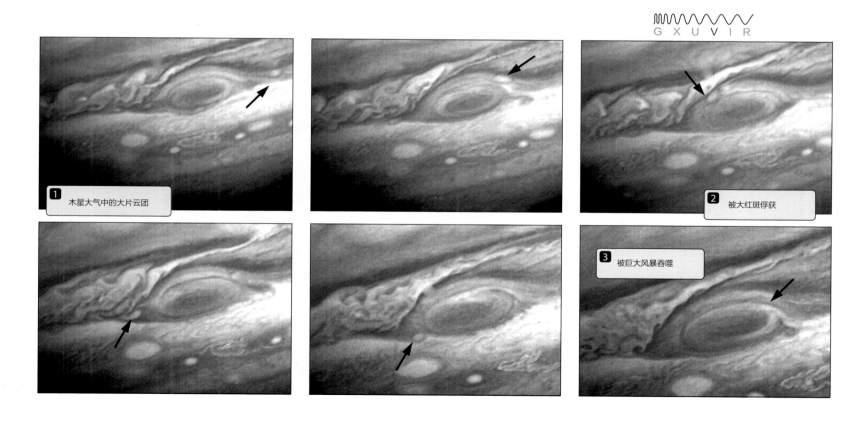

GXUVIR

1 木星大气中的大片云团

2 被大红斑俘获

3 被巨大风暴吞噬

图 8.7 卡西尼号探测器于 2004 年飞临土星时拍摄到的土星图像，这是最后一次拍摄到的土星全景图。此图中，土星的颜色清晰可见。太阳光被土星无云的上层大气散射，使得土星北半球呈蓝银色。

土星周围围绕着太阳系中其他行星无可比拟的壮丽的环状物（图8.7）。土星比木星离太阳的距离更远，在尺寸上也比木星小，因此从地球上看，土星看起来没有木星的一半大。与木星一样，土星的大气也呈现出带状条纹，但这些条纹比木星宽，颜色和对比度都相比木星较弱。土星中纬度上有一个相对狭窄的曲折条纹带，类似于地球上的射流。从地球上极少能看到土星上单独的云团。在这些罕有的时刻，大面积白色的类似于云团的结构物突然从回归线上冒出，然后沿经度扩散，最后在几个月后消散殆尽。面积最大云甚至比美国陆地面积还大，但是我们看到的通常小于陆地飓风。卡西尼号探测器拍摄到的近视图（图8.8）展示产生闪电的风暴景象，这些风暴发生在执行任务的科学家熟知的土星南半球一个名为 "风暴巷道" 的区域。

即使利用最大的望远镜从地球上观看，天王星和海王星看起来都只是一个微小的、毫无特色的、暗淡的蓝绿色圆盘。红外图像为我们展示了这两颗天体上单独的云团和带状条纹，让我们对它们的性质有了更多的认识（图8.9）。天王星和海王星上富含的甲烷对反射的太阳光具有强烈的吸收作用，使得这两颗行星在近红外带呈深蓝色，如此以来，最高层的云团和带状物在深色背景对比下能够凸显出来（图8.10）。

旅行者2号探测器于1989年拍摄到的海王星图片，让人们首次观测到海王星南部大气层中有一个面积巨大的黑色椭圆形结构，类似于木星上的额大红斑，因此科学家们称之为大黑斑。但是，海王星上的大黑斑是灰色的而不是红色的，并且其长度和形状的变化比大红斑更快。截至1994年，大黑斑已经消失了，但是海王星北半球曾短暂出现过一个尺寸相当的形状完全不同的黑斑。

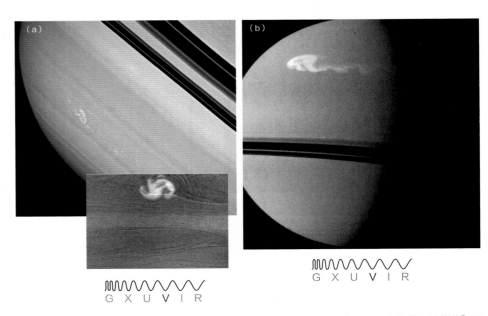

图 8.8 特大风暴经常席卷土星全球。（a）卡西尼号拍摄到的强化影响展示了土星 "风暴巷道" 区域中发生的导致闪电的巨大风暴。插图展示了土星夜晚半球发生的类似风暴，该风暴因土星环反射太阳光而被照亮。（b）2010 年 12 月，天文爱好者发现土星北半球被特大暴风席卷，随后被卡西尼号拍摄到，如图所示。

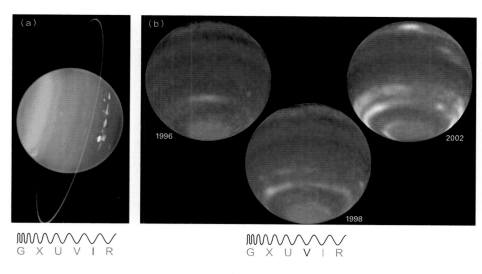

图 8.9 地面凯克望远镜拍摄到的天王星图像（a）和哈勃太空望远镜拍摄到的海王星图像（b），两者都在能够被甲烷强烈吸收的光线下拍摄。可见的云团位于大气的高层。围绕天王星的环状物清晰可见，因为天王星的亮度因甲烷吸收太阳光而变得暗淡。在海王星上云层的季节变化每隔 6 年发生一次。

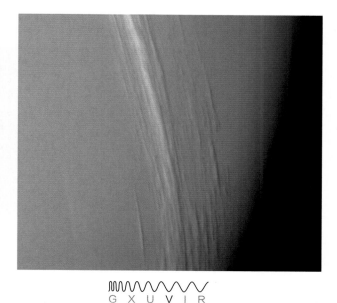

图 8.10 卡西尼 2 号拍摄到的图像显示，海王星的云层透过明净的大气在 50 千米以下的云盖上投射出阴影。

8.3 云团之旅

　　我们对巨行星的视觉印象基于对它们的云顶的二维视图。然而，大气是一种三维结构，其温度、密度、压力，甚至化学成分都随着高度和水平距离的不同而变化。一般而言，大气温度、密度和压力都随着海拔的降低而增加，就如同地球的热层一样。在这些行星的外缘之上可以看到云顶之上薄薄的阴霾，这些阴霾可能是当太阳紫外线照射到诸如甲烷等碳氢化合物之上生成的类似于烟雾的产物。

　　水是地球底层大气中唯一可以凝结成云的物质，但是巨行星的大气中含有大量可以形成云的易挥发物质（图8.11）。在这些行星的云顶之下是被相对明净的大气区域分开的致密的云层。因为每种挥发物都在特定的温度和压力下凝结，因此每种挥发物都在不同的维度上形成云层。在对流作用下，这些挥发物以及所有其他大气气体向上移动，而当某种特定的挥发物达到其发生凝结的海拔时，该挥发物的绝大部分都会凝结，与其他气体分离，因而极少部分会被带到更高的高空。

　　行星离太阳越远，其对流层的温度越低。因此离太阳的距离决定了各个行星上氨或水等特定挥发物凝结形成云层的海拔高度（见图8.11）。如果温度过高，有些挥发物可能完全不会凝结。在天王星和海王星寒冷的大气中，最高层的云团是由甲烷冰晶体构成的。在木星和土星上，最高层的云团是由氨冰构成的。在温度较高的木星和土星大气中，甲烷永不可能成为冰。

不同的挥发物在不同的高度上形成云。

词汇标注

外缘：表示行星、卫星或者太阳的可见圆盘的外层边缘。

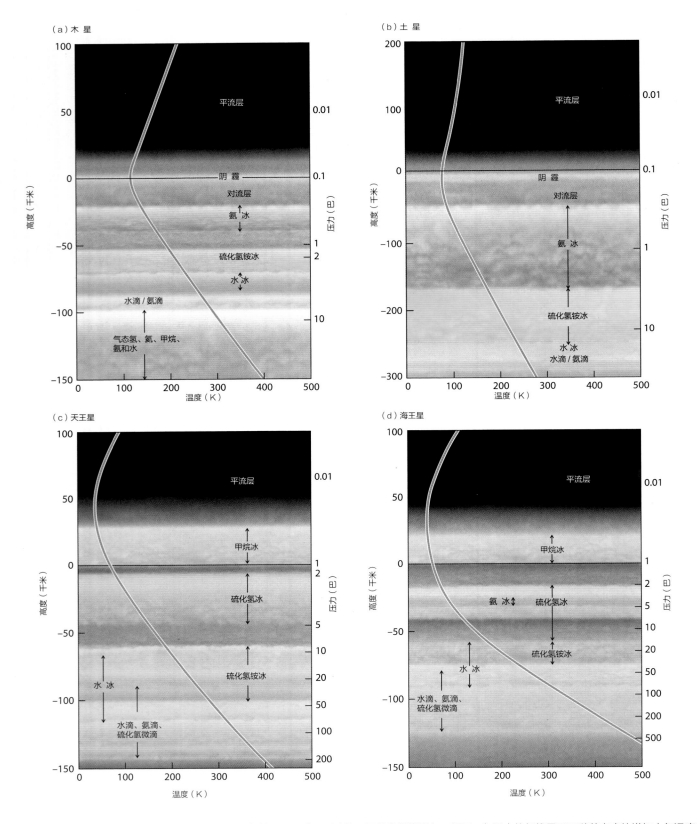

图 8.11 挥发物在巨行星大气中不同的高度凝结，因而在大气的不同深度，形成的云团的化学类型各不相同。各图中的红线显示了随着高度的增加大气温度是怎样变化的。在木星（a）和土星（b）上，当海拔为任意零点时，对应的压力是 0.1 巴，而在天王星（c）和海王星（d）上，对应的压力是 1.0 巴。根据前文所学，1.0 巴大约等于地球上海平面上的大气压力。注意，图（b）中缩小了土星的纵坐标，以更好地显示分层结构。

为什么有些云团如此色彩缤纷，尤其是在土星上。这是因为冰晶体中含有的杂质导致的，就如同糖浆剂会让雪糕变成五颜六色一样。这些杂质很可能是元素硫和元素磷，以及碳酸化合物被紫外线照射而发生分解产生的各种有机物和碎片重新结合形成的复杂的有机化合物。

天王星和海王星为蓝绿色的原因和地球的海洋是蓝色的原因几乎相同。天王星和海王星上的甲烷气体丰度大大高于木星和土星上的甲烷气体丰度。甲烷气体像水一样会吸收波长较长的太阳光——黄光、橙光和红光，因而天王星和海王星上相对无云大气中只有波长较短的光线——绿光和蓝光会发生散射。

8.4 风和风暴——巨行星上的恶劣天气

巨行星的快速自转以及由此对大气产生的较强的科里奥利效应（见第7章）致使巨行星中的信风比我们在类地行星的大气中观测到的要强烈得多，即使巨行星上的热能相对较低。在木星上，最强的风是赤道西风，速度最高可达每小时550千米（千米/时），如图8.12（a）所示。（根据第7章所述，西风是指从西方吹来的风，而不是向西吹的风。）在高纬度地区，东风和西风根据木星的条纹结构相互交替。在南纬20°附近，大红斑漩涡处在相反速度超过200千米/时的东风和西风气流之间。如果你认为这可能涉及纬向环流与漩涡之间的关系，你的想法是正确的。

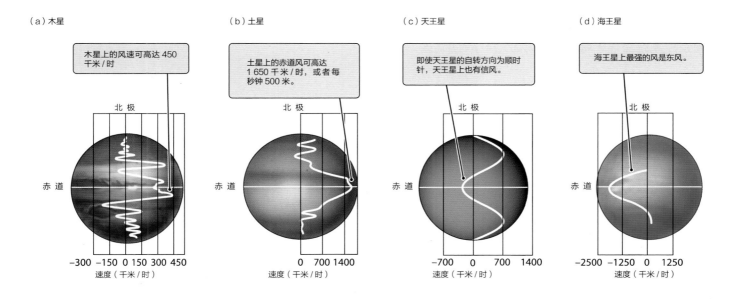

图 8.12 外行星大气中的强风，这是由强对流以及这些行星的快速自转导致的科里奥利效应引起的。

疑难解析 8.2　　天文学家是如何测量遥远行星上的风速的?

天文学家是如何测量离我们如此遥远的行星上的风速的呢?如果我们能够观测到这些行星大气上的单独云团,就能测量上面的风速。如地球上一样,云团是由地方性风带动的。通过测量单独云团的位置,并记录在一天之内或者其他特定间隔时间之内它们移动的距离,我们就可以计算出地方风的风速。为此,我们还需知道另一项重要的信息:行星本身自转的速度,这是因为我们想要测量的是相对行星自转表面的风速。

但是,因为巨行星没有固体表面,因此我们必须假设一个虚构的表面——与巨行星深厚的内部相连的旋转表面。在本章结尾,我们可以了解到如何根据巨行星磁场自转导致的射电能量猜想周期性爆发获知这些行星内部的自转速度。令人惊异的是,土星上不同时间段的射电爆发揭示出的自转周期各不相同。这十分令人费解,因为真正的自转周期只可能有一种。在彻底弄明白此现象之前,天文学家采用的是平均值。

请翻看本章开篇图。在此图中,某名学生采用了两种木星的图像以计算出木星的自转周期,并假定整颗行星的自转速度与大红斑的运行速度相同,这是一个相当适用的假设。注意,为了计算出自转周期,该学生无须知道木星的实际半径(单位:千米)。相反,他能够计算出图中的尺寸比例,这对于许多场合都非常有用。另一方面,如果我们获知了行星的半径,我们反过来求得其移动的速度是很快的。

下文将举例说明如何利用海王星大气中的小团白云计算风速。此云团处于海王星的赤道上,在特定的一天观测到位于经度73.0°。(此经度系统深埋于海王星的内部)24小时后,该云团恰好在西经153.0°观测到。天王星上的赤道风在24小时内已经让该白色云团在经度上移动了153.0° − 73.0°=80.0°。

行星的周长 C 等于 $2\pi r$,其中 r 代表赤道半径。海王星的赤道半径是24 760千米,因此其周长等于:155 600千米。

$$C = 2\pi r$$
$$C = 2\pi \times 24\ 760\ \text{km}$$
$$C = 155\ 600\ \text{km}$$

在一个周长范围内,经度共计360°,因此每度横跨423千米(155 600千米除以360°)。因为海王星的赤道风让云团移动了80°,因此可以得出该云团在一天之内移动了432×80=34 560千米。求得风速如下:

$$速度 = \frac{距离}{时间}$$

$$速度 = \frac{34\ 560\ 千米}{1\ 天}$$

将单位天换算成小时,得出:

$$速度 = \frac{34\ 560\ 千米}{1\ 天} \times \frac{1\ 天}{24\ 时}$$

$$速度 = 1\ 440\ 千米/时$$

因此,风速为1 440千米/时。

土星上的赤道风也是西风,但比木星上的强。在20世纪80年代早期,旅行者号探测器测得的风速高达1 690千米/时。随后,哈勃太空望远镜测得的最高风速是990千米/时,而最近的卡西尼号探测器测得的风速介于这两者之间。到底土星上发生了什么呢?见疑难解析8.1所阐释的,我们通过观测其他行星上云团的运动来测量这些行星上的风速。土星上赤道风在视觉上随着时间而发生的变化可能只不过是云顶高度的变化而已。 在高纬度上也可见交替变化的东风和西风，但是与木星不同的是，此交替变化好像与土星大气的条纹结构没有明显关系（图8.12（b））。这是巨行星之间许多无法解释的差异之一。

土星上的喷射气流位于北纬45°，如同一条波峰和波谷相互交替的狭窄而蜿蜒的大气河流（图8.13），与地球上的喷射气流类似，其中高速风通常从西向东吹，但会在两极方向上迂回环绕，或者向两极推进，或者向着两极相反的方向前进。位于土星上喷射气流的波峰和波谷的是反气旋和气旋漩涡。这些反气旋和气旋漩涡类在外形和尺寸上都似于地球上为我们带来晴天和暴风雨天气交互交替的高压和低压系统。通过观测和分析其他行星上的类似大气系统，通常能够让我们更好地了解地球上的天气是如何运作的。

相比其他巨行星，我们对天王星上的全球风况（图8.12（c））知之甚少。当1986年旅行者2号探测器掠过天王星时，我们观测到天王星上极少量的云团全部都在南半球，因为北半球在当时完全处于夜间。观测到的最强的风是南半球中纬度到高纬度之间的时速650千米的西风，没有探测到任何东风。因为天王星的自转方向非常特殊，其极地地区的温度高于赤道地区的温度，因此有些天文学家曾预测天王星上的全球风系可能完全不同于其他巨行星上的全球风系。然而，旅行者2号却观测到天王星上的盛行风与其他巨行星一样也是信风。这告诉我们，所有巨行星上在决定全球风结构的因素中，科里奥利效应更重要。

随着天王星继续在其轨道上前进，之前被遮蔽的区域逐渐可见（图8.14）。哈勃太空望远镜和地面望远镜观测到的数据显示，遥远北方的明亮云带延展18 000千米长，风速高达900千米/时。在今后漫长的时间里，我们将继续探知天王星的北半球。

与木星和土星一样的是，海王星上最强的风也发生在热带地区（图8.12（d）），但却为东风而非西风，风速超过2 000千米/时。在海王星南极地区还观测到风速超过900千米的东风。海王星和土星上的风速是地球上最猛烈的飓风的五倍以上，因此二者是已知的风速最高的行星。在海王星上，南半球的夏至发生于2005年，因此北半球大部分地球仍处于黑夜之中。我们还需等候些许时间才能看清楚其北半球。海王星上每个季节会持续40个地球年。

在巨行星上，驱动对流的热能一部分来源于太阳，但主要来源于巨行星炽热的内部（疑难解析8.3）。在科里奥利效应的作用下，对流变成了大气漩涡，类似于我们地球上的高低压系统、飓风和超大胞雷雨。巨行星上的对流漩涡呈单独的圆形或者椭圆形云团结构，例如木星上的大红斑和海王星上的大黑斑。当大气接近漩涡的中心时，将膨胀冷却。随着大气冷却，某些挥发物将冷凝成液滴，然后就会下雨。在下落过程中，雨滴会与周围的空气分子发生碰撞，将电子从分子中剥离，从而在空气中产生微小的电荷。随着无数下落的雨滴持续累积，产生的电荷和电场会非常强大，从而造成电泳和闪电。旅行者1号探测器对木星夜间的单次观测显示，每隔3分钟就会出现几十个闪电球。据估算，这些闪电球的强度相当于甚至超过地球热带上高空对流云中发生的"超强闪电"。卡西尼号探测器还拍摄到了土星大气中发生的闪电，旅行者1号上的无线电接收器接收到了天王星和海王星大气中的闪电静电。

(a)

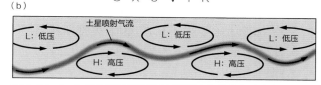

G X U V I R

(b)

土星喷射气流

L: 低压　　　　L: 低压　　　　L: 低压

H: 高压　　　　H: 高压

图8.13　（a）旅行者号探测器拍摄到的土星北半球上的喷射气流图像，该喷射气流类似于地球大气中的喷射气流。（b）该喷射气流在低压地区周围向赤道方向偏斜，在高压地区周围向两极方向偏斜。

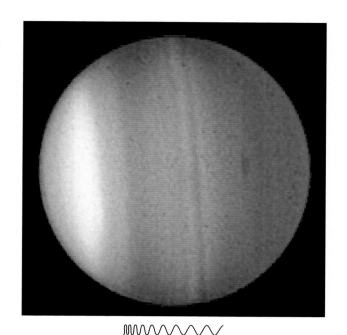

G X U V I R

图8.14　2006年哈勃太空望远镜拍摄到的图片显示，天王星正在接近二分点。其北半球大部分地区正在变得可见。北半球（右侧）上的黑点与1989年在海王星上观测到的大黑点非常类似，但面积略小。

疑难解析 8.3	内部热能让巨行星变得炽热

根据第7章所学，我们知道吸收太阳光与向太空辐射红外线之间存在一种均衡关系，并且了解到金星、地球和火星上的温室效应是如何改变均衡温度的。但是，当我们计算其中三颗巨行星的均衡温度时，感觉好像有什么不对。根据计算结果，木星的均衡温度应为109K；但是实际测量的平均温度却是124K左右，相差15K好像不算大，但是根据斯特藩-玻尔兹曼定律，天体辐射的能量与其温度的四次方成正比。将此关系应用到木星中，得出以下结果：

$$\left(\frac{T_{实际}}{T_{预测}}\right)^4 = \left(\frac{124}{109}\right)^4 = 1.67$$

此结果有点令人震惊：木星向太空中辐射的能量比其吸收的太阳光能量大约多三分之二。同理，从土星上逃逸出的能量比其吸收的太阳光能量多1.8倍。海王星辐射的能量是其吸收的太阳光能量的2.6倍。令人奇怪的是，相比天王星吸收的太阳光能量，从天王星中逃逸出的能量简直可以忽略不计。

随着能量源源不断地从巨行星内部逃逸出去，我们可能会好奇巨行星在过去的45亿年中是如何维持内部高温的。其答案是，它们的尺寸一直在收缩，从而将引力能转换成了热能，由此产生的热能代替了从内部逃逸出去的热能。引力能转换成热能是替代从木星内部释放出去的内部能量的主要来源，也可能是其他巨行星热能的重要来源。木星每年仅收缩1毫米左右，照此速度，10亿年之后木星仅会收缩1 000千米，略长于其半径的二分之一。

8.5　巨行星内部炽热致密

巨行星上的强对流是由热能驱动的。

在几千米深处，木星和土星的大气气体深受上面大气的重压而开始液化。在木星大气中约20 000千米深处和土星上约30 000千米深处，压力爬升至200万巴，温度高达10 000K（约9 726.85 摄氏度）。在这种条件下，氢分子遭受到猛烈撞击致使其中的电子被剥离出去，氢变成了类似于液态金属的物质，称为金属氢。液体与高度压缩的致密气体之间的差别十分细微，因此在木星和土星上，大气与其之下的由液态氢和液态氦形成的海洋之间没有明显的分界线。这些海洋深数万千米。天王星和海王星没有木星和土星质量大，因此内部压强较小，所含氢的百分比较小——它们的内部可能只含有少量液态氢，或者完全没有金属氢。

木星和土星上的海洋由氢和氦形成，这些海洋深数万千米。

图8.15展示了巨行星的结构。中心为致密的液体核心，由温度极高的较重物质的混合物构成，包括水、岩石和金属。木星中心的温度可能高达35 000K（约34 726.85 摄氏度），压力可能爬升至4 500万巴。其他质量较小的巨行星，中心温度和压力都比木星低。可能让人感到奇怪的是，水在数万度高温下仍能保持液体状态。巨行星就如同一个巨大的高压锅，其中心的极端高压阻止了液态水变成水蒸气。

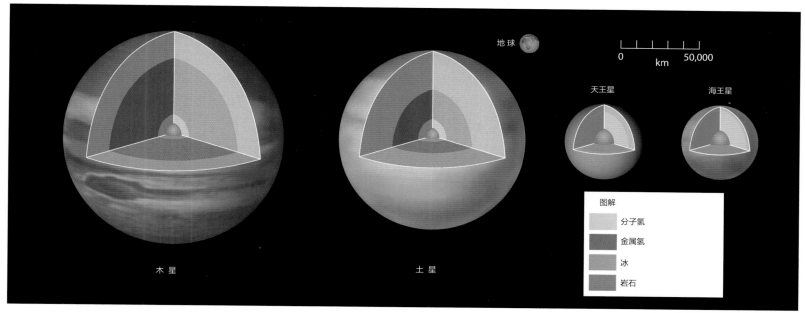

图 8.15 构成巨行星内部的中心核心和外层液体壳。只有木星和土星的核心周围才有大量的液态分子氢和金属氢。

土星上曾发生过并且目前仍然正在发生分异，也许在木星上也是如此。在土星上，氦发生凝结从氢-氦海洋中分离出来。（氦也会被压缩成金属状态，但在巨行星内部的物理条件下还不能变成金属态。）因为这些氦微滴比氢-氦液体的密度大，因而逐渐渗透到行星的中心，将引力能转变成热能。此过程会让行星温度升高，上层结构中的氦会消耗殆尽，而核心中的氦含量会持续增加。木星的内部比土星的内部温度更高，大部分液态氦都与液态氢溶解在一起。

领悟宇宙 天王星和海王星的核心不同于木星和土星的核心

木星和土星的核心由重元素构成，质量大约是地球质量的5～10倍。木星和土星的总质量分别是地球的318倍和95倍。由此可见，它们核心的重物质只占其平均化学成分的微小部分。这就是说，我们可以认为木星和土星的构成成分几乎与太阳和宇宙的其他部分一样：98%为氢和氦，另有2%为其他物质。

天王星和海王星的密度大概是土星的两倍，因此它们必定是由比土星和木星的密度更大的物质构成的。海王星是密度最大的巨行星，大约是未压缩水的1.5倍，未压缩岩石的50%。天王星的密度低于海王星。由这些观测数据分析可知，天王星和海王星的主要成分是水和其他低密度冰，例如氨和甲烷，另外还含有少量的硅酸盐和金属。在这些行星中，氢和氦的总量可能不超过地球质量1～2倍，大部分这些气体都停留在相对浅薄的大气中。

为什么相比天王星和海王星，木星和土星上含有如此多的氢和氦。为什么木星的质量比土星的质量大得多？其答案可能既与形成这些行星所费的时间有关，也与形成它们的物质的分布有关。天王星和海王星质量和体积都较小，并且是在原行星盘中的大部分气体都已被新形成的太阳驱散后形成的，远远晚于木星和土星的形成时间。为什么天王星和海王星的核心形成时间如此晚？这可能是因为形成它们的冰质微星广泛分布在离太阳较远的地方。微星之间的间距较大，因此形成核心所需的时间就越长。土星吞噬的气体可能少于木星，因为土星的核心形成时间较晚，并且在离太阳较远的距离上可供吞噬的气体也较少。

8.6 巨行星具有强大的磁场

所有巨行星的磁场都强于地球的磁场，是地球磁场的50～20 000倍。因为磁场强度会随着距离的增加而降低，因此土星、天王星和海王星云顶上的磁场强度相当于地球表面磁场的强度。即使木星的超强磁场也不例外，木星云顶的磁场强度大约仅为地球表面磁场强度的15倍。在木星和土星上，磁场是由深层的金属氢产生。在天王星和海王星上，磁场是由液态水和液态氨构成的深海因含有溶解盐而导电产生的。如图8.16所示，我们可以将这些磁场当成是由磁棒产生的，从而通过图表来说明它们的几何结构。

磁场轴的方向是一个未解之谜。木星的磁轴相对其自转轴倾斜了10°——这与地球类似——但是却相对木星的中心大约偏离了其半径的十分之一（图8.16（a））。土星的磁轴几乎完全位于土星的中心，并且几乎与其自转轴完全重合。旅行者2号探测器发现，天王星的磁轴相对其自转轴倾斜了差不多60°，并且相对其中心偏离了其半径的三分之一（图8.16（c）），但真正让人大吃一惊的是旅行者2号探测到的海王星的磁场。海王星的自转轴方向与地球、火星和土星类似，但是其磁轴却相对其自转轴倾斜了47°，并且其磁场中心相对该行星的中心偏离了半个半径——偏离程度甚至超过海王星（图8.16（d））。海王星的磁场主要是向其南半球偏移，因此南半球云顶的磁场强度是北半球云顶的20倍。天王星和海王星的磁场呈现出不寻常的几何结构的原因至今仍未解开，但可以肯定的是，这与它们的自转轴方向无关。

领悟宇宙 巨行星拥有巨大的磁气圈

如同地球的磁场会俘获高能带电粒子形成地球的磁气圈一样，巨行星的磁场也能俘获高能带电粒子形成自己的磁气圈。与巨行星的磁气圈相比，地球的磁气圈十分微小。截至目前，最大的磁气圈是木星的磁气圈，其半径是该行星半径的100倍，几乎是太阳直径的10倍。即使相对较弱的天王星和海王星的磁场形成的磁气圈大小也堪比太阳。

太阳风（第7章）不仅会为磁气圈带来高能带电粒子。太阳风产生的压力

金星的大气中含有大量二氧化碳，因而金星是温室效应的典型代表。

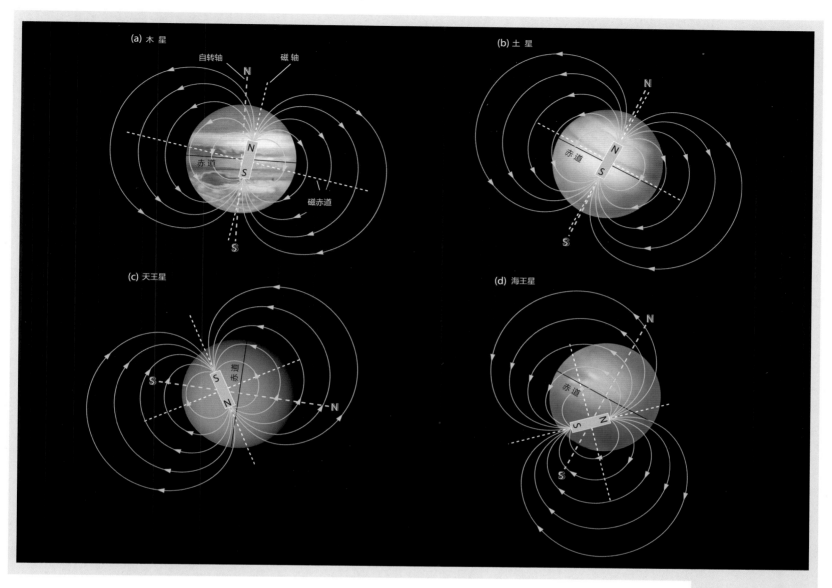

图 8.16　巨行星的磁场近似于相对磁场自转轴发生偏离和倾斜的磁棒产生的磁场。请将此图与图 6.18 所示的地球磁场进行对比。

也会推动和压缩磁气圈，因此行星磁气圈的大小和形状取决于特定时间内太阳风是怎样吹的。木星的磁气圈（图8.17）可延伸到土星的轨道以外。天王星和海王星的磁尾结构非常古怪。这两颗行星的磁场相对它们的中心倾斜角度和偏离距离都较大，因此它们的磁气圈会随着自转而发生进动，致使磁尾在向着远离行星的方向延伸时会像螺丝锥一样扭转。

巨行星的磁气圈非常巨大。

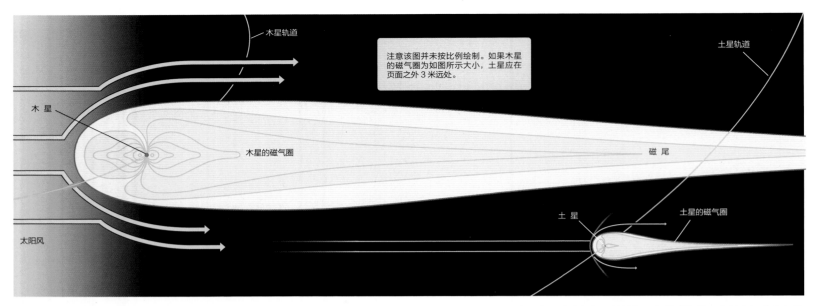

图 8.17 在朝向太阳的方向，太阳风挤压木星（或者任何其他行星）的磁气圈，将其在远离太阳的方向拉长形成磁尾。木星的磁尾延伸到土星的轨道以外。

木星拥有剧烈的辐射带。

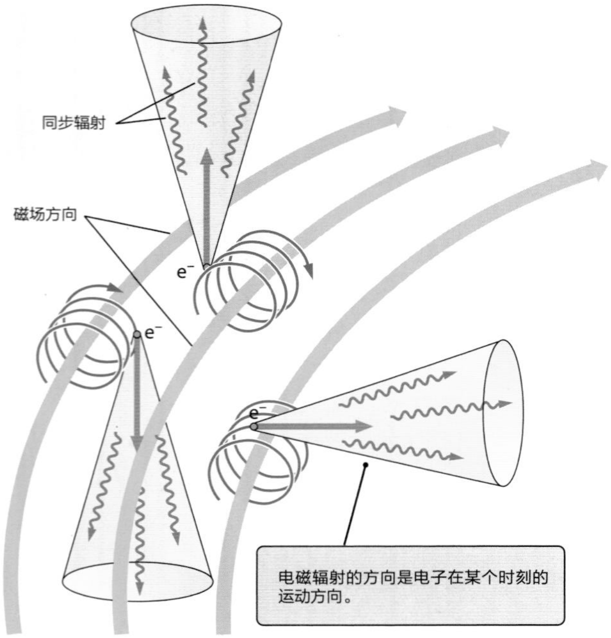

图 8.18 高速移动的带电粒子在磁场方向作螺旋运动，在受到加速作用后释放出电磁辐射。该辐射称为同步辐射，方向为粒子运动的方向。

巨行星的辐射带和极光

木星自转会拖动其磁气圈发生旋转，致使其中的带电粒子高速移动。这些高速移动的带电粒子猛烈撞击中性原子，由此释放出的能量会将等离子体加热到极高温度。1979年，当旅行者1号经过木星的磁气圈时，遭遇了温度高达30亿开以上的稀薄等离子体区域，该温度是太阳中心温度的20倍。你可能十分好奇为什么旅行者1号在穿过此区域时没有熔化。请注意，我们所称的是"稀薄"的等离子体区域，这就是说等离子体的粒子之间相距非常远。虽然每个粒子的能量都极其强大，但因数量极少，探测器才得以毫发无损地穿过。

陷入行星磁气圈的带电粒子集中在辐射带，如我们在第7章所学的。地球的辐射带非常强，对宇航员而言是一种强大的威胁，而围绕木星的辐射带则相比而言更加灼热。1974年，先锋者11号探测器从木星的辐射带周围飞过。在此瞬间，先锋11号遭受的辐射剂量是400 000拉德，大约是人类致死剂量的1 000倍，其上的许多仪器被永久损坏，而该探测器本身也几乎被摧毁，只能勉强继续飞往土星。

通过学习第4章，我们知道每当带电粒子被加速时都会释放电磁辐射。在磁场中移动的带电粒子在磁力作用下发生加速，从而在磁场方向发生螺旋旋转。加速是粒子产生辐射的原因。

如果粒子以接近光速的速度移动，由于相对论效应，这些粒子会释放出沿其运动方向的电磁辐射，如图8.18所示。由此产生的辐射称为同步辐射。粒子发出的辐射量取决于粒子受到的加速作用的大小。电子的质量最小，受到的加速作用最大，因此绝大多数的同步辐射都是由电子产生的。

巨行星的磁气圈中含有高能电子,因此满足同步辐射的条件。同步辐射的光谱取决于磁场的强度大小以及辐射粒子的能量大小。行星磁气圈产生的同步辐射聚集在光谱的低能量无线电波段。

在光谱的无线电波段,天空中第二亮的物体是木星的磁气圈——仅次于太阳的亮度。虽然木星的磁气圈距离地球相当遥远,但是其在天空中看起来比太阳还大得多。土星的磁气圈也非常大,但比木星的磁气圈暗淡。土星的磁场也非常强,但是壮丽的土星环上的岩石、冰质物和尘埃等碎片吸收了大量磁气圈中的粒子,因而土星上的磁气圈电子比木星上的少得多,致使土星发出的无线电波也很少。

除土星之外(见疑难解析8.2),我们可以精确测量其他巨行星发出的无线电信号的周期性变化,从而计算出巨行星的自转周期。每颗行星的磁场都锁定在行星内部深处的导电液体层,因此其自转周期完全与行星内部相同。

这是我们首次遇到同步辐射,但不是最后一次。当我们进一步探索宇宙时,我们将发现许多其他天体——从类星体到超新星残骸——都会在整个电磁光谱区释放出同步辐射,从无线电波到X射线。

除了来自太阳风的光子和电子以外,巨行星的磁气圈中还含有大量元素,包括钠、硫、氧、氮和碳。这些元素有多种来源,包括行星广阔的大气层以及围绕它们旋转的卫星。太阳系中最强烈的辐射带呈圆环状,与木星的四个伽利略卫星中最靠近木星的卫星木卫一有关。木卫一的表面引力较弱,且火山活动极其活跃,因此从其内部喷发而出的某些气体可以逃逸出去,成为木星辐射带的一部分。在木星自转的带动下,带电粒子与卫星发生猛烈碰撞,致使更多的物质从木卫一表面逃逸,被喷射到太空中。利用硫或钠原子的发射谱线拍摄到的木星周围区域的图像显示了由木卫一上的物质形成的微微发光的圆环(图8.19)。

其他行星的磁气圈也受到其卫星的影响。土星最大的卫星泰坦(土卫六)的大气中富含氮气。逃逸到太空中的氮气是泰坦轨迹上的圆环物的主要来源。该辐射带距离地球很远,其密度多变,这是因为基于太阳风的强弱程度,泰坦时而在土星的磁气圈以内时而在其磁气圈以外。当泰坦在土星的磁气圈以外时,从该卫星的大气中逃逸出去的所有氮分子都会被太阳风吹走。

通过无线电信号可以得知行星的真正自转周期。

木卫一是磁气圈粒子的来源。

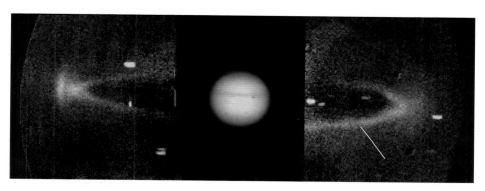

图8.19 木星(中心处)周围围绕着微微发光的等离子体圆环。该圆环物是由带电粒子撞击木卫一表面致使木卫一上的原子逃逸到太空中而构成的。木卫一是土星的伽利略卫星中最靠近土星的卫星。(拍摄时,在土星圆盘前放置了半透明挡板,以防止土星发出的光完全淹没在相对而言十分暗淡的圆环状辐射带。)

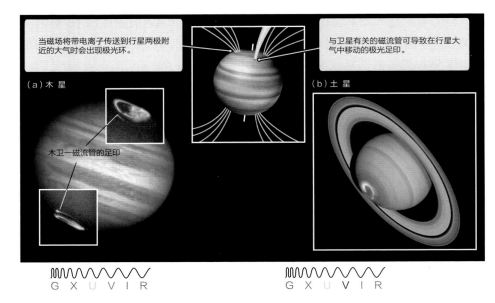

图 8.20　哈勃太空望远镜拍摄到的木星（a）和土星（b）两极附近的极光环图像。该极光照片首先在紫外线波段拍摄，然后再叠加在可见光图像上。（如插图所示，下面云层的紫外线影像被高空雾霾遮蔽而变得模糊不清。）木星的主极光环之外的亮斑和轨迹是木卫一磁流管的足印和尾迹。

　　带电离子沿着巨行星磁场线作螺旋运动，在两次磁极之间来回穿梭，就如同在地球周围一样，最终在巨行星磁极周围形成明亮的极光环（图8.20）——类似于地球南北磁极周围的北极光和南极光。

　　木星的极光还另有一条地球上未曾出现过的弯曲弧线。当木星的磁场扫过木卫一时，将形成一个电位高达40万伏的巨大电场。该电场对电子产生加速作用，使电子沿着木星的磁场方向螺旋运动，最终形成一个将木卫一与木星磁

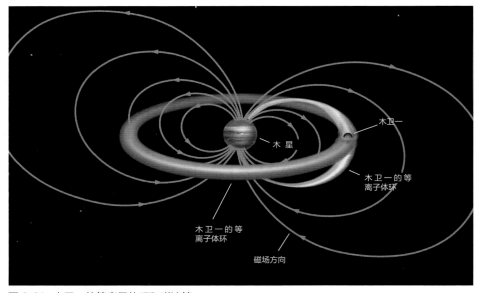

图 8.21　木卫一的等离子体环和磁流管

极周围的大气相连的磁通道，称为磁流管（图8.21）。该磁流管中的电流为500万安培，功率高达20 000亿瓦，大约是地球上的发电站发出的总电能的六分之一。木卫一磁流管中发出的大部分电能都以射电能量的形式辐射出去，而这些电信号被地球接收到，表现为强烈的同步辐射。但是，该磁流管中的大部分能量都沉积到了土星的大气中。在磁流管截断大气的地方，极光活动非常强烈，表现为亮斑。随着木星自转，该亮斑会在木星大气中留下长长的极光痕迹。如图8.20（a）所示，在主极光环之外可见看到木卫一等离子体圆环的足印以及其尾迹。

8.7 围绕巨行星的行星环

所有巨行星都有环系统（图8.22），而类地行星则没有。环系统由如同巨行星的许多卫星一样各自围绕巨行星旋转的无数小颗粒构成，这些颗粒大小从微粒到房屋大小的大块石不等。根据开普勒定律，所有行星环颗粒的速度和轨道周期必定会随着它们离行星的距离的不同而不同，离行星最近的颗粒运行速度最快，轨道周期最短。例如，明亮的土星环中的颗粒，其轨道周期的范围在5小时45分钟（土星环内缘）到14小时20分钟（土星环外缘）之间。土星环中的颗粒聚集甚密，颗粒之间相互撞击，致使它们的轨道呈圆形，并迫使它们处于同一平面上。任何运行轨道为非圆形或者为倾斜轨道的，都将与其他颗粒相撞，从而无法再运行更远。

行星环颗粒的轨道还受到其行星的较大卫星的影响。如果卫星质量足够大，当该卫星经过行星环时，会对行星环颗粒产生引力拖曳作用。如果此事反复发生，这些颗粒就会被拖出，留下密度较低的空隙。例如，米玛斯（土卫一）在土星环上造成了著名的缝隙即卡西尼环缝（图8.22（b））。

另外还可能存在其他效应。例如，大多数狭窄的行星环都与附近的被称之为"牧羊卫星"的卫星呈拔河之态，这些卫星对行星环颗粒群产生的作用就像牧羊人管理牧群一样。恰好在行星环外面的牧羊卫星会剥夺漂移在环边缘之外的所有颗粒的轨道能量，使它们回到环内。恰好在行星环内侧的牧羊卫星则会将其轨道能量传递给漂移在行星环内缘之外的颗粒，将它们向外推回到行星环上。

形成行星环的大多数物质主要归因于潮汐应力。如果一颗卫星（或者其他微星）围绕一颗大行星旋转，离该行星较近一面受到的引力较大，而背离行星的一面则引力较弱，这样该卫星就会被拉长。如果潮汐应力超过了让卫星得以聚集在一起的自引力，该卫星就会分崩离析。在某个距离上潮汐应力恰好等于子引力，该距离称之为洛希极限。如果某颗卫星或者微星离巨行星的距离在该巨行星的洛希极限之内，该卫星或者微星将被潮汐应力拉断，造成许多颗粒围绕该行星旋转，这些颗粒还会逐渐扩散。随后，由于前文所述的撞击作用，这些颗粒的轨道将趋于圆形，轨道面也成为扁平形，行星环由此形成。

（a）木 星

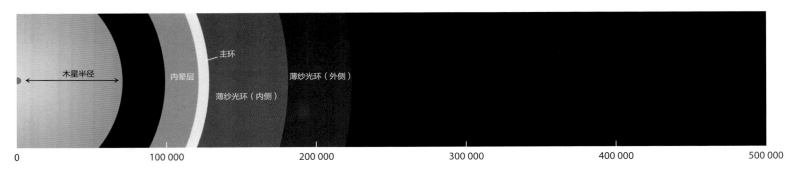

（b）土 星

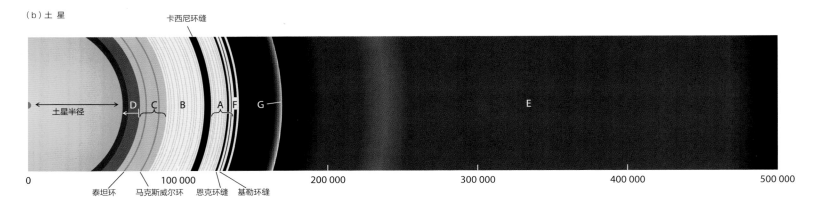

（c）天王星

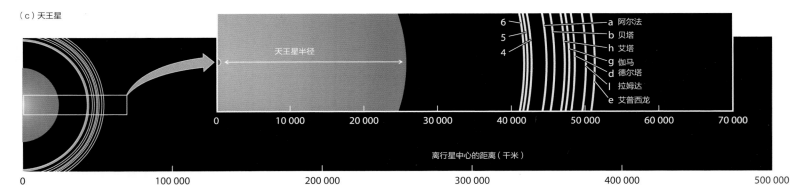

（d）海王星

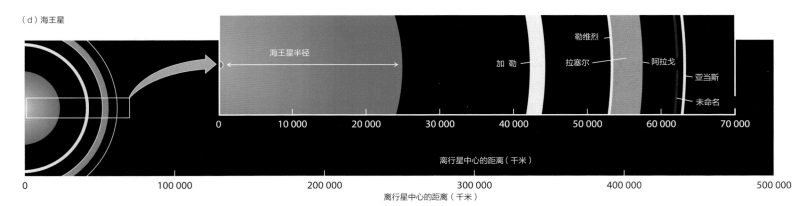

图 8.22 四颗巨行星的环系统对比

最复杂的环系统当属美丽壮观的土星环。图8.22（b）展示了土星环系统的各个组成部分以及主要环缝。土星最显著的特征是其宽阔明亮的光环，在所有土星照片中都相当明显。在四颗巨行星中，只有土星拥有如此宽阔明亮的光环。最外面的明亮光环即A环，是三个亮环中最狭窄的。在A环的内侧是卡西尼环缝，该环缝相当宽，几乎可以容纳水星。天文学家曾以为此环缝是空无一物的，但旅行者1号探测器拍摄到图片显示，卡西尼环缝中也有许多物质，虽然这些物质的密度低于亮环中的物质。

B环的宽度几乎是地球直径的两倍，是土星环中最亮的环，其中没有其他亮环中所见的尺寸较宽的缝隙。C环比其两侧的光环暗淡得多，因此在一般曝光的照片中都没有露面。但是透过望远镜的目镜进行观测，C环就如同一层精致的纱布。C环与相邻光环之间都没有缝隙，只有明亮度的骤然变化，以此形成分界线。环物质数量的突变仍是未解之谜。D环靠近土星明亮的圆盘，暗淡而不可见，直到被旅行者1号拍摄到之前是所有未知环中第四宽的环。D环的结构比其他亮环都少，没有明显的内缘，可能一直延伸到土星大气的顶部，其中的环物质将作为流星体在大气顶部燃烧。

土星的亮环也不是均匀一致的。A环和C环中含有数百个单独的小环，而B环中含有数千个单独的小环，有些小环只有几千米宽（图8.23）。每个小环都是由集中分布的环物质构成的狭窄带，两侧由相对疏密分布的物质形成分界线。

每隔15年，土星环面会与地球排列在同一平面，此时我们只能看到土星环的侧面。即使使用世界上最大的望远镜，土星环也会消失在镜头中一天左右。当土星环的光辉消失后，天文学家就可以搜寻土星附近未曾发现的卫星或者其他暗淡天体。1966年，当美国天文学家沃尔特·A.费贝尔曼（Walter A.Feibelman，1930—2004）搜寻土星附近的卫星时，发现土星卫星恩克拉多斯（土卫二）的轨道附近存在暗环的迹象，虽然证据不充分但非常令人信服。1980年，旅行者1号探测器证实了此暗环的存在，如今称为E环，还发现了另一个离土卫二轨道更近的环即G环。E环和G环属于天文学家所称的漫射环。漫射环中的颗粒相隔较远，之间少有碰撞，因此它们的单个轨道可能是离心或者是倾斜的，或者两者都是。漫射环在水平方向延伸，在垂直方向加厚，有时候没有任何明显的边界。漫射环非常难以探测到，除非光是从后面照射而来，此时漫射环中的微小环物质会向前漫射太阳光，从而变得明亮可见。

土星的亮环非常宽——从C环内缘到A环外缘宽62 000千米以上，但却很薄，从最下面到最上面大约不超过100米厚，很有可能只有几十米厚。土星亮环系的直径是其厚度的1 000万倍。如果亮环的厚度相当于本书厚，那么其直径相当于有6个足球场首尾相连那么宽。

图8.23　卡西尼探测器拍摄到的土星环显示土星环包括许多小环和小缝隙，看起来就像一张老式唱片。形成此结构的原因还有待详细阐释。

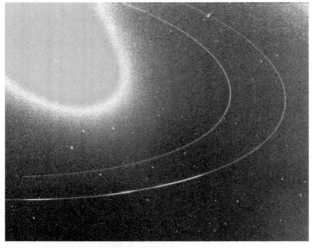

图8.24 旅行者2号探测器拍摄到的海王星亚当斯环上三个最明亮的环弧图像。图中，海王星本身被过度曝光。

其他巨行星的环结构没有土星环那么多样。除了土星环以外，大部分巨行星的环系都非常狭窄，虽然有些环系也会弥散开（图8.22（a）、（c）和（d））。木星环是由陨石撞击木星体积较小的处于木星环之中的内侧卫星而产生的细小尘埃构成的。天王星有13个环，其中9个都极其狭窄，相互之间的间隔相对它们的宽度而言甚远。这些光环之间的空间充满了尘埃物质，从地球上看显得极其黑暗无光。尘埃颗粒的大小刚好能向前散射太阳光，而不是将太阳光反射回去。旅行者2号在经过天王星时拍摄到了前向散射景象，图像显示出其中的环缝都不是空空如也的。海王星的六个环中有四个相当狭窄，其中亚当斯环最引人注意，其最亮的部分是环弧，其中的粒子神秘聚集在一起（图8.24）。当这些环弧首次被发现时，天文学家感到十分困惑，因为在撞击作用下，环弧都应均匀分布在其轨道上。大部分天文学家将此归因于与海卫六的引力互动作用。天王星环的某些部分可能不稳定：在旅行者2号探测器首次拍摄到环弧的图像后的第13年，地面望远镜拍摄到的图像显示这些环弧出现了衰退。21世纪结束之前，其中一个环弧可能会完全消失。

环物质构成成分

土星环可能是在卫星或者微星移动到土星的洛希极限之内时形成的，它们会反射照射到其上的大约60%的太阳光。土星环是由水冰构成的，其颜色呈淡红色，可见它们不是由纯水冰构成，必定含有少量诸如硅酸盐等其他物质。围绕土星旋转的冰质卫星或者外太阳系中的冰冻彗星都可容易地提供这些物质。

土星环是太阳系中最明亮的，也是已知的唯一由水冰构成的行星环。与此形成鲜明对比的是，天王星和海王星的光环是太阳系中已知的最暗淡的行星环，照射到它们之上的太阳光只有2%被反射回太空中，致使环物质比煤炭或者烟灰还黑。硅酸盐或者类似的岩石物质都没有这么黑，因此这些环状物很可能是由受到行星磁气圈中的高能带电粒子的辐射而变黑的有机物和冰构成的。（辐射会让冰分子释放出碳，从而让甲烷等有机冰质物变黑。）木星环的亮度适中，表明它们可能富含黑色硅酸盐物质，如同木星最里面的小卫星一样。

卫星还能以其他方式为行星环提供物质，例如在木星的环系中。木星环中最明亮的是仅6 500千米宽的狭窄环带，该环带由木卫十六（Metis）和木卫十五（Adreastea）中的物质构成（见图8.25）。这两颗卫星在木星的赤道面上围绕木星旋转，所构成的环很薄。在主环之外是迥然不同的薄纱光环，这些光环极薄，由此得名。薄纱光环主要是由木卫五（Amalthea）和木卫十四（Thebe）提供的尘埃构成。木星环系中最内侧的是内晕层，主要由来自主环的物质构成。随着主环中的尘埃颗粒飘逸，它们会获得电荷，然后在木星强大的电磁场产生的电磁力作用下被拖入厚度极大的内晕层中。

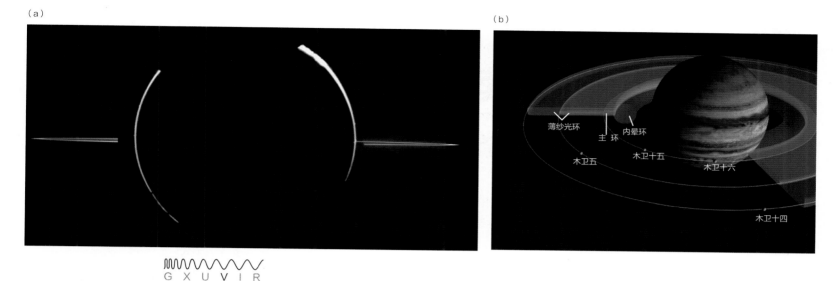

（a）

（b）

GXUVIR

薄纱光环　主 环　内晕环

木卫五　木卫十五　木卫十六

木卫十四

图 8.25 （a）伽利略望远镜拍摄到的木星环背照图像。注意木星高空大气层中的微粒对太阳光的前向散射。（b）木星环系以及构成木星环的小卫星示意图。

最后，卫星还可以通过火山作用提供环物质。木星卫星木卫一会向太空中持续不断地喷射硫颗粒，其中大部分在太阳光的照射下向内移动，最后进入木星环中。木星E环中的颗粒是从位于E环最密集处的土卫二（Enceladus）上的冰质喷泉中喷射出的冰晶体。

宇宙领悟 行星环生命短暂

行星环不像大多数太阳系中的天体一样具有长期稳定性特征。环物质不断在其紧凑的环境中相互碰撞，或者获得轨道能量，或者失去轨道能量。这种轨道能量的重新分布，加上太阳光压力等非引力作用，会导致环边缘上的颗粒离开环飘逸出去。虽然卫星可能会指引环物质的轨道运行，延迟环结构的消散，但这只能起到暂时作用。大部分行星环最终都会消散，但至少有土星E环看似会免于死亡的命运。土卫二上面的火山爆发会持续不断地向土星E环提供冰质颗粒，替代飘逸而去的环物质，因此，只要土卫二能够保持地质活跃性，土星E环都不会消亡。

我们看到的所有行星环在太阳系形成之后都保持目前的形状是非常不可能的。更可能的是，许多环系在太阳系的历史进程中忽来忽去，即使地球也有可能在其历史长河中在不同的时代拥有过数个短暂的环结构。大量彗星或者流星体很可能近距离掠过地球，然后分裂成许多小碎片，暂时形成了光环，但由于地球没有牧羊卫星，无法让这些光环保持轨道稳定性。

只要巨行星拥有能够让行星环具有暂时稳定性的卫星，太阳系中的行星环都将忽来忽去。当然，未来是否会出现与我们目前所看到的土星的亮环系统相互争艳的行星环还是未知数。或许我们现在所处的时代是土星向我们展示其最好的一面的时代。

天文资讯阅读

在土星环中探测到巨大的螺旋桨结构

微软全国广播公司（MSNBC）丹尼斯·周（DENISE CHOW）

星期四，美国国家航空航天局公布，已经在土星环中发现螺旋桨结构，这些结构似乎是由一种我们看不见的新型卫星组成。

美国国家航空航天局的土星探测飞船卡西尼号在某些土星环内部探测到明显的螺旋桨结构，这标志着科学家们首次成功追踪到诸如土星环这么复杂的系统的碎屑盘内部某个天体的运行轨道。

科罗拉多州博尔德市天空研究所卡西尼图像组首席研究员及本研究报告的共同作者卡洛琳·波柯（Carolyn Porco）说："观察这些嵌入盘内的天体的运行为我们推测行星是如何由围绕早期太阳的物质盘演变而来的以及怎么与其互动的提供了一个难得的机会。它为我们了解太阳系为何呈现现在的样子提供了机会。"

卡西尼号拍摄到的螺旋桨结构图片证明这些结构十分巨大，足有数千英里长。研究员们说，天文学家希望通过了解这些螺旋桨结构的形成过程来探究其他恒星周围的碎屑盘。

《天体物理学杂志通讯》7月8日详细介绍了本研究成果。

之前，卡西尼号的科学家就在土星环中见过双臂螺旋桨结构，但与新发现的大型结构相比，规模要小。双臂螺旋桨结构首次在2006年被发现，所在的区域现在被叫做"螺旋桨结构带"，位于土星外层致密环的中央。

螺旋桨结构实际上是环物质的空隙，由一类叫做小卫星的新型天体构成，小卫星比我们知道的月亮小但比构成土星环的微粒大。据卡西尼号科学家估计，小卫星的数量可以以百万计。

小卫星照亮就近区域的空间，产生类似螺旋桨结构的面貌，但亮度又不足以照亮围绕土星的整个轨道，正如在土卫十八和土卫三十五见到的一样。

但是在这一新研究中，研究员们在离土星较远的环中的一个区域发现了众多更大也更少见的卫星。这些体积更为庞大的卫星组成的螺旋桨结构是之前描述过的结构的数百倍，研究人员对它们已进行了4年的追踪。

卡西尼图像组实习生、纽约州伊萨卡市康奈尔大学的马修·提斯卡雷诺（Matthew Tiscareno）主持了这项研究。

这些由大型卫星组成的螺旋桨结构长达数千英里宽。嵌入土星环中的卫星似乎会扬起环中的物质至环面上下1 600英尺（约500米）的距离。

研究员们表示，这一厚度要比一般约为30英尺（约10米）环的厚度大得多。

但是，卡西尼号飞船距离土星太远，无法看见被包围在旋转的环物质中的卫星。然而，根据螺旋桨结构的大小，科学家们估计这些卫星的直径接近半英里

图 8.26　卡西尼号拍摄到的土星环中螺旋桨结构的特写图。

（约850米）。

根据他们的研究，提斯凯尔诺和他的同事们推算举行螺旋桨结构的数量多达几十个。实际上，其中11个已经在2005年和2009年被多次拍摄到了。

其中一个螺旋桨结构被叫做布莱里奥，是以著名飞行员路易斯·布莱里奥（Louis Bleriot）的名字命名的，已经在卡西尼号拍摄的照片上出现过100多次了，这次又被紫外成像摄谱仪观察到一次。

提斯凯尔诺称，"科学家还从未在宇宙任何地方探测到嵌入盘内的天体。我们所知的所有卫星和行星都是位于轨道前的空白空间。在一张照片中我们看见螺旋桨结构带中有一大批嵌入盘内的天体，但是后来无法确定我们看见的是不是同样的天体。有了这个新发现，现在我们能够常年

逐个探测这些嵌入盘内的天体了。"

通过四年的观察，研究员们注意到当巨型螺旋桨结构围绕土星运行时，它们的轨道会发生移动，但是产生变化的原因还没有确定。

研究员认为，轨道位移可能是因为与其相比更小的环微粒碰撞产生，也可能是这些微粒的重力作用的影响。小卫星的轨道路径也可能因为土星环外大型卫星的重力影响而改变。

科学家将继续监测这些卫星，以确定位移是否由自己产生。如果推测被验证，提斯凯尔诺表示，这将是第一次直接得出这一测量结果。

加利福尼亚州帕萨迪纳市美国国家航空航天局喷气推进实验室的卡西尼号项目科学家琳达·斯皮尔克（Linda Spilker）称，"螺旋桨结构使我们有机会探测土星环内更大型的天体，给我们意想不到的启示。在接下来的7年里，卡西尼号将有机会观察这些天体的演变，同时弄明白为什么它们的轨道会发生改变"。

美国国家航空航天局于2007年发射卡西尼号太空探测器，2004年到达土星旁，在土星最大的卫星土卫六的稠密大气层上投下欧空局的惠更斯探测器。卡西尼号原本计划在本年九月退役，但后来又将其寿命延长至2017年。

新闻评论：

1. 土星环中发现了什么新结构？
2. 为什么这些结构之前从未被观测到？
3. 卡洛琳·波柯表示："观察这些嵌入盘内的天体的运行为我们推测行星是如何由围绕早期太阳的物质盘演变而来的以及怎么与其互动，提供了一个难得的机会。"请解释我们可以从土星环中了解到哪些关于原行星盘的知识。
4. 促使形成螺旋桨结构的新型卫星具有哪些不同性质？
5. 请结合你所掌握的所有关于土星环的信息阅读此报道。此次发现是如何体现科学发展的持续性和无常性的？

小结

8.1 巨行星体积和质量巨大，密度低于类地行星。木星和土星主要由氢和氦构成——类似于太阳的组成成分。天王星和海王星含有大量"冰"，例如水、氨和甲烷。

8.2 我们只能看到巨行星的大气，而非其固体表面，因为即使巨行星存在固体表面，也深藏在云层和液体层之下。

8.3 木星和土星上的云团由各种因含有杂质而带有颜色的冰晶体构成。在天王星和海王星上，云团相对极少。

8.4 受到强对流和科里奥利效应的作用，在巨行星的上层形成了高速风。木星、土星和海王星拥有大量的内部热源，而天王星的内部热源极少，甚至没有。

8.5 巨行星的内部非常炽热，密度极高。

8.6 巨行星的磁气圈非常巨大，可发射出同步辐射。

8.7 所有四颗巨行星都具有行星环。行星环的生命比较短暂。

◆ 小结自测

1. 木星和土星的构成成分类似于太阳，被称之为＿＿＿＿＿＿＿巨行星。天王星和海王星的则被称为＿＿＿＿＿＿＿巨行星。

2. 判断题：巨行星内部的固体表面存在明显的分界线。

3. 随着深度的增加，＿＿＿＿＿＿＿和＿＿＿＿＿＿＿也随之增加，从而导致巨行星大气中云团的化学成分的变化。

4. 巨行星大气的对流是由以下步骤产生的。请按先后顺序排列。
   a. 引力将粒子向中心牵引
   b. 高温物质上涌和扩散
   c. 粒子向中心坠落，将引力能转换成动能
   d. 扩散的物质冷却
   e. 热能加热物质
   f. 在摩擦作用下，动能转换成热能

5. 巨行星上的信风比类地行星上的信风强烈，是因为：
   a. 巨行星上的热能更多
   b. 巨行星自转速度更快

c. 巨行星的卫星可以提供额外的牵引力

d. 巨行星的卫星通过磁气圈为其行星提供能量

6. 在巨行星的内部深处，即使温度在水的沸点之上高达几万摄氏度，水仍为液态，其原因是：

　　a. 巨行星内部的密度相当高

　　b. 巨行星内部的压力相当高

　　c. 外太阳系相当寒冷

　　d. 太空中压力极低

7. 假设某颗巨行星非常类似于木星，在形成时被逐出了太阳系。（这类天体确实存在，而且可能有无数颗，虽然它们的

总数量至今仍不确定。）几乎可以肯定的是，该行星具备的特征包括：（选择所有正确答案）。

　　a. 磁气圈　　　　　　　b. 热能

　　c. 极光　　　　　　　　d. 行星环

8. 土星的亮环在土星的洛希极限之内，表明这些行星环（选择所有正确答案）：

　　a. 由被潮汐应力分裂的卫星碎片构成

　　b. 在土星形成的同一时间形成

　　c. 相对形成时间较短

　　d. 生命短暂

问题和解答题

判断题和选择题

9. 判断题：天王星上季节非常极端，这是因为其两极位于太阳系平面上。

10. 判断题：所有巨行星都有云团和条纹带。

11. 判断题：在巨行星的大气中，水永远不可能形成云。

12. 判断题：巨行星上的风暴比地球上的持续时间更长。

13. 判断题：巨行星核心都非常类似。

14. 判断题：木星的极光部分是由木卫一上的粒子产生的。

15. 判断题：洛希极限是指巨行星引力等于其卫星的自引力的距离。

16. 与木星和土星的化学成分相似的天体是：

　　a. 天王星和海王星

　　b. 类地行星

　　c. 它们的卫星

　　d. 太阳

17. 木星上的大红斑是：

　　a. 表面特征

　　b. 席卷木星300年以上的"风暴"

　　c. 因木星磁气圈与木卫一之间的交互作用导致的

　　d. 约北美洲大小

18. 木星上的云团颜色五彩缤纷，主要是什么原因导致的？

　　a. 温度

　　b. 构成成分

　　c. 云团靠近或者远离观察者

　　d. 以上皆是

19. 假设木星上某气体粒子向北移动。根据科里奥利效应，该气体粒子的移动方向将变为：

　　a. 木星自转方向

　　b. 与自转方向相反

　　c. 向北

　　d. 向南

20. 金属氢不具备的特点是：

　　a. 表现为氢特性的金属

　　b. 表现为金属特性的氢

　　c. 在巨行星核心中比较普遍

　　d. 高温和高压的结果

21. 巨行星磁场具备的特征是：

　　a. 与自转轴紧密对齐

　　b. 延伸到太空中

　　c. 云顶的强度是地球表面磁场的数千倍

　　d. 磁场轴经过行星的中心

22. 具有行星环的巨行星包括：

　　a. 土星

　　b. 木星

　　c. 天王星

　　d. 海王星

　　e. 以上皆是

概念题

23. 说明巨行星在哪些方面不同于类地行星。

24. 天王星和海王星在哪些方面不同于木星和土星？

25. 木星的化学成分更类似于太阳而不是地球，但是这两颗行星都是从同一个原行星盘中形成的。请解释为什么它们之间存在差别？

26. 当某颗太阳系天体发生掩星时，我们可从中获得什么知识？

27. 阐释用于确定巨行星质量的两种方法。

28. 为什么我们看不到巨行星的表面?

29. 木星有时候被描述为"失败的恒星"?解释为什么这种描述过于夸张。

30. 天文学家将除了氢和氦之外的所有原子元素定位为单一类别,即重元素。为什么这种定位是合理的?

31. 所有巨行星都不是真正的圆形。解释为什么它们的外形为扁圆形。

32. 大红斑是木星南极大气中的持续时间较长的大气漩涡。风围绕其中心逆时针旋转。大红斑属于气旋还是反气旋,高压区还是低压区?请解释原因。

33. 为什么巨行星大气中的单个云层拥有不同的化学成分?

34. 木星云团的颜色是什么造成的?

35. 所有巨行星上都探测到有闪电。这是如何探测到的?

36. 在望远镜的镜头中,天王星和海王星看起来呈明显的蓝色。导致此显著外观的两个主要原因是什么?

37. 哪一颗巨行星的季节与地球类似,哪一颗巨行星的季节十分极端?

38. 解释天文学家是如何测量巨行星大气中的风速的。

39. 巨行星大气中的信风是什么导致的?

40. 木星、土星和海王星向太空中辐射的能量超过了其吸收的太阳光能量。这是不是违背了能量守恒定律?额外的能量源自哪里?

41. 木星和土星内部的金属氢是由什么造成的,为什么我们称其为金属态?

42. 木星的核心可能含有岩石物质和冰质物,所有这些物质在高温下都为液态。水等物质是如何在如此高的温度下保持液态的?

43. 土星具有内部热源,而木星没有。土星的内部热源是什么?又是如何运作的?

44. 当采用无线电望远镜进行观测时,木星是天空中第二亮的天体。这种辐射源是什么?

45. 木星和土星两极地区上的极光是什么导致的?

46. 描述和解释两种可能产生行星环物质的机理。

47. 土星亮环中的颗粒最终会相互黏结在一起形成一个固体卫星,然后在所有环颗粒离土星的平均距离上围绕土星旋转吗?请解释原因。

48. 行星环的质量与行星的独立卫星的质量相比如何?

49. 解释造成土星亮环系统中的缝隙的两种机理。

50. 解释漫射环与其他行星环的不同之处。

51. 描述和解释防止行星环消散的机理。

52. 天文学家认为大多数行星环最终都会消散。解释为什么行星环不能永远保持。

53. 列举可能持续无限期存在的一个行星环,并解释为什么该行星环可以永远存在,而其他行星环却不能。

54. 为什么地球没有行星环?

解答题

55. 太阳在天空中的亮度是满月的400 000倍。如果要使太阳看起来与夜晚的满月一样亮,你需要距离太阳多远的距离(天文单位)?请将你的答案与海王星轨道的半长轴相比。

56. 当天王星和地球之间的相对运动速度为23千米/秒时,天王星会发生掩星。地球上的某名观察者留意到恒星消失了37分2秒,并观测到天王星的中心直接从该恒星的前面经过。

    a. 根据这些观测数据,该观察者计算的天王星直径是多少?

    b. 如果天王星的中心没有直接从恒星的前面经过,你认为该行星的直径会是如何的?

57. 木星为扁圆状,平均半径长69 900千米,而地球的平均半径长6 370千米。

    a. 体积与半径的立方成正比,由此可知木星内可容纳多少个地球?

    b. 木星的质量是地球质量的318倍。解释为何木星的平均密度大约是地球密度的四分之一。

58. 天王星的黄赤交角是98°。如果你位于该行星的某个极点上,夏至时太阳离天顶有多远?

59. 比较图8.11(a)和(b),随着深度的增加,大气压力升高的速度是在木星上快些还是在土星上?比较图8.11(c)和(d),随着深度的增加,大气压力升高的速度是在天王星上快还是在海王星上?在这四颗巨行星中,随着深度增加压力升高速度最快的是哪一颗?最慢的是哪一颗?

60. 根据图8.11计算出四颗巨行星上高度在100千米时的温度。

61. 经观察,木星赤道地区上有一小团云位于坐标系中的西经122.0°,旋转速度与木星内部深处的旋转速度相同。(西经是沿行星赤道向西测量的)在经过10个地球小时之后进行了第二次测量,发现该云团位于西经118.0°。木星的赤道半径是71 500千米。观测到的赤道风速是每小时多少千米?属于东风还是西风?

62. 土星的均衡温度应为82K(约−191.15 摄氏度),但经发现土星的平均温度是95K(约−178.15 摄氏度)。土星辐射到太空中的能量比其吸收到的太阳光能量多出多少?

63. 海王星向太空中辐射的能量是其吸收的太阳光能量的2.6倍。海王星的均衡温度为47K(约−266.15 摄氏度),那么它的实际温度是多少?

智能学习(SmartWork),诺顿的在线作业系统,包括这些问题的算法生成版本,以及附加的概念习题。如果你的导师在聪慧学习上布置了问题,请登录smartwork.wwnorton.com。

学习空间(StudySpace)是一个免费开放的网站,并为你提供《领悟我们的宇宙》书中每一章的学习计划。学习计划包括动画、阅读大纲、生词卡、选择题测试以及聪慧学习和电子书中站点内容的链接。请访问wwnorton.com/Studyspace。

探索 | 估算巨行星的自转周期

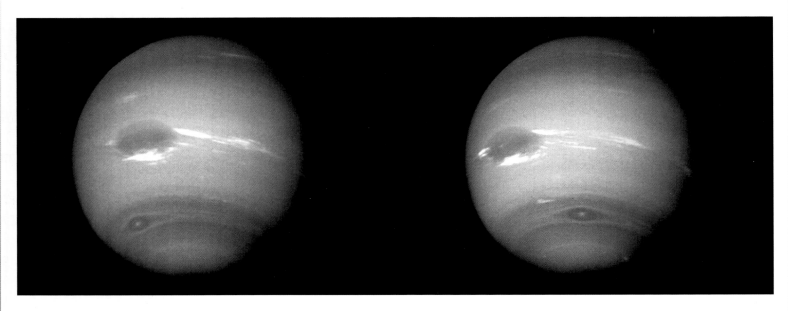

图 8.27　旅行者 2 号探测器在 17.6 小时间隔时间前后分别拍摄到的两张海王星图像。

GXUVIR

请仔细观察图 8.27 所示的两张海王星图像。左图先拍摄，右图是在 17.6 小时之后拍摄的；在此时间间隔内，大黑斑几乎完成了一圈自转。行星图像底部的小团风暴完成了一圈多自转。如果是在火星上，看到此结果会让你感到非常惊讶。

1. 通过分析这两张图像，你对海王星上可见的云顶的自转有什么看法？

如本章开篇图所示，通过将两个比例设为相等来计算图 8.27 中的小型风暴的自转周期。

首先，用尺子测量行星左边缘到小型风暴的距离（毫米）（如图 8.28（a）所示）。分别对图 8.27 中的两张图像进行测量。行星的右边缘未被照明，因此我们必须估算该风暴移动的圆周半径，为此我们可以测量行星的边缘到中心的距离（如图 8.28（b）所示）。因为该小型风暴沿着靠近极地的纬线移动，因此其移动距离远远小于该行星的周长。

2. 对图 8.27 中的图像进行适当测量，以估算该小型风暴围绕海王星所移动的圆周的半径（毫米）。

3. 计算出该圆周的周长（毫米）。

因为该小型风暴旋转了一圈多，因此其移动的总距离等于该圆周的周长加上两图中所示的该小型风暴位置之间的距离。

4. 将这两个数字相加，得出移动的总距离（毫米）

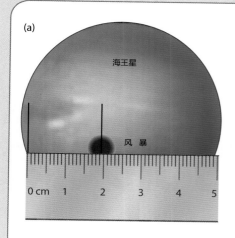
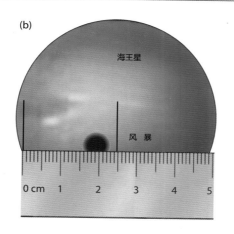

图 8.28 （a）如何测量风暴的位置。（b）如何测量风暴移动的圆周的半径。

现在，我们可以通过计算比例得出海王星的自转周期。自转周期 T 与所经过的时间 t 之间的比例必定等于风暴所移动的圆周的周长 C（毫米）与总移动距离 D（毫米）之间的比例。

$$\frac{T}{t} = \frac{C}{D}$$

5. 带入已知的数据即可计算出 T。该小型风暴的自转周期是多少？（该数字应小于 17.6 小时，为什么？）

你可能会怀疑为什么此种方法是可行的。毫无疑问，小型风暴移动的实际距离不可能只有几毫米，并且其移动的圆周的周长也不可能是几毫米。但是，如果要计算出实际移动的距离或者周长，你都需要乘以相同的比例常数。因为我们在此将比例设为相等，因此比例常数被约去了。

6. 根据上述方法对图 8.27 中所示的大黑斑进行测量和计算。大黑斑的自转周期是多少？认真想一想如何计算出大黑斑移动的总距离，因为其围绕海王星旋转的圈数不到一圈。（注意，答案应大于 17.6 小时，为什么？）

7. 这两个风暴的自转周期有什么相似之处？

8. 使用此方法确定巨行星的自转周期对你有什么启示？

9. 天文学家采用的是什么方法？

9 太阳系中的小天体

我们从太阳系的历史来讨论太阳系。我们了解到，从很早开始——在我们的太阳成为一颗恒星之时——初始物质的微小颗粒粘连在一起，产生大量的小天体，称之为微行星。构成太阳系最热最内层的部分大多数由岩石和金属组成，而最冷最外层部分则由冰、有机化合物和岩石组成。我们还了解到大多数微行星发生的状况。有些在大天体构建成行星及其卫星的时代被消耗掉，而有些因与大天体的引力碰撞而被排斥出太阳系。然而，所有初始物质并非遭遇相同的命运。还有很大一部分静止不动，它们代表着当今太阳系组成中很小但在科学上却很重要的一部分。在我们总结对太阳系的讨论时，发现我们重新回到了起点。这些剩余的微行星及其持续制造的碎片，为行星科学家们提供一个回顾太阳系历史中最早期物理和化学条件的机会。

◆ 学习目标

矮行星是太阳系中的较小行星。小行星和彗星甚至更小，然而这些天体——其幸存在大气中的碎片以流星的方式坠入地球——告诉我们很多关于太阳系早期历史的知识。在太空时代到来之前，穿越太阳系的探测机器人向我们显示了这些小天体。右页图中，一名学生正在研究这个区域的恒星时拍摄了一幅小行星图像，并对照小行星目录确认了她的发现结果。学完本章后，你应能理解什么是小行星，他们告诉我们太阳系的哪些知识，为何科学家们在被称之为近地天体的特殊

课堂上目不转睛地研究小行星。你还应能够掌握下列知识：

- 列出小天体的种类
- 根据其地质活动给卫星分类
- 解释为何有些小行星会分异，有些小行星则不会
- 描述不同类型陨石的来源
- 描绘出彗星处于不同轨道位置的外观图
- 解释陨石、小行星和彗星对太阳系历史的重要性

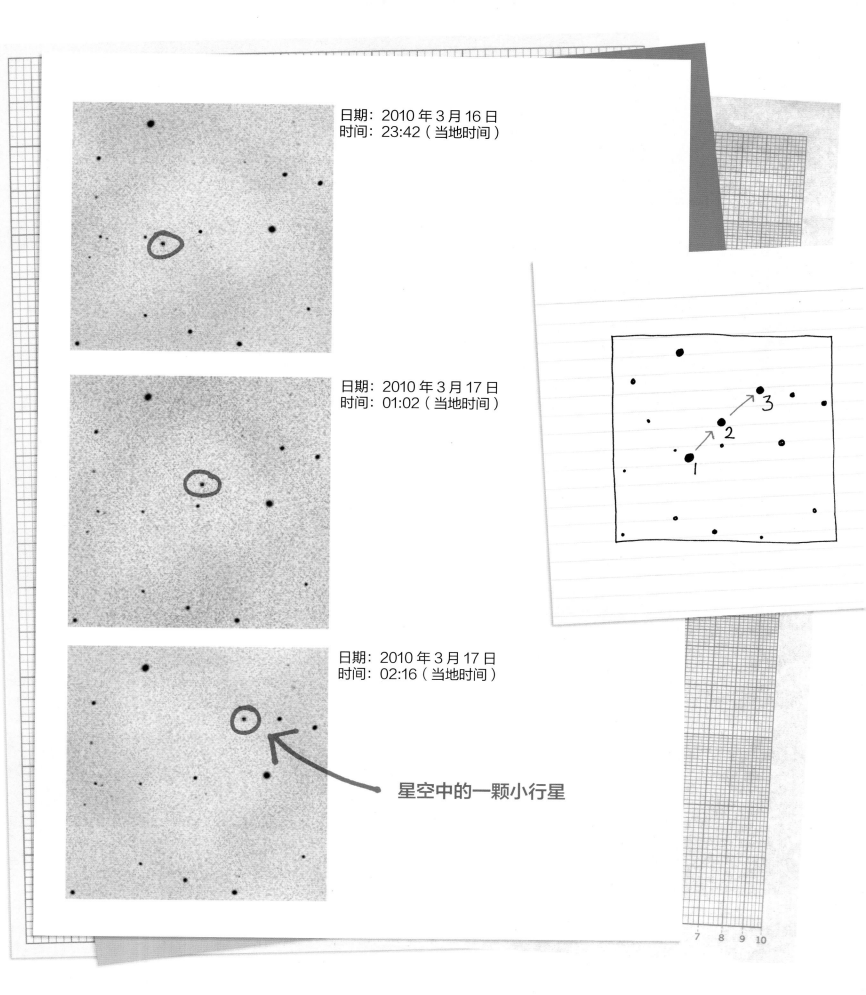

日期：2010 年 3 月 16 日
时间：23:42（当地时间）

日期：2010 年 3 月 17 日
时间：01:02（当地时间）

日期：2010 年 3 月 17 日
时间：02:16（当地时间）

星空中的一颗小行星

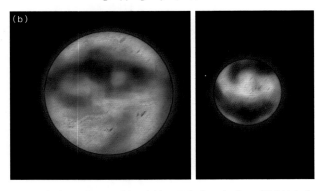

图9.1 矮行星冥王星及其最大的卫星卡戎，（a）一幅哈勃太空望远镜照片，（b）一幅艺术家基于 HST 图像分析绘制的图像。冥王星和卡戎大小相当，它们可视为"双行星"。

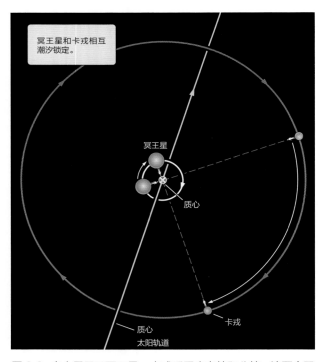

图9.2 本土展示了冥王星－卡戎系同步自转和公转。这两个天体永远以同一面朝向对方。

9.1 矮行星——冥王星和其他行星

行星是绕着太阳转的天体，大得足以（1）使其自身构成球形以及（2）扫清其轨道周围的障碍。矮行星满足上述（1）项球形标准，但由于其轨道内具有众多随同天体，因此不符合第（2）项标准。截至本书撰稿之际，目前太阳系中有五颗矮行星：冥王星、阋神星、妊神星、鸟神星和谷神星。谷神星是主行星带（位于火星和木星轨道之间包含大多数太阳系小行星）中特别大的天体；其他均位于外太阳系。

冥王星的轨道长度是248个地球年轨道长度，呈椭圆形，定期将矮行星带入海王星的近圆轨道——从1979年到1999年间，冥王星比海王星离太阳更近。冥王星拥有四颗已知卫星，其中最大的是卡戎，几乎是冥王星的一半大小，相当于我们月球三分之二大（图9.1（a）和（b））。冥王星-卡戎系的总质量约为地球的1/400。冥王星和卡戎有着一个岩石核心，周围为冰水覆盖。冥王星的表面是冻水、二氧化碳、氮气、甲烷和一氧化碳的冰冷混合物，但卡戎表面主要为脏污的冰水。冥王星有薄薄的氮气、甲烷和一氧化碳大气层；在冥王星距离太阳较远时，这些气体将大气层冻结住，因此更加冰冷。

冥王星和卡戎是潮汐锁定的一对：每个天体都有半球朝向另一个天体（图9.2）。我们对这些天体的表面特征知之甚少，对其地质历史更是一无所知。我们希望将来能了解更多——NASA 新地平线（New Horizons）宇宙飞船将于2015年抵达冥王星和卡戎。

阋神星（图9.3）与冥王星大小相当，但质量更大。阋神星也有一个相对较大的卫星，称为迪丝诺美亚。阋神星的高度偏心轨道使其从37.8天文单位偏离到97.6天文单位，其轨道周期为562年。人们无意中在几乎离其轨道最远处发现了阋神星，使其目前成为太阳系中最遥远的已知天体。[其他太阳系天体的偏心轨道，如赛德娜（Sedna），将最终使得它们偏离太阳更远。]阋神星反光度极强，因此它的表面肯定有一层原始冰。光谱表明这种冰很可能几乎都是甲烷，当阋神星在2 256年，距离太阳最近时将形成大气层。

妊神星和鸟神星都比较小，其轨道稍大于冥王星。妊神星有两个已知卫星——妊卫一和妊卫二。妊神星在其自身轨道中快速转动，以至于其形状变形

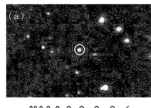

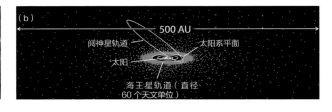

图9.3 （a）遥远的矮行星阋神星（白色圆圈内）大小与冥王星相当，具有相似的物理特征。太阳系中的小天体通常难以从星空图片中分辨出来，但从长时间对比同一区域图片就可发现。太阳系天体在一个图片到另一个图片中的位置虽然不同，但其实这些星体仍然在同一位置。（b）阋神星轨道不仅极度偏心，而且极度向太阳系其他星体倾斜。

严重，成为一个压扁的椭圆体，其赤道半径约是极半径的两倍。

在任何已知行星、矮行星等天体中，这是变形最严重的一颗行星。没有发现任何卫星围绕鸟神星运转，相对于冥王星、妊神星和阋神星，我们对这颗矮行星的了解甚少。

谷神星（图9.4）的直径为975千米，大于大多数卫星，但小于任何行星。它包含的质量为主行星带总体质量的三分之一。谷神星的自转周期大约为9小时，这是大多数小行星的典型自转周期。作为一个较大的微行星，尽管有记载表明，早期时候曾在某些点经历过分异，谷神星似乎基本完整地保留下来。光谱表明谷神星的表面含有含水矿物质，例如黏土和碳化物，表明其表面存在大量水。或许，其四分之一质量以岩石内核和冰水地幔组成。NASA的黎明号（Dawn）太空船于2011年开始对小行星灶神星进行了一年的探索，并将于2015年登上谷神星。

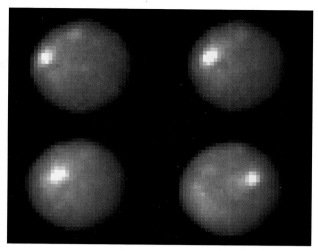

图9.4 谷神星，曾被认为是最大的小行星，现称为矮行星。注意，其球面形状是将谷神星定义为矮行星状态的标准之一。亮点的性质仍然未知，但反映出谷神星的转动，如 HST 拍摄的这组照片所示。

9.2 卫星是体积较小的天体

巨大的行星有众多卫星围绕其转动，包括从小鹅卵石那么大的天体到与

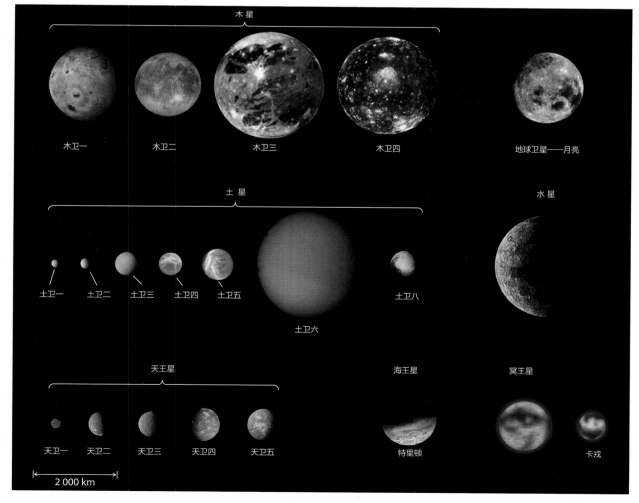

图9.5 太阳系内较大的卫星。水星和冥王星也列于此，供比较。

行星大小相当的天体。太阳系的较大卫星如图9.5所示。我们将根据卫星表面特征所示的地质历史排列太阳系的卫星。

用这种方法来比较这些天体，我们就可以针对它们是如何形成的以及关于其进化的物理或地质原理做出结论。有些卫星在太阳系早期发展期间自形成以来就已经冻结，而另外一些卫星的地质活动甚至比地球还活跃。我们确定出四种地质活动：（1）当前确定活跃，（2）当前可能活跃，（3）过去活跃，但当前不活跃，（4）自形成以来就一直不活跃。前三种类型对于我们的比较型方法最有意义。第四类包括木星的木卫四、天王星的天卫二以及种类繁多的不规则卫星（不规则卫星的轨道严重倾斜，过于椭圆，或者以行星转动相反的方向转动）。它们的表面多坑，除了由长时间碰撞引起的变化之外，没有其他变化。

领悟宇宙 地质运动活跃的卫星

木卫一（图9.6）的火山活动十分活跃。木星的万有引力弯曲木卫一的外表，产生热能，融化一部分表面，堪称最为活跃的火山活动。岩浆流出，冲击坑形成之时就迅速被火山灰填埋，因此，表面并没有观察到冲击坑。150多个活火山的爆裂喷发使得碎片飞到木卫一表面几百千米远。该卫星太过于活跃，甚至常有好几处喷发同时发生的现象。

硫磺、二氧化氯霜以及含钠和钾的硫盐混合物可能导致木卫一表面出现各种颜色。亮色部分可能是二氧化氯区域。旅行者号（Voyager）探测器和伽利

> 木卫一是太阳系统中火山活动最为活跃的天体。

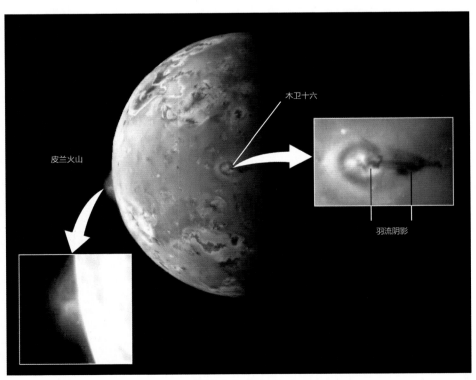

图9.6 伽利略号宇宙飞船拍摄这幅木卫一图片时，同时看到两座火山喷发。皮兰（Patera）火山的羽流上升到左边卫星分度弧上方140千米，而在卫星的中心附近，土卫十六喷发口右侧能看到17千米高的羽流阴影。

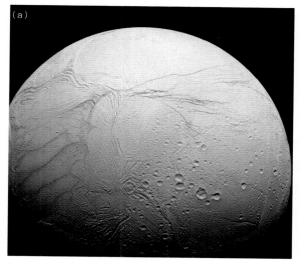

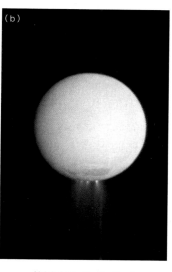

图9.7 土卫二的卡西尼图片 （a）卫星南极附近畸形冰裂缝的扭曲面和褶曲面（蓝色所示）比周围表面的温度要高，经发现这是冰火山的来源。（b）南极地区的冰火山羽流向太空喷出冰粒。本图片中有两个光源。卫星表面为土星反射的光所照亮，然而，羽流处仅有一丝背光，几乎位于土卫二的背后。

略号（Galileo）宇宙飞船拍摄的照片反映出该卫星表面上的平原、不规则陨石坑以及液体，这些都与硅酸盐的喷发有关。

他们还发现了高山，有些几乎为珠穆朗玛峰的两倍高。大型结构拥有多个破火山口（火山的山顶火山口），这表明，在部分倒空的岩浆库崩塌之后，还经历了长时间的重复喷发。木卫一上的火山在卫星上的分布比在地球上分布要随机得多，这表明木卫一并非板块构造。

过去，木卫一的整个质量不止一次地倒翻过来，导致了化学分异现象的出现。很久以前，挥发物质，例如水和二氧化碳逃离到太空。重物质沉入内部，形成一个内核。硫、各种硫化物以及酸盐岩浆一直不停在回收，形成我们今天所看到的复杂表面。

在太阳系之外，我们还发现了一种不同类型的火山活动。冰火山与正常火山活动类似，但喷发出来的是地下低温挥发物，而不是熔岩。土卫二，土星的冰卫星，表面有各种山脊、断层和地势平坦的平原。构造运动的证据对小天体（500千米）而言并不常见。有些撞击坑看似变软，或许是冰的黏滞流动所致，这种流动类似于地球冰川底层的流动。卫星的有些部分没有撞击坑，这说明表面近期经过重新修整。

土卫二南极附近的地势出现裂缝和扭曲（图9.7（a））。裂缝温度比周围温度高，这表明卫星岩石核心的放射性衰变给冰加热，使其流到表面。活跃冰火山羽流，如图9.7（b）所示，能量充足，能够克服卫星的低重力，将微小的冰晶送入太空，取代土星E环上不断损耗的颗粒物。土卫二如此活跃，但与它大小相当的邻近卫星土卫一，不仅受到潮汐加热，而且几乎为死火山，这仍是一个不解之谜。

海王星最大的卫星崔顿也发生过火山活动。崔顿以海王星自转相反的方向绕着海王星转动，这表明在行星形成之后，崔顿一定曾被海王星俘获。

角动量守恒定律要求与其行星一同形成的卫星必须以行星自转相同的方

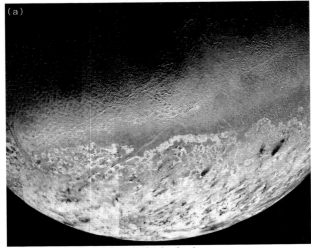

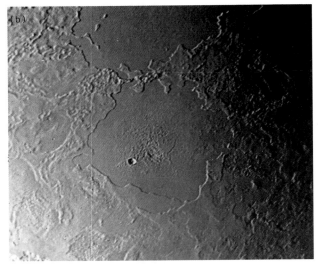

图 9.8 旅行者探测器拍摄的崔顿照片。（a）这幅图显示了崔顿朝向海王星半球上的各种地形。顶部可见"哈密瓜地形"；没有撞击坑表明此区域的地质年龄较底部明亮多坑的地形年轻。（b）崔顿上的不规则盆地一部分填满了冰水，形成一个相对光滑的冰面。盆地大小相当于美国新泽西州那么大。

向绕行星转动。崔顿之所以能得到如今的轨道，即同步轨道，是因为它曾经历了来自海王星的巨大潮汐应力，产生了大量的热能。内部可能已经融化，使得崔顿发生了化学分异。

崔顿的大气层稀薄，表面为由甲烷和氮气组成的冰霜，温度约为38K（约-235.15摄氏度）。相对缺乏撞击坑告诉我们其表面的地质活动较为年轻。崔顿表面一部分覆盖，布满了不规则的陨石坑和山丘（图9.8（a）），这可能是由融化的碎冰从表面流入内部所导致。像血管一样的特征包括沟槽和山脊，可能导致冰沿着裂缝渗出。崔顿的其余表面覆盖有平坦的火山平原。水、甲烷和氮冰混合物在崔顿内部融化时形成了宽度约为200千米的不规则形状洼地（图9.8（b）），并喷发到表面，就像岩石熔浆喷发到月球表面，填埋了地球卫星——月球的撞击坑一样。

透明的氮冰形成一个局部温室效应，其中太阳能渗透到冰下面，升高了冰层基底的温度。只要温度上升到4℃，氮冰就会蒸发。由于气体的形成，扩散的蒸汽在冰冠下面产生巨大的压力。最终，冰破裂，发生爆炸，将气体喷入低密度大气层。旅行者2号（Voyager 2）探测器发现了崔顿上有四个此类冰火山。每一个都由气体与尘埃羽流组成，范围达1 000米宽，高度约在行星表面上空8 000米，其中羽流被上层气流捕获，随风飘出几百千米远。黑色物质，可能是硅酸盐尘或放射性黑色甲烷冰颗粒，随蒸汽带入大气层，随后沉淀到表面，形成黑斑点，最后被地方性风吹成条状，如图9.8（a）底部所示。

可能活跃的卫星

木星的卫星木卫二只比我们的月球稍小，但却有冰壳。像木卫一，木卫二经历了来自木星持续不断的潮汐应力，从而产生热量，还可能造成火山活动。混沌地形区域，如图9.9所示，是冰壳破裂形成厚片并随后移动到新位置的地方。

图 9.9 伽利略号宇宙飞船拍摄的木星木卫二的高分辨率照片，说明了冰外壳破裂形成厚片的地方，这些厚片随后漂移到新的位置。这些混沌地形区域是脆薄冰片漂浮在液体或融雪海洋表面的特征。图中所示区域的面积约为 25 千米 ×50 千米。

在其他区域，冰片裂开，缝隙处填满了从内部漂浮上来的新黑色物质。

在形成这些特征之时，木卫二的冰片由一层薄薄易碎的地壳组成，上面覆盖了液态水或者部分融化的冰。木卫二表面陨石坑较少，从地质学上来讲尚属年轻，这表明可能拥有一个100千米深的全球海洋，所含的水比地球所有海洋所含的水还要多。这个海洋可能为咸水，水中含有溶解矿物质。伽利略号宇宙飞船的磁力计数据支持这一推理，因为数据显示木卫二的磁场为可变磁场，这表明存在内部导电液体。木卫二的海洋还有可能包含多种有机物质。事实上，木卫二与地球上的某些地方没什么两样，这些地方能够维系极限生命形式。木卫二的海洋中可能存在创造并维系生命的条件——液态水、热量和有机物质。这使得木卫二成为人们搜寻地外生命的首要目标。

木卫二成为人们搜寻地外生命的一个目标。

土星最大的卫星土卫六比水星还大，由45%的水冰和55%的岩石物质组成。土卫六最独特的地方就是它的浓密大气层。土卫六自身的质量以及离太阳的距离使得它能够形成比地球大气层浓密30%的大气层。土卫六上几乎都是氮气。由于土卫六已分异，各种冰，包括甲烷（CH_4）和氨水（NH_3）来自内部，形成早期大气层。来自太阳的紫外线光子具有足够的能量，打破氨水和甲烷分子，这一个过程称为光离解。氨水的光离解很可能就是土卫六气态氮的来源。甲烷分解成碎体，再重新组合形成有机化合物，包括复杂的碳氢化合物，例如乙烷。这些化合物以微小的颗粒聚集在一起，产生有机雾霾，就如洛杉矶空气质量糟糕时的雾霾，正是这个原因使得土卫六的大气层呈现出特有的橙色（图9.10（a））。

卡西尼号（Cassini）太空船于2004年开始绕土星飞行，首次为天文学家带来了土星表面的特写照片（图9.10（b））。

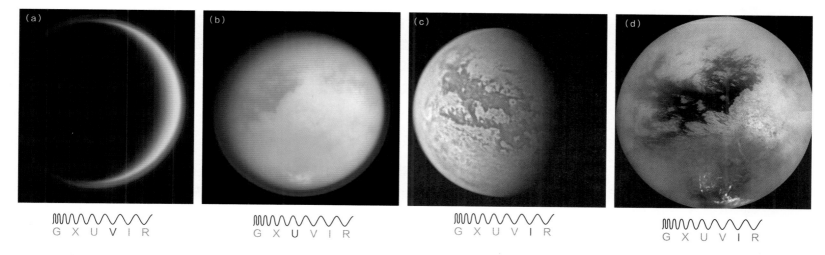

图 9.10 卡西号太空船拍摄的土星最大卫星之土卫六的照片。（a）可见光图像表明土卫六的橙色大气层，这种现象是因有机雾霾状颗粒物的存在而形成。（b）红外线和紫外线组合图像描述了表面特征以及青白色大气霾雾，雾霾因分散的紫外光中掺杂有细微的大气颗粒物而形成。在土卫六南极，可见低层大气有明亮的云层。（c）红外图像穿透土卫六的雾霾大气，反映了表面特征。（d）这个红外图像所涵盖的区域与（b）中的土卫六区域相同。大面积黑色区域称为世外桃源，大小约与美国本土面积相当。

图 9.11 土卫六南极附近的雷达图像（假色）表明，看似为湖泊的液态碳氢化合物覆盖该卫星表面 100 000 平方千米。在这些雷达图像中，我们能够清晰地看到与地外湖泊有关的常见特征，例如岛屿、海湾以及出入口。

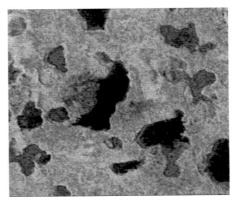

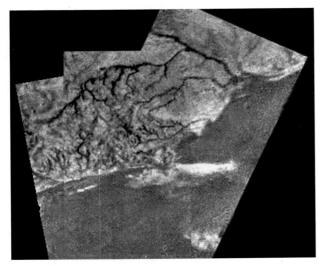

图 9.12 惠更斯号（Huygens）太空船探测器在登录卫星表面时拍摄的土卫六表面图。黑色水系部分酷似地球上的河系。

图 9.13 惠更斯号拍摄的土卫六表面图片显示，表面相对平坦，而且散落一些水冰状"岩石"。图片中间的两块岩石从相机上看只有 85 厘米，横截面分别为 15 和 4 厘米。黑色"土壤"很可能由碳氢化合物冰组成。

雾霾穿透图片表明有宽阔的黑色地带和明亮地带（图9.10（c）和（d））。雷达图像显示土卫六北半球有不规则形状特征，似乎为甲烷、乙烷和其他碳氢化合物组成的分布广泛的湖泊（图9.11）。光离解应在 5 000万年之内就已分解完所有大气甲烷，因此，一定存在一些其他过程，重新形成了被太阳辐射分解的甲烷。放射性衰变提供的热量可导致冰火山的形成，从地下释放"新"的甲烷。到目前为止，虽然没有证据表明土卫六上有活冰火山，但大量的大气甲烷和甲烷湖的存在表明土卫六的地质活动的确十分活跃。

卡西尼号携带探测器，惠更斯号，穿透土卫六的大气层，测量组成部分、温度、压力以及风力，并在着落时拍摄照片。惠更斯确认云层中存在含氮有机化合物。这些是地球生命中形成蛋白质的主要成分。土卫六有类似于地球上的地形（图9.12），有河道、山脊、山丘和平地体系，这些平地可能是干的湖泊盆地。表面近代没有冲击坑表明在现代发生了腐蚀。这些特征显示甲烷雨落到地面，冲洗山脊，洗去黑色碳氢化合物，然后收集到排水系统中，流入低洼的液态甲烷池。红外相机拍摄出太阳光从湖表面反射的照片。

惠更斯一旦着落土卫六，就开始拍摄照片，进行物理和成分测量。表面为潮湿的液态甲烷，在探测器（穿越大气层时加热到1 726.85 摄氏度）着落寒冷的土壤时，这些甲烷随之蒸发。表面还富含其他有机化合物，例如氰和乙烷。如图9.13所示，着陆地点的表面相当平坦，还散落一些圆形的水冰"岩石"。黑色"土壤"很可能是水和碳氢化合物冰的混合物。

土卫六在很多方面很像原始地球，尽管温度低得多。有机化合物的存在使得土卫六成为人们持续探索的另一个首选目标，因为这些化合物可能在适当的环境中成为生物学前体。

领悟 以前活跃的卫星

有些卫星具有清晰的证据证明过去的冰火山和构造变形，但没有近代地质活动。例如，木星的卫星木卫三是太阳系中最大的卫星，比行星水星还要大。其表面由两种突出地形构成：黑色多陨石坑（因此年代古老）地形和以山脊和山沟为特色的明亮地形。古老的黑色地形大部分地区为一个面积相当于美国本土面积的半球形区域，这个区域为面向公转的半球。众多黑色区域中平行波痕是木卫三最古老的表面特征。它们可能表示表面因内部过程发生变形，或者是冲击坑的残骸。

(a)

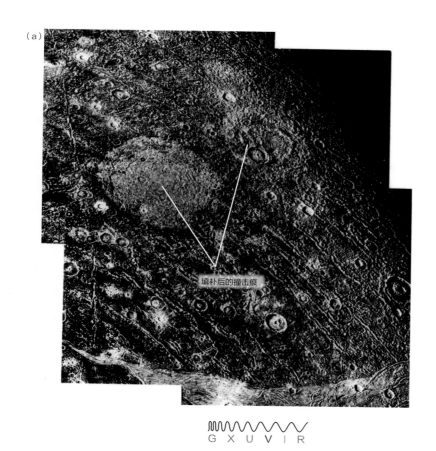

填补后的撞击痕

GXUVIR

(b)

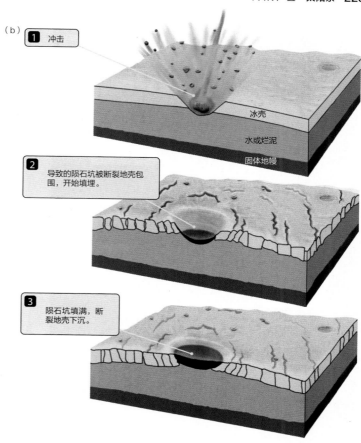

1 冲击

冰壳
水或烂泥
固体地幔

2 导致的陨石坑被断裂地壳包围，开始填埋。

3 陨石坑填满，断裂地壳下沉。

图9.14 （a）旅行者号探测器拍摄的木星卫星木卫三上填补后的撞击痕照片。（b）这种撞击痕形成黏性流体，抚平对冰表面撞击所留下的痕迹。

木卫三上的撞击坑直径长达几百千米，陨石坑越大，深度越浅。冰冷的陨石坑边缘稍稍下沉，就像一团软黏土。它们看上去明亮、平坦、呈圆形，主要出现在卫星深色区域，被认为是早期撞击覆盖有水或烂泥的薄冰壳所留下的痕迹（图9.14）。

我们在第6章讨论了行星表面如何因断层而断裂以及如何因地幔上的运动而导致的压缩产生褶皱运动。在木卫三上，断裂和断层可能使得冰壳完全变形，毁坏了早期特征的所有迹象，例如冲击坑。支持木卫三早期活动的能量在卫星非常年轻时已于分异时期完全释放。分异过程一旦结束，内部能量源消耗殆尽，地质活动停止。

木卫三并不是唯一的早期活跃卫星。外太阳系中还有几个其他较大的卫星在过去也十分活跃。

9.3 小行星 —— 过去的片段

组成外太阳系行星和卫星的微行星在行星形成过程中已被严重修改，因此，有关其原始物理条件和化学成分的所有信息几乎全部丧失。相反，小行

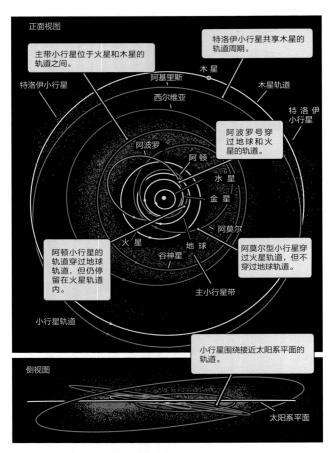

正面视图

特洛伊小行星共享木星的轨道周期。

主带小行星位于火星和木星的轨道之间。

阿波罗号穿过地球和火星的轨道。

特洛伊小行星

阿波罗

阿顿

木星

木星轨道

阿基里斯

西尔维亚

特洛伊小行星

水星

金星

阿莫尔

阿顿小行星的轨道穿过地球轨道，但仍停留在火星轨道内。

火星

地球

谷神星

阿莫尔型小行星穿过火星轨道，但不穿过地球轨道。

主小行星带

小行星轨道

小行星围绕接近太阳系平面的轨道。

侧视图

太阳系平面

图9.15 蓝色点表示已知小行星在某个时间点的位置。大多数小行星以其群族的原型成员命名。例如，阿波罗群族小行星穿越地球和火星轨道，如阿波罗小行星。大多数小行星，如西尔维亚，为主带小行星。阿基里斯是被发现的第一个特洛伊小行星。

小行星是在火星和木星轨道之间形成的微行星岩石残骸。

星构成一个古老的、更加原始的早期太阳系活动的记录。如今，小行星继续互相碰撞，产生岩石和金属小碎片，其中一些坠落在地球的表面——如果你参观过天文馆或科学博物馆，你可能发现陈列的陨石，你可以走过去参观和触摸。但请尊重展览物品。

你手上的陨石可能比地球还要古老，可能含有早于我们太阳系形成之物质的细小颗粒。

小行星发现于太阳系（图9.15），大部分位于火星和木星轨道之间。如著名的柯克伍德空隙，已被木星的重力吸空。根据轨道特征分类，小行星包含好几个群。例如，特洛伊小行星，它们共享木星轨道，通过与木星引力场的相互作用固定在一定的位置。

通过轨道将其带入距离太阳1.3天文单位以内的小行星称为近地小行星。这些小行星，与彗星核一起，统称为近地天体（NEO），偶尔会与地球或月亮发生碰撞。天文学家估算大约有500至1 000个近地天体直径超过1 000千米。与这些大型天体碰撞从地质学上而言十分重要，会让地球上的生命发生翻天覆地的改变。

回顾文章开头的图像，即，一个学生"发现"了一颗小行星。这些天体在太阳系中，许多小行星快速穿过天空，只能在几个小时内可以观测到它们的运动。如果在你并未特意寻找时发现到一颗小行星，这个场景是多么震惊和刺激。正是由于这点，诸多业余天文学家视多年的观测为一个嗜好。业余天文学家是小行星观测谜的重要部分，为职业天文学家在众多研究项目中所用的目录增添了轨道参数、转动周期以及颜色等信息。

宇宙领悟 小行星是碎石

大多数小行星是火星与木星轨道之间形成的岩石或金属微行星残骸。尽管这些微行星之间的早期碰撞产生了不少大型天体，但木星的潮汐中断防止它们形成单个行星。

还有很多微小小行星，实际上，大部分由于太小，其自身引力无法使其变成一个球形。有一些十分瘦长，这表明它们要么是大型天体的碎片，要么是小型天体间偶然碰撞所致。小行星只占太阳系质量的很小一部分。如果所有的小行星组合成一个天体，可能只有地球之卫星——月球质量的三分之一。

天文学家通过观测小行星对经过其附近的宇宙飞船的重力影响来测量一些小行星的质量。了解小行星的质量和大小，我们就能得出它们的密度，大约在水密度的1.3～3.5倍。处于这个范围内较低值的小行星为"碎石堆"，碎片之间的缝隙较大，其密度小于它们所产生的陨石碎片的密度。这可能是由更小天体组合而成，之后遭遇了很长时间的猛烈碰撞。

宇宙领悟 小行星近距离观察

1991年，伽利略号（Galileo）宇宙飞船经过小行星加斯普拉（Gaspra），拍摄了一些小行星表面的清晰照片。加斯普拉多坑，形状不规则，大小约为9千米×10千米×20千米。昏暗沟槽线条可能是将加斯普拉从较大微行星中割裂开而遭遇的冲击所留下的碎片。独特的颜色表明加斯普拉上覆盖有各种类型的岩石。

在随后的使命中，伽利略号飞船返回主带，近距离飞过小行星伊达（Ida）（图9.16）。伽利略号飞船距伊达很近，足以看清这颗小行星上小到横截面只有10米物体的细节——相当于一座房子大小。伊达为月牙形，长度54千米，直径在15到24千米不等。伊达上的陨石坑表明表面约为十亿年，其年龄至少是加斯普拉（Gaspra）估算年龄的两倍。和加斯普拉一样，伊达也属断裂地层。断裂表明这些小行星一定由相对坚硬的岩石构成。（你无法"破裂"一堆松散的碎石。）这印证了某些小行星只是一些较大坚硬天体的碎片之观点。

伽利略号飞船拍摄的图片还显示出一个小卫星围绕这颗小行星转动。伊达的卫星达克图（Dactyl）只有1.4千米宽，布满了冲击坑。目前发现大约有200颗小行星都有自己的卫星，至少已知五颗小行星有两个卫星。

早在2000年，会合-舒梅克号太空探测卫星进入小行星爱神星（Eros）的轨道，开始了长期的观测（图9.17）。爱神星是已知的5 000多个天体之一，它的轨道将其带入距离太阳1.3天文单位以内。爱神星的测量大小为34千米×11千米×11千米。如同加斯普拉和伊达，其表面显示有沟槽、碎石和冲击坑，包括横截面为8.5千米的陨石坑。小型陨石坑少见，这表明其表面较伊达年轻。经过多年的观测，宇宙飞船着陆到这颗小行星的表面。化学分析确认爱神星的成分与原始陨石相似。

在飞往爱神星的途中，会合-舒梅克号太空探测卫星穿越了小行星玛蒂尔德（Mathilde），玛蒂尔德的测量大小为66千米×48千米×46千米，其表面仅只有木炭一般的反光效果。玛蒂尔德的总密度约为每立方米1 300千克（千克/米³，是水密度的1.3倍），这表明玛蒂尔德是一个碎石堆，由大块的岩石物质组成，岩石块之间存在开放空间。玛蒂尔德表面布满了陨石坑，最大的陨石坑横截面超过33千米。大量陨石坑表明玛蒂尔德很可能追溯到太阳系的极早期时代。

2005年11月，日本隼鸟号（Hayabusa）探测器接触到小行星糸川（Itokawa）。它收集了样本，之后于2010年6月返回地球。到2010年秋季，日本确认，隼鸟号探测器已完成了第一项从小行星带回样本的使命——它带回了

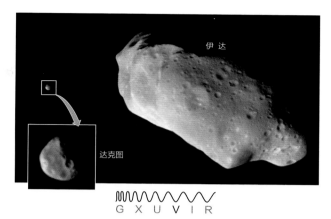

图 9.16 伽利略号宇宙飞船拍摄的小行星伊达及其卫星达克图的照片（插页中显示了放大图）。

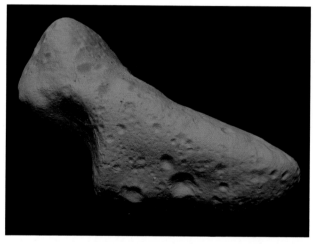

图 9.17 会合－舒梅克号太空探测卫星拍摄的小行星爱神星。这种照片通过探测卫星的激光测距仪高清扫描小行星表面而得。会合－舒梅克号太空探测卫星是首个在轻轻碰撞爱神星表面时着陆小行星的探测卫星。

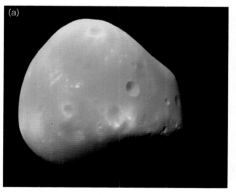

图 9.18 火星勘测轨道飞行器和火星快车号拍摄到的火星两个卫星的照片：（a）火卫二和（b）火卫一。

一些糸川小行星上的颗粒物。除了重大工程业绩之外，这个使命还非常重要，因为尘埃是来自特征明显的特定小行星最原始的样本。火星的小卫星（火卫二和火卫一）的光谱与上述小行星类似。众多科学家认为这些卫星可能是被火星地心引力捕获的小行星。

但火卫二和火卫一真的是小行星吗？关于这个问题的争议从未停止。有些科学家争辩到，火星不可能捕获两个小行星，提出火卫二和火卫一必定是以某种方式与火星一同进化而来。第三种可能就是火星及其卫星都是某个大型天体的一部分，这个大型天体在行星历史早期因碰撞而碎裂。俄罗斯计划在2011年11月发射的飞船有可能解答这个问题。

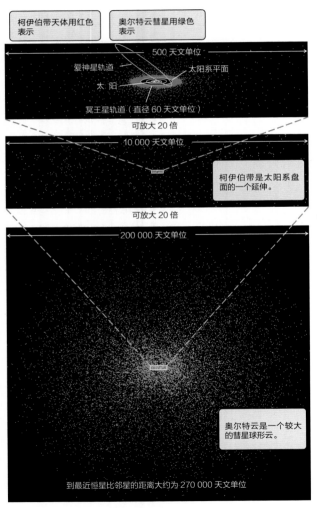

图9.19 内太阳系附近的大部分彗星是太阳系圆盘的一个延伸，称为柯伊伯带。球形的奥尔特云更大更远，包含更多彗星。

9.4 彗星——冰块

由原始物质形成的冰星子——彗星，大部分时间游离在太阳系寒冷的外缘。大多数彗星因大小和距离太远而无法被看见，因此无人知晓到底有多少颗彗星。估计在太阳系范围内，彗星多达万亿个，比银河系的所有星星还要多。它们只有在进入内太阳系并遭受来自太阳的摧毁性热辐射时才能被人们发现。当它们近得足以显示出太阳热辐射效果之时，我们才称之为活跃彗星。

宇领 彗星的来源

我们通过观测彗星穿过内太阳系时的轨道来判断彗星的来源。彗星分为两种类型：柯伊伯带彗星和奥尔特云彗星。这两种彗星分别依据科学家杰勒德·柯伊伯（Gerard Kuiper, 1905—1973）和简·奥尔特（Jan Oort, 1900—1992）命名而来，他们于 20 世纪中期首先提出了彗星的存在。

柯伊伯带彗星是一个与太阳系在同一条线上的圆盘形区域。柯伊伯带在海王星轨道之外，最初距太阳约 50 天文单位远，随后向外扩展大约距太阳几千天文单位远（图9.19）。柯伊伯带最里面部分包含成千上万颗冰星子，称为柯伊伯带天体（KBO）。最大的KBO大小与冥王星相当。除少数情况外，KBO的大小很难确定。尽管已知亮度和相对距离，但它们的反照率仍不可得知。反照率的合理限制可以确定其大小的最大值和最小值。有些KBO还有卫星，至少有一个KBO拥有三颗卫星。人们已经发现了1 000多颗KBO，但仍然还有一些更小的KBO存在。由于距离太远，我们对KBO的化学和物理性质知之甚少。然而，这种信息的缺乏可能得到改观，新地平线号（New Horizons）探测器在2015年邂逅冥王星之后，将继续向外飞行至柯伊伯带，届时，探测器将试图飞近一个或多个KBO。

不像柯伊伯带的扁圆盘形状，奥尔特云呈球形星子分布，距离太远，即便是最强大的望远镜也无法观测到。我们从该区域彗星的轨道得到奥尔特云的大小和形状，这些彗星从四面八方接近太阳，距离远在100 000天文单位之外——几乎为到达最近恒星一半的距离。

柯伊伯带和奥尔特云是当前和今后进入内太阳系的巨大冰星子库。太阳系外天体的引力扰乱可能将奥尔特云星踢向太阳。大约每500至1 000万年，有一颗恒星在距离太阳约100 000天文单位以内经过，扰乱这些微行星的轨道。来自浓密星际气体巨大云朵的万有引力也会搅动奥尔特云。

不像奥尔特云中的冰星子，柯伊伯带中的冰星子紧密包裹，足以应付不适的引力。在这种情况下，一个天体获得能量，而另外一个天体则释放能量。"赢家"可能获得足够的能量，从而被送入到柯伊伯带最边缘的轨道中。"输家"则向内陷入，朝太阳接近。

> 柯伊伯带和奥尔特云是彗星库。

▶Ⅱ 天文之旅: **彗星轨道**

宇领宙悟 **彗星轨道**

彗核的寿命取决于其经过太阳的频率以及接近太阳的距离。已知有400个短周期彗星，顾名思义，这些彗星的寿命不足200年。此外，每年我们都能发现大约六颗新的长周期彗星，其轨道周期均不止200年。迄今为止，观测到的长周期彗星总共约有3 000颗。

图9.20描述了众多彗星的轨道。长周期彗星通过引力相互作用分散在外太

图9.20 太阳系中众多彗星（彩色线条）的轨道正面视图和侧视图。大量的（a）短周期彗星和（b）长周期彗星之间具有不同的轨道特性。哈雷彗星，为比较目的出现在两幅图中，是一颗短周期彗星。

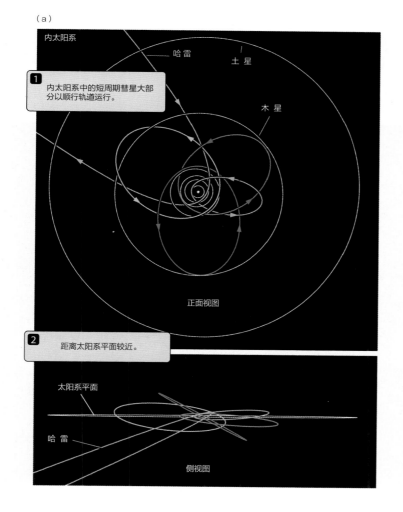

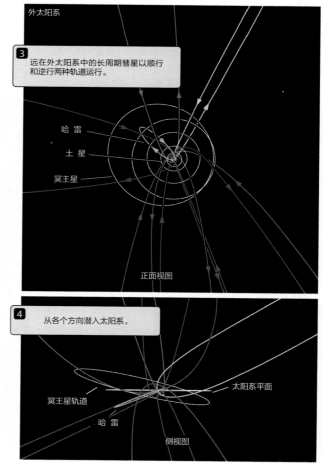

词汇标注

彗核：在常用语言中，这个词指原子的核心部分。天文学家更多用于意指任何天体的中心部分。这里，它指的是彗星的实心核心。

彗发：你可能知道这是一个医学术语，指一种无意识状态。天文学家从希腊语"头发"中衍生出这个术语，用于意指彗核周围的浑浊包裹部分。

彗发是环绕彗星彗核向外延伸的彗星气体。

图9.21（a）完全发育的活跃彗星主要由彗核、彗发和两条彗尾（尘埃彗尾和离子彗尾）组成。彗核和彗发合称为彗头。（b）海尔－博普彗星，1997年的一颗壮观彗星。

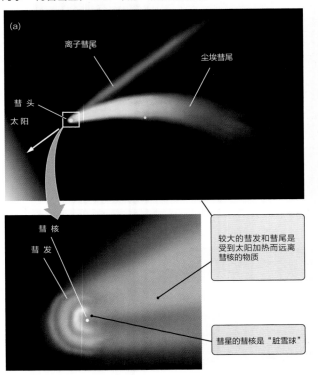

阳系，因此它们的轨道是随机的。它们从各个方向进入内太阳系，一些以与行星轨道相同的方向（顺行）绕太阳飞行，而另一些以相反方向（逆行）绕太阳飞行。短周期彗星趋向顺行，其轨道为黄道平面，经常接近某个行星，以便其地心引力更改彗星绕太阳转的轨道。据推测，短周期彗星来源于柯伊伯带，但随着它们朝太阳向内陷入，由于引力碰撞行星，它们被迫进入当前的短周期轨道。

超过600颗长周期彗星具有确定的轨道。有些轨道周期为几万年，甚至几百万年。它们在整个生命周期中几乎都在奥尔特云中，位于太阳系最边缘的地带。由于它们的轨道周期非常长，这些彗星在有文字记载的历史上至多露过一次面。

活跃彗星的剖析

彗星中心的小天体——冰星子本身，是彗星的彗核。这是目前彗星中最小的组成部分，但也是所有物质的来源，即，彗星接近太阳时我们看到彗星划过天空的景象（图9.21）。彗核的大小不一，从几十米到几百千米不等。这些"脏兮兮的雪球"构成了有机冰质化合物和尘埃颗粒。

彗星彗核接近太阳时，由于日光照射，冰冷的表面开始蒸发，蒸发的冰形成蒸汽，离彗核越来越远且携带尘埃颗粒。从活跃彗星的彗核中游离出来的气体和尘埃在彗核附近形成了一个球形的云雾状云层，称为彗发。彗核以及彗发最内部有时合称为彗星的彗头。从彗头指向稍微远离太阳的地方是长长的尘埃、气体与离子蒸汽，称为彗尾。

彗尾是彗星最大的组成部分，也是最壮观的地方。活跃彗星有两种不同类型的彗尾，如图9.21所示。一种是离子彗尾。组成彗星彗发的众多原子和分子都属于离子。

由于它们带有电荷，彗发中的离子感受到太阳风的影响，荷电粒子流不断地被吹离太阳。太阳风推动这些离子，使其速度迅速上升到每秒100千米（千米/秒）以上——比彗星自身的轨道速度还要快——将其吹成一个长长的扫帚形状。由于组成离子彗尾的粒子迅速被太阳风捕获，因此离子彗尾通常呈直线形状，从彗头指向直接远离太阳的方向。

尘埃粒子还带有净电荷，感受到太阳风的力。此外，日光本身对彗星尘埃释放一种力。但尘埃粒子比单个离子大得多，因此，加速稍缓，达不到离子能达到的如此高的相对速度。因此，尘埃彗尾通常稍微弯曲，偏离彗头，因为尘埃粒子被逐渐推出彗星在远离太阳方向上的轨道。

图9.22显示了彗星轨道上各个不同点的彗尾。记住，不论彗星朝哪个方向移动，这两条彗尾始终都指向远离太阳的方向。彗星接近太阳时，两条彗尾位于彗核后面。当彗星朝远离太阳的方向移动时，彗尾则位于彗核前面。

每个彗星的彗尾各不相同。有些彗星同时出现两种彗尾，而有些彗星甚至没有彗尾，究其原因我们仍无法得知。彗尾通常在彗星穿越火星轨道时形成，在火星轨道中，太阳的热量逐渐上升，促使气体和尘埃远离彗核。

彗尾中的气体甚至比彗发中的气体更稀薄，其密度为每立方米不足几百个分子。如与地球上的大气层密度做比较，海平面上的大气层密度为每立方米超过10^{19}个分子。彗尾中的尘埃粒子直径约为1微米（μm），大约为烟粒子的大小。

大多数肉眼可见的彗星首先形成彗发，随后在彗星接近内太阳系时形成延长的彗尾。2007年发现的麦克诺特彗星（McNaught）就是这样一颗彗星（图9.23（a））。但也有例外情况。霍姆斯彗星（Holmes）在2007年5月4日被发现时，尽管已经到达火星轨道外距离太阳的最近点，但从望远镜上望去，仍然十分昏暗。几个月后，它于10月21日朝木星轨道向外移动，这颗彗星的

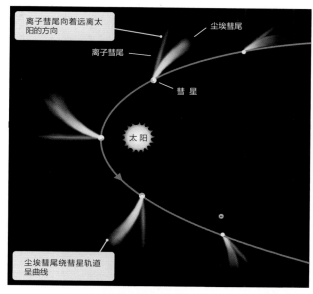

图9.22　尘埃和离子彗尾在彗星轨道不同点上的方向。离子彗尾直接指向远离太阳的方向，而尘埃彗尾绕彗星轨道呈曲线。

彗星彗尾始终指向远离太阳的方向。

图9.23　（a）麦克诺特彗星出现于2007年，是最近几十年出现的最闪亮的一颗彗星。但只有南半球的观测者有幸目睹它的壮观景色。（b）2007年数月后，在麦克诺特彗星最接近太阳时，突然在数小时之内亮度陡增50万倍，变成一颗肉眼可见的彗星，其角直径比满月直径还要大。麦克诺特彗星也让北半球的观测者大饱眼福。

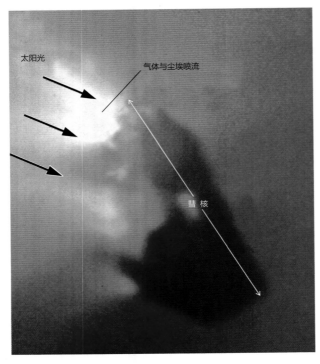

太阳光

气体与尘埃喷流

彗核

GXUVIR

图9.24 虚拟颜色的哈雷彗星彗核，于1986年为乔托号宇宙飞船所拍摄。

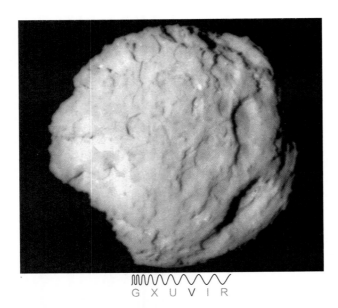

GXUVIR

图9.25 怀尔德2号彗星的彗核，为星尘号宇宙飞船所拍摄。

光度仅在42小时内爆增了50万倍。霍姆斯彗星爆发为一颗肉眼可见的闪耀彗星，成为北半球上空好几个月来最夺目的光景（图9.23（b））。这种突然爆发的成因对天文学家而言至今仍是一个谜。各种解释不断，从流星碰撞到突发（但原因不明）表面气体堆积。

一般而言，长周期彗星比短周期彗星更为壮观。短周期彗星的核子被太阳反复加热而腐蚀，同时，由于挥发性冰物质被驱散，在彗核表面留下了一些尘埃和有机化合物。这些表面物质的堆积减缓了彗星的活动，使得它们在接近太阳时没那么壮观。相反，长周期彗星相对远古。大部分挥发性冰物质仍然保留在距离彗核表面附近，可以创造出壮观的天文奇观。然而，大多数此类彗星距离地球或太阳太远，其亮度不足以吸引大众的太多关注。

下一颗耀眼的彗星将何时来临？平均而言，大约每十年出现一颗壮观的彗核，但都是可遇而不可求。有可能在很多年后，也有可能就在明天。

造访彗星

彗星向宇宙飞船设计师们提出了一个美妙的工程挑战。造访彗星或者在其轨道上挂载一个成功飞船任务来拦截它，对于这样高级的知识，我们知之甚少。地球发射的宇宙飞船飞行速度与彗星速度相差太远。观测必须十分迅速，而且还存在与彗核碎片发生高速碰撞的危险。尽管如此，仍然有数十艘宇宙飞船发射到太空，与彗星相会，其中包括于1986年由苏联、欧洲和日本航天局联合向哈雷彗星发送的五艘宇宙飞船舰队。我们对彗核最里面部分的大部分知识都来自这些飞船发送回来的数据。

苏联织女（Vega）号和欧洲乔托（Giotto）号宇宙飞船进入哈雷彗星，当时飞船距离彗核仍近300 000千米远。我们了解到，哈雷彗星上的尘埃是较轻的有机物质和较重的岩石物质混合物，大气为80%的水和10%的一氧化碳以及少量其他有机分子组成。彗星彗核表面的颜色比太阳系中任何已知天体的表面颜色都要深，这就意味着，它富含复杂的有机物质，这些物质以尘埃的形式呈圆盘状围绕在年轻的太阳周围——甚至在构成太阳系的星际星云中。在织女号和乔托号宇宙飞船接近彗核（图9.24）时，观测到气体和尘埃喷流以1 000米/秒（m/s）的速度飞离彗核表面，比逃逸速度快得多。物质来自几个小的缝隙中，这些缝隙仅占整个表面的十分之一。

2001年，NASA的深空一号（Deep Space 1）探测器飞进距离波莱利彗星（Comet Borrelly）彗核2 200千米远的太空。其焦黑色表面也为所见太阳系天体中颜色最深的表面，令大多数科学家惊讶的是，没有证据显示存在水冰。

2004年，NASA的星尘号（Stardust）探测器飞入距离怀尔德2号（VILT 2）彗星彗核235千米的太空。这颗彗星是内太阳系中的一个新成员。1974年与木星的近距离接触扰乱了它的轨道，将这个相对远古的天体从其自身轨道带入木星与天王星轨道之间。怀尔德2号彗星几乎球形的彗核直径约为5千米。至少有10条气体喷流处于活跃状态，其中一些携带了大量的表面物质（少数粒子大如子弹，穿过宇宙飞船防护屏的外层）。

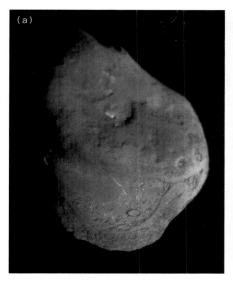
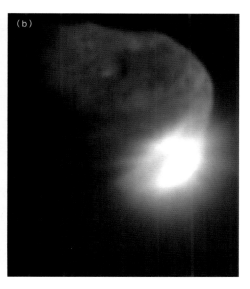

图9.26 （a）坦普尔1号（Tempel）彗星的表面，这是深度撞击和发射弹撞击之前的表面。撞击发生在图片底部附近区域的两个370米撞击坑之间。此图片中最小的凹坑约为5米宽。（b）撞击器冲击彗星后16秒，拍摄的这幅最初喷射物的照片。

怀尔德2号表面上的特征可能为晶冰升华、小面积陆地以及喷射气体（图9.25）腐蚀改造的撞击坑。有些表面为平坦的地面，这表明多孔表面层下面有相对固定的内部结构。

2005年，NASA的深度撞击号宇宙飞船以超过10千米/秒的速度向坦普尔1号彗星的彗核发射了一个370千克重的撞击弹。这次撞击使得10 000吨水和尘埃以50米/秒的速度从彗星飞入太空（图9.26）。撞击弹上安装的照相机不停地拍摄目标天体的照片，直至被撞击汽化为止。人们通过深度撞击号宇宙飞船以及在地球上通过大量的轨道望远镜和地面望远镜来观测整个事件。

观测发现了水、二氧化碳、氰化氢、含铁矿物质以及大量复杂的有机分子。这颗彗星的外层犹如滑石粉般稠厚的精细尘埃组成。令科学家们惊讶的是存在结构良好的撞击坑，而在波莱利和怀尔德2号彗星的特写照片中却没有看到这些撞击坑。有些彗星核中有新生撞击坑，有些则没有，其中的原因至今仍是一个谜。

2010年末，EPOXI宇宙飞船飞越过了哈雷彗星（图9.27），不仅拍摄了尘埃和气体喷流的照片，这表明其表面相当活跃，而且还分离出性质完全不同的粗糙和光滑区域。水在彗星彗核"腰部"的光滑区域蒸发并通过尘埃渗出，而二氧化碳流从粗糙区域喷出。这个不同寻常的形状究竟是归咎于哈雷彗星在45亿年前的形成过程或还是归咎于彗星近期遭受的腐蚀，人们依然无从得知。

图9.27 在这张EPOXI飞船拍摄的哈雷彗星照片中，我们看到两种截然不同的表面类型。水在彗星彗核"腰部"的光滑区域通过尘埃渗出，而二氧化碳流从粗糙区域喷出。

9.5 碰撞在今天依旧存在

早在20世纪，柯伊伯带彗星的彗核轨道就已被扰乱，彗星的新轨道使其接近木星。这颗称为苏梅克-列维九号（Shoemaker-levy 9）的彗星于1992年由于太接近木星，以致潮汐应力将其分裂成20多个大碎块，这些碎块沿其轨道线分散。这些碎块在绕行星轨道飞越了两年多时间，于1994年7月，整串碎块撞向木星。

在大约一个星期的时间里，这些碎片每颗都以60千米/秒的飞行速度坠入木星的大气层。碰撞发生在行星的边缘线后面，因此，地球观测不到这一现象。但伽利略号宇宙飞船却拍摄了一些撞击照片。天文学家使用地面望远镜和哈勃太空望远镜能够看到大量羽流从碰撞处升到边缘线云顶上3 000千米以上的高空中。这些羽流中的碎片之后通过雨下到木星大气层，引起了向池塘扔进鹅卵石般的涟漪。图9.28显示了彗星每个碎块猛烈撞击这个巨大行星时所发生事件的顺序。

图 9.28　苏梅克－列维九号彗星碎块撞击木星后发生的事件。

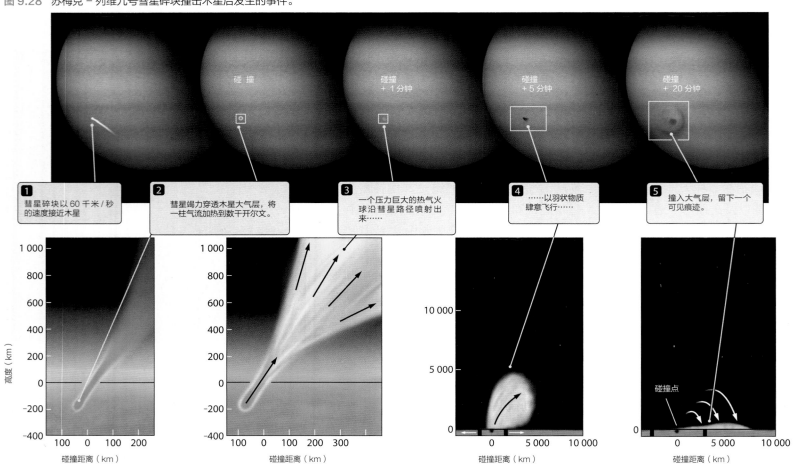

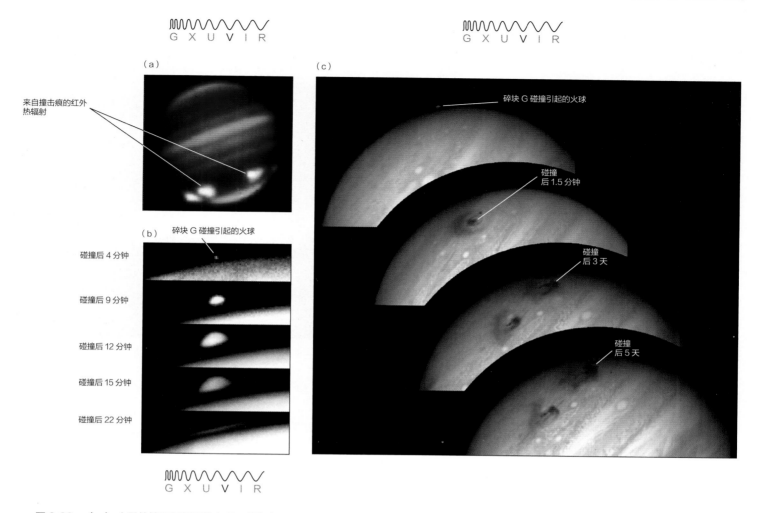

图 9.29 （a）木星的地面红外图像表明了苏梅克－列维九号彗星碎块撞击后留下的热火光撞击痕。（b）尽管碎块从后侧撞击木星，但这些 HST 图像表明来自一个碎块的火球升至行星的边缘上方。（c）关于彗星一个碎块所留下撞击痕的一组 HST 演变图像。

撞击所释放的硫化物和碳化物在大气层形成了一个地球般大小的撞击痕，这种现象持续了数月（图9.29），即便是使用小型业余望远镜也可观测得到。

太阳系中几乎所有的硬表面天体都有着时间的伤痕，因为巨大的撞击事件是家常便饭。1994年苏梅克-列维九号彗星撞击木星提醒了我们，尽管如今这种碰撞没有过去那么频繁，但仍然时有发生。

通古斯河流向西伯利亚，1908年夏季，这个地区被一次爆炸所毁灭。爆炸释放的能量是投向广岛的原子弹的2 000倍。图9.30为这个地区的地图，以及一张被大爆炸毁灭后的该地区照片。

目击者详细讲述了房屋被摧毁、驯鹿被烧成灰烬（包括一个700只的驯鹿群）以及至少五人死亡的惨剧。尽管超过2 150平方千米的树木被烧毁或扫平——面积比纽约市还要大，但未留下任何撞击坑！通古斯事件就是小天体撞击地球大气层时被撞碎并到达地球表面之前形成一个火球，而后在高空发生大爆炸的结果。

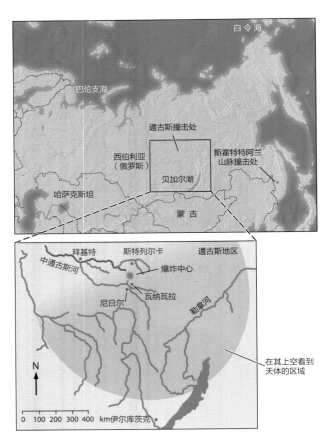

图 9.30 西伯利亚通古斯河附近大面积森林于 1908 年被由小行星或彗星碰撞而引起的大气层爆炸扫平。

彗星或小行星撞击十分罕见，如若发生，结果将是毁灭性的。

在近期对通古斯区域的探险中，人们从炸毁的树木中发现了一种树脂。对树脂的化学追踪表明撞击天体可能是一颗石质小行星。

1947年2月12日，另外一个星子撞击地球，但这次发生在西伯利亚东边的斯霍特特阿兰地区。这个天体主要由铁构成，估算直径约为100米，在撞击地面之前分裂成众多碎片，留下了无数撞击坑和大面积的毁坏。目击者称，火球比太阳还要亮，300千米之外就能听到巨响。

这些撞击都是发人深省的事件。在我们有生之年不太可能看到地球上人口众多的地区将遭遇与大型小行星的撞击。然而，彗星和更小的小行星却不可预测。太空中可能有1 000多万颗直径大于1千米的小行星，但只有130 000颗有已知轨道。大多数未知小行星由于太小，无法被人类观测到，直至它们十分接近地球。美国政府以及几个其他国家政府意识到NEO（近地天体）带来的风险。尽管小型的小行星与地球碰撞的可能性非常小，但，如若发生，结果将是毁灭性的。因此，NASA受美国国会委托将所有NEO登记在册，观测天空，监视那些仍未发现的NEO。

科学家关于彗星提出了一个更加严重的问题。每年都有好几颗未知长周期彗星进入内太阳系。如果其中一个即将与地球撞击，我们或许只能在撞击前的几个星期或几个月才能观测到。尽管这是科幻灾难故事最钟爱的主题，但地球的地质和历史记载表明，被大型天体撞击的概率非常小。

9.6 太阳系碎片

进入内太阳系的彗星核由于反复接近太阳的缘故，通常在数万年破裂分解。小行星的寿命更长，但也会因偶然的互相碰撞而缓慢地分裂成碎片。彗星核的分解和小行星碰撞产生了大量碎片，而内太阳系中的碎片主要来源于此。由于地球和其他行星沿其轨道运行，它们持续不断地在扫除这些小碎片。

彗星和小行星碎片是在地球看到的大多数流星体的来源。流星体进入地球大气层时，摩擦热导致空气发热，产生一种称为流星的大气现象，地球每天大约都要清扫大约100 000千克的陨石碎片，未烧完（微粒多半超过100μm）的部分，最终以细粉尘沉淀到地面。到达行星表面的流星体称为陨石。

在地球轨道穿越彗星轨道时形成流星雨。来自彗星彗核的少许尘埃和其他碎片仍停留在类似于彗核自身轨道的轨道中。在地球穿越密集的彗星碎片时，就形成了流星雨。有几十个彗星的轨道接近地球，足以每年都形成流星雨。由于所有被清扫的流星体都在相似的轨道中，它们进入大气层后都向相同的方向移动。因此，所有流星体的路径，特别是流星雨时，都相互平行。笔者认为，所有流星体看似都来自天空中的同一个点（图9.31（a）），就像铁轨的平行枕木消失在远方的某个点上（图9.31（b））。这个点就是流星雨的辐射点。

流星雨中的流星体看上去都从被称为辐射点的点飞落下来。

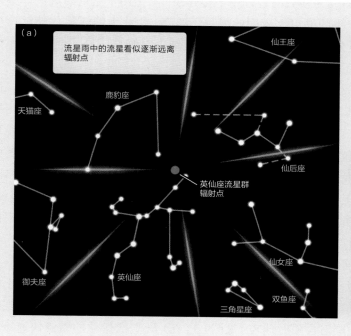

图9.31 （a）流星体看似从英仙座流星的辐射点飞落。（b）这些线条实际上是一个平行的路径，看似从一个消失的点突然出现，就像我们眼中的铁轨画面一样。

视觉类比

图 9.32　几种流星体的横截面：（a）陨石球粒（含陨石球粒的石质陨石），（b）无粒陨石（不含陨石球粒的石质陨石），（c）铁质陨石，（d）石铁混合陨石。

　　小行星碎片比彗星流星体的密度大。如果小行星的碎片大于你的拳头，则它在落入地面成为陨石的过程中不会碎裂。一个10千克重的流星体坠入地面时，火球所产生的亮度比夜间的满月还要亮。如此大的流星体能够产生巨响，在几百公里外都能听见，或者在飞行快结束时爆炸成好几个碎片。原始流星体中的金属还可能产生一些亮绿色火光。

　　每天都有成千上万颗陨石坠入地球表面，但只有很小一部分被发现。南极洲是世界上寻找陨石的最佳目的地。相比其他地区，陨石坠入南极洲的可能性要小很多，但在南极洲，区分陨石和周围环境却容易得多，因为在冰面发现的唯一石质物体就是陨石。南极洲实际上非常干，南极洲陨石似乎很少受到地面尘土或有机化合物的腐蚀或污染，因此是绝佳的研究样本。科学家将陨石与地球和月球上的岩石作比较，将其结构和化学成分对比登陆火星和金星的宇宙飞船所研究的岩石。此外，还基于它们反射和吸收太阳光的颜色来比较这些陨石与小行星及其他天体。

　　陨石根据组成物质的类型和在母天体中经历的分异程度可分为三种类型。超过90%以上的陨石为石质陨石（图9.32（a）和（b）），类似于陆地上的硅酸盐岩石。石质陨石覆盖有薄薄的融化岩石层，岩石层在陨石穿透大气层时形成。大多数石质陨石含陨石球粒（见图9.32（a）），曾经熔化的微滴快速冷却，形成大小不一的水晶球体，从沙粒到大理石般大小不等。

　　含有陨石球粒的石质陨石称为陨石球粒（以及不含陨石球粒的石质陨石

称为无球粒陨石）。碳质球粒陨石，即富含碳的陨石球粒被认为是太阳系中的基本构建。间接测量表明，这些陨石约为45.6亿年，与自太阳系形成以后的所有其他测量数据一致。

第二大类陨石就是铁质陨石（图9.32（c）），这类陨石很容易辨别。铁质陨石的表面有一个熔化的坑洞，这些坑洞是其穿过大气层时因摩擦热而引起的。即便如此，很多铁质陨石从未被人类发现，或许是因为它们坠入水中，又或许恰好没人能认出这些陨石。机遇号火星车曾在火星表面发现大量的铁质陨石（图9.33）。由于这些陨石的外观——与在地球上发现的铁质陨石典型外观一致——以及它们坠落在光滑毫无特色的平原地带的缘故，人类能够立即认出这些陨石。最后一种类型就是石铁混合陨石（图9.32（d）），由岩石物质和铁镍合金组成。石铁混合陨石相当罕见。

陨石来自流星体，而流星体来自石铁混合星子。在类地行星成长的过程中，由于较大的星子吸引较小的天体，大量的热能被释放出来，并且，随着内部辐射性元素的衰减，这些天体被进一步加热。尽管加热在发生，但有些星子从未达到过熔化内部物质所需的高温，相反，它们仅仅是变凉了，它们停留在形成之时的温度上。这些星子被称为C型小行星。它们由原始物质组成，天文学家们认为这些物质自太阳系于46亿年前起源至今几乎没有变化。

然后，有些星子的确会熔化和分异，密度较大的物质，如铁，沉入中心。密度较小的物质——例如碳、硅化合物和氧气，飘浮在表面并组合在一起形成硅酸盐岩石地幔和地壳。

陨石向我们揭示了太阳系的年龄。

图 9.33 火星表面篮球大小的铁质陨石，为机遇号火星车拍摄

S型小行星可能是由此类分异星子构成的地幔和地壳碎块。从化学成分来看，它们比C型小行星更类似于在地球发现的岩浆岩，它们的某些点温度非常高，足以燃烧掉里面的碳化物和其他挥发性物质。同样，M型小行星（铁质陨石的发源地）是一个或多个分异星子的铁镍内核碎片。这些星子在碰撞其他星子时分解成小的碎片。对铁质陨石进行纵切发现，较大的互锁水晶为来自熔化金属的铁物质，散热速度非常慢。罕见有石铁混合陨石来自石质地幔和此类星子金属内核之间的过渡区。

灶神星（已知的最大小行星，直径为525千米）的光谱与特殊群族的陨石异常相似。这些陨石很可能是灶神星的碎片，也很像是从地球和月球上的岩浆流中采集的岩石。据放射性定年法显示，灶神星比大多数陨石年轻，仅为44亿～45亿年。有基于此，我们推断，在太阳系早期，一些星子大得足以分异和发展火山活动。但是它们并没有形成行星，而是与其他星子碰撞，最后破碎。关于星子、小行星和陨石之间如何相互关联的故事是行星科学的最大成功。关于各种不同天体的大量信息形成了一个关于星子成长、分异且在之后的碰撞中碎裂的能自圆其说的故事。这个故事甚至更加令人满意，因为它更加吻合关于大多数星子如何形成行星及其卫星的华丽故事。

正如本书所强调的那样，模式对科学而言极其重要，不论是遵守这些模式，还是打破这些模式，都不例外。某些类型的陨石并不符合所讨论的模式。尽管大多数无粒陨石年龄在45亿年至46亿年之间，某一类中的某些成员还不到13亿年，其化学成分和物理特性与我们的着陆器仪器在火星上测量的土壤和大气层气体相似。相似性如此之大以至于大多数行星科学家认为这些陨石是火星的碎片，由小行星撞击而坠入太空中。这就意味着研究人员有了能够在地球的实验室上进行研究的另外一个行星碎片。关于火星表面覆盖有富含铁的火山物质的说法得到了火星陨石的印证。有时，研究发现相互矛盾。1996年，一个NASA研究团队宣布，ALH84001号陨石显示，物理和化学证据表明，火星上过去可能有生命特征。这是一个非同寻常的命题，需要非同寻常的证据。这个团队的结论备受质疑，有关于此的辩论至今仍未停息。

如果火星碎片从离地球8 000万千米的轨道到达地球，我们预期我们的卫星可能会发现它们在地球上的踪迹。事实上，另外一类陨石与从月球上带回来的样本有着惊人的相似性。就像火星陨石一样，这些是月球碎块，因撞击在太空中爆炸，随后坠入地球。

拥有某些陨石就是拥有一小块火星碎片。

天文资讯阅读

小型的小行星2010 AL30将飞越地球

在科学"新闻"成为"新闻"之前，科学界的人必须先认可这个新闻十分有意思并发布新闻稿。这些新闻稿通常较短，让报社的人知道事情的发生，如果他们想了解更多信息，他们会致电咨询。美国国家航空航天局于2010年1月发布了这样一篇新闻稿。

撰稿人：美国国家航空航天局/喷气推进实验室近地天体项目办公室唐·约曼斯（DON YEOMANS）、保罗·卓达斯（PAUL CHODAS）、史蒂夫·切斯利（STEVE CHESLEY）以及乔恩·乔治尼（JON GIORGINI）

麻省林肯实验室于1月10日在调查中发现小行星 2010 AL30将于1月13日星期三在格林尼治时间12:46（7:46 EST，4:46 PST）与地球近距离121 600千米擦肩而过。由于其轨道周期相当于地球的一年周期，有人表示它在绕太阳公转的轨道中仿佛就是一颗人造运载火箭。然而，这个天体的轨道在与太阳最接近的点上到达金星轨道，在最远的点上远离火星轨道，以非常大的锥度穿越地球轨道，2010 AL30小行星不太可能是一个运载火箭。此外，据我们的轨道外推法表示，这个天体不可能与任何近期发射有关，自太空时代开始之前，它就不可能接近地球。

这颗近地小行星的直径大约有10～15米，是大约200万颗近地天体中一颗。有人预期这种大小的小行星平均每个星期穿越月球的距离。为了利用这个近地特点，可计划从1月13日星期三晚上6:20用金石行星雷达进行观测。雷达数据能够极大完善这个天体的轨道数据，以及提供额外的大小和形状数据。

新闻评论：

1. 评估图9.34。这颗小行星与地球近距离擦肩而过吗？
2. 根据新闻稿，2010 AL30 的轨道周期接近地球的一年周期。如果它的轨道是圆形，或者近似圆形，这个周期告诉你2010 AL30距离太阳的平均距离为多少？为何导致人们猜想它可能是一个人造天体？
3. 有何证据表明它很可能不是一个人造天体？这个观点令人信服吗？
4. 比较这颗小行星与文中提到的其他小行星的大小。如果撞击地球，结果会是灾难性的吗？
5. 类似小行星经过地球的频率多大？
6. 最后一句"雷达数据能够极大完善这个天体的轨道数据"，这是说雷达能够改变小行星的轨道吗？如果是，这又是如何发生的？如果不是，作者真正想表达的是什么？

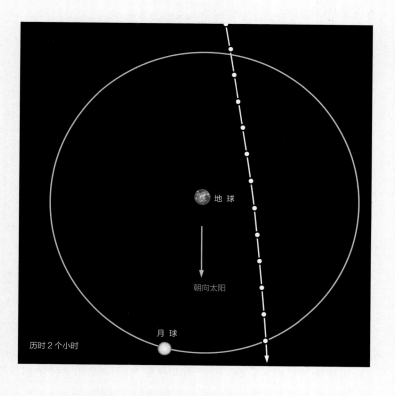

图 9.34　2010 AL30 小行星于 2010 年 1 月中旬穿越地球的轨道。

小结

9.1 冥王星、阅神星、妊神星和谷神星归类为矮行星。它们呈圆球状，但它们无法清除自身轨道附近的其他天体。

9.2 外太阳系的卫星由岩石和冰物质组成。只有少数卫星地质活跃，大多数卫星为死卫星。

9.3 小行星是小型的太阳系天体，由岩石和金属组成。有些小行星穿越地球轨道，可能具有危害性。

9.4 彗星是小型的冰质星子，居于行星之外的高寒地带。冒险进入内太阳系的彗星会被太阳加热，通常产生大气彗发和长长的彗尾。

9.5 非常大的小行星或彗星撞击地球时会造成巨大的爆炸，极大地冲击陆地上的生命。

9.6 流星体是小行星和彗星的小碎块。流星体进入地球大气层时，摩擦热导致空气发热，产生一种现象，称为流星。到达行星表面的流星体称为陨石。

✦ 小结自测

1. _____、_____、_____和_____是太阳系四大类小天体。

2. 木卫一是地质_____的卫星典范。

3. 分异的小行星曾_____，足以被熔化。

4. 三类陨石来自其母天体的不同部分。石铁混合陨石十分罕见，因为：
   a. 它们很难找
   b. 仅一小部分母天体含有岩石和铁
   c. 太阳系中的铁非常少
   d. 太阳的磁场吸附铁

5. 在彗星离开内太阳系时，其离子彗尾指向：
   a. 沿轨道向后
   b. 沿轨道向前
   c. 朝向太阳
   d. 远离太阳

6. 国会让 NASA 搜索近地天体是因为：
   a. 它们可能撞击地球，因为过去曾发生过这样的例子
   b. 它们就在附近，研究起来很容易
   c. 它们移动得太快
   d. 国会试图花费更多的钱

问题和解答题

判断题和多选题

7. 判断题：木星轨道内没有矮行星。

8. 判断题：外太阳系的大多数卫星地质活跃，或曾经地质活跃。

9. 判断题：小行星主要是岩石和金属，彗星主要是冰。

10. 判断题：彗尾总是指向远离太阳的方向。

11. 判断题：地球上不再会发生大型碰撞。

12. 判断题：流星通常是由小块尘埃坠入大气层而引起的。

13. 判断题：冥王星分类为矮行星是因为：
    a. 它呈圆形
    b. 它绕太阳转
    c. 它的轨道中有陪伴天体
    d. 以上全部

14. 根据地质活动对卫星分类，我们可以：
    a. 比较其特征
    b. 解释形成机制
    c. 指出负责演变的物理机制
    d. 以上全部

15. 小行星是：
    a. 绕太阳转的小型岩石和金属天体
    b. 绕太阳转的小型冰质天体
    c. 仅在火星和木星轨道之间发现的小型岩石和金属天体
    d. 仅在外太阳系发现的小型冰质天体

16. 除了周期之外，短周期和长周期彗星还有何不同之处：
    a. 短周期彗星顺行运转，而长周期彗星为顺行或者逆行轨道
    b. 短周期彗星含冰物质少，而长周期彗星含冰物质多
    c. 短周期彗星不会产生离子彗尾，但长周期彗星可以
    d. 短周期彗星在最接近点时比长周期离太阳更近

17. 小行星和彗星与地球的大型碰撞：
    a. 不可能发生
    b. 十分罕见
    c. 不重要
    d. 未知

18. 陨石可以告诉我们：
    a. 太阳系的早期成分
    b. 小行星的成分
    c. 其他行星
    d. 以上全部

概念题

19. 本章讨论了残余的星子。其他星子如何？

20. 列出太阳系中的小天体的类型。为每种类型指出一个独特的特征。

21. 绘制一张本章讨论的矮行星信息表，包括大小、卫星数、在太阳系中的位置、岩石还是冰质以及其他你认为可比较和比对这些天体的任何其他信息。上网查阅是否发现了任何新的矮行星，如有，添加这些行星的信息。

22. 描述冥王星不同于典型的太阳系行星的方式。

23. 在搜索引擎上查找本章未发现的卫星的信息。你认为此卫星属于哪种地质活动类型？解释原因。

24. 解释推动木星的卫星木卫一的火山活动的过程。

25. 描述冰火山，解释其与陆地火山活动之间的相似之处和不同之处。

26. 木卫二和土卫六都属于地质活跃的卫星。有何证据？

27. 讨论支持木卫二上存在液态水次表层海洋这一说法的证据。

28. 土卫六含有大量甲烷。这为何需要一个解释？什么过程毁坏了这个卫星大气层中的甲烷？

29. 土卫六在某些方面与早期冰河时代的地球相似。解释相似之处。

30. 有些卫星上有过去地质活跃的迹象。指出过去活跃的一些证据。

31. 解释为何主带小行星不太可能合并在一起，形成一个行星。

32. 如果小行星不是球形，这告诉我们关于其质量的哪方面特征？

33. 描述彗星来源的柯伊伯带和奥尔特云之间的不同处。

34. 说出彗星的三个部分。哪个部分最小？哪个部分最大？

35. 柯伊伯带天体（KBO）实际上是彗星的核子。为何不显示彗尾？

36. 彗星含有与生命发育紧密相关的物质，例如水（H_2O）、氨气（NH_3）、甲烷（CH_4）、一氧化碳（CO）和氰化氢（HCN），其中哪种物质为有机化合物？

37. 绘制长周期彗星在其轨道不同位置上的外观。

38. 画出一张彗星离开太阳附近，跑向外太阳系的图片。它的彗尾是向后朝着迎向太远的方向还是向前朝向彗星移动的方向？解释你的答案。

39. 小行星的成分与彗星彗核的成分之间有何不同？

40. 解释陨石、小行星以及彗星对地球生命史的重要性。

41. 经发现，大多数小行星位于火星和木星的轨道之间，但天文学家对少数轨道穿越地球轨道的小行星特别感兴趣，为什么？

42. 如果彗星核及小行星与地球碰撞十分罕见，我们为何还应关注这种碰撞的可能性？

43. 我们在流星雨中看到的流星来源于何处？

44. 定义流星体、流星和陨石。

45. 制作一张不同陨石的表格，列出各种类型的独特特征以及各种类型的来源。

46. 就大小、距离以及可见时间长短而言，彗星和流星之间有何区别？

47. 你和你的朋友，在仅配备有手机和了解夜空知识的情况下，如何有结论性地证明流星是一种大气现象？

48. 流星雨中，所有流星都来自天空中的一个辐射点。解释其中的原因。

解答题

49. 为何矮行星阅神星与冥王星大小相当，但亮度却弱将近100倍？

50. 假设我们发现了一颗距离太阳有冥王星到太阳之距离的两倍远的新矮行星，但在其他方面都很相近。其亮度比冥王星弱几倍？

51. 木卫一的质量 M 为 8.9×10^{22} 千克，半径 R 为 1 820 千米。
    a. 逃脱星球表面所需的速度称为逃逸速度，$v_{逃逸}$，如下：

    $$v_{逃逸} = \sqrt{\frac{2GM}{R}}$$

    计算木卫一表面的逃逸速度。
    b. 木卫一的逃逸速度与逃脱此卫星火山的1千米/秒排气速度相比如何？

52. 土卫二的质量为 1.1×10^{20} 千克，直径为250千米。计算冰水晶逃脱该卫星冰火山的逃逸速度（见前一个问题）为多少才能逃脱土星的E环。

53. 行星科学家估算，木卫一的大量火山活动可能使这颗卫星表面每年覆盖平均3毫米（mm）厚的熔岩和火山灰。

   a. 木卫一的半径为1 815千米。如果将木卫一建模成球形，其表面的面积和体积如何？

   b. 每年沉淀到木卫一表面的火山物质体积有多大？

   c. 火山活动需要发生多少年才能让沉淀物质完全覆盖木卫一的表面？

   d. 在太阳系生命中，木卫一会将"翻个底朝天"多达几次？

54. 土星B环的内径和外径分别为184 000千米和235 000千米。如果环的平均厚度为10米，每立方米平均质量为150千克，则土星B环的质量为多少？

55. 土星的冰质小卫星土卫一的质量为3.8×10^{19}千克。基于前一问题的计算结果，这个质量相比土星B环的质量如何？这个比较为何有意义？

56. 厄勒克特拉（Electra）是一个直径为182千米的小行星，它有一颗小卫星，在距离1 350千米的圆形轨道中绕这颗小行星转动，周期为3.92天。参阅第3章内容回答以下问题。

   a. 厄勒克特拉的质量为多少？

   b. 厄勒克特拉的密度为多少？

57. 正如飞机上的引擎，从彗星彗核喷射出来的物质流，微妙地改变了它的轨道。科学家们对哈雷彗星应用了牛顿运动定律，发现彗核的质量为2.2×10^{14}千克。假设彗核是一个长方形盒子，尺寸为8千米×8千米×14千米（实际上为花生形状，但这个最接近）。

   a. 计算体积。

   b. 找出彗核密度。比较与水的密度。

   c. 解释为何这个密度确认了彗核是一个乱石堆。

58. 在乔托号（Giotto）和织女号（VEGA）造访哈雷彗星时，彗核每秒损耗20 000千克的气体和10 000千克的尘埃。此彗星的周期为76年。

   a. 如果这个彗星持续以这个速度损耗质量，一年将损耗多少质量？

   b. 这个与总质量（2.2×10^{14}千克）的比例为多少？

   c. 哈雷彗星在彻底销毁之前还需要绕太阳转多少圈？

   d. 需要多长时间？

59. 彗星恩克、哈雷和海尔波普的轨道周期分别为3.3年、76年和2 530年。

   a. 这些彗星轨道的长半轴（天文单位）为多少？

   b. 假设近日点距离忽略不计，哈雷和海尔波普彗星在各自轨道上距离太阳最远的距离为多少？

   c. 这三颗彗星中你猜哪个最原始？哪个最不原始？阐述原因。

60. 哈雷彗星的质量大约为2.2×10^{14}千克。每次经过太阳周围时约损耗3×10^{11}千克的质量。

   a. 人们首次于公元前230年对这颗彗星有了确切的观测。假设轨道周期恒定不变为76.4年，自最早看见至再次出现历经了多长时间？

   b. 自从公元前230年至今，这颗彗星已经损耗了多少质量？

   c. 这个值占总质量的百分比为多少？

61. 人类呼吸1立方米的空气中含有10^{19}个分子。1立方米彗尾通常可能含有10个分子。计算含有10^{19}个分子的彗尾物质的体积？

62. 据目前估算，穿越地球轨道直径大于1千米的小行星总数（如阿托恩小行星和阿波罗小行星）约为3 500个。直径大于500米穿越地球轨道的小行星数量大约为上述总数的五倍多。假设对较小的小行星而言，这个数量与大小的关系恒定不变，那么，直径大约125米的小行星有多少？（注意，任何直径大于100米的小行星，如与地球发生碰撞，将会导致大面积的重大毁坏。）

63. 一颗1兆吨氢弹能释放出4.2×10^{15}焦能量。比较这个能量与一个直径为10千米的彗星彗核（$m = 5 \times 10^{14}$千克）以20千米/秒的速度撞击地球所释放的能量。你将需要使用公式$E_x = \frac{1}{2} mv^2$（其中，E_x是动能，单位焦耳，m是质量，单位千克，v是速度，单位米/秒）。

64. 近期一项估算得出以下结果：每天约有近800颗质量大于100克的陨石（质量足以造成人员受伤）撞击地球表面。假设你出现在一个0.25平方米（m^2）有陨石坠落的目标区域内，在你的100年生命之中，被陨石撞击的可能性有多大？（注意，地球表面积约为5×10^{14} m^2。）

65. 假设每天有800颗质量大于100克的陨石撞击地球表面，那么每天有多少物质从这种大小的陨石上坠落到地球？每年有多少？如果这是质量传输到或者离开地球的唯一方式，那么，如果地球质量变成两倍，则需要多长时间？

 智能学习（SmartWork），诺顿的在线作业系统，包括这些问题的算法生成版本，以及附加的概念习题。如果你的导师在聪慧学习上布置了问题，请登录smartwork.wwnorton.com。

 学习空间（StudySpace）是一个免费开放的网站，并为你提供《领悟我们的宇宙》书中每一章的学习计划。学习计划包括动画、阅读大纲、生词卡、选择题测试以及聪慧学习和电子书中站点内容的链接。请访问wwnorton.com/Studyspace。

天文学家通过比对同一星域的两张（或更多）照片，查看这些照片之间移动过的辐射点，常会发现小行星和其他小型太阳系天体。下图四张照片（图9.35）均为"胶片"：每个黑点实际上在天空上都非常亮，所有白色部分实际上是黑暗的天空。胶片有时能帮助观测员找出微弱的细节，也是打印或复印的最佳选择。

研究这四幅图片，你能在这些照片中找出在星域中移动的那个小行星吗？

这是一项艰难的工作。较快的方法便是采用"盲性对比"法，即先看一张图片，然后快速看另外一张图片。将这些图片复印三份，将每张图片进行修剪，仔细地一张张对齐叠起来。因此，星星就重叠。此时你有12张图片，堆叠顺序如下：图片1、图片2、图片3、图片4以此类推。把边角订起来，用拇指翻页，

仔细查看图片。现在能找到了吗？

1. 在每张图片上圈出那颗小行星。

这个方法充分利用了人类的眼脑协调能力。相比静止的物体，人类能够更好地找出移动的物体。

2. 这个功能为何有助于进化适应？

还有第三种方法，有时很容易看出，但需要高品质的数字图片。在这种方法中，一个图片从另外一个图片相减而得。

3. 如果你比对了其中的两张，你期待在这些图片中发现什么？

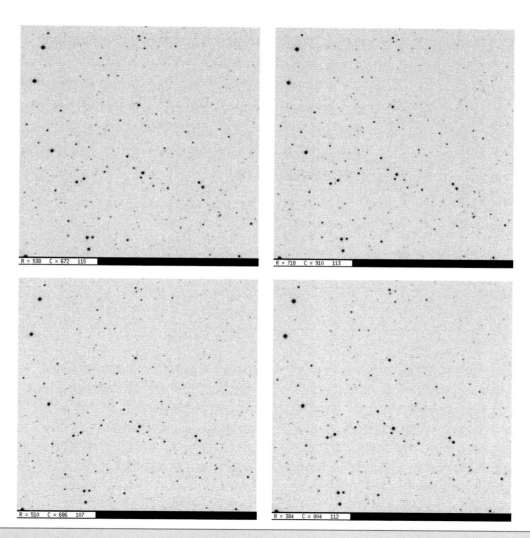

图 9.35

10 恒星的测量

提出问题是人类历程和科学发展过程中至关重要的一环。那颗恒星距离我们有多远？它有多大？它有多亮？这些问题都是人们急于知道并进行探索以求解惑的。

不同于对太阳系的探索，我们还不能向其他恒星发射太空探测器以近距离拍摄其照片或者登上其表面。为了认识和了解这些恒星，我们采用的方法是观测它们发出的光，应用我们当前对物理定律的认知，以及找出小部分恒星的规律从而探索其他恒星。我们通过几何学、辐射和轨道等方面的知识来回答这些古老的问题。

◆ 学习目标

不论望远镜的倍数有多高，恒星在夜空中看起来都只是一个光亮的点。但是通过对恒星所发出的光、历经的事件和其运动进行分析，我们可以非常详细地描述出这些恒星的物理性质。某名学生正在夜间使用赫罗图分析和了解织女星，织女星是天琴座中明亮的恒星。学完本章后，你应能了解为什么有些恒星是红色，有些是蓝色，以及我们是如何知道这一点的，还应知道什么是主星序，以及为什么大多数恒星都是主序星。另外，你应能通过主序星的质量和赫罗图计算出其光

度和温度。除此之外，你还需掌握下列知识：

- 根据邻近恒星的亮度以及离地球的距离计算它们的光度。
- 根据恒星的颜色推断其温度和尺寸。
- 确定恒星的构成成分和质量。
- 对恒星进行分类，并将这些信息在赫罗图上表示出来。
- 解释为什么主序星的质量和构成成分决定了其光度、温度和尺寸。

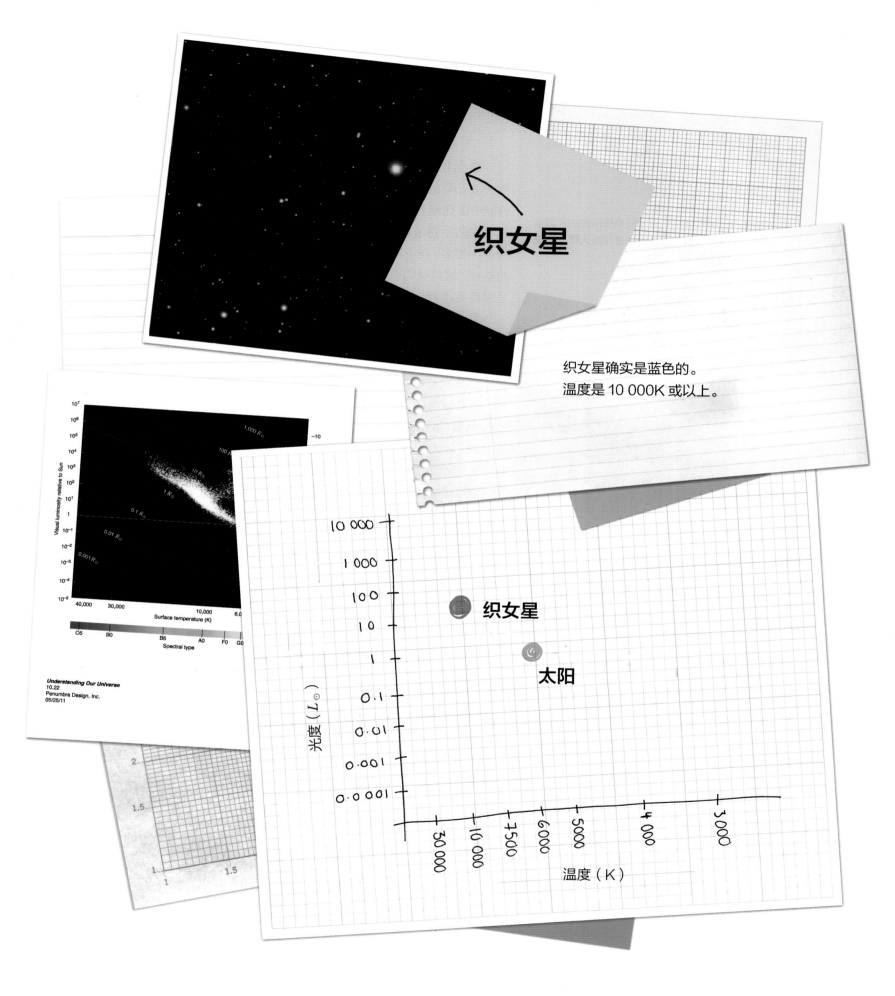

织女星

织女星确实是蓝色的。
温度是 10 000K 或以上。

Visual luminosity relative to Sun

10^7
10^6
10^5
10^4
10^3
10^2
10^1
10^{-1}
10^{-2}
10^{-3}
10^{-4}
10^{-5}

$1,000\ R_\odot$
$100\ R_\odot$
$10\ R_\odot$
$1\ R_\odot$
$0.1\ R_\odot$
$0.01\ R_\odot$
$0.001\ R_\odot$

-10

40,000   30,000   10,000   6,0

Surface temperature (K)

O5   B0   B5   A0   F0   G0

Spectral type

Understanding Our Universe
10.22
Penumbra Design, Inc.
05/25/11

光度（$L_\odot$）

10 000
1 000
100
10
1
0.1
0.01
0.001
0.0001

织女星

太阳

30 000   10 000   7500   6000   5000   4000   3000

温度（K）

10.1 第一步：
测量恒星的亮度、距离和光度

我们通过比较从地球轨道相反两侧所得的观测画面测量邻近天体的距离

根据物体远近的不同，我们双眼看到的视像也不相同。举起你的一根手指并放在你的鼻子跟前。先只用右眼观测，再只用左眼观测。每只眼睛传送到你脑中图像略有差异，你的手指看起来好像相对后面的背景来回移动。然后，再将你的手指放在手臂远处，再左右眨眼交替观看，你的手指看起来移动的距离就少得多。在不同的距离从不同视角观察到的图像不尽相同，这是立体视觉的基础。这是我们感知距离的主要方式。（图10.1中，我们通过向你的每只眼睛呈现略有不同的视像,让你察觉空无一物的远方。）

我们的立体视觉可以让我们判断十米之外的物体的距离，但如果超出了十米，作用就不大了。对于几千米之外的山峰，你右眼看到的视像和你左眼看到的视像没有明显区别，你所知道的就是这座山峰太远，无法判断其距离。我们的立体视觉可以感知的距离受到双眼间距的限制，我们的双眼间距约为6厘米。如果你将自己的双眼分开几米远，就能判断500米之外的物体的距离。

当然，我们无法将自己眼睛与脑袋分开，也不能将它们分开到手臂长之远，但是我们比较从相距甚远的位置拍摄到的图片。在不离开地球的前提下，间距最远的情况就是地球的轨道运动将我们从太阳的一侧带到另一侧。如果我们在今晚拍摄一张天空的图片，6个月之后再拍摄另一张，这两个拍摄位置之间的距离就是地球轨道的直径（2个天文单位），实际上此距离产生的立体视觉非常强。图10.2展示了一年中我们观测到的某个区域的恒星是如何随着视角的不同而变化的。我们就是根据这种视角的变化来测量邻近恒星的距离的。

图 10.1 你的大脑利用双眼看到的略有不同的视像来判断周围世界的距离和三维特性。本图中的两张立体图像展示了从北天极观测到太阳附近的恒星。所示区域宽 40 光年。太阳位于中心，以绿色十字号标记。观察者在 400 光年之外，双眼间距约为 30 光年。为了获得立体视觉，请用卡片将两张图片隔开，然后从 1.5 英尺的距离外进行观测。放松并直视本页，直到两张图像重合到一起。

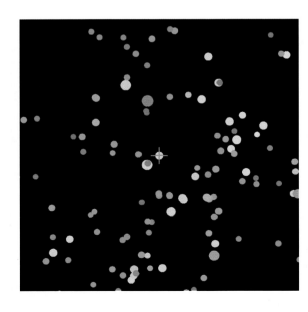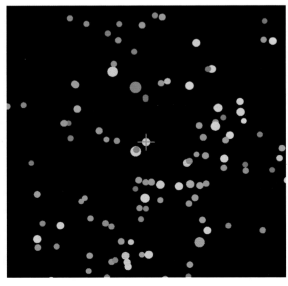

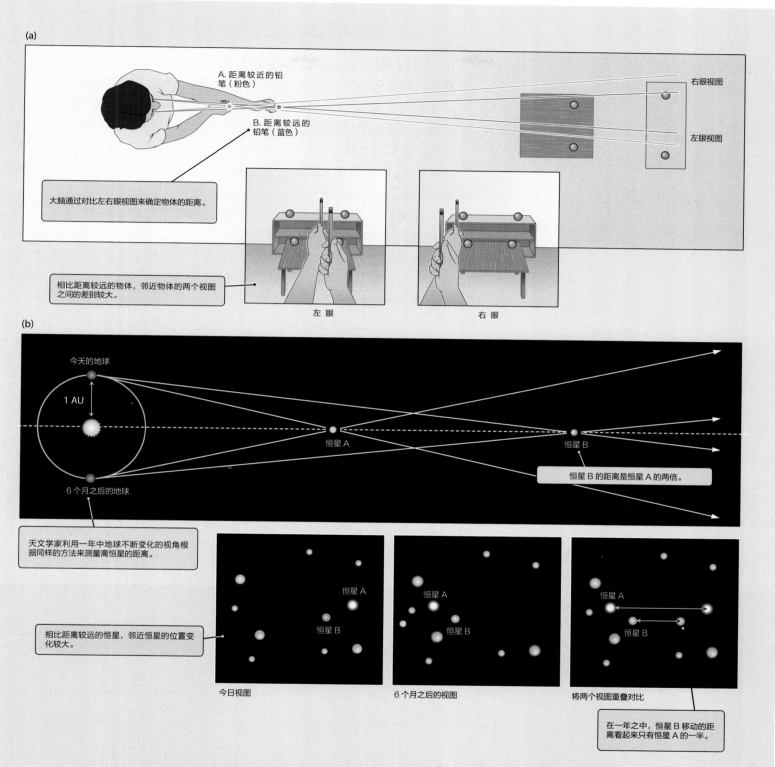

图 10.2 （a）立体视觉让你通过比较两只眼睛看到的视像来确定物体的距离。（b）同理，通过比较从地球轨道上不同位置看到的视像，可以让我们确定恒星的距离。随着我们围绕太阳旋转，邻近恒星视位置的变化大于较远恒星的视位置变化。（本图未按比例绘制）这是测量恒星距离的起点。

👁 视 觉 类 比

宇宙领悟 通过视差来测量邻近恒星的距离

图10.3展示了分别处以轨道两个位置的地球、太阳和三个恒星。首先请观察离地球最近的恒星1。当地球位于图中的上方时，它与太阳以及恒星1形成了一个直角三角形。（请记住直角三角形是指其中一个角是90°的三角形。）该三角形的短边是地球到太阳的距离，等于1AU，长边是地球到恒星的距离。该三角形的长边与斜边形成的锐角称为恒星的"视差角"，或者简称为"视差"。在一年中，恒星相对更遥远的背景移动，并在1年之后回到初始位置。此视觉偏移等于视差的两倍。

距离更远点的恒星所形成的直角三角形更长更小，视差也更小。恒星2的距离是恒星1的两倍，其视差是恒星1的一半。恒星3的距离是恒星1的三倍，其视差是恒星1的三分之一。如果"恒星10"的距离是恒星1的10倍，那么它的视差则为恒星1的十分之一。恒星的视差与其距离成反比：一个因素的增加会引起另一因素的减少。

实际上，恒星的视差极小。天文学家通常采用单位弧秒来测量视差。正如时钟上的一小时可分成若干分钟和秒钟，一度也可以分成若干弧分和弧秒。1弧分等于1/60度，1弧秒等于1/60弧分。1弧秒大约等于5英里（约9 000米）之外的高尔夫球形成的角度。

恒星离地球的距离非常遥远，在本书中我们通常采用单位光年。1光年等于光在一年中传播的距离——约9.5万亿千米。之所以采用此单位是因为这是你在有关天文学的报刊文章或者畅销书籍中最可能看到的单位。但当天文学家谈及恒星和星系的距离时，他们通常采用的单位是秒差距（缩写为pc），1秒差距等于3.26光年。

图 10.3　三个不同距离的恒星的视差。（本图未按比例绘制）视差与距离成反比。

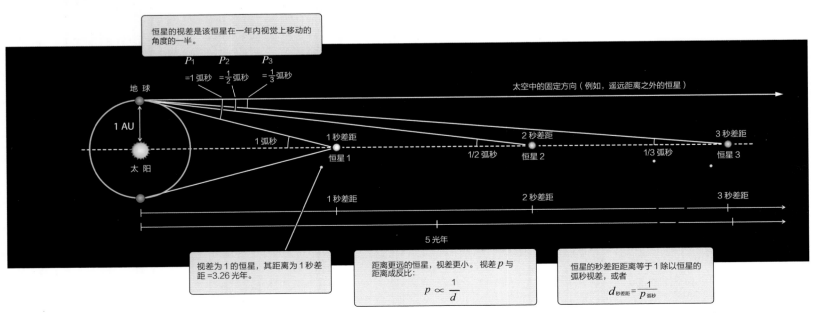

疑难解析 10.1 | 视差与距离

根据前几章所学，"反比"是指等式一边的变量为分子，另一边的变量为分母。距离（d）与视差（p）之间成反比关系。

$$p \propto \frac{1}{d} \quad \text{或者} \quad d \propto \frac{1}{p}$$

天文学家采用秒差距来描述距离与视差之间的关系。

$$\text{距离（秒差距）} = \frac{1}{\text{视差（弧秒）}}$$

$$\text{或者 } d\text{（秒差距）} = \frac{1}{p\text{（弧秒）}}$$

注意，其中的比例符号转变成了等式符号。如果距离以秒差距为单位，视差以弧秒为单位，你无需记住任何常数。

假设某颗恒星测得的视差为0.5弧秒，为了求得恒星的距离，将该数值代入上述方程式就可求得。

$$d = \frac{1}{0.5} = \frac{1}{1/2} = 2 \text{ 秒差距}$$

假设某颗恒星测得的视差是0.01弧秒，那么它的距离是多少光年？首先，我们需求得秒差距是多少：

$$d = \frac{1}{0.01} = \frac{1}{1/100} = 100 \text{ 秒差距}$$

根据1秒差距等于3.26光年即可求得是多少光年。

$$d = 100 \text{ 秒差距} \times \frac{3.26 \text{ 光年}}{1 \text{ 秒差距}}$$

$$d = 100 \times 3.26 \text{ 光年}$$

$$d = 326 \text{ 光年}$$

离我们最近的恒星（除太阳之外）是比邻星，位于4.22光年之外。比邻星是半人马座阿尔法三合星中一颗较为暗淡的恒星。该恒星的视差是多少？首先，我们必须将光年转换成秒差距：

$$d = 4.22 \text{ 光年} \times \frac{1 \text{ 秒差距}}{3.26 \text{ 光年}}$$

$$d = 1.29 \text{ 秒差距}$$

然后，根据距离计算视差：

$$d = \frac{1}{p}$$

求得 p 等于：

$$p = \frac{1}{d}$$

该恒星的视差只有0.77弧秒，因此古代天文学家无法探测到恒星在一年中的视运动也就不足为怪了。

当天文学家开始观测恒星在天空中的视差时，发现这些恒星离地球相当遥远（见疑难解析10.1中的举例）。首次成功测量到视差的是德国天文学家F.W.贝塞尔（F.W.Bessel，1784—1864），他于1838年测得恒星天鹅座61号星的视差是0.314弧秒。此发现表明天鹅座61号星距离地球3.2秒差距，太阳离地球距离的660 000倍。根据此测量数据，贝塞尔将宇宙的已知尺寸增加了10 000倍。目前，我们只探测到距离太阳15光年以内的约60颗恒星。在太阳四周，大约每360立方光年才有一颗恒星（或者一个恒星系统）。

在20世纪90年代，依巴谷卫星（Hipparcos）成功测量到了12万颗恒星的位置和视差，标志着人类对邻近恒星的认知取得了飞跃进步。依巴谷卫星测得的视差的精确度约为±0.001弧秒。因为观测数据的不确定性，我们对恒星距离的测量具有不确定性。例如，依巴谷卫星测得某颗恒星的视差是0.004弧秒，实际上该恒星的视差是在0.004左右。该恒星的实际距离不是精确的250

词汇标注

不确定性： 不确定的距离并不表示我们对该距离一无所知。不确定只是表示对距离的认知有多深。对于科学家而言，有时候可能一个最重要的数字不确定，如果新的试验让不确定性降低，即使该数字没有任何变化，他们都会感到非常振奋。当天文学家发现宇宙年龄是137亿年，其中不确定性为10亿年，让许多天文学家振奋的不是数字137，而是10，因为该数字相比之前更确定了。

亮度取决于观察者的距离，而光度则与距离无关。

秒差距，而是在200秒差距到330秒差距之间。比如，假设你正在公路上行驶，车上的数字速度表上显示的速度为每小时10千米（千米/时），但你实际行驶的速度可能是10.4千米/时或者9.6千米/时。数字速度表显示的速度只精确到个位，但这并不表示你完全对行驶速度一无所知。例如，你肯定知道你的行驶速度不是100千米/时。凭借目前的技术，我们不可能利用视差准确无误地测量离地球几百秒差距远的恒星的距离。测量更遥远的恒星的距离另有其他方法，我们将在之后的章节中一一介绍。

恒星的亮度

两千年前，希腊天文学家希帕克斯（Hipparchus）将其所见的最明亮的恒星划分为"一等星"，将最暗淡的恒星划分为"六等星"。注意，亮度越高的恒星，星等越低。星等采用的也是对数规则，第二等的天体其亮度是第四等的天体的两倍以上。希帕克斯的视力非常好，因为普通人在夜空下能看到的极限星等是六等星。现代望远镜能够看到更深的恒星。哈勃太空望远镜可以看到30等星——比肉眼能看到的恒星暗淡40亿倍。

比1星等天体还亮的天体，其星等小于1，星等还可以为负数。例如，天狼星是可见光波长范围内能够观测到的天空中最明亮的恒星，星等为 -1.46。金星的亮度非常高，能够形成影子，星等为 -4.4。满月的星等是 -12.6，太阳的星等是 -26.7。因此，太阳的亮度比满月高出14.1星等。

恒星的星等是指它们的视星等，因为它表示我们在地球上看到的恒星在天空中的亮度。恒星离地球的距离各不相同，因此我们不能从恒星的视星等获知其实际发射出的光有多少。为了获知恒星的本证亮度——光度，我们必须知道其距离。然后我们可以将已知距离的所有其他恒星按一定比例进行分析比较，计算出将这些恒星放在离我们10秒差距的距离时呈现出的亮度。这就是绝对星等：把天体放在10.0秒差距（32.6光年）距离时天体所呈现出的亮度。

天体的亮度一般随着波长范围（颜色）的变化而变化，因此天文学家采用特殊符号来表示在不同颜色区域的视星等。例如，分别以V和B表示在光谱可见光（黄绿）区域和蓝色区域的星等。这里我们采用"可见光"来表示是因为黄绿光大致等同于人眼最敏感的波长范围。

宇宙领悟 计算光度

虽然恒星的亮度可以直接测量,但却不能对我们认知恒星本身有帮助。如图10.4所示,夜空中一颗明亮的恒星可能实际上非常暗淡,只不过离我们较近而已。相反,一颗暗淡的恒星可能实际上非常明亮,只不过它离我们太遥远,因而看起来暗淡。明确地说,恒星的视亮度与我们接收到的星光的强度相对应,与该恒星的距离的平方成反比(见疑难解析7.1)。如果我们知道恒星的距离,就可以通过测量该恒星的视亮度计算出其光度。

恒星可能的光度范围十分宽广。太阳为测量恒星的光度提供了衡量标准。最明亮的恒星的光度是太阳光度的100多倍,最暗淡的恒星的光度不到太阳光度的万分之一。因此,最明亮的恒星是最暗淡的恒星的光度的100亿多倍(10^{10})。很少有恒星的光度能够达到此上限,绝大多数恒星的光度都小于太阳的光度。图10.5 展示了以太阳光度为单位的恒星光度在数量上的分布情况。

低光度恒星比高光度恒星多。

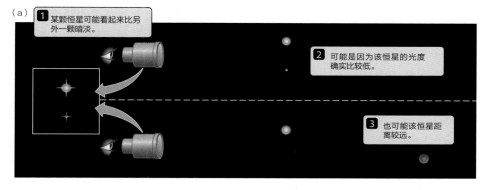

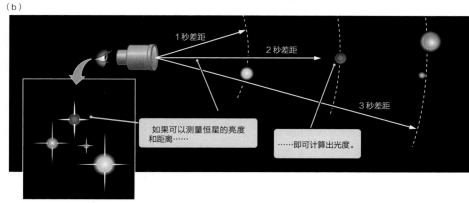

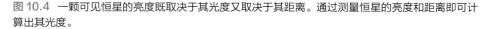

图10.4 一颗可见恒星的亮度既取决于其光度又取决于其距离。通过测量恒星的亮度和距离即可计算出其光度。

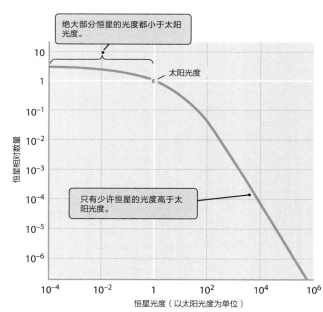

图10.5 恒星光度的分布。坐标轴都为对数坐标。

10.2 根据恒星的辐射推算出恒星的温度、大小和成分

词汇标注

表面：在日常用语中，我们不会使用该词来表示气态天体的某一层。但在天文学中，该词表示恒星发射出可见辐射的部分。恒星的表面不是像类地行星的表面一样是固体的，当然恒星还有除了此"表面"层以外的其他许多层。

立体视觉和物体越近越亮的事实是我们日常生活中的两大概念，为测量离我们最近的恒星的距离和光度提供了实用工具。恒星不仅是夜空中暗淡的星星点点，而是我们无法想象的距离之外的极强大的灯塔。

恒星是气态天体，但非常致密——恒星产生的辐射几乎如同电炉上的加热元件产生的辐射一样适用于相同的物理定律。意思是说，我们可以通过对黑体辐射的认知——例如斯特藩-玻尔兹曼定律（如果物体尺寸相同，温度越高表示光度越大）和维恩定律（温度越高越蓝），来了解恒星发出的辐射。尤其是这两个定律可以让我们测量邻近恒星的温度和尺寸。

再次利用维恩定律：恒星的颜色和表面温度

通过测量恒星的颜色，可以获知恒星的温度。

根据维恩定律（见疑难解析6.3），物体的温度决定了其光谱的峰值波长。物体温度越高，发出的光越蓝。表面温度极高的恒星为蓝色，表面温度极低的恒星为红色，而太阳在这两种之间为黄色。如果你能获得某颗恒星的光谱，并测得该光谱的峰值波长，即可根据维恩定律求得该恒星的表面温度。恒星的颜色只能告知我们其表面温度，因为恒星表面发出的辐射是我们可以观测到的。恒星的内部远比其表面更炽热，我们将在后文中探讨。

请回看本章开篇图，该名学生在其图中将织女星标记为蓝色，并立即确定其温度必定在10 000K（约9 726.85 摄氏度）左右或者以上。图中的其他恒星颜色各不相同。你能从恒星的颜色判断出哪些恒星的温度一定低于织女星。

实际上，我们通常不需要获得某颗恒星的完整光谱就可以确定它的温度。天文学家通常通过比较恒星在两个不同波长上的亮度即可测量恒星的颜色。恒星的亮度通常采用仅让特定波长的光透过的滤光片来测量，有时候滤光片可能只是一片彩色玻璃。最常用的两种滤光片是蓝色滤光片和可见光（即黄绿色）滤光片。采用不同的滤光片拍摄一组恒星的照片，我们可以一次性地测量照片中数百颗甚至数千颗恒星的表面温度。在此过程中，我们发现低温恒星远远多于高温恒星。另外，我们还发现大多数恒星的表面温度低于太阳的表面温度。

▶❚❚ 天文之旅：**恒星光谱**

光与物质的交互作用

到目前为止，我们一直在探讨如何利用热辐射的知识来认知恒星。但恒星的光谱并不是平稳连续的黑体光谱，相反，当我们将恒星的光穿过棱镜时，我们看到的是特定波长范围内黑色明亮的光谱线。为了了解这些谱线（通过这些谱线我们可以掌握更多有关宇宙的知识），我们必须知道光与物质是怎样产生交互作用的。在第4章中，我们学习了一些有关光和物质的知识。现在，我们需要进一步学习它们是如何发生交互作用的。

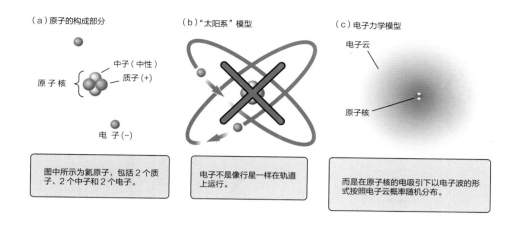

（a）原子的构成部分

原子核 { 中子（中性）
质子（+）

电子（-）

图中所示为氦原子，包括 2 个质子、2 个中子和 2 个电子。

（b）"太阳系"模型

电子不是像行星一样在轨道上运行。

（c）电子力学模型

电子云

原子核

而是在原子核的电吸引下以电子波的形式按照电子云概率随机分布。

图10.6 （a）原子（此处指氦原子）由原子核构成，其中原子核包括带正电的质子和中性不带电的中子，周围围绕着小质量的带负电的电子。（b）原子通常被绘制成微星"太阳系"，但这是不正确的，如图中 X 符号所示。（c）根据量子力学概率云，原子核周围的电子被模糊掉了。

物质遍布在各个空间角落，具有一定质量。日常物质是由原子构成的（图10.6（a））。原子中电子的质量远远小于质子或者中子，因此原子的所有质量几乎都集中于原子核上。根据此描述我们将原子想象成一个微型的"太阳系"，其中大质量原子核位于中心，周围围绕着轨道运行的小质量电子，类似于行星围绕太阳旋转（图10.6（b））。我们将此称为玻尔模型，丹麦物理学家尼尔斯·玻尔（Niels Bohr，1885—1962）于1913年首次提出了此模型，但不幸的是，虽然该模型易于视觉化，但却是错误的。

正如光波具有粒子特性一样，物质的粒子也具有波的特性。在带有正电荷的原子核周围，电子不是像行星一样围绕原子核在特定轨道上运动，而是以电子云或者电子波的形式运动（图10.6（c））。因此，我们采用毫无特征的云来表示围绕原子核旋转的电子。

宇宙领悟 原子具有离散能级

原子中的电子波只能以特定形式存在，这取决于原子的能态。我们可以将原子的能态想象成书柜的书架，如图10.7（a）所示。原子的能量可以对应于一个书架或者另一书架上的能量，但永远不可能处于两个书架之间。

原子最低的能态称为基态（图10.7（b））。当原子处于此能态时，电子的能量最低，再不能释放更多的能量到更低的能态。原子将永远保持在基态，除非它能够从外部获得能量。

基态之上的能级称为激发态。处于激发态的原子可以突然释放出"额外"的能量转换成基态。原子可以从一个能态转换到另一个能态，但其能量绝不可能在两者之间。这就好比硬币，假设你有三枚硬币，面值分别为1元、5角、1角，共计1.6元。如果你将5角的硬币拿走，就只剩下1.1元。你身上不可能有1.3元，也不可能是1.4元。你所拥有的硬币只可能是1.6元和1.1元（图10.8（a））。原子可以通过吸收或者发射光子来改变其能态。原子从能量为 E_2 的较高能态跃迁到能量为 E_1 的较低能态，失去的能量大小恰好等于两个能级之间的能量差，即 $E_2 - E_1$。

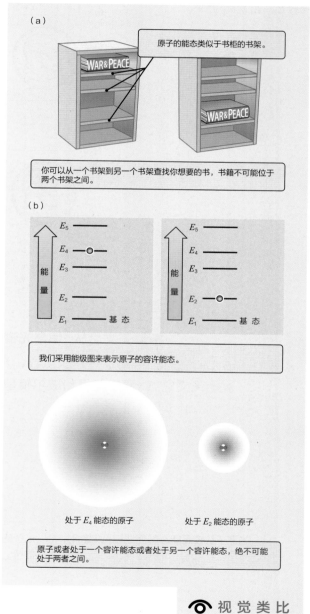

（a）

原子的能态类似于书柜的书架。

WAR&PEACE

WAR&PEACE

你可以从一个书架到另一个书架查找你想要的书，书籍不可能位于两个书架之间。

（b）

E_5
E_4
E_3
E_2
E_1 ——基 态

能量

E_5
E_4
E_3
E_2
E_1 ——基 态

能量

我们采用能级图来表示原子的容许能态。

处于 E_4 能态的原子

处于 E_2 能态的原子

原子或者处于一个容许能态或者处于另一个容许能态，绝不可能处于两者之间。

👁 视觉类比

图10.7 （a）原子的能态可以比作书柜的书架。你可以将书从一个书架上移到另一个书架上，但却不能将书悬在两个书架之间。（b）原子可处于一个能态或者另一个能态，但却不能在两者之间。没有比基态更低的能级。

图10.8 （a）能态之间的转换就如同你手上的单个硬币一样。如果你手上有三个硬币，面值分别为1元、5角、1角，当你将其中的 5 角硬币拿给别人后，就只剩下 1 元和 1 角的硬币，共计 1.1 元。你手上的硬币不可能是确切的 1.3 元硬币，要么是 1.6 元，要么是 1.1 元。（b）同理，原子只能释放出具有特定能量的质子。当高能态原子衰变成低能态时会释放出一个带有 $E_2 - E_1$ 能量的质子。

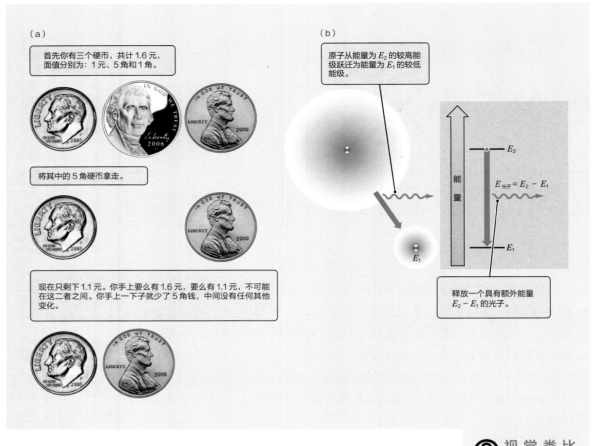

（a）

首先你有三个硬币，共计 1.6 元，面值分别为：1 元、5 角和 1 角。

将其中的 5 角硬币拿走。

现在只剩下 1.1 元。你手上要么有 1.6 元，要么有 1.1 元，不可能在这二者之间。你手上一下子就少了 5 角钱，中间没有任何其他变化。

（b）

原子从能量为 E_2 的较高能级跃迁为能量为 E_1 的较低能级。

能量

$E_{光子} = E_2 - E_1$

E_2

E_1

释放一个具有额外能量 $E_2 - E_1$ 的光子。

视觉类比

▶‖ 天文之旅：**恒星光谱**

▶‖ 天文之旅：**原子能级和玻尔模型**

当原子从较高能态转变成较低能态时，将以光子的形式失去能量。

因此，发射的光子的能量必定为 $E_{光子} = E_2 - E_1$。如图10.8所示，其中向下的箭头符号表示原子从较高能态跃迁到较低能态。

原子的能级结构决定了原子发射的光子的波长——即原子发出的光的颜色。原子释放出的光子的能量只能等于其两个容许能态之间的能量之差。根据第4章所学，能量、波长和光子频率三者之间息息相关。能量为 $E_{光子} = E_2 - E_1$ 的光子具有特定的波长 $\lambda_{2 \to 1}$ 和特定的频率 $f_{2 \to 1}$。这些光子具有相当特殊的颜色，从 E_2 到 E_1 跃迁过程中发出的所有光子都具有此相同颜色。

处于基态的原子将永远保持在基态，除非它吸收了适当的能量跃迁到激发态。一般而言，原子可以吸收光子的能量，或者从与另一个原子或者独立电子之间的碰撞中吸收能量，或者吸收一些其他粒子的能量。原子从能量为 E_1 的较低能态跃迁到能量为 E_2 的较高能态，不论是通过吸收光子还是发生碰撞，都只能吸收 $E_2 - E_1$ 大小的能量。

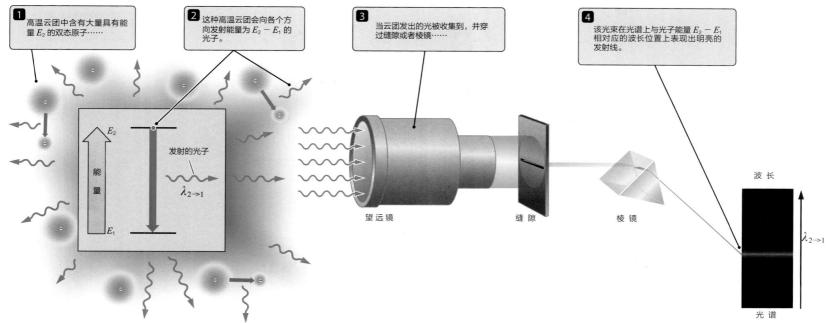

1 高温云团中含有大量具有能量 E_2 的双态原子……

2 这种高温云团会向各个方向发射能量为 $E_2 - E_1$ 的光子。

3 当云团发出的光被收集到，并穿过缝隙或者棱镜……

4 该光束在光谱上与光子能量 $E_2 - E_1$ 相对应的波长位置上表现出明亮的发射线。

E_2

能量

发射的光子

$\lambda_{2 \to 1}$

E_1

望远镜　　缝隙　　棱镜

波长

光谱

$\lambda_{2 \to 1}$

图 10.9　其他云团中的原子处于两种能态，E_1 和 E_2，释放出的光子能量大小为 $E_2 - E_1$，在光谱图（右图）中表现为单条发射线。

　　如图10.9所示，设想一团热气体云是由只具备两种能态 E_2 和 E_1 的原子构成。因为气体温度较高，原子会持续不断地四处移动，相互碰撞，从而从基态 E_1 跃迁到较高能态 E_2。处于较高能态的所有原子都会快速衰变，随机释放光子，其中发射出的光只包含具有特定能量 $E_2 - E_1$ 的光子。换句话说，此气体云团发出的所有光都为同一颜色。如果这些光通过裂缝或者棱镜，会形成单一的同一颜色的亮线，称为发射线。霓虹灯广告牌就是根据此原理设计的：霓虹灯广告牌中的每种颜色都是由玻璃管内的不同气体（不一定是氖气）产生的。

　　现在，加深我们看到一束白光（其中所有波长范围内的光子）穿过温度较低的气体云团（图10.10（a））。几乎所有这些光子都能不受影响地穿过气体云团，因为这些光子不具备能够让气体原子吸收的特定能量大小（$E_2 - E_1$）。但是，具有此特定能量的光子会被原子吸收，继而从光谱中消失。我们将会在与此能量相对应的光谱波长位置上看到一条黑色锐线，称为吸收线。图10.10（b）展示了恒星光谱中吸收线。任何元素的吸收线都与其发射线发生在同一波长位置。不论原子是发射还是吸收光子，两个能级之间的能量只差都是相同的，因此在两种情况下，所涉及的光子的能量都一样。

　　当原子吸收光子时，可能会快速回到其之前的能态，释放出的光子能量与其刚刚吸收的光子能量相等。如果原子释放出的光子与其之前吸收的光子几乎相同，你可能会问既然光谱上的光子被另一个相同的光子替代了，那为什么还要吸收光子呢。光子确实被替代了，但所有吸收的光子之前都按同一方向运行，而之后发射的光子却按随机方向移动。换句话说，大部分光子都偏离了它们原来的路径。如果你正在观察一束白光穿过云团，你将会在波长 $\lambda_{2 \to 1}$ 位置观测到一条吸收线，而如果你从另一个方向观察该云团，你将会在此波长位置观测到一条发射线。

▶Ⅱ **天文之旅：原子能级和光的发射与吸收**

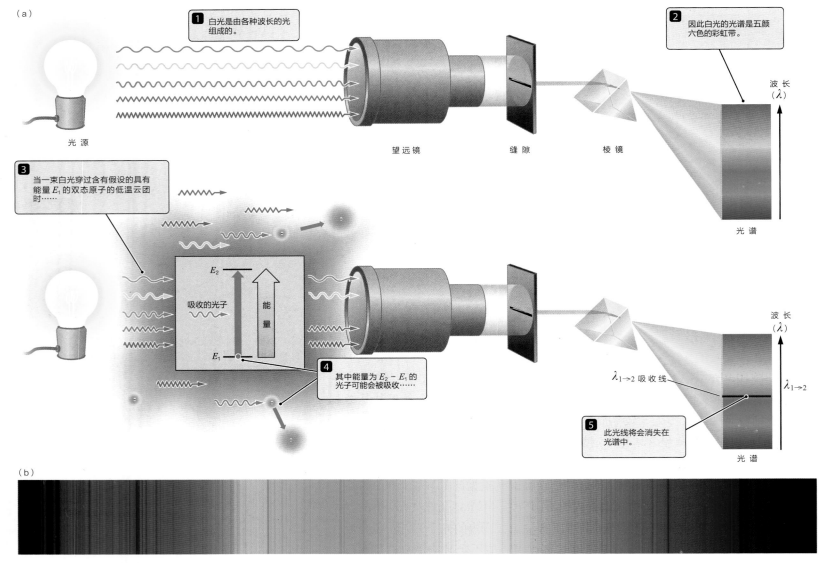

（a）

1 白光是由各种波长的光组成的。

2 因此白光的光谱是五颜六色的彩虹带。

光源

望远镜　　缝隙　　棱镜

波长（λ）

光谱

3 当一束白光穿过含有假设的具有能量 E_1 的双态原子的低温云团时……

E_2

吸收的光子　能量

E_1

4 其中能量为 $E_2 - E_1$ 的光子可能会被吸收……

波长（λ）

$\lambda_{1\to2}$ 吸收线

$\lambda_{1\to2}$

5 此光线将会消失在光谱中。

光谱

（b）

图 10.10 （a）当一束白光穿过棱镜时，将形成各种颜色的光谱图。当一束白光穿过假设的由双态原子构成的云团时，其中能量为 $E_2 - E_1$ 的光子可能会被吸收，从而在光谱图上形成一条黑色的吸收线。（b）恒星光谱中的吸收线。

发射线和吸收线是原子的光谱指纹

真正的原子可能具有两种以上的能态，因此指定元素的原子能够发射和吸收许多不同波长的光子。例如，具有三种能态的原子可以从能态3跃迁到能态2，或者从能态3到能态1，或者从能态2到能态1，其光谱上将显示出三条明显的发射线。

每个氢原子都具有相同的能态，因此所有氢原子都具有相同的发射线和吸收线。图10.11（a）展示了氢原子的能级图，以及氢原子在光谱可见光范围内的发射线光谱（图10.11（b）和（c））。

每个不同的元素都具有一套特定的能级，因此其能够发射或者吸收的辐

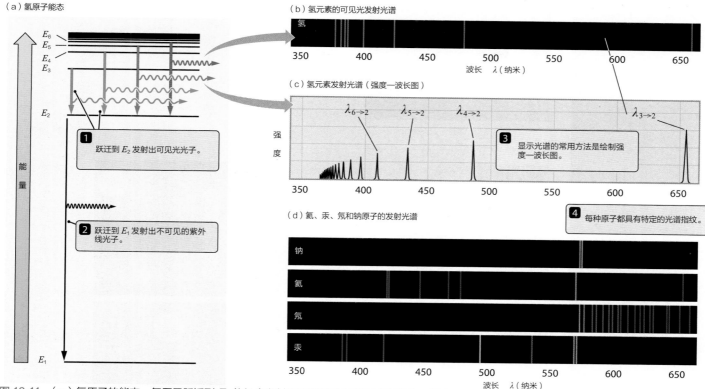

图 10.11 （a）氢原子的能态。氢原子跃迁到 E_2 能级会发射出在光谱可见光区域的光子。（b）一盏氢灯发出的光通过棱镜投射到一个屏幕上时，就会看到本图所示的光谱。（c）此图为光谱线的亮度（强度）与波长的对应图，展示了光谱一般是如何绘制的。（d）几种其他类型的气体形成的发射光谱。

射的波长也是特定的。图10.11（d）展示了不同类型的原子的吸收线。这些特定的波长构成了各个元素明确无误的光谱"指纹"。

如果我们从遥远物体发出的光中观测到氢、氦、碳、氧或任何其他元素的光谱线，我们就会知道该物体中含有这些元素。谱线的强度部分取决于光源中该种元素的原子数量。通过测量某种元素形成的谱线的强度，天文学家通常可以推断出该光源中此种元素的丰度，有时候还能推断出该种元素物质的温度、密度和压力。

恒星依照它们的表面温度分类

虽然恒星的高温表面发出的辐射非常接近于平滑的黑体曲线，这些光线肯定会通过恒星的外层大气逃逸出去。恒星上温度较低的大气层中的原子和分子将会在这些光线中留下吸收线指纹，如图10.12所示。这些原子和分子，以及恒星附近的任何可能出现的气体都会在恒星光谱上产生发射线。虽然吸收线和发射线让我们利用黑体辐射的定律来解释恒星发出的光线复杂化，但我们能够通过光谱线来获知更多有关恒星大气中气体状态的信息，因此了解光谱线具有重大意义。

词汇标注

强度：在本段中，强度表示发射线的明亮程度或者吸收线的暗淡程度。原子数量越多，发射的光或者吸收的光就越多，谱线强度越强。

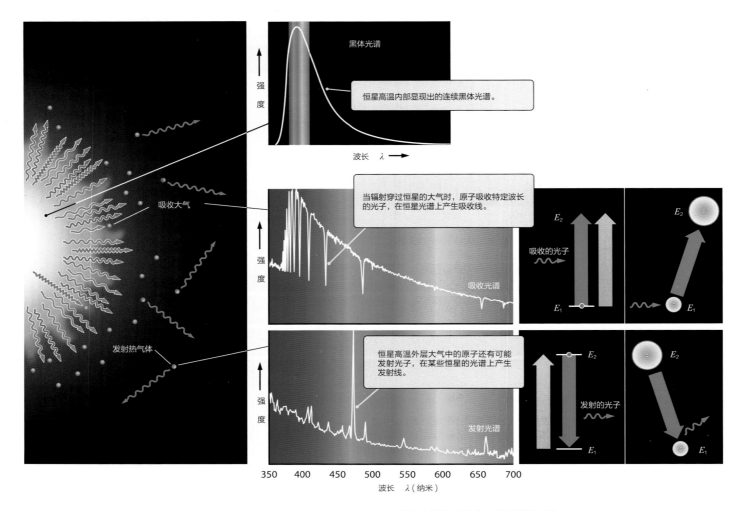

图 10.12　恒星光谱中吸收线和发射线的形成。

　　早在19世纪初人类还没有充分认知恒星、原子或辐射之前，就开始了对恒星光谱进行分类。我们目前采用的分类就是基于这些光谱上看到的特殊吸收线。A类恒星的氢谱线最强烈，B类恒星的氢谱线比A类要弱一些，以此类推。

　　安妮·坎农（Annie Jump Cannon，1863—1941）主持了哈佛大学天文台恒星光谱分类的工作，分类了成千上万颗恒星的光谱。她根据表面温度摒弃了许多早期的光谱类型，只保留了随后记录的七种类型。图10.13展示了不同类型的恒星光谱。温度最高的恒星，表面温度在30 000K（约29 726.85摄氏度）以上，被归类为O类恒星。O类恒星只有微弱的氢谱线和氦谱线。温度最低的恒星为M类恒星，温度低至2 800K（约2 526.85摄氏度）左右。M类恒星有无数条由不同原子和分子形成的谱线。恒星光谱型的完整顺序按温度最高到最低排列，分别为O、B、A、F、G、K、M。广谱型之间的界线不是非常分明。温度高于平均温度的G类恒星非常类似于温度低于平均温度的F类恒星。

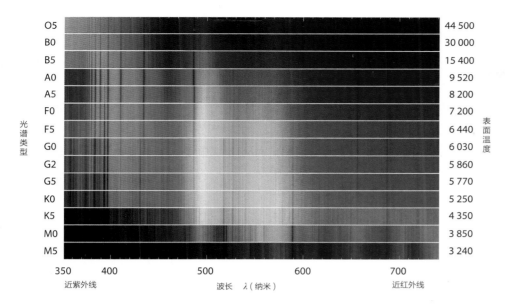

图 10.13　不同光谱型的恒星光谱，从高温蓝色 O 类恒星到低温 M 类恒星。恒星温度越高，在光谱波长较短的区域越明显，黑线是吸收线。

天文学家在主要光谱型的字母标志后面加上数字将这些主要光谱型分成若干子类。例如，温度最高的B类恒星称为B_0恒星，温度略低的B类型恒星称为B_1恒星，以此类推。温度最低的B类恒星为B_9恒星，只比A_0恒星的温度最高。太阳是G_2恒星。

如图10.13所示，温度高的恒星不仅比温度低的恒星颜色更蓝，其光谱上的吸收线也明显不同。恒星大气中的气体温度对气体中原子的能态具有较大影响，从而影响了可供吸收辐射的能级跃迁。在O类恒星上，因为气体温度十分高，气体内部的原子发生高能对撞，大部分原子会失去一个或者多个电子。在电磁波谱的可见光区域很少发生跃迁，因此O类恒星的可见光光谱相对不明显。在温度较低的恒星上，有更多的原子能够吸收光谱中的可见光，因此温度较低的恒星的可见光光谱比O类恒星的可见光光谱更复杂。

大多数吸收线都对应于一个特定温度，在该温度下最强最明显。例如，氢元素的吸收线在温度约10 000K（约9 726.85摄氏度）下最明显，该温度是A类恒星的表面温度。（这一点意义重大，因为A类恒星之所以得名，是因为在它们的光谱上氢谱线最强烈。）

在温度最低的恒星上，恒星大气中的原子会形成分子。在低温M类恒星大气中。氧化钛（TiO）等分子是吸收光子的主力。

不同的谱线是在不同温度下形成的，因此我们可以利用这些吸收线直接测量恒星的温度。采用此方法测得的恒星温度与根据维恩定律测得的恒星温度完全匹配，再一次证实在地球上适用的物理定律也同样适用于恒星。

▶Ⅱ 天文之旅：**恒星光谱**

恒星主要由氢和氦构成

恒星光谱中谱线最明显的差异是由温度的不同引起的，通过这些谱线我们还可以了解恒星的其他物理特性，例如压力、化学成分和磁场强度等。另外，通过利用多普勒频移，我们还可以测量恒星的自转速度、大气运动、膨胀和收缩、从恒星上驱逐出去的风以及其他动态特性。

根据各种吸收线的强度，我们可以知道恒星上气体包括有哪些原子以及这些原子的丰度，这需要我们认真分析恒星的光谱从而恰如其分地分析说明恒星大气中气体的温度和密度。一般而言，恒星大气中90%以上的原子都为氢原子，余下部分主要由氦原子构成，只有微量的其他元素。

再次利用斯特藩−玻尔兹曼定律：计算恒星的大小

我可以根据维恩定律（图10.14（a））或者恒星谱线的强度直接确定恒星的温度。一旦知道了恒星的温度，我们即可计算出该恒星每平方米每秒钟发出多少辐射。如图10.14（b）所示，相比温度较低的红色恒星，温度较高的蓝色恒星表面每平方米每秒钟发出的辐射较多。因此，高温恒星的光度将高于相同尺寸的低温恒星的光度。尺寸较小的高温恒星的光度甚至可能高于尺寸较大的低温恒星。如图10.14（c）所示，通过分析比较恒星的温度和光度，我们可以推算出恒星的大小。我们可以根据斯特藩−玻尔兹曼定律以及通量与光度之间的关系计算恒星的半径（参见疑难解析6.2）。

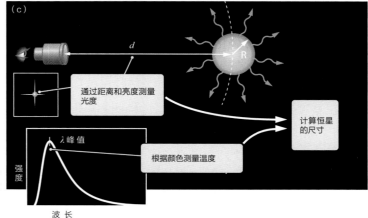

图 10.14 根据对黑体辐射的认知来测量恒星的温度和尺寸。

我们可以利用光度、温度和半径之间的关系来测量数千颗恒星的尺寸。当我们提及恒星的尺寸时，将再次以太阳作为参考标准。太阳的半径 $R_\odot$ 约为 700 000千米。当我们观测周围的恒星时，发现最小的恒星为白矮星，其半径只有太阳半径的百分之一（$R=0.01R_\odot$）。我们能够看到的最大的恒星是红超巨星，其半径可长达太阳半径的1 000倍以上。大部分恒星的尺寸都小于太阳，巨星的数量较少。

10.3 测量恒星的质量

确定物体的质量相当棘手。我们当然不可能根据天体发出的光的多少或者该天体的尺寸来测量其质量。大质量天体体积可大可小，可明可暗，只有引力与质量相关。当天文学家试图确定天体的质量时，几乎都逃不过首先观测这些天体的引力效应。

在第3章中，我们发现行星运动的开普勒定律是引力导致的结果，还知道了可以根据行星的轨道来测量太阳的质量。因此，我们可以研究相互围绕旋转的两颗恒星，以此测量恒星的质量。天空中大约一半的大质量恒星实际上都是由多颗恒星在相互引力的作用下相互围绕旋转的恒星系统。它们大部分都是双星，其中两颗恒星相互围绕旋转，这是根据牛顿对开普勒定律的解释所预测的。（但大部分小质量恒星都是单星，而且小质量恒星的数量远远超过比它们质量大的巨星。这就是说，大部分恒星都是单星）

宇宙领悟 双星围绕共同的质心旋转

如果双星系统中的两颗恒星位于引力场中的一块跷跷板上，该跷跷板的支撑点应直接位于质量的中心才能让这两颗天体保持平衡，如图10.15所示。这两颗恒星围绕此质心旋转，该质心基本上都不在这两颗恒星上，通常位于两者之间的位置。

当牛顿利用其提出的运动定律解释双星的轨道运动问题时，发现双星中的两颗恒星必定在椭圆轨道上相互围绕对方旋转，并且它们的共同质心位于两个椭圆的共同焦点上，如图10.16所示。两个天体连线上的质心保持静止不动。两个天体不论何时都位于质心的相对面。

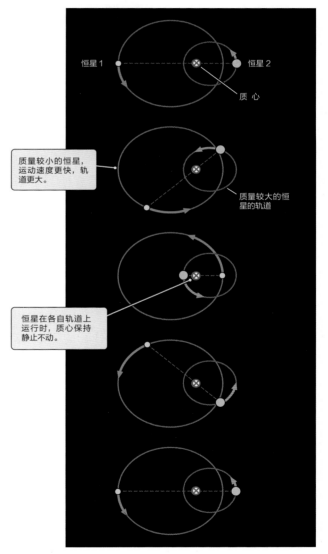

质量较小的恒星，运动速度更快，轨道更大。

质量较大的恒星的轨道

恒星在各自轨道上运行时，质心保持静止不动。

图 10.16 在双星系统中，两颗恒星在椭圆轨道上围绕着它们共同的质心旋转。此图中，恒星 2 的质量是恒星 1 的两倍。轨道的离心率是 0.5，帧间的时间步长相等。

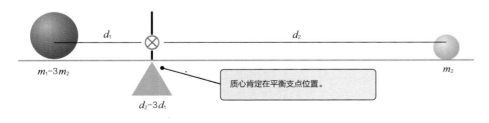

质心肯定在平衡支点位置。

图 10.15 两个天体的质心是两个质量中心连线上的"平衡"点。

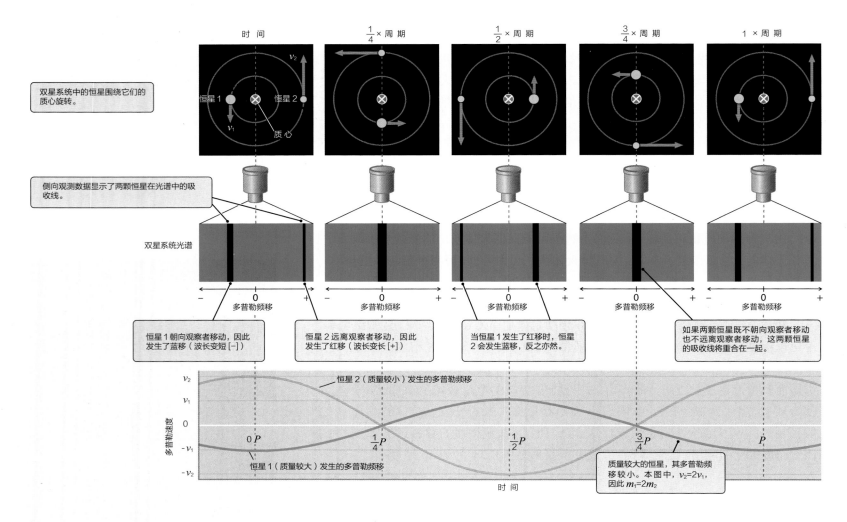

图 10.17　图中展示了双星系统中两颗恒星的轨道以及每颗恒星的光谱吸收线发生的多普勒频移。恒星 1 的质量是恒星 2 的两倍，因此其多普勒频移只有恒星 2 的一半。P 表示轨道周期。

　　质量较小的恒星的轨道大于质量较大的恒星的轨道，因此质量较小的恒星比质量较大的恒星运行距离更长，但两颗恒星都必须在相同时间内在各自轨道上完成一周的运行，因此质量较小的恒星的移动速度必定大于质量较大的恒星。双星系统中恒星的速度与其质量成反比。

　　假设你侧向观测一个双星系统，如图10.17所示。恒星1是朝你移动，而恒星2将远离你移动。在这两颗恒星的光谱上，你将会看到恒星1的吸收线发生了红移，而恒星2的吸收线发生了蓝移。经过半个轨道周期后，情况将相反：恒星2的吸收线将发生红移，恒星1的吸收线将发生蓝移。经过对比恒星1的多普勒频移大小与恒星2的多普勒频移大小即可得知这两颗恒星的质量之比。经计算发现，恒星1的质量是恒星2的两倍，但仅根据这些观测数据我们还不能获知每颗恒星的实际质量。

根据开普勒第三定律计算双星系统的总质量

在第3章中我们没有探讨两个物体围绕共同质心运动的复杂性，而正是此复杂性让我们得以测量双星系统中两颗恒星的质量。牛顿根据其对开普勒定律的推导，指出如果我们能够测量双星系统的周期以及这两颗恒星之间的平均间距，即可以根据开普勒第三定律推算出双星系统的总质量。结合本章前述小节知识，如果我们能够单独测得两颗恒星的轨道尺寸或者单独测得它们的速度，即可确定这两颗恒星之间的质量比。如果我们既知道双星系统的总质量又知道两颗恒星之间的质量之比，即可以单独计算出每颗恒星的质量。换句话说，如果我们知道恒星1的质量是恒星2的两倍，又知道恒星1和恒星2的总质量是太阳质量的三倍，我们就可以计算出恒星1和恒星2各自的质量。

测量双星系统中两颗恒星之间的平均间距和轨道周期有两种方法。如果双星系统为目视双星（图10.18），即如果我们可以拍摄到单独展示这两颗恒星的图像，就可以在它们围绕彼此旋转的时间内进行观测。通过观测，我们可以直接测量这两颗恒星的外形和轨道周期。但是，在许多双星系统中，两颗恒星相距彼此很近，但离我们相当遥远，因此我们不能分开观测它们。我们之所以知道它们属于双星系统，是因为随着它们相对彼此发生多普勒频移，它们的谱线刚开始出现在一个方向随后又出现在另一个方向。这种双星系统称为分光双星。我们甚至可以通过这些多普勒频移来测量双星的质量。如果分光双系统为食双星，当其中一颗恒星从另一颗恒星前面经过时，亮度就会变暗，我们基本上只能侧向观测到该双星系统。此特殊情况请见疑难解析10.2。

恒星质量的范围没有恒星光度的范围那么宽。质量最小的恒星的质量约为$0.08M_\odot$；质量最大的恒星的质量似乎大于$200M_\odot$。你可能会好奇为什么恒星的质量有限值。这些限值是由于恒星内部深处发生的物理过程导致的。我们将在后面的章节中学到，即使质量最小的恒星都会点燃其内部的核反应堆，使得恒星能够持续发光，但如果恒星的质量太大，其核反应堆可能会失控。因此，即使光度最高的恒星是光度最低的恒星的10^{10}或者100亿倍，质量最大的恒星大约只有质量最低的恒星的10^3或者1 000倍。

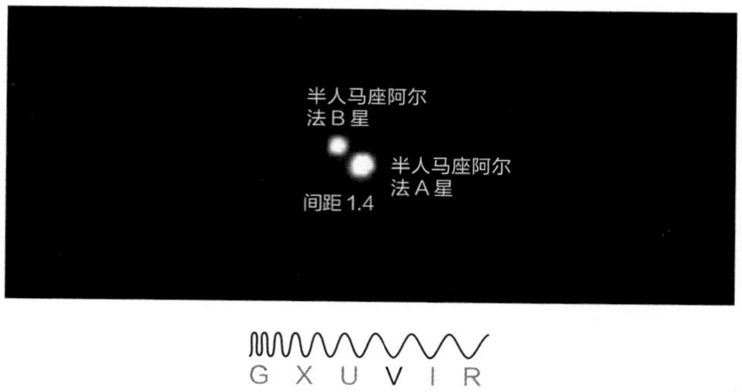

图10.18 解析目视双星中的两颗恒星。

根据牛顿对开普勒第三定律的推导可计算出双星系统的总质量。

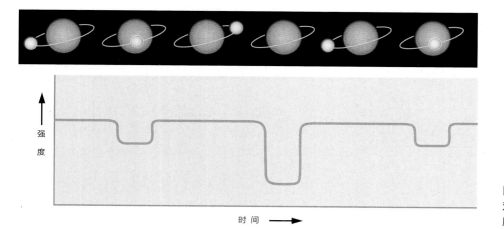

图10.19 根据食双星光变曲线的形状可以获知两颗恒星的相对尺寸和表面亮度。虽然蓝色恒星的质量较小，但因其温度较高，所以其光度更高。

疑难解析 10.2 | 测量食双星的质量

假设你一直在研究类似图10.16所示的某个双星系统。通过多年的观测，积累了下列有关此双星系统的信息：

1. 此双星为食双星，因此从你的视觉观察其中一颗恒星直接从另一颗前面经过。
2. 观测到的轨道周期为2.63年。
3. 恒星1的多普勒速度在每秒钟 +20.4千米和 -20.4千米（千米/时）之间。
4. 恒星2的多普勒速度在 +6.8千米/秒和 -6.8千米/秒之间。
5. 这两颗恒星的轨道为圆形的，因为它们的多普勒速度是对称的。

上述数据被汇总在图10.20中。根据上述数据开始分析，因为该双星为食双星，因此恒星的轨道平面几乎与你的视线平行。这就是说，你可以根据多普勒速度获知每颗恒星的总轨道速度，然后再通过关系式距离=速度×时间计算出轨道尺寸。在一个轨道周期内，恒星1运行了一圈，距离为：2.63年。

$$d = v \times t$$

$$d = (20.4 \text{ 千米/秒}) \times (2.63\text{年})$$

$$d = 53.7 \frac{\text{千米} \cdot \text{年}}{\text{秒}}$$

其中单位比较混乱，需要将年换算成秒：

$$d = 53.7 \frac{\text{千米} \cdot \text{年}}{\text{秒}} \times \frac{3.156 \times 10^7 \text{秒}}{\text{年}}$$

其中单位秒和年都被约去，得到：

$$d = 1.69 \times 10^9 \text{ 千米}$$

此距离为恒星轨道的周长，或是恒星轨道半径的 2π 倍，因此恒星1的轨道半径为：

$$r = \frac{d}{2\pi}$$

（务必弄清楚上述公式如何根据 $d = 2\pi r$ 转换而来）

$$r = \frac{1.69 \times 10^9 \text{ 千米}}{2\pi}$$

$$r = 2.7 \times 10^8 \text{ 千米}$$

1AU等于 1.50×10^8 千米，因此

$$r = 2.7 \times 10^8 \text{ 千米} \times \frac{1 \text{ AU}}{1.50 \times 10^8 \text{ 千米}}$$

$$r = 1.8 \text{ AU}$$

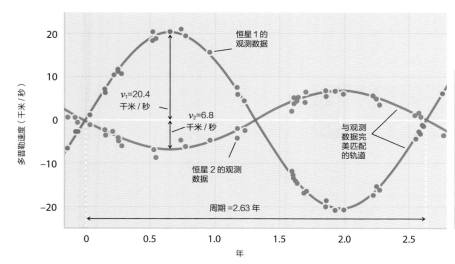

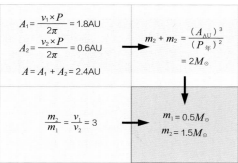

质量根据双星系统的观测数据计算。

$$A_1 = \frac{v_1 \times P}{2\pi} = 1.8\text{AU}$$
$$A_2 = \frac{v_2 \times P}{2\pi} = 0.6\text{AU}$$
$$A = A_1 + A_2 = 2.4\text{AU}$$

$$m_2 + m_1 = \frac{(A_{\text{AU}})^3}{(P_{\text{年}})^2} = 2M_\odot$$

$$\frac{m_2}{m_1} = \frac{v_1}{v_2} = 3$$

$$m_1 = 0.5M_\odot$$
$$m_2 = 1.5M_\odot$$

图10.20 根据食双星中恒星的多普勒速度测量恒星的质量。

通过对恒星2进行类似分析,发现其半径为0.6AU。请再自行计算一次,确保充分掌握如何求得半径。

根据牛顿对开普勒第三定律的推导,即双星系统中两颗恒星的质量(以太阳质量为单位),m_1和m_2,与它们之间的平均距离A_{AU}(单位AU)和轨道周期$P_年$(单位年)有关,即:

$$m_1 + m_2 = \frac{A_{AU}^3}{P_年^2}$$

因为双星系统中的两颗恒星始终在质心的相对面,A_{AU}=1.8AU+0.6AU=2.4AU。因此,可计算出该系统的总质量:

$$m_1 + m_2 = \frac{(2.4)^3}{(2.63)^2} M_\odot$$

$$m_1 + m_2 = 2.0 M_\odot$$

由此得知两颗恒星的总质量是太阳质量的两倍。

为了计算出每颗恒星的质量,可根据质量和速度相互成反比的既定事实来推算。

$$\frac{m_2}{m_1} = \frac{v_1}{v_2}$$

$$\frac{m_2}{m_1} = \frac{20.4 \text{ 千米/秒}}{6.8 \text{ 千米/秒}}$$

$$\frac{m_2}{m_1} = 3.0$$

恒星2的质量是恒星1的三倍,将此关系以数学公司表示为:$m_2 = 3 \times m_1$,代入方程式$m_1 + m_2 = 2.0 M_\odot$中即可得到:

$$m_1 + 3m_1 = 2.0 \ M_\odot$$

$$4m_1 = 2.0 \ M_\odot$$

$$m_1 = \frac{2.0}{4.0} \ M_\odot$$

$$m_1 = 0.5 \ M_\odot$$

因此 $m_2 = 3 \times m_1$,因此$m_2 = 1.5 \ M_\odot$。

恒星1的质量为$0.5M_\odot$,恒星2的质量为$1.5M_\odot$。这样你就得知了两颗遥远恒星的质量。

10.4 赫罗图是认知恒星的关键

为了测量恒星的物理性质,我们做出了不懈努力,历经了漫长的道路。但只是知道恒星的某些基本特性并不意味着我们对恒星有了充分认知。接下来我们将探讨已知特性的规律。首先跨出此步的天文学家是艾依纳尔·赫茨普龙(Ejnar Hertzsprung,1873—1967)和亨利·诺利斯·罗素(Henry Norris Russell,1877—1957)。在20世纪早期,赫茨普龙和罗素都在研究恒星,各自绘制了恒星的光度与表面温度的关系图。他们所绘制的图称为赫罗图。赫罗图是天文学中最常用和最有用的图表。关于恒星的一切知识,从它们的形成到晚期再到最终死亡,都可采用赫罗图来分析讨论。

领悟宇宙 **赫罗图**

首先我们将探讨赫罗图的布局，如图10.21所示。表面温度在水平轴（x轴）上的度量，并且从右向左增大而不是从左向右增大。注意，高温蓝色恒星位于赫罗图的左侧，低温红色恒星位于右侧。温度按对数增加，即从x轴上表示恒星表面温度为30 000K（约29 726.85摄氏度）的点到表面温度为10 000K（约9 726.85摄氏度）的点之间的跨度（即，温度增加了3倍）与从表示恒星表面温度为9 000K（约8 726.85摄氏度）的点到表示恒星表面温度为3 000K（约2 726.85摄氏度）的点之间的跨度（同样为3倍）是一样的。温度轴有时候还能以与温度有关的性质例如光谱类型为坐标。

恒星光度在垂直轴（Y轴）上度量，光度表示恒星每秒钟辐射的能量大小。光度在Y轴上从下到上增加。如果以温度为横坐标，纵坐标为光度的对数，

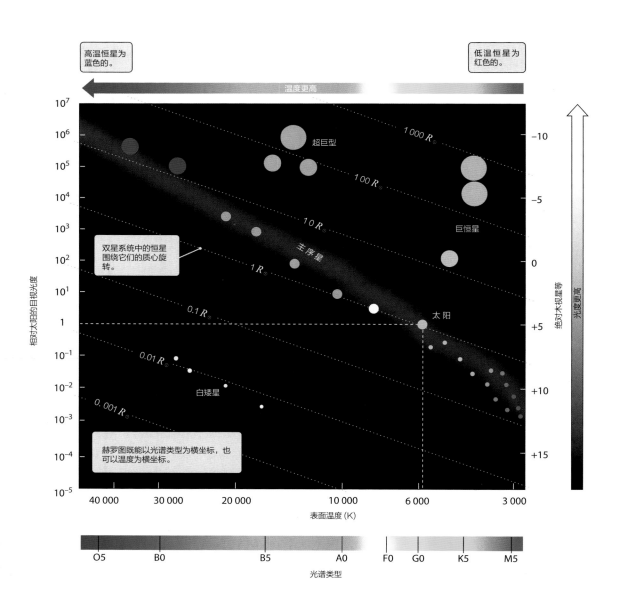

图10.21 标记恒星性质的赫罗图的布局。光度较高的恒星位于图的上面。温度较高的恒星位于左侧。半径相同的恒星沿虚线从左上角向右下角排列。

按照10的倍数增加。为什么要采用此方式来绘制呢?因为光度最高的恒星,其光度是光度最低的恒星的100亿倍以上,而所有这些恒星都必须在同一张图中表示出来。有时候纵坐标也用恒星的绝对目视星等来表示。

赫罗图上的每个点都代表特定的表面温度和光度,因此我们可以根据光度、温度和半径之间的关系计算出该点上恒星的半径。赫罗图右上角的恒星温度非常低,因此其表面每平方米辐射的能量也极少。但是,该恒星的光度却极其高,说明该恒星必定非常巨大,这样才能解释为什么它的光度极高但是每平方米辐射的能量却非常小。与此相反,赫罗图左下角的恒星非常炽热,表示其每平方米辐射的能量极高。但是,该恒星的光度十分低,因此其体积必定相当小。赫罗图左下角的恒星,体积较小。越往右上角,恒星的体积越大,越往左下角,恒星的体积越小。半径相同的所有恒星都位于横跨赫罗图的斜线上,如图10.21所示。

▶‖ **天文之旅:赫罗图**

大部分恒星都位于主序带

图10.22展示了赫罗图上16 600颗相邻的恒星。该数据基于依巴谷卫星返回的观测数据。只需快速扫一眼此图就会理解发现一个惊人的事实。天空中大约90%的恒星都位于赫罗图左上角至右下角带状区域上,此区域称为主序带。主序带左端的恒星是O形恒星:温度、体积和光度都高于太阳。主序带右端的恒星为M形恒星:温度、体积和光度都低于太阳。如果你知道某颗恒星位于主序带的哪个位置,你就能知道其大概的光度、表面温度和尺寸。

我们可以通过观测某颗恒星在其光谱上的吸收线来推测该恒星是否属于主序星。另外,我们还能以此推算其温度,从而得知该恒星恰好位于赫罗图的x轴上其温度对应的主序带上。然后,我们可以根据其对应的y轴找到其光度。如果我们知道了该恒星的光度和视亮度,即可计算出其距离。通过此方式确定恒星距离的方法称为分光视差法。分光视差法与视差定位法在名字上非常类似,但本章前文所述的视差定位法采用的几何计算,与分光视差法存在根本区别。

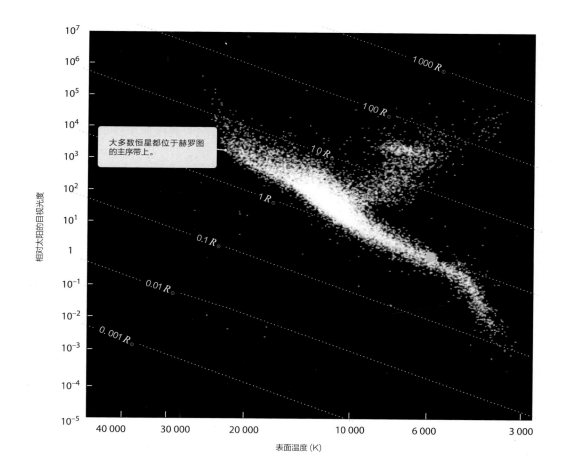

图 10.22 根据依巴谷卫星返回的观测数据绘制的 16 600 颗恒星的赫罗图。大多数恒星都位于从左上角至右下角带状区域的主序带上。

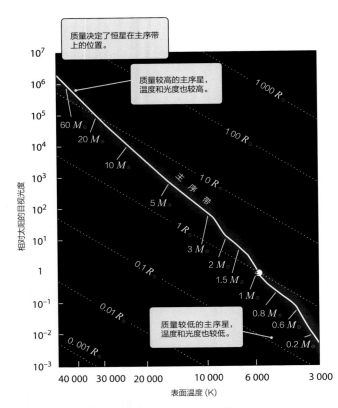

图10.23　赫罗图上的主序带按质量顺序排列。

如果某颗主序星的质量小于太阳，该恒星的体积、温度和光度都将低于太阳，颜色也没有太阳红，必将位于主序带上太阳位置的右下方。另一方面，如果某颗恒星的质量大于太阳，该恒星的体积、温度和光度必定也高于太阳，颜色将比太阳更蓝，必将位于主序带上太阳位置的左上方。恒星的质量决定了其在主序带上的位置。在本章开篇图中，一名学生正在利用赫罗图的此种特点来确定织女星的光度和温度。

无论怎么强调上述结果的重要性都不为过，为了清楚起见，我们将再叙述一遍。对于化学成分相似的恒星而言，主序星的质量决定了其所有其他性质。如果知道了某颗主序星的质量（和其化学成分），即可知道其体积、表面温度、亮度、内部结构、年龄、演变进程以及最终命运如何。因此，主序星的质量决定了其在赫罗图上的位置（图10.23）。

不是所有恒星都是主序星

虽然大约90%的恒星都是主序星，但仍有少量恒星不在此列。有些恒星位于赫罗图中主序带上方的右上方，这些恒星必定是体积十分大的低温巨星，半径可能是太阳半径的几百倍或者几千倍。还有些恒星位于赫罗图的左下角，这些恒星的体积可能只有地球大小，由于表面积很小，虽然它们的温度相当高，光度也很低。

赫罗图主序带以外的恒星可根据其光度（由距离确定）或者光谱线的细微差别来识别。恒星大气中气体的密度和表面压力会影响该恒星的谱线宽度。相比主序星，主序星上方的膨胀恒星的密度和表面压力更低。

利用赫罗图根据分光视差法估算恒星的距离时，天文学家必须知道该恒星是位于主序带中，还是位于主序带的上方或者下方，这样才能获知恒星的光度。位于主序带之中或者上方的恒星按光度级分类，根据光度级可判断恒星的大小。超巨星的光度级为I级，亮巨星为II级，巨星为III级，亚巨星为IV级，主序星为V级，白矮星为WD级。光度级在I～IV级的恒星位于主序星的上方，白矮星的光度级为WD级，因此位于主序星的左下方。因此，恒星的完整光谱分类既包括识别温度和颜色和光谱类型，也包括识别大小的光度级。

主序星的存在以及主序星的质量决定其在主序带上的位置的事实，是我们深入认知主序星的特性和它们是怎样运转的基础模式。同样，主序带以外的恒星也为我们留下了更多问题。在接下来的章节中，我们将学习主序星的特性和它们是如何运转的，以及主序带以外的恒星是如何形成、演变和消亡的。

主序星的质量决定了其命运。

天文资讯阅读

揭开大质量恒星诞生的奥秘：科学家的观察显示所有恒星形成规律均一致，与质量无关

德国加尔兴欧洲南方天文台（ESO）提供

日前，天文学家最新观测显示，一颗体积巨大、超大质量恒星在生命早期阶段，周围环绕着一个尘埃吸积盘，这表明超大质量恒星和小型恒星的形成机理都是一样的。此发现得益于德国加尔兴欧洲南方天文台（ESO）的望远镜，发表于本期的《自然》杂志中。

斯蒂芬·克劳斯（Stefan Kraus）负责这项研究，他说："我们的最新观测显示这颗已经形成的超大质量年轻恒星周围环绕着吸积盘，就好像孕育着婴儿一样。"

天文学家小组观察了一个代码为"IRAS 13481-6124"的天体。其中央星的质量和直径分别是太阳的20倍和5倍，至今仍被成形前的外壳包裹着，位于半人马座，距离地球1万光年。

从NASA斯皮策太空望远镜观察到的档案图片和APEX 12米亚毫米波望远镜观察到的结果中，天文学家发现了喷射现象的存在。

克劳斯认为，"这类喷射现象通常在年轻的小质量恒星周围被发现，一般预示着这里存在吸积盘。"

环绕恒星的吸积盘是形成太阳等小质量恒星过程中极其重要的组成部分。但是，这类吸积盘在形成超过太阳质量十倍的恒星过程中是否出现还未可知，大质量恒星发射出的强烈光线会阻止质量落入恒星。例如，有人提出小恒星出现之时也是大质量恒星形成之时。

为了找出，并弄明白吸积盘的特点，天文学家动用了德国加尔兴欧洲南方天文台（ESO）的超大望远镜干涉仪（VLTI）。结合超大望远镜干涉仪（VLTI）的3台1.8米辅助望远镜的光束，这一设备能让天文学家看到等同于一台装有直径为85米的反光镜的望远镜能看到的细节。结果分辨率约为240亿秒，这个数值相当于从国际空间站中拿出一个螺丝头，或者比太空中目前的可见光望远镜能够达到的分辨率的十倍还要大。

有了这一独一无二的性能，再加上另一台ESO望远镜——3.58米新技术望远镜获得的观测结果，克劳斯和其同事们得以在"IRAS 13481-6124"周围探测到一个吸积盘的存在。

克劳斯表示："这是我们首次拍到一颗大质量新星周围吸积盘的内部区域图像。观测显示，无论恒星质量大小，其形成遵循同样规律。"

天文学家们的结论是这一系统的年龄约为60 000年，其恒星的质量已到达终点质量。因为恒星光线强烈——太阳光亮度的30 000倍——吸积盘很快便会蒸发。吸积盘向外延伸，宽度约为地球到太阳距离的130倍——或者130个天文单位（AU）——它的质量和恒星的质量相似，大约为太阳的20倍。此外，吸积盘内部的组成部分已被证明是不含尘埃的。

克劳斯总结道："智利正在建设阿塔卡玛大型毫米波/亚毫米波阵列望远镜（ALMA），由这一望远镜得到的进一步观测结果将为我们提供更多关于这些内部组成部分的信息，同时还能让我们进一步了解新生的大质量恒星是如何增重的。"

新闻评估论：

1. 本研究报告试图解决什么基本问题？
2. 为什么天文学家认为小质量恒星和大质量恒星的形成机制不一样？
3. 天文学家是如何得知该恒星的距离的？
4. 天文学家是如何获知此年轻中央恒星的大小的？
5. 他们是如何获知其质量的？
6. 将该恒星的信息与图10.23中的赫罗图相对比。此恒星有可能是一颗主序星吗？为什么？

小结

10.1 根据立体视觉通过观测视差来测量邻近恒星的距离。

10.2 根据恒星发出的辐射可知其温度、大小和构成成分。通过发射线和吸收线可以探测特定元素和化合物的存在。小体积低温恒星的数量远远超过大体积高温恒星的数量。

10.3 我们可以测量双星系统中恒星的质量。

10.4 赫罗图是恒星天文学领域最有用的图表之一，展示了恒星各种物理特性之间的关系。对于非常遥远的难以通过几何计算测量视差的恒星，我们必须采用光谱和赫罗图来估算它们的距离。我们可以根据恒星的光度级和温度获知其大小。主序星的质量和构成成分决定了其光度、温度和大小。

◇ 小结自测

在下面问题中，恒星 A 是蓝色，恒星 B 是红色。二者的光度相等，但是恒星 A 的距离是恒星 B 的两倍。

1. 哪一颗恒星在夜空中更明亮？
   a. 恒星 A   b. 恒星 B

2. 哪一颗恒星的温度更高？
   a. 恒星 A   b. 恒星 B

3. 哪一颗恒星的体积更大？
   a. 恒星 A   b. 恒星 B

4. 如果某颗恒星具有非常强的氢吸收线，这意味着：
   a. 该恒星的温度刚好足以让氢元素发生能级跃迁
   b. 该恒星富含氢元素，因为它吸收了这些波长范围内的光子
   c. 该恒星上的氢元素所剩无几，因为它发射了这些波长范围内的光子
   d. （a）和（b）皆是

5. 为了计算出双星系统中两颗恒星的质量，你必须知道每颗恒星的_____，轨道 _____，以及二者之间的平均_____。

6. 假设你正在研究一颗光度为 $100L_\odot$、表面温度为 4 000K（约 3 726.85 摄氏度）的恒星。根据赫罗图，该恒星属于：
   a. 主序星   b. 红巨星
   c. 白矮星   d. 蓝巨星

在下列三个问题中，假设你正在研究一颗质量是太阳质量 10 倍的主序星。根据赫罗图问答下列问题。

7. 该恒星的光度约为：
   a. $0.01L_\odot$ b. $1L_\odot$
   c. $10L_\odot$ d. $1\,000L_\odot$

8. 该恒星的温度约为：
   a. 1 000K   b. 10 000K
   c. 20 000K   d. 100 000K

9. 该恒星的半径约为：
   a. $0.1R_\odot$ b. $1R_\odot$ c. $10R_\odot$ d. $100R_\odot$

问题和解答题

判断题和选择题

10. 判断题：红色恒星的表面温度比蓝色恒星低。

11. 判断题：根据恒星在天空的亮度可判断其光度。

12. 判断题：原子可以发射或吸收任何波长的光子。

13. 判断题：视双星是食双星的另一名称。

14. 判断题：孤立恒星的质量一定能够从该恒星在赫罗图上的位置推算出来。

15. 两颗恒星的光度相等，但恒星A比恒星B大得多，以此可以推断：
    a. 恒星A的温度比恒星B高
    b. 恒星A的温度比恒星B低
    c. 恒星A的距离比恒星B远
    d. 恒星A在天空中比恒星B亮

16. 大多数恒星具有的特点是：
    a. 低温低亮度   b. 高温低亮度
    c. 低温高亮度   d. 高温高亮度

17. 假设某个原子的能级为1、3、4和4.3级（任意单位）。该原子发射的光子不可能具有下列哪种能量：
    a. 2   b. 1   c.1.3   d. 2.3

18. 食双星系统中，主食（恒星A被恒星B遮掩）比次食（恒星B被恒星A遮掩）更深，这表明：
    a. 恒星A的光度高于恒星B
    b. 恒星B的光度高于恒星A
    c. 恒星B比恒星A大
    d. 恒星B的运行速度比恒星A快

19. 根据主序星在赫罗图上的位置可以确定下来哪种特性：
    a. 温度   b. 光度
    c. 半径   d. 质量   e. 以上皆是

概念题

20. 为了获知恒星的某些性质，你必须首先确定该恒星的距离。而对于其他有些性质，则不必知道恒星的距离。请将下列特性分类：大小、质量、温度、颜色、光谱类型和化学成分，并说明理由。

21. 请将本章所述的信息列表整理，列出已探讨的单个恒星的性质，以及确定这些性质的方法。例如，表格每排应按下列格式填写：

性质　　　　　　　　方法

成分　　　　　　　　分析恒星光谱中的谱线

22. 恒星发出的光在到达地球前会穿过星系中的尘埃，使其在天空中看起来没有最初那么亮了。此现象对视差有什么影响？对分光视差又有什么影响？

23. 测量恒星的距离时可采用的单位包括英寸、英里、千米、天文单位、光年或者秒差距。但是，为什么天文学家倾向于采用秒差距？

24. 即使最精确的测量值通常也存在试验不确定度。根据本书所述的测量不确定度，我们如何知道采用视差法测得的恒星距离的精确度？

25. 如果我们位于火星、金星或者木星上，我们测量恒星视差的能力会有什么变化？

26. 天鹅座中的天鹅座β星，是一个目视双星系统，其两颗子星通过小型业余望远镜可以轻易观测到。观察者将其中较明亮的一颗定为黄色，另一颗较暗淡的定为宝石蓝。

    a. 根据上述描述可知这两颗子星的相对温度如何？

    b. 这两颗子星的大小如何？

27. 温度极低的恒星，其温度在2500K（约2226.85 摄氏度）左右，产生的黑体光谱的峰值波长位于光谱的红外线区域。这些恒星是否会发射出蓝光？为什么？

28. 两颗恒星可能温度和大小都不同，但光度却相同。请解释原因。

29. 恒星参宿四和参宿七都位于猎户星座中。参宿四为红色，参宿七为青白色。这两颗恒星在天空中呈现的亮度相同。你是否能够根据上述信息比较这两颗恒星的温度、光度或者尺寸。如果可以，请进行比较；如果不可以，请解释原因。

30. 五车二（位于御夫座中）是天空中第六亮的恒星。借助高倍率望远镜进行观测，五车二实际上是双星系统：第一队是G型巨星，第二队是M型主序星。根据此信息，你认为五车二在天空中呈什么颜色？为什么？

31. 两颗恒星的光度相同，其中一颗尺寸更大。请比较它们的温度高低。现在，假设这两颗恒星大小相同，但是，其中一颗个光度更高，请再次比较它们的温度高低。

32. 假设你获得了太空中某个天体的光谱图。光谱上有许多清

晰的明线。该天体是一团高温气体云还是低温气体云，或是一颗恒星？

33. 你的某位朋友向你出示了天空中某个天体的光谱图。光谱上的颜色五彩缤纷，其中还有几条暗线。你的朋友声称这是一颗少见的没有大气的恒星的光谱图像。你却说："哈哈！你的说法不对。这是一颗内部炙热的具有低温大气的普通恒星。"你是如何知道这点的？

34. 请仔细观察图10.10（b）。在此光谱图中，你根据什么得知光源是白光光源，又是根据什么得知存在低温气体云？假设低温气体云位于白光光源的背后，该光谱会发生什么变化？

35. 请分析研究图10.11（a）。紫外线光子和红外线光子之间有什么不同？在此原理图中，所有光子都从向内运行的原子中脱离出来了。对于太空中实际存在的氢原子，情况也是如此吗？

36. 通过本章学习，我们知道恒星的光谱具有许多吸收特性，但我们在探讨恒星的性质时仍将它们当成黑体来对待。为什么这种方法可行？

37. 解释为什么恒星光谱类型（O、B、A、F、G、K、M）并不是按照字母顺序排列。并解释为什么这些光谱类型决定了恒星温度的顺序。

38. 在图10.13中，在光谱上波长约为410nm的位置有一根吸收线，此吸收线在O型和G型恒星的光谱上都较弱，但在A型恒星的光谱上则非常强。此特殊的吸收线是氢原子从第二激发态跃迁到第六激发态导致的。为什么该吸收线在O型恒星和G型恒星的光谱上都较弱？为什么该吸收线在中间光谱型的恒星的光谱上最强？

39. 如果恒星的大气中只含有氢和氦，我们是否还能够确定这些恒星的光谱类型，请解释？

40. 除了太阳以外，我们只能直接测量食双星或者视双星系统中的恒星的质量。请解释原因。

41. 在疑难解析10.2中，我们讲解了如何根据食双星系统中恒星的轨道数据来计算恒星的质量。在这些计算中，我们都假设我们的观测视线与双星系统平行。如果我们的视线与双星系统的轨道平面相互倾斜，所计算的恒星质量的最终值有什么变化？

42. 一旦我确定了双星系统中某颗特定光谱型的恒星的质量，就可以假设与该恒星的光谱类型和光度级都相同的所有其他恒星也具有相同的质量。为什么此假设是合理的。

43. 在图10.16中，两颗恒星围绕共同的质心旋转。

    a. 解释为什么恒星2的轨道小于恒星1的轨道。

    b. 针对极限情况重新绘制此图，在此极限情况下，恒星1的质量接近行星的质量。

    c. 针对极限情况重新绘制此图，在此极限情况下，恒星1和

恒星2的质量相同。

44. 我们如何估算既不在食双星系统也不在视双星系统的恒星的质量？

45. 恒星质量从$0.08M_\odot$到$200M_\odot$以上不等。

　　a. 为什么没有质量低于$0.08M_\odot$的恒星。

　　b. 为什么没有质量远远超过$200M_\odot$的恒星。

46. 虽然我们倾向于将太阳视为一颗"平均"的主序星，但实际上其温度和光度都超过平均值。请解释原因。

47. 小质量恒星比大质量恒星多得多。为什么你这样认为？（我们将在接下来的章节解释原因）。

48. 比较赫罗图（例如，图10.21）左下方和右上方的恒星的温度、光度和半径。

49. 对数图中坐标轴的大刻度代表相等倍数，通常为10倍数。为什么在天文学中通常采用对数图而不是更传统的线性图。

解答题

50. 请观察图10.2（b）。假设图中还存在第三颗恒星，其距离是恒星A的四倍远。该恒星每年移动的距离比恒星A少多少？比恒星B少多少？

51. 请观察图10.2（b）。假设图中还存在第三颗恒星，其距离只有恒星A的一半远。该恒星每年移动的距离比恒星A多多少？比恒星B多多少？

52. 在纸上画一个圆，并沿其周长标记一条半径等于此圆半径的圆弧。该弧所对角的大小（弧度）取决于圆半径（r）切割成的圆弧的长度。因为圆的周长为$2\pi r$，因此圆周的弧度数为$2\pi r/r$或者2π。

　　a. 1弧度等于多少度？

　　b. 1弧度等于多少弧秒？此数值与1秒差距相比如何？

　　c. 如果某颗圆形天体的直径为1AU，当我们以1秒差距的距离外观测时，该天体在天空中形成的角度是怎样的？如果我们从10秒差距的距离外观测呢？

　　d. 根据你对上述问题（b）和（c）的回答可知，该天体的实际尺寸与根据它们的半径测得的角度大小有怎样的关系？

53. 普通人两眼间的间距是6厘米。假设你眼睛的间距是该平均值，当你左右眼睛来回眨动之间，你看到某个物体左右移动了半度。如果另有一个物体只移动了三分之一度，则该物体的距离比你之前看到的物体要远多少？

54. 天狼星是天空中最亮的恒星，其视差为0.379弧秒。天狼星的距离是多少秒差距，多少光年？

55. 比邻星是除太阳以外离地球最近的恒星，其视差为0.772弧秒。光从比邻星到达地球需要多长时间？

56. 根据依巴谷卫星的测量，参宿四（猎户星座中）的视差为0.00763±0.00164弧秒。参宿四的距离（光年）是多少？其中不确定度是多少？

57. 根据依巴谷卫星的测量，参宿七（猎户星座中）的视差为0.00412弧秒。如果参宿七和参宿四在天空中呈现的亮度相等，哪一颗的光度实际上更高？参宿四为红色，而参宿七为青白色，哪一颗尺寸更大？为什么？

58. 天狼星实际上是一对A型恒星的双星。其中较亮的子星称为天狼星A，较暗的子星称天狼星B。虽然这两颗恒星离我们的距离相同，天狼星B比天狼星A看起来暗6 800倍。请比较这两颗恒星的温度、光度和大小。

59. 请观察图10.5。本图的纵坐标和横坐标都为对数坐标。光度以太阳光度为单位。

　　a. 图中最右侧的恒星，其光度比太阳的光度高多少？

　　b. 图中最左侧的恒星，其光度比太阳的光度低多少？

60. 请再仔细观察图10.5。该图的y轴显示了具有特定光度的恒星的相对数量？该数量是与什么相对的？（为了帮助你解答，请对比图中太阳的位置，太阳位于图中$x=1$、$y=1$的交叉点。$x=1$给定了太阳的光度，而太阳位于$y=1$处是不是表示此处只有一颗恒星的光度等于一个太阳光度？或者你是否还有其他方法来解释此点？）

61. 请继续观察图10.5。光度是太阳10 000倍的恒星的相对数量是多少？假设有100万颗恒星的光度等同于太阳光度，那么光度是太阳10 000倍的恒星有多少颗？

62. 氢原子发生能级跃迁，失去的能量大小为13.6 eV。（eV表示电子伏，是非常小的能量单位。）该原子是吸收还是发射了光子？你是怎样知道的？该光子的能量是多少？

63. 寻找温度约为10 000K（约9 726.85 摄氏度）的恒星的黑体光谱上的峰值波长？该峰值波长应在光谱的哪个区域？该恒星呈现出的颜色是什么颜色？

64. 天狼星和其伴星围绕共同的质心旋转，轨道周期为50年。天狼星的质量是太阳质量的2.35倍。

　　a. 如果伴星的轨道速度是天狼星的2.35倍，该伴星的质量是多少？

　　b. 天狼星的轨道半长轴是多少？

65. 请观察图10.15。如果$m_1=m_2$，质心的位置将在哪里？如果$m_1=2m_2$，质心的位置又将在哪里？

 智能学习（SmartWork），诺顿的在线作业系统，包括这些问题的算法生成版本，以及附加的概念习题。如果你的导师在聪慧学习上布置了问题，请登录smartwork.wwnorton.com。

 **学习空间（StudySpace）**是一个免费开放的网站，并为你提供《领悟我们的宇宙》书中每一章的学习计划。学习计划包括动画、阅读大纲、生词卡、选择题测试以及聪慧学习和电子书中站点内容的链接。请访问wwnorton.com/Studyspace。

探索 | 赫罗图

wwnorton.com/Studyspace

打开学习空间（StudySpace）网站上针对本章的"赫罗图探索（HR Explorer）"互动模拟模型。该模拟模型可以让你以两种方式比较赫罗图上的恒星。你可以变更窗口左侧方框中单个恒星（红色 X 符号表示）的性质来与太阳进行比较。你可以分组比较最近的恒星和最远的恒星。请花几分钟时间熟悉此模拟操作。

首先，我们将探索单颗恒星性质的变化是如何在赫罗图上体现的。首先，点击窗口右上方的"重置（reset）"按钮。

将温度滑块向左滑动降低恒星的温度。注意，光度保持不变。因为温度降低了，恒星表面每平方米发出的光减少。为了保持该恒星的总光度恒定，还需要改变该恒星的其他什么性质？

当你将温度滑块一直向右滑动时，预测该恒星会发生什么变化。现在就动手吧，该恒星发生的变化是否如你所料？

1. 当你滑动温度滑块让恒星在赫罗图上向左移动时，恒星的半径会发生什么变化？

2. 当你滑动温度滑块让恒星在赫罗图上向右移动时，恒星的半径又会发生什么变化？

点击"重置（reset）"按钮，拖动光度滑块进行试验。

3. 当你滑动光度滑块让恒星在赫罗图上向上移动时，恒星的半径会发生什么变化？

4. 当你滑动光度滑块让恒星在赫罗图上向下移动时，恒星的半径又会发生什么变化？

再次点击"重置（reset）"按钮，然后分析怎样拖动滑块才能将恒星移动到赫罗图上的红巨星区域（右上方）。调节温度和光度滑块直到将恒星移动到此区域。你的分析是否正确？

5. 如果你想将恒星移动到赫罗图中的白矮星区域，需要怎样调节滑块？

点击"重置（reset）"按钮。现在，让我们来探索此窗口的右侧。点击"已标绘的恒星（Plotted Stars）"下的单选按钮"最近的恒星（the nearest stars）"，将最近的恒星添加到赫罗图中。根据前述所学将这些恒星的温度和光度与太阳（以 X 符号表示）进行比较。

6. 最近的恒星的温度一般比太阳高还是低？

7. 最近的恒星的光度一般比太阳高还是低？

点击选中最亮的恒星。点击后，赫罗图上不再显示最近的恒星，而是显示天空中最亮的恒星。将这些恒星与太阳进行比较。

8. 最亮的恒星一般比太阳的温度高还是低？

9. 最亮的恒星一般比太阳的光度高还是低？

10. 与最近的恒星的温度和光度相比，天空中最亮的恒星的温度和光度是更高还是更低？此信息是否证实了本章所称的低光度恒星的数量大于高光度恒星的数量的这一说法？请解释。

11

我们的恒星：太阳

太阳是一颗与银河系内其他数十亿颗恒星几乎别无二致的 G2 型矮恒星。我们通过它来测量其他恒星——它的基本特性为近代天文学提供了标准。

就众多恒星而言，太阳可能只是其中普通的一颗，但对人类来说，这并不会减少我们对它的敬畏。它的质量超过了地球的 300 000 倍，半径则是地球半径的 100 倍。太阳一秒钟产生的能量远远超过地球上所有发电站 50 万年生产的电量总和。同时，因为太阳是我们可以近距离研究的唯一恒星，所以我们了解的许多关于恒星的详细信息都来自于对太阳的研究。

◆ 学习目标

我们不能直视太阳，但我们也有很多其他方法去观察它。右图是一位学生使用针孔照相机将他通过望远镜看到的图像与宇宙飞船在紫外线下拍摄到的照片进行对比。紫外图像显示了太阳活动区在可见照片中所对应的太阳黑子位置。在本章末，你应能解释太阳黑子和活动区直接的关系，另外还能做到如下几点。

● 描述决定太阳结构的作用力之间的平衡

● 解释质量如何在太阳核心内高效地转换为能量

● 列举出能量从太阳核心向其表面转移的不同方式

● 画出一个太阳内部的物理模型，并描述如何运用对太阳中微子和太阳表面地震振动的观察来测试这些模型

● 描述 11 年和 22 年内太阳的活动周期，并解释太阳活动对地球有什么影响

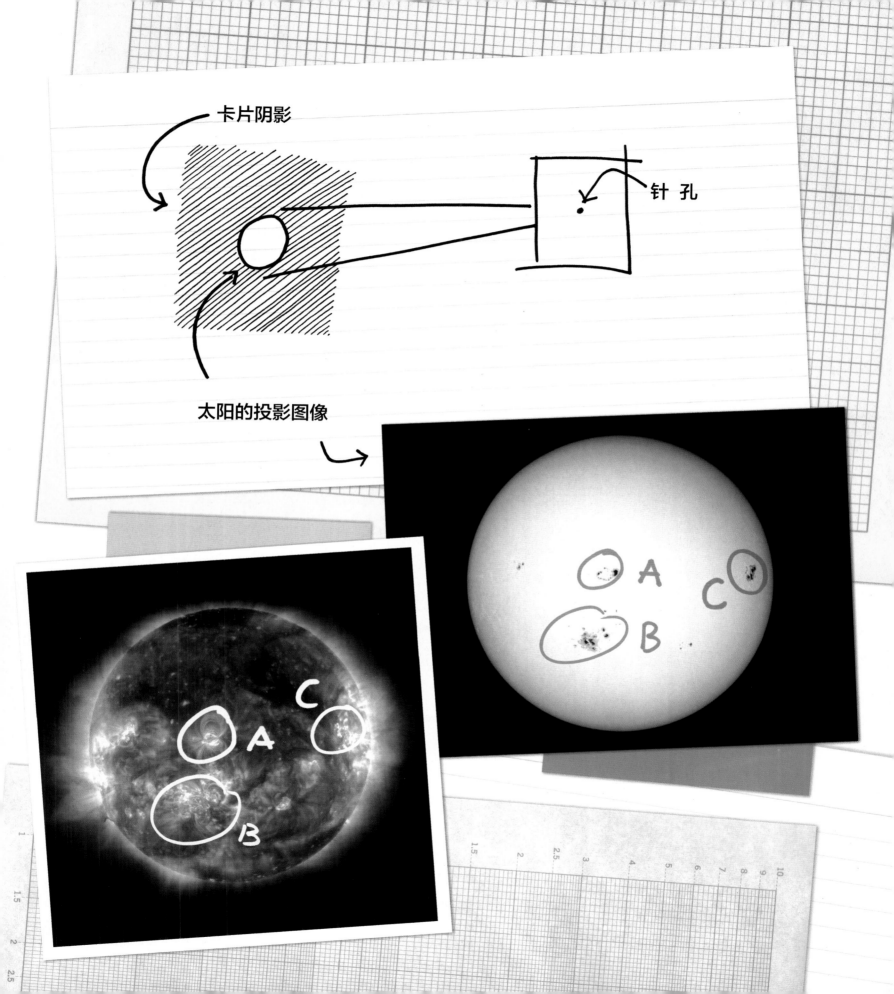

卡片阴影

针孔

太阳的投影图像

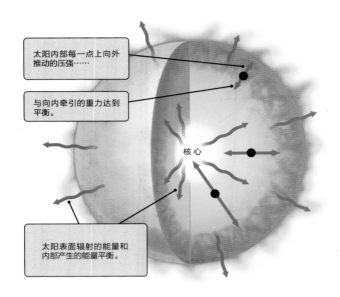

图 11.1 压强和重力的平衡以及太阳核心产生的能量和表面辐射的能量之间的平衡决定了太阳的结构。

太阳内部每一点上向外推动的压强……

与向内牵引的重力达到平衡。

核心

太阳表面辐射的能量和内部产生的能量平衡。

11.1 太阳结构与平衡相关

我们目前关于太阳内部的模型代表了成千上万名物理学家和天文学家几十年来研究工作的最高水平。一些重要的见解形成了那些为我们对太阳结构的认知打下基础的基本观念。反过来，这些真知灼见可以归纳为一个观点：太阳的结构与平衡相关。

太阳内部第一个关键的平衡是如图11.1所示的压强和重力之间的平衡。假如重力大于压强，太阳将会向内坍缩。假如压强大于重力，太阳则会发生爆炸。太阳内部任一点的压强都必须足以支撑该点上各层重量之和。压强和重力之间的平衡被称为流体静力学平衡。它和我们在第5章了解到的原恒星平衡是相同的平衡。

当我们逐渐深入太阳内部时，我们上方的物质重量不断加大，因此压强也在不断增加。气体中，压强增加意味着密度加大或温度升高。图11.2（a）显示了太阳内部状态如何发生变化。随着我们更加深入太阳，压强大幅度攀升；同时，气体的密度和温度也在上升。

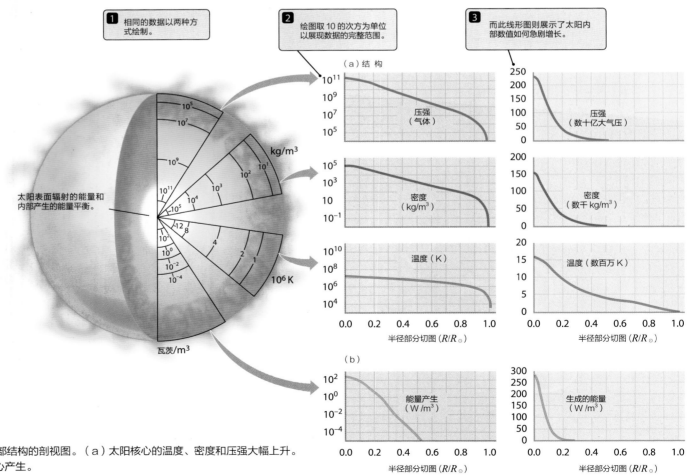

1 相同的数据以两种方式绘制。

2 绘图取 10 的次方为单位以展现数据的完整范围。

3 而此线形图则展示了太阳内部数值如何急剧增长。

（a）结构

太阳表面辐射的能量和内部产生的能量平衡。

压强（气体）

压强（数十亿大气压）

密度（kg/m³）

密度（数千 kg/m³）

温度（K）

温度（数百万 K）

（b）

能量产生（W/m³）

生成的能量（W/m³）

半径部分切图（R/R☉）

图 11.2 显示太阳内部结构的剖视图。（a）太阳核心的温度、密度和压强大幅上升。（b）能量在太阳核心产生。

太阳等恒星是非常稳定的物体。恒星演化模型表明随着时间的推移，太阳的光度正在缓慢地增加。太阳45亿年前的光度是它目前光度的70%。为了保持平衡，太阳内部必须产生足够的能量来替代它表面损失的能量。若想理解这一能量平衡，我们必须了解太阳内部的能量产生（图11.2（b））以及这些能量如何从内部到达表面进而释放出去。

宇领宙悟 太阳依靠核聚变为其提供能量

太阳每秒产生的能量极其巨大——$3.85×10^{26}$瓦特。恒星天文学的先驱们面临的最基本的问题之一便是太阳如何产生如此巨大的能量。问题的答案——太阳核心的核反应——不是自天文学家的望远镜得出，而是来源于理论物理学和核物理学的实验室。

大多数氢原子的核心由一个质子组成。而所有其他原子的核心则由质子和中子组成。例如，大多数氦核有两个质子和两个中子。请记住质子带正电，而中子则为电中性。因为同性电荷相斥，所以，它们距离越近，产生的作用力则越大。原子核中的所有质子都在不断大力地互相排斥。由于电性相斥，原子的核心本应分解飞离——但原子却依然存在。因此，一定有其他的力量，巨大的核力，把核心束缚在一起。

核力虽然非常强大但作用范围极短，约为10^{-15}米，或大约一个原子大小的十万分之一。与释放一个电子所需能量相比，分裂一个核心所需的能量非常庞大。与之相反，形成一个原子核则要释放相同数量的能量。核聚变——两个质量小的原子结合成新的质量更重的原子核的过程，只有在原子核距离够近，使核力克服电荷间的斥力时才能发生，如图11.3所示。恒星可以发生很多种类的核子融合。在太阳上，和所有其他主序星一样，主要过程是氢融合成氦的过程——这个过程被称为氢燃烧。

质量和能量可以互相转化。两者的转化率可以根据爱因斯坦著名的方程式$E=mc^2$，其中，E表示能量，m代表质量，而c^2则是光速的平方。对于任何核反应，输入的质量减去输出的质量就能得到转换成能量的质量。四个分开的氢核心质量大于一个氦核心，因此，当氢融合成氦时，部分质量转换成了能量。（参考疑难解析11.1）

能量产生于太阳最内部的区域，即核心，此处的条件非常极端。密度约是水密度（即1 000千克每立方米）的150倍，而温度则是约1 500万K。那里的原子核动能是室温下的原子动能的数以万倍。如图11.3（c）所示，在此条件下，原子核互相猛烈的撞击克服了电荷斥力，使巨大的核力能发生作用。

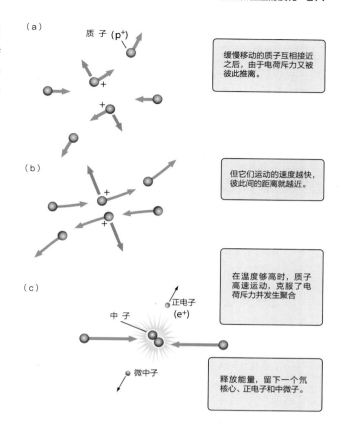

缓慢移动的质子互相接近之后，由于电荷斥力又被彼此推离。

但它们运动的速度越快，彼此间的距离就越近。

在温度够高时，质子高速运动，克服了电荷斥力并发生聚合

释放能量，留下一个氦核心、正电子和中微子。

图11.3 （a）原子核均带正电，电荷相互排斥。（b）原子核运动的速度越快，在分开前彼此间的距离越来越近。（c）在恒星中心的温度和密度条件下，原子核有足够的动能客服电荷斥力，发生聚合反应。

产生的太阳能必须和辐射出的能量达到平衡。

原子核被强大的核力束缚在一起。

核聚变是高效的能源。

词汇标注

燃烧：日常用语中，该词语被用于讨论火的燃烧，即一个结合碳氢化合物和氧气并释放能量的化学过程。但天文学家和核物理学家通常讨论的"氢燃烧"则是指它改变原子本身而非重新使其结合变成不同分子的化学过程。在这个意义上，也类似于化学燃烧。

疑难解析 11.1 | 太阳还能存活多长时间呢？

和其他恒星一样，根据其可利用的燃料，太阳也有寿命的时限。对比参与核聚变的质量和可利用的质量，我们可以计算出太阳还能存活多长的时间。四个氢核心转化为一个氦核心会引起一定的质量损失。一个氢核心的质量是1.6726×10^{-27}千克。因此，四个氢核心的质量应将其乘以四，或6.6904×10^{-27}千克。一个氦核心的质量是6.6465×10^{-27}千克，小于四个氢核心的质量。损失的质量，m，等于：

$$m = 6.6904 \times 10^{-27}千克 - 6.6465 \times 10^{-27}千克$$
$$= 0.0439 \times 10^{-27}千克$$

我们可以将小数点向右移，并改变10的指数，从而得到损失的质量为4.39×10^{-29}千克。

利用爱因斯坦的方程式$E=mc^2$（实际上，$1kg \ m^2/s^2$即1焦耳），我们可以看出质能转化释放的能量等于：

$$E = mc^2 = (4.39 \times 10^{-29}千克)(3.00 \times 10^8 \ 米/秒)^2$$
$$= 3.95 \times 10^{-12}焦耳$$

四个氢核心转化成一个氦核心的反应释放3.95×10^{-12}焦耳的能量，好像并不多。但想一想一个原子多么微小，即使一克物质中所含的原子数量也是巨大的。一克氢聚合成氦将释放6×10^{11}焦耳的能量，这足够煮沸10个中等大小的后院游泳池中的水。在某种意义上，这个数字可以告诉你太阳是多么惊人的巨大。因为太阳要达到它现在产生的能量，它每秒必须把约6 000亿千克的氢转化成氦（此过程中，40亿千克的物质被转化为能量）。在过去的46亿年，太阳一直在重复这个质能转化。

但是我们如何才能知道太阳还能持续多久呢？

只有约太阳总质量的10%参与了核聚变，因为其他的90%无法达到足够的温度或密度，使强核力发生作用，从而发生核聚变。太阳质量的10%所产生的核聚变：

$$M_{聚变} = 0.1 M_{\odot}$$
$$M_{聚变} = 0.1 \times 2 \times 10^{30} \ 千克$$
$$M_{聚变} = 2 \times 10^{29} \ 千克$$

这是太阳可供利用的燃料数量。那么它还能持续多久呢？太阳消耗氢的速度是每秒6 000亿千克，一年有3.16×10^7秒，所以，每年太阳消耗：

$$M_{年} = (600 \times 10^9 \ 千克/秒)(3.16 \times 10^7 \ 秒/年)$$
$$M_{年} = 1.90 \times 10^{19} \ 千克/年$$

假如我们知道太阳上燃料的数量（2×10^{29}千克），以及每年太阳燃烧消耗的速度（1.90×10^{19}千克/年），那么，我们用数量除以速度就能得到太阳的寿命：

$$寿命 = \frac{2 \times 10^{29} \ 千克}{1.90 \times 10^{19} \ 千克/年}$$
$$寿命 = 1 \times 10^{10} \ 年 = 10 \times 10^9 \ 年 = 100亿年$$

在太阳形成之初，它有足够的燃料为其提供100亿年的能量。在允许数百万年误差的情况下，目前太阳46亿岁，已经历了它总寿命将近一半的时间，它还将在接下来的54亿年继续不断把氢聚合成氦。

▶❚ 天文之旅：**太阳的核心**

在温度和密度更大的气体中，原子碰撞发生得更加频繁。因此，核聚变反应的速度对气体的温度和密度极其敏感，这也是为什么这些产生能量的碰撞集中发生在太阳核心的原因。太阳产生的能量中有一半都在太阳半径9%的内部区域发生。这一区域不到太阳体积的0.1%。

氢燃烧是主序星最重要的能源，其原因有多个方面。氢是宇宙中分布最广泛的元素，所以也是最丰富的核燃料来源。但最重要的原因则是氢是最容易聚合的原子。氢核心——质子——电荷为+1。聚合氢必须克服的电子屏障是质子之间的电荷排斥。聚合碳则必须要克服碳核中六个质子和另一个碳核中六个质子之间的电荷排斥。所以，两个碳核之间的电荷斥力大小是两个氢核之间的36倍。也正因如此，氢聚合发生所需温度远远低于其他类型的核聚变温度。

质子-质子链反应

在太阳等小质量恒星的核心，氢主要通过一个被称为质子-质子链反应的过程中进行燃烧。如图11.4所示，它分为三个步骤。第一步是两个氢核心的聚合。在这一过程中，其中一个质子转变成了一个中子。为了达到能量和电荷守恒，释放了两个粒子：一个被称作正电子的带正电的粒子和一个带负电的负电子。新的核心有一个质子和一个中子。因为只有一个中子，所以它仍然是氢。但它拥有超过正常数量的中子，所以它变成了氢的同位素。这一特别的同位素叫做氘（²H）。

正电子是电子的反粒子。除了电性相反以外，它和电子拥有完全相同的特性。物质（电子）和反物质（正电子）相遇会导致两者湮灭并将它们的质量转化成光子（光）形式的能量。太阳内部发出的正电子会出现这种情况，同时，当两个光子聚合时，光子会带走释放的部分能量来加热周围的气体。

中微子不带电且质量非常轻。它们只与物质发生非常微弱的弱相互作用，以至于它们不与太阳上的其他粒子发生进一步的相互作用就已脱离太阳。

质子-质子链的第二步中，另一个质子猛烈撞击氘核心，从而形成一个氦同位素的原子核（³He），它由两个质子和一个中子组成。这一步产生的能量以伽马射线光子的形式释放出去。

在质子-质子链的第三步也是最后一步中，两个³He核心发生碰撞并聚合，产生一个普通的⁴He原子核，过程中还会放出两个质子。此时产生的能量以氦原子核动能和质子的形式释放出去。最后，四个氢核心已经融合成一个氦核心。

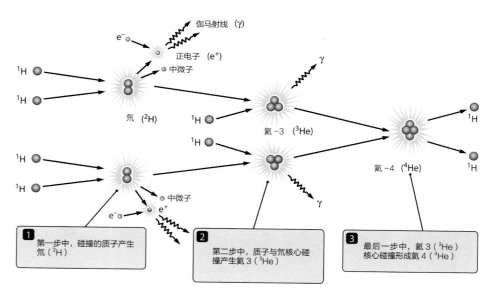

图 11.4 太阳和其他所有主序星通过聚合四个氢原子生产一个氦原子得到能量。太阳上，约85%的能量来自于此处所示的质子-质子链。

氢大多通过质子-质子链反应燃烧。

太阳核心产生的能量必须到达太阳表面

太阳核心的氢燃烧释放的部分能量会以中微子的形式直接进入太空，但大部分能量用于加热太阳内部。要了解太阳的结构，我们必须知道热能是如何通过恒星向外移动。能量传输是决定太阳结构的一个关键因素。它通过传导、对流或辐射完成。因为太阳是由气体组成，而传导主要对固体物质非常重要，因此，在太阳上，对流和辐射至关重要。例如，当你捡起一个热的物体时，你的手指由于传导被加热。

辐射通过携带能量的光子把能量从较热区域传输到较冷区域。想象太阳上一个较热的区域紧邻一个较冷区域，如图11.5所示。较热区域比较冷区域拥有更多（且更高能的）光子。更多的光子可能将从较热（"更密集"）区域到较

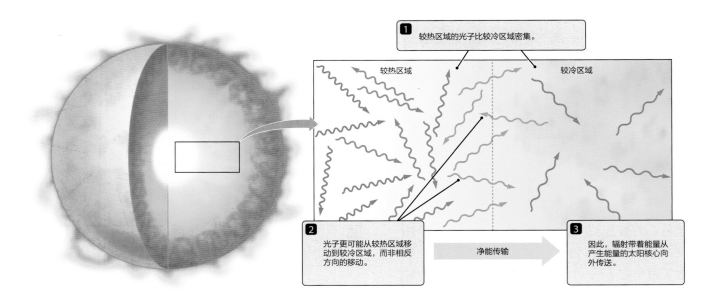

较热区域的光子比较冷区域密集。

较热区域　　　　较冷区域

光子更可能从较热区域移动到较冷区域，而非相反方向的移动。

净能传输

因此，辐射带着能量从产生能量的太阳核心向外传送。

图11.5　太阳内部温度较高区域比外部温度较低区域产生更多的辐射。尽管辐射会双向传送，但从较热区域向较冷区域传送的辐射多于反方向传送的辐射。因此，辐射带着能量从太阳的内部向外传送。

不透明度阻止辐射向外的传送。

冷（"次密集"）区域，而不是反方向移动。所以，从较热区域到较冷区域存在着光子和光子能量的净传输，而辐射也正是以这种方式将能量从太阳核心传送到外部。

　　通过辐射进行一点到另一点的能量传输也取决于光子在恒星内从一点移动到另一点的自由程度。物质阻止光子穿过它移动的程度被叫做不透明度。物质的不透明度由很多方面决定，包括物质的密度、构成、温度以及光子穿过它时的波长。

　　辐射传输在不透明度低的区域非常高效。在太阳内部，不透明度较低，辐射将内部产生的能量通过恒星向外传送。这个辐射区向太阳表面延伸了70%（图11.6）。即使这一区域的不透明度较低，光子仍可以在被物质吸收、发射或转向前，进行短距离移动，如同一个沙滩球被击入人群（图11.7）。每一次相互作用都使光子朝着无法预知的方向运动——不一定朝向恒星表面。相互作用间的距离非常短，一个伽马射线光子平均需要大约100 000年才能到达太阳外层。不透明度在太阳内部可以储存能量，使能量缓慢地逐渐消耗。

　　太阳核心处温度高达1 500万K（约1 500万 摄氏度），在辐射区的外缘温度则降为100 000K（约10万 摄氏度）。温度较低时，不透明度提高，所以，此时辐射把能量从一处传送到另一处的效率较低。通过太阳传送到外部的能量"堆积"在辐射区边缘。超出这个区域，温度开始骤然下降。

词汇标注

不透明度：当某物不透明时，你将无法看穿它。不透明度允许出现细微变化。气体可以有低不透明度（多数透明，易于光子穿过），也可以有高不透明度（多数不透明，阻止光子穿过）。

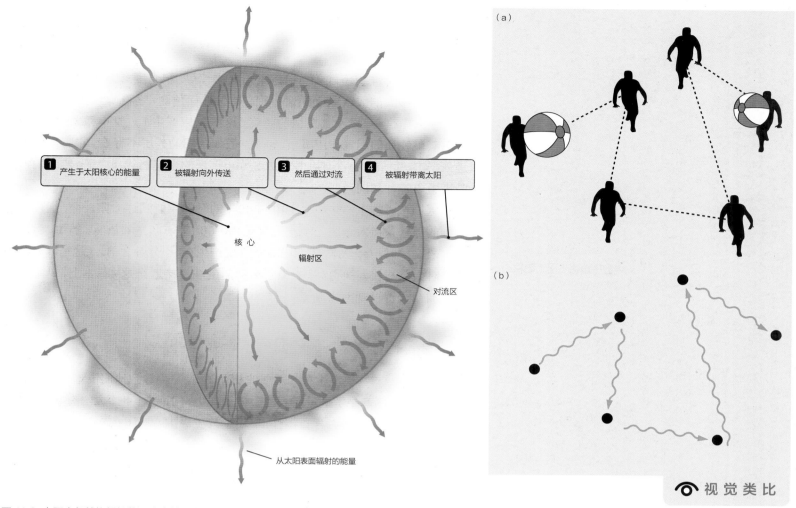

| 1 产生于太阳核心的能量 | 2 被辐射向外传送 | 3 然后通过对流 | 4 被辐射带离太阳 |

核 心

辐射区

对流区

从太阳表面辐射的能量

图11.6 太阳内部结构根据能量产生地和向外传输的方式可划分为不同的区域。

(a)

(b)

👁 视 觉 类 比

图11.7 （a）人群玩耍沙滩球时，它总是被人击中从而改变方向，导致无法运动较远的距离。球随机地移动，有时向着人群的前部，有时向着后部。通常，球需要很长的时间才能从人群的一边运动到另一边。（b）当光子穿过太阳时，它易于与原子发生相互作用，从而无法完成远距离的运动。光子随机移动，有时向太阳中心，有时向外层边缘。光子要飞出太阳需要很长的时间。

随着我们逐渐远离太阳核心，辐射传输逐渐变得效率低下（温度急剧改变），从而导致一种不同的能量传输方式开始接管工作。一团团的高温气体，就如同热气球一样，开始携带着能量一起上浮穿过它们上方温度降低的气体。此时，对流发生。因为对流把能量从行星内部传送到它们的表面（正如我们在6.5节了解到的），或者从太阳加热的地球表面向上穿过地球大气层，对流把能量从太阳内部向外传输发挥着重要作用。太阳对流区（参见图11.6）从辐射区的外缘一直延伸到太阳可见表面之下，这里在表面气泡中看到对流的证据。

在太阳最外层，辐射再次作为主要方式承担起能量传输，并且，也正是辐射将能量从太阳最外层传送到了宇宙。这是太阳上能量传输的标准模式：核心处聚合产生的能量通过辐射得以向外传送，然后对流将其带到最外层，最后辐射到宇宙中。

在太阳外层，能量通过对流传输出去。

11.2 太阳内部

太阳的标准模型准确符合了太阳尺寸、温度和光度等方面的全部属性。这是一项伟大的成就，但模型更多的是在进行预测，它精确预测了核反应发生在太阳核心，以及其发生的速度。这些反应产生了大量中微子。中微子与任何其他物质的相互作用极小，因此，假如太阳的外层不存在，它们几乎全部进入宇宙。太阳核心深埋在厚达700 000千米的密集热物质之下，然而太阳对中微子来说却如同透明。

太阳核心产生的热能需要100 000年的时间才能到达太阳表面，所以我们看到的那些来自太阳的光线实际上是100 000年前产生的热能。然而，当你阅读这段文字时，穿过你的太阳中微子仅仅产生在$8\frac{1}{3}$分钟之前。（这是以光分为单位时太阳与我们的距离。中微子运动速度非常接近光速）基本上，是中微子让我们今天得以观察太阳。

中微子自由飞出太阳核心。

宇宙领悟 我们利用中微子来观察太阳的心脏

中微子只与物质发生极其微弱的相互作用，从而导致他们很难被观察到。幸运的是，太阳产生了数量巨大的中微子。当你阅读本句时，大约有400万亿个太阳中微子穿过地球这颗固体行星。由于数量巨大，中微子探测器无需多么高效就能有所收获。

第一台设计探测太阳中微子建造在美国南达科塔州的荷马斯塔克（Homestake）地下铅矿井内，约地下1 500米深处安装了一个巨大水箱，其中装有100 000加仑的干洗液。两天中，约有10^{22}个太阳中微子穿过荷马斯塔克探测器，其中平均只有一个中微子与液体中的氯原子发生作用，形成一个氩原子。尽管如此，该仪器随后还是产生了大量的氩原子。

荷马斯塔克实验不断探测到太阳中微子的证据，证实核反应为太阳提供了能量。然而，随着许多优秀实验的进行，实验结果给大家提出了一些新的问题。在天文学家验证了太阳标准模型的最初喜悦之后，他们发现太阳中微子的数量远远少于之前的预测。太阳中微子的预测数量和实际测量数据之间的差异被称作"太阳中微子缺失问题"。

太阳中微子缺失问题的一个可能的答案是我们对于太阳结构的认知是错误的。这好像是不可能的，然而，我们的太阳模型在其他方面诸多的成功又让这一解释变得可能。第二种可能性则是我们对于中微子本身的认知不完整。中微子早已被认为是零质量（类似光子）并以光速运动的粒子。但假如中微子拥有极小的质量，那么，粒子物理学预测中微子应在三种不同类型中震荡（来回交替）——电子中微子、μ中微子和τ中微子，如图11.8所示。因为早期的中微子实验只能检测到电子中微子，所以这些震荡可以解释为什么我们只能观察到中微子预测数量的三分之一。同时，如图11.8所示，电子中微子在飞出太阳时，若与太阳物质发生作用，也会发生改变。

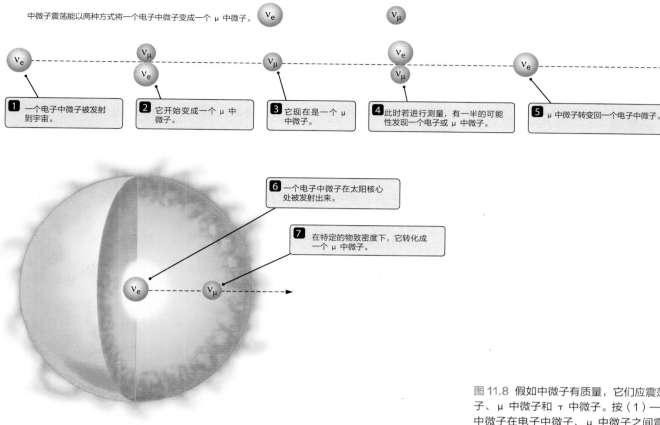

中微子震荡能以两种方式将一个电子中微子变成一个 μ 中微子。

1 一个电子中微子被发射到宇宙。

2 它开始变成一个 μ 中微子。

3 它现在是一个 μ 中微子。

4 此时若进行测量，有一半的可能性发现一个电子或 μ 中微子。

5 μ 中微子转变回一个电子中微子。

6 一个电子中微子在太阳核心处被发射出来。

7 在特定的物致密度下，它转化成一个 μ 中微子。

图 11.8 假如中微子有质量，它们应震荡成三种类型：电子中微子、μ 中微子和 τ 中微子。按（1）—（5）的先后顺序，一个中微子在电子中微子、μ 中微子之间震荡。从一种类型转变成另一种需要太阳内特定密度的物质一起才能发生。在（6）中，太阳核心内产生的电子中微子被转化成一个 μ 中微子（7），然后它飞向了宇宙。早期的中微子探测器无法识别 μ 中微子。

自1965年荷马斯塔克开始实验以来，全世界已另外建造了二十多台中微子探测器，分别利用不同的反应来探测不同能量的中微子。高能物理实验室里的实验、核反应堆以及全世界的中微子望远镜都表明中微子确实有非零质量，同时，这项工作也找到了中微子震荡的证据。

解决太阳中微子缺失问题是一个很好的例子，为大家展示了科学如何运作。这些实验揭示了我们认知上的差距。我们已知的理论提出可能的解决方案，更精密的实验则可以辨别相互矛盾的设想中哪一个是正确的。通过这一过程，太阳中微子缺失问题让我们对基础物理有了更好的了解。这可能也可以帮助你理解为什么科学家发现他们的错误时如此兴奋的原因。有时，这意味着全新知识的来临。

宇宙领悟 日震学使我们能观察来自太阳内部的声波

在第6章中，我们发现地球的内部模型预测了我们星球上某地到另一地的密度和温度变化。这些差异影响了地球内部传播的地震波并改变了它们运动的方向。我们可以把实际测量和模型预测进行对比，来测试和改进我们的模型。

我们也可以对太阳采用相同的方法。对太阳表面的详细观察表明太阳振

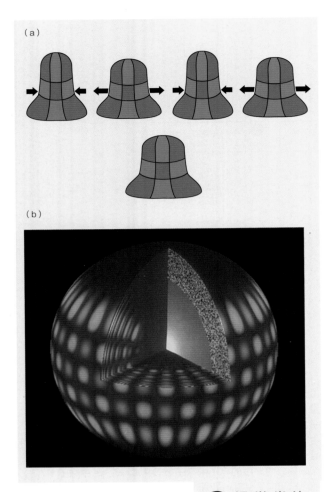

(a)

(b)

👁 视 觉 类 比

图 11.9 （a）当波在钟内传播时，钟开始振动。红色表示波向内挤压金属的区域；蓝色是波向外拉伸。假如波的波长适当，它将加强振动，并引起持续一段时间的响声。假如波长不适合，它将抑制振动，而声音也会停止。（b）当日震波在太阳内部传播时，太阳会像钟一样发出响声。正确波长的波会增强并维持振动，同时，其他波长的波则会逐渐阻尼振动并消失。上图展示了一个特别的太阳振动"模式"。红色代表气体向内运动的区域；蓝色则是气体向外运动的区域。我们可以通过多普勒频移观察到这些运动。

动或"鸣响"，就像一口被敲打的钟一样（如图11.9（a））。一口调试良好的钟基本以一个频率振动，然而，太阳的振动却非常复杂；不同振动频率会同时发生（如图11.9（b））。正如地质学家利用地震出现的地震波探测地球内部一样，太阳物理学家也利用太阳表面的震荡来探测太阳内部。这一门科学被称作日震学。

天文学家要检测太阳表面日震波的扰动，必须测量0.1米以内每秒的多普勒频移，同时还要检测太阳上指定某点仅百万分之一的亮度变化。太阳上可能有数以百万不同的波动。一些波绕太阳周界传播，为我们提供了对流区上层的密度信息。其他的波则在太阳内部传播，从而揭示了接近太阳核心处的密度结构。还有一些波向内传播到太阳中心，然后由于太阳密度的改变而转向，回到太阳表面。

所有这些波动都同时进行，因此，要整理这些繁杂的信息需要对多个地点长期持续的太阳观察所得信息进行电脑分析。太阳全球震荡监测网（GONG）是一个拥有六个分布全球的太阳观测站的监测网络，帮助天文学家进行约90%的时间内的太阳表面观察。

科学家们把日震数据的强度、频率以及波长和太阳内部模型计算得出的预测振动进行对比。这个技术为我们对太阳内部的认知提供了一次强有力的测试，也为我们带来了惊喜，并帮助我们改进了模型。例如，一些科学家提出假如我们过高估计太阳上氢的数量，那么太阳中微子缺失问题就可能得到解答。但在对穿过太阳核心的波进行分析之后，这个解释被排除了。日震学也显示早期太阳模型使用的不透明度值偏低。这一认识引导天文学家对对流层底部位置进行了重新计算。现在，理论和观察都认同对流层底部处于太阳中心往外71.3%的地方，该数字的不确定性不到0.5%。

11.3　太阳大气层

太阳和太阳风层探测器（SOHO）是欧洲航天局及NASA共同进行的飞行任务。SOHO位于地球上空1 500 000千米处（0.01个天文单位；AU），在地球和太阳之间，与它们几乎成一条直线，并与地球保持相同的运转速度。SOHO配备了12台科研设备，来监测太阳和测量地球上方的太阳风。在2010年初，NASA启动太阳动力学天文台，对太阳磁场进行研究，希望能深入了解太阳，在将来任何事件发生之前，我们可以提前预测，而不是在发生之后再做反应。这些详细的观察帮助天文学家理解太阳大气层的复杂特性。

太阳是一个巨大的气体星球，因此，它不像地球拥有固体表面。相反，它的表面和地球上的雾堤相似；实际上，它是一个渐进的物体——如同薄纱一样。假设你看到一个人在雾堤中行走，他在你的视野消失后，即使他未走过一个确定的边界，你也会认为他在雾堤中。太阳相对表面也和此相似。太阳表面的光线可以直接飞向宇宙，所以我们可以看到它。太阳表面之下的光线无法直接进入宇宙，因此，我们无法看到。

太阳相对表面被称作太阳光球。你不可能马上穿过雾堤表面,同样,我们也不能马上穿过太阳光球。光球厚度约500千米,这里的太阳密度和不透明度大幅上升。当我们从地球看向太阳时(但不能直视太阳),太阳有一个界限明晰的表面和清晰的轮廓,其原因是在1.5亿千米的距离观看时,500千米看起来一点都不厚。

太阳的外缘看起来比中心区域要昏暗(如图11.10(a))。该效应,称为临边昏暗,就太阳光球结构的产物。在太阳的边缘,我们是以倾斜的角度观察太阳。因此,我们不能看见如同观察中心一样的光深度。太阳临边处的光线来自于较冷和昏暗的浅层(如图11.10(b))。

宇宙领悟 太阳光谱十分复杂

在太阳最外层,即太阳大气层,气体的密度随着高度增加而骤减。所有可见的太阳现象都发生在太阳大气层。它由三层组成:光球层、色球层和日冕,如图11.11所示。来自于太阳光球层之下大多数辐射都被光球层的物质吸收再按照黑体光谱重新发射出去。

词汇标注

临边:天文学家使用该词语描述天体的边缘——它的可见圆盘边缘。

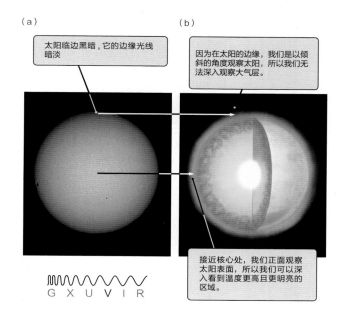

(a) 太阳临边黑暗,它的边缘光线暗淡

(b) 因为在太阳的边缘,我们是以倾斜的角度观察太阳,所以我们无法深入观察大气层。

接近核心处,我们正面观察太阳表面,所以我们可以深入看到温度更高且更明亮的区域。

GXUVIR

图 11.10 (a)当观察可见光时,虽然太阳没有真正的表面,但太阳显得轮廓清晰。太阳临边更加昏暗,但太阳中心则显得更加明亮———一个称为临边昏暗的效应。最接近圆盘中心偶尔出现的小黑点实际是水星凌日而引起的。其他的黑点则都是太阳黑子。(b)从太阳的中间而不是太阳边缘进行观察,我们能更加深入地了解太阳内部。因为较高的温度意味着更多的光辐射,所以太阳中间部位比边缘更加明亮。

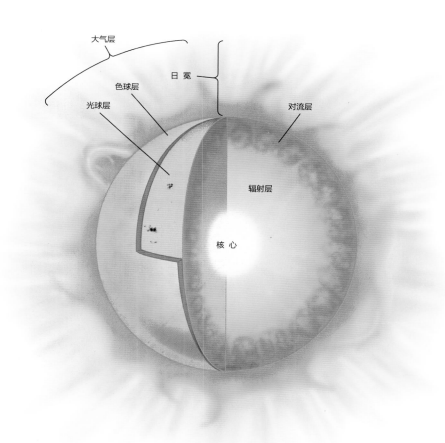

图 11.11 太阳大气的组成

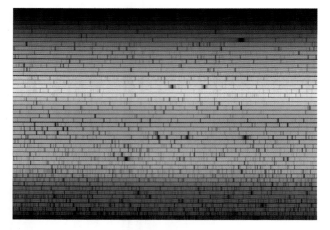

图11.12 太阳的高分辨率光谱,从左下角 400 纳米(nm)一直延伸到右上角 700 纳米(nm),显示出吸收线。

然而,随着我们对太阳结构进行更仔细地检测,我们发现这一简单的描述并不完整。太阳光球层的光必须通过太阳大气层的上层飞出,在我们观察到的光谱上留下了印迹。光球的光向上运动穿过太阳大气层,其中的原子吸收不同波长的光,形成吸收线(如图11.12)。吸收线已被识别出了超过70种元素。对这些线的分析形成了我们对太阳大气层包括太阳构成认知的基础,也是我们开始了解其他行星的大气层和光谱的起点。

宇领 太阳的外层大气: 色球层和日冕

随着我们在太阳光球层逐渐向上运动,光球层底部的温度从6 600 K(约6 326.85摄氏度)下降到其顶部的4 400 K(约4 126.85摄氏度)。这时,温度变化趋势逆转,开始缓慢上升,在达到光球层上方1 500千米处时,温度达到约6 000K(约5 726.85摄氏度)(如图11.13)。光球层上面的区域称为色球层(如图11.14(a))。色球层于19世纪早期对日全食的观测时被发现(如图11.14(b))。

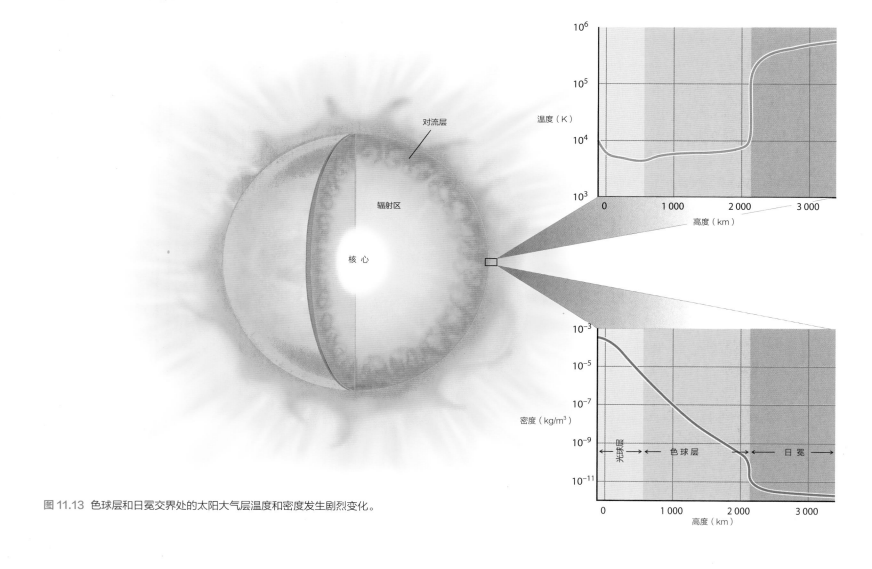

图11.13 色球层和日冕交界处的太阳大气层温度和密度发生剧烈变化。

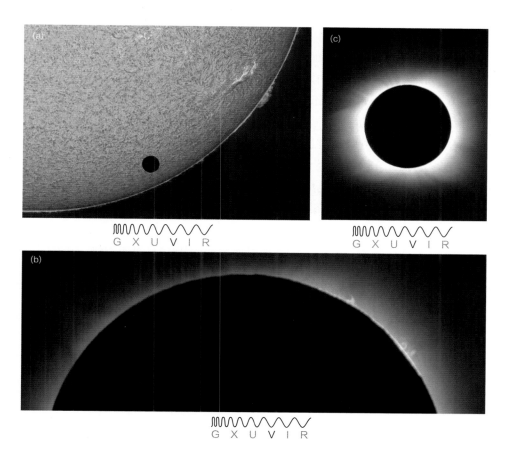

图 11.14 （a）在水星经过时，运用 Hα 光拍下的太阳图片显示了太阳色球层的结构。水星轮廓在太阳的映衬下可以清晰可见。（b）色球层在日全食可以看见。（c）这张日食照片显示出太阳的日冕由温度为一百万开尔文的气体组成，向太阳表面外延伸了数百万千米。

中微子自由飞出太阳核心。

色球层在光球层的上方，从太阳临边观察时最清晰，同时，也是发射线的来源，尤其是氢的Hα线（氢的α发射谱线）。实际上，深红色的Hα线正是色球层（颜色来源地）如此命名的原因。 氦元素也是通过色球层光谱于1868年被发现，希腊语中"太阳"的意思，命名。色球层温度随着高度增加而升高的原因至今还不为人知，但它可能是由磁场在该区域传送而引起的。

　　在色球层的顶部仅100千米厚的过渡区，温度突然骤升（如图11.13），但密度突然减小。在日冕中，温度高达100万到200万K（约100万~200万 摄氏度）。人们认为日冕和色球层都通过磁场进行加热，但还未找到色球层和日冕之间的过渡区温度发生突然变化的原因。

　　日冕仅在日全食时可见，它看起来像一个怪异的光圈，一直延伸到太阳表面以外数个太阳半径处（如图11.14（c））。日冕由于温度过高，所以它是X射线的强力来源，其中的原子被高度电离。日冕的光谱显示来自于Fe^{13+}（铁原子中的13个电子已剥离）和Ca^{14+}（钙原子中的14个电子已剥离）等离子形式的发射线。

宇宙领悟 太阳活动由磁效应引起

　　太阳磁场几乎导致了太阳大气层所有结构的形成。太阳的高分辨率图片显示了"冕环"组成了太阳的日冕低层（如图11.15）。这种结构由磁结构引起，被称作通量管，和连接木卫一（Io）和木星的通量管相似。日冕温度极高，不能被太阳的引力所束缚，但是太阳大部分表面上的冕气都受到磁环的约束，两端被

图 11.15 太阳的特写图片，展示了冕环的缠绕结构。

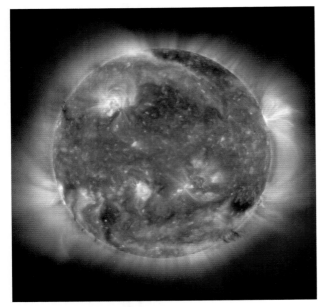

图 11.16　太阳的 X 射线图向我们展示了极其不同于可见光图像的太阳景象。最明亮的 X 射线光来自于日冕底部，在日冕底部温度被加热到数百万开尔文。在太阳的磁活跃区域，这种反常升温最明显。黑色区域是日冕洞，在该区域日冕温度和密度都较低。

紧紧固定在太阳深处。日冕中的磁场几乎就像一个橡皮筋网，其中冕气能够自由滑动但却不能穿过。相比而言，大约20%的太阳表面被不断变化的日冕洞所覆盖。太阳X射线图中显示的黑色区域就是这些日冕洞（图11.16），表明日冕洞的温度和密度都比周围区域低。在日冕洞中，磁场离太阳较远，日冕物质能够自由地飘向行星际空间。

在前文中我们也谈及过日冕物质飘出太阳的情况。这就是塑造行星磁气圈（参见第7章和第8章）以及让彗星的彗尾远离太阳的太阳风（参见第9章）。太阳风较稳定的部分包括速度约为350千米/秒的低速气流以及速度高达700千米/秒的高速气流。这些高速气流源自于日冕洞。根据不同的速度，太阳风中的粒子达到地球需要2~5天。

通过太空探测器，我们已能观测到远离太阳100AU的太阳风。但太阳风不能永远向外延伸。太阳风离太阳越远，展开面积越大。就像辐射一样，太阳风的密度也遵循平方反比定律。当太阳风距离太阳约为100AU时，其所具备的能量可能已经不足以驱散星际介质（星系中恒星之间的以及太阳周围的气体和尘埃）。这时，太阳风会突然停止，然后"堆积"起来以抗衡星际介质的压强。图11.17展示了太阳风占主导地位的太空区域。在今后的10年中，旅行者1号航天器可能会跨过该范围最外面的边缘，向我们现场发回真正的星际空间的第一手测量数据。

太阳表面最明显的特征是其光球层中时隐时现的暗斑，称为太阳黑子。太阳黑子只是相对太阳表面更明亮的部分较为暗淡（参见疑难解析11.2）。天文学家早在17世纪就通过望远镜对太阳黑子进行了观测，并由此发现了太阳也在自转。从地球上观测，太阳的平均自转周期约为27天，相对恒星的自转周

图 11.17　太阳风离开太阳约 100AU，直到最后堆积在一起以抗衡太阳从中穿过的星际介质的压强。旅行者 1 号探测器目前正在从此界限范围经过，有望很快跨出此界限进入到真正的星际介质中。

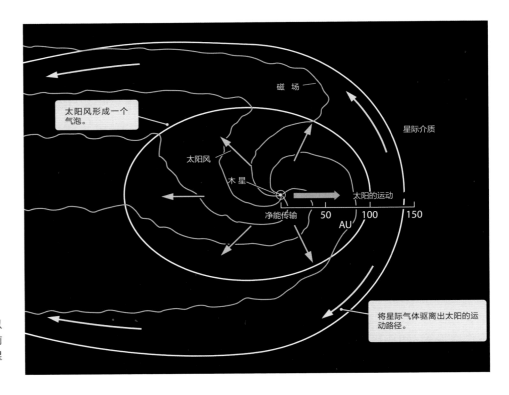

疑难解析 11.2　｜　太阳黑子和温度

太阳黑子的温度比其周围大约低1500K（约1 226.85 摄氏度）。这对我们了解太阳黑子的量度有何启示呢？根据第6章所学的斯特藩-玻尔兹曼定律，黑体产生的通量（F）与温度（T）的四次方成正比。比例常数是斯特藩-玻尔兹曼常数σ，等于$5.67\times10^{-8}\mathrm{W/(m^2K^4)}$。此关系可以表示为：

$$F = \sigma T^4$$

通量是指每秒钟每平方米发出的能量。那么，太阳黑子发出的能量比太阳其他部分发出的能量少多少呢？将典型的太阳黑子温度和周围光球层的温度分别四舍五入到整数，即4 500K（约3 726.85 摄氏度）和6 000K（约5 726.85 摄氏度），即可得到两个方程式：

$$F_{黑子} = \sigma T^4_{黑子}$$

和

$$F_{表面} = \sigma T^4_{表面}$$

分别求解此两个方程式，然后将$F_{黑子}$除以$F_{表面}$，求得黑子比周围的色球层暗淡多少。实际上，求得两个通量的比值更容易。我们可以将两个方程式的左右两边分别相除，两个方程式中相同的因子将被约去。

$$\frac{F_{黑子}}{F_{表面}} = \frac{\sigma T^4_{黑子}}{\sigma T^4_{表面}}$$

其中，常数σ被约去。因为两个方程式的右边都是四次方，我们可以首先将括号中的因子相除，然后再计算四次方：

$$\frac{F_{黑子}}{F_{表面}} = \left(\frac{T_{黑子}}{T_{表面}}\right)^4$$

将数值分别代入$T_{黑子}$和$T_{表面}$，得到：

$$\frac{F_{黑子}}{F_{表面}} = \left(\frac{4500\ \mathrm{K}}{6000\ \mathrm{K}}\right)^4$$

$$\frac{F_{黑子}}{F_{表面}} = 0.32$$

将方程式两边都乘以$F_{表面}$，得出：

$$F_{黑子} = 0.32\, F_{表面}$$

因此，每秒钟每平方米太阳黑子发出的能量约为其周围表面每秒钟每平方米发出的能量的三分之一。换句话说，黑子的亮度大约只有周围光球层的三分之一。当然，黑子的亮度仍非常高，如果你将太阳黑子切取出来挂在天空中的任何位置上，看起来将会比满月明亮。

期约为25天。通过观测太阳黑子，天文学家还发现太阳也像土星一样在赤道的自转速度远高于高纬度区域。该效应称为较差自转，唯一的原因可能是太阳是一个大型气体球体而非固体天体。

图11.18（a）所示为一大群太阳黑子，图11.18（b）所示为太阳表面其中一个黑斑的显著结构。每个太阳黑子都由一个中央部分黑暗的本影及围绕在周围较不暗的半影组成，半影呈现出错综复杂的径向排布，就像一朵朵花瓣。太阳黑子的形成与太阳磁场有密切关系，太阳磁场的强度是地球表面磁场强度的数千倍。太阳黑子经常成对出现，两个黑子之间通过磁场中的磁环相连。太阳黑子大小各异，小到直径约1 500千米，大到包含数十个单个黑子、横跨50 000千米或以上的黑子群。最大的黑子群面积非常大，肉眼也能看见。但是，切勿直视太阳！不止一个粗心大意的观察者因为以裸眼观测太阳黑子而失明。请再次观察本章开篇图，图中显示一名学生使用针孔照相机拍摄到了太阳黑子的照片——在硬纸板上挖出一个小洞，再对准太阳，然后影像被投射到一张纸上。这是观察太阳的安全方式，我们也可以采用此方法拍摄黑子的影像。

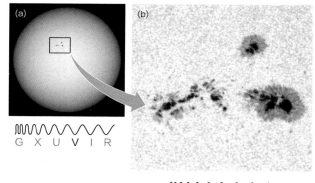

图 11.18 （a）本图由太阳动力学观测卫星（SDO）拍摄于2010 年 10 月 26 日，展示了一大群太阳黑子。太阳黑子是温度低于周围表面的太阳磁力活跃区域。（b）此近视图为太阳黑子提供了更高分辨率的影像，显示出太阳黑子是由中央较暗的本影及围绕在周围较暗的半影组成。太阳黑子周围还存在由热气体组成的粒状物，称为米粒组织。最小的米粒组织直径约为 100 千米。

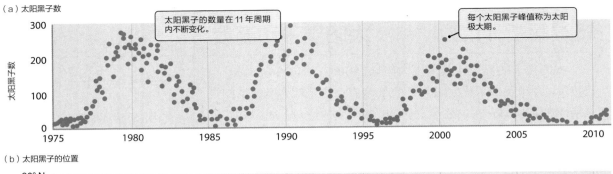

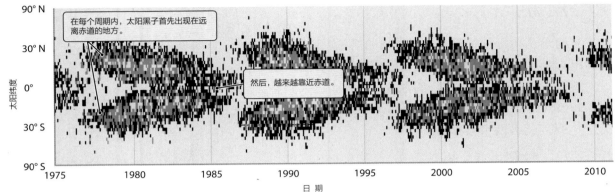

图 11.19　（a）最后几个太阳周期内太阳黑子数量随着时间的变化。（b）太阳的蝴蝶图，展示了在各个纬度太阳黑子的位置。

单个黑子无法保持太长时间。虽然太阳黑子偶尔会持续100天甚至更长，但半数以上的黑子在两天左右就会消失，90%的黑子会在11天内消失。太阳黑子的周期是11年（图11.19（a））。超过11年，太阳黑子的数量和位置都会发生变化。在周期的最开始，太阳黑子大约位于太阳北纬30°和太阳赤道以南。在接下来的几年内，随着太阳黑子的数量逐渐增加然后减少，它们的位置会越来越靠近赤道。随着最后几个太阳黑子靠近赤道，太阳黑子又重新出现在中纬度附近，开始下一个循环周期。太阳黑子的蝴蝶图（图11.19（b））反映了在指定纬度上太阳黑子的数量随着时间的变化，图中出现一系列方向相对的斜角带，就像蝴蝶的翅膀一样，因此得名蝴蝶图。

人们利用望远镜观测太阳黑子可追溯于400年前，而中国古代天文学家以肉眼观测黑子的事迹几乎比此还早2 000年。图11.20所示为太阳黑子活动的历史记录。虽然太阳黑子的周期确实为11年，但实际上该周期并非完全可靠。太阳黑子数量达到高峰的时间间隔其实是在9.7年到11.8年之间。在特定周期内观测到的黑子数量也起伏不定，甚至还出现过太阳黑子活动完全消失的时期。1645—1715 年是太阳活动非常衰微的时期，持续时间长达不可思议的70年，该时期称为蒙德极小期。正常情况下，70年之内太阳活动会出现六次高峰，然而在蒙德极小期内却未发现任何太阳黑子。

图 11.20　人们已对太阳黑子观测了数百年。在本图中，太阳黑子数量的 11 年周期变化（22 年太阳磁场周期的一半）非常明显。太阳活动随着时间的推移发生了显著的变化。从 17 世纪中期到 18 世纪早期，几乎没有观测到任何太阳黑子，这一时期称为蒙德极小期。

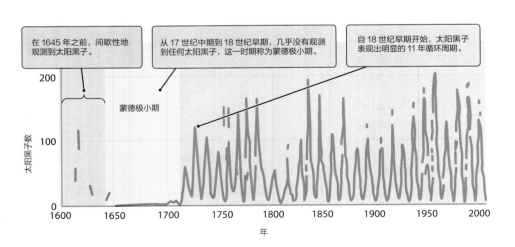

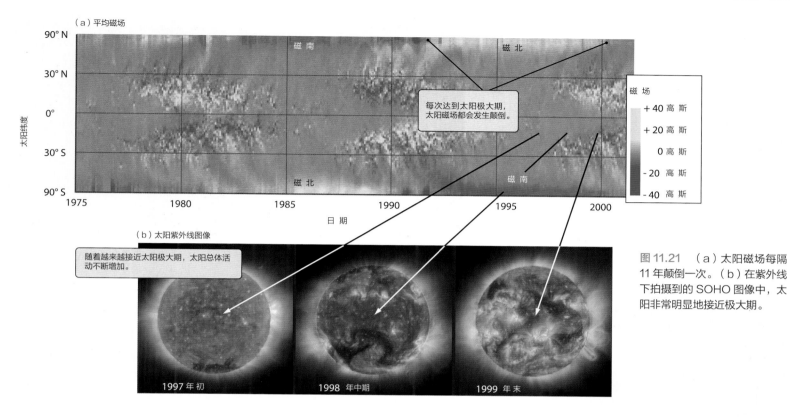

（a）平均磁场

每次达到太阳极大期，太阳磁场都会发生颠倒。

随着越来越接近太阳极大期，太阳总体活动不断增加。

（b）太阳紫外线图像

1997 年初　　1998 年中期　　1999 年末

图 11.21 （a）太阳磁场每隔 11 年颠倒一次。（b）在紫外线下拍摄到的 SOHO 图像中，太阳非常明显地接近极大期。

在20世纪早期，美国太阳天文学家乔治·埃勒里·哈雷（George Ellery Hale，1868—1938）首次提出太阳黑子的11年周期实际上是22年磁场周期的一半，在太阳的磁场周期内，太阳的磁场每次都会在11年太阳黑子周期后发生颠倒。在一个太阳黑子周期内，每个黑子对中的前导黑子为北磁极，后随黑子为南磁极。在接下来的黑子周期内，这种磁极发生颠倒：每个黑子对的前导黑子为南磁极。在每次太阳黑子周期靠近峰值时都会发生磁极之间的转变（图11.21（a））。

太阳黑子只是遵循太阳22年磁场活动周期的诸多现象中的一个。在太阳黑子周期的高峰期，可见黑子数达到最多，称为太阳极大期。如图11.21（b）所示的太阳紫外线图像，这一时期是太阳活动最强烈的时期。太阳黑子经常伴随着太阳色球层变亮，这些现象可以通过Hα等发射谱线清楚观测到。日冕上拱起的壮丽光环也会出现在这些太阳活动区域，例如日珥（图11.12）。日珥是温度较低的气体从日冕上数百万开尔文的气体中流过而形成的磁通量管。虽然大部分日珥都相对较平静，但是有些日珥会喷出日冕，耸入太阳表面以上100万千米或者以上的高空，并以1 000千米/秒的速度向日冕喷射物质。

图 11.22 （a）日珥是从太阳活动区域向高空喷出的热气体柱，是太阳磁场剧烈活动的结果。（b）大型日珥底部的近视图，地球按比例绘制。

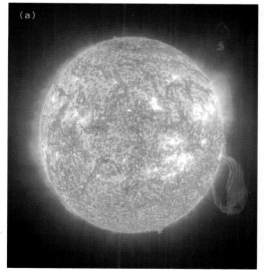

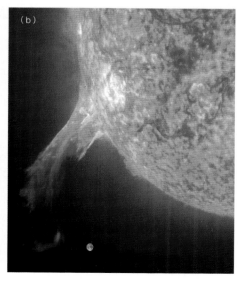

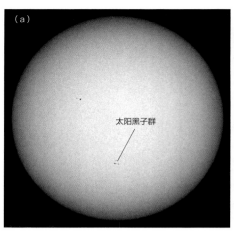

太阳黑子群

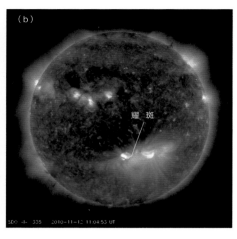

耀斑

图 11.23 紫外线拍摄显示，一大群太阳黑子（a）发射出高强度耀斑（b）。

图 11.24 显示日冕物质抛射的 SOHO 图像（上图），图中央是同时记录的太阳圆盘的紫外线图像。

词汇标注

衰减：此处表示卫星失去能量，导致轨道开始收缩，直到卫星坠毁在大气层中。在其他上下文中，该词还表示放射性衰变，即原子核自发放射出能量或粒子，变成另一种元素。

图11.23展示了从太阳黑子群喷出的太阳耀斑图像。太阳耀斑是最剧烈的太阳活动，是太阳大气猛烈的爆发，在数分钟到几个小时的时间内释放出大量电磁能。太阳耀斑能将气体加热到2 000万开尔文，是强X射线和伽马射线的辐射源。热等离子体（由失去了部分电子的原子构成）以高达1 500千米/秒的速度从耀斑中喷出。在磁场效应下，亚原子粒子可以被加速到近乎光速。这些事件被称之为日冕物质抛射（图11.24），将能量巨大的高能粒子抛出太阳系。日冕物质抛射在太阳活动极小期大约每周发生一次，而在接近极大期时经常每天发生好几次。

太阳活动对地球产生影响

到达地球的太阳辐射量平均每平方米为1.35千瓦。根据卫星对太阳发出的辐射的测量结果可知（图11.25），在太阳黑子和色球层上的亮斑横跨太阳圆盘的几个星期内，上述数值会发生高达0.2%的变化。但是，太阳活动区域增加的辐射能够弥补太阳黑子减少的辐射。平均而言，太阳在极大期比在极小期大约亮0.1%。

太阳活动对地球的影响表现在诸多方面。大部分太阳强烈紫外线、X射线以及加热地球上层大气以及在太阳活动加剧期间造成地球上层大气膨胀的高能辐射都来自于太阳活动区域。如果太阳高能辐射导致地球上层大气膨胀，膨胀的上层大气能够大大增加其对地球附近轨道飞行的宇宙飞船的拖曳力，导致其轨道衰减。

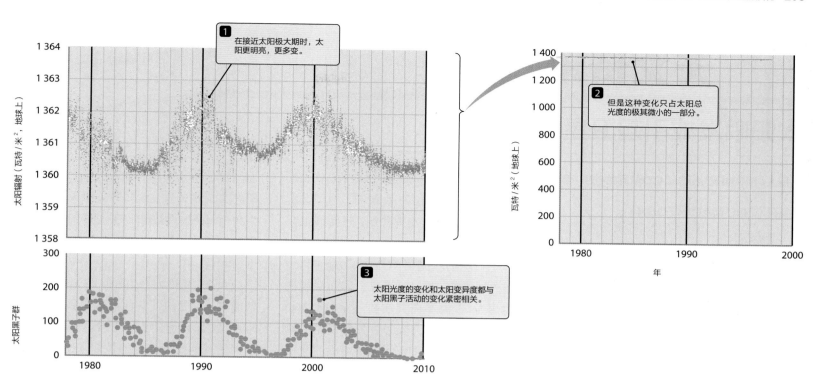

图 11.25 卫星在地球大气之上进行的测量表明太阳发出的光量随着时间的推移发生了细微变化。

地球的磁气圈是地球磁场与太阳风相互作用的结果。太阳风的增强，特别是日冕物质抛射会引发磁暴，干扰电网，造成大片区域停电。朝向地球方向的日冕物质抛射还会阻碍无线电通信和导航，破坏包括通信卫星在内的敏感卫星电子设备。另外，在太阳耀斑中加速的高能粒子也是人类探索太空所面临的最大危险之一。

多年来，人们试图将太阳黑子活动与股票市场表现和动物交配习惯等现象联系起来，但是这些揣测的关系很少能通过严肃的考察。相对严肃和特别引人深思的观点是，地球过去和现在的气候变化可能与太阳活动有关。太阳活动确实会影响地球的上层大气，我们可能猜测太阳活动也会影响天气模式，虽然将这两者相互关联的机制仍不可知。根据目前的模型可知，已观测到的太阳光度的变化可能是地球平均温度仅变化了大约0.1K的原因——这种差异远小于地球大气中二氧化碳持续增加产生的效应。但是，全球温度仅需降低0.2～0.5K就可能会引发冰河时代的到来，因此研究太阳变异度与地球气候变化之间的确切关系仍将继续。

太阳风暴能够干扰地球上的电网，破坏卫星。

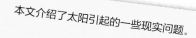
太阳喷发或引起卫星瘫痪

撰稿人：MSNBC.MSN.COM网站佐伊·麦金托什（ZOE MACINTOSH）

科学家已经确定太阳在四月爆发的一次大规模太阳喷发抵达了地球，并且该次喷发可能还应该为一颗卫星的毁坏负责，因为它造就了一颗所谓的"僵尸卫星"。

据美国海军研究实验室（NRL）表示，等离子体和磁能的巨大爆发，也被称作日冕物质抛射，发生在4月3日，NASA的立体观日航天器观测到了此次爆发。该实验室在上周发布了此次喷发的新照片。

太阳喷发可能引起了国际通信卫星组织（Intelsat）所属的"银河15"卫星瘫痪，美国海军研究实验室官员表示，"银河15"在4月5日与地面控制员失去联系，自此开始绕地球飘移。

大家都已熟知太阳风暴能使卫星面临巨大危险。喷发中的带电粒子能使电子设备短路。

观测显示日冕物质抛射将物质以每秒1 000千米的惊人速度从太阳向外抛射。4月3日，太阳喷发在太阳附近时以每小时220万英里（约352万千米）的速度移动。4月5日，它抵达地球时的速度已降为每小时150万英里（约240万千米）。

"银河15"的故障有一个非常奇怪的地方。当卫星停止和地面控制中心联络通信时，其C波段电信有效载荷（为顾客提供广播服务）仍在发挥作用，因而该卫星绰号"僵尸卫星"。

"日冕物质抛射（CME），是来自于太阳外层大气，或日冕等离子体和磁能的强力爆发，"海军研究实验室官员在7月7日的声明中写道，"当这些突然发生的爆发直达地球时，它们不仅拥有令人窒息的美丽，同时也有潜在的破坏效果。"

4月3日的日冕物质抛射事件研究充分利用了NASA的日地关系天文台（STEREO），因为其探测卫星分离范围广，一组双子卫星分别位于地球的前方和后方以持续观测太阳并拍摄太阳的立体图像。

海军研究实验室的日地关系天文台任务的主要研究员罗素·霍华德（Russell Howard）表示，日地关系天文台提供的独特侧视图是研究事件进行中的运动学和形态非常理想的图片。

正在演化的带电气体云的三维重构展现出它将在前方形成一个带有冲击波的新月形"通量绳"。

在此之前，认为日冕物质抛射直接飞向地球的想法都是根据搭载在太阳和太阳风层探测器（SOHO）上的美国海军研究实验室（NRL）研发的日冕仪观测得出，该观测仪位于太阳和地球之间。美国海军研究实验室的官员说日地关系天文台上的大角度日冕观测光谱设备观察到太阳周围有一个"晕圈"，由太阳喷发的扩张和接近引起。

同时，"银河15"目前仍无方向性发射的电子信号迫使其他通信卫星不时采取规避措施，以避免信号干扰。"银河15"卫星撞击其他卫星的可能性非常微小，国际通信卫星组织官员认为这种可能性是不存在的。本月，"银河15"将靠近其他两颗国际通信卫星（"银河13"和"银河14"）。

新闻评论：

1. 当作者说喷发"直接抵达地球"是什么意思呢？好像意味着喷发同时也连接了太阳和地球，这可能吗？
2. 将作者所描述的日冕物质抛射和你在文章中所学进行比较，这是一个准确的描述吗？
3. 作者在对日冕物质抛射的描述中混合使用了单位，核实计算，1 000千米/秒和每小时220万英里是相同的速度吗？
4. 日冕物质抛射接近地球时逐渐减速。是什么作用力使它减速？
5. 这一特殊的卫星故障有什么特别之处？
6. 为了这种喷发，将来监测太阳是否非常重要？

小结

11.1 太阳得以维持其结构是其内部的压强和引力相互达到流体静力平衡的结果。将氢转变成氦的核反应是太阳能量之源。在太阳核心内产生的能量首先通过辐射然后再通过对流释放到太阳表面上。

11.2 当氢在太阳核心中聚变成氦时会发射出中微子。中微子是难以捉摸的几乎没有质量的粒子，仅与其他物质发生极其微弱的相互作用。对中微子的观测证实核聚变是太阳的主要能量来源。

11.3 太阳就像洋葱一样包含好几层，每层都具有特有的密度、温度和压强。太阳的视表面称为光球层。太阳大气的温度从底部附近的 6 000K 左右到最上方大约 100 万 K。物质从日冕喷出造成了太阳风。太阳黑子是光球层上温度低于附近表面的区域，揭示了太阳活动的 11 年和 22 年周期。太阳风暴能够干扰电网，破坏卫星。

✦ 小结自测

1. 太阳的结构既取决于_____和引力之间的平衡，又屈居于能量产生和能量_____之间的平衡。
   - a. 压强，生产
   - b. 压强，损失
   - c. 离子，损失
   - d. 太阳风，生产

2. 请按顺序排列下列氢核聚变成氦的各个步骤。如果两个或者两个以上的步骤同时发生，请使用等号 (=)。
   - a. 发射一个正电子
   - b. 发射一束伽马射线
   - c. 发射两个氢原子核
   - d. 两个 ^{3}He 相撞，变成 ^{4}He
   - e. 两个氢原子相撞，变成 ^{2}H
   - f. 发射两束伽马射线
   - g. 发射一个中微子
   - h. 一个氘原子核和一个氢原子和相撞，变成 ^{3}He

3. 能量先后通过_____、_____和_____从太阳核心向太阳表面传输。
   - a. 辐射、传导、辐射
   - b. 传导、辐射、对流
   - c. 辐射、对流、辐射
   - d. 辐射、对流、传导

4. 通过对_____的观测确定了太阳内部的物理模型。
   - a. 中微子和地震
   - b. 太阳黑子和太阳耀斑
   - c. 中微子和正电子
   - d. 宇宙飞船带回来了的样本
   - e. 太阳黑子和地震

5. 在_____和_____的交界面上，温度和密度发生了突变。
   - a. 辐射区、光球层
   - b. 光球层、色球层
   - c. 色球层、日冕
   - d. 日冕、太空

6. 太阳风：
   - a. 在太阳系周围形成了近于完美的球状气泡
   - b. 不与太阳的磁场发生相互作用
   - c. 在太阳系周围形成了泪珠状的气泡
   - d. 造成的风压远远高于地球上的风

7. 太阳黑子、耀斑、日珥和日冕物质抛射都是由____造成的。
   - a. 太阳上的磁活动
   - b. 太阳上的电活动
   - c. 太阳磁场与星际介质之间的相互作用
   - d. 太阳风与太阳磁场之间的相互作用

8. 太阳黑子每隔_____年达到高峰，太阳黑子周期是____年。
   - a. 11，22   b. 22，11
   - c. 5.5，11   d. 22，44

问题和解答题

判断题和选择题

9. 判断题：流体静力平衡是指能量产生和损失之间的平衡。

10. 判断题：太阳中的能量主要是在20%的太阳最内层产生。

11. 判断题：正电子是在氢聚变时产生的反物质粒子。

12. 判断题：质子−质子链反应涉及到六个氢原子核，虽然其中只有四个构成了氦原子核。

13. 判断题：光子之所以向太阳外部流动，是因为太阳最内层的光子数量多于其外层部分。

14. 判断题：能量只通过辐射向太阳外层传输。

15. 判断题：中微子比光子更快速地逃逸出太阳，这表明中微子的运行速度高于光速。

16. 判断题：色球层是我们看到的太阳部分。

17. 判断题：太阳光谱上的吸收线是由于地球和太阳之间的冷气体造成的。

18. 判断题：发生日食时直视太阳是安全的。

19. 判断题：太阳黑子和太阳耀斑是彼此相关的现象。

20. 判断题：太阳黑子的大小堪比地球。

21. 判断题：太阳活动与地球气候之间可能存在某种关联。

22. 判断题：地球目前的气候变化是太阳造成的。

23. 太阳内部的流体静力平衡意思是：

a. 核心内部产生的能量等于从表面辐射出的能量

b. 辐射压强与向下推的太阳外层的重力达到平衡

c. 太阳吸收和发射出等量的能量

d. 太阳不会随时间发生变化

24. 从太阳发射出的能量是在哪里产生的？

a. 在色球层和光球层的界面上

b. 在对流区的顶部

c. 在太阳核心通过核聚变产生

d. 在表面上

25. 在质子－质子链反应中，四个氢原子核变成了一个氦原子核。该过程并没有在地球上自然发生，是因为该过程需要：

a. 大量氢元素

b. 极高温度和压强

c. 流体静力平衡

d. 极强的磁场

26. 太阳中微子问题指出我们对_____的认识存在隔阂。

a. 核聚变

b. 中微子

c. 流体静力平衡

d. 磁场

27. 太阳黑子看起来较暗淡，是因为：

a. 它们的密度极低

b. 磁场吸收了大部分落在太阳黑子上的光

c. 它们的温度比周围表面更低

d. 它们是压强极高的区域

28. 太阳黑子的数量和位置在太阳周期内各不相同。该现象是与_____有关。

a. 太阳的自转速度

b. 太阳的温度

c. 太阳的磁场

d. 太阳轴的倾角

概念题

29. 太阳的稳定取决于流体静力平衡和能量平衡。请描述这两种平衡是如何实现的。

30. 解释流体静力平衡是如何发挥作用让太阳保持恒定的尺寸、温度和光度的。

31. 图11.3显示了两个发生了擦边碰撞的质子。

a. 图（a）和图（b）有什么区别？

b. 为什么图（b）中的蓝色箭头比图（a）中的粗？这些蓝色箭头代表什么意思？

32. 什么是强核力，它是如何让原子核保持稳定性的？

33. 辐射传输通常会将光子从高温区带到低温区。为什么？

34. 请解释核聚变以及它与太阳的能量源有什么关系。

35. 水分子中的三个原子中的其中两个都是氢原子。为什么地球的海洋没有发生氢原子核聚变成氦原子的过程，从而将我们的行星转变成太阳？

36. 工程学家和物理学家一直致力于建造将全球储量丰富的氢元素转变成氦元素的核电站，以解决世界的能源供应问题。我们的太阳看起来已经解决了此问题。在地球上，此方法面临的主要障碍是什么？

37. 说出太阳的能量主要是在哪里产生，并解释为什么该区域是太阳的主要能量之源。

38. 描述太阳通过将氢转变成氦从而产生能量的质子－质子链反应的过程。

39. 图11.4展示了质子－质子链反应过程。在此图中，许多弯弯曲曲的箭头朝向相互作用的反方向。这些弯弯曲曲的箭头表示什么意思？它们是表示光波还是粒子，或者两者皆是？

40. 质子－质子链反应通常被描述为"四个氢原子核聚变成一个氦原子核"，但实际上该反应涉及到六个氢原子核。为什么该描述中没有提及到另外两个氢原子核？

41. 在地球上，核电站通过裂变发电。铀等重元素分裂成多个更小的原子，分裂成的原子总质量小于最初的质量。请解释为什么裂变不能为太阳提供能量？

42. 在质子－质子链反应中，四个质子的质量略大于氦核的质量。请解释这些"损失的"质量发生了什么情况。

43. 你经历过哪些能量只通过辐射传输到你身上的情况？只通过对流或者传导呢？（提示：每天你都在通过这三种方

式接收能量）

44. 气体能够有效的传导热能吗？请解释。

45. 假设异常大量的氢元素突然在太阳核心中燃烧起来。太阳的其他部分将会发生什么？我们会观察到什么结果吗？

46. 太阳的半径大约等于2.3光秒。请解释为什么在太阳核心中产生的伽马射线在2.3秒后不会出现在太阳表面。

47. 高能光子和中微子是在同一瞬间在太阳核心中产生的。哪一种粒子将最先到达地球？请解释。

48. 为什么中微子非常难以探测到？

49. 探讨什么是"太阳中微子问题"，以及该问题是怎么解决的。

50. 我们用以探测太阳内部结构的技术与用以探测地球内部结构的技术之间有什么共同之处？

51. 太阳的可见"表面"并不是真正的表面，而是我们所称的光球层。请解释为什么光球层并不是真正的表面。

52. 地球上并没有发现宇宙中含量第二高的元素。该元素是什么元素，是怎样被发现的？

53. 描述日冕的性质。在什么情况下我们可以不凭借特殊仪器也能观测到日冕？

54. 日冕的温度高达数百万度；光球层的温度只有6 000K左右。为什么日冕不比光球层亮得多？

55. 什么是太阳风？

56. 太阳黑子是太阳上的黑暗斑点。为什么太阳黑子的颜色较暗？

57. 重新绘制图11.18（b）。标记本影和半影，并在图上画上一个圆圈代表地球大小。

58. 根据太阳黑子我们对太阳自转有何认识？

59. 太阳每隔25天相对恒星自转一周，每隔27天相对地球自转一周。为什么存在这种差异？

60. 请解释11年太阳黑子周期和22年磁周期之间的关系。

61. 什么是太阳耀斑？

62. 哈勃太空望远镜的命运与太阳活动有着怎样的关系？

63. 太阳耀斑和磁风暴能够对我们日常生活中的特定事物造成不利影响。列举受到影响的事物。

解答题

64. 请仔细观察图11.2：

    a. 解释为什么左侧的图看起来与右侧的图不一样。两个图所描绘的是不是相同数据？

    b. 图中，压强、密度和温度都在x轴上标记1.0的位置下降到零。在该点发生了什么？

    c. 读取左侧压强图中的y轴距（曲线与y轴相交的点）。该数值是否与右侧压强图中的y轴距相同吗？请解释。

65. 假设太阳的质量约为地球质量的30万倍，半径约为地球半径的100倍。地球的密度约为5 500千克/米^3。

    a. 太阳的密度是多少？

    b. 太阳的密度与水的密度相比如何？

66. 太阳每隔25天相对恒星自转一周。

    a. 假设一个太阳黑子位于太阳的赤道上，该黑子绕太阳旋转一周需要多长时间？

    b. 在此期间该黑子移动了多少距离？

    c. 该黑子相对恒星的移动速度是多少？

67. 太阳按照爱因斯坦著名质能守恒定律$E=mc^2$将物质转变成能量而发光。如果太阳每秒钟产生$3.85×10^{26}$焦耳的能量，则每秒钟必须将43亿千克的质量转变成能量。注意，1焦耳/秒相当于1瓦特（该单位可能更为你熟知）。

68. 假设太阳在其45亿年（$1.4×10^{17}$秒）的生命期限内以恒定速度产生能量。

    a. 太阳在其生命期限内因产生能量会损失多少物质？

    b. 太阳目前的质量是$2×10^{30}$千克。太阳目前质量的多少比例会在太阳生命期限内转回成能量？

69. 假如太阳内部的能量源突然发生了变化。

    a. 经过多久时间后中微子望远镜才能探测到此事件？

    b. 可见光望远镜将在什么时候观测到发生变化的证据？

70. 如果太阳风中的粒子以平均速度400千米/秒移动，这些粒子从太阳达到地球平均需要多少时间？

71. 请仔细观察分析图11.13。

    a. x轴上的高度是相对什么测量的？

    b. 在之前的图11.2中，太阳内部的密度和温度变化几乎一致（二者的曲线形状类似）。而在图11.13中，太阳大气的密度和温度变化却不一样，这表明太阳大气的密度和温度之间存在怎样的关系？

72. 某个太阳黑子亮度看起来只有周围光球层亮度的70%。光球层的温度大约为5 780K，该太阳黑子的温度是多少？

73. 图11.19包含了大量信息。为了解析本图，我们需要回答下列问题。

    a. 说出图（a）和图（b）分别描述什么信息。

    b. 太阳黑子数是在太阳黑子周期开始还是结尾时或是两者之间的某个时间达到高峰的？

    c. 图11.19（b）中，y轴表示太阳的纬度。请将此图与图11.21（a）相比较。磁场强度是否在太阳黑子所在区域达到最高？

    d. 首先将图11.21（b）所示的SOHO图像与图11.21（a）中的平均磁场图相比较，再与图11.19（b）中的蝴蝶图相比较。该太阳黑子周期是在什么时候开始的？为什么这三张图看起来如此不同?

74. 根据图11.25估算太阳在其周期内发生了多少微小变化。

75. 氢弹是人类试图复制太阳核心中所发生的过程的结果。一颗500万吨氢弹释放出的能量为2×10^{16}焦耳。

　　a. 一颗500万吨氢弹每次爆炸地球将损失多少质量?

　　b. 本书的质量大约是1.0千克。如果我们将此质量全部转变成能量,需要爆炸多少颗500万吨氢弹才能达到该能量。

76. 请证实本章开篇阐述的观点,即太阳每秒钟产生的能量比地球上所有发电站在50年内产生的能量都要高。请估计或者查询目前地球上有多少发电站,以及平均每座发电站产生多少能量。请务必统计所有类型的发电站信息,例如煤电站、核电站和风电站。

77. 我们是如何知道太阳不能通过化学反应为自己提供能量的呢。请根据疑难解析11.1以及两个原子之间的化学反应平均释放1.6×10^{-19}焦耳的能量这一事实,估算太阳在保证日冕光度下能够释放能量多久。将此估算值与地球已知的年龄相比较。

78. 光子在其从太阳中心到达太阳外层的弯曲路径中,实际上移动了多少距离?(提示:请考虑光子离开太阳所需的时间,以及光子的速度。)

智能学习(SmartWork),诺顿的在线作业系统,包括这些问题的算法生成版本,以及附加的概念习题。如果你的导师在聪慧学习上布置了问题,请登录smartwork.wwnorton.com。

学习空间(StudySpace)是一个免费开放的网站,并为你提供《领悟我们的宇宙》书中每一章的学习计划。学习计划包括动画、阅读大纲、生词卡、选择题测试以及聪慧学习和电子书中站点内容的链接。请访问wwnorton.com/Studyspace。

质子-质子链反应通过将氢聚变成还氦为太阳提供能量。其中的几种不同粒子是作为副产品产生的，最终产生大量能量。该过程分为多个步骤，本章设计的探索旨在详细阐释各个步骤，以帮助你了解整个过程。

打开学习空间（StudySpace）网页上针对本章的"质子-质子模拟"。

点击播放按钮，从头到尾观看一次动画演示。

再次点击播放按钮，在第一次碰撞后暂停。两个氢原子核（均带正电荷）碰撞产生了一个仅带一个正电荷的新原子核。

1. 另一个正电荷被什么粒子带走了？

2. 什么是中微子。中微子参与到反应中了吗，或者说中微子是在反应中产生的吗？

对比上下方两个交互作用。

3. 在两种情况下发生的反应是一样的吗？

再次点击播放按钮，在第二次碰撞后暂停。

4. 哪两种原子核参与了碰撞？产生的原子核是什么原子核？

5. 此反应中的电荷守恒吗，或者是否需要一个粒子将电荷带走？

6. 什么是伽马射线？伽马射线参与了此反应吗，或者说伽马射线是在此反应中产生的吗？

再次点击播放按钮，直到动画演示结束。

7. 参与到最终碰撞的原子核是什么原子核？碰撞产生了什么原子核？

8. 在化学中，催化剂是反应助推剂，可以促进反应但却不会被消耗掉。在此质子 - 质子链中，是否存在像催化剂一样发挥作用的任何原子核？

制作一个投入产出表。在动画演示的最后一次碰撞中，投入到反应中的是哪些粒子，产出的是哪些粒子？将这些投入粒子和产出粒子填入表中。

9. 哪些产出粒子被转换成能量继而以太阳光的形式离开太阳？

10. 哪些产出粒子可能会立即投入到另一次反应中？

11. 哪些产出粒子可能会极长时间保持现有形式不变。

12 小质量恒星的演化

与所有主序星一样，太阳通过将氢转化成氦获得能量，但太阳不能永远处于主序星阶段，它将最终耗尽其核心中的氢燃料来源。随着太阳脱离主序星阶段，太阳内部将持续保持新的平衡，直到最终不能保持平衡为止。

整个宇宙中每颗恒星的演化过程在其形成时就已经注定了，主要决定因素是恒星的质量，其次是其化学成分。两颗恒星之间质量和化学成分的细微差别就有可能导致它们命运的巨大不同。无论如何，恒星可以大致分为两大类：高质量和低质量。光度级为 0 的高质量 B 型恒星的演变历程与主序带右下端的低温、低光度、小质量恒星的演化历程存在根本不同。小质量恒星的质量不到 $8M_\odot$。本章中，我们将探讨小质量恒星的演化进程。太阳是一颗典型的小质量恒星，因此我们将首先探索太阳的命运。

◆ 学习目标

太阳内部时刻发生着氢转变成氦的核聚变，使得太阳每秒钟流失 40 亿千克以上的质量。虽然太阳按人类标准，可能是永生的，但它最终将耗尽燃料，脱离主序星阶段。右图所示为小型地面望远镜拍摄到的 M57 图像，M57 是一颗死亡恒星的外壳。通过学习本章，你将了解这些外壳是如何形成的，是由什么物质构成的，以及为什么这些外壳对于星系的化学演变十分重要。另外，你还应掌握下面的知识：

- 根据恒星的质量估算其寿命。
- 解释为什么太阳在耗尽燃料时会越来越大，越来越亮。
- 在赫罗图上勾画出主序星后阶段的演变轨迹。
- 为小质量恒星的演化阶段绘制流程图。
- 解释行星状星云和白矮星是如何形成的。

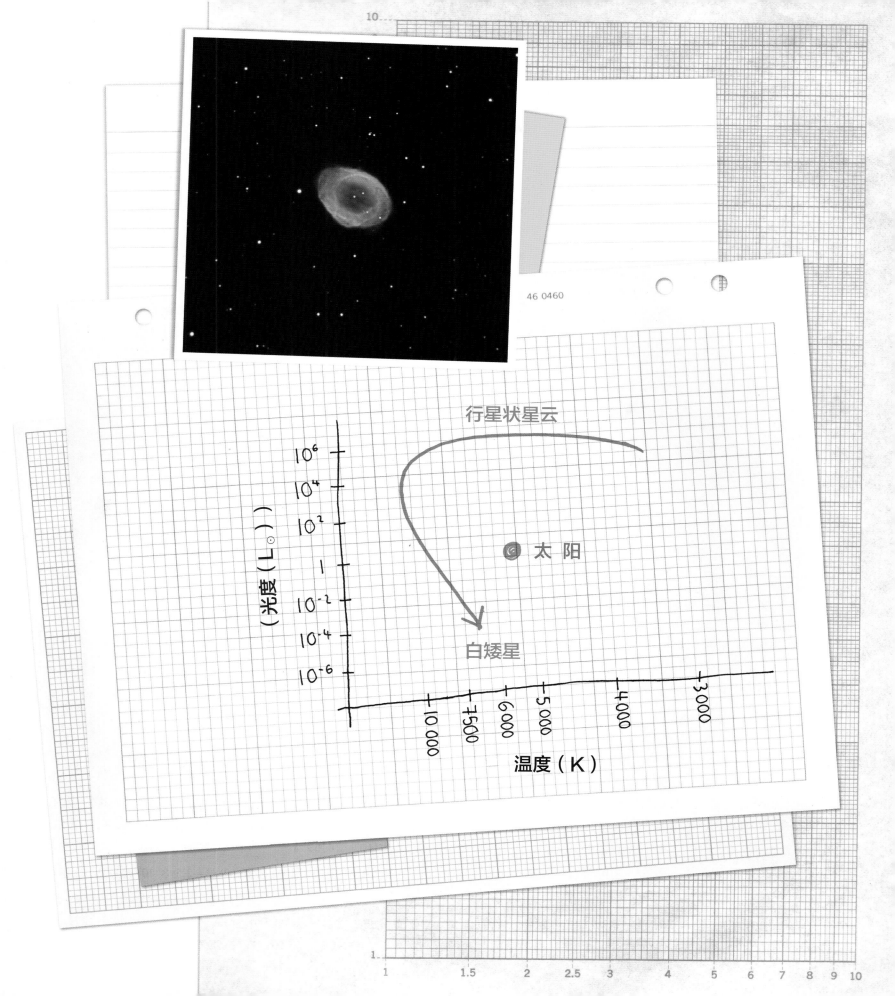

12.1 主序星的寿命和阶段

在第11章中，我们了解到太阳的结构是由向内推的引力和向外推的压强之间的平衡关系决定的。太阳内部的压强又是通过太阳核心中核聚变释放出的能量维持的。

这是理解为什么赫罗图上的主序带是按照质量大小排列的关键，在赫罗图中的主序带上小质量恒星位于低光度低温度端，而大质量恒星位于高光度高温度段，如图10.23所示。质量越大，引力越强；引力越强，恒星内部的温度和压强越高；温度和压强越高，核反应速度越快；核反应速度越快，太阳光度越高。如果太阳的质量更大，其引力和压强之间的平衡关系将改变，其内部的核聚变速度将更快，从而产生更多的能量，此时太阳将位于赫罗图上不同的位置：主序带更上方偏左的地方。这说明，质量决定了恒星的结构以及其在主序带上的位置。

宇领宙悟 质量越高，寿命越短

一颗主序星的寿命非常长，但到底是多少时间呢？在第11章中，我们计算了太阳的寿命。你可能会觉得既然大质量恒星的质量更大，那么它的寿命也应更长。但大质量恒星不仅拥有更多的燃料，其燃烧速度也更快，而燃烧速度是

疑难解析 12.1 | 估算主序星寿命

天文学家能够根据观测或者通过对给定化学成分的恒星的演变进行建模来确定主序星的寿命。其中一种方法是经验法则。如果我们知道每秒钟必须将多少氢转化成氦才能产生一定数量的能量，以及可供恒星燃烧的氢的比例，我们就可以得出表示恒星主序寿命的关系式，即：

$$寿命 \propto \frac{M_{主序}}{L_{主序}}$$

其中，M 表示恒星的质量（燃料量），L 表示恒星的光度（燃料消耗的速度）。在此关系式的基础上引入一个比例常数 1.0×10^{10} 将此关系式量化，该比例常数是经计算的一颗 $1\text{-}M_{\odot}$ 恒星的寿命（年）

$$寿命 = 1.0 \times 10^{10} \times \frac{M_{主序}/M_{\odot}}{L_{主序}/L_{\odot}} \ 年$$

根据上述方程式，我们可以将质量更大的恒星的寿命与太阳的寿命作比较。恒星的质量与光度之间的关系十分微妙。恒星质量之间细微的差别就会导致它们的光度千差万别。其中一种估算主序星光度的方法是采用质量-光度关系式，即 $L \propto M^{3.5}$，这是通过观测已知质量的恒星的光度而得的（图12.2）。根据前文所述，我们可以将此关系式转换成：

$$\frac{L_{主序}}{L_{\odot}} = \left(\frac{M_{主序}}{M_{\odot}}\right)^{3.5}$$

将此质量-光度关系代入寿命方程式：

$$寿命 = (1.0 \times 10^{10}) \times \frac{M_{主序}/M_{\odot}}{(M_{主序}/M_{\odot})^{3.5}} = (1.0 \times 10^{10}) \times \left(\frac{M_{主序}}{M_{\odot}}\right)^{-2.5} \ 年$$

例如，计算K5类主序星的寿命。根据表12.1（其中对应的寿命基于比此节计算更详细的模型）中列出的质量，K5的质量约为太阳质量的69%。

$$寿命_{K5} = (1.0 \times 10^{10}) \times (0.69)^{-2.5} = 2.5 \times 10^{10} \ 年$$

K5类恒星的主序寿命是太阳主序寿命的2.5倍。虽然K5类恒星最初的燃料没有太阳多，但其燃烧速度慢，因此寿命长。

决定寿命的主要因素。质量越大的恒星,其寿命越短而非越长,是因为它们燃烧燃料的速度更快。疑难解析12.1中深入探讨了此问题。

恒星的寿命对我们而言不只是一时的兴趣。虽然我们还不知道围绕其他恒星旋转的行星上是否存在生命,但是我们认为生命的演化不可能出现在围绕质量巨大的寿命只有几百万年的恒星旋转的行星上(见第18章)。同样地,围绕质量极小的并且稳定发生核燃烧的恒星旋转的行星上也不可能演变成生命。

恒星耗尽内部燃料的速度取决于其质量和光度。

宇领宙悟 恒星的结构随着燃料的消耗而发生变化

太阳形成时,大约90%的原子都是氢原子。自此,太阳通过质子-质子链的反应将氢融合成氦从而产生能量。因太阳的成分发生改变,其结构也必定随之变化。第5章探讨原恒星的塌缩时,我们提到了引力和压强之间不断变化的平衡关系。原恒星在塌缩过程中始终保持平衡,但随着原恒星辐射出热能,这种平衡将持续不断地移向体积更小、密度更大的天体。

我们可以借助赫罗图来分析理解原恒星是如何转变成主序星的,另外赫罗图还能够帮助我们记录所有恒星在其寿命期间的演化历程。赫罗图上揭示恒星在其生命的各个不同阶段的演化过程的路径称为恒星的演化轨迹。图12.1展示了不同质量的原恒星在塌缩过程中发生的演化轨迹,原恒星的体积越来越小,温度越来越高,直到变成恒星抵达主序带上相应的位置。

随着主序星燃烧其核心中的核燃料,它的结构必定也会持续不断地发生变化以与不断变化的核心成分相匹配。在诸如太阳灯主序星生命中任何指定的一个时间点上,它们都处于平衡状态。但太阳目前的平衡状态已略微不同于40亿年之前的平衡状态,并且与40亿年之后的平衡状态也会存在细微差异。从太阳诞生到太阳脱离其主序星阶段的时间里,太阳的光度大约会翻一番,而且此变化将主要发生在其主序星阶段的最后10亿年内。即使在主序星阶段,太阳也会发生演变,虽然此阶段的演变较之随后发生的演变更缓慢、更温和。主序星的质量和光度息息相关(图12.2),因为质量决定了其核心内核反应的速度。这就是说,恒星保持在主序阶段的时间长短几乎完全取决于其质量(表12.1),导致人们凭直觉误以为质量越小的恒星寿命越长。

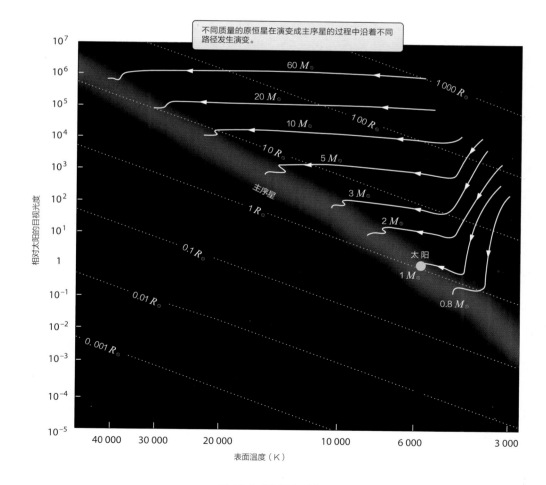

图12.1 赫罗图可以揭示恒星在其寿命期限内是如何演变或者发生变化的。

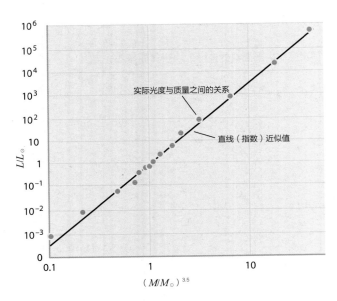

图 12.2 主序星的质量－光度关系：$L \propto M^{3.5}$。指数（3.5）是根据许多不同主序星的质量取得的平均值。观测数据表明，与此平均关系发生偏差的恒星是其质量导致的。

词汇标注

灰：在通用语言中，本词特指燃烧产生的灰烬，例如壁炉底部的灰烬。在天文学中，本次象征性地表示恒星核心中集结的核聚变产物。

<表> **12.1**

主序寿命

光谱类型	质量 ($M_\odot$)	光度 ($L_\odot$)	主序寿命（年）
O5	40	500 000	8.0×10^5
B5	6.5	800	8.1×10^7
A5	2.1	20	1.05×10^9
F5	1.3	2.5	5.2×10^9
G2 (our Sun)	1.0	1.0	1.0×10^{10}
G5	0.93	0.79	1.2×10^{10}
K5	0.69	0.16	4.3×10^{10}
M5	0.21	0.0079	2.7×10^{11}

恒星中心产生大量氦灰

我们可能猜测低质量主序星的核心上产生氦元素将融合成更重的元素。但事实却并非如此。在低质量主序星中心所在的温度下，原子碰撞产生的能量还不足以克服氦原子核之间的电推斥。

不燃烧的氦灰在恒星内部并不是以相同速度产生的。因为主序星中心的温度和压强最高，这里的氢元素也以最快的速度燃烧，如此以来，在恒星的中心，氦积累的速度也最快。

如果我们能够将恒星切开并观察它是如何演变的，我们将会发现该恒星的化学成分在其中心变化得最快，越向外变化速度越慢。图12.3展示了太阳一类的主序星内部的化学成分在其主序寿命期内是如何演变的。太阳在形成时具有均匀的化学成分，太阳质量的70%为氢元素，30%为氦元素。随着氢核聚变成氦，太阳核心中的氦所占比例不断爬升。目前，经过大约50亿年的演变后，太阳核心中氢元素只占其质量的35%左右。

12.2 恒星将氢元素燃烧殆尽，脱离主序带

最终，恒星将其核心中的氢元素燃烧殆尽，最内层的核心将全部由氦灰构成。随着热能从氦核中逃逸到恒星周围，核心中将不会再产生能量，维持恒星结构的平衡关系继而破灭，恒星在主序阶段的寿命也宣告结束。

宇宙领悟 氦核变为简并氦核

我们直接接触的所有物质大部分都是空荡荡的。原子是最空荡的物质,其内部空间只有极微小的部分被原子核电子占据。太阳中的物质也是如此。由于太阳内部温度极高,几乎所有电子都在高能对撞中脱离了它们的原子核。(换句话说,气体处于完全电离状态。)因此,太阳中的气体是由四处游荡的电子和原子核构成的混合物。即使如此,构成太阳的气体仍然大部分都是空的,电子和原子核只占其体积极微小的一部分。

当一颗类似太阳的恒星耗尽了其中心的氢元素之后,情况会有所不同。随着引力在与压强互相推挤的过程中开始取得上风,氦核将发生破碎,体积越来越小,密度越来越大,但氦核的密度不可能无限增大。量子力学的法则(指出原子可能只具有特定的离散能量以及光是光子的集合的相同法则),限制了在给定压强下能够挤进一定体积空间的电子的数量。随着物质进一步被压缩,将最终到达其极限。现在空间内充满了被紧紧撞在一起的电子。该物质的密度非常大,每立方厘米(相当于一个标准六面骰子的大小)的质量甚至超过1 000千克。压缩到此状态的物质被称为电子简并态物质。

宇宙领悟 氢元素在围绕氦灰核心的外壳内燃烧

当小质量恒星燃烧殆尽其中心的氢元素后,其核心的核燃烧将停止,但核心外的氢燃料将继续。天文学家将此称之为氢壳层燃烧,因为恒星中的氢燃料此时只在不燃烧的氦和简并电子构成的核心周围的外壳内燃烧。

电子简并态物质具有许多不可思议的性质。例如,随着越来越多的氢灰从氢壳层中堆积到简并核心上,该核心的体积将缩小。(这是简并态物质破裂的其中一条法则,质量越大,体积越小,这对于人而言却不是如此)。核心的体积之所以会缩小,是因为质量越大,引力越强,因此核心承受的重力也越大,也就是说电子可以碰撞到一起结合成体积更小的物质。简并态核心的形成会激发一连串事件的发生,而这些事件的发生将决定1-$M_\odot$恒星在耗尽氢元素后之后5 000万年的演变。

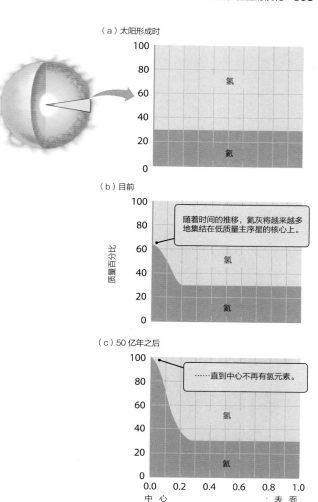

图12.3 本图展示了随着离太阳中心的距离的变化恒星的化学成分所占的质量百分比。(a)在50亿年之前太阳刚刚形成时,其质量的30% 为氢,70% 为氦。(b)目前在太阳的中心,约65% 为氢,35% 为氦。(c)大约50亿年之后,太阳的主序星阶段将结束,届时太阳中心将失去所有氢元素。

词汇标注

简并:在天文学中,该词表示物质的一种特殊状态,在此状态下物质以一种陌生的方式运行。电子简并态物质不会遵循普通物质的法则。

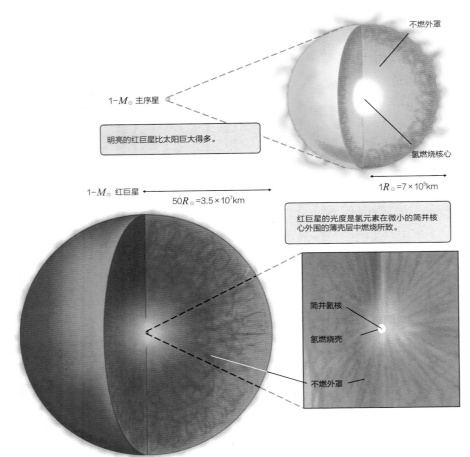

1-$M_\odot$ 主序星

明亮的红巨星比太阳巨大得多。

不燃外罩

氢燃烧核心

1-$M_\odot$ 红巨星   50$R_\odot$=3.5×10⁷km

$1R_\odot$=7×10⁵km

红巨星的光度是氢元素在微小的简并核心外围的薄壳层中燃烧所致。

简并氦核

氢燃烧壳

不燃外罩

图12.4 红巨星支顶部附近的恒星的结构与太阳的结构相比较。图中左侧图像比较了太阳与红巨星的大小，右侧图像将太阳的大小和结构红巨星的核心相比较。右侧图像比左侧图像放大了约50倍。

演变的小质量恒星在赫罗图上向右上方移动。

简并态核心意味着引力更强；引力越强，则压强越高；压强越高，则核燃烧速度越快，产生的能量也越多。随着能量的增加，会加热恒星的外层，致使恒星外层膨胀形成体积巨大的亮巨星。如图12.4所示，此时恒星的内部结构已完全不同于其在主序星阶段时的结构。该巨星的光度是太阳光度的数百倍，半径是太阳半径的50倍以上（50$R_\odot$）。另外，核心也比太阳的核心更紧密，恒星的大部分质量都集中在只有几倍地球大小的体积上。

恒星的体积变得更大，光度更高，但其温度可能更低，颜色更红。此时，恒星的表面面积十分宽广，因此能够有效地冷却。即使恒星的内部越来越热，光度越来越高，其表面温度实际上已开始下降。

在赫罗图上追踪恒星的演变轨迹

赫罗图是非常方便实用的工具，可以持续追踪恒星在脱离主序星阶段的过程中其不断变化的光度和表面温度。一旦恒星耗尽了核心中的氢元素，就会立即脱离主序带，向赫罗图的右上方移动，光度也越来越高，而温度越来越低。随着恒星持续演变，其体积将变得更大，温度将更低。表面层会调节从恒星中逃逸出去的辐射，从而防止其温度进一步下降。

因为恒星不能进一步降温，它将在赫罗图上几乎垂直向上移动，体积越来越大，光度越来越高，但温度却保持不变。此时，恒星变成了红巨星——相比在主序星阶段，颜色明显更红，体积明显更大。我们可以将恒星脱离主序带后在赫罗图上的演变路径想象成主序带"树干"上长出的"树枝"。天文学家将赫罗图上的此轨迹称为的红巨星支。

随着恒星离开主序带，刚开始该恒星的结构变化较为缓慢，但随后就会越来越快地在红巨星支上向上移动。太阳类的恒星从主序带一直移动到红巨星支的顶部大约需要20亿年。在此过程中的前半段时间内，恒星的光度增加到太阳光度的10倍左右（10$L_\odot$），在后半段时间内，恒星的光度将飞涨到1 000$L_\odot$左右。恒星的演变，如图12.5所示，就好像从上向下滚动的雪球一样。雪球体积越大，其增大的速度越快，而增大的速度越快，体积就越大。

将红巨星的演变类比成雪球的增大并不完全恰当。恒星的氦核只会增大质量，而非半径，因为氢元素已经在氢燃烧壳中转变成了氦元素。随着致密氦核的质量越来越大，恒星内部的引力就会越来越强。引力越强，意味着压强越大；而压强增大就会加剧壳内的核燃烧速度。壳内的核反应越快，氢转换成氦的速度就越快，因此氦核将以更快的速度增大。到此，又回到了氦核演变循环

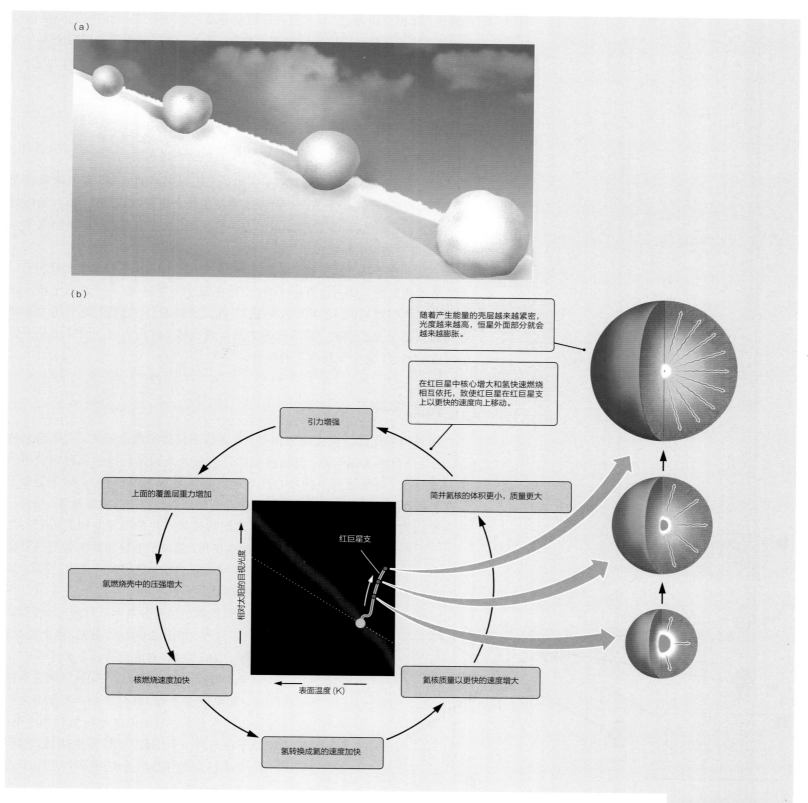

图 12.5 （a）随着雪球从山上滚下来，体积越来越大，速度也越来越快。（b）同样，随着恒星在红巨星支上向上移动，氢在包裹简并氦核的壳层中燃烧变成氦，恒星的演变是自行完成的。恒星的光度会以越来越快的速度增加。

的原地。氦核质量增加，导致壳内的燃烧速度比以往更快；壳内的氢燃烧速度越快，氦核的质量就会以更快的速度增加。最后，恒星的光度会以前所未有的速度快速上升。

12.3 氦开始在简并核心中燃烧

红巨星不可能永远持续增大，这时为了认知恒星的演变，我们将再次面临一个尖锐的问题：恒星下一个阶段将会发生什么演变？答案在于简并氦核的另一个不常见的性质：虽然根据量子力学的法则，氦核空间内可以集结许多电子，但核心中的原子核仍可以自由移动。

我们习惯于认为所有物质都是平等的：如果一个房间内挤满了大量的猫，人是不可能在此房间内自由穿过的。但根据量子力学定律，电子和原子核可以占据相同的物理空间（不用于人和猫）。就原子核而言，恒星的电子简并态核心仍然大部分是空荡的。原子核就如同普通气体一样自由自在地穿过简并电子形成的海洋，完全无视电子的存在。

领悟宇宙 氦燃烧和三 α 过程

随着恒星向红巨星支上方演变，其氦核不仅体积越来越大，质量越来越大，还会变得越来越炽热。氦核温度的升高部分是因为氦核收缩时释放出的引力能导致（就像原恒星的核心在塌缩时温度越来越高一样），部分是由于氢在氦核周围的壳层中以比以往更快的速度燃烧而释放出的能量导致。最终，在温度约为10^8K时，氦核内的氦原子之间的碰撞产生的能量足以克服它们之间的电推斥。氦原子被撞击到一起变得坚硬密实，从而让强核力能够发挥作用，至此，氦开始燃烧。

氦燃烧的过程分为两个阶段，此过程称为三α过程，如图12.6所示。首先，两个氦4原子核（^{4}He）氦4融合成含有四个光子和四个中子的铍8原子核（^{8}Be）。^{8}Be原子核很不稳定，如果放置不管，就会在约一万亿分之一秒内再次分裂。但如果在此短暂时间内^{8}Be原子核与另一个^{4}He原子核发生碰撞，就会融合成稳定的包含六个光子和六个中子的碳12（^{12}C）原子核。之所以将此过程称为三α过程是因为其中涉及到三个氦4原子核，这三个原子核通常称为一个α粒子。

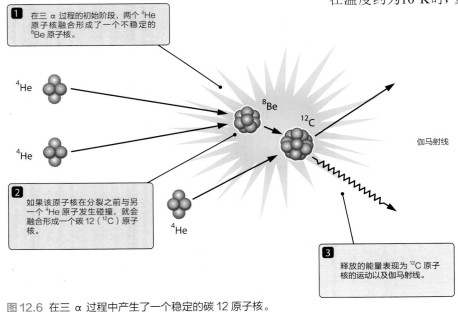

1 在三 α 过程的初始阶段，两个 ^{4}He 原子核融合形成了一个不稳定的 ^{8}Be 原子核。

2 如果该原子核在分裂之前与另一个 ^{4}He 原子核发生碰撞，就会融合形成一个碳 12（^{12}C）原子核。

3 释放的能量表现为 ^{12}C 原子核的运动以及伽马射线。

伽马射线

图 12.6 在三 α 过程中产生了一个稳定的碳 12 原子核。

氦核在氦闪中被点燃

在恒星下一阶段的演变过程中，核心中的氦开始燃烧，如图12.7所示。简并物质是热能的良好导体，因此核心内部温度的任何差异都会快速变得均等。如此一来，当氦开始在核心中心燃烧时，释放出的能量将快速加热整个核心。几分钟内整个核心内的氦就会通过三α过程燃烧形成碳。

在你周围的普通气体中，气体的压强源自于原子的随机热运动。一旦原子的温度升高，它们的运动就会更具活力，致使气体压强上升。如果红巨星的氦核是普通的气体，因氦燃烧导致的温度升高将促使压强的上升。如此，恒星的核心将会膨胀扩大；温度、密度和压强将会升高；核反应速度将减慢；恒星将重回引力和压强之间的平衡状态。当诸如太阳一类的主序星的结构随着其核心内部化学成分的变化而改变时，上述过程恰好就是此类恒星的核心内将稳定发生的变化。但是，红巨星的简并核心不是普通的气体。红巨星的简并核心的压强源自于核心内电子的致密度。让核心升温并不会改变可以挤成一团的电子的数量，因此核心的压强也不会随着温度的变化而变化。如果压强不上升，核心就不会膨胀扩大。

氦在三α过程中燃烧。

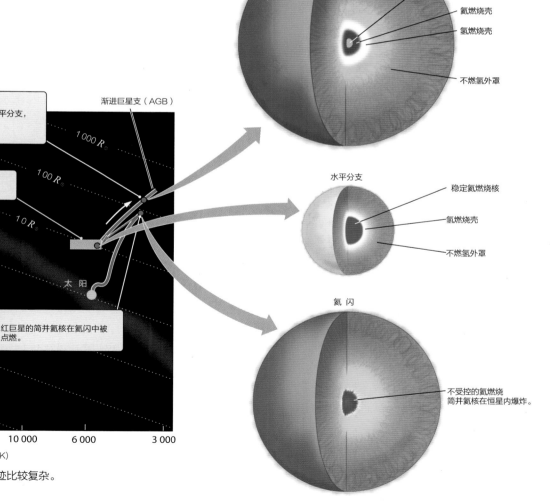

渐进巨星支

不燃简并碳灰核

氦燃烧壳

氢燃烧壳

不燃氢外罩

水平分支

稳定氦燃烧核

氢燃烧壳

不燃氢外罩

氦闪

不受控的氦燃烧简并氦核在恒星内爆炸。

3 恒星耗尽其中心的氦，脱离水平分支，向上移靠近渐进巨星支。

渐进巨星支（AGB）

1 000 $R_\odot$

100 $R_\odot$

2 然后，恒星向水平分支移动。

10 $R_\odot$

主序带

1 $R_\odot$

太 阳

0.1 $R_\odot$

1 红巨星的简并氦核在氦闪中被点燃。

0.01 $R_\odot$

0.001 $R_\odot$

相对太阳的目和光度

10^7
10^6
10^5
10^4
10^3
10^2
10^1
1
10^{-1}
10^{-2}
10^{-3}
10^{-4}
10^{-5}

40 000　　30 000　　20 000　　10 000　　6 000　　3 000

表面温度（K）

图 12.7 小质量恒星在寿命结束时在赫罗图上的移动轨迹比较复杂。

温度升高不会让压强发生改变，但却能让氦原子之间的碰撞更频繁，作用力更大，因此核反应更为激烈。核反应越激烈，温度越高，而温度越高，核反应则越激烈。随着温度升高和核反应速度加快，简并核心内的氦燃烧失控。只要电子的简并压强超过原子核的热压强，这种反馈环路将一直持续下去。

在氦被点燃的一瞬间，热压强持续上升直到不再低于简并压强为止。此时，氦核发生爆炸。因为爆炸发生在恒星的内部深处，因此我们不能直接观察到，虽然此失控热核反应释放出的能量确实抬升了恒星的覆盖层。此爆炸称为氦闪。但爆炸在几小时内就会结束，随后恒星将逐渐回到新的均衡状态。

你可能会认为核心内的氦燃烧会让恒星的光度增加，但实际上却并不如此。氦闪中释放出的巨大能量会与引力相对抗，使得核心扩张。氦闪发生后，核心（不再为简并态）体积变大，核心内和紧贴核心的壳层内的引力也会大大变弱。引力变弱意味着向下推挤核心和壳层的力也变弱了，致使压强降低。压强越低，核反应速度也越慢。最终的结果是，在发生氦闪后，核心内的氦燃烧造成恒星的核心扩张，恒星的光度低于其为红巨星时的光度。

氦闪是热核失控的结果——是恒星内部发生的爆炸。

恒星将在接下来的100 000年左右的时间内将核心内的氦燃烧成碳，同时氢在紧贴核心的氢壳层中核聚变成氦。此时，恒星的光度大约是其发生氦闪时的百分之一。光度降低，意味着恒星的外层不会像其为红巨星时那样向外扩张。恒星会收缩，表面温度升高。

此时，化学成分与太阳类似的小质量恒星恰好位于赫罗图上红巨星支的左侧。含铁量少于太阳的恒星将沿着赫罗图上的一条接近水平的线远离红巨星支。恒星在此阶段的演变因该水平带而得名。此时，恒星被称为水平分支恒星（见图12.7）

12.4 小质量恒星进入演变的最后阶段

水平分支恒星在核心内燃烧氦，在氢壳层内燃烧氢。

对于类似太阳的恒星，其演变历程从主序阶段到氦闪再到水平分支都相当容易理解。正如我们对太阳内部的认知是通过太阳内部物理条件的计算机模型而实现的，我们对红巨星演变的认知也是基于计算机模型，这些计算机模型能够模拟恒星的简并氦核扩张时其内部结构的变化。从这些模型可知，任何质量约为$1\,M_\odot$的恒星都会按照从主序星到氦闪再降落到水平分支这一路径。但当我们试图利用计算机模型来分析接下来将发生什么演变时，问题变得较为复杂。经分析注意到，恒星间化学成分的不同会严重影响它们在水平分支上的位置。自此以后,恒星性质的细微变化,包括质量、化学成分、磁场强度,甚至恒星自转的速度,都会让它们的演变路径大相径庭。

　　明白了此点后,我们将继续探讨化学成分与太阳类似的1-$M_\odot$恒星的演变历程。

宇宙领悟 恒星在渐进巨星支上向上移动

　　恒星在水平分支上的行为类似于其在主序星阶段的行为。但恒星在水平分支阶段的寿命远短于其在主序带上的寿命。此时,恒星亮度更高,因此消耗燃料的速度更快,而氦相对氢而言并不是高效的核燃料,因此其燃烧速度将更快。即使如此,恒星在水平分支阶段一亿年的时间内都始终保持稳定,在其核心内将氦燃烧成碳,在氢壳层内将氢融合成氦。

　　水平分支恒星中心内的温度未达到碳燃烧的温度,因此恒星中心内积聚了大量碳灰。随着不燃碳灰核心受到上方恒星外层气体重力的挤压,引力再一次占据上风。另外,核心内的电子再一次在量子力学定律允许的程度上密实地挤在一起。碳核变成电子简并态核心,其物理性质类似于红巨星中心的简并氦核。

　　恒星内部的引力增强,致使压强上升,核反应速度加快,简并核心快速增大——此循环在前文中阐述过。此时恒星内部发生的变化类似于恒星在主序寿命结束时发生的变化,同时恒星脱离水平分支的路径也与其之前阶段的演变相呼应。正如当恒星简并氦核的增大时恒星会沿红巨星分支加快向上移动的速度一样,此时随着简并碳核的增大,恒星将离开水平分支,其体积将再次增大,颜色会更红,光度也会升高。在此阶段,恒星在赫罗图上的移动轨迹(见图12.7)几乎与早先称为红巨星的路径平行,随着恒星的光度越来越高还会逐渐接近红巨星支。恒星在此阶段的演变称为赫罗图上的渐进巨星支(AGB)。AGB恒星在紧挨简并碳核的巢状同心壳内燃烧氦和氢。

恒星在脱离水平分支时形成简并碳核。

宇宙领悟 巨星失去质量

　　按照AGB恒星与红巨星之间的类比,你可能会猜测随着碳在恒星的简并碳核中开始燃烧,AGB恒星接下来的演变应为"碳闪"。但碳闪永远不会发生,在碳核中的温度达到碳的燃点之前,恒星就会失去引力,将其外层气体驱逐到星际空间中。

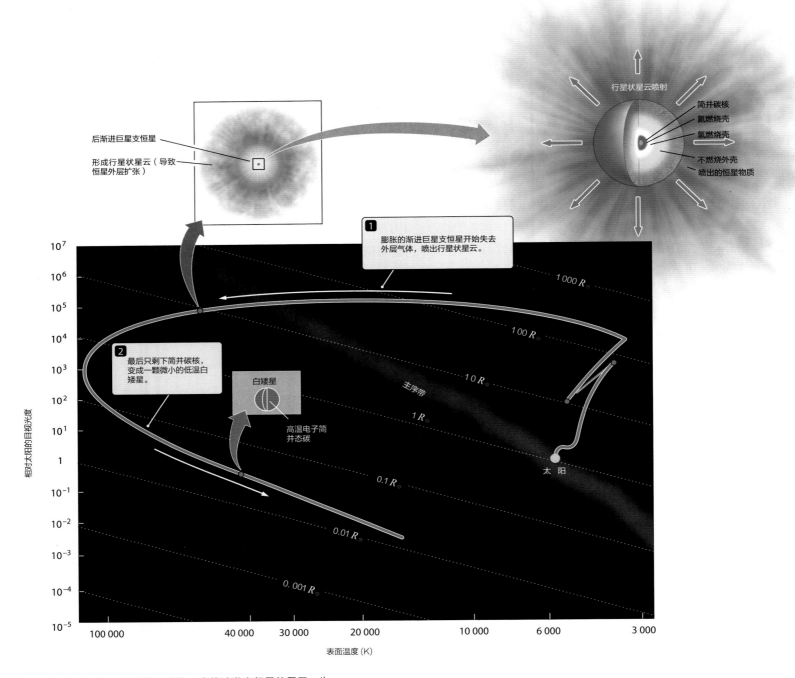

图 12.8 在 AGB 恒星寿命的末期，它将喷发出行星状星云，失去大部分质量，成为后渐进巨星支恒星，最终只剩下恒星的简并核心，变成赫罗图上的白矮星。

红巨星和AGB恒星都是巨型天体。当太阳变成AGB星时，其外层气体将膨胀到足以吞噬其内行星的轨道，甚至还可能包括地球的轨道。当恒星扩张到如此大小时，其表面引力只有当前太阳表面引力的1/10 000，只需要少许外部能量即可将恒星表面上的物质驱逐到太空中。实际上，当恒星还在红巨星支上时就开始失去质量；当一颗1- $M_\odot$主序星到达水平分支时，可能已失去了其总质量的10%～20%。随着恒星沿着渐进巨星支向上移动，又将失去其总质量的20%或者更多的质量。当恒星达到渐进巨星支的顶部时，可能已经失去了原始质量的一半以上。

在渐进巨星支上，质量损失可能是由恒星不稳定的内部导致的。三α过程对温度极其敏感，会导致能量的快速释放，为将物质从恒星外层驱逐出去提供了额外能量。即使最初极其相似的恒星在此阶段的演变都会存在天壤之别。

宇宙领悟 后渐进巨星支恒星可能产生行星状星云

在渐进巨星支恒星的寿命末期，质量损失变为失控。当恒星的外层气体损失了微质量，施加恒星下层气体的重力就会减小。失去了这部分重力的压制作用，恒星的外层气体将比之前更向外膨胀。此时，恒星的质量更小，体积更大，甚至引力的束缚作用也在减弱，因此将外层气体驱逐出去所需的能量就更小。恒星大部分剩余的质量都被喷射到太空中，速度一般为每秒钟20～30千米（千米/秒）。

小质量恒星最后剩下的只是微小的温度极高的电子简并态碳核，周围围绕着一层极薄的外罩，其中氢和氦仍在燃烧。此时，恒星的光度略低于其在渐进巨星支顶端时的光度，当时仍然比水平分支恒星的光度高。恒星内剩下的氢和氦快速燃烧变成碳，随着恒星越来越多的质量聚集在其碳核上，恒星的体积将越来越小，温度越来越高。在失控质量损失开始后的仅仅30 000年左右的时间内，恒星极快地从赫罗图的顶部从右向左跨过，如图12.8所示。

恒星的表面温度最终可能升至100 000K或以上。根据维恩定律，在此温度下，恒星发出的大部分光都位于高能紫外线光谱区。强烈的紫外线会加热和电离恒星近期喷出的向外扩展的气体壳体，使得这些气体壳体发光发热。

AGB恒星喷出的质量将堆积在浓厚的向外扩张的壳体上。如果你通过小型望远镜进行观测，你将会发现一个圆形的或者可能为椭圆形的发光带，中间还可能存在一个洞或者一个亮点。当这些发光壳体最初被小型望远镜观测到时，它们看起来就像模糊不清的行星盘（图12.9（a）），因此得名行星状星云，但它们完全不具备类似行星的特性（图12.9（b））。相反，行星状星云是恒星在渐进巨星支上垂死挣扎的最后时刻向外喷出的外层气体构成的。并不是所有恒星都会形成行星状星云。质量约为太阳质量六倍以上的恒星会很快经过后渐进巨星支阶段，而质量较小的恒星会长时间停留在后渐进巨星支阶段，因此它们的外罩在被照亮之前就会消散。有些天文学家认为太阳在其后渐进巨星支阶段将不具备足够的质量以形成行星状星云。

行星状星云可能看起来十分耀眼。最突出的行星状星云包括夜枭星云、爱斯基摩星云、猫眼星云和哑铃星云。图12.10展示了各种形形色色的星云。通过分析行星状星云的结构，我们可以知道在哪个时期质量损失较慢或者较快，以及在哪个时期质量损失主要源自于恒星的赤道或者两极地区。星云的颜色是由特定原子和粒子的发射线导致的。请回看本章的开篇图，该图展示了从另一角度拍摄到的环状星云的图像。通过彩色的环状结构，我们可以知道不同地方

红巨星和渐进巨星支恒星从其外层开始损失质量。

垂死的小质量恒星周围可能会形成行星状星云。

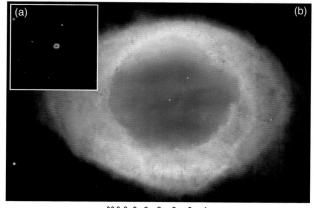

G X U V I R

图12.9　小质量恒星在其寿命终期开始喷射出外层气体，这些喷出的外层气体可能会在白热化的恒星残余物周围形成行星状星云。（a）此著名的行星状星云称为"环形星云"，该星云在小型望远镜中看起来为环状结构，导致天文学家一度认为这些天体类似行星。（b）但是，哈勃望远镜拍摄到的环状行星的图像显示，此种星云属于向外扩张的气体壳体，具备不同寻常的复杂结构。

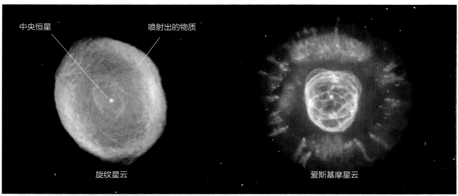

中央恒星　　　　　喷射出的物质

旋纹星云　　　　　　爱斯基摩星云

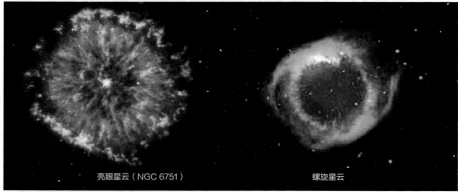

亮眼星云（NGC 6751）　　　　螺旋星云

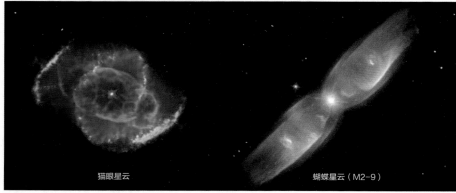

猫眼星云　　　　　蝴蝶星云（M2-9）

G X U V I R

图12.10　行星状星云形状各异，根据它们的形状可以分析判断出其中央恒星质量损失的不同历程。

新形成的白矮星非常炽热但体积非常小。

的不同离子形成了发射线。次星云几乎一瞬间损失了大半部分质量，然后质量损失停止，在中央恒星的周围形成了一个黄色壳体。

随着巨行星损失质量，恒星外层的化学元素也将被抛离到星际空间中。行星状星云通常富含大量化学元素，例如碳、氮和氧，这些是核燃烧产生的副产物。一旦富含化学成分的物质脱离恒星，将与星际气体混合，从而增加宇宙中化学物的多样性。

恒星变成白矮星

经过50 000年左右的时间，后渐进巨星支恒星将燃烧殆尽其表面上的所有剩余的燃料，最后只剩下灰烬，变成一个不燃的碳球。在此过程中，恒星将下落到赫罗图的左侧，体积越来越小，光度越来越低。这个燃料已经殆尽的核心在几千年后就会缩小到地球大小，此时核心变成电子简并态核心，不能进一步收缩。此白矮星将继续向太空辐射能量，致使温度降低，如同电源断开后灯泡的灯丝慢慢冷却。白矮星在赫罗图上沿着等半径曲线向右下方移动。白矮星可能在接下来的1 000万年左右的时间内仍然保持炽热状态，但是其体积已变得非常小，因此其光度只有调养的千分之一。许多白矮星都为天文学家所认识，但是全部都需要借助望远镜才能被观测到。

图12.11扼要展示了太阳型1 - $M_\odot$主序星最终演变成0.6 - $M_\odot$白矮星的过程。此过程代表了小质量恒星的演化命运。虽然所有小质量恒星最终都会演变成白矮星，但每颗小质量恒星从主序星阶段在核心内发生氢燃烧到变成白矮星的具体路径则因恒星不同的性质而各不相同。

太阳最终将变成一颗白矮星，并随着向太空辐射热能而越来越暗淡。这就是距今已诞生了60亿年左右的太阳的命运。太阳作为主序星，一茶匙物质重达一吨，实际上在几十亿年前其生命就已开始，当时它还是一团比地球上最好的真空室中的真空还稀薄数十亿倍的星际气体。

太阳离开主序带之后即会沿着红巨星到白矮星的路径演变，从红巨星到白矮星，太阳所需的时间不到其在主序星阶段稳定地在核心内将氢燃烧成氦的所经时间的十分之一。太阳亮度最高的时期大部分停留在主序星阶段，这也是为什么我们在天空中看到的恒星大部分都是主序星的原因。最终，太阳将变成白矮星，白矮星非常暗淡，即使在明朗的夏季夜晚也难以看到。不论是已经形成的还是未来即将形成的恒星，它们的最终命运几乎都逃不过变成一颗白矮星。

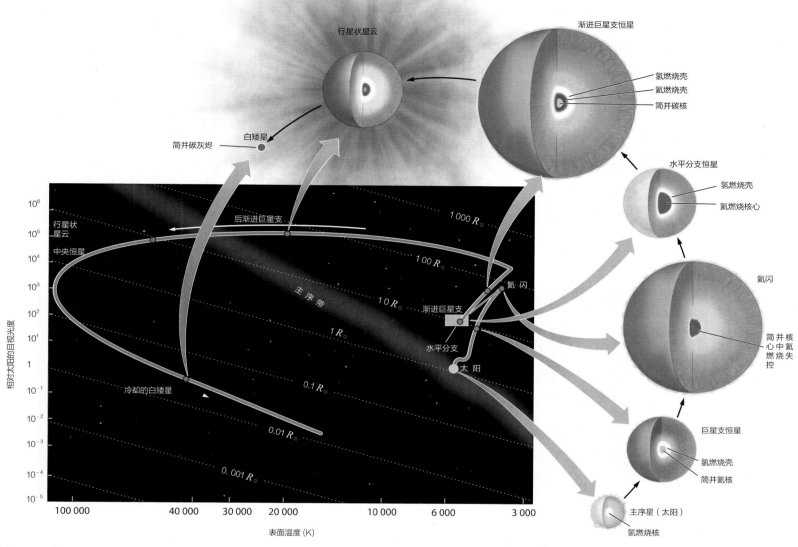

图 12.11 赫罗图所示的 $1-M_\odot$ 主序星在主序星阶段之后的演变阶段

12.5 恒星团是星际演化的镜子

　　根据第5章所学可知,星际云团塌缩时会分崩离析,形成一群不同质量的恒星。现如今,我们已发现地球周围存在许多此类星团,其中包括的恒星数量从几十个到几百万个不等。星团中的所有恒星几乎都在同一时期形成到一起的,这一事实表明星团是恒星演化的镜子。通过观测已形成1 000万年的星团可以得知所有不同质量的恒星在其形成后的第一个1 000万年内将发生怎样的演化;而通过观测已形成100亿年的星团可以得知不同质量的恒星在其形成后的100亿年内会发生怎样的演化。

星团中的恒星几乎是在同一时间形成并聚集在一起的。

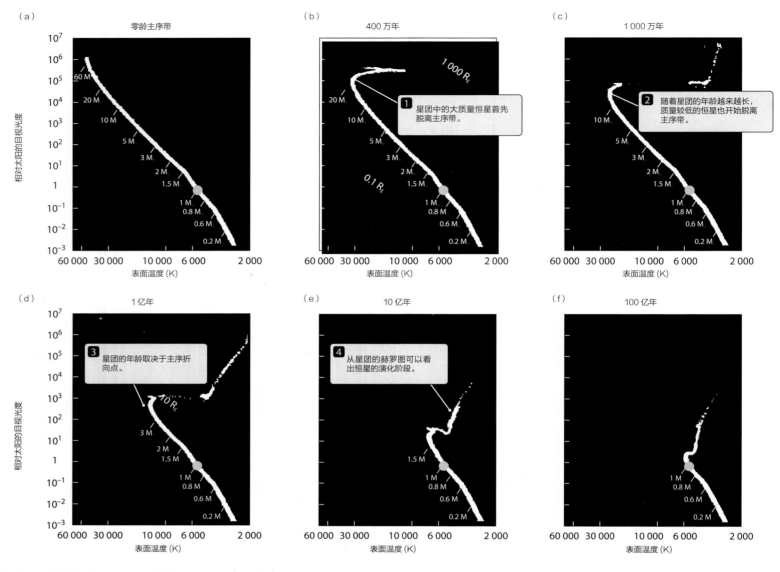

图 12.12　星团的赫罗图是恒星演变的快照。本图所示为模拟的由 4 万颗恒星构成的星团自其形成后在不同时期观测到的赫罗图。注意图中的主序折向点随着时间的推移向着质量越来越低的恒星位置移动。

　　图12.12所示为模拟的由4万颗恒星构成的星团在几个不同年龄阶段将呈现的赫罗图。图12.12（a）中，所有质量的恒星都位于零龄主序星位，这是它们刚刚成为主序星的位置。但实际上，星团的赫罗图永远也不可能如12.12（a）所示的情况，因为星团中恒星不是完全在同一时间变成主序星。在分子云中形成恒星历经几百万年之久，小质量恒星演变成主序星需要相当长的时间。在相当年轻的恒星的赫罗图上，许多小质量恒星都恰好位于主序带上方。

　　恒星质量越大，其在主序带阶段的寿命越短。仅仅经过400万年（图12.12（b）），质量大于$20M_\odot$的所有恒星就会脱离主序带，分散在赫罗图的上方。（大质量恒星的演化将在第12章中探讨。现在你只需知道大质量恒星的演化速度快于小质量恒星。）随着时间的推移，小质量恒星也将脱离主序带，主序折向点沿着主序带向右下方移动。当星团年龄为1000万年（图12.12（c））时，只有质量低于$15M_\odot$左右的恒星还停留在主序带上。质量最大的恒星还停留在主序带的，其在主序带的位置称为主序折向点。随着星团的年龄越来越大，主序折向点沿着主序带下行到质量较低的恒星位置。

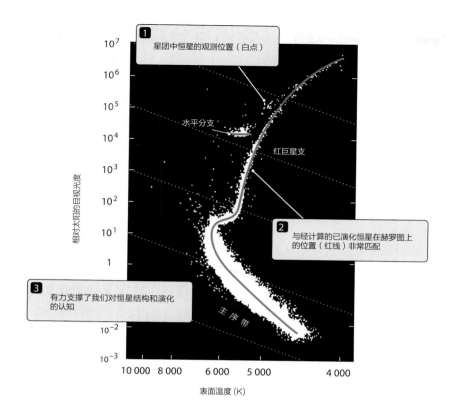

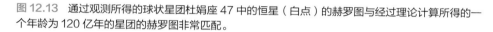

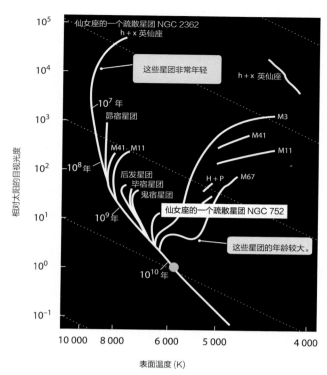

图 12.13 通过观测所得的球状星团杜娟座 47 中的恒星（白点）的赫罗图与经过理论计算所得的一个年龄为 120 亿年的星团的赫罗图非常匹配。

图 12.14 不同年龄范围的星团的赫罗图。图上标明了与不同主序折向点相关的年龄。

随着星团的年龄进一步增大（图12.12（d）和（c）），我们可以看到恒星演化的所有阶段。当恒星年龄为100亿年时（图12.12（f）），质量只有$1M_\odot$的恒星开始消亡。恒星质量稍大于$1M_\odot$为各种类型的巨星。注意，在这些星团的赫罗图中巨星的数量都极少。相比小质量恒星在主序星阶段的寿命，其演变的最后阶段历时非常短，因此即使星团最开始含有4万颗恒星，在任何指定的时间内也只有极少量的恒星处于其生命的演变终期。同理，即使一个年龄久远的星团中的大部分已演变恒星都是白矮星，在指定时间内开始冷却并消退隐遁的也只是少数。

图12.12 展示了根据恒星演变理论预测而得的赫罗图。图12.13所示为通过观测所得的球状星团杜娟座47中恒星的赫罗图与经过理论计算所得的一个年龄为120亿年的星团的赫罗图之比较。经观测所得的恒星的赫罗图与模型预测值之间几乎完美匹配，这是对恒星演化理论的大力支持。

星团演化模型是研究恒星形成历史的强大工具。当我们观察一个星团时，我们可以通过其主序折向点立即知道该星团的年龄。图12.4展示了几个真实存在的星团的经观测所得的赫罗图。NGC 2362（大犬座的疏散星团）是一个年轻的星团，由质量较大的年轻恒星构成，表面其年龄只有几百万年。相比而言，NGC 752（仙女座的一个疏散星团）的年龄大得多，根据其主序折向点可知该星团的年龄约为70亿年。

随着星团年龄不断增大，主序折向点向着质量较低的恒星移动。

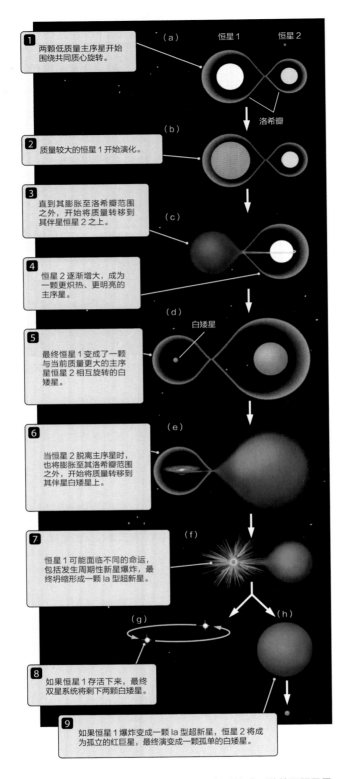

1 两颗低质量主序星开始围绕共同质心旋转。

(a) 恒星1　恒星2

洛希瓣

2 质量较大的恒星1开始演化。

(b)

3 直到其膨胀至洛希瓣范围之外，开始将质量转移到其伴星恒星2之上。

(c)

4 恒星2逐渐增大，成为一颗更炽热、更明亮的主序星。

(d) 白矮星

5 最终恒星1变成了一颗与当前质量更大的主序星恒星2相互旋转的白矮星。

(e)

6 当恒星2脱离主序星时，也将膨胀至其洛希瓣范围之外，开始将质量转移到其伴星白矮星上。

(f)

7 恒星1可能面临不同的命运，包括发生周期性新星爆炸，最终坍缩形成一颗Ia型超新星。

(g) (h)

8 如果恒星1存活下来，最终双星系统将剩下两颗白矮星。

9 如果恒星1爆炸变成一颗Ia型超新星，恒星2将成为孤立的红巨星，最终演变成一颗孤单的白矮星。

图12.15 密近双星系统由两颗小质量恒星构成，随着两颗子星的不断演化以及质量在两者之间来回转移，双星系统经历了一系列不同阶段的演变。随着双星系统的演变，最终会形成一颗新星或者Ia型超新星，最初质量较大的恒星1将完全消亡。

12.6 双星有时候会相互分享质量

在我们探索小质量恒星的演化道路中可能面临的最复杂的问题是许多恒星都属于双星系统中的子星。当双星中的子星都在主序带上时，通常它们之间的相互影响可以忽略不计。但是在有些情况下，如果其中一子星非常小，而另一颗的质量非常大，它们的演化就会彼此关联。

宇宙领悟 正在演化的恒星将质量转移到其伴星上

假设你乘坐宇宙飞船从地球飞往月球，将会发生什么情况？当你仍离地球较近时，地球引力对你产生的作用力远远大于月球的引力。随着你离地球越来越远而离月球越来越近时，地球产生引力作用逐渐减弱，而月球产生的引力作用逐渐增强。不论如何，你终将到达两边的引力作用相互平衡的位置。当你跨过这个位置后，月球的引力开始占据上风，最后你将完全屈服于月球的引力。

同样，双星系统中的恒星也会经历此种情况。当其中一颗恒星开始膨胀后，其外层气体可能会跨过将该恒星与其伴星相互分割开来的引力分割线，跨过该分割线的任何物质都将不属于这颗恒星，而将被吸引到其伴星上。如图12.15所示，两颗子星的引力会形成一个不可见的8字形空间，当其中一颗恒星开始膨胀并逐渐填充其中一部分空间时，该恒星会抵达此引力分割线。这两颗恒星周围的区域是它们的引力控制区，即为双星系统的洛希瓣。如果第一颗恒星膨胀至洛希瓣的范围之外，这些物质就会开始通过8字形的"颈部"落入另一颗恒星的范围。天文学家将两颗恒星之间的此种物质交换称为质量转移。

宇宙领悟 密近双星系统的演化

为了了解质量转移是怎样影响双星系统中恒星的演化的，最佳方法是运用我们对小质量恒星的演化历程的认知。图12.15（a）展示了含有两颗具有不同质量的小质量恒星的密近双星系统。其中，恒星1的质量较大，恒星2的质量较小。这是一个普通的双星系统，其中的每颗子星在该系统绝大部分的寿命中都是普通的主序星。

质量较大的恒星演化速度也较快。因此，恒星1将首先消耗殆尽其中心的氢，开始脱离主序星（图12.15（b））。如果这两颗恒星离彼此的距离很近，恒星1将膨胀至洛希瓣范围之外，物质将转移到恒星2上面（图12.15（c））。此时，恒星2的质量增加，其结构将随之发生改变。如果将此期间恒星2的位置绘制在赫罗图上，我们将会发现恒星2沿着主序带向左上方移动了，称为一颗体积更大、温度和光度更高的恒星。

此时可能会发生许多有趣的事情。例如，两颗恒星之间的质量转移可能会产生一种"拖曳力"，致使二者的轨道开始收缩，让它们越来越近，从而进一步加剧质量损失。这两颗恒星可以如此的近，以至于它们相当于两个共同享有膨胀的物质外壳的核心。

因为恒星1会将质量转移到恒星2上，恒星1将永远也不可能变成一个红巨星移动到赫罗图的上方位置。但是，恒星1将继续演化，在水平分支上燃烧其核心中的氢，然后发生氢闪，最后失去外层大气，变成一颗白矮星。图12.15（d）所示为恒星1完成演化后的双星系统。恒星1变成了一颗白矮星，围绕其已膨胀变大的主序星伴星恒星2旋转。

宇宙领悟 第二颗恒星演化时发生爆炸

图12.15（e）所示为恒星2开始脱离主序星时双星系统的演化情景。正如恒星1之前发生过的一样，恒星2也开始膨胀至洛希瓣范围之外，恒星2的质量开始涌入连接两颗恒星的洛希瓣的"颈部"。因为白矮星非常小，落入的质量几乎错过了该白矮星。质量不会直接落入到白矮星上，而会在白矮星周围形成吸积盘，在某种程度上类似于原恒星周围形成的吸积盘。与恒星的形成过程一样，吸积盘只是物质向其最终目的地白矮星前进的一个中途站，因为这些物质带有的角动量太大，不能直接落入到白矮星上。

白矮星的质量可与太阳相比，但体积却只有地球大小。质量大半径小意味着引力非常强。一千克物质从太空落入到白矮星的表面释放出的能量是一千克物质从外太阳系落入太阳表面释放出的能量的100倍。所有这些能量都转换成了热能。从恒星2中膨胀出的物质流与吸积盘相撞的位置被加热到了几百万度开尔文，发出的光热位于电磁光谱的远紫外区和X射线区。

落入物质逐渐累积在白矮星的表面（图12.16（a）），然后在白矮星的巨大引力作用下被压缩到接近于白矮星自身的密度。随着越来越多的物质堆积到白矮星表面上，白矮星将开始收缩（正如红巨星的核心变得越来越大时会开始收缩一样）。密度随之增加，同时释放的引力能致使白矮星温度升高。落入物质来源于恒星2的外层不燃气体，因此这些落入物质主要由氢构成。

一旦白矮星的氢元素表层的底部温度上升至1 000万开尔文左右时，这些氢将开始燃烧爆炸。氢燃烧释放出的能量致使温度升高，温度升高又会加速氢的燃烧。此种失控反应极类似于氢闪期间发生的失控氢燃烧，只是现在恒星已经没有外层大气，无法将物质保留下来。最终将导致剧烈爆炸，产生一颗新星，以每秒数千里的速度将覆盖白矮星的部分气体吹散到太空中。（见图12.15（f）和12.16（b））。

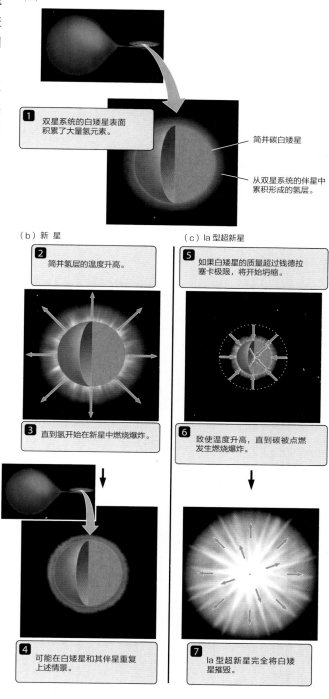

（a）

1 双星系统的白矮星表面积累了大量氢元素。

简并碳白矮星

从双星系统的伴星中累积形成的氢层。

（b）新 星

2 简并氢层的温度升高。

3 直到氢开始在新星中燃烧爆炸。

4 可能在白矮星和其伴星重复上述情景。

（c）Ia 型超新星

5 如果白矮星的质量超过钱德拉塞卡极限，将开始坍缩。

6 致使温度升高，直到碳被点燃发生燃烧爆炸。

7 Ia 型超新星完全将白矮星摧毁。

图12.16 （a）在质量向白矮星转移的双星系统中，简并白矮星表面堆积了一层氢元素。（b）如果白矮星表面的氢元素被点燃，最终将形成一颗新星。（c）如果累积了足够多的氢迫使白矮星开始坍缩，碳会被点燃，最终产生一颗 Ia 型超新星。

在银河系中每年都会产生大约50颗新星，但我们的视线受到银河系中无数尘埃的阻挡，我们只能观测到其中的两三颗。新星仅在几小时内就会达到其亮度峰值，在短暂的时间内，它们的光度可能高达太阳的数千倍。虽然新星的亮度在爆炸发生后的几周内会下降，但仍有可能数年时间可见。在此期间，由喷出物质构成的膨胀云发出的光芒是由于爆炸中产生的放射性同位素的衰变引起的。

新星的爆炸不会摧毁其下层的白矮星。此后，双星系统如之前那样发生演变；恒星2中的物质仍会落入到白矮星上（见图12.16（a））。此循环将重复许多次，物质将一次又一次累积在白矮星的表面然后发生爆炸。在大多数情况下，爆炸会间隔几千年时间，因此大多数新星都只能被观测到一次。但，有些新星会每十年左右发生一次爆炸。

白矮星中氢失控燃烧导致新星的产生。

双星系统中的白矮星可能会面临毁灭性灾难

恒星2有可能最终也会变成一颗白矮星，致使双星系统中含有两颗白矮星，如图12.15（g）所示。但也存在另一种可能。随着恒星2的质量在数百万年时间内不断地落入到白矮星上，以及伴随着可能发生的无数次新星爆炸，白矮星的质量将慢慢增加，但其质量不可能超过$1.4M_\odot$，因此会一直保持为一颗白矮星。此质量称为钱德拉塞卡极限，因苏布拉马尼扬·钱德拉塞卡（Subrahmanyan Chandrasekhar，1910—1995）而得名。超出该质量后，即使简并电子产生的压强也足以抗衡引力，这时白矮星将开始坍缩（图12.16（c））。

随着白矮星逐渐坍缩，引力转换成热能，致使温度升高足以抗衡碳原子产生的电斥力，使碳原子发生碳融合反应。核爆炸再次在简并气体中发生，导致失控热核反应。新星中的失控热核反应仅涉及白矮星表面上薄薄的一层物质，而失控碳燃烧则发生在整个白矮星上。仅在一秒左右，整个白矮星都被熊熊大火吞噬了。此瞬间产生的能量是太阳在其整个主序阶段的100亿年时间内释放出的所有能量的100倍。失控碳融合反应将恒星大部分质量转换成铁和镍等元素，并且爆炸将白矮星碎片以高达20 000千米/秒以上的速度抛射到太空中，使得星际介质中富含更多重元素。爆炸完全摧毁了恒星1，恒星2作为孤单的巨星继续演化，最终也变成一颗白矮星（图12.15（h））。

白矮星的质量不能超过$1.4M_\odot$。

该爆炸就是Ia型超新星爆炸。Ia型超新星爆炸每100年会发生在约为银河系大小的星系中。在某一瞬间，这些Ia型超新星发出的光芒可能为太阳的数10亿倍，甚至有可能比其所在星系还耀眼。

天文资讯阅读

科学家可能会错过许多次恒星爆炸

天空中恒星的数量比地球上天文学家的数量多得多,这就意味着在大多数时间,许多事件的发生都不为人察觉,甚至恒星爆炸有时候也会被错过!

SPACE.COM工作人员

一项新研究表示,天文学家的天文望远镜可能会错过星系中亮度最强烈的恒星爆炸。

有研究人员利用探日卫星的观测结果探测到四颗新恒星——亮度或爆炸强度不及超新星的爆炸恒星。科学家可以长时间追踪恒星爆炸的细节,包括新星达到最强亮度之前的细节。

但有研究透露其他天文学家之前早已发现过这四颗新星,其中两颗直到达到最大光度之后才被监测到。研究人员称,该现象说明许多恒星爆炸——即使亮度超常,也可能无法察觉。

该研究的负责人是英格兰利物浦约翰摩尔大学(LJMU)的研究生(丽贝卡·胡塞尔),她在一次申明中说,"目前为止,这项研究说明,有些新星的亮度极其高,原本任何人只要在适当的时间往正确的方向用肉眼便能很容易地看见它们,但即使在拥有尖端的专业天文台的今天,它们也消失在我们的视野中。"

研究人员称,这些新发现还使得科学家能够以前所未有的精细程度研究新星爆炸。

胡塞尔和其同事们分析了来自于美国国防部科里奥利号卫星上的一个仪器的测量数据。这一仪器叫做太阳质量抛射成像仪(SMEI),是用来探测太阳风中的搅动的。SMEI围绕地球运行一周的时间为102分钟,其间它会绘制出整个天空的景象。

研究人员发现SMEI还进行了恒星爆炸或新星探测。当体积较小但密度巨大的白矮星吸收附近伴星的气体引发失控的热核爆炸时,即产生新星。

和超新星不同,新星不是由恒星解体形成的。恒星可以重复形成新星。

SMEI探测到四颗新星,其中一个是已被证明为重复发生的新星蛇夫座RS,它距离蛇夫座约5 000光年。蛇夫座RS最终会消亡于某次超新星爆炸——宇宙中亮度最强、强度最剧烈的事件之一——研究人员说道。

据研究人员称,地面上的仪器已经错过了其中两颗新恒星的亮度高峰。研究人员说这意味着我们需要像SMEI一样的空间仪器来观测众多的新星,再用地球上的望远镜追踪空间仪器的进展。

同样来自LJMU的研究者迈克·博德(Mike Bode)表示:"SMEI观测到的两颗新星证明即使亮度最强的新星也可能被传统的地面观测技术错过。"

研究人员已经在最近一期的《天体物理学杂志》上报到了该研究成果。

研究人员说,这些新得到的观察结果为天文学家了解新星的早期形态提供了重要启示,揭示了它们产生和演变的很多信息。

来自加州大学的另一名合著者伯纳德·杰克逊(Bernard Jackson)称:"SMEI运行频率十分平稳,拍摄到的图片曝光也很均匀,这样一来我们便能够每102分钟采集一次天空的样本,同时随着爆炸的忽明忽暗追溯它们的整个演变过程。"

比如,新的观察结果显示其中有三处爆炸在重获能量继续扩大之前有明显变弱的趋势。研究者表示,之前就有人在理论上阐述过这种"极大前息"现象,但是是否有证据证明它的存在还不确定。

根据研究小组的说法,既然SMEI每102分钟对整个天空进行一次调查,它也能够帮助天文学家了解大量转瞬即逝的天体和现象。

博德称:"这项工作已经说明了诸如SMEI这样的全天空调查的重要性,以及利用它们得到的数据组更好地理解许多变化中的天体的可能性。"

新闻评论:

1. 本报道探讨了哪种类型的恒星爆炸?
2. 本章中哪一个图与本报道讨论的天文事件最相关?
3. 此类爆炸有可能发生在孤星中吗?请解释。
4. 本报道记者称"之前就有人在理论上阐述过这种'极大前息'现象,但是否有证据证明它的存在还不确定"。请回顾第1章阐述的科学方法。该名记者在此采用"理论"一词是正确的吗?
5. 这些全新观测数据具有的主要优势之一是,它们能够每隔102分钟拍摄相同的天空区域。为什么这对于研究新星是一大优势?
6. 为什么你认为地面天文台错过了这些新星?
7. 为什么本报道中的天文学家认为蛇夫座RS最终将终结于超新星爆炸?

小结

12.1 所有恒星最终都将耗尽其核燃料,质量较大的恒星,耗尽其核燃料的速度更快,寿命更短。氢如同灰烬一样积聚在主序星的核心中。

12.2 小质量恒星消耗殆尽其元素之后将脱离主序带,膨胀成为红巨星。其氦核由电子简并物质构成。

12.3 红巨星通过三 α 过程发生氦燃烧。核心在氦闪中被点燃,恒星继而向水平分支移动。

12.4 水平分支恒星在其核心中积聚碳元素,然后向渐进巨星支移动。在垂死阶段,有些恒星会形成行星状星云。所有小质量恒星最终都会变成一颗极其炽热且体积极小的白矮星。这些白矮星冷却变成低温黑色碳渣——恒星的坟墓。

12.5 星团的赫罗图是恒星演变的快照。主序折向点的位置揭示了星团的年龄。

12.6 某些双星系统中发生的质量转移会导致核爆炸。新星是当碳聚集在双星系统的白矮星表面上并被点燃而产生的。如果白矮星的质量超过了 $14M_\odot$,整个恒星会爆炸产生 Ia 型超新星。

✦ 小结自测

1. 下列哪些恒星的寿命最长?
   a. 质量是太阳 1/10 的恒星
   b. 质量是太阳 1/5 的恒星
   c. 太阳
   d. 质量是太阳 5 倍的恒星
   e. 质量是太阳 10 倍的恒星

2. 当太阳消耗殆尽其核心中的氢时,它将变得更大更明亮,是因为:
   a. 太阳开始在氢核周围的壳体中融合氢
   b. 太阳开始在壳体内融合氢在核心中融合氢
   c. 下落的物质弹出核心,致使太阳膨胀
   d. 能量平衡无法保持,太阳开始瓦解

3. 随着恒星脱离主序带,其在赫罗图上的位置将向什么方向移动?
   a. 左上方   b. 右上方
   c. 左下方   d. 右下方

4. 简并物质不同于普通物质,是因为:
   a. 简并物质不会与其他粒子产生交互作用
   b. 简并物质没有质量
   c. 简并物质不会与光发生交互作用
   d. 简并物质的质量越大体积越小

5. 将下列小质量恒星的演化步骤按顺序排列:
   a. 太阳移动到水平分支
   b. 白矮星冷却
   c. 巨分子云中形成团状物
   d. 恒星移动到红巨星支
   e. 恒星移动到渐进巨星支
   f. 原恒星形成
   g. 恒星损失质量,形成星云
   h. 发生氢融合
   i. 发生氦闪

6. 双星系统中的某些小质量恒星会逐步形成新星或者超新星,请按顺序排列下列步骤:
   a. 恒星 2 获得质量,温度和光度都越来越高
   b. 白矮星围绕着质量恒大的主序星旋转
   c. 两颗低质量主序星相互围绕旋转
   d. 恒星 1(质量较大)开始演化,脱离主序带
   e. 恒星 2 膨胀至其洛希瓣范围之外,开始将质量转移到白矮星上
   f. 恒星 1 膨胀至其洛希瓣范围之外,开始将质量转移到恒星 2 上
   g. 白矮星变成新星或者超新星

问题和解答题

判断题和选择题

7. 判断题:根据质量与光度之间的关系,如果一颗恒星的质量是另一颗的两倍,其光度也是另一颗的两倍。

8. 判断题:当恒星消耗殆尽其燃料时,表明该恒星已经将所有氢融合成了氦。

9. 判断题:即使红巨星和太阳的质量相同,红巨星的体积也可能是太阳的50倍。

10. 判断题：有些类型的物质会随着质量的增加而体积减小。

11. 判断题：小质量恒星上可能会发生多种核聚变。

12. 判断题：恒星将变成红巨星，最终会变成白矮星。

13. 判断题：行星状星云会发出光芒是因为其上面的尘埃和气体温度极高。

14. 判断题：我们可以根据星团的赫罗图判断星团中恒星的年龄。

15. 判断题：一颗低质量孤星有时候会变成超新星。

16. 随着原恒星移动到主序带，变成小质量恒星，此阶段发生的演化轨迹几乎是垂直的，直至此阶段演化结束。在此垂直轨迹上：

    a. 温度和光度都下降

    b. 光度下降，温度几乎保持恒定

    c. 温度下降，光度几乎保持恒定

    d. 温度和光度都几乎保持恒定

17. 在太阳外层20%的气体中，氦的丰度：

    a. 在整个主序寿命期间几乎保持不变

    b. 在整个主序寿命期间逐渐升高

    c. 在整个主序寿命期间逐渐下降

    d. 长期保持不变，但在即将脱离主序带之前突然升高

18. 当太阳变成红巨星时，它的_____将下降，_____将增加。

    a. 密度，光度   b. 密度，温度

    c. 温度，密度   d. 密度，自转速度

19. 随着小质量恒星逐渐消亡，将横跨赫罗图的上方，因为：

    a. 温度越来越高

    b. 我们能够观测到恒星内部更深处

    c. 周围的尘埃和气体升温

    d. 另一种燃料源得到了利用

20. 星团年龄极其年轻的，它们的主序折向点：

    a. 不存在，年轻星团的所有恒星都脱离开了主序带

    b. 在主序带的左上角

    c. 在主序带的右下角

    d. 在主序带的中间

21. 主序折向点位于一个太阳质量处的星团，其年龄约是：

    a. 1 000万年   b. 1亿年   c. 10亿年   d. 100亿年

22. 只有在下列哪种情况下小质量恒星才有可能变成新星或者超新星？

    a. 处于密近双星系统中   b. 质量相当大

    c. 密度相当大   d. 含有大量重元素

概念题

23. 为什么邻近恒星大部分都是低质量低光度恒星？

24. 恒星有可能跳过主序星阶段，立即在其核心中开始燃烧氦吗？

25. 质量最大的恒星寿命最短的主要原因是什么？（注意：可几句话简要说明。）

26. 描述恒星密度降低的同时其核心温度升高的几种可能性。

27. 假设某颗主序星突然开始以更快的速度燃烧其核心中的氢。该恒星将作出什么反应？探讨其大小、温度和光度的变化。

28. 天文学家通常说新形成的恒星的质量决定了其从形成到死亡的命运。但是，也有环境情况证明这种说法是不正确的。请说明这是什么情况，并解释为什么恒星形成时的质量并不能完全决定其命运。

29. 恒星在主序星阶段不会改变其结构的假设是否合理？为什么？

30. 假设木星不是一颗行星，而是一颗质量为$0.8M_\odot$的G5类主序星。

    a. 如果情况果真如此的话，你认为地球上的生命会受到怎样的影响？

    b. 太阳在垂死阶段将会受到怎样的影响？

31. 当某颗恒星核心中的核燃料消耗殆尽时，为什么该恒星将变得更亮？为什么该恒星的表面温度会下降？

32. 图12.5所示为一个反馈环路。在恒星演化的最终阶段，此环路会多次循环发生。请用你自己的话说明什么是反馈环路。举出除了天文学以外其他领域产生反馈环路的例子，并按图12.5所示绘制图表。

33. 当恒星脱离主序带时，其光度极大升高。此种光度升高对该恒星余下的寿命长短或者该恒星在其演化路径上之后的时间长短有什么启示？

34. 普通气体受到压缩时会升温，但简并气体则非如此。为什么简并核心会随着恒星持续在围绕其核心周围的外壳内发生燃烧而升温？

35. 假设你是一名天文学家，正在调查研究银河系中的可观测恒星。你在什么时候才有机会观察到恒星正在发生氦闪？请解释。

36. 为什么水平分支恒星（在高温下燃烧氦）比红巨星支恒星（在较低温度下燃烧氢）更亮？

37. 假设恒星的核心温度可以升高至足以发生氧融合的温度。预测该恒星将会发生怎样的演化？你认为该恒星在赫罗图上的演化轨迹会是怎样？

38. 随着AGB恒星演变成白矮星，恒星将耗尽核燃料。有人可能认为该恒星将会冷却，在赫罗图上向右移动。但为什么实际上该恒星是向左移动的呢？

39. 为什么白矮星会在赫罗图上向右下方移动。

40. 为什么简并物质的融合总会导致失控反应？

41. 双星系统中洛希瓣的交汇点是两颗恒星的均衡点，在此均衡点上，两颗恒星产生的引力作用相等，方向相反。该均

衡是稳定均衡还是不稳定均衡? 请解释。

42. 假设双星系统中质量较大的巨星吞噬了其质量较小的主序伴星, 并且它们的核心相结合。新形成的恒星的结构是怎样的? 该恒星在赫罗图上的位置如何?

43. 在拉丁语中, "nova"表示"新"的意思。但据我们所知, 新星并不是新的恒星。请解释新星是怎样得名的, 以及为什么新星不是真正的新形成的恒星?

44. 北冕座T星是一颗著名的再发新星。
    a. 它是属于单星还是双星系统? 请解释。
    b. 造成新星突然爆发的原因是什么?
    c. 为什么新星可以多次爆发?

解答题

45. 本章中, 我们采用恒星的质量与光度之间的计算, 参见图12.2。
    a. 图中直线标记为"直线(指数)近似"。这表示什么意思, 是如何同时保存直线和指数关系的?
    b. 你认为该近似函数合理吗?

46. 对于大多数位于主序带的恒星而言, 它们的光度与质量的关系为$L \propto M^{3.5}$(参见疑难解析12.1)。根据此关系预测(a)$0.50M_\odot$恒星、(b)$6.0M_\odot$恒星和(c)$60M_\odot$恒星的光度? 并将预测数值与表12.1中给定的数值相比较。

47. 计算(a)$0.50M_\odot$恒星、(b)$6.0M_\odot$恒星和(c)$60M_\odot$恒星的主序寿命, 并将计算结果与表12.1中给定的数值相比较。

48. 仔细观察图12.3, 该图展示了太阳在其寿命期间的三个不同时间点所含氢和氦的百分比。
    a. 太阳核心中心最初含有的氢元素占多少百分比?
    b. 目前太阳核心中心含有的氢元素占多少百分比?
    c. 距今50亿年之后, 太阳核心中心含有的氢元素将占多少百分比?
    d. 整个太阳含有的氢元素最初占多少百分比?
    e. 目前整个太阳含有的氢元素占多少百分比? (提示: 将深蓝色矩形所示的数据与全部矩形的数据相比较)
    f. 距今50亿年后, 整个太阳含有的氢元素将占多少百分比?

49. 目前太阳表面的逃逸速度是($v_{逃逸速度} = \sqrt{2LM_\odot/R_\odot}$)。
    a. 当太阳变成红巨星时表面上的逃逸速度是多少? 当太阳变成红巨星时, 其半径是目前半径的50倍, 质量只有目前质量的90%。
    b. 当太阳变成AGB恒星时表面上的逃逸速度是多少? 当太阳变成AGB恒星时, 其半径是目前的200倍, 质量只有目前质量的70%。
    c. 当太阳变成红巨星和AGB恒星时, 逃逸速度的变化对其表面上的质量损失分别具有怎样的影响?

50. 小质量恒星脱离主序带后, 将在星际物质中"播下"碳、氮、氧等重元素的种子。假设宇宙的年龄约为1.4×10^{10}年(140亿年), 并且太阳的年龄约为46亿年。关于恒星的质量和主序寿命参考表12.1。每种类型的恒星比太阳和太阳系的诞生早多少代?

51. 赫罗图的坐标轴列出了两组数据, 但这并不是全部。例如, 你可能想知道当恒星脱离主序带变成白矮星时恒星的半径是怎样随着温度的变化而变化的。你可以利用图12.8中给出的信息。
    a. 根据图12.8中绘制的速度与温度的关系图。首先找到某点对应的半径和温度, 然后在你的图上标上该点。
    b. 标记红巨星支、水平分支、渐进巨星支、行星状星云的喷发和白矮星阶段。
    c. 将此图与你最初的赫罗图相比较。

52. 假设你正在研究星云, 并发现其中没有表面温度高于10 000K的主序星。该星团的年龄是多少? 你是如何知道的?

53. 除了星团的年龄以外, 我们还可以根据主序折向点获知其他信息吗? 如果可以, 请指出。

54. 行星状星云在消失前大约可以增大到多大? 膨胀速度为20千米/秒, 寿命为50 000年。

55. 在某些双星系统中, 红巨星能够以每年$10^{-9}M_\odot$的速度将质量转移到白矮星上。大约经过多少年后白矮星将开始发生1a型超新星爆发。该时间长短与小质量恒星的一般寿命相比如何? (提示: 假设白矮星的最初质量一般为$0.6M_\odot$。)

56. 吸积盘上的物质围绕白矮星旋转的速度是多少? (提示: 根据开普勒第三定律进行计算。)

57. 白矮星的密度约为10^9千克/米^3。地球的平均密度是5 500千克/米^3, 直径为12 700千米。如果地球被压缩到白矮星的密度, 其半径将是多少?

58. 简并物质的密度是多少? 如果构成太阳质量的所有物质都是简并物质, 计算太阳的体积。

59. 根据疑难解析6.2中所述, 在一定温度T下球形物体的光度可以根据公式$L = 4\pi R^2 \sigma T^4$计算, 其中R为物体的半径。如果太阳变成半径为10^7米的白矮星, 在温度分别为(a)10^8K、(b)10^6K、(c)10^4K和(d)10^2K时, 其光度将是多少?

智能学习(SmartWork), 诺顿的在线作业系统, 包括这些问题的算法生成版本, 以及附加的概念习题。如果你的导师在聪慧学习上布置了问题, 请登录smartwork.wwnorton.com。

学习空间(StudySpace)是一个免费开放的网站, 并为你提供《领悟我们的宇宙》书中每一章的学习计划。学习计划包括动画、阅读大纲、生词卡、选择题测试以及聪慧学习和电子书中站点内容的链接。请访问wwnorton.com/Studyspace。

探索 | 小质量恒星的演化

www.norton.com/Studyspace

如本章所探讨的，小质量恒星的演化在赫罗图上呈现出多个转折点。在此探索中，我们将再次利用"HR Explorer"互动模拟模型来分析这些转折点对恒星的外观造成了怎样的影响。

打开学习空间（StudySpace）网页上针对第 12 章的 H-R Explorer 模拟模型。标记"Size Comparision（大小比较）"的方框中显示了太阳和测试恒星的图片。最初，这两颗恒星具有相同的性质：温度相同、光度相同、大小相同。

观察标记"Cursor Properties（自定义性质）"的方框。该方框中显示了位于赫罗图上"X"处的测试恒星的温度、光度和半径。请在更改任何参数前回答下列问题：

1. 测试恒星的温度是多少？

2. 测试恒星的光度是多少？

3. 测试恒星的半径是多少？

恒星离开主序星阶段，向赫罗图的右上方移动。拖动光标（赫罗图上的 X 符号）向右上方移动。

4. 太阳旁边的测试恒星的图像发生了怎样的变化？

5. 测试恒星的温度是多少？测试恒星图像的什么性质表明其温度发生了这种变化？

6. 测试恒星的光度是多少？

7. 测试恒星的半径是多少？

8. 一般而言，物体温度越高越亮。在此情况下，虽然测试恒星的温度降低了，其光度却升高了，这是为什么？

此后，该恒星在赫罗图上的此区域来回移动。请见本章图 12.11，然后移动光标模拟恒星向上移动到红巨星分支的运动，再向下移动到水平分支，然后再向右上方移动到渐近巨星支。

9. 在此过程中，恒星图像的变化有你在问题 4 中观测到的变化明显吗？

10. 该恒星在此阶段的演化过程中最显著的变化是什么？

接下来，恒星开始向左穿过赫罗图，几乎保持光度不变。拖动光标向左横穿赫罗图的上方，观察"Size Comparasion（尺寸比较）"方框中恒星图像的变化。

11. 当你拖动恒星横跨赫罗图时，恒星发生了什么变化？

12. 该恒星此时的尺寸大小与太阳相比如何？

最后，恒星向下移动到赫罗图的底部，然后再向右移动。拖动光标向赫罗图的底部移动，此时恒星变成白矮星。

13. 当你拖动光标在赫罗图上向下移动时，恒星发生了什么变化？

14. 该恒星此时的尺寸大小与太阳相比如何？

为了彻底巩固你对恒星演变的了解，点击"Reset（重置）"按钮，拖动光标将恒星从主序星向白矮星演变，并反复几次此过程。这将有助于你记住恒星在此阶段在赫罗图上的变化。

13 大质量恒星的演化

到目前为止，我们在探讨恒星的寿命时主要集中于太阳等小质量恒星发生的演化。大质量恒星的质量约为 8 倍太阳质量（$M_\odot$），燃烧产生的亮度是太阳亮度的数千倍甚至数百万倍，并在很短的时间内就将核燃料消耗殆尽，比哺乳动物在地球上存在的时间还短。

大质量恒星的演化不同于小质量恒星之处在于决定太阳等恒星能否保持平衡状态的引力、压强和核燃烧之间的关系。质量越大，引力越强，施加到恒星内部的作用力也越强。作用力增强意味着压强增大；压强越大，核反应速度越快；核反应速度越快，亮度越高。小质量恒星和大质量恒星的演化存在许多差别，但最终都是因为大质量恒星的内部受到的引力更强导致的。

◇ 学习目标

与光芒万射的大质量恒星相比，我们的太阳只不过是苍白的灰烬而已。这些大质量恒星在宇宙历史的一眨眼时间内就会消耗殆尽它们的核燃料，然后在最后垂死挣扎时开始爆炸，发出耀眼的光芒。右图所示正是著名的天体摄影目标 M51 发生的剧烈爆炸。该名学生获得了宿主星系在爆炸发生前后的图像，因此他能轻易地发现超新星。通过学习本章，你应能了解这些爆炸是由什么原因导致的，为什么这些爆炸发生在大质量恒星上而非小质量恒星上，并且还应能确定爆炸残骸消散后最终可能会剩下什么类型的天体。除此之外，你还应掌握下列知识：

- 指出大质量恒星与小质量恒星之间有什么区别。
- 列出大质量恒星经历的演化阶段，并解释比铁重的化学元素的起源。
- 讨论光速是宇宙常数这一事实具有哪些影响。
- 说出我们对黑洞的认识。

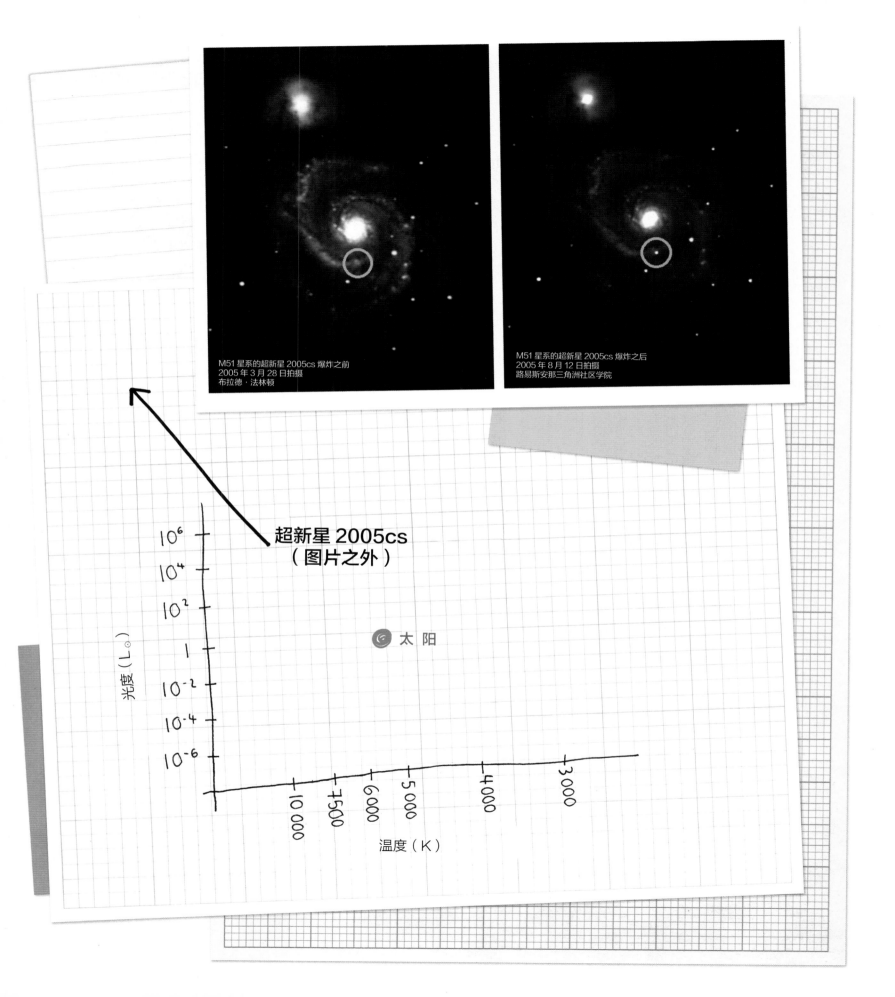

M51 星系的超新星 2005cs 爆炸之前
2005 年 3 月 28 日拍摄
布拉德·法林顿

M51 星系的超新星 2005cs 爆炸之后
2005 年 8 月 12 日拍摄
路易斯安那三角洲社区学院

超新星 2005cs
（图片之外）

G 太阳

光度（$L_\odot$）

10^6

10^4

10^2

1

10^{-2}

10^{-4}

10^{-6}

10 000 7500 6000 5 000 4 000 3 000

温度（K）

13.1 大质量恒星有着不同的演化路径

在前一章中，我们探讨了小质量恒星的演化路径。大质量恒星有着不同于小质量恒星的演化路径。大质量恒星的中心温度极高，发生的核反应超出了质子-质子链循环反应。在某些大质量恒星中，氢原子核可以与碳原子核等大质量元素的原子核发生相互作用。在此过程中，一个碳12（^{12}C）原子核与一个质子结合形成一个包含七个质子和六个中子的氮13（^{13}N）原子核，这是碳-氮-氧（CNO）循环反应的第一步。图13.1展示了碳氮氧循环中的剩余步骤。碳在碳氮氧循环中没有被消耗，而是作为催化剂。

领悟 大质量恒星脱离主序带
宇宙

随着大质量恒星消耗殆尽核心中的氢，恒星的外层大气开始压缩核心。但是远在核心变成电子简并态之前，核心中的压强和温度就会上升到足够高，足以发生氦燃烧。因为核心并不是由简并物质构成的，恒星的结构会随着温度的增加而发生改变，但其亮度只会略微变化。恒星较为平滑的从氢燃烧转变成氦燃烧。

现在大质量恒星开始在核心内燃烧氦，在覆盖核心的壳体中燃烧氢，就如同小质量恒星一样。随着表面温度的下降，恒星的体积将变大，因此将会在赫罗图上向右移动，脱离主序带（图13.2）。10倍太阳质量以上的恒星会在其氦燃烧阶段变成红超巨星。这些恒星的表面温度较低，半径为太阳质量的1 500倍。

最终，大质量恒星将消耗殆尽其核心中的氦。随着核心坍缩，恒星的温度将升至致使碳燃烧的温度。碳燃烧会产生质量更大的元素，包括钠、氖和镁。

至此，恒星具有一个外面被氦燃烧壳体包围碳燃烧核心，而氦燃烧壳体

> 随着大质量恒星的演化，质量越来越大的元素开始燃烧。

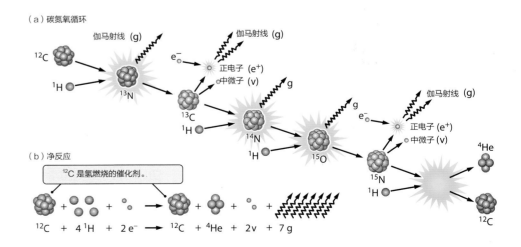

（a）碳氮氧循环

（b）净反应

^{12}C 是氢燃烧的催化剂。

$$^{12}C + 4\,^1H + 2\,e^- \longrightarrow\ ^{12}C + ^4He + 2v + 7g$$

图13.1 在大质量恒星中，碳是氢融合成氮的催化剂。该过程称为碳－氮－氧（CNO）循环。

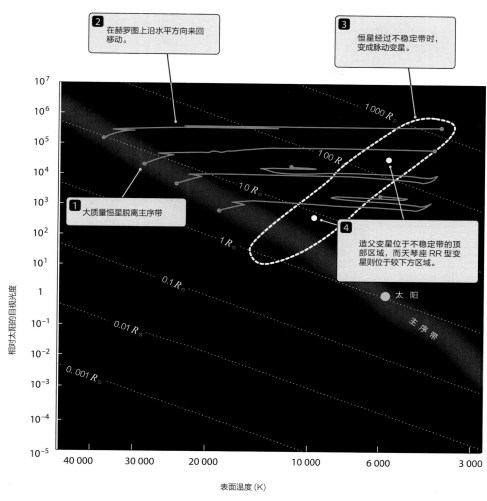

图 13.2　大质量恒星脱离主序带后会向右沿水平方向横跨赫罗图。

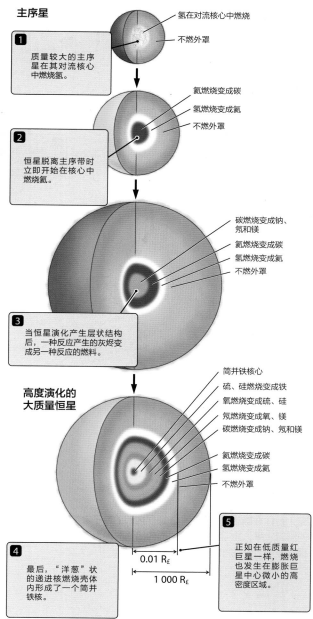

图 13.3　大质量恒星不断演化的过程中会出现类似于洋葱的层状结构；一层比一层深地发生更高阶段的核燃烧。注意最底层图像的大小变化。

又被氢燃烧壳体覆盖。当碳被消耗殆尽后，氖开始燃烧；氖被消耗殆尽后，氧又开始燃烧。如图13.3所示，大质量恒星的演化结构就像洋葱一样，具有许多同心层。

宇宙领悟　并不是所有恒星都非常稳定

恒星在不断演化的过程中可能一次或数次穿越赫罗图上的不稳定带（图13.2）。处于不稳定带上的恒星不能稳定地保持平衡，其体积会发生缩胀变化。这些恒星称为脉动变星。

脉动是由热能导致的。恒星不时聚集和释放热能，致使其时而膨胀时而收缩。每次变化，恒星都会失去因压强和引力之间的相互作用而维持的平衡状态，或者极度收缩，或者极度膨胀（图13.4）。脉动不会影响恒星内部的核燃烧，但会影响从恒星表面逃逸出去的光。恒星膨胀时亮度最高，颜色最蓝，向内收缩时亮度最低，颜色最红。

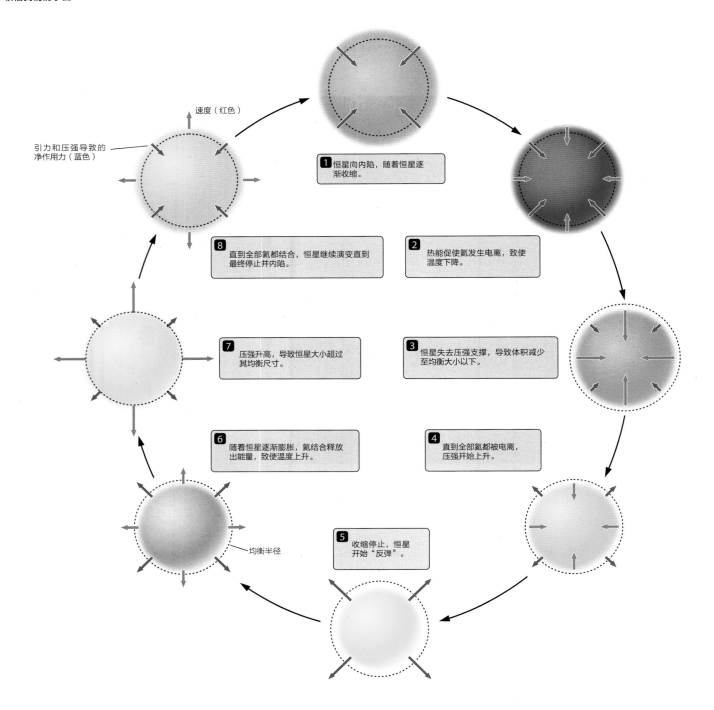

速度（红色）

引力和压强导致的
净作用力（蓝色）

1 恒星向内陷，随着恒星逐渐收缩。

8 直到全部氦都结合，恒星继续演变直到最终停止并内陷。

2 热能促使氦发生电离，致使温度下降。

7 压强升高，导致恒星大小超过其均衡尺寸。

3 恒星失去压强支撑，导致体积减少至均衡大小以下。

6 随着恒星逐渐膨胀，氦结合释放出能量，致使温度上升。

4 直到全部氦都被电离，压强开始上升。

均衡半径

5 收缩停止，恒星开始"反弹"。

图 13.4 在脉动造父变星中，恒星内部的原子电离就像蒸汽机中的阀门一样，让恒星的表面时而内陷，时而再膨胀回去。（此图极度夸大了恒星颜色的变化。）

词汇标注

蜡烛： 在通用语言中，蜡烛是指带有灯芯的蜡状物。在天文学中，标准蜡烛是指恒星的类型非常特殊，其亮度可以单独确定。通过比较恒星的视亮度与固有亮度可以得知其距离，对此我们将在第14章中探讨。

亮度最高的脉动变星是造父变星，以原型星仙王座δ星（造父一）而得名。造父变星周期从1天到100天不等，周期较长的造父变星，亮度更高。造父变星的周期-亮度关系遵循不变的规律，我们可以据此计算出其他行星距离银河系的距离。

不稳定带与低质量水平分支相交。不稳定的低质量水平分支恒星称为天琴座RR型变星，以天琴座中的原型星得名。这类变星的亮度没有造父变星的亮度高，但是它们也能作为"蜡烛"烛光（标准烛光）。不稳定带还在光谱A型恒星周围与主序带相交，并且许多A型恒星都呈现出可变性。赫罗图上随处都可见许多其他不同类型的变星，每颗变星都是因自身特有的不稳定性而造成的。

在质量较大的恒星的表面上，强烈辐射对气体产生的压强超过了恒星的引力，致使风速达到每秒3 000千米（千米/秒）左右，质量损失速度约为每年$10^{-7}M_\odot$到$10^{-5}M_\odot$。这些数字可能看似非常小，但经过数百万年后，此质量损失速度将非常大。质量为$20M_\odot$的O型恒星在主序阶段将损失20%的质量，可能在其整个寿命期间会损失50%以上的质量。船底座海山二星（Eta Carinae）（图13.5）就是典型的例子，其质量是太阳质量的100倍以上，亮度是太阳亮度的500万倍。目前，船底座海山二星每1 000年损失的质量为$1M_\odot$。但在19世纪的一次爆发中，该恒星成为天空中第二亮的恒星，在短短20年中损失了$2M_\odot$质量。预计船底座海山二星最终将爆炸成为超新星。

GXUVIR

图 13.5 哈勃太空望远镜拍摄到的图像所示为高亮度蓝色变星船底座海山二星（Eta Carinae）喷发出的向外膨胀的尘埃物质云。恒星隐藏在四周的尘埃中，亮度是太阳亮度500万倍，质量很可能超过$100M_\odot$。尘埃是恒星冷缩时喷出的挥发性物质造成的。

13.2 大质量恒星的生命轰然结束

大质量恒星的生命在剧烈爆炸中突然结束。大质量恒星在不断演化过程中会形成类似于洋葱的结构（图13.3），氢燃烧变成氦，氦燃烧变成碳，碳燃烧变成钠、氖和镁，氧燃烧变成硫和硅，硫燃烧变成铁。在此过程中发生了许多不同类型的核反应，几乎形成了所有质量小于铁的稳定同位素。但是，核聚变链条却止于铁。

为什么核聚变链条止于铁了呢？汽油燃烧是汽油燃料与氧发生化学反应释放出大量能量导致的。化学反应致使温度升高，进一步加剧化学反应。化学反应一旦开始就会自我维持下去。同样，恒星内部的核聚变也是如此。氢聚合成氦释放出大量能量，将核心温度升至足够高，致使化学反应得以持续下去。

束缚在原子核中的能量称为结合能。致使原子的结合能增加的核反应会释放出能量，相反，致使结合能减少的会吸收能量。图13.6展示了不同原子核的每个核子具有的结合能。沿着图中所示曲线由下到上移动，从氢到碳增加了结合能，因此氢聚变成碳会释放能量。铁位于结合能曲线的峰值处，因此从质量较轻的元素一直到铁都会释放能量；相反，从铁到质量较重的元素则会吸收能量。铁聚变不能自我维持是因为铁聚变反应会吸收能量。

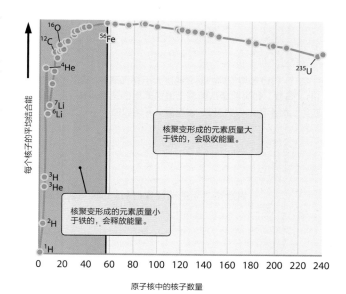

图 13.6 每个核子的结合能按照每种元素的原子核数量绘制。结合能是致使原子核分裂成质子和中子所需的能量。除非核聚变产生的元素位于曲线的较高位置，该核聚变才会释放出能量。在元素周期表中，所有元素按原子序数（质子的数量）顺序排列。

大质量恒星的垂死阶段

维持恒星内部的平衡就如同对漏气的皮球充气一样。漏洞越大，越需要更快速地充气。正在燃烧氢或者氦的恒星就像慢慢漏气的皮球一样（图13.7）。

在氢或氦燃烧的温度下，能量主要通过辐射或者对流从恒星内部逃逸出去。但是，不论通过哪种方式，效率都不是很高，因为恒星的外层大气就像一张温暖的极厚的毯子一样。大部分能量被束缚在恒星内部，因此核燃料只能以相对适中的速度燃烧以抗衡引力作用。

一旦碳燃烧开始后，这种平衡状态将被打破。能量主要集中在中微子上，而非通过辐射和对流的方式向外释放。中微子非常容易携带能量从核心中逃逸出去。如此，恒星的外层气体开始内陷，推升恒星的密度和温度、最终快核反应的速度。

随着中微子冷却过程逐渐加强，恒星的演化将会加快。碳燃烧会在恒星中持续1 000年左右，氧燃烧大约会持续一年，而硅燃烧只需数天。正在发生硅燃烧的恒星已经没有发生氢燃烧时那么亮。但是，因为中微子冷却的原因，发生硅燃烧时的恒星实际上每秒钟发出的能量大约是之前的2亿倍。

图13.7（a）如果皮球的漏气速度大于充气速度，皮球将会泄气。（b）同理，如果能量从恒星上逃逸而出的速度超过了被补充的速度，能量平衡将被打破，恒星就会开始收缩。

氦燃烧之后的核聚变，持续的时间越来越短。

核心塌陷和恒星爆炸

恒星核聚变在硅燃烧后走到了尽头，一旦恒星形成了铁核，恒星内部就不能再提供核能源，以补充逃逸中微子带走的能量。恒星内部的引力和能量无法继续维持平衡，由于失去热核聚变提供的支持，大质量恒星的铁核开始塌陷（图13.8）。

随着恒星不断塌陷，恒星的引力增强，密度和温度同时上升。当核心变成地球大小时将变成电子简并态核心。铁灰承受着巨大的重力，超过了电子简并压强。核心继续塌陷，致使核心温度高达100亿开尔文以上，密度超过每立方米10^{10}千克（千克/米³）——10倍于白矮星的密度。

这些条件促使核心内部开始发生前所未有的急剧改变。在此高温下，恒星的原子核产生的热辐射极其强烈，涌出的光子带有巨大的能量能将铁原子核炸开，此过程称为光致蜕变。光致蜕变吸收热能，将铁核变成氦核。同时因为核心极其致密，迫使电子被挤压到原子核中，与质子结合形成中子。这两个过程同时吸收维持垂死恒星的巨大能量。中微子流继续从垂死恒星的核心中迸发而出，带走更多的能量。核心继而加速塌陷，塌陷速度高达70 000千米/秒，几乎是光速的四分之一。上述剧变都发生在不到一秒的时间内。

　　当塌陷核心中的物致密度超过了原子核时，强大的核子力实际上具有排

图13.8　大质量恒星在生命结束时所经历的演化阶段，其核心发生塌陷，然后爆炸成为Ⅱ型超新星。

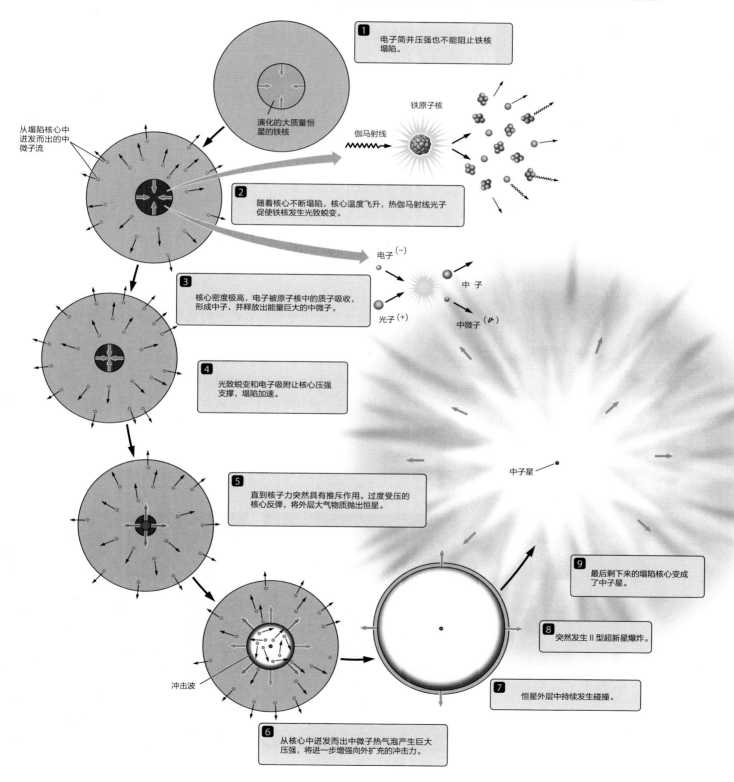

GXUVIR

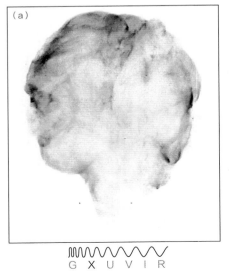

SN 1987A

GXUVIR

图 13.9　SN 1987A 是在名为大麦哲伦星云（LMC）的银河系的一个小型伴星系中发生的超新星爆发。本图展示了（a）爆发之前的 LMC 图像以及（b）爆发临近高峰时 LMC 的图像。

斥力。大约一半的塌陷核心突然减慢了内陷速度。剩下的一半核心以接近光速的速度与恒星的最深处发生剧烈碰撞并"反弹"，产生暴力的冲击波将物质向外炸飞。

在接下来的一秒左右的时间内，核心中几乎20%的物质都被转换成中微子。大部分中微子都逃逸出了恒星，但由于核心物致密度极高，即使中微子也不能完全自由移动。被向外扩张的冲击波抛离的致密物质会将部分中微子限制在恒星上。

被困的中微子具有巨大的能量，致使该区域的压强和温度越来越高，使得由极热气体和强烈辐射构成的气体泡在恒星核心周围迅速膨胀。这些气泡产生的压强进一步加剧向恒星以外移动的冲击波。仅需一秒时间，冲击波就从恒星内部的氦壳中推压而出，几小时后就会抵达恒星表面，将表面温度加热到500 000K，并以高达30 000千米/秒的速度将物质炸开。至此，演化的大质量恒星发生爆炸形成Ⅱ型超新星。

13.3　超新星奇观和遗骸

在某一瞬间，Ⅱ型超新星的亮度可高达太阳的数十亿倍。本章开篇图所示的超新星发出的光芒相比星系其他部分的密集恒星群也毫不逊色。超新星发出的光所带走的能量大约仅占恒星外层大气所带走的动能的百分之一；而外层大气所带走的动能也只有中微子所带走的能量的百分之一。

1987年，大麦哲伦星云（银河系的伴星系）中的一颗恒星发生爆炸。即使超新星1987A距离我们160 000光年，它发出的光芒也让南半球的凝视者为之

图 13.10　天鹅座圈是超新星的遗骸之一，是大质量恒星爆炸产生的向外扩张的星际爆炸波。（a）温度高达数百万开尔文的内部气体发出的光仅在 X 射线波段可见。（b）在向外扩展的爆炸波挤压穿过星际媒介中的较密气体处，产生了可见光。（c）哈勃太空望远镜拍摄到的冲击波撞击星际气体云的景象。

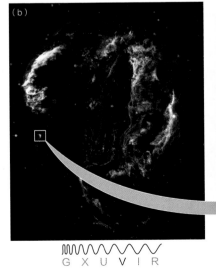

GXUVIR

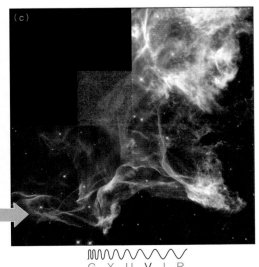

GXUVIR

眩目（图13.9）。中微子望远镜记录了超新星的爆发景象，探测到超新星1987A 迸发出的中微子从根本上证实了科学家关于Ⅱ型超新星的理论推测。

宇宙领悟 超新星的能量和化学遗骸

Ⅱ型超新星在宇宙中留下大量种类各异的遗骸。巨大的膨胀气泡温度高达几百万开尔文（图13.10（a）），向外发出X射线，驱使可见冲击波（图13.10（b））冲向周围的星际介质（恒星之间的尘埃和气体）。这些气泡是几千年前发生的超新星爆炸产生的能量仍然巨大的爆炸波。超新星爆炸压缩附近的云团（图13.10（c）），导致云团首次坍塌，这是恒星形成的开始。

宇宙最初只存在质量最小的化学元素，例如氢和氦，以及少量的锂、铍和硼。所有其他化学元素，包括构成人类身体的大部分原子都是在恒星中通过核反应产生的，然后再回到星际介质中。小质量恒星形成的元素包括碳和氧；大质量恒星形成包括铁在内的重元素。但这还不是全部，许多自然存在的元素比铁的质量重。如果铁是恒星能够形成的质量最重的元素，那么这些比铁重的元素又是怎么形成的呢？

在正常情况下，电推斥让带正电的原子核保持较远距离。如果想要克服电推斥，需要在极高温度下才能让原子核发生强烈碰撞，然后结合在一起。但是，自由中子不带静电荷，因此它们不受电推斥的约束，能够轻易地碰撞形成原子核。在正常条件下，自由中子非常稀少，但是在Ⅱ型超新星的条件下，产生的自由中子数量庞大。这些自由中子能够轻易地被大质量原子核捕获，继而衰变成质子，形成比铁的质量更重的元素。

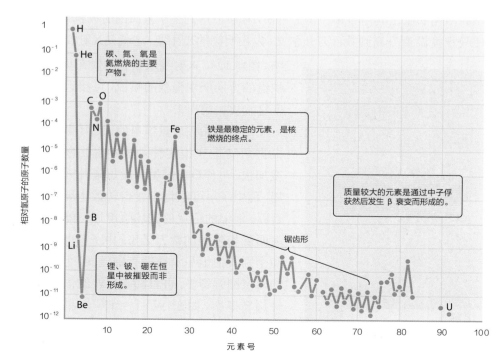

图 13.11 按照元素号绘制的地球上不同元素的相对丰度图。该模式是恒星上原子核不断形成导致的。

元素的丰度可以在地球上测量，核物理学家预测了陨星物质和恒星大气中元素的丰度（图13.11）。质量较小的元素，其丰度远远大于质量较大的元素，因为质量较大的元素是逐渐通过质量较小的元素形成而得的。但是，轻元素锂（L）、铍（Be）和硼（B）的丰度却较低。因为这些元素能够轻易地被核燃烧摧毁，并且它们也不是氢（H）燃烧和氦（He）燃烧过程中核反应的主要产物。相反，碳（C）、氮（N）和氧（O）是氢燃烧的碳氮氧循环和氦燃烧的三α过程的主要产物，它们的高丰度也反映出这一事实。铁附近元素的丰度激增就是最好的证明，即使是奇数和偶数元素所呈现出的锯齿状丰度也可以理解为是原子核在恒星中形成造成的结果。

我们脚下地球的化学成分进一步证实了我们对垂死恒星内部的认知。另外，我们还能确定形成构成我们身体的原子的恒星的类别。我们对宇宙化学演化以及人类与该化学演化的关系的深入认知是现代天文学的主要成就之一。

中子星和脉冲星

现在，让我们再次回到恒星的剩余部分。恒星的核心已经塌缩到其密度与原子核密度相等的程度。在量子力学效应下质量小于$3M_\odot$的恒星将停止塌缩。但是，量子力学效应不会作用到电子上（如在白矮星上发生的），而是将中子紧紧挤压到量子力学法则允许最大密度范围。此中子简并核心称为中子星。中子星大约为一个小型城市大小，半径约为10千米。在如此小的体积内包含的质量却在$1.4M_\odot$至$3M_\odot$之间，致使其密度高达10^{18}千克/米^3，是白矮星密度的10亿倍，水密度的1 000万亿倍。

如果最初的大质量恒星是紧密双星系统中的一颗子星，形成的中子星将有一颗伴星，近似于第12章所述的白矮星双星系统一样。当质量较低的恒星不断演化膨胀出其洛希瓣范围之外时，物质下落到中子星周围的吸积盘上，致使吸积盘温度升高到数百万开尔文，发出明亮的X射线。这就是X射线双星系统（图13.12）。X射线双星有时候在垂直于吸积盘的方向产生强烈的喷流，以接近光的速度将物质抛离出去。

随着初始大质量恒星的核心不断塌缩，根据角动量守恒定律，恒星核心的旋转速度加快。主序O型恒星可能每隔几天自转一周，而中子星可能每秒钟自转数十周甚至数百周。塌缩的恒星的磁场强度还可能是地球表面磁场强度的数万亿倍。中子星也像地球和个别其他恒星一样拥有磁气圈，但中子星的磁气圈强得多，并且随着自转的恒星每秒钟旋转多次。如在行星上一样，恒星上的磁轴通常与自转轴不一致。

电子和正电子沿磁场线运动，穿过整个

II型超新星只剩下一个中子简并核心。

X射线双星是因为质量不断沉积到中子星上而产生的。

图13.12 X射线双星系统保护一颗正常演化的恒星和一颗白矮星、中子星或者黑洞。如果正在演化的恒星膨胀到其洛希瓣范围之外，其质量将落到塌缩的天体上。塌缩天体的引力并极深，当物质撞击吸积盘时，吸积盘被加热到极高温度，然后发出X射线将其大部分能量辐射出去。

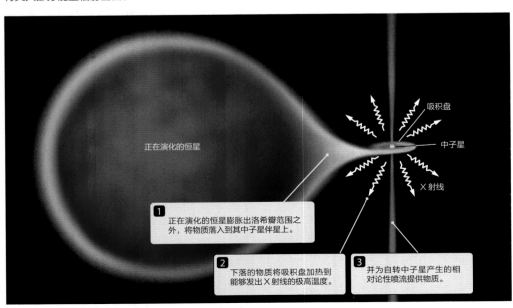

正在演化的恒星

吸积盘

中子星

X射线

1 正在演化的恒星膨胀出洛希瓣范围之外，将物质落入到其中子星伴星上。

2 下落的物质将吸积盘加热到能够发出X射线的极高温度。

3 并为自转中子星产生的相对论性喷流提供物质。

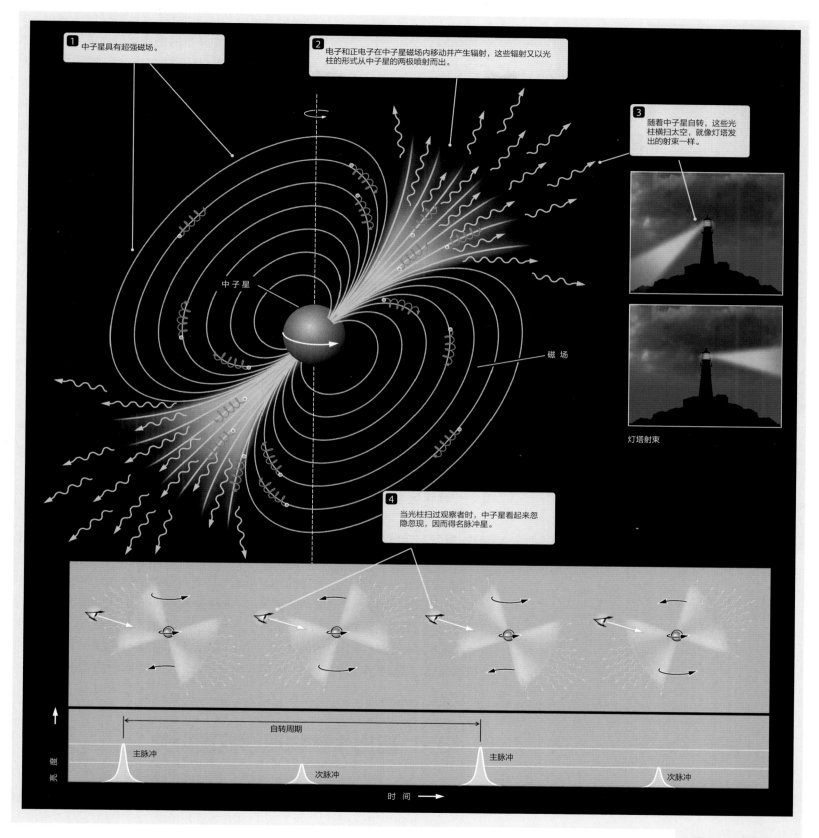

1 中子星具有超强磁场。

2 电子和正电子在中子星磁场内移动并产生辐射，这些辐射又以光柱的形式从中子星的两极喷射而出。

3 随着中子星自转，这些光柱横扫太空，就像灯塔发出的射束一样。

中子星

磁 场

灯塔射束

4 当光柱扫过观察者时，中子星看起来忽隐忽现，因而得名脉冲星。

自转周期

主脉冲

主脉冲

次脉冲

次脉冲

强度

时 间 ⟶

图 13.13　高度磁化的中子星高速自转时会发光，非常类似于灯塔中的灯发出的射束。从我们的角度观察，当这些光柱横扫而过时，恒星看起来忽隐忽现，因而得名脉冲星。

👁 视觉类比

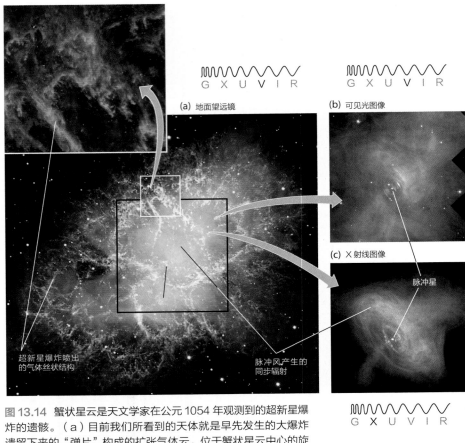

(a) 地面望远镜

(b) 可见光图像

(c) X射线图像

脉冲星

超新星爆炸喷出的气体丝状结构

脉冲风产生的同步辐射

图 13.14 蟹状星云是天文学家在公元 1054 年观测到的超新星爆炸的遗骸。（a）目前我们所看到的天体就是早先发生的大爆炸遗留下来的"弹片"构成的扩张气体云。位于蟹状星云中心的旋转脉冲星向外发射出的电子和正电子风以近乎光的速度移动。图（b）和（c）分别展示了在可见光和 X 射线波段下拍摄到的这些粒子产生的同步辐射。

磁场向着系统的磁极前行。这些粒子产生辐射，并以光柱的形式从中子星的磁极喷射而出，如图13.13所示。随着中子星自转，这些光柱在太空中横扫而过，非常类似于灯塔的旋转射束。中子星看起来忽隐忽现，周期为该恒星的自转周期（如果我们看到的是两个光柱，则为自转周期的一半）。这些天体称为脉冲星。截至本书出版时，人类已经发现了两千多颗脉冲星。

宇领宙悟 蟹状星云——恒星激变的残余物

公元1054年，中国天文学家在金牛座方向发现了一颗"客星"。此颗新发现的恒星非常明亮，连续三个星期都可在白天看到，甚至几个月之后也没有完全暗淡下去。该恒星实际上是典型的Ⅱ型超新星。目前，在天空的此位置上是Ⅱ型超新星爆炸产生的向外扩张的碎片云——称为蟹状星云的奇特天体。

蟹状星云的发光气体丝状结构以1 500千米/秒的速度向外扩张远离中央恒星。这些丝状结构含有极高丰度的氦和其他质量更大的化学元素——超新星和其前身星的核反应产物。

蟹状星云脉冲星位于蟹状星云的中央，每秒钟闪烁60次：第一次是与其中之一的"灯塔"光柱有关的主脉冲，第二次是与另一个光柱有关的较弱的二次脉冲。蟹状星云脉冲星每秒钟旋转30次，同时带动其强大的电磁圈绕之旋转。在距离该脉冲星约为月球半径的位置上，磁气圈上的物质必定以近乎光速的速度移动，才能一直保持自转。自转的脉冲星磁气圈就像强劲的弹弓一样将粒子从中子星中抛离到以近乎光速移动的星风中。这种星风弥漫在脉冲星和向外扩展的气体壳间。蟹状星云如同一个大气球，只是它里面填充的不是热空气，而是高速移动的粒子和强磁场组成的混合物。图13.14（b）和（c）展示了如同气泡一样的蟹状星云，当蟹状星云的粒子围绕其磁场旋转时，同步辐射形成诡异的光芒。

13.4 超出牛顿物理学范围以外

正如白矮星存在钱德拉塞卡极限一样，中子星也存在类似的极限。如果中子星的质量超过了$3M_\odot$左右，引力将大于中子简并压强，中子星开始内缩，引力以持续加速的速度增强。最终，引力变得如此之强，以至于逃逸速度超过了光速。从此以后，任何物质都不能从坍缩的天体内逃逸出去。该天体变成了黑洞。

如果中子星的质量超过了$3M_\odot$左右，将坍缩形成黑洞。

黑洞不同于我们对现实世界的理解，因此牛顿物理学（第3章）已不再适用。为了认知黑洞，我们必须向爱因斯坦所做过的那样退后一步——向有关时间和空间本质的未经检验的假设质疑。

试验表明光速对于所有观察者而言都是一样的。

宇领宙悟 光速是极其特殊的数值

假设你正在车中并以每小时25千米的速度将一个小球抛出车窗，速度按照你所在的参考系测量。但，如果轿车的行驶速度为每小时50千米，公路旁边的观察者将认为小球的速度为每小时75千米（25千米/时的抛球速度加上50千米/时的轿车行驶速度）。对于位于迎面而来的行驶速度为50千米/时的车辆中的人而言，小球的速度将是125千米/时（图13.15（a））。这三个观察角度实际上不存在任何差别。物理定律在任何惯性参考系中都是一样的。

在19世纪末20世纪初，物理学家为了更好地认识光在实验室中进行了无

图13.15　当速度接近光速时（b），在日常生活中普遍适用的运动定律将被打破（a）。对于任何观察者而言，光总是以相同的速度传播，这一事实是狭义相对论的基础。（注意相对论还影响两艘宇宙飞船的相对速度。）

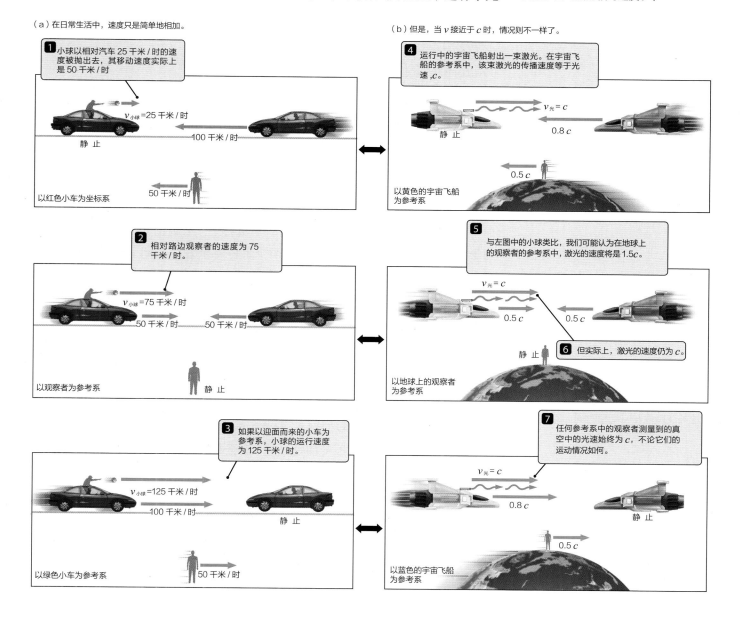

（a）在日常生活中，速度只是简单地相加。

1 小球以相对汽车25千米/时的速度被抛出去，其移动速度实际上是50千米/时

$v_{小球}$ =25千米/时

静 止

100千米/时

50千米/时

以红色小车为坐标系

2 相对路边观察者的速度为75千米/时。

$v_{小球}$ =75千米/时

50千米/时　50千米/时

静 止

以观察者为参考系

3 如果以迎面而来的小车为参考系，小球的运行速度为125千米/时。

$v_{小球}$ =125千米/时

100千米/时

静 止

50千米/时

以绿色小车为参考系

（b）但是，当 v 接近于 c 时，情况则不一样了。

4 运行中的宇宙飞船射出一束激光。在宇宙飞船的参考系中，该束激光的传播速度等于光速，c。

$v_{光}$ = c

0.8c

静 止

0.5c

以黄色的宇宙飞船为参考系

5 与左图中的小球类比，我们可能认为在地球上的观察者的参考系中，激光的速度将是1.5c。

$v_{光}$ = c

0.5c　0.5c

静 止

6 但实际上，激光的速度仍为 c。

以地球上的观察者为参考系

7 任何参考系中的观察者测量到的真空中的光速始终为 c，不论它们的运动情况如何。

$v_{光}$ = c

0.8c

静 止

0.5c

以蓝色的宇宙飞船为参考系

数试验。试验结果让他们疑惑不解。光速不会如根据牛顿物理学和常识所预料的那样因观察者的不同而发生改变，相反，他们发现不论观察者处于什么运动中，所有观测者测量到的光速都是相同数值。

假设你正在宇宙飞船中（图13.15（b））并向前方发出一束光。你测量到的光速为c，或者是每秒钟3×10^8米（米/秒）。这是意料之内的，因为你手拿光源。但位于你正经过的行星上的观察者测得的你发出的光束的速度也是3×10^8米/秒。甚至迎面而来的飞船上的观测者在其参考系上测得的你发出的光束的速度仍然为3×10^8米/秒。无论观察者或者光源是否存在相对运动，真空中的光速对于任何观察者而言都是完全相同的。

如果以上结论让你感到困惑，可想而知对于当时的物理学家而言是多么震撼。当时，牛顿物理定律已成为科学的基石长达200年，经历了所有试图推翻它的试验验证。突然间，这块科学基石好像摇摇欲坠。为什么无论观察者是否存在相对速度，光速对于任何观察者而言都是相同的？这是不可避免的试验结果。牛顿物理学虽然取得了非凡惊人的成功，但在当时却岌岌可危。

时间是相对的

阿尔伯特·爱因斯坦（Albert Einstein）从光速总是相同的这一事实入手解决了此矛盾，并向后推论以期解答时间和空间到底意味着什么。1905年，爱因斯坦提出了狭义相对论，为科学界带来一场革命。根据狭义相对论，事件是在特定时间在空间的特定位置发生的某件事情。弹手指是一个事件，因为该行为涉及到时间和空间。两个事件之间的距离取决于观察者的参考系。假设你正乘坐在以每小时60千米的恒定速度在高速公路上直线行驶的轿车上。你打了一个响指（事件1），然后一分钟后又打了一个响指（事件2）。在你自身的参考系中，你自己是静止不动的，两个事件完全发生在同一地点，只是在时间上间隔了一分钟，但是这两个事件在空间上并没有间隔。现在，假设有一名观察者正坐在路边。该名观察者承认你第二次弹手指（事件2）是在你第一次弹手指（事件1）之后一分钟发生的，但对于该观察者而言，这两个事件在空间上已经间隔了1千米。在牛顿物理学中，两个事件之间的距离取决于观测者的运动，但两个事件之间的"时间"间隔却并不如此。

爱因斯坦对空间与时间之间的区别质疑。他认识到，如果光速对于所有观察者而言都是相同的，唯一的方式只可能是时间流逝对于每个观察者而言都是不同的。对牛顿以及我们而言，日常生活中的时间是永恒的、绝对不变的。但实际上，唯一真正亘古不变的是光速，甚至时间的流逝对于不同的观察者而言也是不同的。

这是爱因斯坦狭义相对论的核心思想。根据牛顿的观点，我们生活在三维空间，其中时间均匀流逝。事件是在某个时间点发生于空间中的。待到爱因斯坦完成了其对时空的思索之后，他将三维宇宙重新定义为四维时空。事件是在此四维时空中的特定位置上发生的。但是，该时空是如何转换成我们所理解的"空间"和"时间"的则取决于采用怎样的参考系。

狭义相对论关注事件在空间和时间上的关系。

时间和空间合起来构成四维时空。

爱因斯坦并没有证明牛顿物理学是错误的。我们在第3章学习牛顿运动定律并不是浪费时间。相反,牛顿物理学还包含在狭义相对论之内。在我们的日常生活中,速度永不可能接近光速。即使人类制造的行驶速度最快的飞船（太阳神号宇宙飞船）,其速度也只有约0.00023c。当速度远远低于光速时,爱因斯坦方程式变成了与表述牛顿物理学相同的方程式。在我们的日常生活中,我们所在的世界是符合牛顿定律的世界。只有当相对速度接近光速时,物体才会显着不同于牛顿物理学的预测。当相对速度极大以至于产生的效应完全不符合与牛顿物理学的预测时,我们将此效应称为相对论性效应。

牛顿物理学包含在狭义相对论之内。

宇宙顿悟 相对论具有广泛深远的影响

如今,狭义相对论已经称为所有物理学不可缺少的重要组成部分,从最微小的亚原子粒子的运动到最遥远的星系的运动都受到狭义相对论的影响。我们仅在此探讨少数几个根据爱因斯坦狭义相对论衍生而来的基本观点:

1. **我们理解的"质量"和"能量"实际上源自于对同一事物的两种不同理解**。根据爱因斯坦最著名的方程式$E=mc^2$,静止物体的具有内在"静止"能量,大小等于该物体的质量（m）乘以光速（c）的平方。光速是非常大的数值。根据质量与能量的关系,即使一汤匙水所具备的静止能量也相当于30多万吨三硝基甲苯（TNT）爆炸释放出的能量。

2. **光速是终极速度极限**。整个宇宙中所有能量都不足以将单个电子加速到光速。当然原则上将电子加速到无限接近光速是完全没有问题的,即0.999 999 999 999 999 999…×c,但永远也不可能超过光速。

3. **在移动的参考系中时间流逝得更慢**。该现象称为时间膨胀,意思是指时间在移动的参考系中被"拉长"了（疑难解析13.1）。如果你将自己的时钟与另一位移动速度为0.9光速（0.9c）的观察者的时钟相比较,你将会发现该名观察者的时钟比你的始终慢0.44。你可能会猜测对于该名观察者而言,你的时钟走得更快,但是实际上该名观察者将发现你的时钟走得更慢。对于你而言,该名观察者可能以0.9c的速度移动,但是在该名观察者眼中是你在移动。两个参考系都是同等有效的,因此你们将彼此认为对方的时钟走得更慢。

该效应被科学观测所证实。如图13.16所示,宇宙射线μ介子是高能宇宙射线撞击大气原子或者分子时在海平面以上15千米处产生的高速粒子。μ介子在静止时会极快速地衰变成其他粒子。即使这些介子的运动速度可达到光速,基本上也会早在从15千米高空抵达地球表面之前就完成衰变。但是,时间膨胀放缓了μ介子的时钟,致使它们在寿命期限内移动地更远,最终抵达地面。

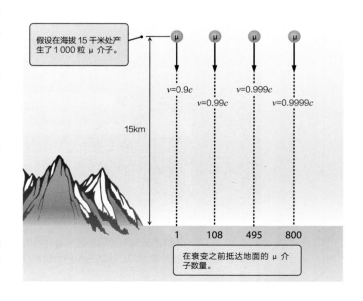

图13.16　如果宇宙射线在地球大气高空产生的 μ 介子不是以接近光速的速度移动,它们将会早在抵达地面之前就衰变成其他粒子。由于时间膨胀,地面上的观察者看到的寿命期限更长。此图展示了在海拔 15 千米处产生的 1 000 粒 μ 介子以不同速度移动而产生的不同结果。

4. **"同一时间"是一个相对概念**。对于某观察者认为是在同一时间发生的两个事件，对于另一个观察者而言，不见得是在不同时间发生。

5. **运动物体的长度比其静止时的长度要短**。物体运动是在其运动方向受到压缩作用，该现象称为长度收缩。一米长的棍子以0.9c的速度移动时，只有0.44米长。

疑难解析 13.1	车厢试验

狭义相对论是极其违反直觉的理念，但是它是现今社会理解认识宇宙的关键，因此值得我们认真学习。为此，我们将从探讨著名的车厢试验入手。在该试验中，观察者1位于向右移动的列车车厢中，并携带有一个灯具、一面镜子和一个时钟。观察者2位于车厢外的地面上。

图13.17（a）展示了与时钟相对静止的观察者1所看到的试验设置。在时间t_1时，事件1发生：灯具发出一束脉冲光。灯光被反弹到米远的镜子上。在时间t_2时，事件2发生：灯光抵达时钟。从事件1到事件2之间的时间间隔正好等于光移动的距离（2L米）除以光速：$t_1 - t_2 = 2L/c$。

接下来，我们再从观察者2的角度进行分析，观察者2位于车厢外的地面上（图13.17（b））。在此观察者的参考系中，他是静止的，车厢的移动速度为v。在观察者2的参考系中，时钟在两个事件之间向右移动，因此光线传播的路径更远。（如果你不能发现这点，请用尺子测量图13.17（b）中所示的光线路径的总长度，并与图13.17（a）所示的光线路劲长度相比较。）对于观察者2所言，两个事件之间的时间间隔（$t_2 - t_1$）较长，因为光线传播的距离超过了2L米。

不论观察者的参考系如何，这两个事件都是相同的两个事件，但是，因为光速对于任何观察者而言都是相同的，因此在观察者2看来两个事件之间的时间间隔必定更长。运动中的时钟必定走得更慢，时间的流逝取决于观察者的参考系。

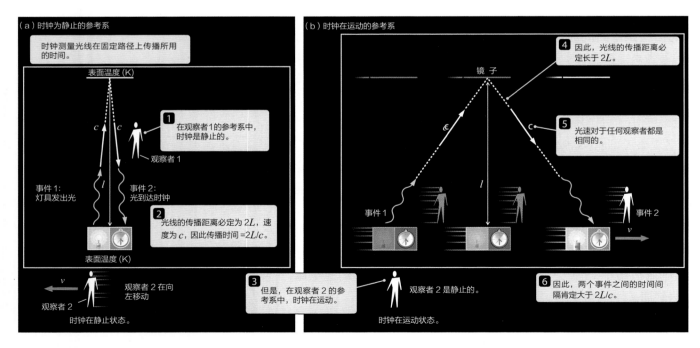

图13.17　在两个不同的参考系中观测到的时钟的快慢：（a）静止的参考系和（b）运动的参考系。根据爱因斯坦观点和试验表明，如果光速对于任何参考者而言都是相同的，运动的时钟必定走得更慢。

13.5 引力是时空扭曲的结果

关于狭义相对论,我们首先探讨了光速总是相同的(无论观察者或者光源处于何种运动)这一观测发现,最后讲解了狭隘相对论粉碎了我们以往关于时空的概念。探索黑洞的性质时,我们关于时空的概念将进一步抛离牛顿物理学的绝对时空观。首先,我们知道空间和时间是我们在四维时空中从特定有限的视角所观察到的结果。现在,我们将探索四维时空本身也会在其含有的质量弯曲。这种时空扭曲直接产生了让你我伫立在地球上的引力。这就是广义相对论,是爱因斯坦对科学的另一贡献,该理论回答了质量是如何让时空发生弯曲的。

表明引力和时空密不可分的其中一条重要线索是,如果让位于同一位置的任何两个物体以相同速度自由下落,无论它们的质量大小如何,它们都将沿着时空中相同的路径运动。宇宙空间站中的宇航员与空间站一起同时落在地球上。阿波罗宇航员站在月球表面让一根羽毛和一柄锤子同时落下,结果羽毛和锤子同时着地。(该试验已被录像,可以在网上搜索查看。)相比将引力视为作用在物体上的"力",将其视为时空在质量作用下发生弯曲更准确。引力是有质量的物体导致时空扭曲的结果。

宇宙领悟 自由落体与自由飘浮等效

狭义相对论的精髓是任何惯性参考系都是等价的。无论是乘坐在飘浮在外太空的静止不动的封闭宇宙飞船中(图13.18(a))还是在以0.99999倍光速的速度运动的封闭宇宙飞船中(13.18(b)),你都感受不到任何不同,因为这两个参考系之间没有任何差别。二者都是同等有效的惯性参考系。只要这两艘宇宙飞船不受到任何加速作用,它们内部都适用完全相同的物理定律。

广义相对论也采用了相同的理论来分析位于围绕地球旋转的空间站中的宇航员的状况,如图13.18(c)。无论是在围绕地球下落的空间站中还是在星际空间中漫游的宇宙飞船中,我们的宇航员都无法感受到有任何不同。如果你闭上眼睛从跳水板上跳下,在这一瞬间,你正在地球的引力场中自由下落,你此刻的感受将与你在星际空间中的感受完全相同。虽然在下落的过程中速度一直在改变,围绕地球旋转的空间站的内部所在的参考系与物体沿直线从星际空间中飘浮而过的参考系没有任何不同。该理论可简单描述为自由落体等同于自由浮动,称为等效原理。

下落的物体在弯曲的时空中沿着弯曲的路径运动。

(a) 静止

在外太空保持静止不动的宇宙飞船与匀速运动的宇宙飞船都是惯性参考系,二者都是自由漂浮在太空中。

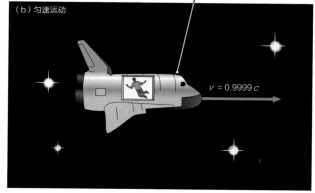

(b) 匀速运动

$v = 0.9999\,c$

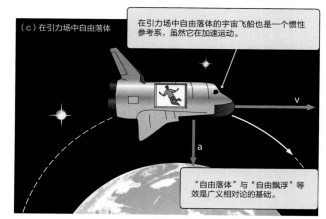

(c) 在引力场中自由落体

在引力场中自由落体的宇宙飞船也是一个惯性参考系,虽然它在加速运动。

v

a

"自由落体"与"自由飘浮"等效是广义相对论的基础。

图13.18 狭义相对论指出(a)静止飘浮在太空中的参考系与(b)匀速穿过星系的参考系之间没有任何不同。狭义相对论补充认为,这些惯性参考系与(c)在引力场中自由落体的惯性参考系之间也没有任何不同。对于物理定律而言,自由落体等效于自由飘浮。

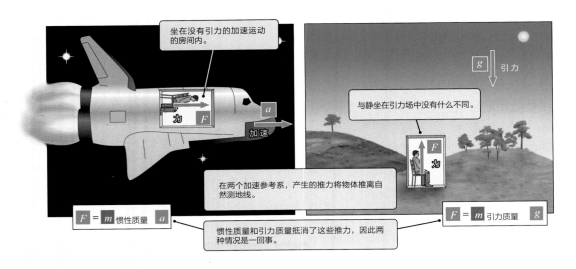

图 13.19 根据等效原理，坐在加速度为9.8米/秒²的宇宙飞船中与静坐在地球上的感受是相同的。

加速运动的参考系与在引力场中静止的参考系是等效的。

等效原理的基本含义是，自由落体的物体在时空中的"自然"路径就如同物体在外太空中沿直线匀速飘浮。在没有外力作用下物体在时空中的自然路径称为物理的"世界线"或者"测地线"。在没有引力场的情况下，物体的测地线是直线，因此牛顿惯性定律认为，除非受到不平衡的外力作用，物理将在恒定方向匀速运动。但是，因为物质让时空扭曲，因此物体的测地线是曲线。

假设一艘宇宙飞船正在以9.8米/秒²的加速度沿着图13.19中箭头所示方向在外太空中加速运行，而你正坐在该艘宇宙飞船内的一个箱子内。箱底对你产生的推力超过了你的惯性力，让你也以9.8米/秒²的加速度运行，因此你感觉到好像在被推向箱底。现在，假设你正坐在地球表面上的一个封闭箱子内。箱底对你产生的推力让你不会沿着弯曲的测地线下落。你再一次感觉到好像在被推向箱底。

根据等效原理，上述两种情况是相同的，坐在加速度为9.8米/秒²的宇宙飞船内的椅子上和坐在地球表面上的椅子上看书二者之间没有什么不同。在第一种情况下，宇宙飞船产生的推力防止你在太空中沿着直线测地线"飘浮"。在第二种情况下，地面产生的推力阻止你在被地球的质量扭曲的太空中沿着弯曲的测地线"下落"。不论你是在外太空中加速偏离直线测地线还是在地球引力场中加速偏离"下落"测地线，二者都属于加速。

关于该等效原理，还有一项重要事项需谨记。在加速参考系中，例如加速运行的宇宙飞船中，任何地方的加速度都是相同的。但是，大质量物体导致的时空扭曲曲率在不同位置各有不同。潮汐力是离受引力物体较近的时空的曲率增加的结果。等效原理可以更为谨慎的解释为，引力和加速效应在局部是不可分辨的，也就是说，只要我们将注意力限制在足够小的体积空间内，引力变化可以忽略不计。

宇宙领悟 时空就像是一张橡胶板

广义相对论阐释了质量是如何让几何时空扭曲的。假设你有一张绷紧的平坦橡胶板，弹珠将从该橡胶板上沿直线翻滚而过。我们日常生活所用的欧几里得几何在此橡胶板表面上同样适用：如果你在橡胶板表面上画一个圆圈，其周长等于半径的2π倍；如果你画上一个三角形，该三角形的内角之和为180°；平行线在任何位置都相互平行，永不相交。

现在，将一个保龄球放在橡胶板的中央，形成一个"凹井"，如图13.20所示。该橡胶板被拉伸并弯曲。如果你将弹珠从该橡胶板上滚过，其运动路

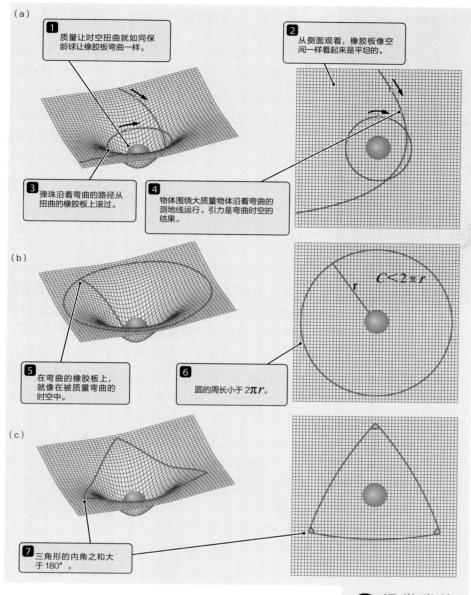

(a)

1 质量让时空扭曲就如同保龄球让橡胶板弯曲一样。

2 从侧面观看，橡胶板像空间一样看起来是平坦的。

3 弹珠沿着弯曲的路径从扭曲的橡胶板上滚过。

4 物体围绕大质量物体沿着弯曲的测地线运行。引力是弯曲时空的结果。

(b)

$C < 2\pi r$

r

5 在弯曲的橡胶板上，就像在被质量弯曲的时空中。

6 圆的周长小于 $2\pi r$。

(c)

7 三角形的内角之和大于180°。

👁 视觉类比

图13.20 质量让时空几何结构扭曲就如同保龄球让绷紧的橡胶板表面弯曲一样。时空扭曲导致诸多后果，例如，（a）物体在弯曲时空中沿着弯曲的路径或者测地线运动；（b）大质量物体周围的圆圈周长不到其半径的 2π 倍；以及（c）三角形的内角之和并不等于180°。

径将为曲线（图13.20（a））。如果你在保龄球的周围画一个圆，其周长将小于 $2\pi r$（图13.20（b））。如果你画上一个三角形，该三角形的内角之和将大于180°（图13.20（c））。橡胶板的表面不再是平坦的，因而欧几里得几何也不再适用。

　　同理，质量让时空扭曲，改变任何两个位置或者事件之间的距离。想象一下，将一根绳子沿着围绕太阳旋转的某个天体的圆形轨道环绕一周，然后比较此根绳子的长度与从轨道到太阳中心的绳子的长度。你可能认为计算结果是轨道周长等于轨道半径的 2π 倍，正如在平坦的纸张上画的圆形一样。但是，如果你真的进行了该试验，你将会发现轨道的周长比 $2\pi r$ 短10千米。

　　我们可以在三维空间中形象化中间放有一个保龄球的橡胶板，但是大多数人都不可能在脑海中想象出弯曲的四维空间是什么样子的。但是，经过试验证实，弯曲的四维时空的几何结构非常类似于弯曲的橡胶板。

质量造成时空的几何结构弯曲。

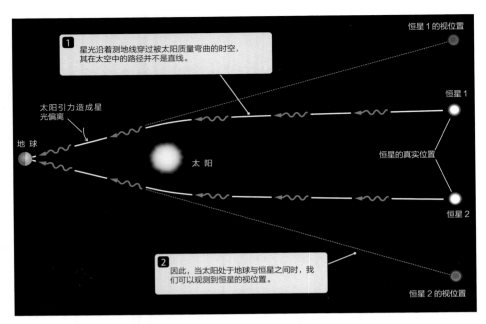

1 星光沿着测地线穿过被太阳质量弯曲的时空，其在太空中的路径并不是直线。

太阳引力造成星光偏离

地球

太阳

恒星 1 的视位置

恒星 1

恒星的真实位置

恒星 2

2 因此，当太阳处于地球与恒星之间时，我们可以观测到恒星的视位置。

恒星 2 的视位置

图 13.21 亚瑟·斯坦利·爱丁顿爵士在 1919 年发生全日食期间观测到的数据，发现太阳的引力造成遥远恒星发出的光线发生了弯曲，弯曲程度符合爱因斯坦广义相对论的预测。这是引力透镜的实例之一。注意，地球和两颗恒星形成的三角形内角之和大于 180°，正如图 13.20（c）所示的三角形一样。

引力透镜可以偏离或者扭曲天体的图像。

宇领悟 广义相对论的可观测结果

弯曲的时空确有可观测到的结果。广义相对论预测，行星沿椭圆轨道绕太阳运动，有时离太阳近些，有时远些，行星的椭圆轨道会发生进动；并且行星轨道的长轴会慢慢改变方向。例如，水星轨道的近日点每世纪比牛顿力学预测多出 43 弧秒的进动，而广义相对论预测出的数值完全符合观测所得的近日点位移数值。水星进动问题第一次获得满意的解决。

我们可以在日常生活中轻易找到三角形内角之和大于 180° 的例子。光线穿过弯曲的时空时，其路径也会弯曲，如同在图 13.20（c）中，线条随着橡胶板存在一定曲率而弯曲。该现象称为引力透镜，因为透镜也会让光线弯曲。但是，我们怎样才能测量到此现象呢？

在 1919 年发生日食之前，英国天文学家亚瑟·斯坦利·爱丁顿爵士（Arthur Stanley Eddington，1882—1944）测量了位于将会发生日食的天空方向上的恒星位置，并在日食发生期间又重新进行了测量，发现之前测量的恒星位置向外移动了。恒星发出的光在太阳周围发生了弯曲，导致在爱丁顿的第二次测量中恒星看起来相隔更远了。在日食发生期间，地球和任何两个恒星形成三角形的内角之和大于 180°，正如在橡胶板表面上的三角形一样。最近，引力透镜被用于寻找飘浮在太空中的未被发现的大质量天体。这些天体发出的光不足以让我们直接观测到，但是它们的引力会造成其背景星发出的光发生弯曲，当它们从背景星前面经过时将会产生显著的效应。

质量也会造成时间的几何结构发生弯曲。越往大质量物体引力场的深处，从遥远观察者的视角观看，时钟走得越慢。该效应称为广义相对论性时间膨胀。假设中子星表面的一个时钟上设有光源，该光源发出的光每秒闪烁一次。在该恒星表面较近的地方会发生时间膨胀，因此离该中子星非常遥远的观察者会觉得该光线的脉动频率小于每秒一次。现在，假设中子星表面上存在一个发射线光源。因为时间在中子星表面走得较慢，当该光线抵达遥远距离之外的观察者时，其频率将低于发出时的频率。频率较低意味着波长较长。因此，我们所看到的光线比发出时波长更长，颜色更红。

如图 13.22 所示，上述现象称为引力红移，因为处在引力井深处的物体发出的光的波长变长了，向光谱红端移动。引力红移效应类似于多普勒频移。实际上，目前还没有方法区别光线是发生了引力红移还是发生了多普勒红移。

我们可以更近距离地在地球上体会该现象。珠穆朗玛峰顶端的时钟比海平线上的时钟每天大约快80纳秒（十亿分之八十秒）。位于地球表面的物体和位于轨道中的物体之间相差更大。即使将狭义相对论导致时间走得更慢的效应考虑在内，构成全球定位系统（GPS）卫星上的时钟也比地球表面上的时钟走得更快。如果卫星上的时钟与你的GPS接收器不对此效应和广义相对论的其他效应进行校正，你的GPS接收器告知的位置将发生巨大误差，一小时内误差将达到半公里。GPS的应用实际上就是对广义相对论的诸多预测的有力试验验证，包括广义相对论性时间膨胀。

如果你敲打橡胶板的表面，敲打波会从你敲打的位置传播出去，就像池塘表面的涟漪一样。同理，广义相对论方程式预测，如果你"敲打"时空的结构（例如，大质量恒星的毁灭性塌陷），时空中的涟漪或者引力波将以光速向外扩散。这些引力波在某些方面类似于电磁波。带电粒子加速运动会产生电磁波，大质量物体加速运动也会产生引力波。

尽管引力波至今还未被观测到，但其存在得到了强有力的间接证据的证实。1974年，天文学家发现两颗中子星构成的双星系统，其中一颗为可观测到的脉冲星。脉冲星可视为一个精确的时钟，在此基础上天文学家得以非常精确地测量到两颗恒星的轨道。经测量发现，这两颗恒星的轨道正在逐渐衰减，表明它们冥冥之中正在损失能量。广义相对论预测双星系统会以引力波的形式辐射出能量，而该系统正在损失的能量恰好符合此预测。最近，天文学家发现了一个轨道较小的类似双星系统，他们再次注意到轨道损失的能量与引力波辐射出的能量完全一致。这些测量数据是引力波存在的有力证明。

现在，我们先停一停，再认真思考一下。引力波从来没有被直接观测到。目前，引力波是根据科学理论推断出来的未经验证的预测。但是，它是不是与声称地球上的生命是智能创造者特意设计出来的"智能设计论"这一伪科学存在天壤之别呢？是的，因为存在引力波这一预测是可以证伪的，而智能设计论则不能证伪。该理论预测特定事件将产生引力波。天体物理学家开发了一种全新的"望远镜"，称为激光干涉引力波天文台（LIGO），该天文台可以探测到这些预计这些事件会发射出的引力波。我们今后可能会观测到引力波，也可能观测不到。预测引力波的理论属于科学理论，因为它可以被证明是错误的。而伪科学理论却不能证伪。

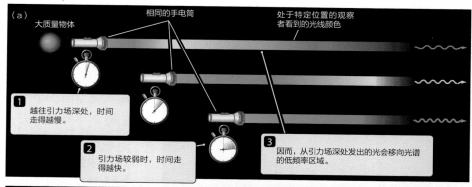

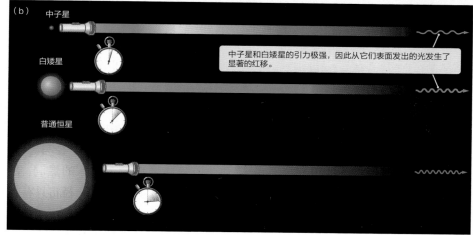

图 13.22　因为时空曲率的原因，在大质量物体附近时间走得较慢。由此，对于远距离的观察者而言，大质量物体附近发出的光线的频率变低了，波长变长了。（a）辐射源离物体越近，或者（b）物体质量越大越密实，引力红移越明显。

引力波从时空结构中穿过。

1 随着探险者越来越接近黑洞，潮汐力将把他撕碎。

2 在黑洞的引力作用下，他传达给我们的信息发生了红移。

图 13.23　黑洞之旅

事件视界是一去不回的边界。

词汇标注

无限：在天文学中，表示从数学角度而言，某个数量没有限制或者边界。所谓的"无限"，是指没有边界。

13.6 黑洞

放置在橡胶板表面的重物会导致橡胶板发生漏斗状畸变，如同质量造成时空扭曲一样。现在，假设该漏斗无限深——越往深处越窄，但却是个无底洞。该漏斗就如同一个黑洞。如同当$x=0$时，数学表达式$1/x$无效一样，描述黑洞形状的数学运算也失去了意义。此数学异常点称为奇点，黑洞是时空中的奇点。

黑洞只有三种性质：质量、电荷和角动量。落入黑洞中的质量大小决定了黑洞造成的时空扭曲的程度。黑洞的电荷是落入其中的物质的静电荷。黑洞的角动量使得其周围的时空发生扭曲。除了这三种性质以外，落入黑洞中的物质的所有其他信息都消失得无影无踪，它们原有的构成成分、结构或者形成历史都不复存在。

我们永远也不可能"看到"黑洞中心的奇点。当你接近黑洞时，逃逸速度增加直到达到光速——在离黑洞中心的此距离上，即使光也不能逃脱。在不自转的球形黑洞中，在某个半径上逃逸速度等于光速，该半径称为史瓦西半径，这是由德国物理学家卡尔·史瓦西（Karl Schewarzschild, 1873—1916）提出来的。史瓦西半径与黑洞质量成正比，史瓦西半径所形成的球面称为事件视界。质量为$1 M_\odot$的黑洞，史瓦西半径大约为3千米。如果地球被挤压成一个黑洞，其史瓦西半径将只有1厘米左右。

假设一名探险者开启黑洞之旅（图13.23）。从黑洞外面，我们将看到该探险者向事件视界下落；但随着他离事件视界越近，他的手表将越走越慢，并且自身向事件视界下落的速度也会越来越慢。在视界上，引力红移无限大，时钟停止走动。从我们的视角观看，该探险者会越来越接近世界，但是却永远也不可能到达事件视界上。但是，该探险者自身在黑洞中经历将与我们所看到的完全不一样，他将经过事件视界，落入黑洞引力井的更深处。

实际上，我们忽视了一个相当关键的事实。我们勇敢的探险者将在远没有抵达黑洞之前就已粉身碎骨。在$3 M_\odot$黑洞的事件视界附近，该探险员的脚和头部之间的重力加速度之差将是其在地球表面上时重力加速度的10亿倍，其双脚的加速度将是其头部的10亿倍。当然，我们永远也不想进行此试验。虽然科学理论必须形成可验证的预测，但不是任何预测都必须直接验证。

领悟宇宙 "观测"黑洞

1974年，英国物理学家史蒂芬·霍金（Stephen Hawking, 1942至今）意识到黑洞应为辐射源。在普通的真空中，粒子和其反粒子互相结合，然后仅在10^{-21}秒内又互相自行湮灭。如果此情况发生在一个小黑洞的事件视界周围，如图13.24所示，其中一个粒子可能会落入黑洞中，而另一个则会逃脱出去。霍金认为，在此过程中，黑洞将发射黑体光谱，并且该光谱的有效温度将随着黑洞变小而增加。该现象称为"霍金辐射"，虽然霍金辐射激发了物理学家和天文学家的极大兴趣，然而现实地说，它还不是"观测到"黑洞的有效方法。

迄今为止，黑洞存在的最有力的直接证据来自于X辐射双星系统。1972年，天文学家发现天鹅座X-1的脉动极其迅速，变化在0.01秒内。这表明X射线源的体积必定小于光在0.01秒内传播的距离，即小于3 000千米。由此可知，天鹅座X-1中的X射线源必定小于地球。天鹅座X-1还包括一颗射电星和编号为HD226868的亮星。HD226868的光谱表明它是一颗普通的B0型超巨星，质量大约为$30M_\odot$，温度太低不能放射出X射线。但是HD226868属于周期为5.6天的双星系统中的一颗子星。轨道分析表明HD226868的看不见的致密半径的质量至少为$6M_\odot$。HD226868的伴星体积太小不可能是一颗普通的恒星，但其质量又超过了白矮星或者中子星的钱德拉塞卡极限。这种天体只可能是黑洞。当B0超巨星上的物质落入到黑洞周围的吸积盘上时，天鹅座X-1就会发射出X射线，如图13.25所示。

自1972年开始，许多其他恒星质量的黑洞候选天体被相继发现。其中一个此类天体就是位于与银河系相邻的大麦哲伦星云中的快速变化的X射线源。该X射线源名为LMC X-3，每隔1.7天围绕一颗B3型主序星旋转一周，非常致密，质量至少为9倍太阳质量。虽然显示这些系统内存在黑洞的证据是间接证据，但推导出此结论的论证却是无懈可击。许多书籍中都列举了存在此类天体的令人震撼的事例，说明证据非常充分。黑洞曾被认为只不过是用以描述引力和时空的数学的一种奇怪的巧合，但它确实存在于自然界中。

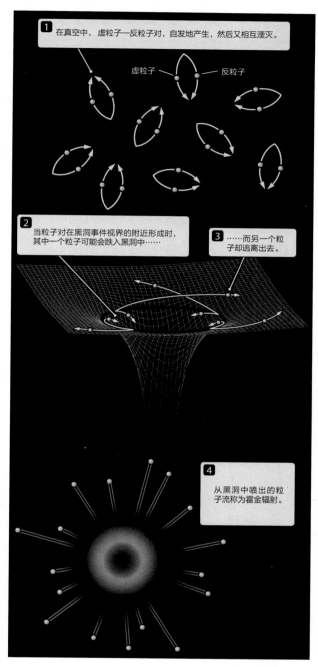

图 13.25 经过艺术渲染的天鹅座 X-1 双星系统，图中显示了 B0 超巨星中的物质被吸走，落入到黑洞周围的吸积盘中，从而产生 X 射线辐射。

图 13.24 在真空中，粒子和反粒子不断产生又不断相互湮灭。然而，在黑洞事件视界的附近，一个粒子在与其反粒子结合之前可以跨过视界。剩下的粒子离开黑洞，形成霍金辐射。

天文资讯阅读

巨型发热体
——比太阳更热更重，亮度更是百万倍于太阳

撰稿人：《英国卫报》伊恩·桑普尔（IAN SAMPLE）

英国天文学家发现的一些巨型恒星让我们有机会深入了解早期的宇宙。R136a1是在蜘蛛星云的一群巨无霸恒星中被发现的。

它们是我们见过的最巨型的恒星，寿命短、亮度高，存在于大爆炸之前遥远的空间边缘，一闪即逝。

其中一颗恒星现在叫做R136a1，据估算它的质量是太阳的265倍，亮度是太阳的数百万倍。如果用它替换太阳，其光线的强度足以使地球成为不毛之地，完全没有生命可言。

英国天文学家使用超大型望远镜（智利北部阿塔卡玛沙漠某个山顶上以该望远镜命名的天文台）观察到比有记录的所有恒星更为巨大的恒星。

巨型恒星的发现促使天文学家打破他们为恒星形成设定的上限，该上限意味着恒星不可能长到大于太阳质量的150倍。

该研究组的负责人是谢菲尔德大学的天体物理学家保罗·克洛泽（Paul Crowther），他带领团队在两处空间区域搜索大质量恒星。第一个区域是NGC 3603，一个距地球22 000光年的恒星摇篮，位于银河系一个叫船底座旋臂的区域。

第二个目标是RMC 136a，是一团距我们165 000光年远的气体和尘埃，位于相邻星系大麦哲伦星云中的蜘蛛星云内部。天文学家使用望远镜上极其敏感的红外仪器能够辨别出各个恒星，同时测量它们的亮度和质量。

至少在第一个空间区域探测到的三颗恒星的质量约为太阳质量的150倍。打破记录的恒星是R136a1，是在第二个区域发现的。形成时，R136a1的质量可能比太阳质量的320倍左右还要大。

他们发现有几个恒星表面温度超过了40 000摄氏度，比太阳还要热七倍。

克洛泽表示："这些恒星形成时质量十分巨大，随着年龄的增加质量却不断减少。100万岁多一点，最大的恒星R136a1已到中年，经历了一次剧烈瘦身的过程，随着时间推移减掉了初始质量的五分之一。因为这些巨无霸恒星数量稀少，我认为这一纪录不可能马上被打破。"

科学家称，如果R136a1位于太阳系，它将比太阳更加明亮就像太阳比满月明亮得多。该恒星的质量如此巨大以至于它会使地球围绕其旋转的周期缩短至三周。来自基尔大学的研究组一名成员拉斐尔·赫希（Raphael Hirschi）说，"它[还]会让地球暴露在让人难以置信的紫外线辐射中，使生命无法存在。"

虽然最新一批的恒星是迄今为止观测到的质量最大的恒星，但它们却不是体积最大的恒星。这批恒星中体积最大的恒星是R136a1，约为太阳大小的30倍。另一种叫做超级红巨星的恒星可以增大到这一大小的数百倍——尽管它的质量要小得多，只有太阳质量的十倍。

不可能有"外来"行星围绕克洛泽团队研究的大质量恒星旋转。这些恒星的辐射会摧毁其附近的所有宇宙物质，尽管这些物质密集在一起足够形成行星。就算它们附近的宇宙物质没有被摧毁，行星形成的时间会比大质量恒星的整个寿命还要长。

克洛泽称："这些大质量恒星接近它们生命尽头时会发生什么，我们并不清楚。某些大型恒星死亡时，它们的核心会发生内爆，变成中子星或者黑洞，但这些超大质量恒星不是这样。它们可能会在一颗耀眼的超新星内爆炸，不留一点碎片。"爆炸会向宇宙空间投掷重达10个太阳那么多的陨铁。

研究小组的观察结果显示当恒星最开始出现时，早期宇宙很可能充满了像R136a1一样的巨无霸恒星。

在这一最新发现发布之前，我们已知质量最大的恒星是牡丹星云恒星，175倍于太阳质量，在银河系仍保持质量第一的纪录。这一发现的详细报道已发表在《皇家天文学会》的每月通报上。

新闻评论：

1. R136a1比之前估计的恒星的最大质量高出多少？相差大吗？如果你是一名天文学家，你关于最大尺寸的理论会受到什么影响？你会保留这些理论还是会将它们全部否决？如果R136a1的质量只有太阳质量的155倍呢？得出的结论会相同吗？

2. 在标题中，记者称恒星比太阳更炽热，亮

度是太阳的数百万倍。请解释此信息是如何导致人们认为该恒星的质量更大的。

3. 保罗·克洛泽（Paul Crowther）在本报道中称该恒星的年龄只有100多万年。他是如何知道的？

4. 如果克洛泽称该恒星的年龄长达50亿年，

你可能会立即惊呼："胡说八道！"为什么？

5. "恒星摇篮"是我们发现质量最大恒星的理想之地。为什么？

6. 本报道称"如果R136a1位于银河系，它将比太阳更加明亮就像太阳比满月更加明

亮。该恒星的质量如此巨大以至于它会使地球围绕其旋转的周期缩短至三周"。天体物理学家在此采用了什么物理定律进行估算？

小结

13.1 碳氮氧循环在大质量恒星中燃烧氢。随着这些恒星不断演化，恒星燃烧殆尽其核心内的重元素，产生渐进核燃烧同心壳层。如果大质量恒星经过赫罗图的不稳定带，将变成脉动变星。

13.2 核聚变链式反应由时间越来越短的燃烧阶段构成，渐进式生成质量越来越大的元素，一直到铁结束。大质量恒星最终爆炸称为II型超新星。

13.3 II型超新星将新形成的大质量元素喷射到星际空间中。有些元素遗留在中子星上，中子星是直径为10千米、质量在 $1.4M_\odot \sim 3M_\odot$ 之间的中子简并物质构成的天体。在某些双星系统中，质量吸积到中子星

上产生 X 射线。脉冲星是快速旋转的磁化中子星。

13.4 光速是恒定不变的。狭义相对论解释了在空间与时间中事件之间的关系。运动的物体时间要比静止的物体时间走得慢。

13.5 广义相对论解释了质量是如何造成时空扭曲的，致使物体在此弯曲的几何结构中沿着最短的路径运动。在大质量物体附近时间走得慢。处于引力场深处的物体看起来发生了红移。

13.6 黑洞是时空中的奇点。黑洞的质量决定了史瓦西半径，即从黑洞中心到其事件视界的距离。在此界线以内，光也无法逃脱。

◆ 小结自测

1. 已演化的大质量恒星的内部结构就像洋葱一样,是因为:
   a. 质量较重的原子沉积到底部,因为恒星不是固体的
   b. 在恒星形成之前,质量较重的元素在引力作用下集聚在云团的中心
   c. 质量较重的原子在离中心较近的地方融合,因为这里的温度和压强更高
   d. 密度不同,能量传输机制不同

2. 请按顺序排列大质量恒星演化过程中发生的核燃烧阶段:
   a. 氢 b. 氖 c. 氧 d. 硅 e. 氦 f. 碳

3. 比铁更重的元素源自于:
   a. 大爆炸
   b. 小质量恒星的核心
   c. 大质量恒星的核心
   d. 大质量恒星爆炸

4. 脉冲星脉动是因为:
   a. 其转动轴经过我们的视线
   b. 脉冲星旋转

   c. 脉冲星具有强烈的磁场
   d. 其磁轴经过我们的视线

5. 光速是宇宙常数这一事实迫使我们彻底重新思考经典力学,这表明:
   a. 科学家总是完全错误的
   b. 科学具有自我修正性
   c. 理论变成假设然后再变成定律
   d. 宇宙随着时间的推移不断变化

6. 质量造成时空扭曲有可能产生下列哪些后果?
   a. 时间膨胀   b. 引力
   c. 长度缩短   d. 潮汐力
   e. 引力透镜   f. 进动

7. 落入黑洞中的宇航员将被撕碎,因为:
   a. 引力极强
   b. 在短距离内引力变化极大
   c. 在事件视界附近时间走得慢
   d. 黑洞快速自转,拖动时空随之旋转

问题和解答题

判断题和选择题

8. 判断题：碳氮氧循环的最终结果是四个氢原子形成一个氦原子。

9. 判断题：不稳定带上的恒星属于脉动变星。

10. 判断题：铁融合成质量更重的元素将产生能量。

11. 判断题：电子和质子可以结合变成中子。

12. 判断题：铀是在恒星核心中产生的。

13. 判断题：超新星的亮度可与整个宿主星系相比。

14. 判断题：因为脉冲星的体积发生脉动，因此其亮度会发生变化。

15. 判断题：光速在任何参考系中都是相同的。

16. 判断题：在一个无窗小房间中，引力加速无法与其他类型的加速相区分。

17. 判断题：欧几里得几何不适用于大质量物体周围的空间。

18. 在大质量恒星中，氢聚变的方式为：
    a. 质子-质子链
    b. 碳氮氧循环
    c. 引力坍缩
    d. 旋间互应作用

19. 大质量恒星的壳层大致按照什么顺序排列？
    a. 原子序数　　　　　　b. 衰变速度
    c. 原子丰都　　　　　　d. 自旋态

20. 造父变星中的脉动是由什么控制的？
    a. 旋转　　　　　　　　b. 磁场
    c. 氦的电离状态　　　　d. 引力场

21. 船底座海山二星（Eta Carinae）是哪种恒星的极端例子？
    a. 大质量恒星
    b. 自转恒星
    c. 磁化恒星
    d. 高温恒星

22. 铁聚合不能为恒星提供支撑，是因为：
    a. 铁的氧化速度极快
    b. 铁聚合时吸收能量
    c. 铁聚合时产生能量
    d. 铁的密度不足以稳定住壳层

23. 当恒星内开始发生铁聚合时，此后发生的演化过程将通常形成：
    a. 超新星　　　　　　　b. 中子星
    c. 黑洞　　　　　　　　d. 脉冲星

24. 超新星残余：
    a. 在所有波长范围内都可见
    b. 仅在少数发射线上可见
    c. 永远都不可能在无线电波范围可见
    d. 颜色为彩色的，因为移动的气体发射出多普勒频移发射线

25. X射线双星类似于另一种我们已经学过的系统。该系统为：
    a. 太阳系
    b. la型超新星的前身星
    c. II型超新星的前身星
    d. 行星状星云的前身星

26. 假设两艘宇宙飞船相向而行。其中一艘以速度0.9c向右飞行，另一艘以速度0.9c向左飞行。向右飞行的宇宙飞船的驾驶员向朝左飞行的宇宙飞船发射出一束黄色激光。向左飞行的宇宙飞船内的驾驶员所观察到的是：
    a. 速度为c的蓝光
    b. 速度为1.9c的蓝光
    c. 速度为c的黄光
    d. 速度为1.9c的黄光

27. 鲍勃（Bob）相对苏茜（Susie）正在移动。苏茜看到两处烟花爆竹，经过仔细测量，她认为这两处烟花是在同一时间燃放的。鲍勃也看到这两处烟花燃放，经过仔细测量，他认为这两处烟花是一前一后发生的。下列哪一项是正确的？
    a. 鲍勃错，苏茜对
    b. 苏茜错，鲍勃对
    c. 苏茜和鲍勃都错
    d. 苏茜和鲍勃都对

28. 比尔（Bill）正站在一间无窗小房间内。作用在其脚上的力突然停止了，由此可以得出下列哪种结论？
    a. 他处于电梯中，该电梯正在加速下降
    b. 他正在空中围绕地球自由下落
    c. 他所在的火箭停止了加速上升
    d. 上述情况都可能是正确的

29. 如果你能够在黑洞附近的太空中画上一个非常大的圆圈，该圆圈的周长将是：
    a. 等于2πr
    b. 大于2πr
    c. 小于2πr
    d. 无法根据已知信息确定

30. 从黑洞附近经过的物体：

a. 总是在引力作用下落入黑洞中

b. 在真空压强下被吸入黑洞

c. 被光子压强推入黑洞

d. 因时空扭曲而偏离方向

31. 如果太阳被一个太阳质量的黑洞代替:

a. 太阳系将塌陷到黑洞中

b. 行星将仍保持在各自轨道上,但质量较小的天体将被吸入黑洞中

c. 质量较小的天体将仍然保持在各自轨道上,但大型天体将被吸入黑洞中

d. 太阳系中的所有天体都将保持在各自轨道上

概念题

32. 请回看本章开篇图,该图展示了M51中的一个超新星。请简要描述恒星是如何产生次超新星的。除了概括恒星生命中重要的时刻以外,还应说明恒星的残余物是什么。

33. 在碳氮氧循环中,^{13}N发射出一个正电子形成^{13}C,并吸收一个质子形成^{14}N。请解释为什么必须发射出一个正电子才能形成^{13}C。在元素周期表中,氮的序号比碳高还是低?

34. 请解释小质量恒星中氢转换成氦的方式(质子-质子链)与大质量恒星中氢转换成氦的方式(碳氮氧循环)之间有什么区别。碳氮氧循环中的催化剂是什么,在该反应中是怎么发挥作用的?

35. 小质量恒星是怎样开始在其核心中燃烧氦的?大质量恒星呢?两种过程有什么区别或者类似点?

36. 为什么大质量恒星的核心不会像小质量恒星那样变成简并态核心?

37. 对于大质量恒星而言,氦燃烧后发生的每次燃烧循环(碳、氖、氧、硅和硫)都比前一次的循环持续时间短。其中原因有两种,分别是什么?

38. 造父变星是光度极高的变星,其光变周期直接与光度相关。请解释为什么造父变星是确定位于精确视差测量极限范围以外的恒星的距离的有效指示灯。

39. 大质量恒星有可能多次经过不稳定带吗?请根据图13.2进行解释。

40. 请说出并解释超新星影响新星形成和演化的两种重要方式。

41. Ⅱ型超新星是真正的爆炸还是内向破裂?请解释。

42. 假设你是名天文学家正在研究船底座海山二星(参见图13.5)。经过观测后,你认为船底座海山二星至少经历了两次性质不同的质量损失。请解释你的观点。

43. 船底座海山二星爆炸时我们在地球上能够看到什么景象?

44. 记录显示SN 1987A于1987年2月23日在中微子波段被探测到。3小时后,又在可见光波段被探测到。为什么会发生此种时间延迟?

45. 为什么中子星周围的吸积盘释放出的能量比白矮星周围的吸积盘释放的能量多得多,即使这两颗恒星的质量几乎相同?

46. 通过学习第13.2节可知,Ⅱ型超新星以30 000千米/秒的速度向外喷发物质,但是蟹状星云(第13.3节)中的物质仅以1 500千米/秒的速度向外扩张。请解释为什么存在如此大的差别?

47. 原子核中的结合能是什么意思?我们如何根据该数量计算核聚变反应中释放出的能量大小?

48. 为什么氢原子的结合能等于零?氘(重氢,包含一个质子和一个中子)的结合能是不是也等于零?请解释。

49. 一名天文学家发现某个天体的光谱发生了红移。在没有其他信息的前提下,她能否确定该天体是属于密度极高的天体(引力红移),还是正在离我们渐行渐远(多普勒红移)?请解释。

50. 爱因斯坦的狭义相对论告诉我们任何物体的速度都不可能超过甚至等于光速。据我们所知,光既是一种电磁波,也是一种称为光子的粒子。如果光是光子构成的,为什么光子的速度可以达到光速?

51. 解释为什么速度为$0.9999c$时到达地面的μ介子数量多于速度为$0.9c$时。

52. 假设未来的宇航员以0.866光速的速度在宇宙飞船中飞行。狭义相对论指出在飞行方向的宇宙飞船的长度只有其在地球上静止时的一半长。该名宇航员使用米尺进行了测量。他的测量结果是否会证实其所乘坐的宇宙飞船的长度已经缩短了一半?请解释。

53. 在自然界的四种基本力(强核力、电磁力、弱核力和引力)中,引力是至今发现最弱的。但是,为什么引力是恒星演化的主导力量?(注意:本书到目前为止还未明确探讨过弱核力,弱核力存在于原子核内的特定衰变过程中。)

54. 假设天文学家发现了一个质量为$3M_{\odot}$的黑洞,距离地球数光年。他们是否需要担心该黑洞产生的巨大引力会让我们的地球过早死亡?

55. 在一张白纸上重新绘制图13.21,在恒星1到恒星2四分之三的位置画上一颗恒星,并在恒星2下面画上恒星4。画出光从这两颗恒星到地球的传播路径。然后将这两颗恒星的路径投射回天空中找出它们的视位置。如果你能得到这点,说明你确实看懂了该图。

56. 如果你可以看到恒星落入黑洞的过程,当该恒星越来越接近事件视界时它的颜色有什么变化?

57. 许多电影和电视节目[例如"星球大战(Star Wars)"、

"星际迷航（Star Trek）"或者"太空堡垒卡拉狄加（Battlestar Galactica）"]都基于超过光速的飞行。我们将来是否有可能打造出这种超过光速的高科技？

解答题

58. 绘制一张恒星演化流程图，以梳理你掌握的相关知识。该流程图应以巨大的分子云为起点，最后以各种恒星"遗体"结束。

59. 在我们的银河系中，每存在一颗质量为$20M_\odot$的主序星就存在大约50 000颗平均质量为$0.5M_\odot$的恒星。但是，20-$M_\odot$恒星的光度大约是太阳的104倍，而0.5-$M_\odot$恒星的光度只有太阳光度的8%。

    a. 单颗大质量恒星的光度是50 000颗小质量恒星的总光度的多少倍？

    b. 小质量恒星的总质量与单颗大质量恒星的质量相比如何？

    c. 哪种类型的恒星在银河系中的质量占比较高，哪种类型的恒星发出的光更多，是小质量恒星还是大质量恒星？

60. 1841年，100-$M_\odot$恒星船底座海山二星正在以每年$0.1M_\odot$的速度损失质量。请根据此信息回答下列问题。

    a. 太阳的质量是2×10^{30}千克。船底座海山二星每分钟损失的质量是多少（单位：千克）？

    b. 月球的质量是7.35×10^{22}千克。船底座海山二星每分钟损失的质量与月球的质量相比如何？

61. 请根据第13.1节给出的数值计算确定O型恒星在其主序寿命期间会损失20%的质量。

62. 造父变星的光度与光变周期之间的近似关系是$L_{恒星}$（$L_{\odot 单位}$）$=335P$（天）。造父一（Delta Cephei）的光变周期为5.4天，视差为0.0033弧秒。某颗距离更远的造父变星看起来只有造父一的$\frac{1}{1000}$亮，光变周期为54天。

    a. 这颗距离更远的造父变星有多远（秒差距）？

    b. 这颗距离更远的造父变星的距离可以通过视差法测量到吗？为什么？

63. 如果蟹状星云（Crab Nebula）自公元1054年首次被观测到后就一直以3 000千米/秒的平均速度向外扩展，2012年该星云的平均半径是多少？（注意：一年大约3×10^7秒。）

64. 请根据爱因斯坦著名的质能方程式（$E=mc^2$）验证1千克氦发生聚变将释放出的能量为5.88×10^{13}焦耳。

65. 爱因斯坦认为质量和能量是等价的。那么一杯咖啡的重量在热时高还是冷时高？为什么？你认为其中的差别可以测量吗？

66. 我们知道脉冲星是自转的中子星。如果一颗脉冲星每秒钟自转30次，在该脉冲星的赤道平面的什么半径上，一颗共轴自转的卫星（每秒钟围绕该脉冲星自转30次）必须光速移动？请将此答案与脉冲星的半径1千米相比较。

67. 图13.11展示了元素的相对丰度。该图是对数图还是线性图？请解释氧位于y轴10^{-3}处是什么意思。

68. 根据第13.3节所学验证如果地球达到中子星的密度将变成足球场大小这一观点。

69. 如果一艘速度为0.9光速的宇宙飞船向地球发射一束激光，当该束激光到达地球时，激光束中的光子运动速度是多少？

探索 | 碳氮氧循环

核反应极其复杂，通常涉及到诸多步骤。我们在之前模拟了质子 - 质子链反应，这次我们将学习更为复杂的碳氮氧循环。请登录学习空间（StudySpace），打开第 13 章中的"CNO Cycle（碳氮氧循环）"互动模拟窗口。

首先，点击"播放"按钮播放完整个模拟动画，然后再点击"停止"按钮清理屏幕。再次点击"播放"按钮，直到第一次碰撞结束，再点击"暂停"按钮。

1. 第一次碰撞涉及到哪些原子核？

2. 质子（氢原子）是用什么颜色代表的？

3. 凹凸弯曲的蓝线表示什么意思？

4. 碰撞中产生了什么原子核？

5. 产生的原子核与最初发生碰撞的两种原子核都不属于同一类元素。为什么？

再次点击"播放"按钮，当出现黄色球和虚线时即刻暂停播放。

6. 这是一次碰撞还是自发衰变？

7. 黄色球代表的是什么？

8. 虚线代表的是什么？

9. 产生的原子核具有相同数量的核子，但它确是另一种元素。在碳原子核中，原先在氮原子中的质子发生了什么变化？

继续播放模拟动画，直到经过随后两次碰撞产生 ^{15}O。

10. 再次观察分析模拟过程。当蓝色球进来后，核子的数量和原子核的类型发生了什么变化（例如，数量"12"和碳元素，或者数量"14"和氮元素发生了什么变化）？

11. 在这些碰撞中释放出了什么？

继续播放模拟直到出现 ^{15}N 为止。

12. 这是一次碰撞还是自发衰变？

13. 这次反应最像前面的哪次反应？

现在继续进行模拟直到结束。

14. 最后一次碰撞后，绘制了一条返回到最初位置的线，以此告诉你上面的红色球代表的原子核类型。该原子核是什么原子核？

15. 有多少个原子核没有被归入最上面的红色球中？（提示：切勿忽略发生碰撞的 ^{1}H）这些原子核必定包含在最底部红色球代表的原子核中？

16. 碳含有六个质子，氮有 7 个质子。最底部的红色球代表的原子核含有多少个质子？

17. 最底部的红色球代表的原子核含有多少个中子？

18. 最底部的红色球代表的是什么元素？

19. 什么是碳氮氧循环？也就是说，什么核子结合在一起构成了最终的原子核产物。

20. 为什么我们不将 ^{12}C 归于净反应中？

14 宇宙膨胀

科学问题不可能像政治和法律问题那样通过唇枪舌战来辩明是非，其解答必须依据精心构建和谨慎进行的试验和观测。然而，1920 年天文学家哈罗·沙普利（Harlow Shapley，1885—1972）和希伯·柯蒂斯（Heber D. Curtis，1872—1942）就"螺旋和椭圆星云"的性质展开了一场激烈辩论，虽然我们现在已经知道螺旋和椭圆星云属于银河系以外的星系。沙普利认为银河系就是整个宇宙，因此这些天体当然也在银河系内。柯蒂斯持有的观点则与此相反（现在，我们知道他的观点是正确的），他认为它们是类似于银河系的独立的离我们极其遥远的天体。这场"世纪大辩论"当时并没有分出胜负，反而让爱德文·哈勃（Edwin P. Hubble，1889—1953）登上了历史舞台，他的发现从根本上改变了我们对宇宙的认知。

✧ 学习目标

与正如恒星是构成银河系的"积木"一样，星系是构成宇宙的"积木"。右图所示为哈勃太空望远镜拍摄到的四个星系的图片：三个巨大的螺旋星系和一个椭圆星系。该名学生正在对比分析相同类型的星系，以计算出它们离银河系的距离。经过本章学习，你应该知道下列知识点：我们是怎样根据像这样的图片（和后续观测数据）获知宇宙中包含数千亿个星系的；宇宙任何地方都是一样的；几乎所有星系都渐行渐远；并且它们离我们越远，移动速度越快。

除此之外，你还应能做到以下几点：

- 绘制一张哈勃定律图表，阐明星系红移与其距离的关系。
- 解释我们如何运用哈勃定律来绘制宇宙地图和追溯过去。
- 区分在太空中移动和随着太空移动之间的差别。
- 描述自 137 亿年之前宇宙在大爆炸事件中诞生以来是怎样演化的。
- 将宇宙微波背景辐射的观测数据与年轻宇宙的性质相联系。

假设各螺旋星系的大小大致相等：

 离地球最近

 离地球最远

 在两者之间

Hickson Compact Group 87

哈勃传统团队

PRC99-31．空间望远镜研究所，哈勃传统团队 (AURA/STScI/NASA)

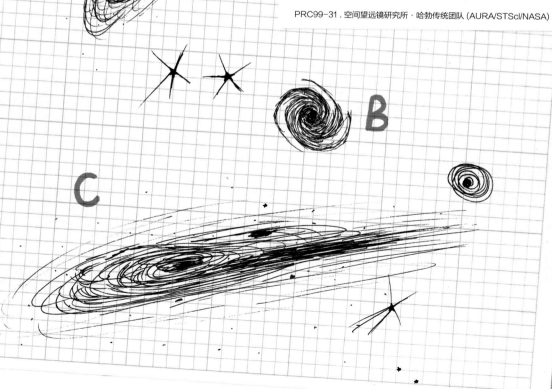

14.1 宇宙学原理是我们认识宇宙的基础

地球和其姐妹行星围绕着巨大螺旋星系中的一颗普通恒星旋转，该螺旋星系由受引力束缚的恒星、尘埃和气体构成。我们的银河系中有数百亿颗恒星，而银河系仅仅是浩瀚宇宙中至少数百亿个星系中的一个。宇宙学原理是我们对宇宙感念认知的基础，它指出适用于宇宙某一部分的物理定律也普遍适用于宇宙的任何一个角落。

宇宙学是研究宇宙本身的学科，包括宇宙的结构、历史、起源和命运。正如我们在第1章所强调的，宇宙学原理并不是一种信仰，而是可以验证的科学理论。宇宙学原理的其中一项重要预测是，无论我们是在银河系还是在数亿光年远的其他星系上，我们关于宇宙的任何结论应是相同的。换句话说，如果宇宙学原理是正确的，那么我们的宇宙是均质的。

词汇标注

均质：严格地说，该词表示"在各个点的组成成分和性质都相同"，但是从该词的绝对意义而言，宇宙明显不可能是真正均质的。地球表面的条件完全不同于外太空或者太阳的中心。在天文学上，宇宙的均质性是指我们所在的宇宙部分的恒星和星系大致上类似，运行的方式相同，因为这些恒星和星系都离我们十分遥远。另外，均质性还表示任何地方的恒星和星系在太空中的分布与我们邻近宇宙中的恒星和星系分布相同，并且在这些星系中的观察者所观测到的宇宙性质与我们所看到的是一样的。均质性对宇宙学家而言只是大概意思。

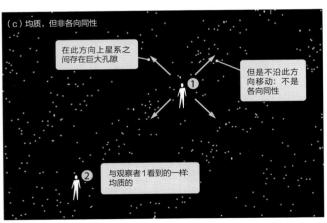

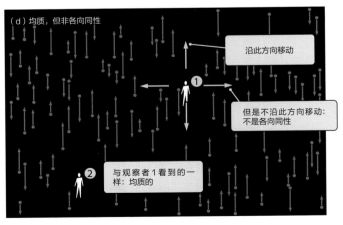

图 14.1 在宇宙的四个不同的理论模型中，宇宙的均质和各向同性。蓝色箭头表示观察方向。（a）星系均匀分布，因此宇宙是均质和各向同性的。（b）星系的密度在一个方向逐渐降低，因此该宇宙既不是均质的也不是各向同性的。（c）星系带沿着特定轴分布，因此该宇宙不是各向同性的。但是从大尺度而言（图中方框内），宇宙在任何地方都是相同的，因此该宇宙是均质的。（d）星系均匀分布，但只沿一个方向移动，因此该宇宙也不是各向同性的。

直接验证均质性并非易事，我们无法到其他星系上查看这些星系是否具备相同条件。但是，我们可以比较遥远宇宙中从离我们较近和较远的位置发出的光。例如，我们可以观测离我们较远的星系的分布情况是否与地球附近的星系的分布相似。

除了预测宇宙是均质的以外，宇宙学原理还指出无论从什么方向进行观测，宇宙中各处的观察者（包括我们自己）所观察到的宇宙是完全相同的。如果某个物体在各个方向都是一样的，则该物体属于各向同性。相比均质性，宇宙的各向同性预测更容易直接验证。例如，如果星系不符合宇宙学原理是一排一排排列的，在不同的观察方向上我们看到的天空差别极大。在大多数情况下，各向同性与均质性齐头并进，这是宇宙学原理所要求的。图14.1展示了违背宇宙学原理不属于各向同性或者均质性的情况，以及符合宇宙学原理的情况。

> 任何地方的观察者看到的宇宙的都是相同的。

宇宙学原理预测宇宙中星系的分布是均质和各向同性的。虽然我们不能直接验证该预测，但是所有观测数据都显示无论我们观察的方向如何，宇宙的属性基本上是相同的。在大尺度下，宇宙看起来也是均质的。宇宙学原理经受住了所有试验，是现代宇宙学的基础。

> 星系的分布是各向同性和均质的。

14.2 宇宙正在膨胀

1925年，爱德文·哈勃（Edwin Hubble，图14.2）在威尔逊山天文台（威尔逊山远远高于当时仍为小城市的洛杉矶市）利用最新研发出的10英寸望远镜发现了巨大邻近星系仙女座中的一些变星。他察觉到虽然这些恒星看起来较为暗淡，但它们非常类似于银河系和附近的麦哲伦星云星系中的造父变星。哈勃通过造父变星的光变周期与光度之间的关系（第13章）计算出了仙女座和几个其他星系的距离。这些星系大小与银河系类似，距离我们极其遥远。

维斯托·斯里弗（Vesto Slipher，1875—1969）利用亚利桑那州旗杆镇罗威尔天文台（Lowell Observatory）上的望远镜获得了这些星系的光谱图。不出所料，斯里弗获得星系光谱看起来类似于其中含有些许发光星级气体的恒星群的光谱。但是，这些星系产生的光谱上的发射线和吸收线在实验室产生的光谱上的相同波长范围内很少见到。通过测量这些星系的多普勒径向速度显示，几乎所有谱线都移向了光谱中波长更长或者颜色更红的区域，如图14.3所示。这表明，星系正在远离我们，而且距离越远，远去的速度越快。

图 14.2 爱德文·哈勃头像，1948 年 2 月 9 日发行的《时代》杂志封面人物。

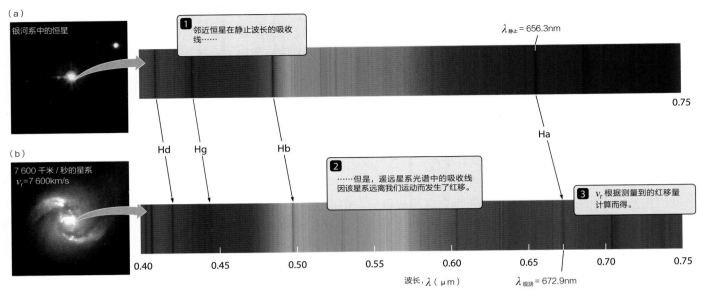

图 14.3 （a）银河系中的恒星及其光谱图。（b）遥远距离以外的星系及其与恒星光谱刻度相同的光谱图。注意，星系光谱中的谱线向波长更长的区域移动了。

词汇标注

退行：表示天体正在后退或者远离。退行速度是指天体远离的速度。

▶❚❚ **天文之旅：哈勃定律**

从遥远星系发出的光发生了红移。

哈勃定律表明星系的退行速度与其距离成正比。

根据第5章所学可知，如果一个物体正在离我们远去，我们所观测到的该物体的波长会向光谱的红端移动。实验室中波长称为光谱线的静止波长，$\lambda_{静止}$。

星系的红移表示为z。z值越大的天体，红移越大，离我们远去的速度越快。哈勃将斯里弗观测到的红移解释为多普勒频移，几乎宇宙中的所有星系都在越来越远离银河系（见疑难解析14.1）。哈勃将星系退行速度的测量数据与自己估算的星系距离相结合，最终得出了宇宙学历史上最伟大的发现之一。哈勃发现星系离我们远去的速度与其距离成正比，这就是注明的哈勃定律。根据哈勃定律，距离为3 000万秒差距（30Mpc）的星系是距离为1 500万秒差距的星系速度的两倍。（1秒差距等于3.26光年，因此，100万秒差距等于326万光年）。

H_0是星系距离和速度之间的比例常数，称为哈勃常数。该常数是宇宙学中最重要的数字之一，许多天文学工作者一直致力于确定该数值。

所有观察者看到的都是相同的哈勃膨胀

哈勃定律是人类认识宇宙的一次跨越，具有深远意义。首先，哈勃定律有助于我们验证宇宙是均质和各向同性的这一预测。我们可以观测天空中某个方向的星系是否与天空中另一个方向的星系都遵循相同的哈勃定律来证实宇宙的各向同性属性。但是，乍看起来，你可能认为哈勃定律暗示宇宙不是均质的，因为我们看起来正处在一个非常特殊的位置：处在太空无限膨胀的中心，宇宙中的其他事物好像都在离我们远去。但是，此第一印象是不正确的。哈勃定律实际上是说，我们正处于一个均匀膨胀的宇宙中，不论我们所在位置如何膨胀看起来都是一样的。为了帮助你理解，你可以利用书桌上可能随处可见的材料来搭建一个实用模型，进行分析。

疑难解析 14.1	红移：计算星系的退行速度和距离

根据我们所学的关于谱线的多普勒方程式可知：

$$v_r = \frac{\lambda_{观测} - \lambda_{静止}}{\lambda_{静止}} \times c$$

前面的分数等于红移量。代入上述方程式可得：

$$v_r = z \times c$$

（注意：只有当速度远远低于光速时，上述对应关系才适用。）

假设我们注意到遥远星系的光谱上有一条氢谱线，波长为122纳米（nm）。如果该氢谱线的观测波长为124nm，红移量为：

$$z = \frac{\lambda_{观测} - \lambda_{静止}}{\lambda_{静止}}$$

$$z = \frac{124\ nm - 122\ nm}{122\ nm}$$

$$z = 0.016$$

根据红移量即可计算出退行速度：

$$v_r = z \times c = 0.016 \times 300\ 000\ km/s = 4\ 800\ km/s$$

那么，遥远星系有多远呢？这涉及到哈勃定律和哈勃常数（H_0=72千米/秒/百万秒差距，或者km/s/Mpc）。哈勃定律表明星系的退行速度与其距离成正比，可通过数学关系式表示为 $vr = H_0 \times d_G$，其中d_G表示星系的距离，单位为百万秒差距。将方程式两边除以H_0，可得：

$$d_G = \frac{v_r}{H_0}$$

$$d_G = \frac{4,800\ km/s}{72\ km/s/Mpc} = 67\ Mpc$$

通过测量氢谱线的波长，我们可知遥远星系的距离大约为6 700万秒差距。

如图14.4所示，一条长长的橡皮筋上拴上了几个回形针，其中回形针代表膨胀宇宙中的星系。如你拉伸橡皮筋，上面的回形针将相隔越来越远。想象一下如果你是回形针上A的一只蚂蚁，你会看到什么情况。随着橡皮筋被逐渐拉长，你将会注意到所有回形针都在离你远去。离你最近的回形针B慢慢远离，回形针C距离你的距离是回形针B的两倍，远离的速度是B的两倍。回形针E的距离是B的四倍，其远离速度是B的四倍。从回形针A上的蚂蚁的视角来看，橡皮筋上的所有其他回形针都在以与它们的距离成正比的速度远离。沿着橡皮筋排列的回形针遵循的定律类似于哈勃定律。

以上对哈勃定律的展示较为浅显易懂，但是最关键的一点是认识到回形针A的视角没有任何特殊性。如果你是回形针E上的一只蚂蚁，在你看来回形针D的远离速度较慢，而回形针A将以四倍于回形针D的速度远离。对沿着橡皮筋排练的所有回形针都重复上述试验，你将得出如下结论：其他回形针远离蚂蚁的速度与它们离蚂蚁的距离成正比。拉伸的橡皮筋就像宇宙一样是"均质的"。不论蚂蚁处在什么位置，都是用于相同的类似哈勃定律的定律。

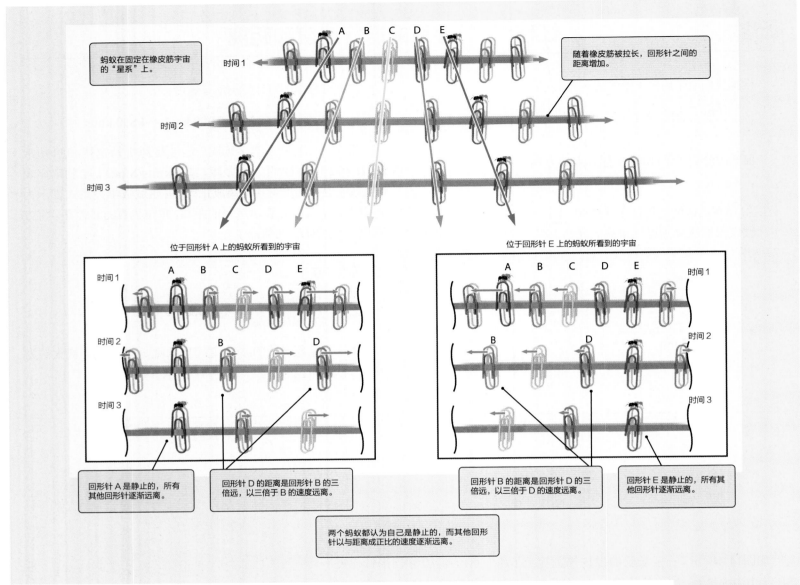

图 14.4 为了模拟哈勃定律，逐渐拉长其上均匀分布回形针的橡皮筋。随着橡皮筋被逐渐拉长，回形针 A 上的蚂蚁将看到回形针 C 以两倍于回形针 B 的速度远离。同理，回形针 E 上的蚂蚁将看到回形针 C 以两倍于回形针 D 的速度远离。无论在哪个回形针蚂蚁都觉得自己是静止的，并注意到其他回形针远离的速度与它们的距离成正比。

宇宙正在均匀膨胀。

我们观察到邻近星系的远离速度较慢而遥远星系的远离速度较快并不是说我们处在正中央。哈勃定律揭示出宇宙是均匀膨胀的。任何星系中的观察者都会发现邻近星系的远离速度较慢而遥远星系的远离速度较快。无论是在其他星系还是在地球上，都适用相同的哈勃定律。

哈勃定律仅存在一种例外情况：如果星系被引力束缚在一起，万有引力会影响空间膨胀。例如，仙女座星系和银河系在引力作用下被捆绑在一起。仙女座星系大约以每秒120千米（千米/秒）的速度靠近银河系，因此从仙女座星系上发出的光发生了蓝移。引力或者电磁力会抑制空间膨胀这一事实也解释了为什么太阳系和自己都没有膨胀。

天文学家创建了距离阶梯用以测量哈勃常数

　　哈勃定律揭示出我们的宇宙正在膨胀。但，为了获知当前的膨胀速度，我们需要知道哈勃常数H_0的大小。为此，我们必须知道大量星系的退行速度和距离，包括离我们极其遥远的星系。

　　遥远天体的距离可以通过宇宙距离阶梯测量，如图14.5所示。在太阳系中，我们可以通过航天探测器发出的雷达和信号计算出距离。当我们知道太阳的距离后，就可以利用视差（第10章所学）来测量邻近恒星的距离和光度，并绘制出它们在赫罗图上的位置。通过此方式，我们只需要知道主序星的温度（可以根据其光谱测量）就可以获知其光度，然后再将该恒星的视亮度与其光度进行比较，从而估算出该恒星的距离。这种估算恒星距离的过程称为分光视差法。

　　对于更遥远的但又离我们较近的星系，我们可以通过标准烛光法测量它们的距离。相同类型的更遥远的天体都比较暗淡，或者体积较小，例如O型恒星、球状星团、行星状星云、新星和变星。在本章开篇图中，一名学生正在根据此概念找出几个螺旋星云的相对距离。通常，天文学都依据天体的亮度而非体积来估算它们的相对距离。造父变星是一种标准烛光，位于距离阶梯上更高的梯段，可以让我们精确地测量30Mpc远的星系距离。虽然此距离还不足以让我们确定哈勃常数的可靠数值，但在此广阔的太空范围内，我们可以搜寻出光度更高的标准烛光，其中Ia型超新星最适合。

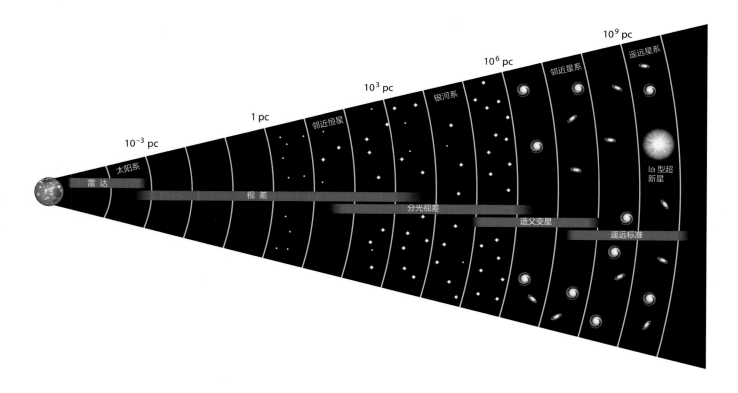

图14.5 距离阶梯，展示了我们如何从邻近天体开始一梯段一梯段地测算出遥远天体的距离。距离单位为秒差距（pc）。

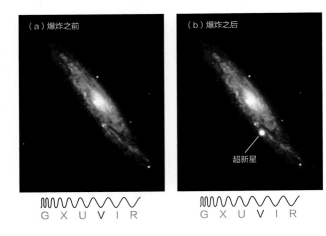

图14.6 Ia型超新星爆炸之前（a）和之后（b）的NGC 3877星系图像。Ia型超新星是光度极高的标准烛光。

根据第12章所学，Ia超新星的出现是因为气体从已演化的恒星流向其白矮星伴星上，致使白矮星超过了电子简并天体质量的钱德拉塞卡极限，继而开始坍塌和爆炸。因为所有Ia超新星都是发生在相同质量的白矮星上，因此我们推测所有这些爆炸的光度都大致相同。该预测是基于对距离已知的星系中的Ia型超新星的观测。Ia型超新星的峰值光度是太阳光度的数10亿倍以上（图14.6），因此我可以凭借几乎可以观测到可观测宇宙的边缘的现代望远镜观察和测量它们。

在二十世纪最后几十年内，致力于获得H_0数值的天文学家大致分为两大阵营。其中一个阵营认为哈勃常速约为60km/s/Mpc，另一个阵营认为哈勃常数约为110km/s/Mpc。两大阵营对阵辩论了好几年，两边都试图获得更具说服力的数据，直到90年代中期哈勃太空望远镜的观测数据将此数值确定为72km/s/Mpc左右。近年来，天文学家通过测量某些其他天体的距离得出了与该数值一致的结果。

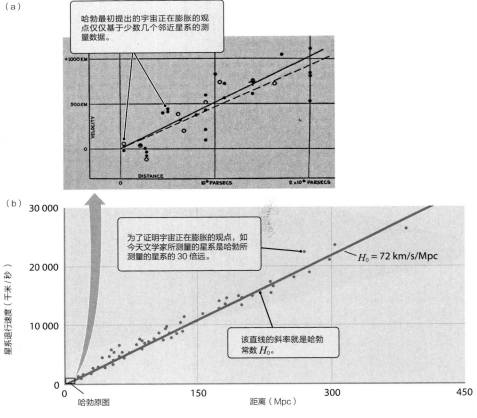

图14.7 （a）哈勃的原始数据表明星系距离越远，退行速度越快。（b）如今关于距离为哈勃当时所研究星系30倍远的星系的数据揭示出退行速度与距离成正比。

图14.7所示为测得的星系退行速度与其测得的距离之间的关系图。因为速度和距离相互成正比，图中沿斜线分布的所有点，其斜率等于比例常数。请注意图中所有数据点都离斜线非常近，这表明宇宙符合哈勃定律。当今，我们所测的哈勃常数已精确到百分之几，今后还有可能更为精确。

根据当前的测量数据得出约为72 km/s/Mpc。

宇宙领悟 哈勃定律让我们得以绘制出宇宙的时空结构图

哈勃定律为我们提供了测量极遥远天体距离的实用工具。只要我们知道H_0的数值大小，就可以通过测量星系的红移计算出其距离。换句话说，一旦我们知道H_0的数值大小，曾经难以完成的测量宇宙中遥远天体距离的任务将变得轻而易举，让我们得以正确地绘制出宇宙的结构。这在逻辑上看似不可能，因为H_0是根据红移和距离计算出的，而我们又要根据H_0计算出距离。但实际上，我们是首先根据一群星系的数据计算出H_0，然后又根据H_0估算出不同类型的、距离更遥远的星系的距离。

我们可以根据红移量估算出星系的距离。

除了让我们获知星系的空间位置外，哈勃定律还具有时间的量纲。光是以有限的速度传播，并且速度极快。我们见到的太阳是8分钟以前的太阳，我们见到的半人马座阿尔法星（除了太阳以外离我们最近的恒星系统）是4.3年以前的模样，而我们见到的银河系中心是27 000年以前的模样。一般而言，我们见到的遥远天体是它在回顾时之前的模样。回顾时是光从天体传播到望远镜所需的时间。当我们观测遥远的宇宙时，回顾时的数值实际上非常大。红移量z=0.1的星系，其距离是14亿年（假设72 km/s/Mpc），因此该星系的回顾时是14亿年。红移量z=0.2的星系，其回顾时是27亿年。红移量越大，我们所看到的宇宙更年轻。

14.3 宇宙起源于大爆炸

哈勃定律最重要的作用是它揭露了宇宙的结构和起源。我们知道宇宙中的所有星系都在渐行渐远，因此如果我们可以将此"分离"影片向后倒退，将发现星系之间的间隔将随着它们年龄的减小而越来越近。我们假设宇宙膨胀速度是恒定的，根据哈勃定律可以推算出大约68亿年前当宇宙的年龄是现在的一半时，宇宙中所有星系之间的间隔距离只有现在的一半。120亿年之前，宇宙中所有星系之间的距离肯定只有现在的十分之一左右。假设所有星系一直都以目前的速度彼此远离，137亿年之前（时间等于$1/H_0$时），构成我们如今的宇宙的所有物质和能量之间将不存在任何空隙（参见疑难解析14.2）。此时，这些毫无间隙的物质和能量超乎想象地密集和炽热。1除以哈勃常数得出的数值称为哈勃时间，表示估算的宇宙年龄。当今的宇宙起源于137亿年之前发生的一次巨大爆炸中。这次大事件标记了宇宙的开始，称为大爆炸（图14.9）。

▶❚❚ 天文之旅：哈勃定律

疑难解析 14.2 | 宇宙膨胀和年龄

我们可以运用哈勃定律估算宇宙的年龄。假设两个星系相距30Mpc（d_G=9.3×10²⁰千米）（图14.9），如果这两个星系正在彼此远离，那么过去在某个时间点上它们必定在同一时间位于同一位置。根据哈勃定律，假定H_0=72 km/s/Mpc，这两个星系以下列速度拉开彼此之间的距离：

$$v_r = H_0 \times d_G$$
$$v_r = 72 \text{ km/s/Mpc} \times 30 \text{ Mpc}$$
$$v_r = 2\,160 \text{ km/s}$$

在知道了星系的移动速度后，我们即可计算出这两个星系分离30Mpc所需的时间：

$$时间 = \frac{距离}{速度} = \frac{9.3 \times 10^{20} \text{ km}}{2\,160 \text{ km/s}} = 4.3 \times 10^{17} \text{ s}$$

将单位秒换算成年可得（1年约等于3.16×10⁷秒）：

$$时间 = 1.4 \times 10^{10} \text{ 年}$$

换句话说，如果宇宙一直以恒定速度膨胀，当前相距30Mpc的两个星系是在大约140亿年之前从同一个位置彼此分开。

再以两个相距60Mpc的星系为例（图14.8）。这两个星系之间的距离增大了一倍，但它们彼此分开的速度也快了一倍。

$$v_r = H_0 \times d_G = 72 \text{ km/s/Mpc} \times 60 \text{ Mpc} = 4\,320 \text{ km/s}$$

因此，

$$时间 = \frac{距离}{速度} = \frac{19 \times 10^{20} \text{ km}}{4\,320 \text{ km/s}} = 4.4 \times 10^{17} \text{ s}$$

将单位秒换算成单位年，求得：

$$时间 = 1.4 \times 10^{10} \text{ 年}$$

我们再次根据时间等于距离除以速度（两倍距离除以两倍速度）的关系式计算出这些星系也历经了140亿年才到达它们目前的位置。我们可以对当今宇宙中的任何一对星系进行反复计算。两个星系彼此间距越远，它们移动的速度越快。但，所有星系都历经了相同的时间到达它们目前的位置。

如果我们不以数字而是以语言来描述，我们可以发现为什么答案总是一样的。我们所计算的速度是根据哈勃定律计算而得，而速度等于哈勃常数乘以距离。将此关系以方程式表达为：

$$时间 = \frac{距离}{速度}$$

$$时间 = \frac{距离}{H_0 \times 距离}$$

将距离约去，得到：

$$时间 = \frac{1}{H_0}$$

$1/H_0$被称为哈勃时间。以上介绍了估算宇宙年龄的方法之一。

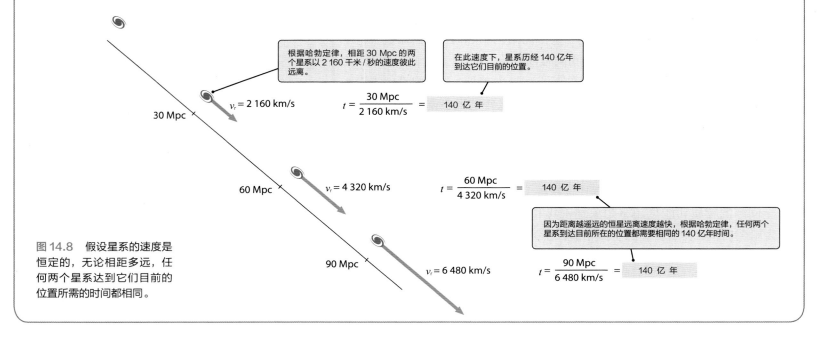

图14.8 假设星系的速度是恒定的，无论相距多远，任何两个星系达到它们目前的位置所需的时间都相同。

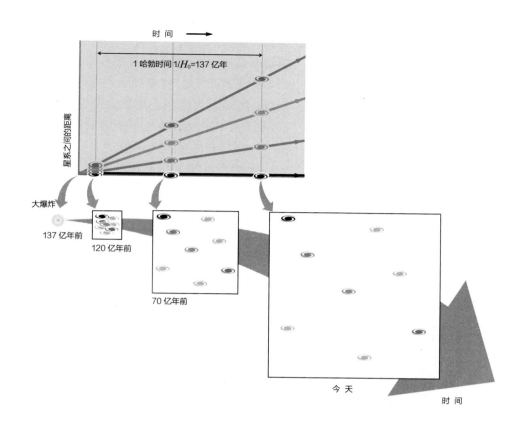

图14.9 如果回望过去，任何两个星系之间的距离都越来越小，直到宇宙中的所有物质都集中在同一点：大爆炸。

在二十世纪早期和中期，许多天文学家都极其困惑于大爆炸概念。有些天文学家提出了不同的观点以解释已观测到的哈勃膨胀的事实，却没有考虑到宇宙是在数十亿年之前形成的，并且在形成时温度极高、密度极大。但是，随着观测数据的增多和对宇宙结构的更多发现，大爆炸理论受到越来越多天文学家的支持。如今只有极少数此领域的工作者仍在质疑是否发生过大爆炸。实际上大爆炸理论的所有主要预测（宇宙膨胀只是其中之一）都被证明是正确的。正如我们将看到的，解释宇宙起源的大爆炸理论现在得到了可靠地证实，已进入科学事实的行列。

膨胀始于大爆炸。

哈勃定律产生了显著甚远的影响，此发现改变了我们对宇宙的起源、历史和可能的未来的概念。同时，哈勃定律还提出了许多关于宇宙的新问题。为了解决这些问题，接下来我们将深入探讨我们所称的膨胀宇宙究竟是什么意思。

宇宙领悟 星系并没有在太空中飞散

此时，你可能会在脑海中勾勒出膨胀宇宙就像爆炸产生的云状碎片一样向周围空间飞离而去。但是，大爆炸不是通常意义的爆炸，并且周围也没有空间。

关于大爆炸的一个常见问题是："大爆炸是在哪里发生的？"该问题的答案也让人惊讶不已，因为大爆炸发生在各个角落。无论你身在宇宙何处，你都处于大爆炸的发生现场。这是因为星系不是在太空中逐渐飞离，而是宇宙空间自身在不断膨胀，致使宇宙中的恒星和星系随之膨胀。

此概念可能听起来难以置信，但是我们可以根据之前所学的基本理论来理解空间膨胀的概念。我们在第13章探讨中子星和黑洞时，谈到过爱因斯坦广义相对论。广义相对论指出质量造成时空扭曲，而引力是质量物体引起的时空扭曲的结果。例如，如任何其他天体一样，太阳的质量会造成附近的时空扭曲；因此在其惯性参考系中运行的地球是沿着弯曲的路径围绕太阳旋转。图13.20阐释了此现象，图中拉伸的橡胶板上放置了一个小球，展示了小球是如何让橡胶板的表面弯曲的。

我们还可以用别的方式让橡胶板的表面弯曲。如图14.10所示，假设橡胶板上放置了许多硬币。随着橡胶板被拉伸，所有硬币在橡胶板表面上的位置保持不变，但是它们之间的距离增大了。两个相距较近的硬币彼此分离速度较慢，而相距较远的硬币彼此分离的速度则较快。当橡胶板被拉伸时，

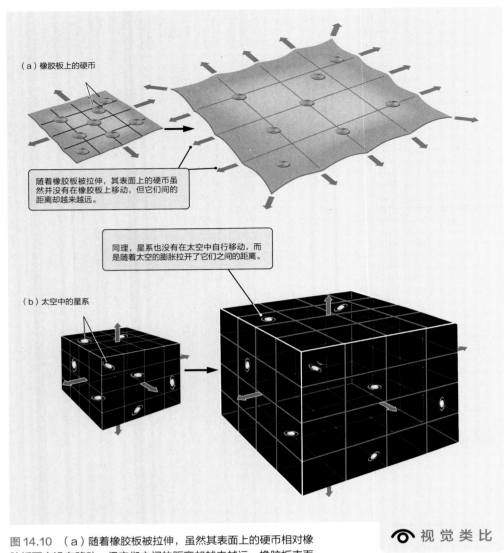

（a）橡胶板上的硬币

随着橡胶板被拉伸，其表面上的硬币虽然并没有在橡胶板上移动，但它们间的距离却越来越远。

同理，星系也没有在太空中自行移动，而是随着太空的膨胀拉开了它们之间的距离。

（b）太空中的星系

图14.10 （a）随着橡胶板被拉伸，虽然其表面上的硬币相对橡胶板而言没有移动，但它们之间的距离却越来越远。橡胶板表面上的硬币在任何方向上都观测到类似于哈勃定律的定律。（b）类似地，膨胀宇宙中的星系也并不是在空间中自行飞离远去，而是空间本身在延伸。

👁 视觉类比

橡胶板表面上的所有硬币都将遵循类似于哈勃定律的关系。类似地，宇宙的空间一直在膨胀，致使其中的星系也随之移动。该现象完全不是星系本身在空间中渐行渐远的概念。

在橡胶板上放置了大量硬币的情况下，橡胶板在破裂前能够拉伸多远有一定极限。但对于空间和真实宇宙而言却不存在极限——原则上，空间结构可以永远无限制地膨胀。哈勃定律是星系之间的空间一直在膨胀这一事实的观测结果。

爆炸发生在各个角落。

宇领宙悟 根据标度因子描述膨胀

假设我们在橡胶板上用尺子每隔一厘米标记一个刻度，如图14.11（a）所示。如果我们想知道橡胶板上两点之间的距离，只需要数数两点之间有多少个刻度，然后再乘以1厘米（cm）即可。

但是，随着橡胶板被拉伸，刻度线之间的距离不再是1厘米。当橡胶板被拉伸到最初绘制刻度线时的150%时，相邻刻度线之间的距离变为$1\frac{1}{2}$最初的，或1.5厘米。如果你想知道两点之间的距离，我们仍然需要数一下两点之间有多少个刻度，但是因为相邻刻度之间的距离增大了，我们必须乘以1.5才能最终计算出两点之间距离到底是多少厘米。此时橡胶板的标度因子是1.5。如果橡胶板被拉伸到原来的2倍（图14.11（b）），相邻刻度之间的实际距离将为2厘米，橡胶板的标度因子也将是2。根据标度因子，我们可以知道橡胶板被拉伸后相对最初标记刻度时的大小，还可以知道橡胶板上各点之间的距离变化了多少。

我们可以将上述概念运用到宇宙中。假设我们今天在宇宙空间结构中利用"宇宙标尺"每隔10Mpc标记一个虚构刻度。我们将此事的宇宙标度因子定义为1。过去，当宇宙较小时，我们的宇宙标尺在空间标记的刻度之间的距离必定小于10Mpc。相比今天的标度因子，年轻的、尺寸更小的宇宙的标度因子将小于1。将来，随着宇宙持续膨胀，宇宙标尺上刻度间的距离将超过10Mpc，而宇宙的标度因子也将大于1。按照此方式，我们可以使用宇宙标尺（通常以R_u表示）来跟踪宇宙的变化幅度。

当我们思索膨胀宇宙时，应谨记物理定律本身不会被不断变化的标度因子所改变，这点十分重要。例如，当我们拉伸橡胶板时，我们并不会改变其表面上硬币的性质。同理，随着空间不断膨胀，宇宙中的原子、恒星和星系的尺寸和其他物理性质也保持不变。

让我们再次回到膨胀中心在哪里的问题。回望过去，我们会发现宇宙的标度尺寸越来越小，离大爆炸发生的时间越近，标度尺寸越接近零。如今跨度数十亿光年的空间结构，在过去宇宙仍十分年轻时跨度极小。当宇宙年龄仅为一天时，我们如今看到的所有空间仅仅只有太阳系的几倍大小。当宇宙年龄只有五十分之一秒时，构成如今可观测宇宙（以及其中的所有物质）的广阔空间只有今天的地球大小。随着我们穿越时空越来越接近大爆炸，构成如今可观测宇宙的空间变得越来越小——只有葡萄柚、弹珠、原子或者光子大小。构成如今宇宙的空间结构中的点点滴滴在最初都存在于从大爆炸中诞生的微小到超乎想象的致密宇宙中。

我们又面临到重复的问题：大爆炸的中心在哪里？答案是没有中心。大爆炸不是发生在空间中的某个特定点上，因为空间是随着大爆炸产生的。大爆炸发生在哪里？大爆炸发生在各个角落，包括你目前所在的位置。这是极为重要的概念。如果今天的宇宙中的某个特定点是大爆炸发生现场，该点应为极为特殊的位置。但是，该特殊点完全不存在。大爆炸发生在各个角落。大爆炸宇宙是均质和各向同性的，符合宇宙学原理。

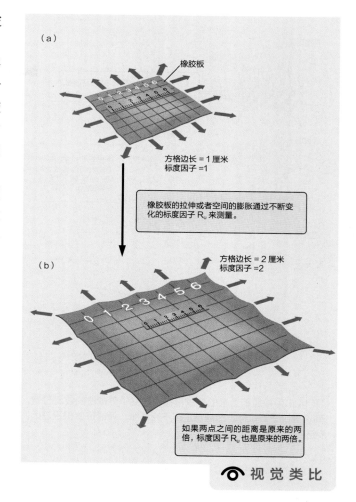

图14.11 （a）橡胶板上相邻刻度间隔1厘米。随着橡胶板被拉伸，刻度之间的间隔被拉长。（b）当刻度之间间隔2厘米时或者是原来的2倍时，该橡胶板的标度因子R_u翻了一番。类似地，R_u也用于描述宇宙的膨胀。

膨胀不会影响星系、恒星、原子或者任何其他物体的局部性质。

红移是宇宙标度因子不断变化造成的

广义相对论为我们阐释膨胀宇宙这一哈勃伟大发现提供了有力工具，并促使我们重新思索所谓的遥远星系的红移究竟表示什么意思。虽然星系之间

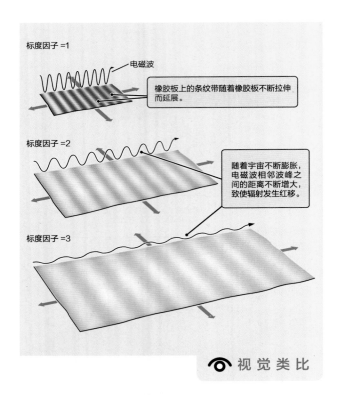

标度因子 =1

电磁波

橡胶板上的条纹带随着橡胶板不断拉伸而延展。

标度因子 =2

随着宇宙不断膨胀，电磁波相邻波峰之间的距离不断增大，致使辐射发生红移。

标度因子 =3

👁 视觉类比

图 14.12 橡胶板上画的条纹带代表太空中电磁波的波峰位置。随着橡胶板被拉伸，即随着宇宙不断膨胀，波峰彼此相距越远。光发生了红移。

的距离确实会随着宇宙膨胀不断拉开，并且我们也确实能够根据多普勒频移方程式测量出星系的红移量，但这种红移却完全不是由多普勒频移造成的。当遥远星系的光向我们传来时，光线所经过的空间的标度因子一直在不断增大；因此相邻波峰之间的距离也在不断增大。随着光线所经过的空间不断膨胀，光线本身也被"拉伸"了。

让我们再次以橡胶板作类比。如果我们在橡胶板上画上一系列条纹带，用以表示电磁波的波峰，如图14.12所示。我们可以观测橡胶板被拉伸时电磁波的变化情况。当橡胶板被拉伸到原来的两倍长时，即当标度因子等于2时，波峰之间的距离变为原来的两倍。当橡胶板被拉伸到原来的三倍长时（标度因子等于3），电磁波的波长将是原来的三倍。

将上述概念运用到遥远星系传来的光线上。当光线离开其所在星系时，宇宙的标度因子小于目前的数值。在光线传播的过程中，宇宙也在膨胀，致使光线的波长随着宇宙不断增加的标度因子呈比例变长。因此，遥远星系发出的光的红移可以直接测量出自辐射离开辐射源后宇宙的膨胀量。根据红移量可以测量出自光被发出后宇宙的标度因子R_u变化了多少。

14.4 大爆炸理论的主要预测得到了充分证实

有关宇宙的问题是一些我们能够提出的最基本的问题。我们所处的非凡时代可以让我们通过科学实证法寻求这些问题的真正的、可验证的答案。因此，支持大爆炸理论的证据应极具说服力。除了观测到宇宙本身正在膨胀以外，还有什么证据能够让我们接受确实发生过大爆炸呢？

领悟宇宙 我们观测到大爆炸遗留下来的辐射

20世纪40年代中期，当乔治·伽莫夫（George Gamow，1904—1968）和其学生拉尔夫·阿尔菲（Ralph Alpher，1921—2007）在研究哈勃膨胀的隐含意义时，开启了对史上最重要的大爆炸理论的证实之路。他们推论到，既然收压缩的气体膨胀时会冷却，膨胀的宇宙也应该逐渐冷却。当宇宙还非常年轻、非常小时，必定是由极其炽热的致密气体构成。这个炽热的致密早期宇宙充斥着黑体辐射，具有黑体辐射谱。

伽莫夫和阿尔菲进一步发展了此理念。他们认为，随着宇宙不断膨胀，该辐射应发生红移，波长越来越长。根据第6章所述的维恩定律，与黑体辐射相关的温度与峰值波长成反比。黑体辐射的波长向光谱中长波段移动就等于说温度向较低值移动。如图14.13所示，宇宙标度因子增加一倍，黑体光谱中的光子波长也增加一倍，相当于让合体光谱的温度下降了一半。1948年，阿尔菲、汉斯·贝特（Hans Bethe，1906—2005）和伽莫夫发表了一篇论文，断定今天的宇宙中仍会残留有约5～10开尔文的早期宇宙发出的黑体辐射。

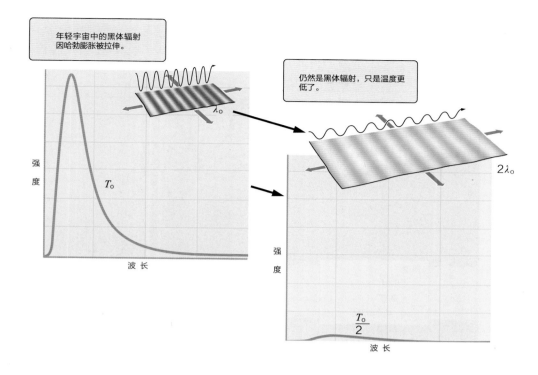

图 14.13 随着宇宙不断膨胀，炙热的年轻宇宙遗留下来的黑体辐射移向了黑体光谱中的长波段。黑体光谱红移相当于黑体辐射温度下降。

20世纪60年代早期，贝尔实验室的两名物理学家阿诺·彭齐亚斯（Arno Penzias，1933至今）和罗伯·威尔森（Robert Wilson，1936年至今）试图将无线电信号从最新发射的卫星上反弹回来。这在今天看来都不算个事儿，如今我们可以使用手机和手持GPS定位系统直接与卫星通信，但当时受到技术限制，非常难以实现。彭齐亚斯和威尔森需要极其敏感的微波望远镜。该望远镜自身产生的任何杂散信号都可能洗刷掉卫星弹回来的微弱信号。图14.14展示的是彭齐亚斯和威尔森在无线电望远镜旁边的合影。他们不知疲倦地排除掉其仪器上所有可能存在的干扰源，包括清除鸟粪和其他异物。即使如此，不论他们费尽了多少努力，当他们将望远镜朝向天空时，仍然能够探测到微弱的微波信号。最终，他们只能接受所探测到的信号是真实存在的。宇宙空间存在微弱的微波。

与此同时，物理学家罗伯特·迪克（Robert Dicke，1916—1997）和其在普林斯顿大学的同事也独立地重新发现了阿尔弗和赫尔曼早先作过的预言。他们听说了彭齐亚斯和威尔森探测到无法阐明的信号，并立即将它解释为源自早期炽热宇宙的残余辐射。该信号如果具有热辐射，那么它所有的能量就相应于3开尔文左右的温度——这与预测数值非常接近。1965年，他们向外公布发现了大爆炸残留下来的辐射。彭齐亚斯和威尔逊也因此伟大发现而获得1978年的诺贝尔物理学奖。

图 14.14 彭齐亚斯和威尔逊在贝尔实验室内的无线望远镜天线旁边合影，正是利用此天线他们发现了宇宙微波背景辐射。该天线现如今成为美国国家历史地标。

1 在早期处于电离态的宇宙中，光被自由电子俘获，辐射显示出黑体光谱。

（a）

图　解
- 质　子
- 电　子

　光子的路径

（b）

2 宇宙开始复合后是透明的，黑体辐射可以自由传播。

3 宇宙复合就像雾气突然退散一样。

👁 视 觉 类 比

图14.15 （a）宇宙微波背景辐射的起源。（b）复合之前宇宙就像多雾的天气一样，只不过这里的"雾"是氢原子形成的海洋。辐射与自由电子发生强烈交互作用，不能自由传播。困于其中的辐射显示出黑体光谱。（b）宇宙开始复合后，雾气退散，辐射可以畅通无阻地自由传播。

宇宙微波背景辐射是在早期炙热电离态的宇宙中产生的黑体辐射。

此早期宇宙遗留下来的辐射被称为宇宙微波背景（CMB）辐射。当宇宙还很年轻时，温度极高，宇宙中的所有原子都处于电离状态。在这种等离子体流中，自由电子与辐射发生强烈相互作用，致使辐射无法自由传播。在早期宇宙的这个时期，宇宙中的条件非常类似于恒星中的条件：宇宙是不透明的黑体（图14.15（a））。

随着宇宙逐渐膨胀，其中的气体不断冷却。当宇宙膨胀到当前尺寸的千分之一左右时，温度下降到只有几千开尔文，质子和电子结合形成氢原子。该事件被称为宇宙的复合，当时宇宙的年龄还只有几十万年（图14.15（b））。

氢原子不能像自由电子那样有效地阻挡辐射,因此复合开始后,宇宙对于辐射而言完全变成了透明的。自此以后,源自于大爆炸的辐射就能够畅通无阻地在宇宙中自由传播。宇宙在复合时的温度是3 000开尔文,辐射在波长约为1微米(µm)处达到峰值。随着宇宙持续膨胀,该辐射发生红移,波长更长,致使温度下降(如图14.13)。今天,宇宙的规模在复合后扩大了成千倍,宇宙微波背景辐射的峰值波长也增加了一千倍,接近1毫米(mm)。宇宙微波背景辐射仍然显示出黑体光谱,但特征温度为2.7开尔文,仅仅是复合时期的千分之一。

卫星数据证实宇宙微波背景辐射是真是存在的

宇宙微波背景辐射属于黑体辐射是大爆炸理论的极重要预测之一。彭齐亚斯(Penzias)和威尔逊(Wilson)证实了宇宙中存在一定强度的信号,并且还正确估算了该强度是多少,但是他们都不能肯定地说他们探测到的信号具有黑体光谱的谱形。直到上世纪80年代末关于宇宙微波背景辐射的预测才得到最终测试。1989年,宇宙背景探测器(COBE)发射升空,从几微米到1厘米波长范围对宇宙微波背景进行了精确测量。1990年,在美国天文学协会在华盛顿召开的冬季会议上,数百名天文学家聚集在一间大会议室听取COBE团队报告首次测量结果。最新探测结果处于严格保密状态,因此室内气氛极其紧张,一触即发。但紧张的气氛并没有持续多长时间,COBE团队展示了一张图表,瞬间让全场所有人员起立鼓掌。 约翰·马瑟(John Mather,1946至今)和乔治·斯穆特(1945至今)共同获得了2006年诺贝尔奖。

该图表上所示的数据请见图14.16。图中的小圆点代表COBE在不同频率下测量到的数值。每个测量值的不确定度远小于各点的大小。图中曲线表示温度为2.73开尔文的黑体光谱,几乎与数据点完全吻合。理论预测与观测值十分匹配,这具有非凡的意义。观测到的光谱与大爆炸理论的预测近乎完美地匹配表明,早期炽热致密宇宙遗留下来的残余辐射今天仍然能够观测到,这是毫无疑问的。

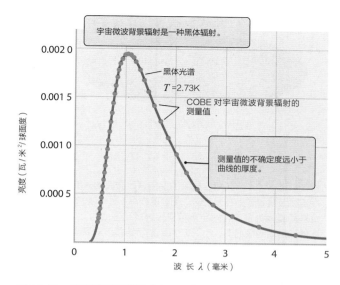

图 14.16 宇宙背景探测器(COBE)卫星探测到的宇宙微波背景辐射的光谱(红色圆点)。在不同波长上测量到的数值不确定度远小于圆点的大小。经过这些数据的曲线是温度为2.73开尔文的黑体光谱。

COBE非常清晰明确地表明宇宙微波背景辐射是2.73开尔文的黑体辐射。

宇宙微波背景辐射可以让我们测量地球相对于宇宙的运动

COBE不仅可以测量到宇宙微波背景辐射,还为我们提供了其他信息。图14.17(a)展示了COBE从整个天空捕获到的宇宙微波背景辐射的地图。图中的不同颜色对应于宇宙微波背景辐射不到0.1%的温度变化。此范围内的大部分温度都被呈现了出来,因为其中一半的天空看起来比对面的天空温度略高。这种差异与宇宙的结构完全没有任何关系,这是地球相对于宇宙微波背景运动而造成的。

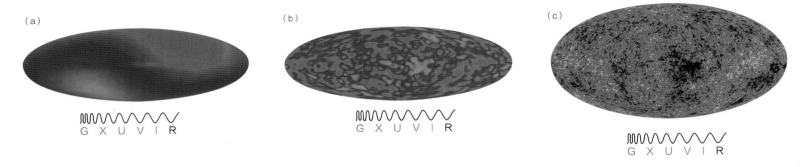

图 14.17 （a）COBE 绘制的宇宙背景微波辐射的温度地图。宇宙微波背景辐射在天空的一侧温度较高，另一侧的温度则较低。此差异是因为地球相对宇宙背景辐射运动造成的。（b）在不考虑地球运动的情况下，COBE 绘制的宇宙微波背景图中只剩下微小的涟漪。（c）WMAP 提供了至今为止最高分辨率的宇宙微波背景图。从本图所观测到的辐射是从大爆炸发生后从大约 40 万年发出的辐射。

COBE发现宇宙微波背景辐射存在细微差异，这是由于早期宇宙中各种结构的不断形成产生的；WMAP进一步证实了此发现。

COBE卫星绘制的全天性宇宙微波背景图显示出其中一半天空比另一半天空的温度略高，这是因为地球和太阳正在以368千米/秒的速度在巨爵座（Crater）方向运动。从我们的运动方向而来的辐射因为我们的运动略微发生了蓝移（向更高的特征温度移动），而从相反方向而来的辐射则发生了多普勒红移（或者温度下降）。我们的运动是各种因素相结合导致的结果，包括太阳围绕银河系中心旋转以及银河系相对宇宙微波背景的运动。

如果我们忽略COBE图的不对称性，宇宙微波背景辐射就只有一点点差异，如图14.17（b）所示。图中明亮部分的亮度只有暗淡部分的1.000 01。这些细微的差异对于整个宇宙历史至关重要。宇宙微波背景辐射的微小波动是早期宇宙中聚集的质量导致的引力红移的结果。早期宇宙中聚集的质量导致了星系以及我们如今所看到的宇宙中的其他结构的产生。

后续观测证实了COBE的发现。自2001年开始，威尔金森微波各向异性探测器（WMAP）对宇宙微波背景辐射进了更精确的测量。图14.17（c）展示了WMAP测量到的涟漪。这些分辨率更高的图对我们认知宇宙中各种结构的起源具有深远意义，可以帮助我们确定好几个宇宙参数。例如，本书引用的哈勃常数就是根据WMAP的测量值修正的。

宇宙领悟 大爆炸理论正确预测了质量最小的元素的丰度

大爆炸理论的预测与宇宙观测数据的另一次对峙是完全不同的。当宇宙诞生后的最初几分钟，宇宙的温度和密度都极高以至于发生核反应。早期宇宙中质子之间的碰撞形成了低质量原子核，包括氘（重氢）以及氦的同位素、锂、铍和硼。该过程称为大爆炸核合成，决定了从大爆炸高温相态出现的物质的最终化学成分。大爆炸不可能产生质量高于硼的元素，因为此时宇宙的密度非常低，不可能发生会在恒星内部形成碳的三α过程。因此，宇宙中所有重元素，包括构成地球和我们自身的绝大多数原子，肯定都是在下一代恒星中形成的。

图14.18展示了大爆炸核合成形成的元素丰度预测，图中将宇宙中正常物质的当前密度与大爆炸核合成产生的元素丰度的预测值以函数的形式进行了比较分析。从图中我们首先注意到，无论宇宙中的质量密度如何，早期宇宙中形成的正常物质的质量大约24%最后都合成为极其稳定的同位素氦4（^{4}He）。

实际上，当我们对宇宙进行测量时，发现宇宙中大约24%的正常物质的质量都是以^{4}He的形式存在，完全吻合大爆炸核合成的预测。

与氢元素不同的是，大部分同位素的丰度都对宇宙中正常物质的密度极其敏感。通过将元素的当前丰度与大爆炸同位素形成模型相比较，可以帮助我们确定早期宇宙的密度。首先测量出当今宇宙中发现的氘（^{2}H）和^{3}He等同位素的丰度（图14.18中近乎水平的淡蓝色带），再与不同模型预测的在不同密度下形成的同位素应具备的丰度（图14.18中深蓝色带）相比较，我们即可获知普通物质的密度（图14.18中垂直黄色带）。根据当前最精确的测量，如今宇宙中普通物质的平均密度是每立方米3.9×10^{-28}千克（千克/米^3），该数值完全位于图14.18所示的观测结果预测范围之内。这是预测值与测量值的又一次完美匹配，许多不同同位素也是如此。换句话说，我们可以首先测量出星系内和其周围的普通物质的数量，然后根据我们对大爆炸的认知计算出大爆炸产生的化学成分为多少。经过测量和计算，我们发现答案与我们在大自然中实际发现的这些元素的含量基本一致。这种一致性也对暗物质的性质提出了强有力的限制，暗物质是宇宙中的主要质量物质。我们将在下一章节中获知，暗物质不可能包含由中子和质子构成的普通物质，否则早期宇宙中的中子和质子的密度将高得多，致使宇宙中轻元素的丰度也会大大不同于我们实际观测到的丰度。

▶❚❚ **天文之旅：大爆炸核合成**

大爆炸理论预测宇宙24%的质量是氦，观测结果证实了该预测。

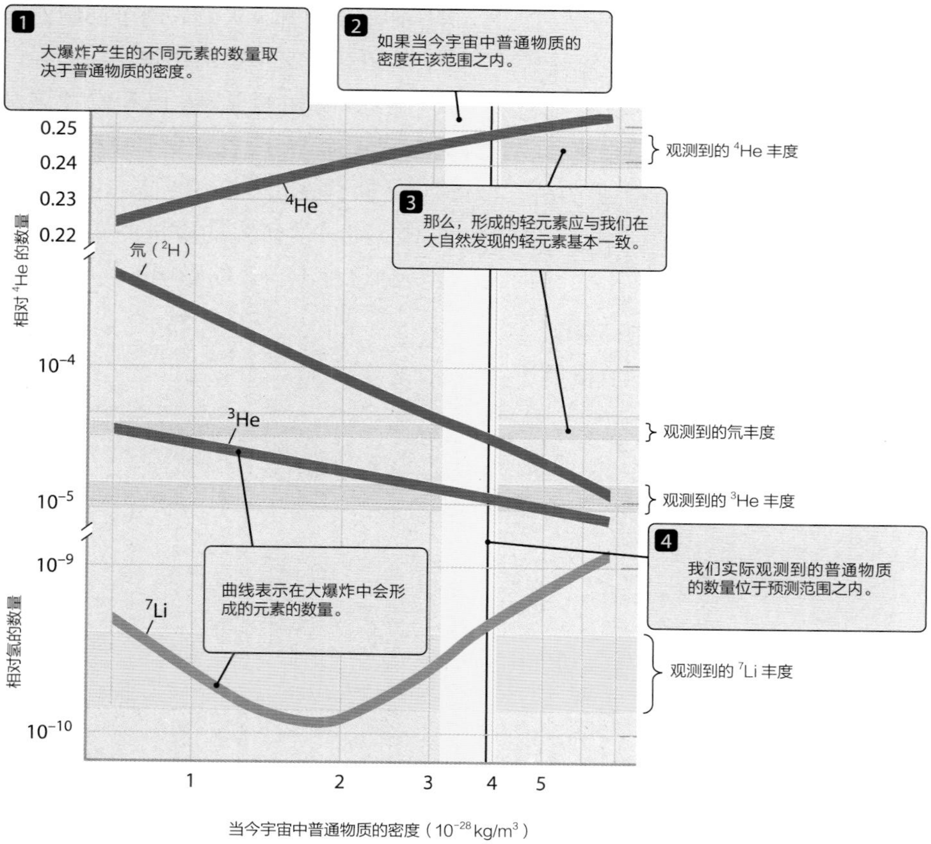

图14.18 大爆炸核合成产物丰度的观测值和预测值，本图以当今宇宙中普通物质的密度为 *x* 轴。大爆炸核合成正确预测了当今宇宙中发现的这些同位素的数量。

天文资讯阅读

数十亿年前天空的图片

天文学家使用最新的经改良的卫星继续研究宇宙微波背景辐射，这些卫星上装载有分辨率更高、更灵敏的探测器。这些探测器为我们提供了其他令人兴奋的发现。

撰稿人：《邮报媒体新闻》艾米·明斯基

（AMY MINSKY）

一个包括温哥华科学家的国际科研团队发布了欧洲普朗克太空望远镜搜集的第一波研究发现，该太空望远镜造价十亿美元，用于研究最古老的光源。

研究的终极目标是发布一幅宇宙大爆炸后不久宇宙的图片，以及140亿年来宇宙是如何演变的。

普朗克太空望远镜2009年升空进入预定轨道，现已基本完成预定计划中三项对整个天空的调查。它要透过星系、恒星、气体和尘埃组成的"浓雾"寻找最古老的光，也就是天文学家所说的宇宙大爆炸遗留下来的辐射。

英属哥伦比亚大学物理和天文学助理研究员亚当·莫斯（Adam Moss）说："一想到这些，我就无比兴奋。已很难形容整个团队是何等兴奋了，我们都十分期待接下来的研究。"

加拿大太空总署发现两支均致力于协助普朗克科学研究的团队，一支来自英属哥伦比亚大学，一支来自多伦多大学。

星期四在巴黎召开的大会上，来自15个国家的成员发布了一组目录，上面是15 000个挡在最古老光源前面的"前景"天体。莫斯称，其中很多天体我们以前从未见过。

他说："我们看见的是它们数十亿年前的样子。就像看一幅天空十亿年前的照片一样。"

莫斯表示这个目录会帮助我们解释一些科学家已经知道但还未了解的天体，比如冷尘埃团是怎样串联起来组成银河系的。

该团队还发表了另一发现，即之前未被探测到的附着在银河系边缘的气体。他们说，人类最终会发现这类气体对星系形成和演变有着影响。他们还观察到冷尘埃云团——是人类发现的冷尘埃云团中最寒冷的——恒星是在这里形成的。

普朗克太空望远镜在距地球1500万公里的轨道上运行，搜集数据、拍摄照片。莫斯说他们将在2012年末或2013年初从普朗克收到最后一份报告。

新闻评论：

1. 目录中的天体最让人兴奋的地方是什么？

2. 文中亚当·莫斯称，"我们看见的是它们数十亿年前的样子"。其中的"它们"是指什么？

3. 随后，本文又提到"之前未被探测到的附着在银河系边缘的气体"。普朗克是否展示了这类气体在数十亿年前是什么样子？

4. 科学家（和其他人）经常抱怨记者误解了他们的意思。从最后两个问题的答案可以看出，文中显然出现了前后不一致。对此，你对科学家、记者或者这两类人有何看法？或者完全不会对你有任何启示？

5. 你对目前科学研究的质量的印象是否会受到这种不一致的影响？

小结

14.1 我们的可观测宇宙中有数百亿个星系，每个星系中又有数百亿颗恒星。观测结果表明我们的宇宙是均质和各向同性的，符合宇宙学原理。

14.2 宇宙膨胀符合哈勃定律：星系的退行速度与其距离成正比。宇宙膨胀产生可观测的红移，但膨胀不会影响物体的局部特性或者结果。

14.3 宇宙自大约 140 亿年前发生大爆炸开始一直在均匀膨胀。大爆炸发生在各个角落。大爆炸并非是从一个特定点四周爆炸。遥远星系的可观测红移是宇宙

标度因子不断增加的结果。

14.4 我们观测到 2.73 开的黑体辐射，这是大爆炸后当宇宙还非常小和非常炽热时发射出的辐射残余。宇宙微波背景辐射不仅让我们得以测量出我们相对背景辐射的运行速度，还提供了小涟漪演变成宇宙中的大尺度结构的证据。早期炽热宇宙中的普通物质核反应形成了我们如今看到的所有氢元素，以及少量其他轻元素。

◆ 小结自测

1. 无论天文学家从哪个方向观测，他们所看到的哈勃定律都是相同的，具有相同的斜度，这表明宇宙具有什么性质？
   a. 各向同性
   b. 均质
   c. 流体静力学平衡
   d. 能量平衡

2. 无论你在太空中的任何位置，你都会看到星系的分布极其类似，这表明宇宙具有什么性质？
   a. 各向同性
   b. 均质
   c. 流体静力学平衡
   d. 能量平衡

3. 如果宇宙没有膨胀，星系的速度和其距离之间的关系线将是怎样的（如在哈勃定律图中）？
   a. 水平
   b. 呈下降趋势
   c. 先上升再变平
   d. 先平直后下降

4. 请按照距银河系的距离排列下列各星系：
   a. 径向速度为 +200 千米/秒的星系
   b. 径向速度为 +400 千米/秒的星系
   c. 径向速度为 -50 千米/秒的星系
   d. 径向速度为 +50 千米/秒的星系

5. 哈勃定律所称的宇宙红移不同于多普勒效应造成的红移是因为：

   a. 光子在膨胀空间移动时发生红移
   b. 星系在太空中移动时发生红移
   c. 针对于光而言，不针对声音
   d. 两者之间没有区别，都是一样的

6. 下列哪些形容词可以用来描述大爆炸？（选择所有正确项。）
   a. 炽热　　　　　　　　b. 致密
   c. 响亮　　　　　　　　d. 微小
   e. 广阔　　　　　　　　f. 缓慢
   g. 快速

7. 以下所列为与大爆炸理论有关的三个主要观测结果。哪一项推动了该理论的发展，哪一项是根据该理论经观测预测到的？
   a. 哈勃定律
   b. 宇宙微波背景辐射
   c. 氢丰度

8. 下列哪些形容词可以用来描述通过宇宙微波背景辐射观测到的早期宇宙？（选择所有正确项。）
   a. 炽热
   b. 冰冷
   c. 致密
   d. 稀疏
   e. 在大尺度范围内均匀
   f. 在小尺度范围内均匀
   g. 快速膨胀
   h. 缓慢膨胀

问题和解答题

判断题和选择题

9. 判断题：宇宙是均质和各向同性的。

10. 判断题：宇宙红移导致的星系光谱变化类似于多普勒频移导致的恒星光谱的变化。

11. 判断题：没有任何星系被观测到呈现出蓝移。

12. 判断题：几乎所有星系看起来都在远离我们这一事实说明我们位于宇宙的正中央。

13. 判断题：我们不知道宇宙目前的模样，我们只知道宇宙过去的模样。

14. 判断题：哈勃定律表明宇宙过去比现在密集得多。

15. 判断题：大爆炸理论预测了宇宙微波背景辐射的存在。

16. 天文学家观测到两个星系，分别是A和B。星系A的退行速度是2 500千米/秒，星系B的退行速度是5 000千米/秒，这表明：
    a. 星系A的距离是星系B的四倍
    b. 星系A的距离是星系B的两倍
    c. 星系B的距离是星系A的两倍
    d. 星系B的距离是星系A的四倍

17. 用于创建哈勃定律的星系距离可以是通过什么方法测量的：
    a. 雷达   b. 视差
    c. 主序拟合   d. 超新星等标准烛光

18. 哈勃常数是通过下列哪种方式获知的？
    a. 与哈勃定律的数据相符合的斜线的斜率
    b. 与哈勃定律的数据相符合的斜线的y轴截距
    c. 哈勃定律相关数据的分散情况
    d. 与哈勃定律的数据相符合的斜线的斜率的倒数

19. 宇宙微波背景辐射呈现出2.73开尔文黑体光谱，是因为：
    a. 这是大爆炸时宇宙的温度
    b. 自大爆炸后光发生了红移
    c. 自大爆炸后光在尘埃作用下变红
    d. 自打包周地球一直在缓慢后退

20. 宇宙微波背景辐射：
    a. 源自于宇宙变透明的时刻
    b. 是大爆炸理论经证实的主要预测之一
    c. 揭露了早期宇宙的条件状况
    d. 以上皆是

21. 当前宇宙的氢丰度：
    a. 部分是因为大爆炸造成的，部分是因为恒星演化造成的
    b. 完全是因为大爆炸造成的
    c. 完全是因为恒星演化造成的
    d. 在大尺度范围还是未知数

概念题

22. 请回顾本章开篇图。如果哈勃定律已知，你还需要获知这些星系的哪些信息才能确定它们的距离？

23. 请以自己的话概括宇宙学远离。

24. 我们看到的是单颗恒星和单个星系。那么，天文学家所称的宇宙是"均质的"是什么意思？

25. 宇宙即便不是各向同性的也可能是均质的。请解释各向同性表示什么意思。

26. 假设你正处在一团浓雾中。
    a. 你认为你所在的环境是各向同性的吗？
    b. 你认为你所在的环境是均质的吗？
    c. 请解释。

27. 在20世纪初，天文学家发现大多数星系都在远离银河系（即发生了红移）。本发现具有什么意义？

28. 爱德文·哈勃（Edwin Hubble）随后又做出了甚至更重要的发现：星系的退行速度与其距离成正比。为什么该发现是20世纪最为重要的发现之一。

29. 如果你居住在离我们极遥远的星系上，你会觉得远处的星系是在逐渐远离还是靠近你所在的星系？请解释。

30. 为什么银河系没有跟随宇宙的其他部分一起膨胀。

31. 为什么我们不能通过仙女座等邻近星系的已测得的径向速度来估算哈勃常数（H_0）？

32. 请分析讨论图14.7。你认为乍看图14.7（a）中的数据令人信服吗？请将图14.7（a）与图14.7（b）二者相比。目前的数据与哈勃的原始数据是否呈现相同的趋势？该图是否比哈勃的原始数据更令人信服？为什么？天文学家经常提到"需要更多数据"。该情况下此言是否非虚？为什么？

33. 图14.7（a）中，有些数据位于速度=0的直线之下。据此你能判断出这些星系具有什么特点？这是不是证明哈勃定律是错误的？请解释。

34. 假设宇宙没有在膨胀而是在收缩。在此情况下图14.7（b）应是怎样的？现在，假设宇宙既不膨胀也不收缩而是静止的，图14.7（b）又将是怎样的？请分别绘制出来。

35. 解释天文学家所称的"距离阶梯"是表示什么意思。

36. 请认真分析图14.5。该图所示为宇宙距离阶梯。根据图中信息制作一张表格，清楚地表明不同距离范围应该采用哪种距离测量方法。在第三栏中注明哪一种方法适用的太空范围最大，哪一种适用的太空范围最小。

37. 当天文学家将他们的距离阶梯延伸到了30Mpc以外时，他们将测量标准从造父变星变成了Ia型超新星。请解释为什

么这种改变是必要的。

38. 哈勃时间是指什么意思？

39. 请认真分析图14.9。当$t=0$时，黑线所表示的星系的距离为0，然后一直保持零值不变，这是为什么？

40. 宇宙自大大爆炸之后一直在膨胀，因此我们知道星系实际上不是自行远离彼此，那么实际上是什么情况呢？

41. 标度因子可用当成"宇宙标尺"用以描述宇宙膨胀了多少。请解释什么是标度因子。

42. 当得知你正在学习天文学后，你的朋友好奇地问宇宙的中心在哪里。你莞尔一笑，回答道："就在这里，到处都是。"请详细解释为什么你如此回答。

43. 径向速度（v_r）和红移量（z）之间的关系式$v_r=cz$。但是，对于红移量较大的遥远星系而言，该关系式则不再适用。请解释原因。（提示：在该关系式中如果z大于1.0时，星系的速度会发生什么变化？）

44. 图14.10显示星系并没有在空间中移动，而是随着空间膨胀而彼此分离。为什么这二者之间存在差别非常重要？

45. 宇宙微波背景辐射源自哪里？

46. 为什么宇宙微波背景辐射呈现出黑体光谱意义重大？

47. 随着我们的测量仪器越来越灵敏，我们能够观测到更远的太空，继而能够探知更早时间的宇宙。然而，当我们到达复合时期时，我们却好像碰到了一面墙，无法回到比此更早的时间。请解释原因。

48. 据观测宇宙微波背景辐射具有微小的亮度变化，这一发现有什么重要意义？

49. 当前观测到的^{2}H和^{3}He等各种同位素的丰度揭示出早期宇宙具有什么重要性质？

解答题

50. 仔细观察图14.7。该图是线性图还是对数图？你是怎么知道的？

51. 根据图14.3中给出的数据计算出Hα线的波长发生的位移量，再据此确定图中所示星系的退行速度。

52. 哈勃时间（$1/H_0$）表示宇宙自大爆炸后以恒定速度膨胀的年龄。假设H_0等于72 km/s/Mpc并且膨胀速度是恒速，请计算宇宙的年龄（单位：年）。（注意：1年$=3.16\times10^7$秒，1秒差距$=3.09\times10^{13}$千米。）

53. 20世纪下半叶，H_0的估算值从60到110 km/s/Mpc不断修正。请根据各个估算值计算出宇宙的年龄，单位为年。

54. 请仔细观察分析图14.8。在哪个距离上你将发现速度为8 640千米/秒的星系？该星系的哈勃时间如何？

55. 图14.11所示的橡胶板是为了帮助你理解标度因子。从（a）变化到（b）的瞬间，每个正方形的大小的边长都翻了一番。该正方形的面积发生了怎样的变化？将该橡胶板想象成一个橡胶块，向三维空间而非二维空间扩展。从（a）变化到（b）的瞬间，该橡胶块的体积发生了怎样的变化？

56. 遥远星系的光谱在波长750纳米出显示出一条氢Hα线（$\lambda_{静止}=656.28$纳米）。假设$H_0=72$km/s/mpc。

　a. 该星系的红移量z是多少？

　b. 退行速度是每秒钟多少千米？

　c. 该星系的距离是多少百万秒差距？

57. 宇宙微波背景辐射的光谱在图14.16中以红色圆点显示，宇宙微波背景辐射具有2.73K黑体辐射谱。请根据此图确定宇宙微波背景辐射谱的峰值波长。并根据维恩定律计算出宇宙微波背景辐射的温度。你计算出的粗略结果与公认的宇宙微波背景辐射的温度相比如何？

58. 宇宙背景探测器（COBE）的观测结果显示我们的太阳系正在以368千米/秒的速度相对宇宙参考系向巨爵座方向移动。该运动造成的蓝移量（z的负值）是多少？

59. 图14.18在一张图中提供了大量信息。请将此图转换成一个表格，其中包含如下几列：同位素、测得的丰度（范围）和计算出的丰度。每个同位素为一行，然后填入显示普通物质测得密度的黑线旁边的同位素数据和计算结果。

60. 如果新的观测数据表明氢元素的质量百分数是24%，而氘（^{2}H）的质量百分数是10^{-6}，我们估算的宇宙中普通物质的密度将受到怎样的影响？请参见图14.18。

61. 宇宙中普通物质的平均密度是4×10^{-28}千克/米^3。氢原子的质量是1.66×10^{-27}千克（kg）。宇宙中平均每立方米包含多少氢原子？

62. 为了感受宇宙的空间，请将宇宙的密度（4×10^{-28}千克/米^3）与地球海平面上的大气密度（1.2千克/米^3）相比。我们的大气密度是宇宙密度的多少倍？请根据标准计数法表示。

 智能学习（SmartWork），诺顿的在线作业系统，包括这些问题的算法生成版本，以及附加的概念习题。如果你的导师在聪慧学习上布置了问题，请登录smartwork.wwnorton.com。

 学习空间（StudySpace）是一个免费开放的网站，并为你提供《领悟我们的宇宙》书中每一章的学习计划。学习计划包括动画、阅读大纲、生词卡、选择题测试以及聪慧学习和电子书中站点内容的链接。请访问wwnorton.com/Studyspace。

探索 | 适用于气球的哈勃定律

即使是专业的天文学家也难以将宇宙膨胀形象化。在此次探索中，你将学会利用气球的表面来感受膨胀是怎样改变物体之间的距离的。在整个探索过程中，请务必将气球表面当做二维对象，就像地球对于许多人而言是二维的一样。普通人可以向东西南北各个方向移动，只是不能进入地球里面或者离开地球到太空中。对于此次探索，你需要准备一个气球、11 张小贴纸、一根绳子和一把尺子，最好还有一个搭档。图 14.19 展示了此次探索过程的若干步骤。

将气球稍微吹胀，用手捏住吹起口，但不要用工具将吹气口系紧。将 11 张小标签粘贴在气球上（表示星系），并标号。星系 1 是参考星系。

测量参考星系与其他各个星系之间的距离。最简单的方法是用绳子测量，将绳子沿着气球表面放置在两个星系之间，然后测量绳子的长度。将测量数据填入类似于下一页所示的表格中的"距离 1"列。

接下来继续缓慢将气球充分吹胀，以模拟气球宇宙的膨胀。请让你的搭档记录此过程花了多少秒钟，并将记录的数据填入表格的"耗用时间"列（每行的耗用时间是相同的，因为每个星系膨胀的时间是一样的）。将吹气口系紧，再次测量参考星系与其他星系之间的距离。将这些数据填入表格中的"距离 2"列。

用第一次的测量数据减去第二次的测量数据。将两者之差填入表格中。

将表示星系运行距离的差值处于吹胀气球所费的时间。距离除以时间可以得出平均速度。

绘制速度（y 轴）和距离（x 轴）的关系图，得出"适用于气球的哈勃定律"。你可能希望针对这些数据匹配一条线，以了解变化趋势。

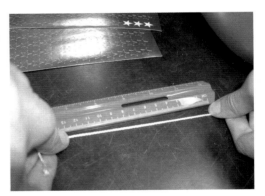

图 14.19　学生正在利用气球帮助理解空间膨胀的概念。

星系编号	距离1	距离2	差值	耗用时间	速度
1（参考星系）	0	0	0		0
2					
3					
4					
5					
6					
7					
8					
9					
10					
11					

1. 对你的数据进行说明。如果你画一条与这些数据相匹配的线。该条是水平的还是呈向上或者向下的趋势？

2. 你选用的参考星系具有任何特殊性吗？是否与其他星系存在不同？

3. 如果你选用另外一个不同的星系作为参考系，你所画的线条会呈现出不同的趋势吗？如果你对问题的答案还不确定，请用另一个气球再试试。

4. 宇宙的膨胀类似于气球上各个星系的移动。我们不想将类比弄得太复杂了，但是你还需思索的一点是：你的气球可能有些部分膨胀较少，因为这些地方较厚，将气球聚集在一起的"气球物质"更多。此现象与真实宇宙中的某些地方有什么相似之处？

15

星系王国

宇宙由许许多多的天体组成，这些天体与我们所在的银河系极其相似，这一观点问世还不过半个世纪。然而，如同恒星因质量或进化阶段不同而千差万别，星系也有各种各样的形态。星系是恒星和尘埃的巨大集合体，意识到这一点后天文学家们已经找到了将各种星系分门别类的方法，同时区分各类不同星系之间的差别。我们的目标之一就是要理解不同种类星系的起源，就像我们阐释不同恒星的起源一样。

◆ 学习目标

恒星在空间中的分布并不均匀。相反，人们把它们归类分组，按德国哲学家伊曼努尔·康德（Immanuel Kant）的说法，称为"岛宇宙"，也就是我们今天熟知的星系。在右边的图像中，一位学生收集了一些遵循哈勃音叉的图像，这也是一种分类方法，即按照形状组织星系。学完本章，你应该能够仿制这一图表，说明星系 S、E 和 SB 的区别以及如何将星系 Sa 和星系 Sc 区分开来。另外，你还能做到以下几点：

- 用给定恒星的轨道信息判断星系的类别。

- 解释为何螺旋星系的螺旋臂是恒星形成的地点，旋臂由螺旋星系盘搅动形成。

- 描述暗物质的已知特性。

- 解释能证明大多数——或者全部——大型星系中心都有超大质量黑洞的证据。

- 描述活动星系核的模型。

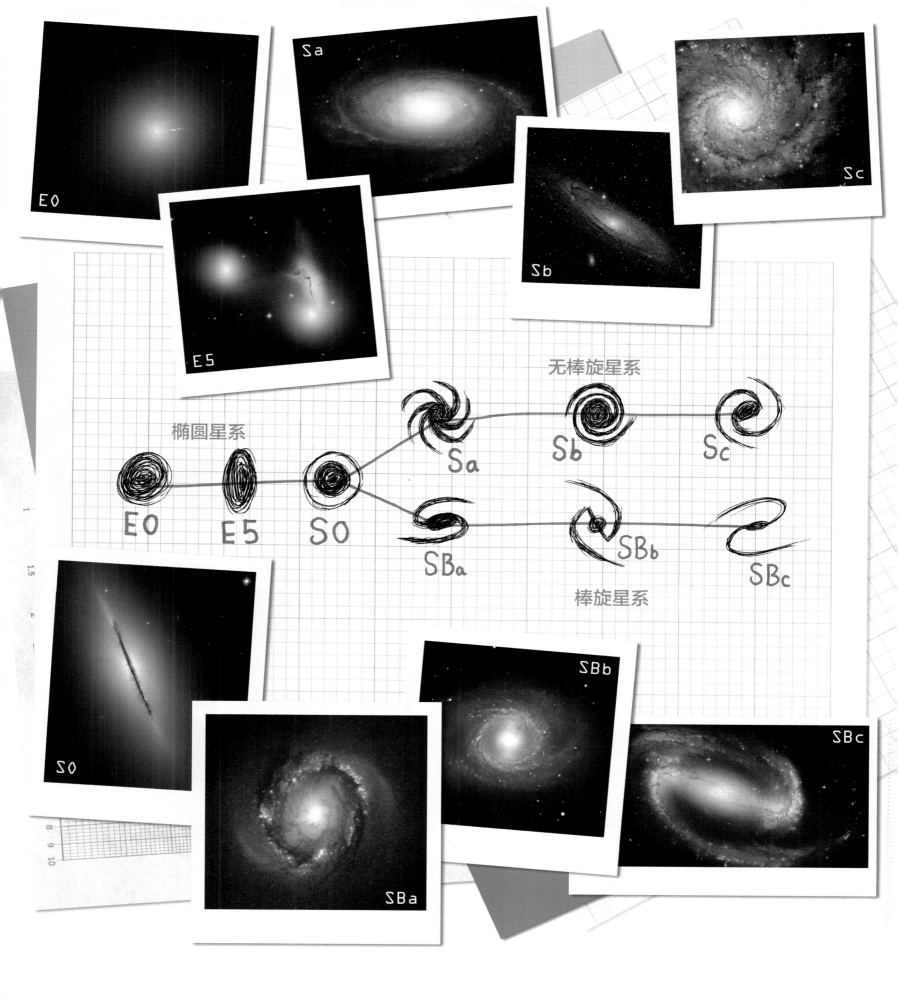

E0

Sa

Sc

E5

Sb

椭圆星系

无棒旋星系

Sa

Sb

Sc

E0

E5

S0

SBa

SBb

SBc

棒旋星系

S0

SBb

SBa

SBc

词汇标注

消光：在天文学中，表示光消失在宽泛的光谱波长范围内。

15.1 星系有许多类型

如图15.1（a）所示，想象着抓起一把硬币并把它们抛向空中。你知道，所有的这些天体在很大程度上是一样的：无论是一角、一分、五分，还是两角五分——都是扁平的圆形。可是，当你观察它们在空中的形态时，它们所呈现出来的样子却并非一样的。有些硬币面朝着你，它们看起来就像圆形。有些硬币边缘对着你，看起来则像细细的线条。而大部分硬币所呈现出来的样子介于这两种极端之间，它们是有角度的。就算这一图像是你所拥有的唯一信息，你也可以通过它来推断出一枚硬币的立体形状——扁平的圆形。

天文学家采用了类似的方法，希望能够揭示星系真实的三维立体形状。图15.1（b）呈现的一组星系在不同观察角度上所显示的形状，从正面到侧面的形状。正如图15.1（a）中的硬币一样，我们可以从天空中的那些影像推测，星系经常呈现出盘状形态，并且是不规则地分布在空中。

人类在了解星系道路上的第一次进步来自于对不同形状星系的分类。我们

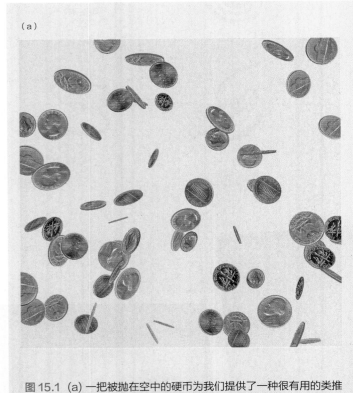

（a）

（b）

G X U V I R

图 15.1 （a）一把被抛在空中的硬币为我们提供了一种很有用的类推方式，帮助我们解决了如何确定某些种类星系形状的问题。一些面朝我们，一些边缘对着我们，而大部分是介于二者之间。(b) 从不同角度观察得到的盘状星系。我们观察星系的角度是多变的，这种多变性就等同于图 15.1（a）中硬币的观察角度的范围。

👁 视觉类比

现在使用的分类方法源自20世纪30年代，当时爱德文·哈勃（Edwin Hubble)设计了一种方案，同图15.2和本章开章图片中的方法及其相似。哈勃根据星系的样子将它们分组，并把它们放在一种形似叉子的图形上，这种叉子是用来给某种乐器调音的。星系是根据样子分类的。

音叉图形的末端（或"柄"上）坐落的天体是立体的椭圆形，就像美式足球。这些就是椭圆星系（图中标记为E)。它们的子类别被一一编号，从接近球体（E0)到完全的椭圆体（E7)，我们在其他类型星系上看到的扁平圆盘形状很少出现在这类星系上。

音叉的两个"齿尖"上是螺旋星系，用首字母S表示。螺旋星系的定义性特征是一个扁平的旋转圆盘。螺旋星系用旋臂命名，旋臂在圆盘上。除了圆盘和旋臂，螺旋星系的中心有一个看起来很像椭圆星系的凸起。

螺旋星系和椭圆星系的区分向来都不甚明确。一些星系则可能是两者的结合，它们有星盘但没有旋臂。哈勃把这种中间型星系命名为S0星系，并把它们放在音叉的节点附近。望远镜观察发现许多，如果不是全部，椭圆星系的中心都有小型的旋转圆盘，使得螺旋星系和椭圆星系之间的区别更加模糊。椭圆星系和S0星系还有另一个相似点：两者产生的恒星都不多。

哈勃注意到大约有一半的螺旋星系的中心凸起是棒形的。于是，他命名这类星系为棒旋星系（SB)，并把它们放在音叉的右齿尖上，如图15.2。没有棒形凸起的螺旋星系则位于左齿尖上。哈勃根据螺旋星系中心凸起的突出程度和旋臂缠绕的松紧程度将它们放在音叉的齿尖。例如，Sa和SBa星系的凸起最大，旋臂缠绕得紧并且光滑。Sc和SBc星系的凸起最小，旋臂缠绕得松并且经常看起来像打了结。

此外的所有星系被称为不规则星系（Irr)。正如名字所指，不规则星系在形状或结构上不具有对称性，而且不能与哈勃的音叉完全吻合。

起初，哈勃的设想是他的音叉对于星系的功能就像H-R图形对于恒星的功能一样。但事实并非如此——音叉图形并不能描述星系的演化——但是他的分类方案为研究这些天体提供了一种组织形式。

宇领宙悟 星系的形状源于恒星运动

星系不是硬币一样的固态天体，而是恒星、气体和尘埃的集合。椭圆星系中，恒星可能朝各个方向运动。太阳系中的所有行星都围绕太阳在圆形轨道上运行，与太阳系的行星不同，椭圆星系中的恒星的运行轨道是不尽相同的，见图15.3。这些轨道比行星的轨道更为复杂，因为在椭圆星系内部，引力场并不是源自单一的中心体。所有这些恒星轨道叠加起来便形成了椭圆星系的形状。

轨道速度也是一个因素。恒星运行得越快，星系伸展得越宽。如果椭圆星系的恒星真的沿任意方向运动，那么该星系会呈现出球体的形状。但如果恒星在某一方向比其他方向运动得快，那么该星系在这一方向会更加伸展，呈现出拉伸的形状。恒星轨道的这些差别导致一些椭圆星系呈现出圆形而另一些是细

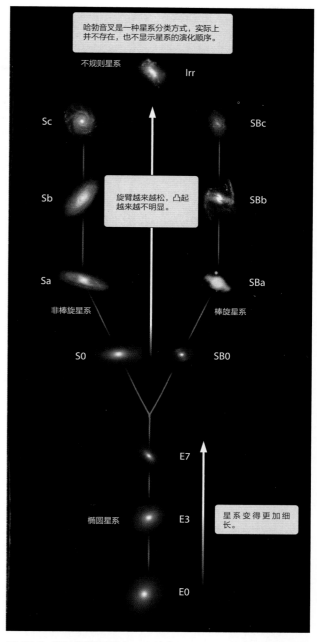

图 15.2 音叉图是爱德文·哈勃（Edwin Hubble)根据形状为星系设计的分类方案。椭圆星系构成音叉的"柄"。非棒旋星系和棒旋星系分别沿音叉的左右齿尖分布。S0 星系分布在音叉左右齿尖的末端。不规则星系则不在音叉之上。

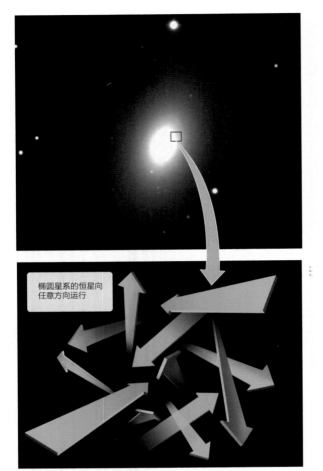

图 15.3　椭圆星系的形状由其所包含的恒星的运行轨道决定。星系上重叠的彩色线条代表恒星复杂、无规则的运行轨道。

图 15.4　棒旋星系的组成部分。旋转盘面和椭圆形凸起上的恒星的运行轨道如图所示。

长形。就像抛在空中的硬币一样，空中椭圆星系呈现出来的形态并不一定就是它的真实形状。例如，一个星系实际上是美式足球形的，但如果我们正好看到它的底部，它看起来便是圆形，像一个英式足球。

　　螺旋星系圆盘上的那些恒星的运行轨道和椭圆星系的完全不同。图15.4所示为螺旋星系的组成部分。螺旋星系的定义性特征是它有一个扁平的旋转圆盘。和太阳系的行星相同，螺旋星系圆盘上的大部分恒星几乎都沿圆形轨道运行，同时它们还围绕位于星系中央的质量中心沿同一方向运动。但螺旋星系的中央凸起的恒星轨道却与星系圆盘上的截然不同。至于椭圆星系，凸起内部的引力场并非源于单一的天体，所以其中的恒星沿一系列不规则的轨道运行。因此，螺旋星系的凸起也基本上呈球体。

星系其他方面的差异

　　除了恒星轨道方面的差异外，螺旋星系和椭圆星系还有另外一个重要的区别。大多数的螺旋星系都包含数量巨大的尘埃和气体，那些尘埃和寒冷而稠密的气体在它们盘面的中间面上聚集。正如我们所在的太阳系盘面上的尘埃，晴朗的夏夜我们可以看到它像一条暗带把银河一分为二（图15.5（a）），而在侧立着的螺旋星系中的尘埃看起来则像一条在盘面中向上延伸的黑暗而模糊的带子

（15.5（b））。伴随尘埃的寒冷气体也可以从螺旋星系的无线电观测中看到。相反，椭圆星系含有数量巨大的热气，最初是从观察它发射出的X射线看到的。

椭圆星系和螺旋星系在形状上的差异为我们洞察为什么椭圆星系的气体是热的而螺旋星系的气体是寒冷的提供了一些帮助。当气体进入新生恒星旁的盘面时，由于角动量的蓄积寒冷的气体会进入螺旋星系的盘面。相反，椭圆星系没有整体旋转，所以气体不会进入盘面。在椭圆星系上，寒冷气体唯一能进入的地方是它的中心。可是，椭圆星系中心的恒星密度过大，进化中的恒星和Ia型超新星不断地给气体加热，使得气体无法冷却下来。

螺旋星系和椭圆星系的颜色向我们透露了它们其中的恒星的形成历史。恒星是由浓密的寒冷气体组成。因为椭圆星系中气体的温度很高，所以现在活跃的恒星形成已经不会在这些星系中出现了。椭圆星系和S0星系略带红色说明它们那儿已经很久没有或很少有恒星形成活动了。这些星系中的恒星都是一些低质量的较老的星族。另一方面，螺旋星系盘上的蓝色则说明巨大、年轻又炙热的恒星正在盘面内部寒冷的分子云中形成。尽管螺旋盘面中的大部分恒星都是年老的，但是巨大而又年轻的恒星十分明亮，使我们的视野尽被蓝色主导。至于恒星形成，大部分不规则星系的恒星形成与螺旋星系相同。虽然体积相对较小，但是一些不规则星系目前正在以惊人的速度产生新的恒星。

不同种类星系之间亮度和大小没有必然的关系。星系的光度范围为10^6—10^{12}太阳光度，大小范围为几百到数十万秒差距。椭圆星系和螺旋星系没有明显的大小区分；两种星系约有半数的大小都在相似的范围内。最亮的椭圆星系要比最亮的螺旋星系看起来更为明亮，尽管这一点是真的，但所有哈勃类型中的星系在亮度上的重叠程度还是相当大的。

质量是确定恒星特性及其演变历史的最重要的参数。可是，质量和大小的差别却并不是星系各不相同的原因。大小星系只在颜色和浓度上存在细微差异，如果我们要对它们加以区分将是十分困难的。即使当附近的小螺旋星系和遥远的大螺旋星系看起来是挨在一起的（图15.6），也很难区分哪个是哪个。

图15.5 （a)银河系平面上的尘埃让我们无法看清银河系中心。(b)类似地，邻近的边缘朝向我们的螺旋星系 M104 平面上的尘埃在该星系的中间平面看起来也是黑暗模糊的地带。

恒星形成正在螺旋星系中发生，但不在椭圆星系中发生。

图15.6 星系的质量和大小并不决定星系的外貌，即使有些星系在大小和光度上看起来相似。图中星系（a）尺寸更大，光度是星系（b）的十倍。然而，它的距离却是星系（b）的四倍。

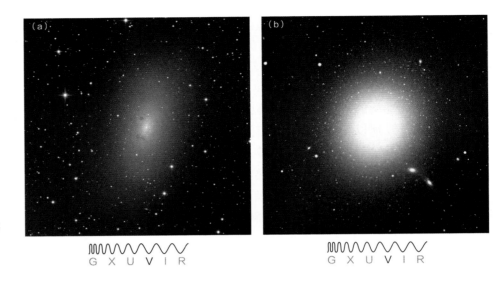

图 15.7 矮椭圆星系 (a) 和巨椭圆星系 (b) 有着不同的外观。比起矮椭圆星系，巨椭圆星系的中心更为稠密。

另外，亮度相对较低（小于10亿L）的星系被称为矮星系，亮度相对较高的星系被称为巨星系。只有椭圆星系和不规则星系既可能是矮星系也可能是巨星系。螺旋星系和S0星系中，我们只发现了巨星系。要区分矮椭圆星系和巨椭圆星系是比较容易的（如图15.7），巨椭圆星系的恒星密度要高得多，中心也比矮椭圆星系更为稠密。

15.2 恒星是在星系盘的旋臂上形成的

图 15.8 紫外线（a）和可见光（b）中的仙女座星系。注意，旋臂在紫外线中最亮，紫外线中年轻而炙热的恒星处于主导地位，同样，在星际星云中旋臂也最亮，星际星云被来自年轻而炙热的恒星的辐射而电离化。螺旋臂在可见光中不那么明亮。

我们所在的银河系是一个螺旋星系，从其他螺旋星系的图片，我们也许可以推测星系盘上的大部分恒星都位于旋臂上。但事实并非如此。图15.8是仙女座星系在紫外线和可见光下的图像。注意，它的旋臂在紫外线下的图像（图15.8（a））相对更亮，但在可见光下（图15.8（b））却不那么亮。如果我们仔细数一数恒星的实际数量，会发现虽然旋臂上的恒星稍微稠密一些，但是这一密度还没有大到其成为旋臂更亮的原因。实际上，螺旋星系盘上恒星的密度由盘面的中心向星系的边缘稳步降低。但是，分子云、O恒星和B恒星的结合体以及其他涉及恒星形成的结构都聚集在螺旋臂上。旋臂在蓝光和紫外线下看起来非常明亮是因为它们包含数量惊人的、年轻、巨大而明亮的恒星群。

密集的星际星云不断变大和聚集，到一定程度上，它们会因为自身的重力开始坍塌，恒星便形成了。如果恒星形成发生在旋臂中，那么旋臂肯定是星际气体星云堆积和压缩的地方。事实却是如此。追溯星系旋臂中存在气体的方法很多。正面朝向我们的螺旋星系的图片，诸如图15.9（a）中的，呈现出一些暗带，那里尘埃遮住了星光。这些暗带为追踪旋臂提供了最佳线索。旋臂出现在其他气体密集的失踪物中，如中性氢或一氧化碳中的射电辐射（图15.9（b））。

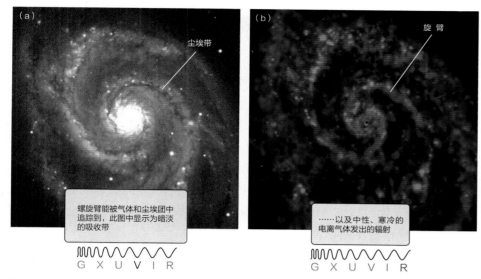

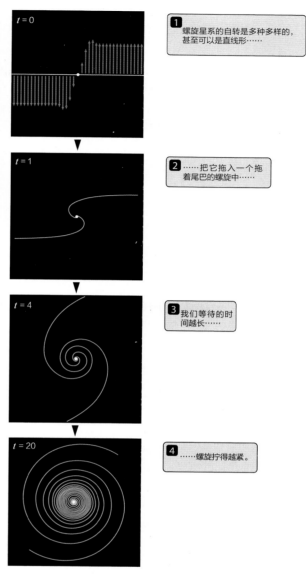

图 15.9 正面朝向我们的螺旋星系的两张图片中可见旋臂。(a) 可见光下的这幅图片还看得见尘埃吸附。(b) 此图为 21 厘米辐射图，图中可见中性星际氢、寒冷分子云的一氧化碳排放以及电离气体的 Hα 排放的分布情况。

螺旋星系的盘面稍有搅动便会形成旋纹，因为盘面在转动。盘面的旋转和实体不同。相反，星系旋转时，靠近星系中心的物质要比外面的物质运动得快。图15.10能够说明这点。星系模型旋转时，穿过中心的直线变成了螺旋形。靠近星系内部的天体公转几次的时间可能还不够靠星系外部的天体公转一圈。

螺旋星系会被诸如与其他星系的引力相互作用或者恒星形成的突发力而搅动。但一次搅动并不能产生稳定的螺旋臂纹。由搅动产生的螺旋臂最终会完整地公转两三次，然后消失。其他类型的搅动会重复出现，不断形成螺旋状结构。例如，当螺旋星系中心的凸起被拉长时（似乎大多数螺旋星系都会出现这种情况），凸起的引力会搅动盘面。当盘面穿过搅动旋转时，恒星形成反复发生，稳定性螺旋臂便由此产生。

螺旋结构还可以产生于恒星形成。恒星形成的区域会通过UV辐射、星际星云和超新星爆炸向周围释放能量。这种能量会压缩气体云，引起更多的恒星形成。一般而言，许多巨大的恒星会在同一时间同一区域形成；它们的质量一起向外流，伴随超新星的爆炸，持续时间不过几百万年，产生巨大的热气泡不断膨胀扩大。这些气泡将边缘的热气聚集压缩成稠密的星云，导致更多的恒星形成。由此产生的恒星形成带随星系旋转而弯曲，进而成为螺旋结构。

螺旋星系盘中的常规搅动被称为螺旋密度波：星系星际介质中密度较大和压强升高的区域。这些波动环绕盘面以双臂螺旋的方式运动。因为它们是波动，所以运动的是搅动而不是物质。当盘面绕轨道运行，物质穿过螺旋密度波。现在在螺旋臂上的恒星已经不再是2 000万年以前的样子了。

螺旋密度波对恒星的影响很小，但却会对穿过其间的气体进行压缩。被压缩的气体中会有恒星形成。大质量恒星寿命很短（一般而言大约为1 000万年），短到它们从来不曾从螺旋臂上飘远。另一方面，质量较小的恒星有足够的时间从出生地离开，分布于盘面的气体地方。

图 15.10 螺旋星系的较差自转在开始时自然地呈现直线结构，然后随着时间 (t) 的推进逐步卷成越来越紧的螺旋。

盘形星系的自转自然呈现螺旋结构。

15.3 星系大多是暗物质

螺旋密度波压缩气体,引发恒星形成。

天文学家使用开普勒定律测量星系的质量。

20世纪最后几十年里,科学家们致力于测量星系的质量,由此得出的发现在天文学历史上是显著的也是惊人的。要理解这些成果,我们首先要弄明白天文学家们是怎样着手测量星系的质量的。一种方法是将我们能够看见的恒星、尘埃和气体的质量相加。星系的光谱首先是由星光组成,所以我们可以查明该星系恒星的类型。恒星演化告诉我们如何将星系的光度转化为恒星总质量的估计值。X射线、红外线和射电波长中的星际气体的物理现象可以让我们估算星系其他组成部分的质量。因为星系中的恒星、气体和尘埃会发出电磁辐射,所以统称为发光物质(或简称为正常物质)。

然而,这种方法并不能让我们确定一个星系的总质量。例如,黑洞用这种方法就计算不了,但黑洞仍然是有质量的。幸运的是,我们有一种不用涉及光度也能确定质量的方式。恒星环绕母恒星、双子星相互环绕,它们在盘面上的轨道和开普勒轨道极其相似。要测量螺旋星系的质量,我们要运用开普勒定律,就像我们测量其他系统的质量一样(疑难解析15.1)。

疑难解析 15.1　　计算星系的质量

太阳坐落在距银河系中心8 000秒差距(160亿天文单位)的地方,它需要2亿5 000万年环绕中心一周。使用这一信息,我们可以求得从银心到太阳轨道之内的银河系的质量。疑难解析10.2中,我们使用了牛顿版的开普勒定律,即把轨道系统的总质量(m_1+m_2)(单位为太阳质量)和轨道周期(P)(单位为年)与轨道的平均半径(A)(单位为AU)联系起来:

$$m_1+m_2 = \frac{A^3_{\text{AU}}}{P^2_{\text{年}}}$$

这种情况下,与从银心到太阳轨道的银河系质量相比,太阳的质量显得微乎其微,所以m_1+m_2本质上来说就相当于m_1,即从银心到太阳轨道之内的银河系质量。插入太阳轨道的值

得到:

$$m_1 = \frac{A^3_{\text{AU}}}{P^2_{\text{年}}}$$

$$m_1 = \frac{(1.6 \times 10^9 \text{ AU})^3}{(250 \times 10^6 \text{ 年})^2}$$

$$m_1 = 6.6 \times 10^{10} M_\odot$$

从银心到太阳轨道之内的银河系质量,是太阳质量的660亿倍。太阳位于银河系的盘面上,而不在银河系的边缘,所以银河系的总质量要比这个值大得多。但是,这种算法也说明银河系内部包含了巨大的质量。

我们还想知道质量在星系内部是怎样分布的。我们也许会认为质量和光以相同的方式分布——假设发光质量在这些星系中就是全部质量。基于这一假设，我们可以推测：所有星系的光，包括螺旋星系，都往中心高度聚集（图15.11（a））。于是，可以接着推测，螺旋星系的所有质量都在其中心上（图15.11（b））。这种情况和太阳系非常相似，太阳系的所有质量就是太阳，也就是太阳系的中心。因此，我们可以预测靠近螺旋星系中心轨道速度就快，远离则慢（图15.11（c））。

我们使用多普勒效应测量恒星、气体和尘埃的轨道运动以验证这一推测。一旦我们得出这些速度，我们就能画出轨道速度和与星系中心距离的比例。这样的图表被叫做旋转曲线。

薇拉·鲁宾（Vera Rubin，1928至今）是星系自转速率的先驱。她发现，与我们之前的推测相反，螺旋星系内部的天体由内至外自转速度保持一致（图15.11（d））。在中性氢21厘米辐射下观察显示，就算在可见盘面范围以外的地方旋转曲线已然保持平直。我们设想质量和光线以相同的方式分布是错误的。

合乎逻辑的下一步是反问，质量怎样分布才会导致这样出人意料的旋转曲线呢？图15.12（a）呈现的是这样一个推算的结果。

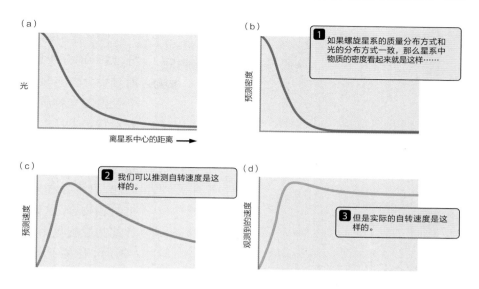

图15.11 （a）典型螺旋星系中可见光的分布图。（b）恒星和气体在离星系中心特定距离的质量密度。如果恒星和气体的质量包含在星系的总质量中，那么星系的旋转曲线将如（c）所示。但是，星系观察到的旋转曲线和（d）中的曲线更为相同。

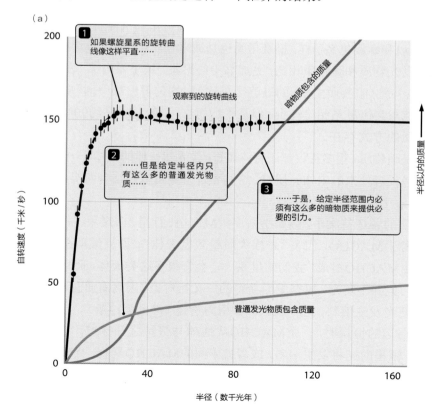

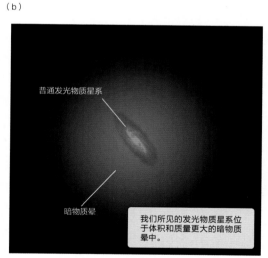

图15.12 （a）我们可以用螺旋星系 NGC3198 的平直旋转曲线来确定给定半径内的总质量。有一点值得注意，能够用恒星和气体计算出来的普通质量只是所需引力的一部分。还需要其他暗物质来解释旋转曲线。（b）除了我们能够看见的物质，星系还被晕圈围绕，这些晕圈一定含有大量暗物质。

▶❚ **天文之旅：暗物质**

影响星系的大部分质量物体都是暗物质。

G X U V I R

图 15.13　椭圆星系 NGC1132 在可见光和 X 射线下的影像。假设影像中蓝色／紫色光环是星系周围热气发出的 X 射线。热气一直扩散到恒星可见光以外的地方。

除了在中心区域聚集的发光物质外，这些星系一定还含有第二种组成部分，这一部分所包含的物质没有出现在我们的恒星、气体和尘埃普查表上。只通过引力影响显示自身存在的这种物质被称为暗物质。图中，红线表示特定半径内发光物质质量的大小。蓝线表示特定半径内暗物质质量的大小。黑线表示特定半径上的自转速度。

螺旋星系内部部分的旋转曲线同基于发光物质的推测一致，表明螺旋星系内部大多为发光物质。在星系的整个视觉影像中，暗物质和发光物质混合在一起，几乎各占一半。但星系外周带的旋转曲线却没有同我们基于发光物质的推测相吻合，这说明螺旋星系外周带主要是由暗物质组成。目前，有科学家估计某些螺旋星系有多达95%的总质量是由大范围的暗物质光环组成（图15.12（b）），比位于星系中心的可见的螺旋部分的质量要大得多。这一说法着实令人震惊。螺旋星系发光的部分在内部，这一部分占整个星系质量的大部，可是整个星系的质量却是被某种我们看不见的物质所主导。

椭圆星系是怎样的呢？同样，我们想把由可见光测量得到的发光质量除以由引力影响测量得到的引力质量。既然椭圆星系不会自转，我们不能使用开普勒定律测量引力质量。相反，我们注意到椭圆星系依靠自身的质量能够使炙热而又散发X射线的气体不散去：如果星系不够大，热原子和分子将会逃向星际空间。要求椭圆星系的质量，我们首先要推测出X射线图像下气体的总量，例如图15.13中可见的蓝色和紫色光环。接着计算不使气体散去所需要的质量。然后用引力质量除以发光质量。暗物质的数量是不使气体散去所需质量和观察到的发光物质之间的误差。

有些椭圆星系所包含的质量是能被计算出的恒星和气体质量总和的20倍那么多，所以和螺旋星系一样，椭圆星系也是被暗物质主导。正如螺旋星系，椭圆星系的发光物质和暗物质相比，更加靠中心聚集。从星系内部（发光物质主导）到星系外周（暗物质主导）的过渡十分均匀，均匀得出奇。一些星系包含的暗物质可能与其他星系相比较少；但是平均而言，一般的星系约90%的总质量是以暗物质的方式存在。

什么是暗物质？很多提议都还有待调查：像木星一样的天体、一组黑洞、无数的白矮星或者外来的未知元质点。这些备选答案可以归结为两类：MACHO和WIMP。

暗物质的备选答案中，诸如小主序星M恒星、行星、白矮星、中子星或者黑洞被统称为MACHO，代表"晕族大质量致密天体"。如果银河系内的晕族的暗物质由MACHO组成，我们的星系一定会有很多这类天体，而且它们会相互施加引力但并不发光。根据爱因斯坦的广义相对论，因为有质量，MACHO的重力会使光发生偏斜，这种现象叫做引力透镜（参见第13章）。当我们正在观察一颗遥远的恒星时，一个MACHO从地球与恒星之间穿过，如果几何学原理正确，恒星的光将发生偏斜，或者被中间的MACHO聚拢，当MACHO穿越我们的视线，如图15.14（a）。因为引力对所有波长的影响是一致的，所以此类透镜现象在所有色彩下看起来是一样的，因此排除了其他的变化的原因。

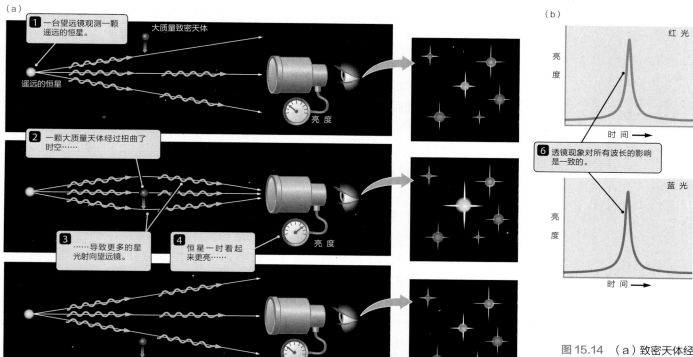

(a)

1 一台望远镜观测一颗遥远的恒星。

大质量致密天体

遥远的恒星

亮度

2 一颗大质量天体经过扭曲了时空……

3 ……导致更多的星光射向望远镜。

4 恒星一时看起来更亮……

亮度

5 ……天体经过后恒星变暗。

亮度

(b)

红光

亮度

时间 →

6 透镜现象对所有波长的影响是一致的。

蓝光

亮度

时间 →

图 15.14 （a）致密天体经过我们的视线时远距离恒星的光会受影响。（b）观察到的实际的恒星的光曲线会发生透镜显现。

　　如果类似的现象真的发生在我们观察遥远的恒星时，那将会是无比的幸运。但天文学家们只只观察到了大磁云和小磁云（银河系旁边的两个小星系）。他们发现了许多例图15.14（b）中的现象，但要计算什么星系光环中暗物质的质量，这个数值是远远不够的。由此，可以得出结论，我们星系中的暗物质很可能不是由MACHO组成。

　　这使得外来的未知元质点被通称为WIMP，代表弱相互作用大质量粒子。有人预测这些粒子是中微子；它们几乎不与一般物质产生相互作用，但仍是有质量的。目前，人们赞同WIMP解释说，因为MACHO的数量不足够说明我们观察到的现象。大型强子对撞机和国际空间站都在进行试验，想要证明这元质点的存在，还有人在做其他试验，想要在它们经过地球时探测银晕的元质点。

　　其他的关于"丢失质量"的解释的提出并不依靠暗物质。例如，改进的牛顿动力学（MoDN）提倡改进只在大尺度上才明显的牛顿万有引力定律。比如，在两个星系碰撞的子弹星团中，中间尺度的观察显示MoDN最初的构想并不能解释观察结果。这一想法的拥护者提出要进一步改进MoDN，他们将热中微子加入其中。随着天文学的发展，MoDN和其他解释将会继续被验证为解释暗物质的可能的备选方案之一。最终，所有的解释都将被一一排除，只剩下一个，幸存的那个解释将成为说明星系旋转曲线问题的理论。

15.4　大部分星系的中心都有一个特大质量的黑洞

尽管星系们拥有数以十亿计的恒星，可谓星光闪耀，但与最明亮的灯塔之最——类恒星相比，它们也显得黯然失色。如此命名是因为天文学家是第一次在射电波长上发现这些神秘的天体的，当时它们呈现出来的是一些不可分辨的点状物。发现类恒星的故事为天文学上新现象的发现提供了有趣的见解，同时也说明传统思维有时会阻碍进步。

20世纪50年代末，射电巡天探测到许多明亮的致密天体，起初这些天体似乎没有光学对应体。改变射电位置后发现，射电源和一些微弱的湛蓝色类恒星天体相吻合。天文学家没有意识到这些天体的真实本质，将它们命名为"射电恒星"。因为需要和照片底片一起曝光10小时，获取最初发现的两个射电恒星的光谱便成为了一项非常艰巨的任务。结果令天文学家大为不解。光谱没有显示蓝星特有的吸收谱线，而是只有两条宽的发射谱线——说明天体内部运动十分迅速——似乎也不符合已知的任何物质的谱线。

连续几年间里，天文学家认为他们发现了一种新型的恒星，直到一个叫马丁·施密特（Maarten Schmidt，1929年至今）的天文学家意识到这些宽宽的光谱线是普通氢发生高度红移后产生的谱线。其中的含义令人震惊：这些"恒星"并不是恒星。它们是距我们十分遥远的异常明亮的天体。

类恒星极其强大，发出的光是太阳的万亿到千万亿倍（$10^{12}\sim10^{15}$）。它们离我们也非常远——最近的类恒星大约在3亿秒差距（Mpc）之外。不夸张地说，十亿计的星系都比离我们最近的类恒星近。天体与我们的距离还告诉了我们光离开光源体到达我们的时间。因为在很遥远的地方看见类恒星，我们知道现在类恒星在宇宙中十分稀有，但曾经却非常常见。发现类恒星的存在是证明宇宙随时间推进而进化的最初的证据之一。

如今我们知道类恒星是大型星系中心发生的极端活动形式的结果，见图15.15。类恒星和它们那些较暗但仍然活动的兄弟天体被统称为活动星系核（AGN）。不同类型的星系中已经发现了好几种不同种类的活动星系核。

卡尔·塞佛特（Carl Seyfert，1911—1960）于1943年发现一些螺旋星系中心有AGN，在可见光下可以辨识，呈现为清晰的亮点，于是这些星系便以他的名字命名，叫做塞佛特星系。典型的塞佛特星系核的亮度可以达到100亿至1 000亿太阳光度，和作为一个整体的星系的其他部分的亮度相差无几。椭圆星系中发现的AGN的亮度和塞佛特星系核的亮度相似。但和塞佛特星系不同，通常在电磁波普的射电波段下椭圆星系的活动星系核更加明显，这为它们赢得了射电星系的名号。射电星系和它们遥远而异常明亮的兄弟天体类星系经常是向星系外延伸数百万秒差距的细长喷流的来源地，这为射电辐射的两个波瓣提供了动力，如图15.16所示。

宇宙中有几类不同的活动星系核。

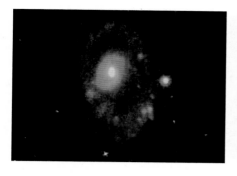 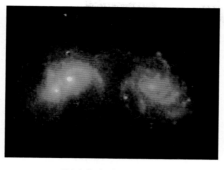 

GXUVIR

图 15.15 在星系中心发现的类恒星周围的环境。那些星系显示了与其他星系互动的证据。

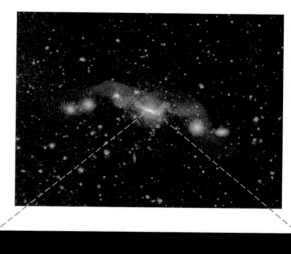

来自活动星系核的大部分光都是同步辐射，这种辐射来自于向磁场方向螺旋围绕的相对带电粒子。这种辐射和我们第一次遇到的来自木星磁气圈的辐射是同一类型，后来我们又在蟹状星云看到了这种极端环境。活动星系核会使大量物质加速到接近光速，这一事实说明活动星系核确实是非常激烈的天体。除了具有同步辐射的持续光谱外，许多类恒星和塞佛特星系核的光谱还显示出，因受到多普勒效应的影响，发射谱线在较广的波段范围内模糊不清。这一观测结果说明活动星系核上的气体盘旋在这些星系的中心，速度达每秒数千或数万千米。

宇领宙悟 活动星系核的大小和太阳系差不多

活动星系核的辐射功率和机械能本身就大得令人难以置信，但是当所有的能量都从不足或大约为一光日的区域喷出时，这种能量就更加惊人了，大小和我们的太阳系相差无几。为何我们能如此断言呢？首先，位于星系中心的类恒星和气体活动星系核在我们最强大的望远镜下也无法分辨光点。要找到更多的证据，我们没有指望天空而是寄希望于当地足球赛的中场表演。

图15.17显示的问题是每个乐队指挥都面临过的。当乐队全部在运动场中央紧密排列，你在观看台上听到的音符就是清脆的；乐队的演奏十分优美。但随着乐队向运动场四周分散，音乐变得模糊。出现这种情况并不是因为演奏者蹩脚。而是因为声音是以特定的速度传播。寒冷干燥的十二月天，声音的传播速度330米每秒。在这样的速度下，声音需要近三分之一秒的时间从足球场的一头传播到另一头。尽管运动场中每个演奏者在同一时间奏出同一音符以回应。

GXUVIR

图15.16 双波瓣射电星系的射电发射（用红色表示）同该星系（用蓝色表示）的可见光影像重叠。由从星系核向外喷出的相对流提供动力的两条波瓣从星系中心往外延伸超过 1Mpc。

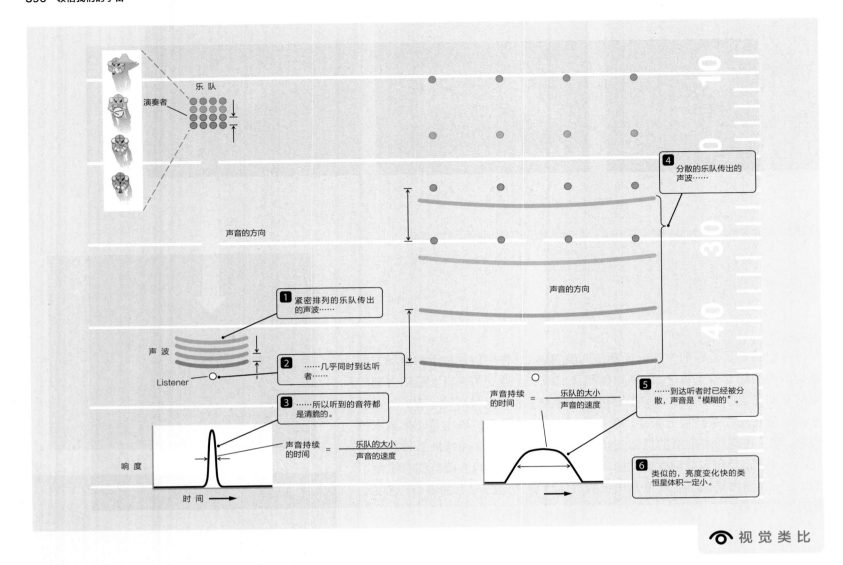

图 15.17　在运动场上分散开来的乐队无法演奏出清晰的音符。类似地，活动星系核一定非常小，这样才能解释它们的快速变化。

尽管运动场中每个演奏者在同一时间奏出同一音符以回应指挥者的提示，在观看台中你首先听到的是接近你的乐器，但要等一会儿才听到远在运动场另一头的声音到达。

如果乐队从运动场的一头分散至另一头，那最前面的音符将被抹掉约三分之一秒，或者声音从运动场较近的一头传播到较远一头的时间差。如果乐队分散到两个运动场，声音需要三分之二秒的时间从最远的演奏者那里传到你的耳朵。如果我们的行进乐队分散到一千米的地方，则需要大概3秒——声音传播1千米所需的时间——我们才能听清一个音符的开始和结束。就算闭上眼睛，我们也能很容易地分辨乐队到底是紧密排列还是分散在运动场上。

▶‖ **天文之旅：活动星系核**

同样的原理恰好可以运用到我们从活动星系核上观察到的光上。类恒星和其他活动星系核在仅仅一两天的时间内剧烈变化亮度——一些情况下则只有短短的几小时。迅速的变化为活动星系核的大小设定了上限，就像听到清晰的音乐说明乐队演奏者是紧密排列是一样的。因此，活动星系核动力一定不会大于一光年，如果比一光年大，我们看到的光将不能在一两天内发生变化。一个活动星系核的光相当于1万个星系的光从接近海王星轨道那么大的空间倾泻而出。

活动星系核变化十分迅速，所以体积一定相对较小。

特大质量黑洞和吸积盘横冲直撞

开始发现活动星系核时，天文学家提出了一系列设想来解释它们的存在。但随着观察发现，活动星系核体积微小但能量密度巨大，只有一个答案言之有理：剧烈的吸积盘围绕着超大质量黑洞——质量为太阳系万亿至十万亿倍的黑洞——为活动星系核提供动力。之前好几次我们已经提到过吸积盘。吸积盘围绕着年轻的恒星，为行星系提供原材料。白矮星周围的吸积盘以其附近进化中的天体膨胀分裂出的物质为燃料，会引起新星和Ia型超新星的产生。中子星周围的吸积盘和距恒星大小的黑洞几千公里的吸积盘看起来像X射线双子星。现在我们以这些活动星系核为例子，将它们从小到大排列，最大的质量是太阳系的十亿倍，半径大小和海王星的轨道差不多。此外，想象是很多整个整个的星系而不是从某个恒星中虹吸出的小部分物质为吸积盘提供输入材料。这就是活动星系核。

超大质量星系上的吸积盘为活动星系核提供动力。

吸积盘围绕超大质量黑洞，天文学家已经把它们的基本图片发展为一个更为完整的物理描述，叫做活动星系核统一模型。这一模型试图将我们对活动星系核的理解统一起来——类恒星、赛佛特星系和射电星系——将它们放在同一物理框架内。

图15.18（a）呈现的是活动星系核统一模型中各种各样的组成部分。在这个模型里，一个吸积盘围绕着一个超大质量黑洞。远处是一个大圆环，大圆环由气体和尘埃组成，为中央引擎提供物质。统一模型中不同组成部分解释了我们观察到的活动星系核的不同特性。

当物质向超大质量黑洞内部靠近，引力能的转化使吸积盘温度升高到数万开尔文，于是在可见光和紫外线下吸积盘便发出了十分明亮的光。引力能转化为热能落入吸积盘也会引发X射线、UV辐射和其他高能辐射。我们讨论太阳时曾惊叹于核聚变的效率，核聚变把0.7%质量的氢转化为能量。相反，超大质量黑洞周围的输入物质，大约有50%的质量被转化为光能。剩下的质量则进入黑洞内部，使黑洞质量变得更大。

图15.18 （a）活动星系核统一模型。从边缘（b），一定的斜度（c），和接近正面（d）观察盘面和光环时，天体的外貌会发生变化。天文学家相信观察解读，中央黑洞的质量和物质输入速率决定我们看到的活动星系核的特点。

G X U V I R

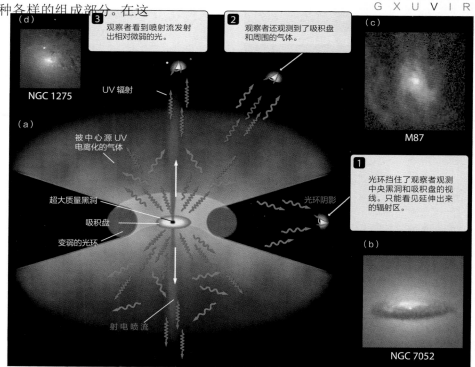

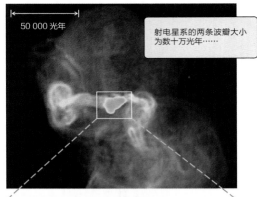

射电星系的两条波瓣大小为数十万光年……

50 000 光年

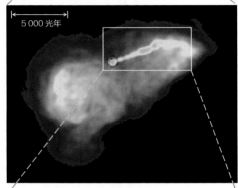

5 000 光年

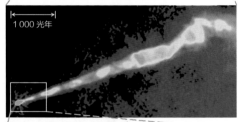

1 000 光年

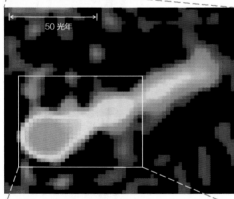

50 光年

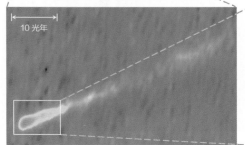

10 光年

吸积盘和黑洞之间的相互作用引发强大的射电喷流。扭曲的磁场使诸如电子和中子之类的带电粒子加速到相对论速度，这就能解释我们为什么观测到同步辐射了。吸积盘或其附近星云中围绕中央黑洞高速运动的气体发出发射谱线，由于多普勒效应这些发射谱线在活动星系核光谱中变成模糊不清的宽线条。围绕超大质量黑洞的这一吸积盘就是产生活动星系核的"中央引擎"。

外周的光环在模型中起的作用稍微不同。远离内部混乱的吸积盘，体积也比中央引擎大得多，外周的光环会有一部分被来自活动星系核的UV射线电离。外周光环最重要的概念角色是它让一个模型解释能够观测到的不同类型活动星系核的许多差别成为可能。外光环也许会以不同的方式模糊我们观察中央引擎的视线，取决于观测角度。活动星系核统一模型能够解释一系列活动星系核特性，包括活动星系核的平均光谱。

观测角度决定活动星系核的样子

在统一模型中，当我们从侧面观测活动星系核，会看到它周围的光环和气体产生的发射谱线。有时，我们还能看到星系背景下光环的吸收谱线。图15.18（b）是星系NGC7052内部在哈勃望远镜下的影像，在图中呈现为阴影区域。我们从侧面是看不见吸积盘的，所以我们并不期待能够看见来自靠近超大质量黑洞区域的被多普勒效应抹掉的射线。但如果活动星系核中存在喷射流，我们应该能够看见它们从星系中心喷出。

如果我们从近似正面的方位观测吸积盘内部（图15.18（d）），我们可以看见光环边缘以外的地方，还可以更直接地看到吸积盘和黑洞的所在。这种情况下，我们看见黑洞周围的区域有更多的同步辐射喷出，吸积盘内部和周围产生更多的因多普勒效应扩大的射线。图15.18（c）就是这类天体的影像，这一天体叫做M87，取像角度介于边缘和正面之间。M87发出强大的喷射流，这些喷射流向外流出，大约会持续3万秒差距，但却是从星系中心一个极小的引擎中喷出的（图15.19）。该星系中心的物质盘光谱（图15.20）表明，质量为30亿倍太阳质量（$3\times10^9 M_\odot$）的中央黑洞周围围绕着高速旋转的物质。

图15.19 星系M87流出的可见喷射流向外延伸3万秒差距，但却是从星系中心一个极小的区域中喷出的（最右下方）。

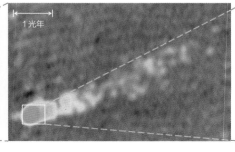

1 光年

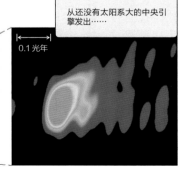

0.1 光年

从还没有太阳系大的中央引擎发出……

G X U V I R

活动星系核喷射流中的物质以接近光速的速度运行。因此，相对论效应很重要，其中一种极端的多普勒效应叫做相对论性射束：以接近光速的速度运行的物质将其自身发出的射线聚拢成指向其运行方向的紧密光束。由于相对论性射束，向我们运行的活动星系核喷射流要比远离我们运行的亮得多。结果，通常我们观测到的只是活动星系核喷射流的一侧，然而射电星系的射电波瓣一般都有两面。远离我们的喷射流太微弱而观测不到。

在很少见的情况下，当我们从几乎是正面的方向观测类恒星或射电星系的吸积盘时，相对论性射束会充满我们的视野。从吸积盘的热气中发出的发射谱线和其他光线会被直接射向我们的喷射流的强光遮住（如图15.18（d））。

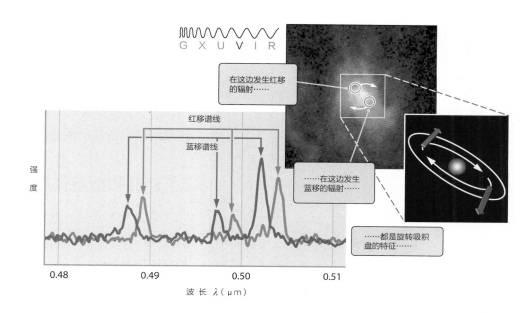

图15.20 哈勃太空望远镜拍摄到的邻近射电星系M87的图像。观测到的超高速度直接证明该星系中心的特大质量黑洞周围围绕着一个旋转的吸积盘。

普通星系和活动星系核

活动星系核的基本组成部分是中央引擎（超大质量黑洞周围的吸积盘）和燃料库（吸积盘上盘旋的气体和恒星）。没有物质进入黑洞，活动星系核就会变得不活跃。如果我们有机会看到这样的天体，我们就会看见普通（而不是活动）星系，它的中央有一个超大质量黑洞。

现在只有一小部分星系包含的活动星系核拥有和它的主星系相同的亮度。宇宙年轻时，活动星系核比现在多。如果我们对活动星系核的理解是正确的，那么为死亡了的活动星系核提供动力的所有超大质量黑洞至今仍然存在。如果我们把我们知道的过去存在的活动星系核的数量和特定星系维持活动的时间的想法联系起来，我们可以这样推测——可能甚至是大部分——普通星系现在都含有超大质量黑洞。这一推测有点惊人，像我们所在的银河系这样的星系的中心有活动的超大质量黑洞。但推测还有待验证。

如果质量在星系中心集中，将会吸引周围的恒星向其靠近。该质量体的存在比起恒星单独掌控磁场，星的中心区域将会更加明亮。感受到星系中心超大质量黑洞引力牵引的恒星的运转速度十分快，因此多普勒频移也很大。天文学家已经对各个普通星系数量为数众多的凸起进行了仔细研究，找到了这类显现存在的证据。超大质量黑洞的质量似乎和椭圆星系凸起或螺旋星系凸起的质量相关，而超大质量黑洞正是在这些凸起中发现的。所有大型星系很可能都包含超大质量黑洞。这些观测结果证实了我们的推测，还告诉我们一些惊人的信息，是关于普通星系结构和历史的信息。

很可能所有大型星系都包含超大质量黑洞。

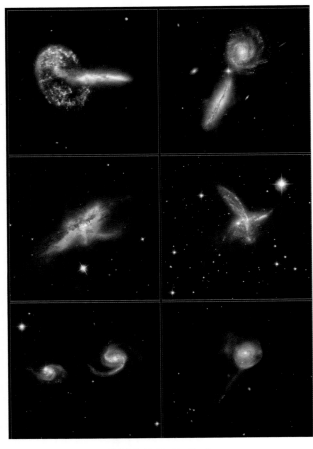

GXUVIR

图15.21　波浪般相互作用的星系严重变形，其中，恒星和气体被拉长，变成长长的波浪尾。

星系与星系间的相互作用为活动星系核活动提供燃料。

▶❚ 天文之旅：星系相互作用和合并

很显然，普通星系和活动星系的唯一区别是我们观察的星系是否有物质输入其中心的超大质量黑洞。现在的星系有高亮度的活动星系核的例子很少，这一现象并不能说明哪些星系有可能有活动星系核活动，但能够说明哪些星系中心正被照亮。如果我们让大量气体和尘埃直接输入某个大型星系的中心，这些物质会直接进入中央黑洞，形成吸积盘和在周围盘旋的光环。我们推测这一过程的结果是该星系的星系核转化为活动星系核。

领宇悟宙 合并和相互作用改变一切

星系并不是孤立存在的。我们的银河系也有几个邻居。图15.21显示了因星系之间的相互作用产生的一种混乱状态，星系相互拉扯已经变型，其中的恒星和气体也被拉长，变成了长长的弧形和潮汐尾。有时，当星系相互作用时，它们彼此擦身而过，然后分道扬镳。这种作用会促使螺旋结构形成，使星际气体星云压缩并高速运行，引发新的恒星形成。变型似潮水般或正在相互影响的星系经常有激烈的恒星形成在其部分区域进行。有时，当两个星系相互作用，它们会合并为一个更大的星系。

为了解释为什么我们现在看到的大型星系会那么多，在宇宙更年轻时相互作用和合并应该非常普遍，这也解释了为什么活动星系核在过去数量更多。电脑模型显示，星系与星系之间的互动会使远离星系中心数千秒差距的气体落入中心，为在中心的活动星系核提供燃料。在合并的过程中，相当一部分数量的被吞星系会自己绕进吸积盘。类恒星的HST影像，图15.15中的图片，经常显示类恒星主星系被扭曲成波浪形或者被气体可能正落入该星系的可见物质围绕。最剧烈的活动星系核活动形式很可能出现在早期宇宙，因为那时星系正在形成，而且，大量物质不断被新兴星系的引力吸入。现在仍然存在这一过程。有最近与其他星系互动迹象的星系的中心更可能藏有活动星系核。

我们对于活动星系核的理解还不完整，远远不够。例如，统一模型并不能解释为什么一个类恒星是强大射电源而另一个在所有方面都一样的类恒星却完全不发射我们能探测到的任何电波，就算用最灵敏的射电望远镜也不行。还有，我们不能预测一次活动星系核活动持续的时间，或者星系经历活动星系核活动的频率。但我们可以自信的说每一个星系，包括我们的银河系，差一点就变成了活动星系核。

| 15.5 星系形成星系群、星系团和更大的结构

绝大部分星系都是因引力相互聚拢在一起的星系集合的一部分。最小最常见的集合叫做星系群。一个星系群多达几十个星系，大部分为矮星系。

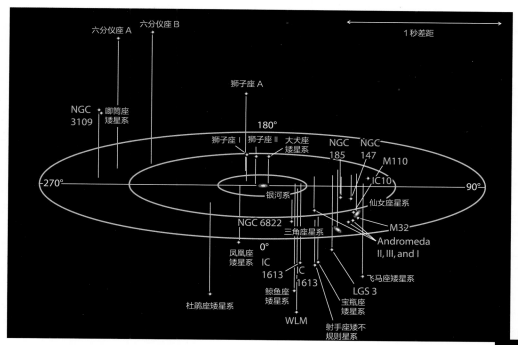

图15.22 本星系群中星系的图像。大部分是矮星系。黄色的是螺旋星系。

我们的银河系是本星系群的一员，本星系群由两个巨大的螺旋（银河系和仙女座星系）和30多个小一些的矮星系组成，矮星系分布在直径约为2Mpc的空间范围内（图15.22）。本星系群约98%的质量集中在两个巨大的星系上。

星系团由数百个星系组成，其结构比星系群中发现的结构更为规则。一般而言，星系团所占空间为3～5Mpc，比星系群大。很多情况下，可以把我们的本星系群看做一个小型星系团，图15.23显示的是本星系群相对于另外两个著名的星系团（处女座星系团和后发座星系团）的位置。和星系群一样，星系团中矮星系的数量要比巨星系的多。但星系团的大部分质量集中在巨星系上。虽然在许多天体系统中螺旋星系更为常见，但只有约四分之一的星系团为椭圆星系。距本星系群17Mpc的处女座星系团就是主要由螺旋星系组成的星系团的典型例子。更远的后发座星系团被巨大的椭圆星系和S0星系主导。

要了解星系团是怎样形成和演变的需要获得非可见光的观测数据。光谱的X射线区域内星系团是明亮的（图15.24（a）），说明星系团内有大量热气。可见的发光物质的数量不足以吸引这些热气散发出去。和星系盘上的恒星一样，星系团围绕其自身质量中心旋转的速度比我们观察到的它的发光部分的质量所能提供的速度快。这些观测结果说明有暗物质大量聚集，会产生其他能够直接观测到的作用。发光物质和暗物质的总质量对从后面的星系发出的光线起着引力透镜的作用。引力透镜作用使背后的星系弯曲变形成了弓星。图15.24（b）中的蓝白色光晕为我们推测的这些弓星中的暗物质的分布情况。

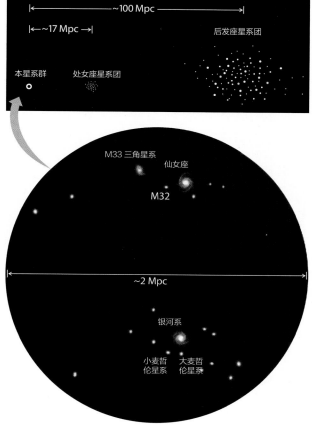

图15.23 本星系群（底部）的特写镜头，相对于处女座星系团和后发座星系团的位置，处女座星系团较近，后发座星系团较远。

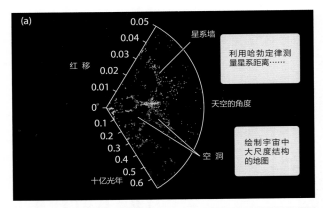

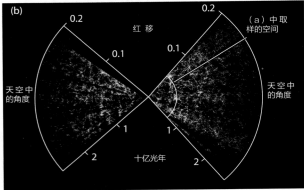

图15.25   红移巡天使用哈勃定律给宇宙绘制地图。（a）1986年哈佛史密森天体物理学中心的红移巡天叫做"宇宙的一小部分"，第一次说明由星系组成的星系团和超星系团是更大尺度结构的部分。（b）2003年完成的2度视场星系红移巡天显示了更远距离之外的类似的结构。（c）2008年史隆数字巡天宇宙地图延伸到大约600Mpc的距离。此处显示的是67 000个星系的抽样图，每个星系按年龄涂上不同的颜色；颜色越红、聚集得越拢的点说明星系内部的恒星年龄越大。

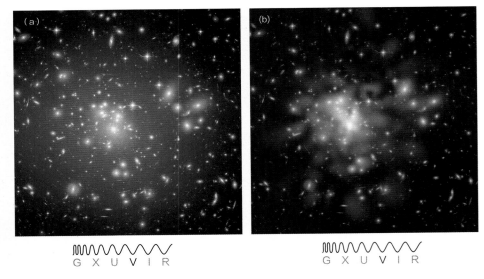

图15.24   （a）与阿贝尔1689一样，星系团充满了热气体，热气体发射X射线（紫色）。（b）引力透镜作用使背后的星系弯曲成弓星。天文学家用这些弓星探测暗物质在星系团中的分布情况。这也是阿贝尔1689的图像，暗物质在图中的分布用蓝白色表示。

星系团和星系群自己聚集在一起会形成巨大的超星系团。超星系团包含数万甚至数十万个星系，延伸的空间范围大小一般大于30Mpc。我们的本星系群是处女座超星系团的一部分，处女座超星系团也包括处女座星系团。

哈勃定律为我们测量星系、星系群、星系团和超星系团在空间的分布提供了一个强有力的工具。使用哈勃定律，我们只需确定据以测量该星系红移的一个光谱，即可算出我们距该星系的距离。现在我们已经知道超过100万个星系的红移，因此，我们知道我们同超过100万个星系的距离。有了这些信息，我们就可以画出最大范围上的宇宙结构图。

哈佛史密森天体物理学中心在1986年进行了第一次大规模的红移调查，为天文界呈现了"宇宙的一小部分"，如图15.25（a）。观测结果显示星系团和超星系团在空间中并不是任意分布，而是被链接在一个由"丝状物"和"巨墙"组成的错综复杂的网络当中。反过来，星系集中起来围绕着巨大的没有星系分布的空洞区域。这些空洞是我们在宇宙中见到的最大的"结构"之一。虽然空洞看起来是空的，但我们并不确定它其中是否存在物质——我们只能确定它们没有可观察到的星系。星系团和超星系团位于巨墙和丝状物内部。但这一结构对于"附近"的宇宙并不奇怪。接下来的研究则关注更大的空间范围。图15.25（b）显示了这类研究的一些结果，这些结果来自于澳大利亚赛丁泉天文台用英澳望远镜。图15.25（c）是来自一项近期研究史隆数字巡天的结果。就我们目前的观测结果能测量到的而言，宇宙是一个会让人联想起海绵的空洞结构。星系和星系所在的更大的分类被统称为大尺度结构。

天文资讯阅读

最新拍摄到的炫目图片显示出相互碰撞的星系呈漩涡状

NASA大轨道天文台计划覆盖由四种不同仪器得到的许许多多不同的波长。有时，同时使用这些仪器可以得到异常漂亮的宇宙图片。通常情况下，都是星的图像，就像2010年8月拍摄到的这张。

来自Space.com

一幅两星系撞击的新图片说明宇宙空间充满了星际活动。这次宇宙大毁灭开始于1亿多年以前至今仍在进行，在星系内部的尘埃和气体云中引发了数百万新恒星的形成。该图像是使用来自几种不同太空望远镜的数据合成得到的（图15.26）。

这些年轻恒星中质量最大的那些恒星只需几百万年便会完成演化，最终惨烈地消亡于超新星爆炸。

相撞的星系位于距地球6 200万光年以外的地方。除了本报中的图片，NASA还发布了一个星系相撞的视频，其中的数据同样来自钱德拉X射线天文台（蓝色），哈勃太空望远镜（金色）和史匹哲太空望远镜（红色）。

来自钱德拉的X射线图像显示出大范围的炙热星际气体团，它们含有大量诸如氧、铁、镁和硅之类的元素，均产生于超新星爆炸。这种富含元素的气体会被新一代的年轻恒星和行星吸收。

天线星系得名于它们又长又细如天线般的"手臂"，这些手臂可以用系统的广角镜头探测到。宇宙碰撞产生的潮汐力导致了这些附加特性的出现。

图像中明亮的点状光源是正落入黑洞和中子星的物质产生的，这些黑洞和中子星是已经死亡的大质量恒星的遗迹。天线星系内的一些黑洞可能包含巨大的

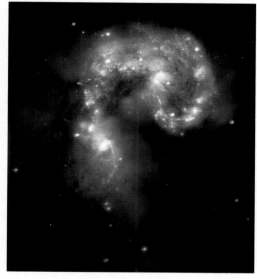

G X U V I R

图15.26 这幅漂亮的两星系相撞的合成图片是由NASA大轨道天文台发布的。两个天线星系位于距地球6 200万光年（19秒差距）的地方，它们之间的撞击开始于1亿年以前，至今仍在进行。

质量体，这些质量体可能接近太阳质量的100倍。

史匹哲望远镜的数据显示有来自暖尘埃团的红外线，这些尘埃团被新形成的恒星加热，最明亮的云团位于两相撞星系之间重叠的区域。

哈勃数据中年老的恒星呈金色，正

在形成的恒星呈白色，而尘埃般的丝状物呈棕色。在光学影像中，众多不那么明亮的天体意味着包含数千恒星的星系团。

钱德拉图片摄于1999年12月，史匹哲图像摄于2003年12月，哈勃图像适合2004年7月和2005年2月。三个天文台的图片结合得到新的合成图片。

新闻评论：

1. 这两个星系在哈勃音叉图中位于哪个位置？
2. 文章中，作者说撞击"引发了数百万恒星的形成"。我们是怎么知道这点的？恒星形成最可能发生在相撞星系的哪个部分？
3. 两星系距地球6200万光年（19秒差距）。宇宙距离尺度上哪个部分能得到这一距离？
4. 解释为什么钱德拉图片会显示热气体，史匹哲图片显示暖尘埃，而哈勃数据显示恒星和一些尘埃。
5. 作者说"天线星系得名于它们又长又细如天线般的'手臂'，这些'手臂'可以用系统的广角镜头探测到。宇宙碰撞产生的潮汐力导致了这些附加特性的出现"。什么导致潮汐力的产生？为什么潮汐力会产生又长又细的"手臂"？
6. 这一图片对天文学家是否重要？对你呢？解释这张由老数据得来的新图片的重要性。

小结

15.1 星系的形状和其中恒星的轨道类型决定其哈勃星系分类。星系可分为椭圆星系（E）、螺旋星系（S）、棒旋星系（SB）或不规则星系（Irr）。目前恒星形成于螺旋星系的盘面而不是椭圆星系或S0星系的盘面。

15.2 螺旋臂是恒星激烈形成的区域，我们之所以看得见螺旋臂是因为明亮的年轻恒星在那里聚集。如果星系正在旋转的盘面上的搅动显著就会产生螺旋结构。有规律的搅动叫做螺旋密度波，会导致恒星的形成。

15.3 星系的大部分质量不是分布在气体、尘埃或恒星中，反而，90%的星系质量是以暗物质的形式存在，暗物质并不发射或者吸收任何光线。组成暗物质的两种主要备选物质是MACHO（大质量天体，如行星、恒星和黑洞）和WIMP（外来元质点）。

15.4 大部分——也许是全部——大型星系的中心都有超大质量黑洞。当气体依附到超大质量黑洞上时，星系中心便成为活动星系核，活动星系核能够发射出的光线有整个星系的一千倍之多，但都是从相当于太阳系大小的区域发出的。活动星系核统一模型提出星系外部有一个气体和尘埃组成的圆环，这个圆环会因为我们的观测角度不同而在不同程度上观察活动星系核。

15.5 星系属于星系群、星系团和更大的结构，这些结构一般是在星系形成之后形成。暗物质在星系团中大量存在，也曾在星系团中被发现。

◆ 小结自测

1. 某一星系只包含在不规则轨道上运行的恒星。这类星系很可能是：
   a. 椭圆星系
   b. 螺旋星系
   c. 不规则星系

2. 螺旋星系中，恒星主要形成于：
   a. 盘面的螺旋臂上
   b. 光环中
   c. 凸起中
   d. 旋棒上

3. 星系的旋转曲线告诉我们星系大部分都是：
   a. 恒星
   b. 尘埃和气体
   c. 暗物质
   d. 黑洞

4. 下列哪些是暗物质的特性？
   a. 吸收落在它上面的所有光线
   b. 反射落在它上面的所有光线
   c. 就我们所知，它不与光线产生互动
   d. 由于引力作用吸引其他物质
   e. 由于引力作用排斥其他物质
   f. 就我们所知，它不因为引力作用与其他物质互动

5. 超大质量黑洞：
   a. 非常少见。在宇宙中只存在少量
   b. 完全是假设出来的
   c. 存在于大部分也许是全部的大型星系
   d. 只存在星系之间的空间

6. 超大质量黑洞：
   a. 逐渐消耗它们的主星系
   b. 被星系互动时搅起的气体"喂养"
   c. 在宇宙历史上是最近发展起来的
   d. 还没有被探测到的假设

7. 从活动星系核射向我们的光线来自于（　　　）大小的空间。
   a. 地球
   b. 太阳系
   c. 球状星团
   d. 银河星的凸起

8. 按照从小到大的顺序排列以下类型的星系集合：
   a. 星系墙
   b. 星系团
   c. 星系群
   d. 超星系团

问题和解答题

判断题和选择题

9. 判断题：星系有时是很难划分是因为星系的外貌受各自旋转方向的影响。

10. 判断题：哈勃音叉图显示星系（随时间）演化的过程。

11. 判断题：螺旋星系凸起中恒星的轨道是扭曲的。

12. 判断题：目前天文学家只有证据证明少数星系存在暗物质。

13. 判断题：活动星系核围绕着超大质量黑洞。

14. 如果星系的恒星运行轨道整齐有序，该星系很可能是：
    a. 螺旋星系　　　　b. 不规则星系
    c. 椭圆星系　　　　d. 巨椭圆星系

15. 螺旋星系凸起中恒星的轨道最像：
    a. 太阳系中行星的轨道
    b. 螺旋星系盘中恒星的轨道
    c. 椭圆星系中恒星的轨道
    d. 柯伊伯带中天体的轨道

16. 大部分星系大小的范围是：
    a. 数百秒差距
    b. 数万秒差距
    c. 数十万秒差距
    d. 数百万秒差距

17. 螺旋星系旋转曲线平直说明质量分布类似：
    a. 太阳系；大部分质量集中在中心
    b. 车轮；半径增大但质量不变
    c. 该星系光线的分布情况；大多集中在中间，但大部分质量存在于较远的外部
    d. 比可见的星系更大的看不见的球形

18. 引力透镜作用可以让天文学家通过（　　）探测大质量天体。
    a. 暂时增强天体的亮度
    b. 暂时降低天体的亮度
    c. 暂时降低背后天体的亮度
    d. 改变天体的颜色（变成红色或者蓝色）

19. 天文学家知道活动星系核相对较小是因为：
    a. 亮度变化很快
    b. 亮度变化很慢
    c. 亮度变化很小
    d. 已经捕捉到了它们的图像

20. 活动星系核发出的发射谱线既会红移也会蓝移因为星系核：
    a. 正在爆炸
    b. 正在内爆
    c. 正在旋转
    d. 和椭圆星系相似

概念题

21. 说出并描述一个常见的天体，从不同的角度观看该天体呈不同的样子，换一个角度你也许会认为它确实是另外一个不同的天体。

22. 说出并描述星系的三种类型。

23. 螺旋星系和椭圆星系最主要的形态（结构）区别是什么？

24. E0椭圆星系和E7椭圆星系在形状上有什么不同？

25. 如果一个椭圆星系的恒星在各自轨道上任意运行，该椭圆星系会是什么形状？说明你的答案。

26. 画出图15.5（b）中的星系。标出盘面、凸起和光环。

27. 椭圆星系和螺旋星系的气体温度有何不同？

28. 解释为什么螺旋星系中的恒星大多形成于螺旋臂。

29. 有些星系的某些区域相对的呈现蓝色；其他区域呈现更红的色彩。除了颜色，你还可以说出这两个区域的其他差别吗？

30. 星系的亮度和大小的范围非常大。天文学家是怎样弄明白星系之间哪一特性的变化更大的？

31. 描述星系的螺旋臂，并解释至少一个能产生星系臂的机制。

32. 描述推测的星系自传曲线和观测到的星系自转曲线之间的区别，见图15.11。

33. 描述星系时，天文学家说的发光（或者普通）物质指的是什么？

34. 至于同电磁辐射的互动，暗物质和普通物质有什么不同？

35. 我们有什么证据证明大部分星系主要是由暗物质组成的？

36. 对比只包含普通物质的星系和包含暗物质的星系的自转曲线。

37. 螺旋星系的暗物质光环和其可见螺旋部分有什么不同？

38. 说出几种组成暗物质的备选物质。

39. 怎么向亲戚或朋友解释类恒星？

40. 哪一个更为明亮：类恒星还是拥有一千亿个太阳系一样的恒星的星系？解释你的答案？

41. 最近的类恒星据我们大约3亿秒差距。为什么我们看不见更近的类恒星？

42. "普通"星系和我们叫做"活动"也就是包含活动星系核的星系的区别是什么？

43. 对比一般活动星系核的大小和我们太阳系的大小。我们是

怎么知道活动星系核有多大的？

44. 描述包含活动星系核的星系的中央一定会发生的事。

45. 很可能大部分星系都包含超大质量黑洞，但在很多星系上都还没有明显的证据证明它们的存在。为什么有些黑洞显示自身的存在而另一些没有？

46. 研究图15.25。解释当天文学家说宇宙是均匀的没有方向性的这些图片是怎样说明他们的意思的。

47. 星系群和星系团之间的主要区别是什么？

48. 为什么称我们的本星系群为星系群而不是星系团？为什么称我们的本星系群星系团也是合理的？

49. 星系团和超级星系团之间的区别是什么？我们的星系属于两者之一吗？你是怎么知道的？

50. 天文学家是怎么使用下列方法测量星系团中暗物质的数量的？

    a. 星系团各个成员的运行情况

    b. 星系团内部充斥星系空间的炙热气体

    c. 星系团引起的引力透镜作用

51. 星系是否能存在于空隙间？解释。

52. 空隙中是否充满暗物质？为什么？

解答题

53. 假设宇宙中有1万亿（10^{12}）个星系，星系的平均质量等同于一千亿（10^{11}）个恒星的平均质量，恒星的平均质量为10^{30}千克。

    a. 不计暗物质，宇宙包含多少质量（千克为单位）？

    b. 如果普通物质粒子的平均质量为10^{-27}千克，整个宇宙中有多少粒子？

54. 图15.10是螺旋星系臂按时间序列卷曲的图片。图中时间合理的单位是什么？秒？年？百万年？十亿年？

55. 假设宇宙的平均星系密度为$3×10^{-68}$星系每立方米。如果天文学家能在10^{10}秒差距的距离观察到所有星系，他们能看到的星系的数量是多少？

56. 图15.12显示的是呈现出所示自转曲线必须要的暗物质和普通物质的分布情况。

    a. 解释蓝色和红色分别是什么物质。该半径处质量的数值是否正确？如果正确，为什么质量数值随半径增大而增大？如果不正确，则绘制处真正是什么？

    b. 半径为多少时里面的暗物质和普通物质一样多？

    c. 射向绘制图远比所画的大得多，半径延伸达数十亿秒差距。如果你离该星系十分遥远，蓝色线条会发生什么变化？

57. 根据开普勒定律，围绕星系运行的远恒星的速度是星系可见质量所指速度的两倍。该恒星运行轨道以内暗物质和普通物质的比例是多少？

58. 使用图15.20和多普勒效应估算该星系中心盘面的旋转速度。注意其余波长在红移线和蓝移线之间。

59. 已知的最近的类恒星是3C273。它位于处女座，亮度用中等大小的业余天文望远镜便可看见。红移为0.158，3C273的距离用秒差距表示是多少？

60. 类恒星3C273亮度为$10^{12}L$。假设大型星系，比如仙女座的总量度为太阳的100亿倍，3C273和仙女座的亮度比为多少？

61. 假设一颗恒星围绕3C273旋转，周期是1080年，两者距离是100 000AU。以太阳质量为单位3C273的质量是多少？

62. 类恒星和恰好距离为2秒差距的前景星系的亮度一致。如果该类恒星的亮度是该星系一百万倍，类恒星的距离是多少？

63. 你在报纸上读到天文学家发现一个"新的"天体，以83分钟一次的周期闪烁。读了本书后，你应该能够很快估算出该天体的最大体积。会有多大呢？

64. 一颗类似太阳的恒星（$M=2×10^{30}$千克）和它的行星向超大质量黑洞靠近。当它们穿过视界时，一半的质量落入黑洞，另一半完全转化为光线，变成能量。计算这一即将死亡的类太阳恒星向宇宙输出了多少能量？

65. 一颗类恒星亮度为10^{41}瓦（W）或焦耳每秒(J/S)。质量为$10^8 M_\odot$。假设该类恒星不停发光，一半的质量转化为光，请估算该类恒星的寿命。

66. 在距离星系M87中心2 000秒差距的地方观测到一股可见喷射流的波瓣，以光速的99%（0.99c）向外移动。假设速度不变，则该波瓣离开星系中心的超大质量黑洞有多久？

67. 图15.22是以银河系为中心的本星系群地图。

    a. 离银河系最近的星系的名字是什么？离银河系有多远？

    b. 本星系群直径大约为多少？

    c. 银河系被放在地图中间因为我们就在银河系。根据地图，银河系是否确实是本星系群的中心？解释。

智能学习（SmartWork），诺顿的在线作业系统，包括这些问题的算法生成版本，以及附加的概念习题。如果你的导师在聪慧学习上布置了问题，请登录smartwork.wwnorton.com。

学习空间（StudySpace）是一个免费开放的网站，并为你提供《领悟我们的宇宙》书中每一章的学习计划。学习计划包括动画、阅读大纲、生词卡、选择题测试以及聪慧学习和电子书中站点内容的链接。请访问wwnorton.com/studyspace。

探索 | 星系分类

星系分类听起来简单,但当你真正尝试去做时会变得很复杂。用哈勃太空望远镜拍摄的图片 15.27 显示了后发座星系团星座的一小部分。后发星系团包含数千个星系,每个星系都含有数十亿个恒星。图像(有明亮的十字的那些)中的一些天体是银河系的前景恒星。图像中有些星系在后发星系团很远的后面。找一个搭档,将 20 个左右最亮的星系归入后发星系团。

首先,照一张纸蒙在图片上,画出图像中 20 个左右最亮(或最大)的星系,做成一幅地图。再复印一张,这样你和你的搭档一人有一张相同的星系单。

分别归类星系(标注星系 1、星系 2 等)。如果是螺旋星系,螺旋星系的子分类是什么: a、b、c? 如果是椭圆星系,形状是什么样的? 制一个表格,里面有星系编号、星系类型和你为何如此编号和分类的注释。

分类完成后,把自己的分类和搭档的对比。现在好玩的时候到了! 开始讨论直到你同意或者保留不同意见。

如果你觉得这个活动有意思也有收获,天文学家可以使用你的帮助: 访问 www.galaxyzoo.org 参与公民科学项目,分类星系,其中有些星系还从来没被人眼观察到过。

1. 哪种类型的星系最容易归类?

2. 哪种类型的星系最难归类?

3. 是什么使归类部分星系变得困难?

4. 你和你的搭档最经常同意的是哪种星系类型?

5. 你和你的搭档最经常有争议的是哪种星系类型?

6. 怎样完善你的分类技术?

图 15.27　哈勃太空望远镜拍摄到的后发座星系团的图像。

GXUVIR

16 我们所在的星系
——银河系

我们所在的宇宙包含许多不同大小和类型的星系。如今，我们可以凭借最先进的望远镜观测到可观测宇宙的边缘。但当我们以肉眼遥望夜空时，却不能看到遥远之外的星系，而只能看到单个星系，即我们的银河系。

银河系是否具备显著的旋臂特征，其中央隆起是棒状结构吗，相对其银盘该隆起结构是大还是小？相比银河系，我们更容易回答遥远星系的这些问题，因为我们居住在银河系内。但我们对银河系的认知远远超过了任何其他星系。恒星、行星和星际介质——几乎所有相关知识，我们都已在银河系的框架内学习过了。现在是时候将我们对宇宙更远处的其他星系的认知与我们对银河系的认知融合在一起，以更好了解银河系这个螺旋星系。

◆ 学习目标

宇宙中有数百万个星系，其中对我们最重要的是我们所在的银河系，它是我们可以近距离研究的唯一一个星系。右图所示为某名学生拍摄的银河系照片。学完本章后，你应能解释为什么此图暗示我们居住在一个螺旋星系上和识别图中暗线的性质。另外，你还应掌握下列知识：

● 描述星际介质的组成成分，以及它们是怎样发射、分散和吸收光线的。

● 解释我们是如何利用球状星团中的变星测量银河系大小的。

● 根据引起多普勒频移的无线电发射绘制星系结构图。

● 绘制银河系的化学成分随着时间不断演变的图表。

● 列出银河系中恒星群的年龄和化学成分之间的差异，通过这些信息，我们可以了解到银河系中恒星的形成历史。

● 描述位于银河系中心的黑洞的性质。

银河系

在最近一次星空聚会
上拍摄到的天空图像
（曝光 120 秒）

你所在的位置

16.1 太空并非空无一物

通过学习第5章，我们知道了太阳是怎样从在星际介质中浓缩而成的原恒星中形成的。因此，银河系中的星际介质的化学成分与太阳的化学成分相类似也不足为怪了。星际介质中，大约90%的原子核都是氢原子核，剩下的10%几乎全都是氦原子核，质量更重的元素总共只占所有原子核的0.1%，或者星际介质所含质量的2%左右。近乎99%的星际介质都是气体，这些星际气体由自由移动的单个原子核分子构成，就如同我们周围空气中的分子一样。

但星际气体远没有空气的密度高。你周围空气的平均密度大约是每立方厘米含有 2.5×10^{19} 个分子，而星际介质的平均密度是每立方厘米含有一个原子。从你的眼睛到你身旁地板的空气柱所含有的物质量相当于从太阳系到银河系中心的相等面积的星际气体柱所含有的气体量。

词汇标注

消光：在天文学中，表示光消失在宽泛的光谱波长范围内。

星际介质含有大量尘埃

星际介质中大约1%的物质是固体颗粒，称之为星际尘埃。这些固体颗粒小到只比大分子稍大一点，大到直径约300纳米，更类似于烛光产生的烟灰而不是窗台上积满的灰尘。（需要数百粒较大的星级颗粒堆积在一起才能达到人类一根头发的厚度。）当诸如铁、硅和碳等耐热物质（参见第5章）在低温红巨星的外层大气和"星际风"等致密较冷的环境中，或者在被恒星爆炸抛射到太空中的致密物质中黏合在一起形成颗粒时，星际尘埃就此开始形成。一旦这些颗粒处在星际介质中，其他原子核分子可能与它们黏合在一起。该过程具有显著效果：星际颗粒中大约有一半的星际原子的质量都大于氢元素（星际介质总质量的1%）。

如果我们与银河系中心间的物质量与你眼睛到地板之间的物质量一样多，我们看到的远处天体就会像自己的大脚趾一样清晰。但星际尘埃阻挡光线的效果非常显著。如果你周围的空气含有的灰尘量相当于同等质量的星际物质，空气将相当浑浊，即便眼前10厘米外的手掌都很难看清楚。如果你在七月或者八月的一个漆黑的夜晚出去仔细观测银河系，我们可以看到一条穿过人马座的模糊漫射光带，还有一条暗带几乎从此光带中间穿过，将光带一分为二。此暗带是广袤的星际尘埃挡住了遥远恒星的视野而造成的结果（同时参见本章开篇图）。

当星际尘埃挡住了遥远天体发出的辐射时，产生的效应称之为星际消光。电磁辐射受到星际消光的影响不是同等的。图16.1展示了两张银河系图像：其中一张在可见光下拍摄，另一张在红外线下拍摄。图（a）中挡住短波长可见光的乌云在图（b）所示的长波红外线图像中好像消失了，我们得以透过乌云看到银河系的中心和更远的地方。

为什么短波辐射会被尘埃挡住而长波辐射则不会呢？让我们看看另一种不同类型的波——海洋表面波（图16.2（a））。假设你在海洋上的一只小船上，如果波浪比你的船大得多，你会随着波浪轻微荡漾。除此之外，波浪与船只间没

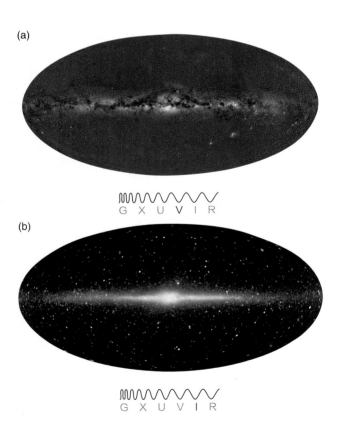

图16.1 （a）在可见光下拍摄到的银河系天空图。挡住我们视线的黑色斑点是尘埃星际气体云。（b）在近红外光下拍摄到的相同视野图。红外辐射穿过星际尘埃，让我们能够更清楚看到银河系中的恒星视像。

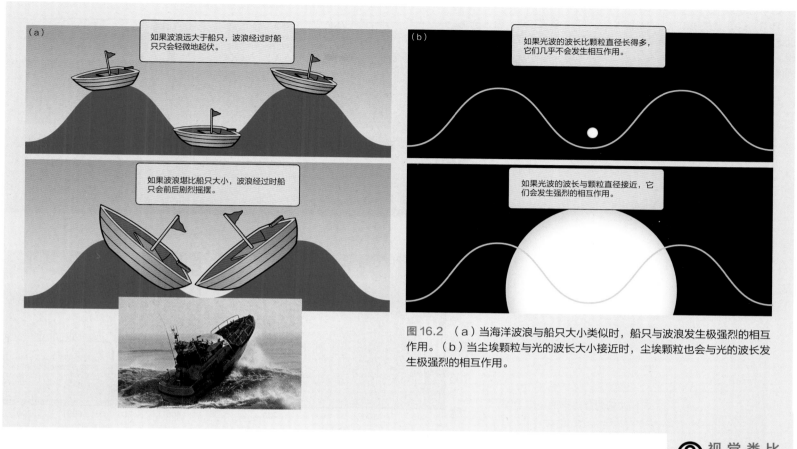

图16.2 （a）当海洋波浪与船只大小类似时，船只与波浪发生极强烈的相互作用。（b）当尘埃颗粒与光的波长大小接近时，尘埃颗粒也会与光的波长发生极强烈的相互作用。

有任何其他交互作用。如果波浪与你的船只大小相当，情况就完全不同了。假设波浪大约是小船的一半大小，这时船头可能处在波峰位置，而船尾则处在波谷，相反亦然。波浪经过时，船只在海面上，上下颠簸前行。如果船只的大小与波浪波长成适当比例，即使最轻柔的波浪也会将船只掀翻。（如果你曾乘坐过独木舟或者划艇，当一艘快艇快速经过时就会注意到这点。）现在，让我们从波浪的视角来分析这两种情况。当波浪远远大于船只时，波浪几乎不受影响，但当波浪小于船只时，就会受到强烈影响。导致船只剧烈运动的能量来自于波浪，因此波浪的运动也受到二者之间相互作用的影响。

　　相比在海洋上摇摇摆摆前行的船只，电磁波与物质之间的相互作用更显著，但基本原理都是一样（图16.2（b））。微小的星际尘埃颗粒与波长堪比尘埃颗粒的普遍大小的紫外线和蓝光发生极其强烈的交互作用。因此，紫外线和蓝光被星际尘埃挡住了，效果非常明显。短波受到强烈的星际消光作用。另一方面，红外线和无线电辐射的波长较长，不能与微小的星际尘埃颗粒发生强烈的交互作用，因此它们大多能够畅通无阻地传播到较远的星际空间。总之，在可见光和紫外线波长下，大部分星系都被尘埃挡住了，难以看到。但在光谱的红外线和无线电区段，我们可以得到更完整的影像。

图 16.3 （a）紫外线和蓝光的波长与星际颗粒的直径接近，因此这些星际颗粒有效地挡住光线。星际颗粒遮挡长波光线效果较差。因此，当透过星际气体云（c）观测某颗恒星（b）所得到的光谱更暗淡，更红。

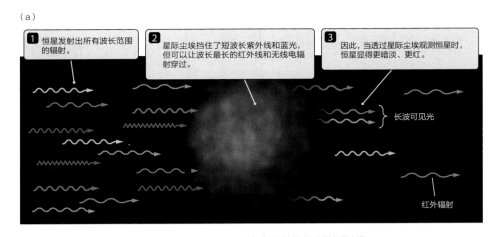

（a）

1 恒星发射出所有波长范围的辐射。

2 星际尘埃挡住了短波长紫外线和蓝光，但可以让波长最长的红外线和无线电辐射穿过。

3 因此，当透过星际尘埃观测恒星时，恒星显得更暗淡、更红。

长波可见光

红外辐射

长波辐射能够穿透星际尘埃。

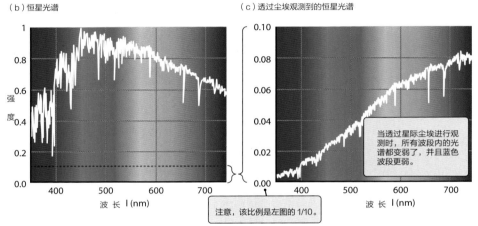

（b）恒星光谱

（c）透过尘埃观测到的恒星光谱

强度

波长 l（nm）

波长 l（nm）

当透过星际尘埃进行观测时，所有波段内的光谱都变弱了，并且蓝色波段更弱。

注意，该比例是左图的1/10。

在光谱的可见光波段，蓝光受到的消光作用比红光更严重。因此，如图16.3所示，透过尘埃观测到的天体颜色看起来更红（实际上是没有之前那么蓝了）。该效应称之为红化。恒星和其他天体看起来比没有尘埃时更暗淡和更红，这一事实对解释天文观测结果造成了一大难点，并增加了我们测量天体性质的不确定度。

疑难解析 16.1　　计算尘埃的温度

第6章介绍的维恩定律定义了天体温度与发射光线的峰值波长的关系。如果尘埃的温度是100K，那么：

$$\lambda_{峰值} = \frac{2\,900\ \mu m\,K}{T}$$

$$\lambda_{峰值} = \frac{2\,900\ \mu m\,K}{100\ K}$$

$$\lambda_{峰值} = 29\ \mu m$$

当尘埃的温度为10K时，

$$\lambda_{峰值} = \frac{2\,900\ \mu m\,K}{T}$$

$$\lambda_{峰值} = \frac{2\,900\ \mu m\,K}{10\ K}$$

$$\lambda_{峰值} = 290\ \mu m$$

温度和峰值波长成反比，因此如果温度下降，峰值波长更长。在星际介质中尘埃在一般温度下，峰值波长在微米数量级（10^{-6}米）。微米波长是纳米数量级的可见光波长的1 000倍。

星际消光可能对于红外波长不会造成太大影响，但对于红外观测仍然关系重大。如任何其他固体物体一样，尘埃颗粒发出的光的波长取决于它们的温度。在星际空间中，尘埃经常被陷入其中的星光和气体加热到数十到数百开尔文（图16.4）。根据维恩定律，当温度达到100K时，尘埃将发出强烈的波长为29微米（μm）的辐射，而温度较低的尘埃，即温度在10K时，会强烈地发出波长为290微米的辐射（疑难解析16.1）。所有这些波长都在电磁波谱的远红外波段，因此在远红外线下得到的观测结果显示出尘埃会发出热辐射（图16.5）。

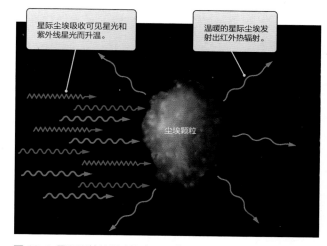

图 16.4　星际颗粒的温度取决于吸收和发射的辐射之间的平衡。

星际气体具有各自不同的温度和密度

遍布星系之前的星际空间的气体和尘埃并不是均匀分布的。大约一半的星际气体集中在称为星际云的高密度区域（见第5.1节），星际云仅占整个星际空间体积的2%左右。另外一半的星际气体分散在剩下的98%的星际空间中，这些气体称之为云际气体。

云际气体的性质在各个地方各不相同（图16.1）。有些云际气体特别炽热，温度高达数百万开尔文，几乎接近恒星中心的温度。即使如此，当你飘浮在广袤无垠的高温星际气体中时，你首先担心的将是可能会被冻死。气体是炽热的，因此构成气体的原子运动速度极快；如果其中一个原子与你相撞，你会被撞得很惨。但在一定体积的高温云际气体内，原子数量极少，它们几乎不会与你相撞，因此即使它们的温度高达数百万开尔文也无法让你的身体保持温暖。你身体辐射能量的速度远远快于周围气体替代失去的能量的速度。

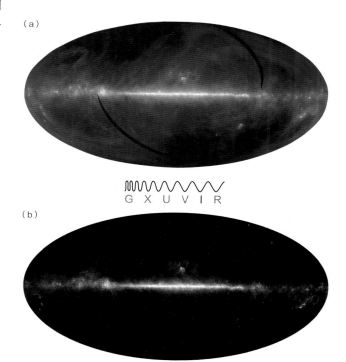

（a）

（b）

图 16.5　（a）天空的远红外影像显示的银河系周围的温暖发光星际云。（此图和图16.6中所示的黑色带是因缺失数据造成的。）（b）在近红外波长（9μm）下拍摄到的银道面。

表 16.1

星际气体成分的典型特性

星际介质的成分	温度	密度	氢的状态
高温云际气体	~1 000 000 K	~0.005 个原子/厘米³	离子化
中温云际气体	~8 000 K	0.01~1 个原子/厘米³	离子化或者中性
低温云际气体	~100 K	1~100 个原子/厘米³	中性
星际气体云	~10 K	100~1 000 个原子/厘米³	分子和中性

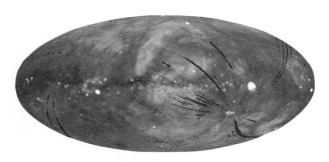

图16.6 天空中微弱的X射线光大部分是由于太阳系周围数百万开尔文的气体气泡辐射造成的。其中的辉点是更遥远的辐射源，包括最近超新星爆炸地周围的高温高压气泡等天体。

被超新星加热的温度极高的云际气体大约占整个星际空间体积的一半。我们的太阳系正在穿过一个高温云际气体气泡，该气泡可能是30万年之前某个超新星爆炸产生的残余。高温云际气体发出的微弱辐射处于电磁波谱上的高能X射线波段。轨道X射线望远镜观测到整个天空都因地球周围数百万开尔文高温气体发出的微弱X射线而泛红（图16.6）。

不是所有星际气体都像我们地球周围的气泡一样炽热。剩下的星际气体大部分都是温暖气体。波长短于91.2纳米的紫外线星光具有极高的能量以电离化氢元素，将电子从原子核中剥离。（光子具有的任何"额外"能量都能增加电子的动能。）如果这些高能光子出现在周围，星际气体中的任何中性氢原子都将迅速发生电离。温暖气体中一半体积都被星光保持在电离化状态。但是，如果温暖气体的体积足够大，星光中的电离光子会被最外层的原子耗尽，继而保护星际气体云中心附近的气体免受星光的电离作用，就像地球的臭氧层保护地球表面免受太阳发出的有害紫外线辐射的伤害一样。

星光穿过气体时将在光谱上形成吸收线，我们可以据此分析得出该气体的温度、密度和化学成分。云际气体也能在质子和电子不断结合形成氢原子的离子化温暖气体区域形成发射线。一般而言，形成的氢原子处于激发态，然后再一步步跃迁至较低能态，每一步都会发射出一个光子，因此温暖的离子化云际气体产生的辐射波谱具有氢发射线（和其他元素的发射线）。

图16.7所示的微弱辐射主要是由温暖的电离化云际气体产生。其中的辉点是大型炽热高光度O型和B型恒星发出的强烈紫外线辐射电离密度更厚的星际气体云的结果。这些区域称为H II区域，因为这些区域中的氢原子处于离子化状态或第二能级，即氢原子失去了电子。O型恒星的年龄只有几百万年，因此它

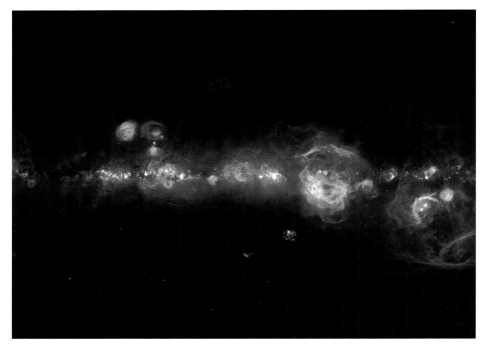

图16.7 温暖（大约8 000K）星际气体产生氢发射线。该图像所示为大片北方天空中的氢辐射，揭示了星际介质结构的复杂性。

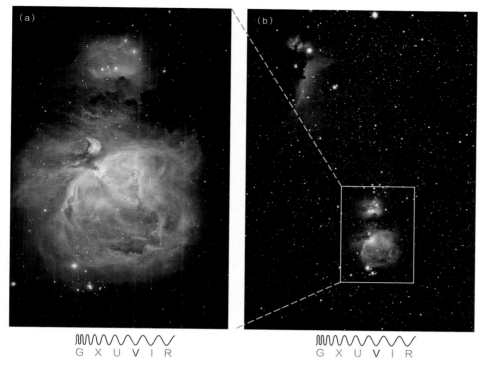

图16.8 （a）此图所见的猎户座星云是围绕在年轻炽热恒星星团周围的星际气体的发光区域。星云周围的密集云团中仍在孕育着新的恒星。（b）本图所示的猎户座星云（底部）只是猎户座恒星形成区域的一小部分，其中黑色的马头星云位于左上方。

们的位置通常不会离其形成之地太远。这些 H II区域正是恒星从中诞生的云团，是活跃的恒星形成区域。

距离太阳最近的 H II区域之一是位于猎户座中的距离太阳1340光年的猎户座星云（图16.8）。为该星云提供能量的几乎所有紫外线都来自于单一的炽热恒星，且该星云附近只有几百颗恒星。相比而言，图16.9所示的巨大 H II区域是剑鱼座30号星云，该星云位于大麦哲伦星云中，是距离银河系160 000光年的银河系小型伴星系。为这片巨大的离子化气体云提供能量的是一个包含数千颗高温高光度恒星的密集星团。如果剑鱼座30号星云与猎户座星云一样离太阳较近，其在夜空中将显得非常明亮，甚至会产生影子。

温暖的中性氢气的辐射方式不同于温暖的离子化气体。包括质子和电子在内的许多亚原子粒子都具有自旋性质，该性质导致这些粒子看起来好像被磁化了，就如同每个粒子内部都带有一个具有南北磁极的磁棒。氢原子只可能以两种状态存在：或者其质子和电子形成的"磁极"指向同一方向，或者指向相反方向。当磁极指向相反方向时，氢原子具备的能量略高于磁极指向方向相反时所具备的能量。

氢原子从低能级同相自旋状态跃迁到高能级反相自旋状态需要吸收能量。在温暖的中性星际气体中，所需能量是由原子间的相互作用提供的。如果长时间不受干扰，处于高能级的氢原子将自发地跃迁到低能级，并在此过程中发射出一个光子。氢原子两个磁性状态之间的能量差相当小，因此能级跃迁会产生21厘米的无线电波辐射。

图16.9 剑鱼座30号星云位于银河系的小型伴星系中，距离地球约16万光年。在此激烈的恒星形成区域，成百上千颗年轻的巨大恒星构成的密集星团发射出大量紫外线辐射，导致区域内的星际气体发光发亮。

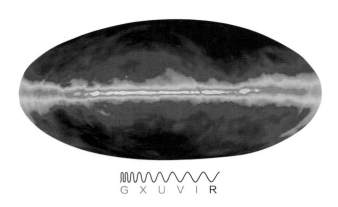

图 16.10 此图所示的天空无线电影像是在 21 厘米波长下拍摄到的，展示了充斥在银河系中的中性氢气云。因为无线电波能够穿透星际尘埃，21 厘米谱线观测是探索银河系结构的重要方法之一。

图16.10中所示为我们在天空上观测到的中性氢原子发出的21厘米辐射。21厘米辐射的波长较长，因此可以自由穿透星际介质中的尘埃，让我们得以观测到遍布银河系的中性氢原子。通过测量发射线的多普勒频移量，我们可以得知这些中性氢原子靠近或者远离我们的速度如何。中性氢原子所具备的这两个特性对我们了解银河系的结构至关重要。

如图16.11所示，我们以观测的方向为横坐标，以通过21厘米辐射测得的中性星际氢原子的速度为纵坐标作图。当我们观测银河系的中心时，发现天空一侧的氢云正在远离我们，而另一侧的氢云则在靠近我们。这是星系盘的自转速度模式。因为我们在银河系中不是静止不动的，因此当我们从其他方向测量时，测得的速度更复杂，乍眼一看更难以解释。即便如此，我们仍可以根据测得的中性氢的速度测量出银河系的自转曲线，甚至确定整个银河系中呈现出的各种结构。

通过21厘米辐射测得的多普勒速度反映出我们生活在一个自转的星系上。

云是低温致密气体所在的区域

如前文所述，云际气体充斥在98%的星际空间中，但却只占星际气体一半质量。剩下50%的星际气体都集中在只占星系体积2%的密度更高的星际气体

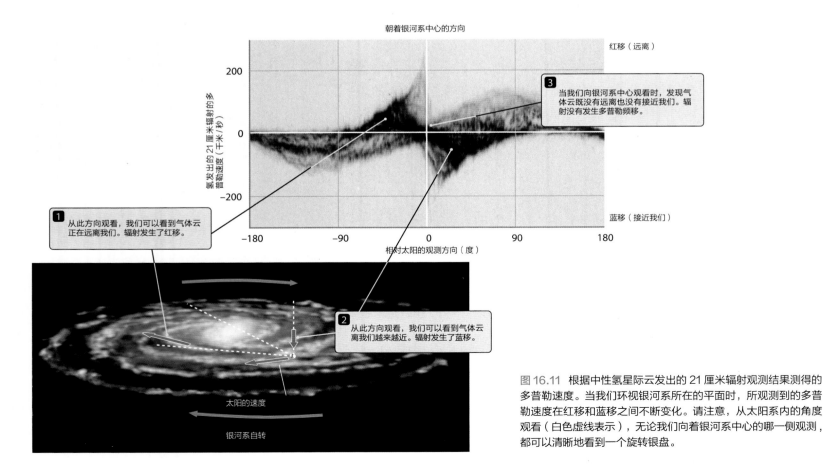

图 16.11 根据中性氢星际云发出的 21 厘米辐射观测结果测得的多普勒速度。当我们环视银河系所在的平面时，所观测到的多普勒速度在红移和蓝移之间不断变化。请注意，从太阳系内的角度观看（白色虚线表示），无论我们向着银河系中心的哪一侧观测，都可以清晰地看到一个旋转银盘。

云中。大部分星际气体云主要由孤立中性氢原子构成，比温暖云际气体的温度和密度都低得多。

地球上的孤立原子并不常见——大多数原子都包含在分子中。但是，在大部分星际空间中，包括大部分星际云，分子无法幸存太长时间。如果星际气体温度太高，任何分子都将很快与其他分子或者原子发生碰撞，碰撞产生的能量足以让分子分裂。中性氢云中的温度可能对于有些分子而言较低，能够让这些分子存活下来，但是能量足以分裂分子的光子可以穿透中性分子云。只有在密度最高的星际云的中心，星际化学才能找到机会将原子形成分子，因为在这些星际云的中心尘埃甚至可以有效地阻挡足以破坏分子的能量较低的光子。为此，这些黑色云被称之为分子云，如第5.1节所述。在恒星背景的衬托下，我们时常可以清晰地看到分子云的轮廓（图16.12）。

在这些乌云一般的低温分子云中，原子相互结合形成了各种各样的分子，大部分属于分子氢（H_2）。分子发出的辐射主要集中在电磁光谱的无线电和红外线波段。分子发射线具有与原子发射线类似的作用。发射线的波长明确无误地揭露了产生该发射线的分子的类别。

除了分子氢外，星际空间中还发现了大约150种其他分子，既包括一氧化碳（CO）等结构及其简单的分子，也包括$HC_{11}N$等长链分子。体积极大的碳分子由成百上千个单个原子组成，弥补了大星际分子与小星际颗粒之间的空白。可见光无法穿透星际分子十分集中的分子云。但是，分子发出的无线电波可以轻易地从黑色分子云中逃脱。分子发射线观测结果解密了密度最高和最不透明的星际云最深处的运转方式。

图16.12 在可见光下，星际分子云在背景恒星和发光气体的衬托下显露出清晰的轮廓。（a）背景恒星发出的光被附近的巴纳德68星云中的尘埃和气体挡住了，巴纳德68星云是一个致密的黑色分子云。（b）红外光线可以穿透大部分这些气体和尘埃。

分子云的质量从数倍太阳质量到一千万倍太阳质量不等。最小的分子云的直径可能不到一半光年，而最大的分子云的直径可能超过一千光年。巨分子云的质量通常都是太阳质量的数十万倍，直径一般为100～200光年。银河系内有数千个巨分子云和大量小分子云。尽管如此，分子云的体积仅占星际空间的0.1%左右。虽然这些分子云可能数量稀少，但却至关重要，因为它们是恒星形成的摇篮。

领悟 宇宙 银河系中充满磁场和宇宙射线

银河系的星际介质处在可测量的磁场中，这些磁场因银盘自转而相互缠绕和增强。但是，星际磁场的强度却不及地球磁场百万分之一。带电粒子在磁场内螺旋运动，沿着磁场方向产生净移动，而非横跨磁场。相反，磁场不能从包含带电粒子的气体云中自由逃脱。银河系中平面上的致密星际气体云将银河系的磁场固定在银盘上，如图16.13所示。这些磁场可以俘获银河系中的宇宙射线。尽管其名称如此，宇宙射线却并不是一种电磁辐射，而是以近乎光速的速度移动的带电粒子。（它们是在其真正性质被识别出之前命名的）。

大部分宇宙射线粒子都是质子，但也有部分是氦核、碳核和其他元素的核子，还有少部分是高能电子和其他亚原子粒子。宇宙射线中的粒子能量跨度非常大。我们可以通过星际宇宙飞船，以低至10^{-11}焦耳（J）的能量观测能量最低的宇宙射线粒子。这些能量相当于以十分之几光速的速度移动的质子所具备的能量。相比而言，能量最高的宇宙射线是能量最低的宇宙射线的10万亿倍（10^{13}）。我们是高能宇宙射线闯入地球大气层时产生的基本粒子流而认知这些高能宇宙射线的。

天文学家推测宇宙射线是被超新星爆炸产生的冲击波加速到高能状态的。能量最高的宇宙射线所具备的能量是至今为止在地球上的粒子加速器中产生的任何粒子所具备的能量的一亿倍。因为具备如此高的能量，这让我们更难以解释它们的性质。

银盘的辉光源自于银河系磁场内螺旋运动的宇宙射线（大部分是电子）产生的同步辐射。同步辐射在其他螺旋星系盘中也可见到，由此可知这些螺旋星系也具有磁场和高能宇宙射线。即使如此，能量最高的宇宙射线速度极快，不可能被限制在我们的银河系内。在银河系内形成的任何能量极高的宇宙射线都将很快逃逸出银河系。

图16.13 星际云的质量将银河系的磁场固定在银盘上。磁场反过来俘获银河系的宇宙射线，如同行星磁气圈俘获带电粒子一样。

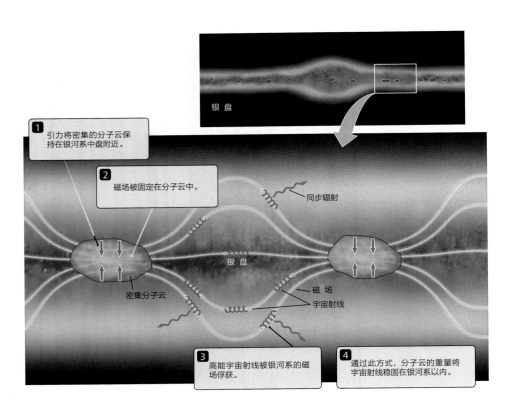

1 引力将密集的分子云保持在银河系中盘附近。

2 磁场被固定在分子云中。

同步辐射

银盘

密集分子云

磁场

宇宙射线

3 高能宇宙射线被银河系的磁场俘获。

4 通过此方式，分子云的重量将宇宙射线稳固在银河系以内。

银盘中所有宇宙射线的总能量可以根据到达地球的宇宙射线的能量估算。星际磁场的强度可以通过多种方法测量，包括其对穿过星际介质的无线电波造成的效应。这些测量方法表明，在银河系中，磁场能量和宇宙射线能量大致相等。两种能量都可与银河系的其他高能组件所具备的能量相比，包括星际气体的运动，以及银河系中电磁辐射的总能量。

16.2 测量银河系

如在前文章节中所述，确定天空中天体的距离非常棘手，但这是确定天体各种性质的关键，例如它们的光度和体积。在第10章中，我们学习了如何根据时差测量几百光年远的邻近天体的距离，以及如何利用光谱时差法根据赫罗图确认更遥远恒星的距离。在第12章中，我们认识到Ia型超新星的光度总是相同，因为这些爆炸的恒星通常都为1.4倍太阳质量。在第13章中，我们认识了造父变星，天琴座RR型变星和光变周期与光度之间的关系。Ia型超新星、造父变星和天琴座RR型变星都是"标准烛光"：无须获知距离就可以知道其光度的天体。我们可以将它们的光度与视亮度相比较，从而确认它们的距离。

宇宙领悟 球状星团和银河系的大小

如图16.14所示，球状星团是被引力束缚在一起的球形恒星群。许多星团可以凭借小型望远镜观察到。球状星团内恒星的运动非常类似于椭圆星系中恒星的运动。但是，球状星团的体积更小，其中的恒星彼此相距更近。

银河系中已登记的球状星团有50多个（数量很有可能更高，因为银盘中的尘埃可能遮挡了我们的视线）。已知的球状星团光度从最低约1 000倍太阳光度（$1\,000L_\odot$）到最高约100万倍太阳光度。典型的球状星团中有50万颗恒星，体积直径却只有15光年，比银河系的平均密度拥挤得多。尽管如此，球状星团中的恒星只占银河系中所有恒星的少部分数量（约0.001%）。

银河系中大约四分之一的球状星团分布在银盘之内或者银盘附近。其他球状星团游荡在银盘和隆起结构周围的广阔的球状空间内，称之为银河系的晕轮。这些球状星团位于第15章所述的暗物质晕当中。球状星团的光度极高，位于尘埃盘之外，因此即使它们距离遥远，也易于观察到。为了切实地计算出球状星团的距离，我们需要探讨分布其中的恒星的性质。

GXUVIR

图16.14 哈勃太空望远镜拍摄到的球状星团M80影像。

（a）

（b）

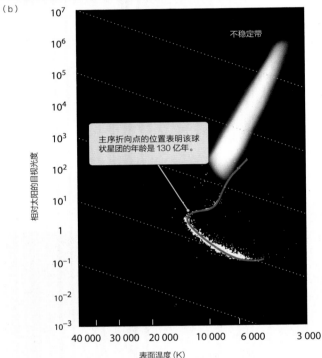

图16.15 （a）球状星团 M92 和（b）星团内恒星的赫罗图。主序折向点揭露了星团的年龄。

球状星团内含有极好的标准烛光（主要为造父变星）。图16.15所示为球状星团M92和其恒星的赫罗图。图中所示的主序折向点是质量约为0.8M$_\odot$的恒星脱离主序带的转折点，所对应的主序寿命接近130亿年。该年龄是球状星团的一般年龄，因此，球状星团是银河系中已知的年龄最长的天体。球状星团是在宇宙和银河系还十分年轻时形成的。与球状星团中的恒星相比，太阳的年龄只有50亿年，是银河系中较为年轻的天体。

在年老星团的赫罗图中，水平分支跨过不稳定带。我们可以轻易地分辨出球状星团中的天琴座RR型变星（在第13章已介绍过），因为它们的光度极高，并且具有与众不同的光变曲线。美国天文学家亨丽爱塔·勒维特（Henrietta Leavitt, 1868—1921）推算出了天琴座RR型变星的光变周期和光度之间的关系。哈罗·沙普利（Harlow Shapley）根据此光变周期与光度之间的关系找到了球状星团中的天琴座RR型变星。随后，他又根据辐射的平方反比定律将这些光度与测得的量度结合起来，以此计算出球状星团的距离。最终，沙普利交叉验证了其计算结果，并发现距离更远的星团（根据其采用的标准烛光测得）不出所料地在天空中看起来更小。

沙普利根据星团的距离和它们在天空中的位置绘制出了一张三维图。由此图可以看出，球状星团位于一个跨度约为30万光年的近乎圆形的空间区域内。这些球状星团勾勒出了银河系晕轮的轮廓，如图16.16所示。此图反映了当今天文界对球状星团分布的观点。

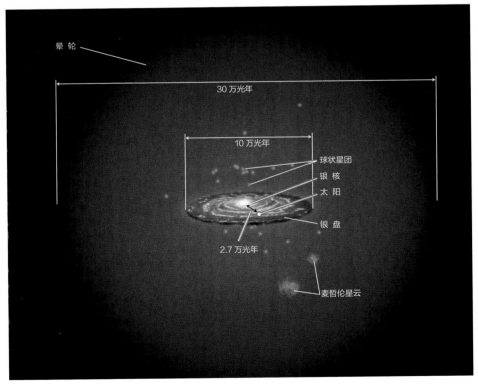

图16.16 本图所示的银河系银盘、银核和晕轮的图像也显示了银河系银盘内的麦哲伦星云和太阳的位置。

球状星团围绕银河系的引力中心旋转,因此它们分布的中心与银河系的中心相同。从太阳到该中心点的距离约为27 000光年,我们大概处在银盘中心到边缘的中间位置(见图16.16)。

对越靠近银河系中心的恒星的分布和运动进行的红外线研究表明,银河系中央为棒状结构,中心区域微微隆起。如同我们在其他星系中看到的旋臂一样,银河系的两条主要旋臂,盾牌-半人马臂和英仙臂与中央棒状结构相连,横扫过银盘。将所有已知信息结合起来,我们可以总结出银河系是一个处于中间位置的巨大棒状星系。从外面观看,银河系可能看起来像图16.17所示的模样,我们将银河系归类为SBbc星系(大约处于SBb和SBc之间的中间位置)。

根据银河系的自转曲线可知,银河系的引力质量必定为$6 \times 10^{11} M_\odot$至$1.0 \times 10^{12} M_\odot$。但是,将恒星、尘埃和气体的质量相加得出的发光质量则极低(大约是引力质量的十分之一)。与其他螺旋星系一样,银河系也主要由暗物质构成。同时,与其他星系一样,可见物质在银河系的内层部分占统治地位,而暗物质主要占据其外层部分。

16.3 银河系中的恒星

太阳是银盘内围绕银河系旋转的其中一颗中年恒星。太阳附近的恒星通常年龄较大,是构成晕轮的一部分,并且它们的轨道会穿过银盘。通过分析邻近恒星的年龄、化学丰度和运动,我们可以区分出银盘恒星和晕轮恒星,继而更深入了解银河系的结构。

G X U V I R

图 16.17 从外面观看,银河系看起来与棒旋星系 NGC 6744 极其相似。

银河系主要由暗物质构成。

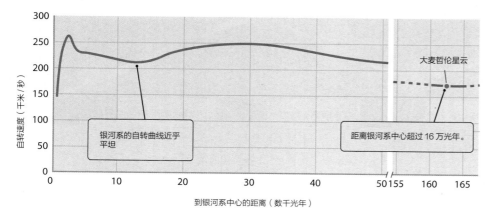

图 16.18 自转速度与到银河系中心的距离的关系图。距离最远的一点是根据大麦哲伦星云的轨道测量值绘制的。近乎平坦的自转曲线表明银河系的外层部分主要由暗物质构成。

领悟 宇宙 我们看到的恒星具有不同的年龄和化学成分

大部分球状星团都分布在晕轮内。球状星团年龄长达130亿年,是已知最古老的天体之一。实际上,我们几乎没有看到过年轻的球状星团。相反,疏散星团(如图16.19所示)是由银河系银盘内的几十颗到几百颗恒星较为松散地束缚在一起而构成的星团。与球状星团一样,疏散星团中的恒星几乎在同一时间同一地点形成。疏散星团的年龄范围较广,有些星团包含迄今已知的年龄最轻的恒星,而有些星团包含有比太阳还稍微古老的恒星。因为疏散星团是较为松散地束缚在一起的,它们很容易被附近天体的引力干扰,因此在银河系的银盘内无法长久幸存下来。最古老的疏散星团比最年轻的球状星团还年轻数十亿年。

球状星团和疏散星团之间的年龄差异表明晕轮中的恒星最先形成,但这段恒星形成时期并没有持续太久时间。银盘中的恒星虽然形成时间较后,但却一直在延续下去。另外,质量较大、较密集的球状星团内的恒星形成过程也一定极大,不同于质量较小、较分散的疏散星团内的恒星形成过程。

当宇宙还非常年轻时,宇宙中只存在质量最小的元素。所有质量大于硼的元素必定都是通过发生在恒星中的核合成产生的。因此,星际介质中大质量元

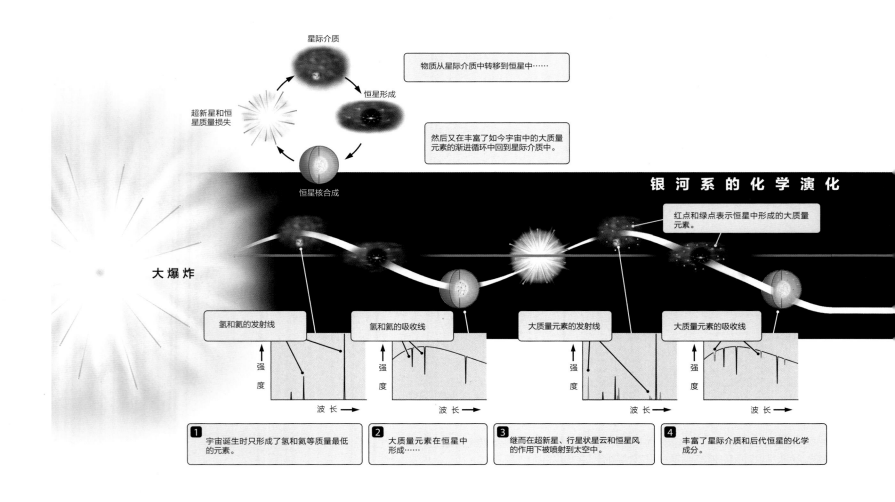

星际介质

物质从星际介质中转移到恒星中……

超新星和恒星质量损失

恒星形成

然后又在丰富了如今宇宙中的大质量元素的渐进循环中回到星际介质中。

恒星核合成

银 河 系 的 化 学 演 化

红点和绿点表示恒星中形成的大质量元素。

大 爆 炸

氢和氦的发射线

氢和氦的吸收线

大质量元素的发射线

大质量元素的吸收线

强度   波长 →

强度   波长 →

强度   波长 →

强度   波长 →

1 宇宙诞生时只形成了氢和氦等质量最低的元素。

2 大质量元素在恒星中形成……

3 继而在超新星、行星状星云和恒星风的作用下被喷射到太空中。

4 丰富了星际介质和后代恒星的化学成分。

素的丰度记录了迄今为止已发生的所有恒星形成的信息。含有丰度较高的大质量元素的气体历经了许多次恒星演变进程，而含有丰度较低的大质量元素的气体则历经的恒星演变进程较少。

反过来，恒星大气中大质量元素的丰度也反映了恒星形成时星际介质的化学成分。（在主序星中，核心中的物质不会与大气中的物质混合，根据恒星光谱推测而得的化学成分的丰度与形成恒星的星际气体内的丰度相同。）如图16.20所示，恒星大气的化学成分反映了截至恒星形成瞬间恒星形成的累积量。

如果我们对宇宙化学演化的认识是正确的，球状星团中的恒星因为是最早形成的恒星之一，因此它们应含有极少丰度的大质量元素。事实确是如此。有些球状星团恒星所含的大质量元素只有太阳的0.5%。年龄与大质量元素丰度之间这种关系在大部分银河系中都非常明显。不仅球状星团恒星含有较低丰度的重元素，银河系晕轮中的所有恒星都是如此。在银盘内，无数代恒星内部形成的核合成产物进一步丰富了星际介质的组成元素，因此银盘内化学演化一直在不断持续。银盘内恒星年龄越老，所含的大质量元素的丰度越低。同理，银河系隆起结构外层较古老的恒星，所含的大质量元素的丰度低于银盘内较年轻的恒星。

银河系内层发生的恒星形成比银河系外层更活跃，因为内层的星际气体更密集。如果恒星在银河系的历史长河中不断形成，可以预见银河系内层的大质量元素丰度将更高于外层的大质量元素丰度。根据恒星光谱上的星际吸收线和发光H II区域的吸收线获得的星际介质的化学丰度观测值证实了此预测。天文学家记录了其他星系的类似趋势。恒星的化学成分中也可以观测到此种趋势。

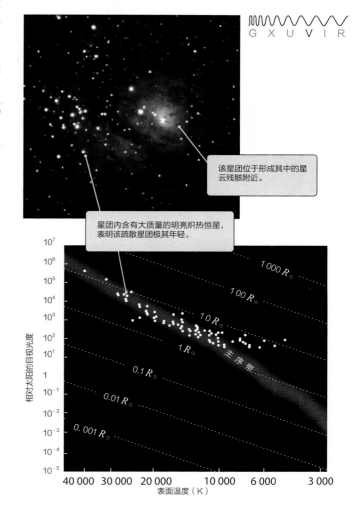

该星团位于形成其中的星云残骸附近。

星团内含有大质量的明亮炽热恒星，表明该疏散星团极其年轻。

图 16.19 （a）疏散星团 NGC6530 距离地球 5 200 光年，位于银河系银盘内。（b）该星团内恒星的赫罗图表明该星团年龄只要几百万年或者更短，因为其赫罗图上没有主序折向点。

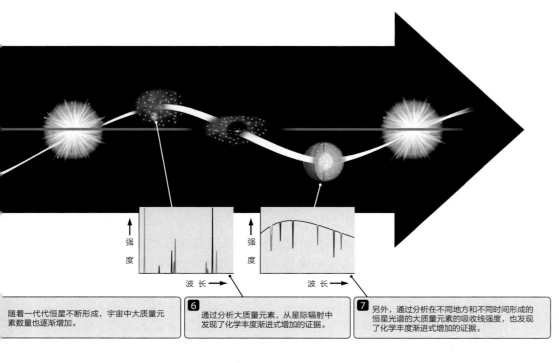

随着一代代恒星不断形成，宇宙中大质量元素数量也逐渐增加。

6 通过分析大质量元素，从星际辐射中发现了化学丰度渐进式增加的证据。

7 另外，通过分析在不同地方和不同时间形成的恒星光谱的大质量元素的吸收线强度，也发现了化学丰度渐进式增加的证据。

图 16.20 一代代恒星不断形成、演化和死亡，丰富了星际介质中的大质量元素——大质量元素是核合成的产物。银河系和其他星系的化学演化可以通过多种方式追踪，包括星际发射线和星际吸收线的强度。

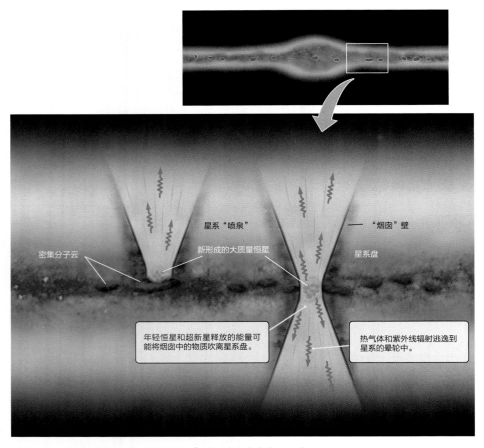

图16.21 在螺旋星系盘的"星系喷泉"模型中，年轻恒星和超新星释放出的能量将气体喷射出星系的平面，然后再回落到盘面上。

数代恒星一定是在球状星团形成之前就已形成了。

大质量元素的丰度较高对应于银河系内层更惊人的恒星形成这种观点好像是正确的，但是整个画面不是如此简单。不论在任何地方，星际介质的化学成分取决于多种因素。落入到银河系中的新物质可能会影响星际化学丰度。在银盘内层产生的化学元素可能会通过大质量恒星所具备的能量形成的大"喷泉"被喷发到晕轮中（如图16.21所示），然后部分散落到银盘的各个角落。银河系过去与其他星系发生的交互作用可能已经干扰了银河系的星际介质，致使来自于其他星系的气体与银河系内的气体相互混合。银河系以及其他星系内的化学丰度的变化，让我们了解了恒星形成和核合成的历史，一直是最热门的研究课题之一。

虽然详细情况比较复杂，但我们可以从银河系中大质量元素的丰度规律中学到一些明确的重要知识点。首先，即使极其炽热的球状星团恒星也含有少量大质量化学元素，这表明球状星团中的恒星和其他晕轮恒星并不是银河系中最先形成的。在最古老的球状星团形成之前，至少有一代大质量短寿命恒星曾经存在和消亡过，最终将全新合成的大质量元素喷射到太空中。另外，过去形成的质量小于约$0.8M_\odot$的恒星现在仍然可见。即使如此，我们还未在银盘中发现大质量元素丰度异常低的恒星。如果存在这种恒星，现在应该已被发现了。在银河系银面上卷绕的气体在落入到银盘上并形成恒星之前，一定经历了大量恒星形成的过程。

在本节讨论中，我们重点讨论的是各个地方化学丰度的变化。这些变化告诉了我们许多关于银河系和构成我们身体的物质的起源的知识。但是，我们还需谨记，即使像太阳一样化学成分非常丰富的恒星（这些恒星是由经过大约90亿年数代恒星演化产生的气体构成的），仍然含有2%以下的大质量元素。宇宙中的发光物质仍然以早在第一代恒星诞生之前就形成的氢和氦为主。

银盘的横截面

银河系内最年轻的恒星主要集中在银道面上，该银道面是一个大约1 000光年厚的圆盘（其直径超过10万光年，实际上非常薄）。银盘内年龄较老的星族，含有的大质量元素丰度较低，分布在厚度约为12 000光年的较厚区域内。图16.22展示了恒星的数量与距离银道面的距离变化的情况。最年轻的恒星集中在离银道面最近的地方，因为该区域存在大量分子云。年龄较老的恒星集中在银盘较厚的区域。关于银盘内较厚的区域的形成，目前有两种假设。一种假设是这些恒星在很久之前形成于银盘的中平面，但随后因主要受到与大质量分子云产生的引力交互作用而被踢出了银道面之外（如图16.22所示）。另一种假设是这些恒星是在形成银河系的合并过程中被俘获的。

当从一个方向坠落的气体（云盘上方）与从另一个方向坠落的气体（云盘下方）相互碰撞时，自转的气体云自然而然就会形成一个气体云盘。同样，在引力作用下向螺旋星系盘的中平面靠拢的气体云会发生相同的过程。虽然恒星可以自由地从星系盘的一侧向另一侧来回移动，低温致密星际气体云则扎根在星系盘的中央平面。这些气体云被视为位于螺旋星系盘中间的浓缩尘埃带（如本章开篇图所示），就像披萨上面的奶酪和面皮中间夹杂的番茄汁一样。该稀薄的尘埃带将星系盘一分为二，是新的恒星不断形成和被发现的地方。

星际介质是一个充满活力的地方——恒星形成区产生的能量将星际介质塑造成各种超大结构。我们在前文提到过恒星形成区中的能量可以让星际介质形成奇形怪状的结构，清除星系盘中大片区域的气体。许多在同一区域形成的大质量恒星，通过超新星爆炸和超强星际风，能够将"烟囱"中的物质驱逐出星系盘。如果同时形成的大质量恒星足够多，聚集的能量足以击穿星系的平面。在此过程中，致密星际气体被高高抛起，离开星系面（见图16.21）。从银河系中中性氢的21厘米辐射图和某些侧向河外星系产生的氢辐射的可见光图片可以看出，圆盘星系的星际介质中存在大量垂直结构。这些垂直结构通常被解释为"烟囱墙"。

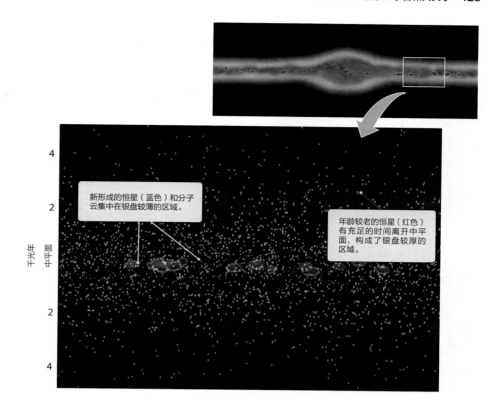

图16.22　银河系银面的垂直剖面图。气体和年轻的恒星集中在银盘中心的薄层。年龄较老的恒星构成了银盘较厚的区域。

新形成的恒星（蓝色）和分子云集中在银盘较薄的区域。

年龄较老的恒星（红色）有充足的时间离开中平面，构成了银盘较厚的区域。

16.4　银河系中有一个超大质量黑洞

密集的尘埃和气体云挡住了我们观测银河系中心的视线。但是，正如其他具有中央隆起结构的星系一样，银河系的中心也可能存在一个超大质量的黑洞。幸运的是，红外线、无线电辐射和某些X射线辐射可以穿透尘埃（图16.23）。X射线图（图16.23（a））展示了称为人马座A*的超强射电源，天文学家断定该超强射电源恰好位于银河系的中心。穿透尘埃拍摄到的红外图像（图16.23）向我们展示出银河系拥挤的致密核心内部含有数十万颗恒星。

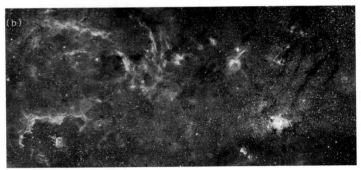

图16.23 （a）银河系中央区域的X射线图，图中央的最亮点即是活跃射线源人马座A*。图中炎热气体云（红色）证实人马座A*附件最近发生了剧烈爆炸。（b）此图为银河系中央核心的宽红外线图像（直径890光年），展示了数十万颗恒星。最右端的白色亮点即为银河系的中心，超大质量的黑洞就在此处。（c）此图所示为银河系中心的无线电图像，其中稀疏的分子云（紫色）在强大的同步辐射下发光发亮。橙色所示为与分子云相关联的冷尘埃（20～30K）。蓝绿色所示为漫射红外辐射。银心（人马座A*）位于中心右侧的明亮区域。

无线电观测结果（图16.23（c））展示了该区域内分布的一簇簇一圈圈物质发出的同步辐射。这些同步辐射类似于活跃星系核发出的同步辐射，只不过级别低得多。

从离人马座A*源最近的恒星的运动可以看出，中心质量远远高于围绕中心旋转的数百颗恒星的质量。离银河系中心的距离不到0.1光年的恒星遵循开普勒定律。迄今为止，经研究的最近的恒星离银河系中心只有0.01光年左右，距离如此近，因此它们的轨道周期大约只有十几年。这些恒星的位置随着时间的推移会发生显著的变化，并且当它们靠近其椭圆轨道的其中一个焦点时，开始加速运行，由此我们推测该椭圆焦点只可能是一个超大质量的黑洞（图16.24）。根据开普勒第三定律，可以推算出银河系中心的黑洞相对较轻，质量只有$3.7 \times 10^6 M_\odot$。

在超新星爆炸产生的冲击波和年轻大质量恒星向外喷发的碰撞星际风的作用下，银河系中心的星际气体云被加热到数百万度。温度超高的气体产生X射线，钱德拉X射线天文台已在银河系的中心区域探测到了2 000多个X射线源，其中包括人马座A*附近频繁发生的短暂X射线耀斑。这直接证明了坠落到超大质量黑洞的物质为银河系中心的高能活动提供了燃料。人马座A*周围温度高达2 000万K的巨星气体云（图16.23（a）所示）表明过去一万年间发生过好几次耀斑爆发。但是，爆发强度不及在其他具有中心黑洞的星系上所观测到的强度。目前，银河系中心的超大黑洞附近已没有大量物质源，因此相对安静。分析银河系内层几乎可以肯定的说，银河系在过去相对"活跃"，并且还有可能更为活跃。

16.5 银河系为解释星系是怎样形成的提供了线索

恒星天文学的一项基本目标是了解恒星的生命周期，包括恒星是如何从星际气体云中形成的。星系天文学也有同样的基本目标。也就是说，天文学家迫切希望拥有一套能够解释银河系如何形成的完整的经过充分验证的理论。但不幸的是，这套完整的理论还未成形。即便如此，研究者所做的研究仍为我们提供了许多线索。

银晕中的球状星团肯定是至今仍存在的首批形成的恒星之一。这些恒星并没有集中在银盘或者中央隆起部位，说明它们是在气体云落入到银盘之前就已在气体云中形成了。银晕恒星大气中的大质量元素数量极少，表明在形成我们如今所看到的银晕恒星之前，至少有一代恒星曾经存在和消亡过。我们还没有在如今的银河系中发现任何一颗第一代恒星。

我们的银河系必定是在巨大的暗物质团中的气体塌缩成大量小型原星系时形成的。这些小型物质团至今仍然存在，只是已变成了距离银河系较近的小型矮卫星星系。其中尺寸最大是肉眼可见的大小麦哲伦星云（图16.25），这些星云外观看起来好像是被分裂的银河系。人马座矮星系是银河系的另一个伴星系，目前该星系正在从隆起部分的另一边通过银盘。在某个时刻，人马座矮星系看似将融入到银河系中——表明银河系仍在增大。银河系有20多个此类矮卫星星系，虽然我们不能肯定所有这些星系都因为引力作用而与银河系束缚在一起。许多这些矮星系的光度极低，直到最近才为人所知。

这些原星系的残骸合并形成了我们称之为银河系的棒状螺旋星系。在此过程中，恒星分别在银晕、银核和银盘上形成。最初形成的恒星在银晕中终结——有些止于球状星团中，但是许多并没有。沉入到银盘中的气体很快形成了好几代恒星。致密的浓缩物质快速增大，在银心形成超大质量的黑洞。该过程的细节还只能做粗略估计，但有些计算显示，在如此小的区域内集结了如此大的质量，无论事件发生顺序如何都将造成黑洞的产生。

关于此问题，我们需要谨慎对待，步子不能迈得太大。银河系为行星的形成了提供了诸多线索，但是更多关于此过程的知识是通过观看其他星系而获得的。遥远星系的图像（我们看到的数十亿年之前模样）以及我们对宇宙自身形成时留下的光辉的观测结果，同样为我们揭开谜团提供了重要线索。接下来我们会将注意力转移到宇宙本身这个巨大的结构上，我们不得不暂停探讨星系形成的过程。

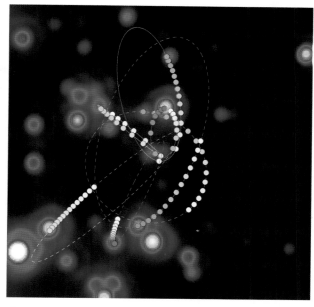

图 16.24 距离银心 0.1 光年以内的数颗恒星的轨道。这些恒星的开普勒运动反映出银心中心存在一颗 370 万倍太阳质量（$M_\odot$）的超大质量黑洞。彩色圆点表示每隔 12 年测得的恒星位置。

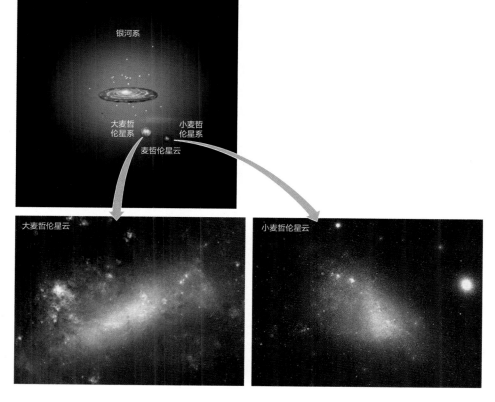

图 16.25 银河系周围围绕着 20 多个矮伴星系，其中最大的是大小麦哲伦星云。麦哲伦星云是以早期率领欧洲船队远赴南半球探险继而发现该星云的航海家斐迪南·麦哲伦（Ferdinand Magellan）命名的。

天文资讯阅读

超高速恒星被踢出了银河系

撰稿人：丽莎·格罗斯曼（Lisa Grossman），《连线科学》杂志

哈勃空间望远镜的最新观测揭示了迄今探测到的速度最快的一颗恒星的悲剧命运，该恒星不幸遇到了黑洞，被黑洞吞噬，并且其伴星被抛离出了银河系。

该恒星编号HE 0437-5439，是已知的16颗超高速星的其中一颗，所有这些超高速恒星都认为来自于银河系的中心。哈勃望远镜的这一结果让天文学家第一次追踪到银河系中心的恒星起源。

根据每隔三年半获得的观测结果，天文学家计算出该恒星正以每小时160万英里（约250万千米）的速度在太空中冲行，这比我们太阳在银河系中的轨道速度快3倍。

来自哈佛-史密松森天体物理中心的天文学家、超高速星的捕手沃伦·布朗（Warren Brown）解释说："恒星的运动速度非常不合常理，比从银河系的引力场逃逸所需的速度多一倍。在正常情况下，没有哪颗恒星可以以如此高的速度运行——必然发生过一些奇异的事情。"

之前的观测数据认为该恒星可能来自于邻近的大麦哲伦星云。但布朗和其同事们坚称最新的观测数据清楚地指向成因。

关于该恒星的起源之地之所以争论不休是因为它的外观看起来异常年轻。按其速度计算，它的年龄应当为1亿年才能从银河系中心移动到目前距银心20万光年之外的位置。但从它的质量(9倍太阳质量)，以及它蓝色的颜色判断，它应当仅仅燃烧了大约2000万年。

最新的起源故事调和了恒星的年龄和速度之间的矛盾，堪称是一部一波三折的情景剧。天文学家解释称，100万年前，这颗失控的恒星是一个三合星系统的一颗子星，该系统非常悲剧地运行到了过于靠近银河系特大质量黑洞的地方，其中一颗成员星被吞噬，它的动能被转移到了剩下的双星系统，使它们获得了足以逃出银河系的超高速度。

随着时间的推移，双星系统中质量较大的恒星膨胀成了一颗红巨星，吞噬了它的伴星。于是这两颗恒星的物质连接在了一起，相互融合，最终产生了一颗哈勃望远镜观测到的超级蓝巨星，然后继续流浪。

"可能你会觉得这个蓝巨星的故事听起来不可思议，但银河系中确实存在蓝巨星，而且大多数位于多星系统之中。"布朗说。这可真是个神秘的蓝色流浪者。

可能你觉得这个故事不可思议，但是却很好地解释了为什么这颗恒星看起来如此年轻。通过合并成一个蓝巨星，最初的两颗恒星看起来只有其真实年龄的五分之一。

此研究发现以论文的形式刊登在7月20日的《天体物理学杂志通讯》网络版上。

研究小组正在寻找其他四颗在银河系边缘冲行的不受束缚的恒星的起源之地。

来自密歇根大学的天文学家，奥列格·格内丁（Oleg Gnedin）在新闻发布上称："研究这些恒星可以为我们提供更多有关这个宇宙中那些看不见的物质的信息，并且帮助我们更好地理解星系的形成机制。"

新闻评论：

1. 文中所述的天体具有什么特殊性？
2. 图16.26展示了该恒星。是否有可能仅从此图分析得出该恒星具有某种特殊性？
3. 本文中，沃伦·布朗称恒星的运动速度非常不合常理，比从银河系的引力场逃逸所需的速度多一倍，必然发生过一些奇异的事情。为什么他得出了此种结论？（提示：运动速度超过逃逸速度的天体发生了什么情况？）
4. 该恒星的年龄有什么不寻常的地方？
5. 天文学是如何计算出该恒星的质量的？为什么这限制了恒星可能的年龄？
6. 什么样的观测数据可以区分大麦哲伦星云中的恒星起源地与银河系中的恒星起源地之间的差别？
7. 银河系中心的超大质量黑洞明显将该恒星抛出了银河系中心。这种情况有可能属于常见现象吗？请解释。

图16.26 哈勃太空望远镜拍摄到的超高速星HE0437-5439 图像

小结

16.1 星际介质是极其复杂的区域,包括低温、较密集的分子云和稀薄的云际气体。星际介质中的尘埃的气体能够挡住可见光,但却能让波长更长的红外线穿过。中性氢无法在可见光和红外线波段下探测到,但却能通过其发射的 21 厘米微波辐射探测到。银河系中存在被磁场俘获的高能宇宙射线。

16.2 我们处在银河系的银盘内,银河系是一个直径 10 万光年的棒旋星系。太阳距离银河系中心约 27 000 光年。我们通过已知光度的变星来计算球状星团的距离,以此测量出银河系向外延伸的晕轮的尺寸。

16.3 射频线的多普勒速度显示出,银河系的自转曲线是平坦的,与其他星系的自转曲线相似,并且银河系的主要质量集中在暗物质中。银河系的化学成分不断随时间变迁而演变,因此在我们今天所见的最古老的银晕和球状星团恒星形成之前还存在过一代恒星。恒星形成如今的银河系银盘,仍十分活跃,因此银盘内的结构十分复杂。

16.4 银河系的中心是一个巨大的黑洞,致使周边恒星的轨道速度十分高。银河系是从一群较小的暗物质晕中塌缩而出的原星系中形成的。

✧ 小结自测

1. 低温云际气体具有的特点是其中的_____会发出辐射。
   - a. 离子化氢
   - b. 中性氢
   - c. 离子化或者中性氢
   - d. 分子氢

2. 星际尘埃:
   - a. 阻挡可见光,但允许让红外光和射电光穿过
   - b. 阻挡射电或者红外光,但允许可见光穿过
   - c. 同等地阻挡所有光线
   - d. 允许所有光线穿过

3. 高温星际介质是被什么加热的?
   - a. 宇宙微波背景辐射
   - b. 星光
   - c. 超新星
   - d. 行星状星云

4. 到银河系中心的距离可以通过球状星团中的变星来推算,请按顺序排列下列各步骤。
   - a. 根据光度和亮度推算出球状星团的距离
   - b. 根据周期与光度之间的关系推算出变星的光度
   - c. 求得到球状星团中心的距离,该距离等于到银河系中心的距离
   - d. 求得球状星团的分布中心的方向
   - e. 求得变星的光变周期

5. 无线电辐射揭示出银河系属于:
   - a. 椭圆星系
   - b. 碰撞导致的不规则星系
   - c. 具有三条悬臂的螺旋星系
   - d. 具有三条悬臂的棒旋星系

6. 一般而言,银河系具有下列什么特点?
   - a. 随着时间的推移成分不变
   - b. 随着时间的推移所含氢元素的丰度越高
   - c. 随着时间的推移所含重元素的丰度越高
   - d. 随着时间的推移所含重元素的丰度越低

7. 一般而言,年龄较老的恒星,其_____低于年轻的恒星。
   - a. 质量
   - b. 重元素的丰度
   - c. 光度
   - d. 自转速度

8. 银河系银盘内的恒星比晕轮内的恒星_____,银盘内的尘埃和气体比晕轮内的尘埃和气体_____。
   - a. 更年轻;更疏散
   - b. 更老;更疏散
   - c. 更老;更密集
   - d. 更年轻;更密集

9. 银河系中心的超大质量黑洞的质量可达:
   - a. 数十倍太阳质量
   - b. 数千倍太阳质量
   - c. 数百倍太阳质量
   - d. 数十亿倍太阳质量

问题和解答题

判断题和选择题

10. 判断题：星际尘埃让恒星看起来比实际颜色更蓝。

11. 判断题：球状星团的年龄限定了银河系年龄的下限。

12. 判断题：银河系中几乎没有暗物质。

13. 判断题：年老的球状星团包含大质量的高光度炽热恒星。

14. 判断题：银河系的银盘交织着磁场线。

15. 天文学家主要通过什么观测星际介质。
    - a. 射电光和红外光
    - b. 可见光
    - c. 紫外光线
    - d. 伽马射线光

16. 星际气体在背景恒星的光谱上产生＿＿＿＿＿＿＿＿。
    - a. 多普勒频移
    - b. 发射线
    - c. 吸收线
    - d. 红化

17. 巨分子云最重要的特点是：
    - a. 它们含有多种类型的分子
    - b. 它们是恒星形成区域
    - c. 非常稀少
    - d. 不透明

18. 当我们朝向银河系中心观测时，既没有发现红移也没有发现蓝移，这表明：
    - a. 银河系中心是静止不动的
    - b. 太阳和银河系中心既不相互接近也不相互远离
    - c. 银河系相对其他星系是静止的
    - d. 太阳相对银河系中心是静止的

19. 下列关于银河系的说法正确的是：
    - a. 自形成后一直没有改变
    - b. 自形成后只有其化学成分发生了变化，动力学系统未曾改变
    - c. 一直在演化，并吞噬附近的小星系
    - d. 已完成了演化，并已吞噬了所有附近的星系

概念题

20. 请回顾本章开篇图。解释我们根据诸如此类图像确定银河系是一个螺旋星系的逻辑。

21. 请仔细观察分析图16.3（a）。在图左方，所有颜色的光子携带能量进入尘埃云。在图右方，只有长波长光子和红外辐射离开尘埃云。解释波长较短的光子发生了什么情况。

22. 图16.1展示了在可见光和近红外光下拍摄到的银河系。图16.5展示了红外光下的银河系。如果你正在离银盘越来越远，甚至离开银河系，你将会看到几乎相同的视像。图16.6是在X射线波段下拍摄的，所示的银河系影像则不相同。如果你向银盘内的其他位置运行，你将会在光谱的X射线波段看到完全不同的景象。请解释图16.6所示的辐射有什么不同。

23. 星际介质大约含有99%的气体和1%的尘埃。为什么是尘埃而不是气体阻挡了我们观测银河系中心的视野？

24. 炽热云际气体主要是由什么加热的？

25. 星际气体通常因与其他气体原子或者尘埃颗粒发生膨胀而冷却；在碰撞过程中，原子失去能量，致使其温度降低。如何根据该效应解释为什么稀薄气体通常非常炽热，而密集气体的温度极低？

26. 当氢原子被离子化后，单个粒子变成了两个粒子。
    - a. 这两个粒子是什么粒子？
    - b. 如果这两个粒子具有相同的动能，哪一个粒子移动速度更快？

27. 导致氢原子发射21厘米辐射的原因是什么？

28. 为什么天文学家难以获得银河系结构的全景图？

29. 天文学家所称的"标准烛光"表示什么意思？

30. 为什么球状星团中的恒星在作为标准烛光确定银河系大小方面发挥了重要作用？

31. 描述球状星团在银河系中的分布，并解释其对我们认知银河系的大小以及我们距银河系中心的距离方面有什么启示？

32. 我们是如何知道球状星团中的恒星位于银河系中最古老的恒星之列的？

33. 比较分析球状星团和疏散星团。
    - a. 形成球状星团和疏散星团的气体主要存在什么区别？
    - b. 为什么球状星团的质量较高，而疏散星团的质量较低？
    - c. 这些问题之间有什么关联？请解释。

34. 银河系内层银盘中的古老恒星比外层银盘中的年轻恒星所具有的大质量元素的丰度更高。请解释原因。

35. 你认为天文学家有可能发现一颗不含有任何大质量元素的年轻恒星吗？为什么？有可能发现一颗不含有任何大质量元素的古老恒星吗？

36. 21厘米辐射的观测结果是如何揭示了银河系的自转情况的？

37. 银河系的自转曲线对银河系内的暗物质有什么暗示？

38. 解释表明我们所在的银河系是一个螺旋星系而非椭圆星系的观测证据。

39. 在归类星系的哈勃方案中，银河系是如何归类的？

40. 恒星含有的大质量元素的丰度对恒星的年龄有何暗示？

41. 我们可以在银河系的哪些地方发现最年轻的恒星？

42. 我们在太阳附近发现了银晕恒星。将它们与银盘恒星相区分的观测证据是什么？

43. 宇宙射线是一种电磁辐射吗？请解释。

44. 宇宙射线是以光速运行吗？为什么？

45. 银河系中的一种同步辐射源是什么？我们是在哪里发现它的？

46. 为什么我们必须使用X射线、红外线和21厘米无线电辐射的观测结果来探测银河系的中心？

47. 人马座A*是什么？它是怎么被探测到的？

48. 说明银河系中心存在一个超大质量黑洞的证据。

49. 银河系中心的超大质量黑洞的质量与在大多数其他螺旋星系中发现的超大质量黑洞的质量相比如何？

50. 对于地球南半球的观察者而言，大小麦哲伦星云看起来就像银河系中相互分离的星云。这些"星云"是什么，为什么它们看起来非常像银河系中的星云？

51. 银河系的卫星星系源自于什么？

52. 银河系的大部分卫星星系的宿命如何？

53. 为什么大多数银河系的卫星星系都难以被探测到？

54. 请想象一下当我们的太阳和太阳系位于下列位置时，天空将可能是什么样子的。

    a. 位于银河系中心附近。

    b. 大型球状星团的中心附近。

    c. 大型、密集分子云的中心附近。

解答题

55. 计算在温度150K下尘埃发出的辐射的峰值波长。

56. 太阳大约每2.3亿年围绕银河系中心旋转一圈。自在46亿年前形成之后，太阳系已围绕银河系中心旋转了多少圈？

57. 请根据图16.16中给出的数字和图形估算银盘所占银河系体积的比例。

58. 估算星际介质中尘埃颗粒的一般密度（每立方厘米的颗粒数）。颗粒的质量一般为 10^{-17} 千克（kg）。（提示：已知气体的一般密度，以及尘埃所占星际介质的质量百分比。）

59. 云际气体的一般温度是8 000K。请根据维恩定律计算此种气体发出的热辐射的峰值波长。

60. 太阳离银河系中心约27 000光年，而银河系的银盘从中心向外延伸了30 000光年。假设太阳的轨道周期为2.3亿年。

    a. 在一个真正平坦的自转曲线上，位于银盘边缘附近的球状星团需要多少时间才能完成围绕银河系中心旋转一周？

    b. 该球状星团自130亿年之前形成后，已围绕银河系中心旋转了多少圈？

61. 对天琴座RR型变星的时差测量表明该变星离太阳750光年。远在银道面上方的球状星团内的一颗类似恒星看起来不及天琴座RR型变星暗16万倍。

    a. 该球状星团离太阳有多远？

    b. 根据问题（a）的答案，你认为银河系的银晕与银盘的大小相比如何？

62. 虽然平坦的自转曲线表明银河系的总质量大约为 $8 \times 10^{11} M_\odot$，与普通物质有关的电磁辐射表明银河系的总质量只有 $3 \times 10^{10} M_\odot$。根据此信息，计算暗物质占银河系总质量的比例。

63. 将年轻星团NGC6530的赫罗图（见图16.19）与前述章节中的赫罗图相比，确定质量最大的恒星多久之后就会发生爆炸，以及仍然在收缩形成主序星的原恒星的质量有多大。

64. 根据所学的关于银河系中大质量元素的分布以及类地行星的知识，你认为这些行星最有可能或者最不可能在哪些地方形成？

65. 宇宙射线质子的速度接近光速：3×10^8 米/秒。

    a. 根据爱因斯坦著名的质能守恒定律（$E = mc^2$），计算如果 m 仅包括质子的静止质量（1.7×10^{-27} 千克），宇宙射线质子含有多少能量。

    b. 实际测得的宇宙射线质子具备的能量是100焦。那么，该宇宙射线质子的相对质量是多少？

    c. 宇宙射线质子的相对质量比质子静止时的质量大多少？

66. 迄今为止观测到的速度最快的宇宙射线的速度为 $[1.0 - (1.0 \times 10^{-24}) \times c]$（非常接近光速 c）。假设宇宙射线和光子同时留下一个射线源或光源，对于静止的观察者而言，当宇宙射线传播了1亿年后将落后于光子多远距离？

67. 一颗围绕银河系中心的黑洞旋转的恒星，其圆形轨道的半径为0.0131光年（1.24×10^{14} 米）。该恒星在其轨道上的平均速度是多少？

68. 银河系中心的黑洞有多大（即，其事件视界在哪里）？

69. 据观测，一颗恒星正在圆形轨道上围绕黑洞旋转，其轨道半径为 1.5×10^{11} 千米，平均速度为2 000千米/秒。该黑洞的质量是太阳质量的多少倍？

 智能学习（SmartWork），诺顿的在线作业系统，包括这些问题的算法生成版本，以及附加的概念习题。如果你的导师在聪慧学习上布置了问题，请登录smartwork.wwnorton.com。

 学习空间（StudySpace）是一个免费开放的网站，并为你提供《领悟我们的宇宙》书中每一章的学习计划。学习计划包括动画、阅读大纲、生词卡、选择题测试以及聪慧学习和电子书中站点内容的链接。请访问wwnorton.com/studyspace。

探索 | 银河系的中心

改编自安娜·拉森的作品《通过动手实践学习天文学》（*Learning Astronomy by Doing Astronomy*）

天文学家曾经认为太阳是银河系的中心。哈罗·沙普利（Harlow Shapley）根据球状星团中天琴座 RR 型变星的观测数据对银河系更准确地描述了银河系的大小和形状。在此次模拟探索中，你将重复该试验，自行找出银河系的中心。

图 16.2 显示了银河系中球状星团的银经和投影距离。为了得出这些坐标系，天文学家假设银河系的银道面就像披萨一样是水平的，太阳处在银道面中间的原点上。从球状星团到该平面画上一条直线。投影距离等于从太阳到该直线与银道面相交点的距离，银经表示该点所在的方向。图 16.27 所示的经典图形采用的就是这种坐标系。其中，投影距离是到中心的距离，单位为千秒差距（kpc），银经是从围绕图形外侧测得的角度。图形边缘上标记了几个重要星座的银经。

找到圆圈外侧标记的银经，将所有数据绘制在图上，然后再根据投影距离在图上画上一个点。（表中以黑体字显示的两个球状星团已在图中标记出来了，供参考）。将所有球状星团标记在图中后，估算它们的分布中心，并以 X 符号表示。该符号所在位置就是银河系的中心。

1. 太阳到银河系的距离大约是多少？

2. 银河系中心的银经是多少？

3. 我们是如何知道太阳不在银河系的中心的？

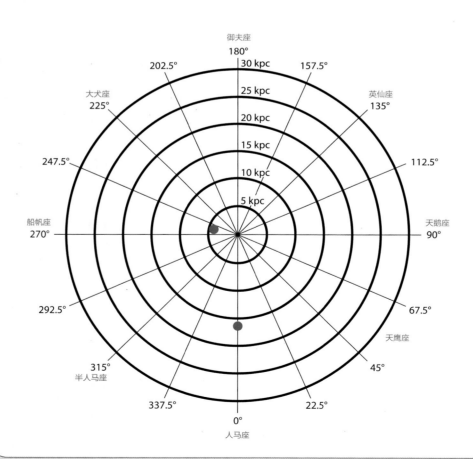

图 16.27　用以绘制距离和方向的极坐标图。

表 16.2

球状星团数据

球状星图名称	银经（度）	投影距离（千秒差距）	球状星图名称	银经（度）	投影距离（千秒差距）
104	306	3.5	6273	357	7
362	302	6.6	6287	0	16.6
2808	283	8.9	6333	5	12.6
4147	251	4.2	6356	7	18.8
5024	333	3.4	6397	339	2.8
5139	309	5	6535	27	15.3
5634	342	17.6	6712	27	5.7
Pal 5	1	24.8	6723	0	7
5904	4	5.5	6760	36	8.4
6121	351	4.1	Pal 10	53	8.3
O 1276	22	25	Pal 11	32	27.2
6638	8	15.1	6864	20	31.5
6171	3	15.7	6981	35	17.7
6218	15	6.7	7089	54	9.9
6235	359	18.9	Pal 12	31	25.4
6266	353	11.6	288	147	0.3
6284	358	16.1	1904	228	14.4
6293	357	9.7	Pal 4	202	30.9
6341	68	6.5	4590	299	11.2
6366	18	16.7	5053	335	3.1
6402	21	14.1	5272	42	2.2
6656	9	3	5694	331	27.4
6717	13	14.4	5897	343	12.6
6752	337	4.8	6093	353	11.9
6779	62	10.4	6541	349	3.9
6809	9	5.5	6626	7	4.8
6838	56	2.6	6144	352	16.3
6934	52	17.3	6205	59	4.8
7078	65	9.4	6229	73	18.9
7099	27	9.1	6254	15	5.7

17 现代宇宙学和宇宙结构的起源

宇宙学是在极其宽泛的尺度范围内研究宇宙的学科，包括宇宙的起源、演化和最终宿命。我们已在前文中学习了许多有关宇宙的知识，例如宇宙从 140 亿年前发生的大爆炸中诞生后，一直在不断膨胀；宇宙曾经极其炽热，充满了热辐射，现在热辐射已冷却到 2.7 开尔文；以及宇宙中的轻元素是在大爆炸发生后的几分钟内产生的。在本章中，我们将进一步探讨宇宙的性质，它是怎样随着时间的推移而演化的以及其最终宿命。

◆ 学习目标

宇宙从大爆炸诞生后最初是非常均匀的，完全不像如今由各种星系、恒星和行星构成的宇宙。本章中，我们将了解到宇宙中的复杂结构是在宇宙不断演化的过程中在自然法则的作用下自然产生的不可避免的结果。右图展示了星系在宇宙中的分布，以及一大堆肥皂泡，肥皂泡通常用于比拟宇宙的结构。在学完本章后，你应能解释宇宙在哪些方面与肥皂泡类似。另外，你还应做到下列几点：

● 解释因宇宙质量而产生的引力是怎样影响宇宙的历史、形状和命运的。

运的。

● 将宇宙的加速膨胀与暗能量的概念相联系。

● 解释导致科学家假设早期宇宙曾发生快速膨胀即暴胀的原因。

● 列出自然界中的基本力相互分离的顺序。

● 描述星系是怎样在早期宇宙中出现的。

● 描述宇宙的最终命运。

● 解释平行宇宙观点的科学地位。

教授反复强调宇宙
就像一个肥皂泡。

肥皂泡

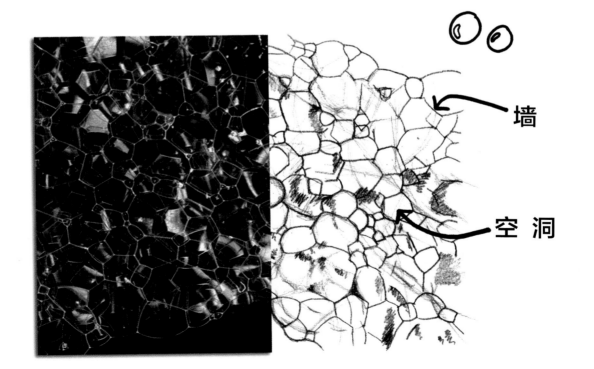

墙

空 洞

17.1 宇宙也有自己的命运和形状

宇宙的命运如何？这可能是现代宇宙学最基本的问题之一。答案部分屈居于极大尺度上质量的分布。这种质量分布造成的引力效应是决定宇宙怎样演化的因素之一。

为了解引力是如何影响宇宙膨胀的，我们可以首先探讨一下引力对抛射物的运动产生的影响。从月球表面向上直线发射的抛射物的命运取决于其速度。如果速度低于月球的逃逸速度（每秒钟2.4千米，或者2.4千米/秒），抛射物将最终在月球引力作用下停止运动，并回落到月球表面。如果抛射物的速度超过了月球的逃逸速度，抛射物将全部逃离出月球。

正如月球的质量会对抛射体产生引力作用致使其爬升速度下降一样，宇宙所含的质量也会产生引力作用致使宇宙膨胀速度减慢。如果宇宙中有足够的质量，引力也将变得极强，足以让膨胀停止。宇宙将逐渐减慢甚至停止膨胀，最终塌陷。但是，如果宇宙中没有足够大的质量，宇宙膨胀可能会比较缓慢，但永远不会停止。宇宙将一直膨胀下去。

行星的质量和半径决定了从其表面逃离出去的逃逸速度大小。宇宙的"逃逸速度"同样取决于其质量和大小——更具体地说，取决于其平均密度。如果宇宙的平均密度超过了临界密度，其引力将变得非常强，足以扭转膨胀的趋势，最终致使宇宙停止膨胀。如果宇宙的密度小于该临界密度，引力还不足够强，宇宙将永远膨胀下去。

宇宙膨胀速度越快，扭转膨胀趋势所需的质量越多。因此，临界密度取决于哈勃常数 H_0。假设 $H_0=72$千米/秒/百万秒差距，并且引力是唯一需要考虑的因素，那么宇宙的临界密度为 8×10^{-27} 千米/米^{3}或者每立方米内的氢原子数少于5个。因为这些数字比较难以把握，我们将转而分析宇宙的实际密度与临界密度的比率。我将此比率称为 $\Omega_{质量}$，这是两个密度值之间的比率，因此没有单位。

图17.1展示了几种质量占统治地位的不同宇宙的膨胀情况，其中以标度因子 R_u（见第14章）为y轴，以不同 $\Omega_{质量}$ 数值下的时间为x轴。如果 $\Omega_{质量}$ 大于1，宇宙将最终塌缩。相反，如果小于1，宇宙膨胀速度将在引力作用下减慢，但会永远膨胀下去。在 $\Omega_{质量}$ 等于1的分界线上，宇宙的膨胀速度将越来越慢，但永远不会完全停止。

词汇标注

临界：表示两种情况之间转折点或者分界线。

引力让宇宙膨胀速度减慢

图 17.1 在不考虑任何宇宙常数的前提下，根据宇宙的临界密度推算出的三种可能的宇宙命运。

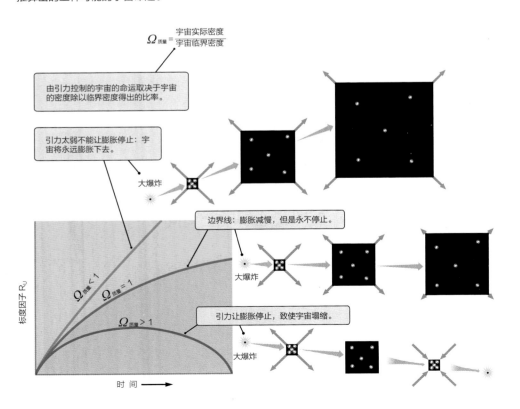

$$\Omega_{质量}=\frac{宇宙实际密度}{宇宙临界密度}$$

由引力控制的宇宙的命运取决于宇宙的密度除以临界密度得出的比率。

引力太弱不能让膨胀停止：宇宙将永远膨胀下去。

大爆炸

边界线：膨胀减慢，但是永不停止。

大爆炸

引力让膨胀停止，致使宇宙塌缩。

大爆炸

标度因子 R_u

$\Omega_{质量}<1$
$\Omega_{质量}=1$
$\Omega_{质量}>1$

时间

直到20世纪末,大多数天文学家都认为这种关于宇宙的简单引力模型是宇宙膨胀和塌缩问题的全部答案所在。研究者仔细测量了星系的质量和星系之间的联系,以期揭露出宇宙的密度,继而预测出宇宙的命运。根据发光物质推算出的$\Omega_{质量}$约为0.02。因为星系中包括的暗物质是普通物质的10倍多,将暗物质考虑在内后,计算而得的$\Omega_{质量}$约为0.2。当我们将星系之间的暗物质考虑在内后,$\Omega_{质量}$可达到0.3或者更高。即使如此,根据此方法得出的宇宙质量大约只有让宇宙停止膨胀所需质量的三分之一。

宇领宙悟 宇宙加速膨胀证明爱因斯坦的"最大失误"是正确的

如果正如这些基于引力的简单模型所预测的那样,宇宙正在减慢膨胀速度,那么,宇宙年轻时的膨胀速度必定大于如今的膨胀速度。遥远距离之外的天体(我们所看到的是很久之前的模样),其速度应该大于我们根据哈勃定律估算出的速度。

20世纪90年代末,天文学家对此预测进行了验证。他们测量了极遥远星系中Ia型超新星的亮度,并将所有测量结果——与根据这些星系的红移量估算出的亮度相比较。研究结果在天文界掀起了巨大风波。测量数据不仅没有证明宇宙膨胀正在减慢,反而表明膨胀正在加速。如果此结论是正确的,必定存在一种与引力相反的力推动整个宇宙向外膨胀。

存在一种与引力相反的排斥力的观点并不是新近提出的。当爱因斯坦根据广义相对论计算宇宙中时空的结构时,他感到十分困惑。广义相对论明确指出任何包含质量的宇宙都不可能是静止的。但是,爱因斯坦早在哈勃发现宇宙正在膨胀之前的一个多世纪就提出了关于时空的公式,而当时的传统观点普遍认为宇宙实际上是静止的,既不膨胀也不塌缩。

为了迫使其广义相对论适应于静态宇宙,爱因斯坦在其方程式中插入了一个"容差系数",即宇宙常数。该宇宙常数在其方程式中充当排斥力的角色,以抵消引力,从而让星系保持静止,即使星系之间存在相互引力作用。

当哈勃宣称宇宙正在膨胀时,爱因斯坦意识到了自己的错误。广义相对论要求宇宙的结构是动态的。爱因斯坦本可以预测到宇宙会随着时间的推移发生膨胀或者收缩,而不是创造宇宙常数。如果爱因斯坦的新理论成功预测了这个令人震惊且之前未曾预料到的结果,将会对天文学界产生多大的变革啊!他认为其引入的容差系数即宇宙常数为其科学生涯中的"最大失误"。令人讽刺的是,随着我们不断测量Ia型超新星的亮度,爱因斯坦的"最大失误"又重新成为关注焦点。这个声名狼藉的宇宙常数所代表的排斥力正是宇宙加快膨胀所需的力。如今,我们将此常数表示为Ω_{A}。

如果Ω_{A}不等于零,说明宇宙内部存在某种向外推动的有效作用力,加速宇宙膨胀。引力就难以扭转膨胀趋势。图17.2所示为标度因子R_U和与时间(与图17.1所示时间类似)的关系图,但其中考虑了非零值的宇宙常数。如果$\Omega_{质量}$的数值非常大,不论Ω_A是否等于零,宇宙都将坍塌回去。相反,如果宇宙永远膨胀下去,其演化进程将取决于Ω_A是否等于零。

宇宙正在加速膨胀

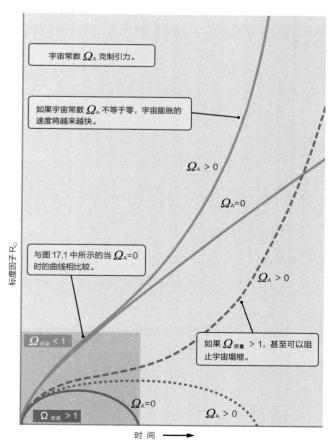

宇宙常数 Ω_A 克制引力。

如果宇宙常数 Ω_A 不等于零,宇宙膨胀的速度将越来越快。

$\Omega_A > 0$

$\Omega_A = 0$

与图 17.1 中所示的当 $\Omega_A = 0$ 时的曲线相比较。

$\Omega_A > 0$

标度因子 R_U

$\Omega_{质量} < 1$

如果 $\Omega_{质量} > 1$,甚至可以阻止宇宙塌缩。

$\Omega_{质量} > 1$

$\Omega_A = 0$

$\Omega_A > 0$

时 间 →

图17.2 在考虑或者不考虑宇宙常数 Ω_A 的情况下,标度因子 R_U 与时间的关系图。如果宇宙中存在足够多的质量,引力仍将压倒宇宙常数,致使宇宙塌缩。任何不具有足够高质量而不能最终塌缩的宇宙,都将不断加速膨胀。

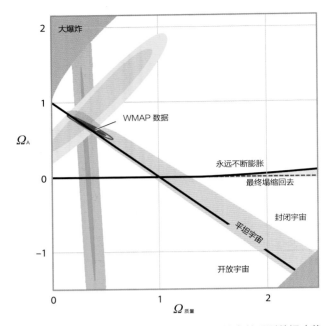

图 17.3 根据 la 型超新星等不同来源获得的当前观测数据（黄色），星系和星团中质量的测量数据（橙色）以及关于宇宙微波背景辐射结构的详细观测数据（粉红色和鲜红色）表明，目前最精确的 Ω_A 数值约为 0.7，$\Omega_{质量}$ 数值约为 0.3，说明宇宙正在加速膨胀。

宇宙正在加速膨胀，并且将永远膨胀下去。

当宇宙还非常年轻和紧凑时，引力强于宇宙常数的影响。随着宇宙不断膨胀，由于质量向外扩展，引力越来越弱。因为宇宙常数始终保持不变，因此产生的影响越来越强。除非引力可以扭转膨胀趋势，宇宙常数最终将占据上风，致使宇宙一直不断地加速膨胀。即使 $\Omega_{质量}$ 大于1，数值极大的宇宙常数也能抑制引力的作用，致使宇宙永远膨胀。

当爱因斯坦在其广义相对论方程式中引入宇宙常数时，他认为这是一个全新的基本常数，类似于牛顿的宇宙引力常数 G。如今，我们发现真空具有独特的物理特性。例如，即使真空中没有任何物质，其中含有的能量也不等于零。我们将此能量称为暗能量。暗能量产生的推斥力正是爱因斯坦宇宙常数所需要的。

图17.3展示了根据目前的观测数据所得的 $\Omega_{质量}$ 和 Ω_A 容许值范围。不同颜色的区域表示根据不同试验获得的数据。这些区域以外的 $\Omega_{质量}$ 和 Ω_A 数值被这些试验排除在外，因此 $\Omega_{质量}$ 和 Ω_A 的容许值必须位于图中与这些区域重叠的部位。$\Omega_{质量}$ 和 Ω_A 的容许值分别为0.3和0.7左右。这些数值被限制在威尔金森微波各向异性探测器（WMAP）的观测数据（鲜红色）范围以内。暗能量是宇宙膨胀的主要推手。

图17.3中的黑色对角线表示 $\Omega_{质量}+\Omega_A=1$。根据试验结果 $\Omega_{质量}+\Omega_A$ 的数值被严格限定在此对角线附近。这表明从极大尺度而言，我们所在的宇宙是"平坦的"，它只是局部被其中的质量扭曲，如图我们在第13章所学的橡胶板一样。这就意味着，宇宙中的圆形、三角形和平行线仍然在整体上符合一般的欧几里得几何学。

但是，也存在其他几何学。例如，宇宙可能在最大尺度上像球体表面一样发生了正向弯曲，致使圆周的周长小于其半径的2π倍。平行线将相交（想一想地球的经线），三角形的内角之和将大于180°。或者宇宙也可能像品客（Pringles）薯片的中间部分一样发生了反向弯曲，在这种情况下，圆周的周长将大于其半径的2π倍，平行线将会分道扬镳，三角形内角之和将小于180°。

| 17.2 暴胀

一个世纪之前，天文学家还一直为解决宇宙尺寸问题不懈努力。如今，我们已经有一套综合系统的理论将自然界中的各种事实紧密联系在一起，例如我们已经知道了光束的不变性，引力的性质，星系的运动，甚至构成人类身体的原子的起源。大爆炸理论的出现更是让人惊叹不已。即使如此，随着我们对宇宙膨胀的深入认知以及对宇宙微波背景辐射探测的不断改进，我们又面临了许多未解之谜。为了解答这些未解之谜，我们必须思考当宇宙还很年轻时它是怎样膨胀的。

宇宙非常平坦

当我们观测宇宙时首先遇到的第一个难题是宇宙非常平坦。实际上，宇宙近乎平坦这一点不可能是一种巧合。任何偏离都将随着时间的推移而逐渐增加，因此在宇宙最初阶段，如果$\Omega_{质量}+\Omega_A$之和只是略不等于1，该数值将在今天发生巨大的偏差，并且极易被探测到。但是，目前测得的$\Omega_{质量}+\Omega_A$之和通常非常接近于1，因此当宇宙年龄只有2 000年时，$\Omega_{质量}+\Omega_A$之和不可能与1相差十万分之一。当宇宙年龄只有1秒时，宇宙的平坦度只有百亿分之一的偏差。在更早的时间，宇宙的平坦度更高。该情况如此特殊，不可能是偶然结果，该问题在宇宙学中称之为平坦性问题。早期宇宙中一定存在某种作用力迫使$\Omega_{质量}+\Omega_A$之和不可思议地接近于1。

宇宙微波背景辐射非常平滑

我们的宇宙学模型面临的第二个难题是宇宙微波背景辐射令人惊异地平滑。在上个世纪60年代发现宇宙微波背景辐射之后，许多观测者将注意力转移到绘制宇宙微波背景图上。最初，随着越来越多观测结果显示宇宙微波背景辐射的温度几乎保持不变，他们消除了疑虑。但随着时间的推移，对大爆炸理论提供强大支持的宇宙微波背景辐射再次挑战了我们对早期宇宙的认识。如果不考虑我们相对宇宙背景辐射运动，宇宙微波背景辐射不只是平滑而已，而是相当平滑。

早期宇宙受到量子力学不确定性原理的限制。不确定性原理提出，当我们在越来越小的尺度下观察某个系统时，就更加难以精确地确定该系统的性质。尤其是，量子力学指出宇宙越年轻，不确定性波动越大。当宇宙还非常年轻时，宇宙不可能是平滑的。宇宙中各个位置的密度和温度必定存在巨大的变化或者"涟漪"。当我们观测如今的宇宙时，我们本应该看到这些早期涟漪留在宇宙微波背景辐射上的足迹，但现实却并非如此。宇宙微波背景辐射极其平滑这一事实在宇宙学中被称为视界问题。

宇宙微波背景辐射比我们预测的早期宇宙还平滑。

暴胀解决了上述问题

20世纪80年代，阿兰·古斯（Alan Guth，1947年至今）为宇宙学的平坦型问题和视界问题提出了一种解决方案。古斯认为在一个短暂的时间内，年轻宇宙曾已超过光速的速度膨胀。这种快速膨胀被称为暴胀。当宇宙年龄大约在10^{-35}秒到10^{-33}秒之间时，宇宙的标度因子增加了至少10^{39}倍，甚至更高。在此极短的瞬间，可观测宇宙从原子核的百万兆分之十增加到直径约3米大小。这就像一粒极其细小的沙子增大到当今整个宇宙的大小——所费时间只有光穿过原子核所需时间的十亿分之一。暴胀时，空间膨胀速度如此迅速，以至于空间中各点之间的距离以超过光速，快速增加。暴胀并没有违反空间中任何事物的速度都不可能超过光速的定律，因为这是空间本身在膨胀。

为了理解暴胀是如何解决平坦性问题和视界问题的，你可以将自己想象成一只居住在高尔夫球表面的二维宇宙中的一只蚂蚁，如图17.4所示。你所在的宇宙将具有两个非常明显的特点：首先，宇宙显然是正面完全的。如果你在此二维宇宙中围绕一个圆圈行走，并测量该圆形的半径，你将发现其周长小于半径的2π倍。如果你在此宇宙中画上一个三角形，该三角形的内角和将大于180°。第二个明显特征是高尔夫球的表面上有半毫米深的凹槽。

暴胀表示宇宙快速膨胀的时期。

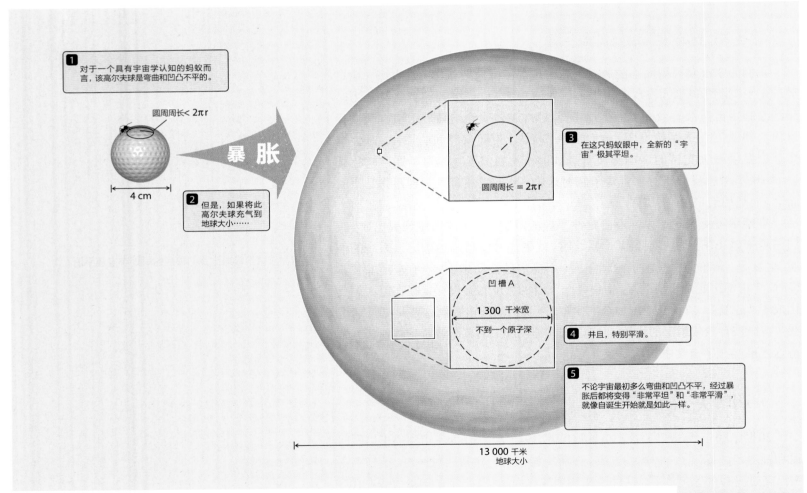

图17.4 如果一个圆形的凹凸不平的高尔夫球突然暴胀到地球大小，在其表面上的蚂蚁看来，该高尔夫球将看起来特别平坦和平滑。同理，经过暴胀后，任何宇宙都将看起来既平坦又平滑，不论其最开始适用于哪种几何学以及其不规则性如何。

现在，想象一下你所在的高尔夫球宇宙突然膨胀到地球大小。首先，经膨胀后，你所在宇宙的曲率将不再十分明显。在地球表面行走的蚂蚁将难以说出地球不是平坦的。圆圈的周长是其半径的2π倍，三角形的内角之和将等于$180°$。在暴胀宇宙论中，不论宇宙在暴胀之前最初的几何结构如何，经暴胀后的宇宙将异常平坦（即，$\Omega_{质量}+\Omega_\Lambda$之和非常接近于1）。因为宇宙暴胀了至少$10^{30}$倍，紧接着暴胀之后的$\Omega_{质量}+\Omega_\Lambda$之和必定等于1—$\frac{1}{10^{60}}$之内，该平坦度足以让$\Omega_{质量}+\Omega_\Lambda$之和至今仍然接近于1。如果发生了暴胀，宇宙的平坦性并不是偶然的，因为任何经过暴胀后的宇宙都将趋于平坦。

视界问题又怎么解释呢？当高尔夫球宇宙暴胀到地球大小时，高尔夫球表面上的凹凸不平也随之拉伸。原先半毫米左右深、几毫米宽的浅凹已被拉伸到只有一个原子深、数百千米宽。高尔夫球上的蚂蚁将再一次难以觉察到任何浅凹。在真实的宇宙中，暴胀将量子不确定性造成的起伏向外极度扩展，以至于我们在如今（局部）的宇宙中难以测量到这些起伏。宇宙微波背景辐射中存在的轻微参差不齐是宇宙暴胀时量子起伏的微弱残余。

急剧膨胀同样消除了非均质性。

宇宙早期发生的暴胀为解答视界问题和平坦性问题提供了一种简便方法，但是宇宙应该经历了一段以天文数字的速度扩张的时期，这一观点本身就具有非凡意义。导致暴胀的原因在于支配在宇宙最初时刻的物质和能量行为的基本物理定律。

17.3 宇宙的最初时刻

自然界中存在四种基本力，宇宙中的任何事物都是这些基本力作用的结果。化学现象和光是作用在原子和分子中的质子和电子之间的电磁力的产物。太阳中心的核反应产生的能量源自于将质子和中子束缚在原子核中的强核力。弱核力则控制着原子核的β衰变，在此过程一个中子衰变成一个质子、一个电子和一个反中微子。最后，引力在天文学中发挥了主要作用。为了了解这四种力是如何形成的，我们必须探索最早期的宇宙，特别是大爆炸。我们可以根据大爆炸将自宇宙最早期到目前发生的历史事件拼凑成一条时间轴。

在第4章中，我们谈到过电磁场中的电磁现象，也提及过光可以根据量子力学描述光子流。事实真相只有一个，关于电磁现象的两种描述必须共存。量子电动力学（QED）就是研究这两种描述之间的相互关系的物理学分支。

在量子电动力学中，带电粒子几乎就像一个没完没了的棒球选手一样。棒球选手在投掷和接住棒球时，会感受到力量。同理，在量子电动力学中，带电粒子也会"投掷"和"接住"不计其数的"虚光子"。量子电动力学对两个带电粒子之间的电磁相互作用的描述是粒子来回投掷光子的所有可能方式中的平均值。合力在大尺度上的作用就像麦克斯韦电磁理论所述的经典电磁场一样。物理学家称电磁力是通过光子交换实现的。如同量子力学通常会有的情况那样，量子电动力学所描述的世界非常难以形象化。即使如此，量子电动力学仍然是物理学中最准确的、经过充分测试的精确分支之一。在编写本书时，还未曾发现该理论的预测与实际试验结果之间存在任何细微的可测量的差别。

量子电动力学的核心理念是力是通过交换载体粒子而实现的，这为我们认知其他三种基本力的其中两种提供了模板。电磁力和弱核力已相互统一形成了单一的理论即电弱统一理论。该理论预测传递弱核力是三种粒子即 W^+、W^+ 和 Z^0。20世纪80年代，物理学家在实验室试验中确定了这三种粒子的存在，从而证实了电弱统一理论的基本预测。

描述强核力的第三种理论是量子色动力学（QCD）。根据该理论，质子和中子等粒子是由更基本的单元即夸克构成的，夸克是由另一种载体粒子即胶子的交换而结合在一起的。弱电统一理论和量子色动力学统称为粒子物理学的标准模型。除了引力之外，该标准模型解释了所有可观测的物质相互作用，预测了许多后来被实验室试验所证实的现象。但是，该标准模型仍然不能回答许多其他问题，例如为什么强相互作用远远强于弱相互作用。

宇宙是由粒子和反粒子构成的

对于现代粒子物理学理论而言，自然界中的每种粒子都有与其对应的反粒子。（我们在第11章中提到过太阳内部的核反应中存在电子的反粒子即正电子。除了带有正电荷而非负电荷以外，正电子与电子完全相同。）粒子-反粒子对最令人着迷的性质是，这两种粒子相互接触后会互相湮灭。

当粒子-反粒子对相互湮灭时，这两种粒子的质量根据爱因斯坦广义相对论（$E=mc^2$）转换成能量，然后能量被一对光子带走（参见疑难解析17.1）。另外，反向过程也可能发生，即两个光子可能相互碰撞形成一个粒子和其反粒子，该过程称为成对产生。

现在，我们即可根据该理论来解释充斥着黑体辐射的炽热宇宙。当宇宙在最初的100秒左右之内且温度超过10亿开尔文时，宇宙中充斥着大量高能光子，这些光子持续不断地相互碰撞，形成电子-正电子对；而这些电子-正电子对又不断地相互抵消湮灭，形成伽马射线光子。整个过程是平衡状态下实现的，这种平衡完全取决于温度。此时，宇宙不仅充斥着大量光子，还包含大量电子和正电子，如图17.5（a）所示。在更早的时期，当宇宙更炙热时，光子还会产生大量质子和反质子。

随着宇宙逐渐冷却，宇宙中已没有足够多的能量以支持粒子对的产生，因此早期宇宙中的大量粒子和反粒子相互湮灭，无法得到补给替代。宇宙开始冷却时，每个质子都会被对应的反质子湮灭；此后，当温度下降到更低时，每个电子都会被对应的正电子所湮灭。情况基本上如此，但却并不完全如此。当今宇宙中每存在一个电子，早期宇宙中都有100亿加1个电子，但只有100亿个正

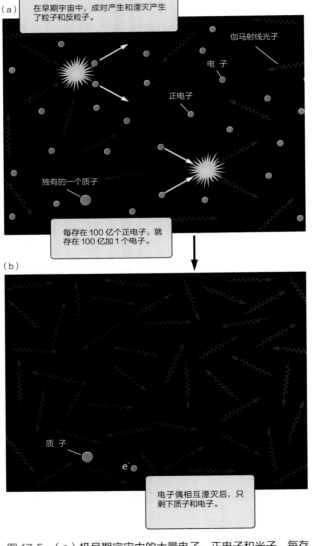

图17.5 （a）极早期宇宙中的大量电子、正电子和光子。每存在100亿个正电子就存在100亿加1个电子。在此之前，宇宙经过质子和反质子相互湮灭的时期后只剩下1个质子，没有反质子。（b）电子和正电子相互湮灭后，只剩下1个电子，以及残余的质子和许多光子。

电子。电子相对正电子每100亿个多出一个，表明电子-正电子对完成相互湮灭后，部分电子遗留了下来，数量上足以达到当今宇宙中所有原子中的所有电子之和（图17.5（b））。同理，早期宇宙中，质子也多于反质子，我们如今看到的所有质子都是质子-反质子对相互湮灭时遗留下来的。

如果粒子物理学的标准模型是对自然界的全部表述，那么早期宇宙中将不可能出现每100亿个反粒子多出一个粒子的不平衡情况。物质和反物质应该完全对称，将没有任何物质幸存到如今的宇宙中，而我们人类也不复存在。之所以你能幸存下来阅读本页内容，表明该模型还差了一点什么。

在将电弱力和强核力统一起来的理论中，物质和反物质之间的对称性可能会被打破。就像电弱力理论将我们对电磁力和弱核力的认识统一起来一样，该理论将三种基本力结合在一起统一描述，形成了大统一理论（GUI）。大统一理论打破了物质和反物质之间的对称性，解释了为什么宇宙是由物质而非反物质构成的。大统一理论目前有多个具有竞争性的版本，只有最简单的被排除在外。

> 每存在100亿个正电子就存在100亿加1个电子。

疑难解析 17.1 | 湮灭产生的光子类型是什么？

根据目前所学，我们可以确定电子与正电子相互湮灭时产生的光子的类型。假设两个粒子碰撞时几乎不动，这是最简单的情况，因为只需要考虑粒子的质量。电子的质量是9.11×10^{-31}千克，正电子的质量相同，因此所涉及的总质量等于：

$m = 2 \times m_e$
$m = 2 \times (9.11 \times 10^{-31}$ 千克$)$
$m = 1.82 \times 10^{-30}$ 千克

根据方程式$E = mc^2$可求得等效能量：

$E = m \times c^2$
$E = (1.82 \times 10^{-30}$ 千克$)(3.00 \times 10^8$ 米/秒$)^2$
$E = 1.64 \times 10^{-13}$ 焦

在此类碰撞中，产生了两个光子，每个光子都具有一半的能量即$E = 8.20 \times 10^{-14}$ 焦。

根据$E = hf$ 和$c = f\lambda$，我们可以看出光子的能量与其波长有关：

$\lambda = hc/E$
$\lambda = (6.63 \times 10^{-34}$ 焦·秒$) \times (3.00 \times 10^8$ 米/秒$)/(8.20 \times 10^{-14}$焦$)$
$\lambda = 2.43 \times 10^{-12}$ 米

该波长位于光谱的伽马射线波段，因此电子和正电子相互湮灭时会发出伽马射线光子。

假设电子和正电子在碰撞之前不是静止的呢？如果粒子在膨胀之前是运动的，它们具有额外的能量，即动能。因此碰撞产生的光子的能量更高，波长更短，所有波长小于1.0×10^{-10}的光子都是伽马射线光子。

当宇宙还极其年轻（年龄小于10^{-35}秒）和炽热（温度大约高于10^{27}K）时，所有版本的大统一理论表述的条件都存在。宇宙中具有供成粒子自由形成的充足能量。此时，电磁力、弱核力和强核力之间还没有任何差别，宇宙中只存在一种统一的力量。

当我们在时间轴上逆行时，我们必定会遇到一道门槛。引力是如何融入进来的呢？广义相对论对引力做出了完美的解释，根据广义相对论，我们能够预测到行星的轨道，说出恒星的最终塌缩命运，甚至能够计算出宇宙的结构。但是广义相对论对引力的描述"看起来"不同于其他三种基本力的理论。该理论并没有提及光子或者胶子或者其他载体粒子的交换，而是探讨事件在平滑而持续的时空画布上不断作画。

我们可能会认为引力与其他三种基本力的作用方式不一样，而宇宙恰巧就是如此的。在实践中，也正是如此的。首先我们根据量子力学分析原子的性质，然后通过相对论描述时间的流逝或者宇宙的膨胀。如果我们将引力作为单独的作用力分开对待，即使大统一理论也能得到充分解释。但是，随着我们越来越接近大爆炸时刻，相对论和量子力学之间的这种共存却变得相互矛盾。

引力并没有统一到大统一理论这一图像中。

向万有理论发展

当宇宙年龄不到约10^{-42}秒时，其密度非常高。可观测宇宙的体积极其小，即使10^{60}个宇宙都能装进一个质子中。在这种极端条件下，量子力学不仅需要对粒子进行表述，还需要对时空进行表述。而相对论却不能用以描述早期宇宙，就像牛顿力学不适用于解释原子结构一样。我们必须从概率而非确定性方面分析原子中的电子。同理，大爆炸发生后的最早期运动也没有特定的历史。在宇宙历史中，此时期被称为普朗克时期，表示我们只能根据量子力学的理论来认知宇宙的结构。

广义相对论与量子力学之间的矛盾限制了人类目前对宇宙的认知。我们熟知的物理学家可以让宇宙年龄回到只有一万亿分之一秒时的时间；但要再进一步在时间轴上逆行，我们还需要新的发现和理论。我们需要一套能够将广义相对论和量子力学结合在一起以将所有四种基本力统一成一体的理论。为了认知宇宙最早期的运动，我们需要万有理论（TOE）。但到目前为止我们还没有形成这套理论。

成功的万有理论不仅能统一广义相对论和量子力学，还可以告诉我们哪一种大统一理论是正确的，以及暗物质和暗能量的性质。此外，成功的万有理论还可以解释暴胀是怎样发生的，发生的时间以及原因。物理学家目前正在努力寻找一种终极的万有理论。其中一种有力的争夺者就是弦理论。在该理论中，组成物质的基本对象不是占据空间单独一点的基本粒子，而是很小很小的线状"弦"。正如吉他的弦一样，以不同方式弹奏，会产生相对应的F调、G调和A调。根据弦理论，弦的不同振动会产生不同类型的基本粒子。

弦理论有可能是一种万有理论。

弦理论基本上找到了将广义相对论和量子力学统一起来的方法，但仍然存在疑点。弦理论若想发挥作用，我们必须假设这些微小的弦线一直在九维空间的宇宙（加上时间就是十维宇宙）中振动。这怎么可能呢？我们显然生活在三维空间中。我们已知的三维空间存在于广袤无垠的宇宙中，弦理论预测的其他六个空间维度相互紧紧卷曲在一起（图17.6），并且自宇宙大爆炸发生后的一瞬间向外扩张后至今未曾进一步扩张。

为了更好地理解这个怪异的理论，想象一下如果我们生活在其中一个空间维度只扩展了很小距离的三维宇宙中（就像我们现在所在的宇宙），会发生什么情况呢。生活在这种宇宙中就像生活在一张薄纸中一样，这张纸在两个方向上延展了数十亿光年，但是在第三个空间维度上却没有一个原子大小。在此宇宙中，我们能够轻易觉察到长度和宽度，因为我们可以在这两个方向上自由运动。相反，我们却完全不能自由地在第三维度上移动，甚至可能意识不到第三维度的存在。为了解释粒子物理学试验的结果，我们不得不假设粒子进入了第三个看不见的空间维度。也许我们对空间真正性质的模糊概念可能就是来自于这一事实。如果弦理论是正确的，我们所见的三维空间可能会永远扩张下去，但是我们却不会意识到我们所在的三维空间中的每一个点还隐藏着极其微小的其他六个空间维度。

弦理论仅仅是本书采用的经过充分验证的理论的苍白影子而已。在某些方面，弦理论只是一个有创意的想法，为理论学家找到万有理论指明了方向。我们可能永远也无法建造能够让我们直接探寻到万有理论所预测的最基本粒子的粒子加速器，因为所需的能量太高了。所幸的是，大自然为我们了提供了一种终极粒子加速器，即大爆炸本身。

图 17.6　事实上我们无法想象六个空间维度是怎样卷曲在比原子核还小得多的结构中的。本图所示的几何形状是通过投射到二维纸面上而得。

四种基本作用力在越来越冷却的宇宙中按顺序分离形成

为了了解宇宙历史进程中最早期的运动，我们已在时间轴上逆行到了越来越早的时间，碰到了越来越高的能量。我们知道了四种基本力是怎样一步步完成统一的：从四个单独的作用力到弱电理论到大统一理论再到万有理论。我们认识到，宇宙最开始只存在万有理论（至今未知）；随着宇宙不断膨胀和冷却，形成了各种作用力。图17.7展示了四种基本力是怎样在不断演化的宇宙中出现的。在大爆炸发生后的首个10^{-43}秒内，正如万有理论所述，关于基本粒子的理论和时空的理论是统一和相同的。此时，时空具有广义相对论所述的性质。暴胀也可能在这一时刻发生。

随着宇宙继续膨胀和进一步冷却，宇宙中供以形成粒子-反粒子对的能量越来越少。当负责统一相互作用的粒子不再产生时，强相互作用与电弱力分开。在随后的某个时间，随着最初的万有理论失去统一作用，物质和反物质之间的对称性被打破。最终，宇宙中的物质数量多于反物质。

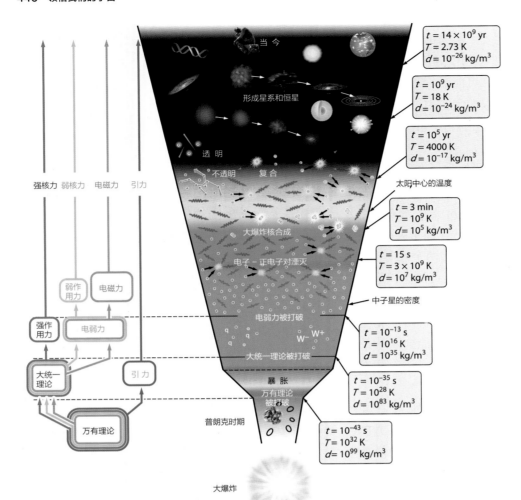

注解：yr：光年；K：开尔文；Kg/m²：千克／米²；min：分；s：秒。

图 17.7 宇宙演化纪元。随着宇宙在大爆炸后不断膨胀和冷却，根据在不同温度下可以形成的粒子类型，宇宙经历了一系列不同阶段。随后，通过发生物质引力坍缩形成星系和恒星以及恒星内部形成的元素可能发生的化学反应，宇宙最终形成了目前的结构。

早期宇宙中的涟漪是形成星系和大尺度结构的种子。

当负责统一电磁力和弱核力的粒子被分离出来，致使这两种作用力相互独立时，又会发生另一次巨大变化。统治当今宇宙的四种基本作用力目前已经完全相互分开。在万亿分之十秒的时间内，宇宙的温度迅速下降到 1.0×10^{16} K。大约在一两分钟之前，宇宙的温度下降到10亿K，在该温度以下即使电子和正电子对也无法形成。

虽然此时宇宙温度较低致使成对产生无法进行，但仍足以导致核反应的发生。这些核反应形成了质量最低的元素，包括氢、锂、铍和硼，但不能形成质量较大的元素。

当宇宙年龄达到五分钟时，大爆炸核合成走向终点，此时宇宙温度已下降到约8亿K以下，宇宙的密度也下降到只有水密度的十分之一。此时，宇宙中的普通物质由沐浴在辐射中的原子核和电子构成。在接下来的几万年间，宇宙都保持此种状态，直到温度最终下降到一定程度致使电子能够与原子核结合形成中性原子。此阶段称为复合时期，我们可以通过宇宙微波背景辐射直接观测到该时期。

17.4 引力是形成大尺度结构的力量之源

我们在第15章结尾时，首次遇到了大尺度结构的墙和空度（如本章开篇图中所示），这些大尺度结构急需得到解释。宇宙学家提出了许多观点。早先，一种观点认为空洞是早期宇宙中可能发生的剧烈爆炸产生的巨大膨胀冲击波导致的结果。正确答案没有那么异想天开，但更令人满意：大尺度结构是引力作用的结果。

在第5章探讨恒星的形成时，我们了解到了引力不稳定性。当分子云内部积聚了云块时，恒星将开始形成。在引力作用下，这些云块比其周围的物质坍缩得更快：引力可将云团的密度差异转变成恒星。相同的引力不稳定性也能将宇宙的密度差异转变成星系。

几乎可以肯定的是，宇宙微波背景辐射中存在的细微涟漪是暴胀时量子力学涨落在早期宇宙中刻印下的结构。这些涨落为星系形成和星系团的发展提供了"物质团"或者"种子"。在许多方面令人惊异的是，统治原子核、原子核分子运动的量子力学虽然在日常生活中几乎无法察觉，但却为我们在宇宙中所见的极大尺度结构的形成播下了种子。

我们说早期宇宙的细微不规则运动产生的引力不稳定性是星系和大尺度结构形成的原因是一回事儿，而将该说法转换成能够作出可验证预测的真正的科学理论又是另外一回事儿。为了形成一套真正的科学理论，我们将需要验证的观点与物理定律结合在一起，并创建一个模型，然后再将该模型的预测与宇宙的观测数据相比较。

为了创建一个大尺度宇宙形成的模型，我们必须从三个关键信息入手。第一，我们必须确定我们将对什么样的宇宙进行建模，即假设$\Omega_{质量}$和Ω_Λ的数值分别是多少？这些数值决定了宇宙的膨胀速度。宇宙膨胀得越快或者其包含的质量越少，引力更难以将物质聚集在一起形成星系和大尺度结构。

第二，我们需要知道早期物质团的大小和密集度。回答此问题可以通过多种途径。卫星数据为我们提供了清晰的宇宙微波背景辐射的结构图，通过此图我们可以推测出早期宇宙中的物质团必然是什么样子的。另外，暴胀模型还预测了宇宙快速膨胀后将出现什么结构。这些预测结果对试验特别重要，因为它们将当今宇宙中的大尺度结构与我们对大爆炸后极短暂瞬间宇宙的模样所持有的基本观点结合在了一起。目前，我们已可以得出如下结论：早期宇宙在较小尺度上（星系大小）比在星系团、超星系团、丝状物和空洞等较大尺度上存在"更多物质块"。这就是说，首先形成的是小尺度结构，而大尺度结构需要更多的时间才能形成。小尺度结构先于大尺度结构形成的观点被称为分层聚类。随着我们逐渐深入认识宇宙结构是如何形成的，分层聚类已成为最重要的研究主题之一。

第三，我们需要获得早期宇宙中存在的各种成分的类型和数量的完全清单。我们需要知道辐射、普通物质和暗物质之间的平衡性，另外还需要对在模型中采用的暗物质的性质做出选择。

当我们掌握了上述三个方面的信息后，即$\Omega_{质量}$和Ω_Λ的数值，物质起伏的演变方式以及所采用的不同形式的物质的性质和混合比，剩下的就是利用物理定律进行计算。尽管在执行该方案的过程中会遇到一些现实困难，我们正在致力于回答此关键问题：我们应该如何选择才能让宇宙模型与我们所在的真实宇宙最相像？

宇领宙悟 暗物质对星系的形成至关重要

当我们通过宇宙背景探测器（COBE）和威尔金森微波各向异性探测器（WMAP）等宇宙飞船观测宇宙微波背景辐射时，发现宇宙微波背景辐射存在大约十万分之一的差异。理论模型表明这些差异太小，无法解释我们今天在宇宙中所见到的结构是怎样形成的。引力没有强大到可以仅仅通过这些"种子"就能形成星系和星系群。这些模型表明，如果宇宙密度的涟漪是今天的星系形成的基础，这些涟漪的密度必定至少高出复合时期宇宙平均密度的0.2%。如果这是真的，我们当今在宇宙中观测到的宇宙微波背景辐射的波动应至少是观测值的30倍。乍一看，这好像与我们对宇宙结构起源的认识相背离，但这是将多个谜团联系起来的关键。

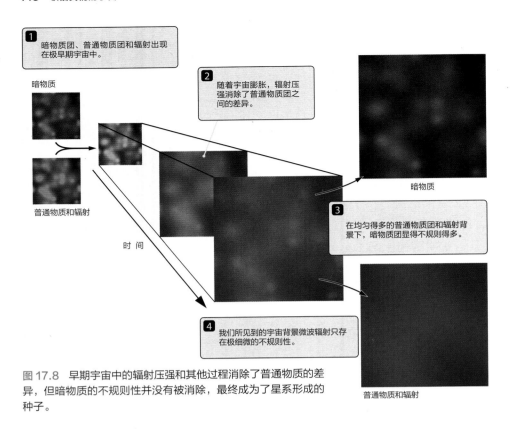

1　暗物质团、普通物质团和辐射出现在极早期宇宙中。

暗物质

普通物质和辐射

时间

2　随着宇宙膨胀，辐射压强消除了普通物质团之间的差异。

3　在均匀得多的普通物质团和辐射背景下，暗物质团显得不规则得多。

4　我们所见到的宇宙背景微波辐射只存在极细微的不规则性。

暗物质

普通物质和辐射

图17.8　早期宇宙中的辐射压强和其他过程消除了普通物质的差异，但暗物质的不规则性并没有被消除，最终成为了星系形成的种子。

暗物质是形成宇宙中已观测到的结构的基础。

暗物质是让我们了解宇宙结构起源的基本要素。我们在第15章中首次提到了暗物质，在该章节中，暗物质是天文学家用于解释螺旋星系为什么呈现奇怪的平坦旋转而特定构建的物质。暗物质在星系团的尺度上也超过了普通物质。现在，我们知道早期宇宙中普通物质的不规则运动不足以形成星系。那么，我们应该将关注点转向什么地方才能回答宇宙中的结构是怎样形成的这一问题呢？你可能已经猜到：暗物质。

通过学习第15章和16章中，我们知道宇宙中的暗物质比普通物质多。我们还在第14章探讨大爆炸核合成时提到过，我们根据宇宙中所见到的普通物质的数量所预测到的轻元素的丰度恰好与实际观测到的轻元素的丰度相一致。因此，暗物质不可能包含由中子、质子和电子构成的普通物质。否则，早期宇宙中化学元素的形成会受到影响，质量最低的元素的几种同位素的丰度也会极大不同于我们在自然界探测到的丰度。暗物质一定是另外一种物质——不带电荷（因此不与电磁辐射发生相互作用），并且只与普通物质发生微弱的相互作用。早期宇宙中的这些暗物质团不会与辐射或者普通物质发生相互作用，因此我们在宇宙微波背景辐射中也看不到它们的存在，但这些暗物质也不可能完全被压强波和辐射消除（图17.8）。暗物质解决了对星系和星系团进行建模的问题。

领悟宇宙　暗物质有两种

下面我们将介绍暗物质是怎样形成的。早期宇宙中，暗物质比普通物质更群集在一起。在复合期后的数百万年间，这些暗物质块不断吸引周围的普通物质。随后，引力不稳定性导致这些暗物质块逐渐塌缩。暗物质块中的普通物质接着形成可见星系。以上对星系形成的描述好像已经足够了，但形成过程的种种细节在很大程度上取决于暗物质本身的性质。虽然我们不能确切地知道宇宙中的暗物质是由什么组成的，我们仍然能够根据暗物质的行为方式得知暗物质分为大致两类。

其中一种可能性是冷暗物质。冷暗物质是由运动速度相对较慢的弱相互作用粒子构成的，就像冷气体中的原子核分子一样。目前冷暗物质的候选粒子有多种。冷暗物质可能是由在早期宇宙中形成的微小黑洞构成的。但是，很少有物理学家和宇宙学家赞同此观点，他们之中的大多数认为冷暗物质是由未知的基本粒子构成的。其中一种候选粒子就是轴子，这是为了解释中子的一些已观测到的性质而首次提出的至今仍未探测到的粒子。轴子的质量非常低，在大爆炸时丰度极高。另一宗候选粒子是光微子，一种光子相关的基本粒子。有些粒子物理学理论预测宇宙中存在光微子且其质量约为质子的10 000倍。我们对构成冷暗物质的粒子的认知可能会很快发生改变；人类可能会在目前的粒子加速器中探测到光微子，并且天文学家正在进行试验，以找寻被银河系的暗物质晕捕获的轴子和光微子。

冷暗物质由质量较大、慢速运动的粒子构成。

热暗物质由运动速度极快的粒子构成。中微子是热暗物质的一种。我们已经知道中微子与物质发生的相互作用极其微弱，以至于不能自由地从太阳中心逃逸出去。毫无疑问，宇宙中充斥着大量中微子，可能占宇宙质量的5%。虽然此占比较小还不足以将宇宙中的所有暗物质包括在内，但仍然对宇宙结构的形成产生了显著的影响。

热暗物质由质量较小、快速运动的粒子构成。

移动速度较慢的粒子比快速移动的粒子更容易被引力牵制住，因此冷暗物质颗粒比热暗物质颗粒更容易群集在一起形成星系大小的结构。在大质量超星系团的最大尺度上，热暗物质和冷暗物质都能够形成我们所见到的各种结构；但是在较小的尺度上，只有冷暗物质能够群集在一起形成诸如星系等充斥在宇宙中的结构。为了解释如今的星系是怎样形成的，我们需要冷暗物质。

宇宙领悟 星系形成于塌缩的暗物质团中

我们可以一步步地按照星系形成模型预测的事件了解该模型是怎样解释星系形成的。假设宇宙由90%的冷暗物质和10%的普通物质构成，这些冷暗物质和普通物质以与宇宙微波背景辐射的观测结果相一致的方式群集在一起。在单个星系的尺度上，宇宙常数产生的效应极小，可以忽略不计。

图17.9（a）所示为复合时期的一个暗物质团。暗物质的分布不及普通物质均匀；但在整体上，暗物质的分布还是非常均匀。在复合期后的数百万年时间内，我们的宇宙模型膨胀了好几倍。时空一直在膨胀，因此暗物质团也在膨胀。但是，暗物质团的膨胀速度不及周围物质那么迅速，因为其自身引力减慢了其膨胀速度。此时，暗物质团相比周围物质更加突出，并且暗物质的引力也开始吸引周围的普通物质。直到图17.9（c）所示的阶段，普通物质也像暗物质一样群集成普通物质团。

图 17.9 螺旋星系从坍缩的冷暗物质团中形成的各个阶段。

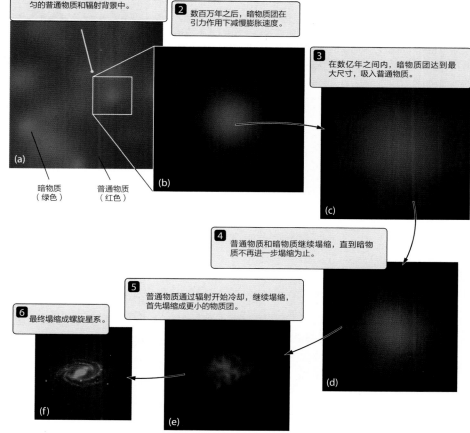

1 在复合期，暗物质团存在于相对均匀的普通物质和辐射背景中。

2 数百万年之后，暗物质团在引力作用下减慢膨胀速度。

3 在数亿年之间内，暗物质团达到最大尺寸，吸入普通物质。

4 普通物质和暗物质继续塌缩，直到暗物质不再进一步塌缩为止。

5 普通物质通过辐射开始冷却，继续塌缩，首先塌缩成更小的物质团。

6 最终塌缩成螺旋星系。

暗物质（绿色）　普通物质（红色）

图17.10 子弹星系团，红移 $z=0.3$，由两个正在合并中的巨大星系团构成。通过该系统中的星系的总质量小于发射 X 射线的气体（红色），而发射 X 射线的气体的质量又小于暗物质的质量，暗物质的质量可以通过星系团产生的引力透镜效应推算而得。

椭圆星系由螺旋星系合并而成。

扔向空中的皮球将逐渐减慢速度，然后停止运动并最终落回到地球表面上。与皮球类似，在自引力作用下，暗物质团会减慢然后停止最初的膨胀。当宇宙的年龄大约为一亿年时，暗物质团达到最大尺寸，开始塌缩（见图17.9（c））。但是，当暗物质团塌缩到其最大尺寸的一半左右时，由于构成冷暗物质的粒子运动速度太快不能再相互靠近更多时，暗物质团将停止塌缩（图17.9（d））。此时，暗物质团中粒子的运行轨道决定了其形状，就像椭圆星系中所含恒星的轨道决定了其形状一样。

与暗物质（无法发出辐射）不同的是，物质团中的普通物质可以辐射出能量，继而冷却和塌缩。暗物质团中聚集的小规模普通物质在自身重力作用下塌缩成普通物质团，尺寸从球状星团大小到矮星系大小不等。这些普通物质团继而向暗物质团中心回落，如图17.9（e）所示。根据模型，只有当暗物质团的质量为 $10^8 \sim 10^{12}$ 倍太阳质量（$M_\odot$）时，我们宇宙中的气体才能迅速冷却以至于向暗物质团的中心下落。该质量正好是已观测到的星系的质量范围。该理论预测与实际观测结果完全匹配，这是星系形成于暗物质团这一理论的巨大成功。

不规则暗物质团的引力一直不断地拖曳各个原星系团，因此当这些原星系团开始塌缩时，会略微自转。当普通物质向暗物质团中心坠落时，自转会迫使大部分气体沉入到自转盘中（图17.9（f）），就像原恒星周围的塌缩气体云会沉入到吸积盘上一样。经各个原星系盘塌缩形成的自转盘最终变成了螺旋星系盘。

17.5 大尺度结构通过合并形成

如在恒星形成的过程中一样，星系的形成也不是总是孤立进行的。很可能一个物质团通常形成一个以上的星系，这些星系随后又发生相互作用，甚至合并。星系之间的潮汐相互作用和星系中气体团之间的碰撞可能会激发合并系统内的许多恒星形成区域。图17.10很好地展示了两个巨大星系团之间的碰撞和合并过程，其中子弹星系团的红移 $z=0.3$。该系统内的星系所包含的恒星总质量低于发射X射线的气体质量，而发射X射线的气体的质量又低于暗物质的质量。我们可以通过星系团产生的引力透镜效应推算出暗物质的质量。因为形成该星系团的碰撞作用十分激烈，该星系团中的星系、热气体和暗物质彼此相距非常远。

星系的合并还回答了另一谜题。我们已经知道螺旋星系是如何在早期宇宙中形成的，但是椭圆星系又是怎样形成的呢？现在，椭圆星系被认为是两个或者两个以上的螺旋星系合并而成的。如果发生合并的星系最初的旋转方向不相同，合并后的星系将失去圆形特征。星系的暗物质晕合并在一起，恒星最终落入到像水泡一样的椭圆星系中。正如此图所示，在合并可能更加频繁发生的密集星系团中，椭圆星系更普遍。

这种形成我们如今所见到的巨星系的合并和相互作用也为早期宇宙中常见的类恒星和其他活动星系核（AGN）的运动提供了燃料。在早期宇宙中，星系之间经常相互碰撞，大质量黑洞不断形成，大量类恒星发射出强烈的辐射和强劲有力的喷射气流，另外恒星形成也经常失控，可以说这是一段相当激烈和混乱的星系形成时期。当我们在时间轴上逆行到早期宇宙中星系形成非常活跃时期时，我们可以根据上述结论清晰地预料到这一时期是什么样子的。早期宇宙应包含许多块状的不规则天体——正是我们在年轻宇宙图像上所见到的（图17.12），而不是主宰当今宇宙结构规则的螺旋星系和椭圆星系。

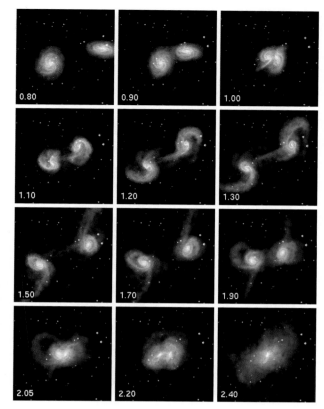

图 17.11　在此电脑模拟汇总，两个螺旋星系合并形成一个椭圆星系。图中数字表示分级时间：0.00 表示相互作用开始时的时间，1.00 表示星系结合在一起所需的时间。

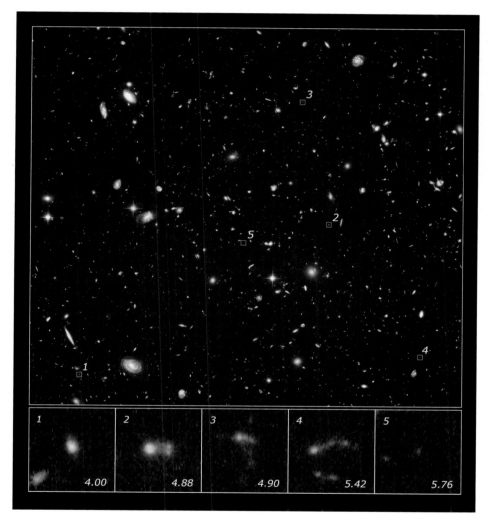

图 17.12　哈勃超深空图像为我们提供了宇宙遥远过去的一瞥。插图 1-5 所示为星系形成和合并过程中的最年轻星系，其中最高红移范围在 z =4.00 到 z =5.76 之间。

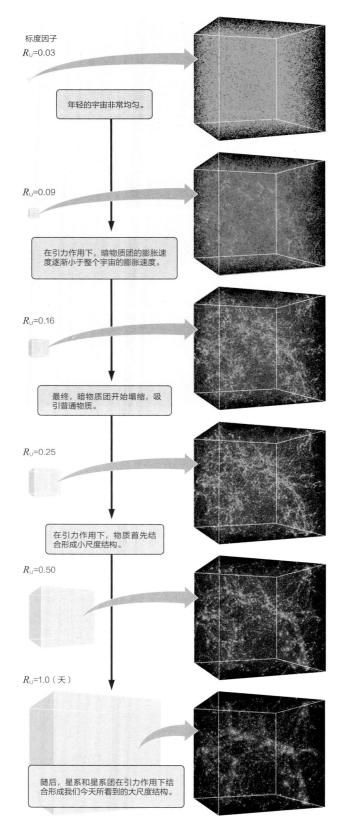

标度因子
$R_U=0.03$

年轻的宇宙非常均匀。

$R_U=0.09$

在引力作用下,暗物质团的膨胀速度逐渐小于整个宇宙的膨胀速度。

$R_U=0.16$

最终,暗物质团开始塌缩,吸引普通物质。

$R_U=0.25$

在引力作用下,物质首先结合形成小尺度结构。

$R_U=0.50$

$R_U=1.0$(天)

随后,星系和星系团在引力作用下结合形成我们今天所看到的大尺度结构。

图17.13　在充斥着暗物质的宇宙中形成极大尺度结构的计算机模拟。

恒星形成在模型中存在空白

据我们所知,星系中的大部分普通物质最后会形成恒星,但这些恒星是什么时候在哪里形成的呢,经历了多长时间呢?虽然我们对单个恒星是怎样在银河系中形成的了解甚多,但我们却不清楚早期宇宙中发生的恒星形成与如今在我们周围正在进行的恒星形成有什么区别。在没有大质量元素的宇宙中,也没有密集的、布满尘埃的分子云和这些分子云可能聚集在其中的螺旋盘。因此,第一批恒星必定是由于物质团中的氢气和氦气云坍塌而形成的。

银河系中即使最古老的银晕恒星的大气也含有一些大质量元素,表明在银河系塌缩极早期必定发生过大量恒星形成事件。如果我们可以近距离探测图17.9(d)和(e)所述时期正在塌缩的原星系团,我们将可能在此塌缩的银晕中观测到恒星形成和超新星爆炸。我们如今看到的银晕恒星必定是在银河系仍在塌缩时形成的,在此之后形成这些恒星的气体才合并形成银盘。所有银盘恒星都含有较高丰度的大质量元素,都是在银晕恒星形成之后才形成的。

由于我们对恒星形成的认识存在不确定性,比较分析星系形成的模型和对早期宇宙的观测数据也变得复杂化。当我们从远超于星系的尺度探讨结构时,恒星形成已不是一个大问题。为了弄清楚星系团和更大结构的形成,我们只需要考虑星系大小的物质团是怎样在引力作用下结合在一起的。

图17.13所示为数千万个暗物质团在相互引力作用下在太空中的运动轨迹的计算机模拟结果。此模拟的尺度非常大,因此我们无法追踪单个星系的运动,只能模拟暗物质的整体分布。模拟结果显示尺度较小的结构首先开始演化。在最初的几十亿年中,暗物质结合在一起形成大小堪比当今宇宙中的星系团的结构。随后才形成轮廓分明的外形像海绵的丝状物、墙和空洞。请再次观察本章开篇图,说出我们无法观测到暗物质的分布是怎样影响我们可以观测到的发光物质的分布的。

模型模拟结构域大尺度结构的观测数据之间惊人地相似。只有将涟漪的形状、质量和性质,暗物质的类型以及宇宙常数的数值结合在一起考虑的宇宙模型才能具有与我们实际所看到的宇宙相类似的结构。这是极其重要的结果。我们的模型中包含了与我们对早期宇宙的认识相一致的假设,并且还预测大尺度结构的形成与我们今天在宇宙中实际所看到的类似。图17.14概括了星系形成的过程,其中小型天体首先形成,随后合并成更大尺度的结构,最终构成了图17.12所示的哈勃超深空(HUDF)景象。

现在,让我们根据上述星系以及前文章节的内容来追溯一下宇宙从最初诞生到形成地球这一历史过程。这是一个非同凡响的故事,表明人类已对宇宙形成了最宽泛的认识,是人类智慧的伟大体现。而近现代我们对宇宙认知的详细程度甚至更令人可喜。卡尔·萨根(Carl Sagan, 1934—1996)表示:"我们是宇宙了解其自身的一种方法。"现在,你已知道他传达的是什么意思,而你正是这些知识的其中一分子。

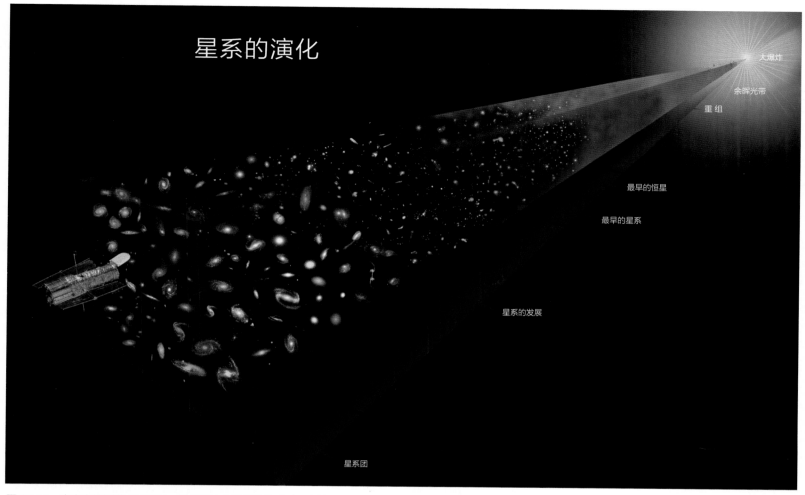

图 17.14 宇宙中结构形成示意图，从尺度较小的系统发展到尺度较大的系统，最终形成图 17.12 所示的哈勃超深空景象。

17.6 从更宽泛的范围思索我们的宇宙

我们很自然地会想知道我们在宇宙中所处的位置和时间。宇宙将来会怎样演化？大爆炸之前是什么样子的？是否存在其他宇宙？我们可以根据传统的物理定律回答其中一些问题；而其他的问题有待我们进一步思索。

宇领宙悟 遥远的未来

我们可以根据公认的物理定律计算出宇宙中当前存在的结构在未来很长一段时间内将怎样演化。图17.15展示了其中一种计算方式。在宇宙的第一个时代，即"原始时代"——从大爆炸后的第一个数十万年到复合期开始之前，宇宙中充斥着辐射和基本粒子。如今我们正处在第二个时代，即"生星时代"；但是

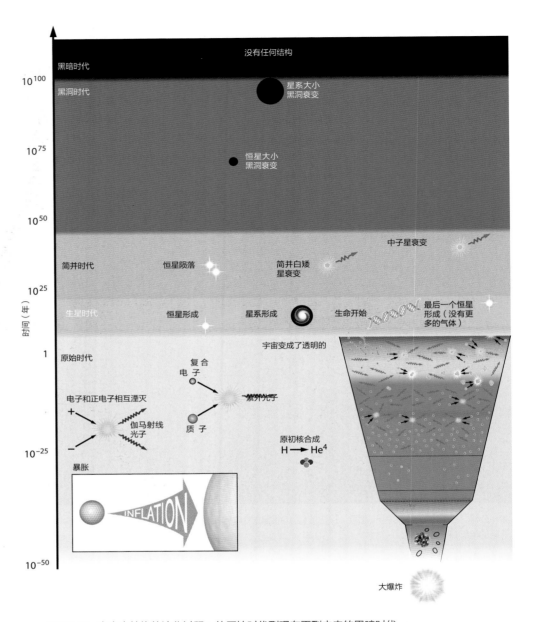

图 17.15　宇宙中结构的演化过程：从原始时代到现在再到未来的黑暗时代。

该时代最终也会结束。100万亿（10^{14}）年后，最后一个分子云将塌缩形成恒星，再过10万亿年这些恒星中质量最小的也将演化变成白矮星。

　　生星时代后，宇宙中的大部分普通物质将被封锁在褐矮星和简并恒星中：白矮星和中子星。在此"简并时代"，也会偶尔出现恒星突然燃烧发光的现象，这是古老的亚恒星褐矮星相互碰撞并合并形成小质量恒星的结果，这些恒星会在1万亿年左右的时间内燃烧殆尽。但是，此时代的主要能量源自于质子和中子衰变以及暗物质粒子的湮灭。即使这些过程最终耗尽燃料。10^{39}年后，白矮星将最终毁灭于质子衰变，中子星也将毁灭于中子的β衰变。

　　随着简并时代走到尽头，剩下的唯一物质聚集地就是黑洞。这些黑洞从单个恒星质量大小到在简并时代发展起来的质量达到星系团大小的庞大怪物。在此黑洞时代，这些黑洞将通过发射霍金辐射慢慢蒸发成基本粒子。数倍于太阳质量的黑洞将在10^{55}年后蒸发成基本粒子，星系大小的黑洞将在约10^{98}年后蒸发成基本粒子。当宇宙年龄达到10^{100}年时，即使最大的黑洞也会消失。最终，将形成一个比我们目前所处的宇宙广阔无数倍的宇宙，其中几乎不存在任何东西，只有波长极长的光子、中微子、电子、正电子和其他黑洞蒸发产物。

宇宙领悟 多元宇宙

　　我们所在的宇宙是唯一的吗？既然我们将宇宙定义为"一切万物"，所谓的"多元宇宙"又是什么意思呢？是否存在平行宇宙，这些宇宙在空间上独立于我们的宇宙之外，或者甚至与我们的宇宙都处于同一个空间中？许多宇宙学家正在严肃思索多元宇宙或者平行宇宙的概念。

　　让我们以图17.16为例，简要介绍一下平行宇宙的概念。宇宙的年龄，自大爆炸后经过的时间是137亿年。今天我们能看到的光线至多传播了137亿光年。因此，我们的可观测宇宙——我们今天能够看到的一切事物——必定是在一个半径为137亿光年的球体中。我们不可能看到比此更遥远的事物。观测证据表明，空间是扁平的。如果这是正确的，宇宙确实是无限大，并且必定含有无数个类似球体。因为暗能量会导致宇宙膨胀速度越来越快，单独的可观测宇宙相隔越来越远，永不重叠。这些平行宇宙离我们太过遥远，我们永远也无法观测到它们。

　　这些其他的平行宇宙是什么模样的呢？根据对可观测宇宙的了解，我们略知一二。首先，如果宇宙学原理是正确的，在大尺度上，即使存在极大的细节差异，任何这些可观测宇宙都应该与我们所在的宇宙类似。并且，在一个真正无限大的宇宙中，必定存在无数个完全与我们所在宇宙相同的可观测宇宙，在这些宇宙中，另一个你也正在阅读本书。我们之所以知道这点是因为，如果我们所在的可观测宇宙各个角落的温度都在约10^8K以下，可观测宇宙中将最多只有10^{118}个粒子，而数量有限的粒子，分布方式多种多样。如果你想知道你必须走多远才能找到一个与我们所在的宇宙完全一样的可观测宇宙，答案是大约$10^{10^{118}}$百万光年，即10的10^{118}次方百万光年。

最终，宇宙中的所有结构都会衰变。

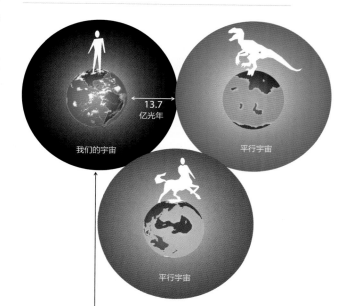

图17.16　可观测宇宙是一个半径等于光自大爆炸后所传播距离（137亿光年）的球体。既然宇宙是无限大的，宇宙中必定包括无数个类似球体。根据概率论，这些宇宙中必定存在一些与我们所在的宇宙完全相同的宇宙。

暴胀宇宙模型构成了第二种多元宇宙的基础。假设一个宇宙一直在永久暴胀，既没有起点也没有终点。如果这种宇宙确实存在，量子涨落可能会导致某些区域比该宇宙其他部分膨胀得慢。最终，该区域可能会形成一个气泡，其暴胀阶段将很快结束。在这种情况下，我们可能正生活在这种区域内，所谓的大爆炸只是在该永久膨胀的宇宙中的气泡膨胀到临界点发生爆炸的结果。

永久膨胀几乎巧妙地回答了宇宙在大爆炸前是什么样子的这一问题。既然宇宙一直在膨胀且将永远膨胀下去，就不存在起点和终点。我们所在的气泡或者平行宇宙在大爆炸时与宇宙的其他部分相分离，但是其他气泡也在不断分离，发生大爆炸称为一个平行宇宙。

我们有理由怀疑平行宇宙或者多元宇宙的理念是否科学。本书始终强调，任何合理的科学理论都必须可以验证，并最终能够证伪。这些试验会证明这些多元宇宙的理念是错误的吗？有可能。例如，当我们测量宇宙微波背景辐射的各向同性或者星系的大尺度分布时，我们确实对第一个多元宇宙进行了测试，这涉及到遥远的可观测宇宙。因为这些多元宇宙概念必然基于无限的膨胀宇宙，我们就可以测试这些预测正确与否。永久膨胀模型更难以测试，因为我们永远也不能直接地观测到它的平行宇宙。但是，如果我们掌握了能预测永久膨胀的万有理论，并且该万有理论本身是可证伪的，我们就可以将永久膨胀与观测联系起来。关于永久膨胀模型是否确实能够证伪在科学界存在激烈争议。

如果永久膨胀属实，将不断发生新的大爆炸。

天文资讯阅读

最新的星系映射图帮助寻找暗能量存在的证据

撰稿人：《国家地理新闻》科尔·坦（Ker Than）

一项新开发的技术可能在不久的将来会帮助天文学家使用巨声波验证暗能量理论，天文学家认为是暗能量导致宇宙随着时间推移而膨胀。

这一技术叫做强度映射，它在星系和星系团中寻找氢气发出的独特射电辐射，以映射出宇宙、大尺度结构的图像。氢是宇宙中最轻最丰富的元素，因为星系周围万有引力强烈，氢元素会在星系周围聚集。

迄今为止，通过区分星系和星系群——一个类似在地球上通过数树木的数量绘制森林地图的过程，天文学家已经绘制出大尺度内宇宙的结构。这种新方法更像是通过寻找大片绿色来绘制森林。

如果科学家投入更多的精力绘制大尺度宇宙图，这一方法将会揭示自大爆炸以来宇宙结构是如何演变的。

特别是，新地图还能帮助天文学家探测由被叫做重子声学振荡（BAO）的巨大声波导致的物质分布的变化，重子声学振荡发生在宇宙大爆炸后不久。

用宇宙声波做尺子测量宇宙随时间推移发生的大小变化能够帮助科学家了解暗能量如何影响宇宙。

宇宙量尺——声波

在这项新的概念验证研究中，来自加拿大多伦多理论天体物理研究所的张子琪（Tzu-Ching Chang）和其同事使用西弗吉尼亚州的罗伯特·C.伯德（Robert C. Byrd）绿岸望远镜一次性获得了数千星系中及其附近的氢射电辐射。

研究组还能测量到宇宙70亿年时发出的信号。

多伦多大学的合作研究者彭威礼（Ue-Li Pen）在一次声明中说："这些观察结果探测到的氢元素比以往在宇宙中探测到的总量还多，比我们之前见过的发射电磁波的氢元素的距离还远10倍。"

研究小组希望将这一方法细化，然后用它探测更早以前的氢射波，可能出现在第一批星系形成之前。

科学家表示，通过扫描足够大范围的天空，这一方法可能发现不断向宇宙蔓延的重子声学振荡的痕迹。

随着重子声学振荡在早期宇宙的初始气体中穿行，它们不断影响其经过的物质，使这些物质在一些地方比另一些地方更加集中。这种分布模式也出现在现在的星系和星系团上。

因为科学家知道重子声学振荡每4.5亿光年重复一次，研究负责人张子琪称，"我们可以测量不同宇宙年龄阶段的重子声学振荡信号，把它作为确定宇宙大小的标尺"。

"同时，因为后期宇宙膨胀主要是由暗能量驱动，一次或者几次（时间点）的重子声学振荡的测量数据会帮助我们研究暗能量的特性。"

比如，目前的暗能量理论说宇宙膨胀率取决于宇宙物质的密度。既然早期宇宙体积更小更致密，科学家们希望重子声学振荡数据能够证明早期宇宙的膨胀速率比现在慢。

新闻评论：

1. 强度映射法具有什么新颖之处？
2. 它们映射的可能是什么类型的"氢气独特的射电辐射"？（提示：你可能需要回顾有关星际介质的内容。）
3. 本文记者正在对概念验证进行报道。此研究成功了吗？
4. 此研究将如何帮助科学家了解暗物质？
5. 记者在最后一句称科学家"希望"数据能够证明早期宇宙的膨胀速率比现在慢。请结合你在第1章所学的关于科学方法的知识，抱有"希望"的科学态度是否恰当？

暗能量依然是我们知之甚少的现象，因此天文学家一直不辞辛劳地进行着研究，试图更加直接地探测到它们，或者证实它们是不存在的。他们使用了所有能够使用的工具，包括世界上最大型的可操作的射电望远镜——强大的绿岸射电望远镜。

小结

17.1 引力和宇宙常数（暗能量）决定了宇宙的命运。观测数据显示，宇宙是在加速膨胀，而非减慢膨胀。

17.2 最早期的宇宙可能经历了短暂但剧烈的极快速膨胀时期，称为暴胀。如果确有此事，暴胀可以解释为什么我们今天所见到的宇宙是扁平和均质的。

17.3 若要了解宇宙中最早期的运动，我们需认识自然界中的四种基本力是怎样在宇宙早期统一成一种基本现象的。

17.4 宇宙中冷暗物质团的引力塌缩产生了最早期的星系。

17.5 目前观测到的星系是通过复杂的合并过程产生的。星系中的可见气体冷却并向内坠落，形成周围被暗物质晕包围的可见恒星。随着时间的推移，在暗物质团之间的相互引力作用下，形成了墙、丝状物和空洞，这是目前已观测到的大尺度结构所具有的特点。

17.6 在未来的 10^{15} 年之间，宇宙还会继续形成各种结构，但根据我们目前对量子效应的认识，从行星到黑洞等所有结构最终都将衰变。宇宙学家也在猜测存在多元宇宙和平行宇宙的可能性。

✦ 小结自测

1. 如果宇宙中存在足够多的质量，并且密度大于临界密度，那么宇宙将：
   - a. 永远持续膨胀
   - b. 持续膨胀，但速度将逐渐减慢
   - c. 最终塌缩
   - d. 既不膨胀也不塌缩

2. 当天文学家发现宇宙正在＿＿＿＿＿＿＿时，他们不得不重新利用爱因斯坦的宇宙常数。
   - a. 加速膨胀
   - b. 膨胀
   - c. 收缩
   - d. 减速膨胀

3. 下列哪一项是宇宙微波背景辐射揭示出的年轻宇宙的性质？请选择所有正确项。
   - a. 炽热
   - b. 寒冷
   - c. 密集
   - d. 疏散
   - e. 在大尺度上是均匀的
   - f. 在大尺度上是成块状的

4. 下列哪些问题导致天文学家开始假设宇宙发生了暴胀？请选择所有正确项。
   - a. 太阳中微子问题
   - b. 视界问题
   - c. 膨胀问题
   - d. 平坦性问题
   - e. 加速问题

5. 请按照下列作用力在大爆炸后的第一瞬间被分离出去的顺序排序：
   - a. 引力
   - b. 强核力
   - c. 弱核力
   - d. 电磁力

6. 下列哪些选项是组成冷暗物质的候选粒子？请选择所有正确项。
   - a. 中微子
   - b. 电子
   - c. 轴子
   - d. 中子
   - e. 光微子
   - f. 微小黑洞
   - g. 质子

7. 我们的宇宙将：
   - a. 永远膨胀下去
   - b. 膨胀较长时间然后塌缩
   - c. 持续膨胀，但是速度将逐渐减慢
   - d. 既不膨胀也不塌缩

问题和解答题

判断题和选择题

8. 判断题：宇宙常数造成宇宙加速膨胀。

9. 判断题：在我们所在的宇宙中，$\Omega_{质量}+\Omega_\Lambda$ 接近于零。

10. 判断题：暴胀是表示宇宙今天一直在膨胀的理论。

11. 判断题：早期宇宙中的物质和反物质粒子数量几乎相当。

12. 判断题：当宇宙稳定冷却到太阳温度以下时，宇宙变为透明。

13. 如果今天，$\Omega_{质量}$ 等于0.7，Ω_Λ 等于0.5，宇宙将：
    - a. 永远膨胀
    - b. 先膨胀再收缩

c. 持续膨胀，但是膨胀速度将减慢

d. 保持静止

14. 如果宇宙被暗能量所支配，宇宙将：

　　a. 永远膨胀

　　b. 先膨胀再收缩

　　c. 持续膨胀，但是膨胀速度将减慢

　　d. 保持静止

15. 如果宇宙被物质所支配，宇宙将：

　　a. 永远膨胀

　　b. 先膨胀再收缩

　　c. 持续膨胀，但是膨胀速度将减慢

　　d. 保持静止

16. 正电子与电子相关，是因为：

　　a. 除了具有相反的质量以外，正电子的所有其他性质与电子完全一样

　　b. 除了具有相反的电荷以外，正电子的所有其他性质与电子完全一样

　　c. 除了旋转方向相反以外，正电子的所有其他性质与电子完全一样

　　d. 除了与光的相互作用方式不一样以外，正电子的所有其他性质与电子完全一样

17. 视界问题指出：

　　a. 物质与反物质之比太高

　　b. 宇宙常数太接近于1

　　c. 宇宙微波背景辐射崎岖不平

　　d. 宇宙微波背景辐射太均匀

18. 在最大尺度上，宇宙中的星系：

　　a. 分布均匀

　　b. 沿着丝状物和墙分布

　　c. 分布在相互分离的团块中

　　d. 沿着从中心向外辐射的线条分布

19. 相比当今宇宙中的星系，早期宇宙中的星系_____

　　a. 与当今宇宙中的星系非常像

　　b. 体积更小，更不规则

　　c. 数量多得多

　　d. 体积更大，更具典型性

概念题

20. 从宇宙的角度而言，临界密度表示什么意思？

21. 在什么情况下宇宙会停止膨胀开始塌缩？

22. 普通物质和暗物质之间的主要区别是什么？

23. 说出是什么观测证据表明可能需要利用爱因斯坦的宇宙常数来解释宇宙在历史上的膨胀问题。

24. 解释天文学家所称的暗能量表示什么意思。

25. 如果宇宙在暗能量作用下被迫分离，为什么我们所在的银河系、太阳系或者行星没有被撕裂？

26. 什么是平坦性问题，为什么这对于宇宙学家而言是一个问题？

27. 在暴胀时期，宇宙可能瞬间以10^{30}（一百万兆）倍光速或者以上的速度膨胀。为什么这种超速膨胀没有违反爱因斯坦狭义相对论，即任何物质或者通讯的速度都不可能超过光速？

28. 为什么高能物理学对于我们了解早期宇宙极其重要？

29. 说出自然界中的四种基本力。

30. 宇宙的基本作用力被普遍认为不会改变。如果牛顿的引力常数随着时间发生变化，宇宙命运将是如何？

31. 在自然界中的四种基本力中，哪一种作用力需要基于电荷？

32. 标准模型不能解释为什么中微子具有质量，或者为什么早期宇宙中存在电子-正电子不对称。这是否表示该模型不是一套完整的理论？我们是否应该忽略其所有预测直到该理论能够解决这些遗留问题为止？

33. 解释量子电动力学是怎样描述两个带电粒子之间的电磁作用的。

34. 夸克是什么？

35. 解释当你将粒子和反粒子放在一起后会发生什么情况。

36. 为什么宇宙中的反粒子数量如此少？

37. 解释成对产生的过程。

38. 描述普朗克时期的情况。

39. 大统一理论（GUT）和万有理论（TOE）之间的基本差别是什么？

40. 根据第1章所学思考一下术语"弦理论"。许多科学家反对使用"理论"一词来描述弦理论。为什么？

41. 随着我们的测量仪器灵敏度越来越高，我们能够观测到更遥远的空间，以至于能够探索到更久远的过去。但我们却不能观测到复合期之前的宇宙。请解释原因。

42. 假设你可以观测到星系最开始形成时的早期宇宙。当时的宇宙与当今的宇宙有什么区别？

43. 随着包含冷暗物质和普通物质的团块逐渐塌缩，温度逐渐升高。当这些团块塌缩到其最大尺寸的一半时，增强的粒子热运动会阻止团块进一步塌缩。而普通物质可以克服此效应继而进一步塌缩，而暗物质却不能。请解释为什么存在此差别。

44. 假设宇宙的星系主要由暗物质以及少量恒星或者其他发光的普通物质构成。如果事实果真如此，我们将如何知道这些星系的存在？

45. 恒星形成过程和星系形成过程有何相似之处，有何不同之处？

46. 大尺度结构源自什么？

47. 为什么暗物质对星系形成过程如此重要？

48. 我们认为正确的演化顺序是：（a）首先形成较小的恒星团，然后这些恒星团聚集在一起构成星系，然后星系又聚集在一起构成星系团和超星系团；或者（b）超星系团大小的区域塌缩形成星系团，再塌缩形成星系，然后再形成较小的恒星团？请解释你的答案。

49. 为什么目前的大尺度结构模型要求我们将暗物质效应包含在内。

50. 为什么我们认为存在某些热暗物质？

51. 描述涉及到暗物质和气体成分的星系形成阶段。

52. 近乎球形的气体云是如何塌缩形成圆盘状的自转螺旋星系的？

53. 天文学家认为椭圆形系是怎样形成的？该形成过程是否能够解释已观测到的螺旋星系和椭圆形系之间存在的不同之处。

54. 根据我们对星系形成的认识，描述星系在遥远的过去是什么样子的。你说描述的这些特点目前已被观测到了吗？

55. 我们是如何知道宇宙中的暗物质肯定主要由冷暗物质而非热暗物质构成的。

56. 从广义的角度，描述从复合期（大爆炸后大约五亿年）到现在宇宙中结构形成的过程。

57. 我们是如何确定大尺度结构的形成是引力而非其他基本力产生作用的结果？

58. 我们从未观测到某颗恒星的大气中完全不含有重金属成分。该事实对早期宇宙中恒星形成的历史有何暗示？

59. 前面的章节较为全面地介绍了恒星形成的过程和原因。为什么对年轻星系中的恒星形成过程进行建模比较困难呢？这是不是表明我们的理论是错误的？

解答题

60. 图17.2在一张图中包括了大量信息。

    a. 橘红色曲线表示什么意思？

    b. 蓝色曲线表示什么意思？

    c. 最上方的蓝色线一直延伸到图的顶部。你对此蓝色曲线描述的宇宙有何理解？

    d. 最底部的蓝色曲线先上升然后回落到零。你对此蓝色曲线描述的宇宙有何理解？

    e. 在所有这些曲线中，哪一条描述的宇宙最有可能是我们今天实际所在的宇宙？

61. 图17.3是宇宙学中极其重要的一张图。它在一张图上集合了三个不同类型的试验数据。

    a. 所有数据都重叠在标示着"平坦"字样的曲线附近。根据这一事实，我们可以得出怎样的结论？

    b. 假设鲜红色椭圆所表示的最新数据位于的位置。天文学家将作出什么反应？该结果对我们基于之前的数据而创建的宇宙模型意味着什么？

    c. 图中左上方的区域表示不需要发生大爆炸的宇宙。我们可以根据这些数据认为我们所在的宇宙也存在这种可能性吗？

    d. 根据本图所给出的数据，我们的宇宙最终会再塌缩回去吗？

62. 在地球仪上，我们可以轻易地分辨出地球的表面是发生了正向弯曲，反相弯曲或是扁平的。请测量两条经线与赤道之间的夹角。然后沿着这两条经线向北一直到北极点，再测量这两条经线之间的夹角。将这三个夹角的度数相加。三角之和大于还是小于180°？地球表面是发生了什么类型的弯曲？

63. 质子和反质子具有相同的质量，即在质子-反质子湮灭过程中产生的两种伽马射线的能量分别是多少焦耳？

64. 宇宙中每存在一个氢原子就有5亿个宇宙微波背景辐射光子。这些光子的等效质量是多少？该数值是否足够大可以考虑进宇宙的总体密度中？

65. 假设你将一克普通物质氢原子（每个原子包含一个质子和一个电子）和一克反物质氢原子（每个原子包含一个反质子和正电子）放在一起。注意两克重轻于一角硬币的质量。

    a. 计算当普通物质和反物质氢原子相互湮灭时会释放出多少焦耳的能量。

    b. 将此能量与100万吨级氢弹爆炸释放的能量（1.6×10^{14} 焦耳）相比较。

66. 有一种大统一理论预测平均一个质子将在约 10^{31} 年内衰变，意思是说如果你有 10^{31} 个质子，你将看到每年都会发生一次衰变。日本超级神冈天文台在其探测器中放入了大约2 000万千克水，并让该探测器连续5年持续运行，却没有观测到任何衰变。此次观测对质子衰变和这里所指的大统一理论有何限制？

67. 如果每立方米的空间内有3亿个中微子，并且中微子仅占宇宙质量密度（包括暗能量）的5%，请估算一个中微子的质量。

68. 下列各项的近似质量是多少？

    a. 星系群的平均质量。

    b. 星系团的平均质量。

c. 超星系团的平均质量。

69. 黑洞的寿命与其质量的立方成正比。相比3倍太阳质量的恒星黑洞，300万倍太阳质量的超大质量黑洞需要多少时间完成衰变？

70. 目前，银河系和仙女座星系（M31）大约相距70万秒差距，并且正在以每秒钟120千米的速度相互靠近。请估算这两个星系多久之后会相撞。为什么你认为计算结果能够或者不能准确估算这两个星系多久之后能够完全合并？

 智能学习（SmartWork），诺顿的在线作业系统，包括这些问题的算法生成版本，以及附加的概念习题。如果你的导师在聪慧学习上布置了问题，请登录smartwork.wwnorton.com。

 学习空间（StudySpace）是一个免费开放的网站，并为你提供《领悟我们的宇宙》书中每一章的学习计划。学习计划包括动画、阅读大纲、生词卡、选择题测试以及聪慧学习和电子书中站点内容的链接。请访问wwnorton.com/studyspace。

探索 ｜ 质子的故事

　　通过之前的学习，你已经了解到人类目前对宇宙的认识，现在我们有必要将所学知识点串联起来以回答你今天是怎样得以坐在椅子上阅读此书的。此时，你需要向前回顾本书，从大爆炸到中间必然发生的所有事件，一直到本书开篇遥望星空。

1. 在大爆炸中，质子是怎样形成的？

2. 该质子是怎样构成最早期恒星的一部分的？

3. 假设质子后来成为一颗 $4M_\odot$ 恒星中的碳原子的一部分。该质子在回到星际介质中之前将经过哪种类型的星云？

4. 假设碳原子后来成为构成太阳和太阳系的分子云核心的一部分。随着太阳系的形成和碳原子成为行星的一部分，该分子云核心的塌缩主要是哪两种物理过程的结果？

5. 从大爆炸开始，创建一个时间轴，标记出一个质子变成地球上碳原子核的全部过程。

　　上述过程其实是地球形成的过程。接下来我们将在第18章中阐述人类是怎样在地球上形成的。

18

宇宙中的生命

我们可以追踪到在大爆炸（即大自然基本力形成之时）发生之后最早的一瞬间宇宙中结构的起源直至银河系以及当今可见的其他大型结构的形成。我们已经了解到银河系中气体和尘埃云是如何形成了恒星（包括太阳），以及这些恒星周围的行星（包括我们的地球）是如何形成的。我们也知道了是什么地质过程将早期的地球变成了我们今天所知的星球。简言之，我们追踪到了宇宙形成之时的结构起源，直至当今时代。但我们仍忽略了其中的一个方面。尽管我们的研究侧重于天文学，但如果撇开特定结构（即，我们所称的生命）的起源不谈，关于宇宙中结构演变的探讨就不全面。

✧ 学习目标

本书中，我们阐述了对宇宙及其所含物体的理解。然而，一个非常重要以及非常个性的部分就是：你，本书的读者。哪些事件组合——有些可能性较大，而另一些可能性不大——让你来到这个绕着典型的中年恒星转的小型岩石行星上？你和你的人类同胞是否独一无二，是否还有其他人像你一样居住于散布在浩瀚宇宙中的星球上？右图，一名学生到澳大利亚旅行，抓拍到一张叠层石照片，叠层石是地球上最早的生命形式。学完本章，你应可以将此照片插入到我们探索其他星

球上生命的上下文中。你还应能够：

- 列出我们所知的生命存在所具备的要求
- 解释为何地球生命很可能源自地球的海洋
- 列出太阳系中宜居带的特征以及银河系中宜居带的特征
- 描述一些用于探索地外生命的方法，并解释我们目前没有找出任何结果的重要意义
- 解释地球上的所有生命为何最终都会消亡

叠层石

澳大利亚鲨鱼湾

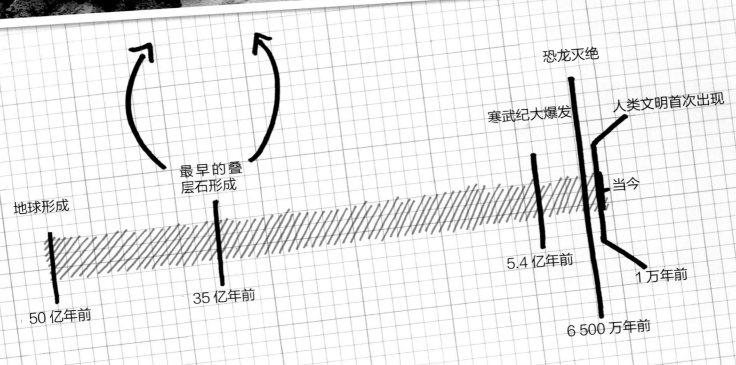

最早的叠层石形成

地球形成

恐龙灭绝

人类文明首次出现

寒武纪大爆发

当今

50 亿年前

35 亿年前

5.4 亿年前

6 500 万年前

1 万年前

图18.1 化学家斯坦利·米勒与他的早期地球大气模拟实验。

图18.2（a）地球上的生命可能出现在像这样的海洋热泉口附近。太阳系中的其他星球也可能存在相似的环境。(b) 这些热泉口区域的生物体，就像图中所示巨型管状虫，依赖地热生存而不是依赖太阳的能量。

18.1 地球上的生命

在深入讨论生命在地球上第一次如何出现以及如何进化之前，我们首先要问的问题是：我如何定义生命？这个答案乍看上去似乎显而易见，但并非能不证自明。众多科学家告诉我们生命没有统一的定义。要进行完整的定义，我们不仅要考虑完全未知的生命形式，还要考虑超出我们想象极限之外的生命形式。我们将在本章后面部分推测外星生命。

生命的定义

生命是一个复杂的生物化学过程，从环境中汲取能量，从而得以生存和繁衍。在特殊分子的作用下，例如核糖核酸（RNA）和脱氧核糖核酸（DNA），微生物才得以进化发展。所有地球生命都涉及碳基化学，以液态水作为其生物化学"溶剂"。

对什么是生命有了一个基本概念后，我们来探讨生命起源问题。如前面章节所述，地球次级大气的形成一部分是因为火山活动流出的二氧化碳和水蒸气；重型彗星轰击很可能将大量的水、甲烷和氨混合在一起。所有这些都是小分子，能够携带生命的复杂化学性质。然而，早期地球拥有丰富的能量，例如，闪电和紫外太阳辐射，能够将这些相对简单的分子拆散，重新组成质量更大、复杂度更高的分子，这些分子生成碎块。雨水将这些碎片带入大气层，这些较重的有机分子最终落入地球的海洋，形成了"原始汤"。

1952年，美国化学家哈罗德·尤里（Harold Urey ）（1893—1981年）和斯坦利·米勒（Stanley Miller）（1930—2007年）试图创建与他们认为地球早期存在条件相似的环境。将一个装有水的实验室罐模拟为"海洋"，他们还添加了甲烷、氨气和氢气作为原始大气；电火花模拟闪电作为能量来源（图18.1）。在一个星期的时间内，尤里-米勒实验生产出20种形成蛋白质的基本氨基酸中的11种，蛋白质是生命的结构分子。此外，混合物中还出现了构成核酸的其他有机分子以及RNA和DNA前体。现在，我们知道地球的早期次级大气含有二氧化碳和氮，不含氢，但有着更加现实的大气成分的近期实验结果也与尤里和米勒的实验结果相似。从诸如此类的实验室实验可以看出，科学家们已经设计出各种不同的生命起源于地球富含生物前有机分子的海洋的模式。

这些生物前分子在哪里以及如何进化成生命分子至今仍不清楚。有些生物学家认为生命起源于海洋深处，那里提供了所需的热液能量（图18.2）。另外一些则认为生命起源于潮池，在那里闪电和紫外线辐射提供了能量（图18.3）。不论哪种情况，首先形成自我复制分子短链，随后进化为RNA，再进化为DNA，DNA是一种大分子，是自我复制微生物的生物"蓝图"。

少数科学家认为，地球上的生命或许"起源"于微生物形式的空间，这些微生物来自流星或彗星。尽管这个假说可能告诉我们生命是如何来到地球上

图18.3 生命可能起源于潮池。

的,但这并不能解释太阳系或以外其他地方的生命起源。目前为止,仍没有科学证据来证明这种起源假说。

最早的生命

如果生命的确起源于地球的海洋,那这是何时发生的?在第 5 章我们了解到在4 600万年前形成之后,年轻的地球在几千万年来遭受了来自太阳系中碎片的严重轰击。这些几乎不可能是生命能够形成和立足的条件。然而,轰击消失之后地球海洋出现,生物体即有机会发展进化。地球生命最早期的间接证据是在格陵兰岩石中发现的碳化材料,这些岩石可追溯到38.5亿年前。在称为叠层石的简单微生物化石物质中,我们找到了早期生命更强大、更直接的证据,叠层石可追溯到35亿年前。在澳大利亚西部和非洲南部曾发现了叠层石化石,存活的叠层石至今依然存在(参见本章开头图片)。我们无法知道生命第一次出现在地球上的精确时间,但当前证据表明,最早的生命形式出现在太阳系形成之后的10亿年前,即,在地球因散布的星子撞击遭受的灾难性轰击之后出现。

地球上的生命可能出现在35亿年前。

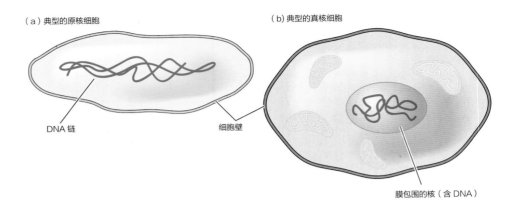

（a）典型的原核细胞　　　　　　　　　　（b）典型的真核细胞

DNA链　　　　　　　　　　　　细胞壁

膜包围的核（含DNA）

图 18.4　(a) 简单的原核生物细胞仅仅包含细胞的遗传物质。(b) 真核细胞包含几种膜包围结构，包括含细胞遗传物质的核。

最早的微生物为极端微生物，即，能够在极端环境条件下生存和繁衍的生命形式。极端微生物包括能够在低于冰点的环境或者水温高达120摄氏度的水中存活的微生物，这些微生物出现在热泉口的深海附近。其他极端微生物还可在盐度、干燥度、酸度或碱度极高的极端条件中生存。这些早期生命形式包括蓝藻细菌的最先形式、单核微生物，也称为蓝绿藻。蓝藻细菌光合作用吸收二氧化碳，排放出氧气。然而，氧气是一种活性极高的气体，新释放的氧气由于氧化了矿物质表面而耗尽，很快就从地球大气层消失。直至暴露在大气中的矿物质不再吸收更多的氧气，大气层中的氧气含量才会上升。早在20亿年前，地球大气层和海洋中就开始出现了氧气，然而，在2 500万年前地球才开始达到当今的氧气含量（参见第7章）。如若没有蓝藻细菌和其他能够进行光合作用的微生物，地球的大气层可能将是一个无氧大气层，像金星和火星一样。

生物学家比对遗传DNA序列发现，地球生命分为两种：原核生物和真核生物。原核生物，例如细菌，是简单的微生物，由细胞壁内部的自由浮动DNA组成；它们没有细胞结构和细胞核（图18.4（a））。真核生物，包括动物、植物和真菌，有着复杂的DNA形式（图18.4（b））。首个真核生物化石可追溯到20亿年前，与海洋和大气层出现自由氧为同一时期，但首个多细胞真核生物直至10亿年前才出现。

生命变得更加复杂

地球上的所有生命，不论是原核生物还是真核生物，都共享来自共同祖先的相似遗传基因。DNA序列能够让生物学家们追溯到不同类型生命首次出现在地球上的时间，指出这些生命形式不断进化的物种。科学家们用DNA序列建立了一棵生命进化关系树，描述了所有物种的互相关联性。这个关系树反映了一些有趣的关系，例如，动物（包括人类）与真菌的DNA序列最相似，在进化

地球大气层的氧气就是通过生物体的光合作用形成的。

出现黏液菌和植物后，才单独分列出来。

最早的灵长类动物从其他哺乳动物中分列出来大约发生在7 000万年前。类人猿（大猩猩、黑猩猩、倭黑猩猩和红毛猩猩）大约发生在2 000万年前。DNA测试表明，人类和黑猩猩有着98%的共同DNA；科学家们认为这两个物种大约在600万年前从一个共同祖先进化而来。

地球海洋里的生物在30多亿年间都大同小异，单核细胞生物和相对原始的多细胞生物并存，直至首次出现地球生命，生命才发生了翻天覆地的变化。5.4亿-5亿年前，生物物种的数量和多样性急剧增加。生物学家将这种现象称为寒武纪大爆发。触发突然爆发生物多样性的原因依然未知，但很可能的原因包括氧气含量大增，基因复杂性更高，气候剧变或者所有这些原因。"雪球地球"的假说表示，在寒武纪大爆发之前，在7.5亿-5.5亿万年前，地球极度寒冷，到处都是冰雪覆盖。天体物理学家推测太阳当时散发的能量比现在弱5%～10%。这个期间，很多动物可能灭绝，因此，新物种更容易适应这个环节并繁衍兴旺。另一种可能是大气层氧气含量（参见图7.5）显著提高也伴随着平流层臭氧的增加，如第7章所述，有了臭氧保护层，地球上的生命就可免受致命的太阳紫外线辐射。海洋里的生命就可自由地离开海洋，走向陆地（图18.5）。

陆地上的第一个植物大约出现在4.25亿年前，大量的森林和昆虫出现在3.6亿年前。恐龙时代始于2.3亿年前，在6 500万年前突然消失，当时小行星或彗星碰撞地球，消灭了地球上70%的植物和动物物种。之后，哺乳动物成了大赢家。我们最早的人类祖先出现在几百万年前，首次人类文明出现在距今1万年前。我们的工业社会只有200多年历史，但却在地球的生命历史上留下了深深的足迹。

寒武纪大爆发标志着生物呈多样化急剧增加。

图18.5 提克塔里克·罗西，一种鱼类，有着类似枝干的鳍和肋，是离开水进入干燥陆地的中期进化时代出现的一种哺乳动物。

今天，人类之所以存在是因为在宇宙的整个历史中发生了一系列事件。其中有些事件不可避免，例如由于早期恒星形成以及有生命特征行星（包括地球）的形成产生了重元素。其他事件则可能性较低，例如地球生命之源的自我复制分子的形成。少数的事件为随意事件，例如6 500万年前由于太空碎片造成了毁灭性的撞击。这个事件对恐龙来说是个灭顶之灾，但对人类来说却是个福音，因为这促成了向更高级哺乳生命进化，最终，我们以人类而存在。

宇领　进化就是一种改变方式
（宇领悟宙）

想象一下，在地球形成后的前几亿年，地球海洋中的某处偶然形成了一个单分子。这个分子有着非常特别的特性：该分子与周围水域中的其他分子发生化学反应，使得该分子能够自我复制。此时，会生成两个这样的分子。化学反应又会复制每一个这样的分子，逐渐形成四个这样的分子，四个变成八个，八个变成十六个，十六个变成三十二个，以此类推。在原始分子自我复制100倍之时，就会出现10^{30}个这样的分子。这些分子的数目是宇宙观测范围内恒星数量的一亿倍（这种不受限制的复制实际上可能性不大，主要是由于受到复制所需的基本元素的限制以及来自相似分子的竞争）。

化学反应并非都处于理想状态。有时，一个分子复制时，新的分子并非就是旧分子的相同副本。很可能出现的情况是，在分子复制时随着复制的数量不断增加会出现大量的复制差错。不能完美地进行预期的复制称为基因变异。很多时候，这种差错是毁灭性的，导致某个分子失去了复制的能力。但有些时候，某个变异实际上是有帮助的，使得复制的分子比原来的分子更好。即便分子自我复制在每10万次复制中出现一次不完美，以及即便每10万个这种差错中只有一个是有益的，经历100代之后，就会出现10^{20}个差错，这些差错很可能幸运地改善了原来的分子。每个改善的复制分子会遗传这种改善。这些分子具有遗传性，即具有将一代的结构传递给下一代特征的能力。

由于早期地球上的分子继续与周围分子相互作用，实现自我复制，分裂成众多不同类型。最后，原始分子的后代繁多，以至于它们需要复制的构件变得稀有。在这种资源稀有的情况下，成功实现自我复制的分子类型越来越多。能够瓦解其他类型自我复制分子并将其用作基本元素的分子类型称为尤为成功的有限资源。竞争、掠夺和合作就随之而来。经过几代之后，某些分子占了上风，而相对较弱的分子日渐稀少。在这个过程中，适应性更强的分子存活了下来，适应性较弱的分子日渐消亡，这就称之为自然选择。

40亿年的漫长时间足以让早期的自我复制分子后代通过遗传性和自然选择进化成为各种复杂的、有竞争力的成功结构体。地球上的地质过程，例如沉降，保存了这些结构所经历之历史的化石记载（图18.6）。这些后代为能够思考自身的存在以及揭开宇宙神秘面纱的"结构体"。

DNA分子（图18.7），即组成身体细胞核的染色体，是这些在早期地球海洋中繁荣昌盛的早期自我复制的分子后代。尽管你身体中的DNA规则比早期地球

你之所以存在是源于一系列事件的发生——有些不可避免，而有些却更加随意。

要创造生命，需要偶然形成一个能够自我复制的分子。

成功繁殖。

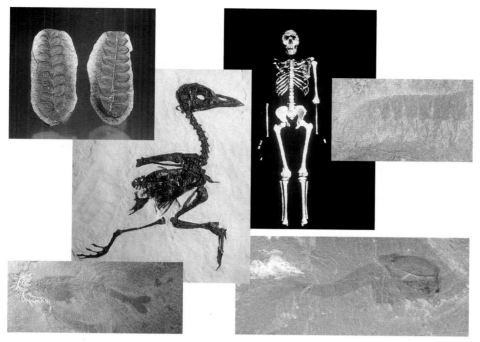

图 18.6　化石记载着地球生命的进化历史。

海洋分子规则要复杂得多，但基本规则依然相同。现在我们认识到这个过程不可避免：任何综合了异变、遗传性和自然选择规律的体系必定将会进化发展。

18.2　地球之外的生命

　　生命形成与进化的故事离不开天文学的记述。我们知道我们生活在一个繁星点缀的宇宙中，行星围绕恒星转动。地球上生命的进化只不过是不断进化发展的宇宙中碰巧出现的诸多例子之一。这一点势必会引出一个关于宇宙的更深远的问题：其他地方还存在生命吗？为了探索这个问题，我们需要进一步研究地球上生命的化学物质。

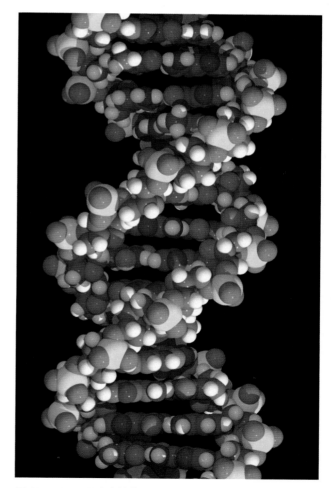

图 18.7　DNA 是生命的蓝图。

所有已知的生命主要仅由六种元素组成。

生命的化学物质

谈及什么是生命的化学物质时，我们真正所指的是生命本身。所有已知生物都由或多或少的普通数量的复杂化学物质以及非常复杂的化学物质组成。以我们自身为例，我身体内大约三分之二的原子为氢（H），四分之一为氧（O），十分之一为碳（C），几百分之一为氮（N）。剩余元素，可能有几十种，加在一起共仅占0.2%。因此，我所知的所有生物都是几乎由这四种元素（有时称为CHON）组成的分子集合，以及少量的磷和硫。其中某些分子非常大。例如DNA，主要负责基因代码。DNA只由五种元素组成：CHON和磷。但人体每个细胞中的DNA都由千万个这些相同五元素的原子组合而成。因此，有了蛋白质，即负责生物结构和功能的巨型分子。蛋白质是称为氨基酸的小分子长链。地球生命拥有20种氨基酸，这些氨基酸也包含不超过五种元素——即CHON加硫，而不是CHON加磷。

这就是我们身体的所有化学物质吗？并非如此，生命的化学物质远比这复杂，仅仅几种原子种类不足以反映出生命的化学物质。还有很多其他元素，尽管数量很少，但对激活生物的复杂化学过程却十分重要。它们包括钠、氯、钾、钙、镁、铁、锰和碘。最后，还有微量元素，例如铜、锌、硒和钴。微量元素在生命化学物质中也起着十分关键的作用，但只需微量。

我们知道，早期宇宙基本上由氢、氦以及非常少的其他元素组成。但发展迅速至后期时——大约90亿年后，此时，对生命尤为重要的所有重化学元素均已出现，并以分子云的形式存在，分子云是太阳系诞生的根源。如第12和13章所述，这些重元素（包括铁）形成于早期的低质量和大质量恒星的核聚变，之后分散到太空中。有时，这些分散十分被动。例如，小质量恒星，如死红巨星，在过度扩展的大气层中失去了重力控制作用。新形成的重元素随氢气和氦气共同吹向太空，最后落在分子云中，有些分散得更加猛烈。对生物学极其重要的微量元素有着比铁重的质量，因此，它们并不是在主序带恒星的内部形成的。它们是在超新星猛烈爆炸时的几分钟内形成的，这种爆炸意味着大质量恒星的消亡。这些元素，也被抛到分子云的化学混合物中。

由数代恒星产生的重元素为生命提供了基本元素——但这是什么样的生命？至此我们所讨论的唯一生命形式就是地球生命，因为这是我们知道的唯一生命形式。我们之前已经指出，地球生命是有机的，而不是基于碳。关于碳，有何特别之处？碳是四价原子中最轻的一种原子，可与其他四价原子核分子绑定（四价指原子依附到其他原子或分子上的能力）。如果所依附的分子也含有碳元素，结果可能就是形成一个巨型长链分子。这个强大的多变性使得碳能形成复杂的分子，为地球生命的化学物质提供基础。

可能还存在一些基于碳形式的地球以外生命，这些生命有着不同于我们的化学物质。例如，除了20种地球生命所用的氨基酸，还有无数种氨基酸。此外，除了RNA和DNA以外的分子也可能有自我复制的功能。

科幻小说的作者常常推测存在基于硅的生命形式，因为硅像碳一样，也是四价的。作为一个能赋予生命的潜在原子，与碳相比，硅既有优势，也有劣势。一个重要的优势就是基于硅的分子相比基于碳的分子能够在更高的温度下保持稳定，很可能使得基于硅的生命能够存活在温度较高的环境中，例如其轨道离母恒星较近的行星。但硅有一个严重的劣势，使得存在基于硅的生命的可能性不大。相比碳原子，硅原子更大、更厚重。任何类型基于硅的生命比地球上基于碳的生命更加简单。即便如此，我们无法排除在宇宙的某处基于硅的生命存在于某个高温环境中的可能性。

最后，尽管碳的独特特性使其很容易适应地球生命的化学物质，我们尚不知道可能适应的其他化学物质生命。生命的适应性极强，极其坚强顽固。如果地球以外的生命形式真的出现，这一点也不意外。

可能存在基于碳以外的生命形式。

🔲 我们太阳系中的生命

在我们探索地球外生命之证据的过程中，正确的探索方向可能是从我们自身的太阳系开始探索。作为人类，我们一直以来都对地球之外是否存在生命感到十分好奇。有些早期的推测看似荒谬，实际上是关乎我们现在对太阳系的了解。200年前，著名的天文学家威廉·赫歇尔爵士（Sir William Herschel），发现了天王星，并宣布"我们毫不犹豫地承认太阳系中不乏居住者"。1877年，意大利天文学家乔凡尼·斯基亚帕雷利（Giovanni Schiaparelli）（1835—1910年）观测到火星上的线性特征，称之为"canali"（意大利语意为"水道"），推测可能存在智慧生命。对火星人的首次公共关注在1938年转变为一种假说，那时，奥森·威尔斯（Orson Welles）广播了赫伯特·乔治·威尔斯（H. G. Wells）的科幻小说《世界大战》，将好斗的火星人入侵地球的构想当作实时新闻广播。当众多听众信以为真地认为"入侵"就在当下时，恐慌也随之而来。

随后的几十年，对太阳系生命的探索进展缓慢。20世纪中期，地面望远镜发现火星拥有大气层和水，这两者视为任何地球生命起源和进化的基本要素。20世纪60年代，美国和苏联向月球、金星和火星分别发送了一艘侦察宇宙飞船。但这些宇宙飞船所载的仪器更适合于探索这些天体的物理和地质特征，而不是探寻生命。不论是过去还是现在，人们都投入了大量的精力来探索生命的迹象，还在等待搭载专业生物仪器的高级宇宙飞船给我们带来更多的数据。

与此同时，天文学家和生物学家等都在讨论从何处探索和探索什么内容；因此，太空生物学应运而生，即对宇宙中生命的起源、进化、分布和未来的研究。太空生物学家了解到水星和月球上没有大气，将其排除在外。太大的行星及其卫星被认为太遥远、太冷而无法维系生命。金星据他们所知，温度过高。但火星似乎恰好符合条件。20世纪70年代中期，美国两艘海盗号宇宙飞船发射到火星，其携带的可拆式探测器包含一些旨在找出地球生命类型之证据的仪器。（某些科学家对所选的具体地点予以批判，声称较高纬度的位置可能更适合，因为那里存在冰水。）当海盗号没有在火星上找到生命的证据时，在太阳系任何其他天体上探索生命的希望被扑灭。

然而，从那时起，乐观主义又卷土重来。对火星历史的更好了解表明这个星球曾经更湿润、更暖和，这使得众多科学家认为这个星球的表面可能埋葬了化石生命甚至生物。21世纪的前十年，人们又重新关注火星，继续探索当前存在或之前存在生命的证据。2008年，NASA凤凰号宇宙飞船在北部较远的纬度登陆，进入这个星球的北极圈，在那里，专业的仪器钻凿地面，分析火星的冰水永久冻土。凤凰号发现极地土壤有着类似于地球南极洲干燥的化学物质，生命存在于冰水-土壤周围的表面深处。水矿物，例如碳酸钙反映出这个星球上曾经出现过古海洋。然而，凤凰号并未发现直接的生命证据。因此，火星上是否有生命这个由来已久的问题依然得不到解答。

20世纪80年代，NASA的仪器机器人进入外太阳系，发现的结果令众多太空生物学家都为之震惊。尽管外太阳系的行星看似不可能成为生命的发源地，但它们的一些卫星可能成为特殊兴趣的目标。木星的卫星木卫二覆盖有一层水冰，下面似乎是含有液态水的大片海洋。和彗星彗核的碰撞可能会增加有机物质，这是生命的另一个基本要素。木卫二曾被认为是一个冰冻不合适生命存在的星球，现在却成了生物探索的一个候选目的地。土星的卫星土卫六看似富含有机化学物，其中很多被认为是地球生命起源之前就存在的某种前体分子。来自土卫六的信息很清楚：生命必需的化学物质很可能存在于太阳系的某处。

20年后，卡西尼号太空船发现了土卫六的大气中存在各种前体分子的证据，它指出了另外一个可能的生命栖息地：土星的小卫星土卫二。宇宙飞船探测到冰水晶体，土卫二南极附近的冰火山喷出。其冰质表面的下层必定存在液态水，或者还存在与在地球海洋深处热泉口附近发现的生命相似的生命。我们在自身太阳系内其他天体上探索生命证据的努力至今仍未成功，但探索仍在继续。在地球之外的某个太阳系天体上发现生命将是多么的令人振奋：如果生命在同一个行星系中独立出现两次，那么，整个宇宙都可能存在生命。

> 火星可能存在地外生命。

> 太阳系的冰质卫星上可能存在生命。

领悟宇宙 母恒星周围的宜居带

在我们的银河系中探索生命任重而道远。然而，天文学家缩小了探索范围，仅在有着有益于生命（至少为我们所理解的生命）形成和进化之环境的星球上探索，同时将明确不适合生命存续的星球排除在外。迄今为止，发现的大多数太阳系外行星的环境太过于严酷，无法提供适合任何已知生命形式生存的温床。

天文学家们一直探索稳定的行星系。稳定体系的行星几乎保持近圆轨道，这样的轨道保持相对一致的气候条件和海洋环境。轨道椭圆度较大的行星温度变化剧烈，不利于生命的生存。稳定的温度能保持水呈液体状态存在，这一点非常重要。我们知道，液态水是地球上生命的形成与进化的基本要素。当然，我们并不知晓液态水是否为其他地方生命的绝对要求，但在思考探索目的地时最好首先考虑这个因素。恒星周围区域的温度范围如果能够保持水以液体状态存在，那么这个区域称为这颗恒星的"宜居带"。在太靠近其母恒星的行星上，水以蒸汽的形式存在,如有水。在离母恒星太远的行星上,水可能永远以冰的状态存在。还有另外一个考虑因素就是行星的大小。较大的行星,例如木星,在形成时保留大量的轻质气体,例如氢和氦,因此,是一个气体巨星,没有表面。太小的行星由于其表面重力不足,无法留住自身的大气层气体,例如月球。

在我们的太阳系中,我们看到金星距离太阳是地球距离太阳的70%,由于失控的温室效应(参见第7章)使其成为一个人间地狱。金星上曾经可能存在液态水,但早已蒸发殆尽,消失在太空中。火星离太阳是地球离太阳的1.5倍。我们在火星上看到的所有水至今仍然处于冰冻状态。但火星轨道的椭圆度更大,与地球不同,因此,这颗行星具有更加多样的气候,包括偶然允许液态水存在的长期气候循环。大多数天体生物学家认为我们太阳系的宜居带大约在0.9—1.4天文单位(AU)之间,其中包括地球,但排除了金星和火星。然而这个范围太过狭窄,因为能量的来源不仅仅是太阳光,还有潮汐热能也可能是生命存续所需的能量。例如,在某些木星和土星的冰质卫星上,表面下的液态水中很可能存在极端微生物。

天文学家还必须考虑在探索适于生命存在之行星的旅程中他们观测到的恒星类型(图18.8)。质量比太阳小的恒星较冷,宜居带较窄,降低了在这个较窄区域碰巧形成宜居行星的可能性。质量比太阳大的恒星较热,宜居带较宽。然而,恒星的主序带生命取决于其质量。例如,一颗$2M_\odot$恒星在主序带上的相对稳定性仅可保持在氢闪焚烧周围一切之前的10亿年。在地球上,10亿年足以让细菌生命形成并覆盖整个行星,但让其他更复杂的生命得以进化却远远不够。当然,我们不清楚在其他地方进化是否以不同的进度发生,但我们只能以我们的地球生命为例。还有,主序寿命是一个足够充分的考虑因素,大多数天文学家更趋向将精力集中在寿命更长的恒星上,特别是F、G和K光谱区。

最后,某些天文学家认为"宜居带"是指银河系内的恒星位置。距离银河系中心太远的恒星可能有原行星盘,其中重元素不足,例如氧和硅(硅酸盐)、铁和镍,这些元素是组成诸如地球的陆地类行星的必需元素。距离银河系中心太远的恒星也存在一些问题。这些区域经历的恒星形成过程较少,因此,重元素的循环不足。更有甚者,银河系中心附近的巨能辐射环境(X射线和伽马射线)会破坏RNA和DNA。即便如此,对于大多数恒星而言,银河系宜居带如果向银河系内迁移以及离银河系中心的距离在不断地变化,就不再是永久的家园。简言之,天文学家试图缩小他们进行研究的恒星范围,但他们承认这种观点——基于地球的模式——在探索其他行星系时可能并不适用。

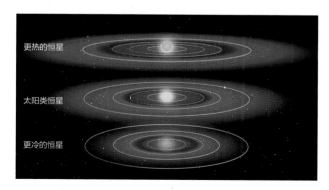

图18.8 恒星周围的宜居带(绿色部分)距离和范围取决于恒星的温度,换言之,即质量。距离恒星太近的区域太热(红色),太远的区域又太冷(蓝色)。

从太空中探索类似地球的行星已在进行之中。2006年，欧洲航天局（ESA）发射了"CoRoT"望远镜，专用于探寻太阳系外行星的太空望远镜。"CoRoT"检测附近的恒星，因为亮度的变化说明了存在凌星系外行星（参见第5章）。欧洲航天局的宇宙飞船已经取得了几项重大发现，包括一颗仅为地球1.7倍大的行星。2009年，美国国家航空航天局向太阳轨道发射了开普勒号（Kepler）宇宙飞船，通过以自身轨道绕太阳旋转来追踪地球。开普勒号宇宙飞船在地球的后面，因此我们的星球不在这艘宇宙飞船的视线范围之内，我们才能不间断地检测开普勒号的目标恒星。随后几年，宇宙飞船的光度计将同时持续检测100 000多颗恒星的亮度，探索凌星系外行星。开普勒号能够检测小到仅为地球大小80%的行星。2011年早期，开普勒号发现了1 000多个可疑的太阳系外行星系，其中20%包含多个行星。根据这些数据，可以猜测出15个太阳系外行星中就有1个行星约为地球大小。

18.3 探索智慧生命存在的迹象

在适当的条件下，一个类似地球的行星在宜居带内绕一个类似太阳的恒星转动——某些类型的生命必定会出现。在地球的海洋中形成生命经历了不到10亿年的时间。最早的生命是最原始的生命，还需要35亿年才能上升一个进化台阶，形成一个具有思考其所在宇宙的智慧和技术能力的物种，并开始搜索整个太空，探索类似于自己的其他物种。作为人类，在我们的恒星正值壮年时期就已达到了这个台阶。但围绕比太阳更重的恒星转的行星上的生命可能并非如此。我们的陆地生物经验表明，生命起源于恒星的宜居行星，但这颗恒星接近短暂稳定期的尾声时，生命亦很快灭亡。质量仅为太阳一半的恒星其主序寿命仅为几十亿年，可能不足以让任何生命达到地球上寒武纪大爆发时期的同等状态。如果我们要探索智慧生命的迹象，我们应该探索围绕与太阳相差不远的恒星转动的行星。现在，我们对在何处探索智慧生命有了一些想法，但我们如何实现良好沟通呢？

20世纪70年代，人类做出了初步努力。先驱者10号（Pioneer 10）和先驱者11号（Pioneer 11）宇宙飞船可能将永远在星际空间中漂流，每一艘宇宙飞船都载有一块纪念牌，如图18.9所示。它向任何碰巧发现这块纪念牌的未来星际旅行者描述了我们人类以及我们的位置。另外一则随两艘宇宙飞船发送到宇宙的消息也采用同样的唱片形式，包含了60种语言来自地球的问候、音乐样本、动物声音以及来自前美国总统吉米·卡特（Jimmy Carter）的问候。有意思的是，这些消息让某些政治家和非科学家人员感到担忧，他们认为科学家广播我们在银河系中的位置十分不安全，即便当时无线电讯号向太空广播已近80年。这些消息还受到一些哲学家的批判，他们认为我们对外星人做出的荒谬拟人化假设，就如同我们解码这些消息一样（更讽刺的是，很多地球人至今都不知道怎么播放这些唱片）。

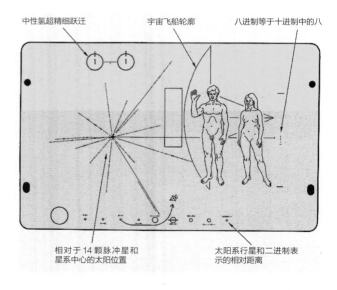

中性氢超精细跃迁　　宇宙飞船轮廓　　八进制等于十进制中的八

相对于14颗脉冲星和星系中心的太阳位置　　太阳系行星和二进制表示的相对距离

图18.9 纪念牌包括先驱者10号和先驱者11号探测器，这些探测器于20世纪70年代早期发射，最终将离开太阳系，在星际空间中游历千万年。

在宇宙飞船上发送消息并不是联系宇宙的最有效方法,但却是一个重要的姿态。1974年,人们做出了更加实际的努力,天文学家使用阿雷西博望远镜向M13星团发送了一则消息(图18.10)。如果M13星团上有人做出了应答,我们在未来 50 000年将会知晓。

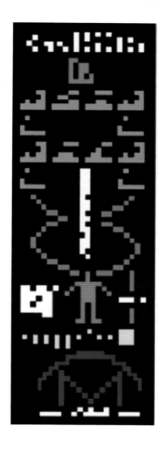

图18.10 这条消息于1974年发送到 M13 星团。这条二进制编码消息包含数字1~10、氢和碳原子、一些有趣的分子、DNA、人类与对我们太阳系基础内容的描述,以及阿雷西博望远镜的基本内容。未来 50 000 年可能会收到回复。

宇宙 领悟 德雷克公式

第一次真正意义上对智慧外星生命的探索发生在1960年,由天文学家法兰克·德雷克(生于1930年)做出。德雷克用当时最强大的电波望远镜来聆听来自附近两颗恒星的信号。尽管研究并未发现什么特别之处,但却促使他研究出以其姓名命名的公式。此公式是一个绝佳的方法,用于组织我们对其他地方是否存在智慧生命的思维方式,因为它包含了我们猜测宇宙可能存在多少智慧文明所需了解的要素。德雷克公式估算了银河系中可能存在的可沟通智慧文明的数量(N)。

$$N = R^* \times f_p \times n_e \times f_l \times f_i \times f_c \times L$$

公式右边的七个因子是德雷克认为文明存在必须符合的条件:

1. R^*表示我们银河系每年形成的适合智慧生命发展的恒星数量。这个数字大约为每年7个,是所有这些因子中争议性最小的一个。

2. f_p是形成行星系的恒星分数。问题依然得不到解答,但是我们不知道行星的形成是恒星形成的自然产物,很多(几乎为大部分)恒星都有行星。我们假设f_p在0.5到1 之间。

3. n_e是每个恒星系统中具有适合生命生产环境的世界之数。以太阳系为例,这个数字大约是2。地球肯定会孕育生命,火星也可能会孕育生命。当然,太阳系只是其中的一个例子,我们实际上并不知道这个术语应该是什么。

4. f_l是生命实际出现的合适世界分数。谨记,只有能够自我复制的分子才有可能繁殖兴旺。许多生物化学家认为如果存在适合的化学物质和环境条件,生命可能会发育。如果这个推测正确,则f_l接近1。对于f_l我们通常取值0.1—1。

5. f_i是这些孕育最终能发展成智慧生命的行星分数。智慧肯定也是一种生存特性,是自然选择的结果。另一方面,地球花了40亿年的时间——大约为我们恒星预期寿命的一半——才进化到能够制造工具的智慧。f_i的适当值可能接近0.01或者接近1。事实上,我们对此并不清楚。

6. f_c是智慧生命形式分数,即发展技术上先进的文明,也是能够向太空发送信息的文明。由于技术文明只有一个例子可以参考,因此,f_c的值很难估算。我们考虑f_c估算值为0.1到1之间。

7. L是这些文明存在的年数。这个因子是当中最难以估算的一个,因为它取决于先进文明的长期稳定性。地球上的技术文明只有大约100年的历史,这期间，我们开发、部署和使用了各种武器，这有可能会在多年后消除我们的文明以及让地球变得不适合生存。我们对地球的生态系统破坏得如此严重，很多备受尊敬的生物学家和气候学家都在担忧我们是否已接近崩溃的边缘。所有的技术文明本身会在千年之内毁灭吗？相反，如果多数技术文明学会将技术用于生存而不是用在自我毁灭上，这些文明可能会存活100万年？在我们的计算中，L 的取值范围设为1 000年到100万年之间。

如图18.11所示，使用德雷克公式得出的结论很大程度上取决于我们做出的假设。对于最悲观的估算，德雷克公式将我们银河系中的技术文明参数设为1。如果这样的假设正确，我们就是银河系中唯一的技术文明。这样一个宇宙可能存在很多智慧生命。在可观测的宇宙中存在几万亿星系，即便是最悲观的假设也可能存在数十亿技术文明。另一方面，我们可能需要很长时间（千万秒差距左右）才能找到离我们最近的邻居。

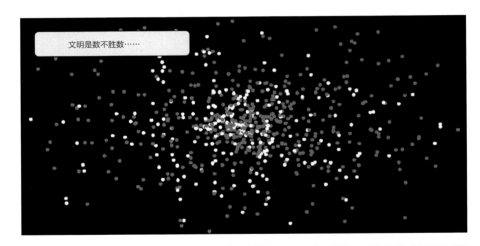

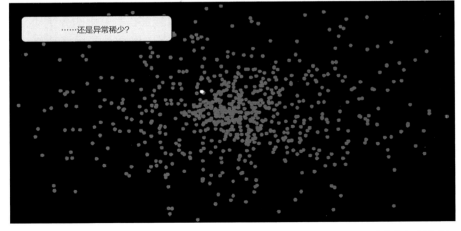

图 18.11　依据德雷克公式对我们银河系智慧文明存在做出的两种估算。根据对这个七个影响智慧外星生命盛行的因子（见上文）的悲观和乐观假设，我们发现这些估算千差万别。白点显示的是可能存在文明的恒星。

在另一个极端，如果我们以最乐观地假设，只要有机会，哪里都会有生命出现和生存，又会怎样呢？德雷克公式表示，仅在我们的银河系大约就有1 500万个技术文明。这样的话，我们最近的邻居可能"只有"40或50光年远。如果其他文明星球上科学家用自己的无线电波望远镜收听宇宙中的信息，希望解答宇宙中来自其他生命提出的问题，那么你在阅读本页时，他们还在为1966年播出的原《星际迷航》电视剧中的剧情大费脑筋。

如果我们真的碰到另外一个技术文明，将会是什么样子呢？回顾下德雷克公式，可以看出，我们附近不太可能有邻居，除非这种文明能存活数千甚至上百万年。即便如此，我们遇到的任何文明一定比我们存在的时间要长。既然存活了那么长时间，其成员是否了解到和平的价值，又或者他们是否制定出对付讨厌邻居的策略？科幻小说和电影里的故事不仅有趣，还富有智慧，探索宇宙中生命的可能形式（图18.12）。此时，让我们抛开这些推测，以科学的态度看待问题。我们该如何找出真正的答案呢？类似图18.12中1951年的经典电影《地球停转之日》描述了智慧外星生命，他们威胁说，如果我们极端地对待太空，他们将毁灭地球。

图18.12 1951年上映的经典电影《地球停转之日》中刻画的外星人，他们威胁说如果人类以暴力的方式进入太空，他们将摧毁地球。

技术先进的文明

据报道，坚信存在外星生命的著名物理学家恩里科·费米（Enrico Fermi）（1901—1954年）在和同事共进午餐时突然问道："如果宇宙中布满了外星人…… 他们都在哪儿呢？"费米的问题——首次于1950年提出，有时也称为"费米悖论"——至今仍未得到解答。再看看下列相近的问题：如果智慧生命形式非常普通但星际旅行很困难或根本不可能，我们为何不探测他们的无线电传输？迄今为止，我们未能探测到任何外星人的无线电信号——但这并不是缺乏尝试的原因。

德雷克最初收听两颗附近恒星中智慧生命的无线电信号项目经过数年来，已经演变成了更加复杂的项目，称为地外智慧探索（SETI）项目。全世界的科学家已经认真地思考了对探索宇宙中生命有用的策略。大部分策略都侧重在使用无线电波望远镜收听来自明确存在智慧来源的太空信号。有些科学家专门在特定的频率收听，例如中性氢21厘米谱线频率。这种方法背后的假设是，如果某种文明希望被其他星球听到，其居民将他们的广播调到该星系天文学家认为应能听到的频道。近期更多研究均采用了先进的技术来记录可能收到来自太空的无线电信号。分析师再用电脑搜索这些数据库，找出表明信号可能来自智慧生命的模式。

不像天文学研究，"SETI（一个寻找外星文明的计划）"由私营机构而非政府提供资金援助，"SETI"研究院已经找出使用有限资源继续探索地外文明的有效方法。其中一个项目，称为"SETI@home"，涉及到使用全世界上万台个人电脑来分析研究所有的数据。安装在全世界个人电脑上的"SETI屏保程序"通过互联网从"SETI"研究所下载无线电观察内容，并在电脑所有者下线

SETI科学家在银河系内探索具有智慧，能够沟通的外星文明。

图18.13　艾伦望远镜阵列一经组装完成，将搜寻上百万个恒星系中的智慧生命存在的迹象。

时分析这些数据，然后再将搜索结果报告给研究所。说不定宇宙中智慧生命的第一个迹象就是通过你桌子上的电脑搜索到的。

"SETI"的艾伦望远镜阵列（ATA），以微软共同创办人保罗·艾伦（Paul Allen）而命名，他是这个项目初始资金的主要资助人，也采用了相似的低成本方法。艾伦望远镜阵列是由"SETI"研究所与加州大学合资打造，由多个小型低成本无线电圆盘望远镜组成，酷似一个"农场"，这些望远镜如同用于捕获来自轨道通信卫星之信号的望远镜（图18.13）。艾伦望远镜阵列能够一天24小时每周7天不停探索天空中是否存在智慧生命的迹象。遗憾的是，他们的资金在2011年4月就已耗尽，但"SETI"科学家们仍在探索其他资金来源，以继续这个项目。如果他们的努力获得成功，最终将有350个圆盘望远镜，每一个直径6.1米，共同组成一个比100米无线电波望远镜还要大的信号接收区域。如同你的大脑能够整理来自不同方向的声音，这个无线电波望远镜阵列将能确定信号的来源方向，因此能够同时收听来自多个恒星的信号。经历了几年的时间，使用艾伦望远镜阵列的天文学家预期能够探测100万颗恒星，希望找到在我们的方向发送信号的文明。如果事实真如评估德雷克公式中所用的更加乐观的假设，这个项目的成功概率将非常大。

如图18.13场景建成后，艾伦望远镜阵列将能收听来自一百多万个星系的智慧生命迹象。只要在我们的银河系中找出一个附近的文明，即，宇宙一角的第二个技术文明，可能意味着宇宙作为一个整体含有众多智慧生命。"SETI"可能并非是天学的主流，其成功的可能性很难预测，但其潜在的成果是巨大的。只有很少的发现会改变我们对自身的理解，而不是给出我们并不孤独的定论。

科幻小说充斥着人类离开地球"探索新生命和新文明"的故事。遗憾的是，这些场景并不真实。我们离其他恒星及其行星的距离太远，要探索某个恒星的重要样本可能需要进行几十甚至几百光年的物理研究。正如我们在第13章所学，狭义相对论限制了我们行走的速度。光速是极限速度，即便是以这个速度，我们需要4年的时间才能到达最近的恒星。时间膨胀可能对宇航员有利，他们返回地球时比他们呆在地球上经历的同等时间要显得年轻。但假设他们造访一颗15光年远的恒星。即便他们的速度接近光速，当他们回到地球时，已经过去30年了。某些科幻小说痴迷者通过援引比光速还快的"空间机战"或"超光速推进装置"，或者通过穿越宇宙隧道的捷径方式来解决这个问题，但没有任何绝对证据表明这些捷径是可行的。

我们不知道的生命

到目前为止，我所讨论的范围仅限于对我们所知道以及现在可能存在的生命的探索。我们出于正当的科学原因进行这项探索，主要以可证伪性进行这项工作。与生命形式完全不同或与远古或未来生命完全不同的生命纯粹为推测，具有不科学性。但这并非指这些观点令人乏味。他们只是不可被检验，因此，不具有科学性。

例如，想象一下，智慧生命从大爆炸不久后遍布宇宙的大量奇特粒子进化而来。这些生物比今天的原子还小，存活的时间可能只有10^{-40}秒左右。对这些生物而言，宇宙——整个宇宙只有3米长——可能看上去并不大。这些生物及其整个文明的进化、生存和灭亡的时间很短，可能只有我们大脑的单个突触做出反应的时间。如果这种生物也算作当今宇宙的条件，他们可能想象过未来会经历一个冰冻时期，在此期间，宇宙温度只有他们已知温度的无限小，这个时间很多物质都不复存在，只有残存的一小部分在宇宙10^{75}倍大的空间里传播。简言之，这种生物可能向前看，视宇宙为一个冰冻荒芜的未来。但不能确定的是，他们可能预测到恒星、星系、行星和智慧生物的存在，对于这些生物，转眼一念可能比他们知道的整个宇宙历史还要长。

现在，换一个思维，设想一个宇宙比今天老10^{50}倍的时间。谁能说到时就没有生命了？或许遥远未来的生命形式可能遍及数万亿光年的空间，那时的生命可能会了解到数不清的时代。对于这些生物而言，如果他们存在，我们人类可能是最不可思议的生物，因为存在的时间如此之短，还沉浸在大爆炸的瞬间火球中。

诸如此类的猜测有趣而好玩。他们提出看法，有时还激发引起科学探索的问题。但是它们本身不具有科学性，不管看上去有多科学。回顾第1章，我们定义了科学观念是首先要可以被检验。我们无法应用任何试验能证明这些生物不（或不会）存在；因此，这些观点并非科学假设。

现在，让我们看看更为普通的例子。有些人声称外星人已经造访地球：小报、书籍和网站充斥着看见UFO的故事，政府阴谋和避嫌声称外星人绑架以及UFO宗教崇拜。然而，所有这些报道都不符合基本科学准则。他们都无法得到验证——没有可验证的证据和重复性——我们必须将任何外星人造访地球的说法定论为没有科学依据。

当你遇到有关过去、未来或异常外星生命形式的讨论，问问这些观点是否可以得到验证，证据是否可以被证实以及现象是否重复出现将非常有帮助。如果都不是，那么这样的讨论仅仅为猜测，并非科学。

18.4 地球生命的命运

本书中，我们用对物理学和宇宙学的理解来回顾时间，观察宇宙中结构的形成。我们窥视了未来，看到了宇宙的最终命运，从银河系的巨大星团到最小的组成部分。现在，让我们思考我们的命运，思量等待地球、人类以及所有生命赖以生存的恒星的命运。

太阳最终会消亡

从现在起到未来50亿年，太阳将结束它的长期相对稳定性。太阳将扩大形成一个巨大的红球，随后形成一个渐近巨星分支（AGB），膨胀到当今大小的几百倍。绕扩大的巨红星大气层外层转动的巨行星可能会以某种形式生存下来。即便如此，它们仍然受到太阳的猛烈辐射，光照强度是今天的几千倍。

地外行星也不会好过。某些——或许所有的内太阳系世界都将被扩大的太阳吞没。就像一颗人造卫星被稀薄的外层大气牵制而放缓速度，最终坠入地面，发出一道闪亮的白光一样。因此，被太阳牵制的地外行星是否会被迅速增长的恒星所耗尽呢？由于太阳在AGB星风中失去越来越多的大气，我们的原子可能重回星际空间，或许形成新的恒星、行星甚至生命。

另外一种行星命运较有可能。然而，在这个假设中，由于巨红星太阳在强风中失去越来越多的质量，其对地球的重力吸引将被削弱，内部和外部行星的轨道将向外转。如果地球离得太远，可能会成为枯萎的灰烬，绕即将变成白矮星的太阳转动。白矮星仅比地球大一点，由于内核燃料耗尽，将逐渐变冷，最终成为一个冰冷的退化碳惰性球，只剩下随从的行星绕其转动。因此，我们地球的最终结果就是——在太阳中心被耗尽或成为一颗冷冰的焚化岩石，绕一颗长期死亡的白矮星转动，然而，这个结果并不确定。

地球生命的未来

我们星球上的生命更没有什么未来，因为它不会存活到见证太阳离开主序带。在这场灾难发生之前，太阳的亮度将开始上升。随着亮度的上升，所有行星上的温度也将上升，包括我们地球。最终地球上的温度攀升得太高，以至于所有的动物和植物生命都将灭亡。甚至是居住在深海里的极端微生物也会死亡，因为海洋会被蒸发掉。太阳进化的模型还不够精确地预测何时发生毁灭性事件的确定性，但所有地球生命的终结可能发生在10亿或20亿年之后。当然，这距离当今仍十分遥远，但对太阳离开主序带来说却很近。

然而，不确定的是当今人类的后代是否能存活到10亿年。我们面临的一些威胁来自地球之外。对于其余的太阳生命，类地行星包括地球，将继续遭遇与小行星和彗星的碰撞。或许数百次或者更多此类碰撞将涉及直径千米大小的天体，能够带来像6 500万年前造成恐龙和其他65个物种灭绝那样的灾难。尽管这些事件可能会形成新的表面撞击坑，但对地球本身的完整性影响不大。地球的地质编录中记载了很多此类事件，每次发生时，生命都能自我恢复和重新组织。

很有可能某些生命形式能够存活到太阳开始走向不稳定的征程。然而，单个物种在面临宇宙灾难时也会在劫难逃。如果人类的后代能够存活，那将是因

未来的地球将被太阳耗尽或者成为冰冷的灰烬。

为我们选择通过改变整个行星生物剧变的概率来成为胜算者。我们的技术发展迅速，能够让我们探测到最具威胁的小行星，在它们撞击地球之前修改它们的轨道。彗星难以监测，因为彗星周期较长，来自外太阳系，发出的警示较少。为了提供保护，各种保卫地球的方法可能已经到位，能够在很短的时间内立即投入使用。迄今为止，我们在严肃对待这些威胁上相对迟缓。尽管来自外太空天体的撞击并不频繁，但大约每100年就有几十颗天体撞击地球，而撞击带来的冲击力足有几兆吨炸药的威力。

我们可能会保护我们人类免遭恐龙的厄运，但长期来看，人类的后代要么离开这个世界，要么灭亡。行星系围绕着其他恒星，我们所知的一切告诉我们，我们的银河系中应该存在许多其他像地球一样的行星。克隆其他行星目前只出现在科幻小说中，但如果我们的后代最终要在我们的家园地球灭亡之后生存下来，太空克隆必定成为未来某个时间点的科学事实。

尽管人类不久就能保护地球免受对威胁生命的彗星和小行星碰撞，换言之，我们自己才是最可怕的敌人。我们污染空气，污染水源，污染陆地，这些都是所有地球生命的生活环境。由于我们的人口增长未加抑制，我们占用了越来越多的地球陆地，消耗了越来越多的资源，同时每年造成地球上成千上万物种的植物和动物灭绝。与此同时，人类的活动也极大地影响了大气气体的平衡。地球的气候和生态系统构成了一个能够表现出混沌行为的刚好平衡的复杂系统。化石记载表明，地球曾因微小的变化而经历了突然且戏剧性的气候变化。这种对自然整体平衡的巨大变化一定会对我们自身的生存造成一定后果。在人类历史首次出现时，我们掌握了威胁物种生存的释放核物质或生物灾难的方法。最终，人类的命运更多会取决于我们是否会接受我们自身和我们地球的管理。

图18.14，就是非常著名的"暗淡蓝点"图，由"旅行者1号"宇宙飞船从40天文单位远的海王星轨道中拍摄而来。图片中的光束为散布在宇宙飞船中的太阳光。箭头指向一个点，就是地球——自宇宙历史以来整个宇宙中确定存在生命的唯一地方。对比地球的未来与宇宙的命运，天文学也很有限，我们更是渺小。但，据我们所知，我们是最独特的物种。想想对你来说什么最有意义。这可能是宇宙教给我们最重要的一课。

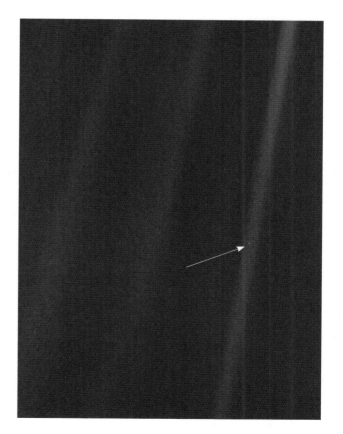

图18.14 这是"旅行者1号"宇宙飞船从距离地球380万英里（约600万千米）远，正好经过海王星轨道时拍摄到的地球图像。这张照片中的光束为散射的太阳光。最右边光束中的"暗淡蓝点"就是地球。

天文资讯阅读

科学家: 地外文明搜索(SETI)应该切换"频道"

来自 UPI.com

"'SETI'研究所收听宇宙中来自外星人们信号的迹象,可能在监听错误的'频道'",一位美国天体物理学家说道。

加州大学欧文分校的乔治·本福德(Gregory Benford)在星期三举行的大学新闻发布中表示,如果这些外星文明想要宣称他们的存在,他们更有可能发射"成本最优"的限定在一定狭窄范围之内的信号,而不是"SETI"项目扫描的连续全方向信号。

"这种方法更可能类似于推特(Twitter),不太可能像《战争与和平》",

乔治·本福德的孪生兄弟物理学家詹姆斯·本福德(James Benford)表示。

这些小巧而又有针对性的玩意,即被称为本福德的灯塔,应该是"SETI"努力的目标,越来越多的科学家这么认为。

本福德还建议集中探索我们自身的银河系,特别是其中心,因为90%的恒星都位于银河系中心。

"这些恒星的历史比我们的太阳要长10亿年之久",乔治·本福德说道,"接触更高级文明的可能性远远大于将'SETI'接收器指向我们星系最新最不拥挤的边缘之外。"

新闻评论:

1. 乔治·本福德对当前"SETI"努力的主要批判是什么?
2. 根据这篇文章,这样的批判是否得到任何科学研究的证明?你认为这种批判的背后是否存在真正的科学性?
3. 这篇文章描述了一个"观念"?还是描述了一个"理论"?请解释。
4. 你同意结尾"SETI"应该在银河系中心探索的陈述吗?这为什么是一个很好的主意?这为何不是一个好主意?

小结

18.1 生命基本上是一种复杂碳基化学物质的形式,可能由能够自我复制的特殊分子组成。在地球海洋中形成的生命,从生命起源前分子的有机"汤"进化为自我复制的生物。

18.2 所有地球生命几乎都由六大元素组成:碳、氢、氧、氮、硫和磷。与我们大不相同的生命形式,包括这些基于硅化学物质的生命,不应被排除在外。基于太空的仪器开始探索类地行星。天文学家偏爱将其研

究重点放在绕太阳类恒星宜居带的类地行星上的地外生命。

18.3 德雷克公式有助于我们对确定银河系中智慧生命可能性的估算和假设。尽管我们的银河系可能存在众多智慧生命,但目前尚未探测到任何智慧生命。

18.4 在太阳结束其在主序带上稳定性之前的很长时间,太阳会变得越来越热,从而让地球变得不可居住,此后所有地球生命都将消亡。

小结自测

1. 术语"原始汤"是指:
   a. 大爆炸之后的条件
   b. 形成太阳的星云崩塌之时的条件
   c. 地球形成之后的条件
   d. 早期地球海洋的条件
2. 尤里－米勒实验在试验罐中生产＿＿＿＿＿＿。

   a. 生命　　　　　　　　b. RNA 和 DNA
   c. 氨基酸　　　　　　　d. 蛋白质
3. 科学家认为地球生命很可能源自地球海洋,这是因为:
   a. 那里有所有的化学元素
   b. 那里有能量
   c. 地球上生命的最早证据来自海洋居住形式

　　　d. 以上都是
4. 自然选择是指：
　　　a. 适应性差的生命形式将会灭亡
　　　b. 适应性好的生命形式得到选择和鼓舞
　　　c. 生命形式专为其生存环境而生
　　　d. 环境专为居住在该环境的生命形式而生
5. 任何具有遗传性、变异性和自然选择规则的体系：
　　　a. 将随时间的流逝而改变
　　　b. 将随时间的流逝而改进
　　　c. 将随时间的流逝而衰退
　　　d. 将向智慧生命发展

6. 我们没有探测到外星文明的事实告诉我们：
　　　a. 他们不存在
　　　b. 他们十分罕见
　　　c. 我们在"封锁"区域，他们不与我们交谈
　　　d. 我们尚未了解做出结论的充分知识
7. 地球上的所有生命最终都会终结，因为：
　　　a. 人类将让地球变得不宜居
　　　b. 小行星让地球变得不宜居
　　　c. 将出现我们不视其为生命的新物种出现
　　　d. 太阳让地球变得不宜居

问题和解答题

判断题和选择题

8. 判断题：地球上的所有生命都来自相同的进化树。
9. 判断题：生命开始所需的一切是一个单独的能够自我复制的分子。
10. 判断题：天文学家不考虑非碳基生命的可能性。
11. 判断题：在我们的太阳系中，除地球之外还有好几个地方可能存在生命。
12. 判断题：我们很有可能会发现众多不高级的文明。
13. 判断题：今天，我们可以用德雷克公式来探索星系中可沟通智慧文明的实际数量。
14. 判断题：70亿年后人类依然存在不太可能。
15. 原核生物和真核生物之间的差别是：
　　　a. 原核生物具有DNA
　　　b. 原核生物没有细胞壁
　　　c. 原核生物没有细胞核
　　　d. 今天不存在原核生物
16. "进化理论"短语中，"理论"一词指进化是：
　　　a. 一个无法得到科学验证的观念
　　　b. 一种解释自然现象的据理推测
　　　c. 很可能不会发生
　　　d. 是对自然现象的一种科学解释，不仅可以验证，而且证伪
17. 变异是指：
　　　a. 对生命形式DNA的改变
　　　b. 始终对生命形式有害
　　　c. 始终对生命形式有益
　　　d. 始终对物种有益

18. 宜居区是恒星周围的一个场所：
　　　a. 能够找到生命
　　　b. 大气中含有氧气
　　　c. 存在液态水
　　　d. 行星表面存在液态水
19. 可沟通智慧文明存在的时间影响德雷克公式中的 _____ 因子。
　　　a. $R*$ 值
　　　b. f_i 值
　　　c. f_c 值
　　　d. L 值
20. 对人类生存最大的威胁是：
　　　a. 彗星
　　　b. 小行星
　　　c. 太阳光度的升高
　　　d. 人类自己

概念性问题

21. 我们在讨论地球生命时为何总会谈及分子，例如DNA和RNA？
22. 提供不依赖RNA和DNA的生命定义。这个定义足以说明未来可能发现的新形式吗？不论是在地球还是在其他地方？
23. 我们如何猜想出DNA首次在地球上形成的情况？
24. 我们认为地球上何时首次出现生命？有哪些证据支持这个观点？

25. 当今，大多数已知生命享受温和的气候和环境。比较这个环境与早期生命发展时期的某些条件。

26. 讨论当今地球上生存的某些极端生物。

27. 地球的二氧化碳大气如何变成今天的富氧大气？这种转变需要多长时间？

28. 原核生物和真核生物之间有何不同之处和相同之处？

29. 追溯到进化树，我们人类与哪种生命相似，进化步骤何时从这些生命类型进化到人类？

30. 什么是寒武纪大爆发，其可能的原因是什么？

31. 你为何认为植物和森林的出现早于动物？

32. 地球的进化为何不可避免？

33. 在我们地球上，生命起源所需的一般条件是什么？

34. 地球上的生物进化今天依然存在吗？如果存在，人类如何继续进化？

35. 你身体里的所有原子来自哪里？

36. 海盗号（Viking）宇宙飞船在20世纪70年代晚期造访火星时并未在火星上找到生命的证据，凤凰号（Phoenix）宇宙飞船着陆器在2009年检测火星土壤时也没有找到。这是否意味着这颗行星上根本没有生命？为什么？

37. 什么是宜居区，其边界如何定义？

38. 在探索其他星球上的智慧生命的征途中，为何收听无线电波望远镜的信号目前被视为最佳方法？

39. 为什么我们所了解的地球生命会在太阳耗尽核燃料之前就会消亡？

40. 地球上的大多数生命至今直接或间接依赖太阳。例如，海洋表面附近的食物链依赖藻类，因为藻类会产生光合作用。久居海底的生物通常以沉入的表面物质为食，因此，这些海底居住者间接依赖太阳。当今，是否有任何生命形式不以任何方式依赖太阳能？如果有，这对我们太阳系偏远星球上的生命前景有何暗示？

41. 假设早期地球的海洋全是氨水（NH_3），而不是水（H_2O）。这种条件下生命还会进化吗？为什么？如果地球完全干燥，即没有任何液体物质，将会怎样？接受者可能如何影响地球生命的形成。

42. 既然已知火星的历史和组成，推测这颗行星在地质死亡之前是否有生命进化？如有，这些生命有多复杂？

43. 描述可能有生命的行星及其恒星的特征。

44. 查阅互联网，提出附近几个可能成为存在生命行星之备选恒星的建议。解释选择每一颗恒星的理由。

45. 请解释为什么我们在1974年将一个编码无线电信号发送到球状星团M13，而不是附近的某颗恒星？

解答题

46. 如果某个分子发生复制差错的概率为十万分之一，在至少一个变异发生之前平均需要几代的时间？

47. 假设一个生物B，由于基因变异的原因，其存活率比没有变异的生物A高出5%。相比B，A只有95%的自我复制可能性（p_t）。经过n代之后，相对B而言，这个物种中A的数量为$S_p = (p_t)^n$。计算经过100代之后A的相对数量（注意，你可能需要一个科学计算器或帮助你的导师估算0.95^{100}这个数）。

48. 为了全面掌握遗传、变异和自然选择的强大能力，如果B的存活率优势仅比A大0.1%，考虑经过5 000代之后A的相对数量（基于问题47）。

49. 使用德雷克公式计算你自己的"最有可能"智慧文明数量。为此，为每个参数选择你认为最有可能的数字。

50. 使用德雷克公式计算你自己的"最不可能"智慧文明数量。为此，为每个参数选择你认为最不可能的数字。如果计算出的结果小于1，你可能太过于悲观。为什么？

智能学习（SmartWork），诺顿的在线作业系统，包括这些问题的算法生成版本，以及附加的概念习题。如果你的导师在聪慧学习上布置了问题，请登录smartwork.wwnorton.com。

学习空间（StudySpace）是一个免费开放的网站，并为你提供《领悟我们的宇宙》书中每一章的学习计划。学习计划包括动画、阅读大纲、生词卡、选择题测试以及聪慧学习和电子书中站点内容的链接。请访问wwnorton.com/studyspace。

探索 | 费米问题和德雷克公式

德雷克公式是组织我们对星系中是否存在其他可沟通智慧文明之想法的一个方式。这种思维方式对获取估算值非常有帮助，特别是分析实际无法计数的系统时。能以这种方式解决的问题类型被称为费米问题，根据恩里科·费米（Enrico Fermi）命名而来，本章前面内容提及此人。例如，我们可能会问："地球的周长是多少？"

你可以用谷歌来搜索答案或者你已经"知道"答案了，你还可以从本书中找到答案。或者，你可以非常仔细地在同一天同一时间测量两个不同位置的相同木棒影子的长度。或者你可开车环球旅行。又或者你可以按这种方式来推理：

纽约和洛杉矶有多少个时区？

3 个时区。你通过旅行或者从电视上了解到这个信息。

从纽约到洛杉矶有多少英里？

3 000 英里（约 4 828 公里）。你通过旅行或者常识了解到这个信息。

因此，每个时区多少英里？

3 000/3＝1 000

世界上有多少个时区？

24，因为一天 24 小时，每个时区代表一个小时。因此，地球的周长为多少？

24 000 英里，因为每个时区 1 000 英里，共 24 个时区。测量周长为 24 900 英里，相差只有 4%。

以下是几个费米问题。给自己设定一个小时的时间，尽可能地解答出更多的问题（不必按顺序解答）。

1. 去年地球人口的质量增加了多少？

2. 一匹马在其一生中消耗了多少能量？

3. 美国每年消耗多少磅土豆？

4. 人体有多少个细胞？

5. 如果你的劳动报酬按小时计算，你每小时的时间值多少钱？

6. 美国家庭每年扔出去的固体垃圾有多重？

7. 人类的头发长得有多快（英尺／时）？

8. 如果地球上的所有人都挤在一起，我们会占地球多大的面积？

9. 如果每个人都拥有一平方米陆地，地球上能容纳多少人？

10. 一辆车每年要释放多少二氧化碳（CO_2）？

11. 地球的质量是多少？

12. 一辆车的年平均成本是多少，包括管理费（保养、停车、洗车等）？

13. 美国今天印刷所有报纸耗用了多少油墨？

✧ 附录1: 元素周期表

	说明
1	原子序数
H	元素符号
Hydrogen	元素名称
1.00794	平均原子质量

注 * 的是放射性

□ 金属　▨ 类金属　▨ 非金属

1 1A	2 2A	3 3B	4 4B	5 5B	6 6B	7 7B	8	9 8B	10	11 1B	12 2B	13 3A	14 4A	15 5A	16 6A	17 7A	18 8A
1 氢 **H** 1.00794																	2 氦 **He** 4.002602
3 锂 **Li** 6.941	4 铍 **Be** 9.012182											5 硼 **B** 10.811	6 碳 **C** 12.0107	7 氮 **N** 14.0067	8 氧 **O** 15.9994	9 氟 **F** 18.9984032	10 氖 **Ne** 20.1797
11 钠 **Na** 22.98976928	12 镁 **Mg** 24.3050											13 铝 **Al** 26.9815386	14 硅 **Si** 28.0855	15 磷 **P** 30.973762	16 硫 **S** 32.065	17 氯 **Cl** 35.453	18 氩 **Ar** 39.948
19 钾 **K** 39.0983	20 钙 **Ca** 40.078	21 钪 **Sc** 44.955912	22 钛 **Ti** 47.867	23 钒 **V** 50.9415	24 铬 **Cr** 51.9961	25 锰 **Mn** 54.938045	26 铁 **Fe** 55.845	27 钴 **Co** 58.933195	28 镍 **Ni** 58.6934	29 铜 **Cu** 63.546	30 锌 **Zn** 65.38	31 镓 **Ga** 69.723	32 锗 **Ge** 72.64	33 砷 **As** 74.92160	34 硒 **Se** 78.96	35 溴 **Br** 79.904	36 氪 **Kr** 83.798
37 铷 **Rb** 85.4678	38 锶 **Sr** 87.62	39 钇 **Y** 88.90585	40 锆 **Zr** 91.224	41 铌 **Nb** 92.90638	42 钼 **Mo** 95.96	43 锝 **Tc** [98]	44 钌 **Ru** 101.07	45 铑 **Rh** 102.90550	46 钯 **Pd** 106.42	47 银 **Ag** 107.8682	48 镉 **Cd** 112.411	49 铟 **In** 114.818	50 锡 **Sn** 118.710	51 锑 **Sb** 121.760	52 碲 **Te** 127.60	53 碘 **I** 126.90447	54 氙 **Xe** 131.293
55 铯 **Cs** 132.9054519	56 钡 **Ba** 137.327	57 镧系 **La** 138.90547	72 铪 **Hf** 178.49	73 钽 **Ta** 180.94788	74 钨 **W** 183.84	75 铼 **Re** 186.207	76 锇 **Os** 190.23	77 铱 **Ir** 192.217	78 铂 **Pt** 195.084	79 金 **Au** 196.966569	80 汞 **Hg** 200.59	81 铊 **Tl** 204.3833	82 铅 **Pb** 207.2	83 铋 **Bi** 208.98040	84 钋* **Po** [209]	85 砹* **At** [210]	86 氡* **Rn** [222]
87 钫* **Fr** [223]	88 镭* **Ra** [226]	89 锕系 **Ac** [227]	104 𬬻* **Rf** [261]	105 𬭊* **Db** [262]	106 𬭳* **Sg** [266]	107 𬭛* **Bh** [264]	108 𬭶* **Hs** [277]	109 𬭳* **Mt** [268]	110 𫟼* **Ds** [271]	111 𬬭* **Rg** [272]	112 鿔* **Cn** [285]	113 Uut* **Uut** [278]	114 Uuq* **Uuq** [289]	115 Uup* **Uup** [288]	116 Uuh* **Uuh** [292]	117 Uus **Uus** [ ]	118 Uuo* **Uuo** [294]

镧系元素（6）

57 镧 **La** 138.9055	58 铈 **Ce** 140.116	59 镨 **Pr** 140.90765	60 钕 **Nd** 144.242	61 钷* **Pm** [145]	62 钐 **Sm** 150.36	63 铕 **Eu** 151.964	64 钆 **Gd** 157.25	65 铽 **Tb** 158.92535	66 镝 **Dy** 162.500	67 钬 **Ho** 164.93032	68 铒 **Er** 167.259	69 铥 **Tm** 168.93421	70 镱 **Yb** 173.05	71 镥 **Lu** 174.967

锕系元素（7）

89 锕* **Ac** 227.03	90 钍* **Th** 232.03806	91 镤* **Pa** 231.03588	92 铀* **U** 238.02891	93 镎* **Np** [237]	94 钚* **Pu** [244]	95 镅* **Am** [243]	96 锔* **Cm** [247]	97 锫* **Bk** [247]	98 锎* **Cf** [251]	99 锿* **Es** [252]	100 镄* **Fm** [257]	101 钔* **Md** [258]	102 锘* **No** [259]	103 铹* **Lr** [262]

采用美国标准和国际纯粹与应用化学联合会（International Union of Pure and Applied Chemistry，IUPAC）推荐的标准表示元素周期表中的族。美国标准由字母和数字构成（1A、2A、3B、4B 等），与 Mendeleev（门捷列夫）制定的标准相似。IUPAC 标准采用数字 1—18，被美国化学协会（ACS）所推荐。我们在上表中采用了这两种编号标准，本书中特别采用 IUPAC 标准。原子序数在 112 以上的元素已被相继报道，但还未得到完全证实。

附录2：行星、矮行星和卫星的性质

行星和矮行星的物理数据

行星	赤道半径 (km)	(R/R⊕)	质量 (kg)	(M/M⊕)	平均密度（相对于水*）	自转周期（天）	自转轴倾角度（相对于轨道）	赤道表面重力（相对于地球①）	逃逸速度 (km/s)	平均表面温度 (K)
水星	2 440	0.383	3.30×10^{23}	0.055	5.427	58.65	0.01	0.378	4.3	340 (100 725)[§]
金星	6 052	0.949	4.87×10^{24}	0.815	5.243	243.02[①]	177.36	0.907	10.36	737
地球	6 378	1.000	5.97×10^{24}	1.000	5.513	1.000	23.44	1.000	11.19	288 (183 331)[§]
火星	3 397	0.533	6.42×10^{23}	0.107	3.934	1.0260	25.19	0.377	5.03	210 (133 293)[§]
谷神星	475	0.075	9.47×10^{20}	0.0 002	2.100	0.378	3.0	0.029	0.51	200
木星	71 492	11.209	1.90×10^{27}	317.83	1.326	0.4 135	3.13	2.364	59.5	165
土星	60 268	9.449	5.68×10^{26}	95.16	0.687	0.4 440	26.73	0.916	35.5	134
天王星	25 559	4.007	8.68×10^{25}	14.536	1.270	0.7 183[②]	97.77	0.889	21.3	76
海王星	24 764	3.883	1.02×10^{26}	17.148	1.638	0.6 713	28.32	1.12	23.5	58
冥王星	1 160	0.182	1.30×10^{22}	0.0 021	2.030	6.387[‡]	122.53	0.083	1.23	40
妊神星	~700	0.11	4.0×10^{21}	0.0 007	~3	0.163	?	0.045	0.84	<50
鸟神星	750	0.12	4.18×10^{21}	0.0 007	~2	0.32	?	0.048	0.8	~30
阋神星	1 200	0.188	1.5×10^{22} (估算)	0.0 025 (估算)	~2	>0.3?	?	0.082	~1.3	30

* 水的密度是1 000 kg/m³。

① 地球的表面重力是9.81 m/s²。

② 金星、天王星和冥王星的自转方向与其公转轨道方向相反，它们的北极位于轨道面的南侧。

§ 括号中的数值表示记录的极端温度。

行星和矮行星的轨道数据

行星	离太阳的平均距离 (A*)		轨道周期(P)（恒星年）	偏心度	倾角（度，相对于黄道）	平均速度（km/s）
	(10⁶ km)	(AU)				
水星	57.9	0.387	0.240 8	0.205 6	7.005	47.36
金星	108.2	0.723	0.615 2	0.006 8	3.395	35.02
地球	149.6	1	1.000 0	0.016 7	0	29.78
火星	227.9	1.524	1.880 8	0.093 4	1.850	24.08
谷神星	413.7	2.765	4.602 7	0.079	10.587	17.88
木星	778.3	5.203	11.862 6	0.048 4	1.304	13.06
土星	1 426.7	9.537	29.447 5	0.053 9	2.485	9.64
天王星	2 870.7	19.189	84.016 8	0.047 3	0.772	6.80
海王星	4 498.0	30.070	164.791 3	0.008 6	1.769	5.43
冥王星	5 906.4	39.48	247.920 7	0.248 8	17.14	4.67
妊神星	6 428.1	43.0	281.9	0.198	28.22	4.50
鸟神星	6 789.7	45.3	305.3	0.164	29.00	4.39
阅神星	10 183	68.05	561.6	0.433 9	43.82	3.43

*A表示行星椭圆轨道的半长轴。

部分卫星的性质*

行星	卫星	轨道性质		物理性质		
		P（天）	A（10³ km）	R（km）	M（10²⁰ kg）	相对密度⁺（g/cm³）（水密度=1.00）
地球（1颗卫星）	月球	27.32	384.4	1 737.5	735	3.34
火星（2 颗卫星）	火卫一	0.32	9.38	13.4×11.2×9.2	0.000 1	1.9
	火卫二	1.26	23.46	7.5×6.1×5.2	0.000 02	1.5
木星（61颗已知卫星）	木卫十六	0.30	127.97	21.5	0.000 12	3
	木卫十五	0.50	181.40	131×73×67	0.020 7	0.8
	木卫一	1.77	421.80	1 822	893	3.53
	木卫二	3.55	671.10	1 561	480	3.01
	木卫三	7.15	1 070	2 631	1 482	1.94
	木卫四	16.69	1 883	2 410	1 080	1.83
	木卫六	250.56	11 461	85	0.067	2.6
	木卫八	744⁺	23 624	30	0.003 0	2.6
	木卫十七	759⁺	24 102	43	0.00 001	2.6

部分卫星的性质*（续上页）

| 行星 | 卫星 | 轨道性质 | | 物理性质 | | |
		P (天)	A (10^3 km)	R (km)	M (10^{20} kg)	相对密度（g/cm³）（水密度=1.00）
土星（62颗已知卫星）	土卫十八	0.58	133.58	14	0.000 05	0.42
	土卫十六	0.61	139.38	74.0×50.0×34.0	0.001 6	0.5
	土卫十七	0.63	141.70	55×44×31	0.001 4	0.5
	土卫一	0.94	185.54	198	0.38	1.15
	土卫二	1.37	238.04	252	1.08	1.6
	土卫三	1.89	294.67	533	6.17	0.97
	土卫四	2.74	377.42	562	11.0	1.48
	土卫五	4.52	527.07	764	23.1	1.23
	土卫六	15.95	1 222	2 575	1 346	1.88
	土卫七	21.28	1 501	205×130×110	0.055 9	0.54
	土卫八	79.33	3 561	736	18.1	1.08
	土卫九	550.3‡	12 948	107	0.08	1.6
	土卫二十	687.5	15 024	11	0.000 1	2.3
天王星 (27颗已知卫星)	天卫六	0.34	49.80	20	0.000 4	1.3
	天卫五	1.41	129.90	236	0.66	1.21
	天卫一	2.52	190.90	579	12.9	1.59
	天卫二	4.14	264.96	585	12.2	1.46
	天卫三	8.71	436.30	789	34.2	1.66
	天卫四	13.46	583.50	761	28.8	1.56
	天卫十九	2 225‡	17 420	24	0.000 9	1.5
海王星（13颗已知卫星）	海卫三	0.29	48.0	48×30×26	0.002	1.3
	海卫七	0.55	73.5	108×102×84	0.05	1.3
	海卫八	1.12	117.6	218×208×201	0.5	1.3
	海卫一	5.88‡	354.8	1 353	214	2.06
	海卫二	360.13	5 513.82	170	0.3	1.5
冥王星（1颗卫星）	冥卫一	6.39	19.60	604	15.2	1.65
妊神星（2颗卫星）	Namaka	18	25.66	85	0.018	~1
	妊卫一	49	49.88	170	0.179	~1
阋神星	阋卫一	15.8	37.4	50～125?	?	?

*每颗行星最里面的、最外面和最大的卫星，或一些其他卫星。

†水的密度是1 000 kg/m³。

‡不规则卫星（具有逆行轨道）。

✧ 附录 3：最近和最亮的恒星

离地球12光年以内的恒星

名称*	距离（光年）	光谱型+	相对目视光度+（太阳 = 1.000）	视星等	绝对星等
太阳	1.58×10^{-5}	G2V	1.000	-26.74	4.83
半人马座α星C（比邻星）	4.24	M5.5V	0.000 052	11.09	15.53
半人马座α星A（南门二A）	4.36	G2V	1.5	0.01	4.38
半人马座α星B（南门二B）	4.36	K0V	0.44	1.34	5.71
巴纳德星	5.96	M4Ve	0.000 44	9.53	13.22
沃尔夫 359	7.78	M5.5	0.000 020	13.44	16.55
拉兰德21185（BD +36 -2147）	8.29	M2.0V	0.005 6	7.47	10.44
天狼星 A	8.58	A1V	22	-1.43	1.47
天狼星 B	8.58	DA2	0.002 5	8.44	11.34
鲁坦726-8A（BL Ceti）	8.73	M5.5V	0.000 059	12.54	15.40
鲁坦726-8B（UV Ceti）	8.73	M6.0	0.000 039	12.99	15.85
人马座V1216	9.68	M3.5V	0.000 50	10.43	13.07
仙女座HH	10.32	M5.5V	0.000 10	12.29	14.79
天苑四	10.52	K2V	0.28	3.73	6.19
拉卡伊9352	10.74	M1.5V	0.011	7.34	9.75
处女座FI	10.92	M4.0V	0.000 33	11.13	13.51
宝瓶座EZ A	11.26	M5.0V	0.000 047	13.33	15.64
宝瓶座EZ B	11.26	M5e	0.000 05	13.27	15.58
宝瓶座EZ C	11.26	—	0.000 025	14.03	16.34
南河三 A	11.40	F5IV-V	7.31	0.38	2.66
南河三 B	11.40	DA	0.00 054	10.70	12.98
天鹅座61 A	11.40	K5.0V	0.086	5.21	7.49
天鹅座61 B	11.40	K7.0V	0.04	6.03	8.31

（续下页）

离地球12光年以内的恒星（续上页）

名称*	距离（光年）	光谱型[+]	相对目视光度[+]（太阳 = 1.000）	视星等	绝对星等
格利泽725 A	11.52	M3.0V	0.002 9	8.90	11.16
格利泽725 B	11.52	M3.5V	0.001 4	9.69	11.95
格龙布里奇34 A	11.62	M1.5V	0.006 3	8.08	10.32
格龙布里奇34 B	11.62	M3.5V	0.000 41	11.06	13.30
印第安座ε星A(褐矮星)	11.82	K5Ve	0.15	4.69	6.89
印第安座ε星B(褐矮星)	11.82	T1.0	—	—	—
印第安座ε星 C(褐矮星)	11.82	T6.0	—	—	—
巨蟹座DX	11.82	M6.5V	0.000 014	14.78	16.98
天仓五	11.88	G8V	0.45	3.49	5.68
格利泽1061	11.99	M5.5V	0.000 067	13.09	15.26

*恒星可能有多个名称，包括通用名（例如天狼星）以及基于在星座中的突显程度命名（例如天狼星又称为大犬座α星），或者基于它们在星表中的序号而命名（例如BD +36 −2147）。其中额外添加的A、B等字母或者上标表示它们是多恒星系统中的一颗子星。

[+]关于M3等光谱型，请参见第10章。其他字母或者数字另有所指。例如，表格中光谱型之后添加的字母V表示主序星，III表示巨星。光谱型为T的恒星属于褐矮星。

[+]本表所列光度仅表示在"可见"光中的辐射。

天空中最亮的25颗恒星

名称	通用名	距离（光年）	光谱型	相对目视光度*（太阳 = 1.000）	视星等	绝对星等
太阳	太阳	$1.58×10^{-5}$	G2V	1.000	-26.8	4.82
大犬座α星	天狼星	8.6	A1V	22.9	-1.47	1.42
船底座α星	老人星	313	F0II	13 800	-0.72	-5.53
牧夫座α星	大角星	36.7	K1.5IIIFe-0.5	111	-0.04	-0.29
半人马座α¹星	南门二	4.39	G2V	1.5	-0.01	4.38
天琴座α星	织女星	25.3	A0Va	49.7	0.03	0.58
御夫座α星	五车二	42.2	G5IIIe+G0III	132	0.08	-0.48
猎户座β星	参宿七	770	B8Ia	40 200	0.12	-6.69
小犬座α星	南河三	11.4	F5IV-V	7.38	0.34	2.65
波江座α星	水委一	144	B3Vpe	1 090	0.50	-2.77
猎户座α星	参宿四	427	M1-2Ia-Iab	9 600	0.58	-5.14
半人马座β	马腹一	350	B1III	8 700	0.60	-8
天鹰座α星	牵牛星	16.8	A7V	11.1	0.77	2.21
金牛座α星	毕宿五	65.1	K5+III	151	0.85	0.63
处女座α星	角宿一	262	B1III-IV+B2V	2 230	1.04	-3.55
天蝎座α星	心宿二	604	M1.5Iab-Ib+B4Ve	11 000	1.09	-5.28
双子座β星	北河三	33.7	K0IIIb	31	1.15	1.09
南鱼座α星	北落师门	25.1	A3V	17.2	1.16	1.73
天鹅座α星	天津四	3 200	A2Ia	260 000	1.25	-8.73
南十字座β星	十字架三	353	B0.5III	3 130	1.3	-3.92
半人马座α²星	半人马座阿尔法星B	4.39	K1V	0.44	1.33	5.71
狮子座α星	轩辕十四	77.5	B7V	137	1.35	-0.52
南十字座α星	十字架二	321	B0.5IV	4 000	1.4	-4.19
大犬座ε星	弧矢七	431	B2II	3 700	1.51	-4.11
南十字座γ	十字架一	88.0	M3.5III	142	1.59	-0.56

来源：1997年依巴谷和第谷星表，欧洲航天局，SP-1200；SIMBAD天文数据库（http://simbad.u.strasbg.fr/simbad）；近星研究小组（www.chara.gsu.edu/RECONS）。

*本表所列光度仅表示在"可见"光中的辐射。

✧ 附录4：星图

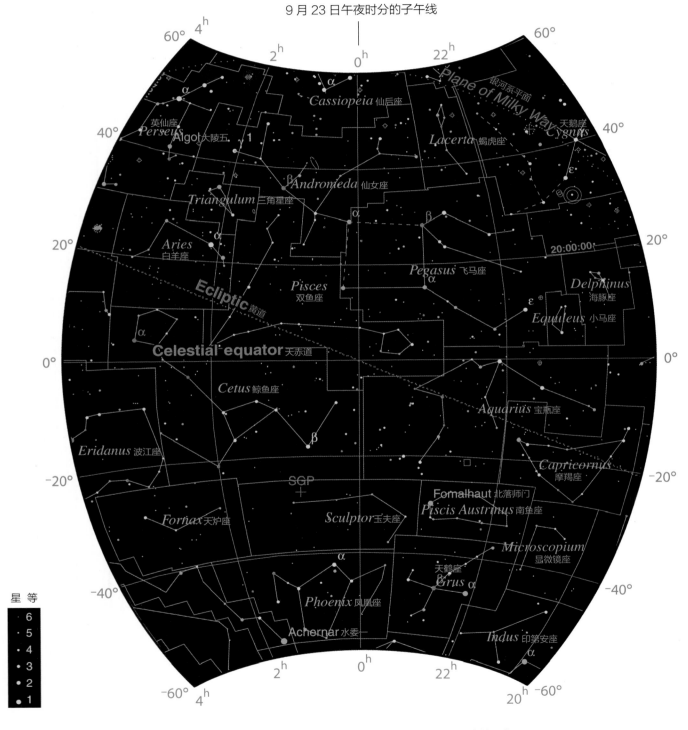

图 A4.1 赤经 20 时至 04 时、赤纬 −60° 至 +60° 范围内的天空。

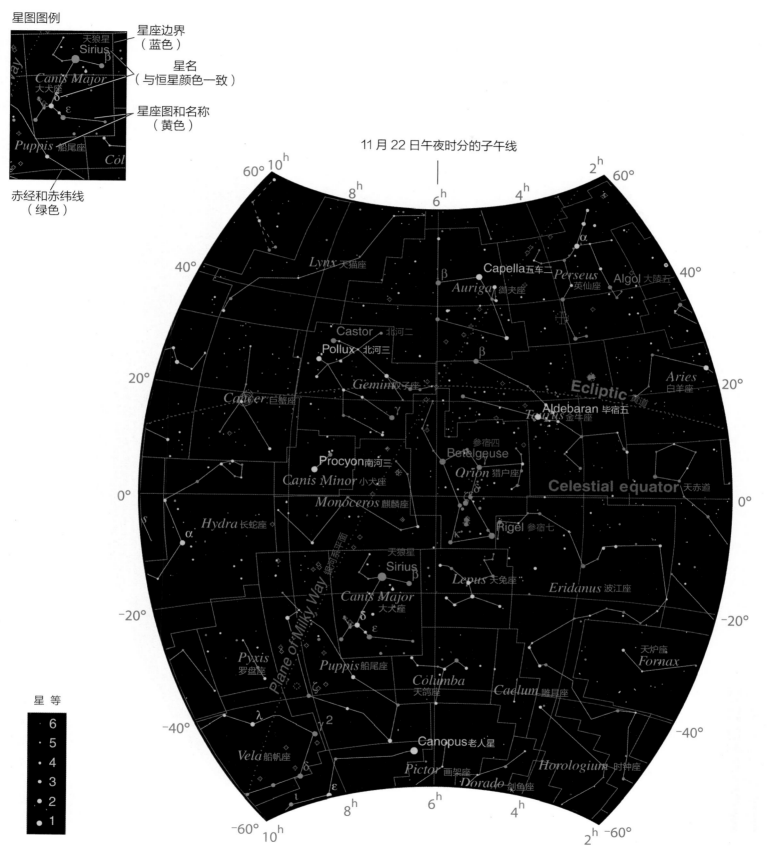

星图图例

星座边界
（蓝色）

星名
（与恒星颜色一致）

星座图和名称
（黄色）

赤经和赤纬线
（绿色）

11 月 22 日午夜时分的子午线

星 等

图 A4.2 赤经 02 时至 10 时、赤纬 −60° 至 +60° 范围内的天空。

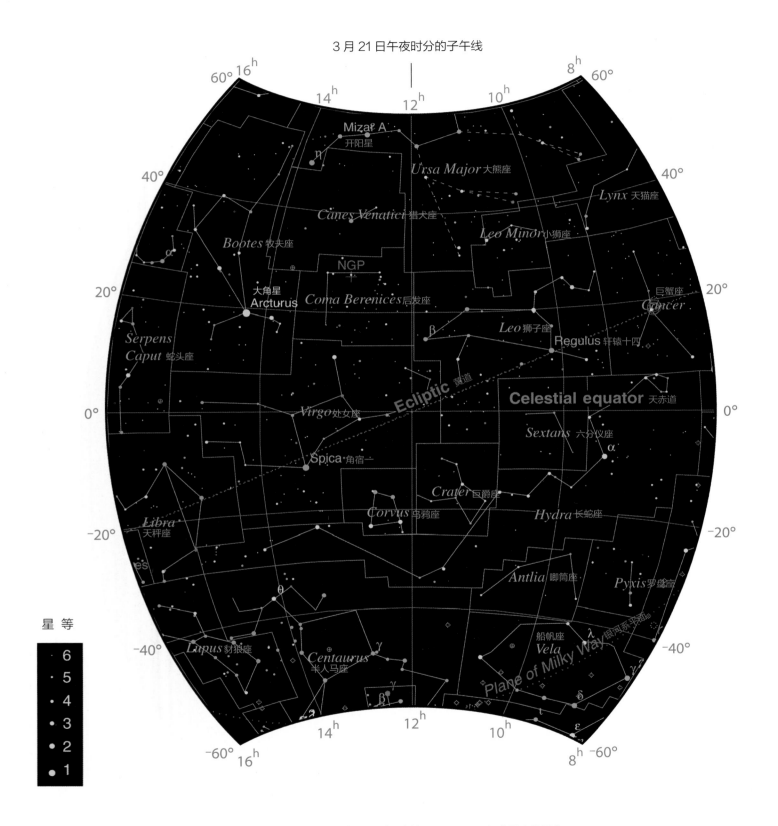

图 A4.3　赤经 08 时至 16 时、赤纬 −60° 至 +60° 范围内的天空。

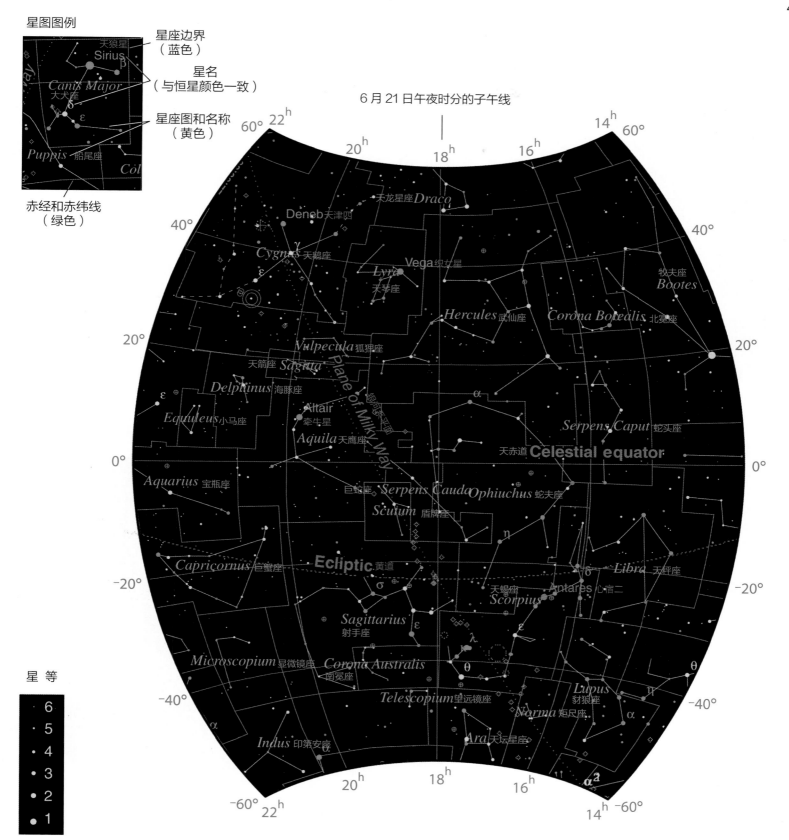

图 A4.4　赤经 14 时至 22 时、赤纬 −60° 至 +60° 范围内的天空。

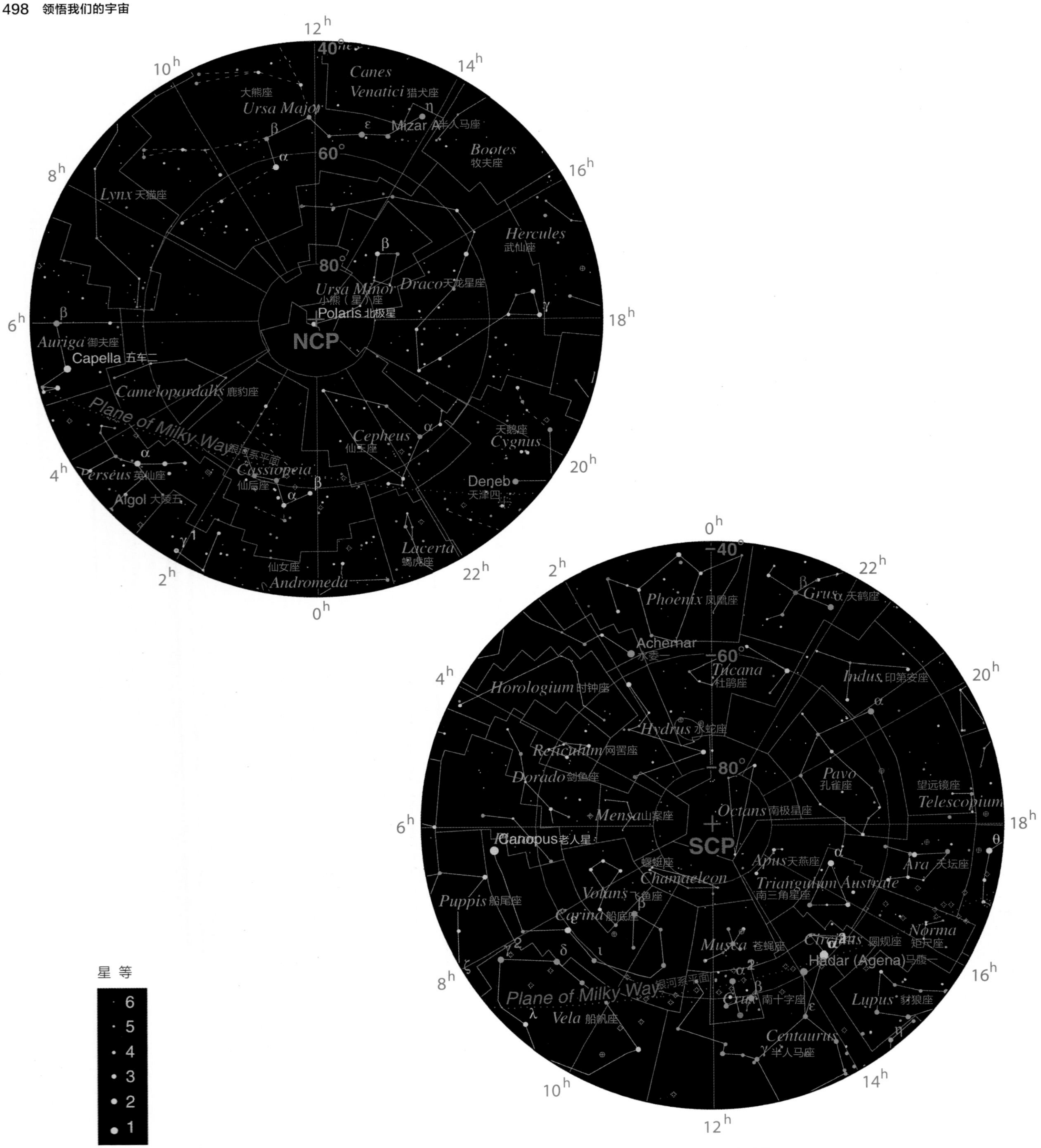

图 A4.5 北赤纬 +40° 和南赤纬 −40° 的天空区域；NCP：北天极；SCP：南天极。

✦ 专业术语

A

光行差（aberration of starlight）：由于有限光速和地球绕太阳公转引起的天体位置的明显偏差。

绝对星等（absolute magnitude）：测量天体（通常指恒星）的本征亮度，特别是当天体如恒星位于距地球10秒差距（pc）的地方测得的表观亮度。请注意与视星等（apparent magnitude）对比。

绝对零度（absolute zero）：热运动停止时的温度，最低的可能温度，开氏（Kelvin）温标的零值。

吸收（absorption）：物质吸收电磁辐射，请注意与发射（emission）对比。

吸收线（absorption line）：特定波段的电磁辐射被吸收时在光谱中形成的最小强度的线条，取决于原子或者分子的能级。请注意与发射线（emission line）对比。

加速（acceleration）：物体速度或方向正发生改变时的速度。

吸积盘（accretion disk）：物体周围的气体和尘埃构成的旋转盘，例如年轻的恒星、正在形成的行星、二元体系中的坍缩星和黑洞。

无球粒陨石（achondrite）：不含球粒的石陨石。请注意与球粒状陨石（Chondrite）对比。

活跃彗星（active comet）：离太阳足够近并展现出活动迹象（例如形成慧发和彗尾）的彗核。

活动星系核（active galactic nucleus）：亮度超过该星系其他部分的高明亮、致密星系核。

太阳活动区（active region）：太阳色球层上爆发强烈磁活动的区域。

自适应光学（adaptive optics）：有效补偿由地球大气造成的图像畸形的光电系统。

AGB：参见渐进巨星支（asymptotic giant branch）。

AGN：参见活动星系核（active galactic nucleus）。

反照率（albedo）：物体表面反射电磁辐射与该表面接收电磁辐射之间的比率。

代数（algebra）：数字变量以字母表示的数学分支。

阿尔法粒子（alpha particle）：氦4（^{4}He）的内核，由两个质子和两个中子组成。该粒子因透过放射性衰变亦即"阿尔法衰变"放射而得名。

地平高度（altitude）：物体在地平线以上的位置，表示从观察者到该物体之间的虚构连线与观察者到物体正下方地平线上的一点的连线之间构成的角度。

阿莫尔（Amors）：横越火星轨道而非地球轨道的一群小行星。请注意与阿波罗型小行星（Apollos）和阿托恩小行星（Atens）对比。

振幅（amplitude）：波动中距离平衡位置或静止位置的最大位移，例如在水波中，振幅是指从波峰到静止水位之间的距离。

角动量（angular momentum）：转动或者旋转物体的守恒性质，其值取决于转动速率和转动物体质量分布。

日环食（annular solar eclipse）：日食的一种，当月球的视直径小于太阳视直径时，月球黑色盘面周围出现一圈光环（环蚀带）。请注意与日偏食（partial solar eclipse）和日全食（total solar eclipse）对比。

南极圈（Antarctic Circle）：地球上南纬66.5°的一个纬线圈，在该圈内每年至少有一天全天24小时都是白天。请注意与北极圈（Arctic Circle）对比。

反气旋运动（anticyclone motion）：空气从高气压地带向外辐射时，在科里奥利效应（Coriolis effect）的作用下发生旋转的一种天气现象。

反物质（antimatter）：由反粒子构成的物质。

反粒子（antiparticle）：反物质的基本粒子，其质量与相对的正常粒子相同，但是其电荷和所有其他性质都与正常粒子相反。

孔径（aperture）：望远镜的物镜或者主镜的孔径。

远日点（aphelion，复数，aphelia）：太阳轨道上离太阳最远的一个点。请注意与近日点（perihelion）对比。

阿波罗型小行星（Apollos）：其轨道横越地球和火星的一组小行星。请注意与阿莫尔小行星（Amors）和阿托恩小行星（Atens）对比。

视星等（apparent magnitude）：测量天体（通常为恒星）的视亮度，请注意与绝对星等（absolute magnitude）对比。

表观逆行（apparent retrograde motion）：行星相对于"恒星"的一种运动，看起来好像行星在恢复其正常东向运动前会向西移动一段时间。日心说比地心说更简单明了地解释了这一效应。

弧分（arcminute）：量度角度的度量单位（′），1弧分等于1/60弧度。

弧秒（arcsecond）：量度角度的度量单位（″），1弧秒等于1/60弧分，1/3 600弧度。

北极圈（Arctic Circle）：地球上北纬66.5°的一个纬线圈，在该圈内每年中至少有一天全天24小时都是白天。请注意与南极圈（Antarctic Circle）对比。

灰烬（ash）：恒星核心中集结的聚变产物。

小行星（asteroid）：也称为"小行星（minorplanet）"，指幸免于行星吸积的原始岩石或者金属恒星（微星）。

小行星带（asteroid belt）：也称为主小行星带（main asteroid belt），指位于火星和木星轨道之间的包含太阳系中大部分小行星的区域。

太空生物学（astrobiology）：结合天文学、生物学、化学、地理学和物理学的研究宇宙生命的交叉学科。

占星术（astrology）：认为恒星和行星的位置和相互位置会影响人事、性格和地球事件的一种方术。

视宁度（astronomical seeing）：对受地球大气扰动影响的望远镜显示天体图像的清晰度的量度。

天文单位（astronomical unit，A）：太阳到地球之间平均距离：约1亿5 000万千米。

天文学（astronomy）：研究行星、恒星、星系和宇宙整体的学科。

天体物理学（astrophysics）：运用物理定律来了解和认识行星、恒星、星系和宇宙整体。

渐近巨星支（asymptotic giant branch，AGB）：在赫罗图（H-R diagram）上的轨迹从水平分支向更高亮度和更低温度方向移动，逐渐接近并超过红巨星支。

阿托恩小行星（Atens）：其轨道横越地球轨道而非火星轨道的一群小行星，请注意与阿莫尔小行星（Amors）和阿波罗型小行星（Apollos）对比。

大气层（atmosphere）：行星、卫星或者恒星周围受引力作用而束缚在一起的外部气体包围圈。

温室效应（atmospheric greenhouse effect）：大气气体传递太阳光辐射并将部分红外辐射保留下来造成行星表面变热。

大气探测器（atmospheric probe）：用以现场测定行星大气层的化学或物理特性的仪器套装。

大气窗口（atmospheric window）：辐射中能够穿透行星大气的电磁波谱区域。

原子（atom）：化学元素中保持其化学性质的最小单位。一个原子包含一个原子核（中子和质子）及若干围绕在原子核周围的电子。

AU：见天文单位（astronomical unit）。

极光（Aurora）：行星磁气圈中的高能粒子使行星的高层大气层原子激发而产生的发光现象。

秋分（autumnal equinox）：（1）太阳经过天赤道的其中一个点。（2）太阳出现在此位置的一天，由这一天起入秋（在北半球一般为9月23日，在南半球一般为3月21日）。请注意与春分（vernal equinox）对比。

轴子（axion）：为了解释中子的特定性质而首次提出的一种假象基本粒子，目前认为轴子也可能是一种冷暗物质。

B

逆光（backlighting）：从观察者的角度，光从主体背后照射过来。

巴（bar）：压强单位。1巴等于每平方米10^5牛顿——约等于海平面上地球大气压。

棒旋星云（barred spiral）：中央核球部分为细长棒状形态的螺旋星系。

玄武岩（basalt）：从灰色到黑色渐变的火山岩，富含铁和镁。

β衰变（beta decay）：（1）一个中子释放出一个电子（β射线）和一个反中微子衰变成一个质子。（2）一个质子释放出一个正电子和一个中微子衰变成一个中子。

大爆炸（Big Bang）：137亿年前发生的大爆炸诞生了宇宙，时间由此开始。

原初核合成（Big Bang nucleosynthesis）：大爆炸之后几分钟内产生低质量原子核（H、He、Li、Be、B）的过程。

大撕裂（Big Rip）：一种宇宙论假说，假说中认为宇宙中的所有物质，从恒星到次原子粒子未来会因为宇宙的膨胀进一步被撕裂。

双星（binary star）：两颗恒星在彼此重力束缚的轨道上环绕着共同质量中心的系统。

结合能（binding energy）：将原子核分解成其组成的质子和中子所需的最低能量。

生物圈（biosphere）：地球（或者任何行星或者卫星）上所有生物体的统合整体。请注意与水圈（hydrosphere）和岩石圈（lithosphere）对比。

偶极外向流（bipolar outflo）：物质从一颗年轻恒星的吸积盘两侧从相反方向向外流动。

黑洞（black hole）：逃逸速度超过光速的质量相当大的恒星；时空中的一个奇点。

黑体（blackbody）：能够吸收外来的全部电磁能，并将其吸收到的全部电磁能重新放射出的物体。

黑体光谱（blackbody spectrum）：也称为普朗克光谱（planck spectrum）。黑体每秒钟每单位面积放射出的电磁能光谱，完全取决于黑体的温度。

蓝移（blueshift）：渐进物体发射的电磁波向短波方向移动的现象，称为多普勒频移。

玻尔模型（Bohr model）：尼尔斯·玻尔（Niels Bohr）于1913年提出的原子模型，在该模型中，在轨运行的电子围绕着带正电荷的原子核旋转，就如同一个缩微的太阳系。

火流星（bolide）：一颗特别明亮且正在爆炸的流星。

束缚轨道（Bound orbit）：速度小于逃逸速度的闭合轨道。请注意与非束缚轨道（unbound orbit）对比。

弓形激波（bow shock）：（1）太阳风与行星的磁层相遇时速度从超音速急速下降为亚音速时的界线；以太阳风为主导的区域和以行星磁层为主导的区域之间的分界线。（2）从恒星中喷出的强烈平行气体和尘埃流与星际介质之间形成的界面。

亮度（brightness）：发光物体发出的光的视强度。亮度取决于光源的发光度和其距离。检测器使用的单位：每平方米瓦特量（W/m²）。

褐矮星（brown dwarf）：由于质量不足不能发生氢核聚变的"失败"的恒星。其质量介于最小质量恒星和超大质量行星之间。

核球（Bulge）：螺旋星系的中央部分，外观上类似于椭圆星系。

C

C：参见摄氏度（Celsius）。

C型小行星（C-type asteroid）：自太阳系形成以来其组成物质绝大多数没有发生变动的小行星；小行星最原始的类型。请注意与M-型小行星（M-type asteroid）和S-型小行星（S-type asteroid）对比。

火山喷口（caldera）：火山的山顶火山口。

碳氮氧循环（carbon-nitrogen-oxygen cycle）：主序星内部将氢转换成氦的过程之一。参见质子-质子链（proton-proton chain）和三α过程（triple-alpha process）。

碳星（carbon star）：大气层内碳比氧多的低温红巨星或渐进巨星。

碳质球粒陨石（carbonaceous chondrite）：含有陨石球粒的原始陨石，富含碳和挥发性物质。

卡西尼环缝（cassini Division）：让-多米尼克·卡西尼（Jean-Dominique Cassini）于1675年发现的土星环中最大的缝隙。

催化剂（catalyst）：促使或者加速化学和核反应，但其本身的化学或者核性质保持不变的一种原子和分子结构。

CCD：参见电耦合器件（charge-coupled device）。

天球赤道（celestial equator）：假想出的一个大圈，是地球赤道在天球上的投影。

天球（celestial sphere）：以地球为中心、内表面分布着各种天体的假想出的一个圆球。天球不是实际的物体，但却是一种方便人们从地球表面观测天体方向的实用工具。

摄氏温标（Celsius，C）：也称为摄氏温标（Centigrade scale）。安德斯·摄尔修斯（Anders Celsius，1701—1744）定义的任意温标——在标准大气压下，将0℃定为水的冰点，而100℃定为水的沸点。单位：℃。请注意与华氏温标（Fahrenheit）和开氏温标（Kelvin scale）对比。

质心（center of mass）：物体系统上被认为系统的整体质量集中于此的位置。任何孤立系统中按照牛顿第一运动定律移动的点。

摄氏温标（centigrade scale）：参见摄氏温标（Celsius，C）。

向心力（centripetal force）：物体作曲线运动时指向曲率中心的作用力。

造父变星（Cepheid variable）：演化而成的大质量恒星，其外层大气自身脉动，造成恒星亮度和颜色呈周期性变化。

钱德拉塞卡极限（Chandrasekhar limit）：物体以电子简并压力阻挡重力塌缩所能承受的最大质量；大约是1.4倍太阳质量（$M_\odot$）。

混沌（chaos）：复杂关联系统中的一种行为，系统初始条件非常微小的变动也可导致最终状态的巨大差别。

电荷耦合组件（charge-coupled device，CCD）：一种常见的电磁辐射固体探测器，能够将光强度直接转换成电信号。

化学（chemistry）：研究物质构成、结构和性质的学科。

球粒状陨石（chondrite）：含有陨石球粒的石陨石。请注意与无球粒陨石（achondrite）对比。

陨石球粒（chondrule）：某些陨石内急速冷却的晶质球形小颗粒。

色差（chromatic aberration）：不同波长的光线穿过透镜之后汇聚在不同焦距上的现象，为透镜的负面性质。

色球层（chromosphere）：太阳大气层中介于球层和日冕之间的区域。

环绕速度（circular velocity）：维持物体在圆形轨道上运行所需的轨道速度。

天极附近（circumpolar）：指从地球上某一特定位置观测始终位于地平面之上的天极附近的天空的一部分。

星周盘（circumstellar disk）：参见原行星盘（protoplanetary disk）。

经典力学（classical mechanics）：通过牛顿定律研究物体运动的学科。

经典行星（classical planets）：太阳系的八大行星：水星、金星、地球、火星、木星、土星、天王星和海王星。

气候（climate）：大气特征的长期平均状态。请注意与天气（weather）对比。

闭合宇宙（closed universe）：具有弯曲空间结构的有限宇宙，其表面上的三角形内角和始终大于180°。请注意与平坦宇宙（flat universe）和开放宇宙（open universe）对比。

CMB：参见宇宙微波背景辐射（cosmic microwave background radiation）。

碳氮氧循环（CNO cycle）：参见碳氮氧循环（carbon-nitrogen-oxygen cycle）。

冷暗物质（cold dark matter）：因移动速度缓慢而能在引力作用下被束缚在最小的星系中的暗物质颗粒。

色指数（color index）：天体（通常为恒星）的颜色，基于天体在蓝光下的光度（b_B）与在可见光（或黄绿光）下的光度（b_V）之间的比值。天体蓝色星等（B）与视星等（V）之间的差值，$B-V$。

彗发（coma）：环绕在活动彗星的彗核周围的由气体和尘埃组成的近球形云状物。

彗星（comet）：由小体积的固体冰质彗核、大气光晕以及气体和尘埃形成的彗尾构成的复杂物体。

彗核（comet nucleus）：在行星吸积中存活下来的由冰和难熔物质构成的一颗原始小行星。彗星的"核心"，几乎相当于彗星的全部质量。俗称为"脏雪球"。

比较行星学（comparative planetology）：通过比较行星的化学和物理特性研究行星的学科。

复杂系统（complex system）：能够展现混沌行为的相互关联的系统。另见混沌（chaos）。

复式火山（composite volcano）：由黏性糊状熔岩流或者火山碎屑（爆炸产生的）岩沉积物堆积而成的锥形大火山。请注意与盾形火山（shield volcano）对比。

复合透镜（compound lens）：为了使色像差最小化，由两个或者两个以上具有不同折射率的单体透镜组成的透镜。

守恒定律（conservation law）：指出孤立系统的某种物理量（例如能量或者角动量）不会随时间而改变的一种物理定律。

角动量守恒（conservation of angular momentum）：指出孤立系统的角动量不会随时间而改变的一种物理定律。

能量守恒（conservation of energy）：指出孤立封闭系统的能量不会随时间而改变的一种物理定律。

比例常数（constant of proportionality）：某数量通过该数值与另一数量相关联的乘积因子。

星座（constellation）：根据恒星形状虚构出来的图像；天文学家假想的天球上已被确认的88个区域中的任意一个。

相长干涉（constructive interference）：两列波交叉相叠时其波幅相互增强的现象。请注意与相消干涉（destructive interference）对比。

大陆漂移说（continental drift）：地球大陆相互之间以及相对地幔缓慢运动。参见板块构造论（plate tectonics）。

连续辐射（continuous radiation）：强度在很宽的波长范围内平稳变化的电磁辐射。

对流（convection）：因浮力发生变化，流体内部产生运动，导致热量从流体底层（温度较高）向顶层（温度较低）传输。

对流区（convective zone）：恒星的一个区域，在该区域中能量在对流作用下向外扩散。

传统的温室效应（conventional greenhouse effect）：在封闭建筑物和汽车等封闭空间内，空气被太阳能加热，这主要是因为热空气不能被排放出去而导致的。

核（core）：(1)行星内部最深处的区域。(2)恒星最深处。

核吸积（core accretion）：形成巨行星的过程，通过核吸积，周围大量的氢和氦在引力作用下被吸附在巨大的岩石核心上。

科里奥利效应（coriolis effect）：从旋转的参照系观看时，物体在垂直于其真正运动方向的方向上产生明显的位移。在旋转的行星上，不同纬度按照不同的速度旋转，从而造成该效应。

日冕（corona）：太阳大气层中最热最外面的一层。

日冕洞（coronal hole）：日冕中带有开放磁场线的低密度区域，日冕物质会沿着这些开放磁场线自由流失于星际空间中。

日冕物质抛射（coronal mass ejection）：高速喷发热气体和高能粒子的太阳爆发活动，喷发速度远远高于太阳风平时的速度。

宇宙微波背景辐射（cosmic microwave background radiation）：来自宇宙空间背景上的各向同性的微波辐射，这种辐射具有大约2.73K黑体谱。宇宙微波背景辐射是大爆炸后的残余辐射。

宇宙线（cosmic ray）：高速运动的粒子（通常为原子核），星系盘中无所不在的宇宙射线。

宇宙常数（cosmological constant）：爱因斯坦（Einstein）在广义相对论中引入的常数，用以表述因空间真空而在宇宙中产生的附加排斥力。

宇宙学原理（cosmological principle）：一种（实证检定的）假设，认为相同的物理定律在任何地方都始终适用，并且宇宙中没有特定的观察位置或者方向。

宇宙学红移（cosmological redshift (z)）：因宇宙膨胀而非星系运动或者引力产生的红移。参见引力红移（gravitational redshift）。

宇宙学（cosmology）：从整体角度研究宇宙大尺度结构和演变的学科。

蟹状星云（Crab Nebula）：中国天文学家在公元1054年观察到的II型超新星爆炸残骸。

新月形（crescent）：月球、水星或者金星的某一位相，在此位相，天体被太阳照亮的部分不到一半。

白垩纪—第三纪边界（Cretaceous–Tertiary boundary）：地球历史上白垩纪与第三纪之间的边界，与小行星或者彗星撞击地球以及恐龙灭绝时期相对应。

临界密度（critical density）：假设宇宙常数为零，宇宙恰好停止膨胀所需的宇宙密度值。

地壳（crust）：行星最外面的薄硬层，在化学上与行星内部完全不同。

冰火山（cryovolcanism）：火山岩浆由熔化的冰而非岩石物质构成的低温火山。

气旋（cyclone）：参见飓风（hurricane）。

气旋运动（cyclonic motion）：空气向低气压地区移动时天气系统因科里奥利效应发生旋转。

天鹅座X-1（Cygnus X-1）：一个双重X射线源，有可能是黑洞。

D

暗能量（dark energy）：一种充溢所有空间并产生排斥力加速宇宙膨胀的能量形式。

暗物质（dark matter）：星系中不发射或者吸收电磁辐射的物质。暗物质被认为占宇宙中质量的绝大部分。请注意与发光物质（luminous matter）对比。

暗物质晕（dark matter halo）：构成星系一部分的高度密集且跨度极广的暗物质区域，占星系质量的95%。

子体产物（daughter product）：由更大块的母体元素通过放射衰变产生的元素。

衰变（decay）：（1）放射性核变成其子体产物的过程。（2）原子或者分子从高能级状态下降到低能级状态的过程。（3）卫星轨道损失能量的过程。

密度（density）：物体每单位体积的质量。单位：千克/米³（kg/m^3）。

相消干涉（destructive interference）：两列波交叉相叠时其波幅相互抵消的现象。请注意与相长干涉（constructive interference）对比。

较差自转（differential rotation）：一个系统的不同部位以不同速度自转。

分异（differentiation）：密度较高的物质向熔化或者流动的行星内部中央下沉的过程。

衍射（diffraction）：波在穿过小孔或者某个物体的边缘之后发生弯散。

衍射极限（diffraction limit）：在衍射限制下透镜角分辨率的极限。

漫射环（diffuse ring）：在水平和垂直方向扩散的稀少分布的行星环。

直接成像（direct imaging）：直接使用透镜观测太阳系外行星的技术。

色散（dispersion）：光线分解成单色光。

宇宙距离尺度（distance ladder）：测量宇宙距离的一系列方法；测量距离更遥远天体距离的技术是奠基在各种已经用近距离天体测量法校正其相关性的方法。

多普勒效应（doppler effect）：声源或者光源接近或者远离观察者时引起的声音或者光线的波长变化。

多普勒红移（Doppler redshift）：参见红移（redshift）。

多普勒频移（Doppler shift）：在多普勒效应的作用下光波长的位移量。

德雷克方程式（Drake equation）：估算可能存在的外星球高智文明数量的公式。

尘卷风（dust devil）：类似于龙卷风的小气流柱，含有灰尘或沙子。

尘埃彗尾（dust tail）：由尘埃颗粒组成的一种彗尾，这种彗尾在太阳辐射压力推动下远离慧头。

矮星系（dwarf galaxy）：光度在100万到1 000万太阳光度（L☉）之间的小星系。请注意与巨星系（giant galaxy）对比。

矮行星（dwarf planet）：性质与经典行星类似的天体，但未能清除在近似轨道上的其他小天体。请注意与行星（planet）对比。

动态平衡（dynamic equilibrium）：当一个变化源完全由另一个变化源平衡时，系统始终发生变化但其内部配置保持不变的状态。

发电机（dynamo）：将机械能转变成电流和磁场形式的电能的设备。行星和恒星的磁场是由其核心导电体的流动产生的，这个过程被称为"发电机效应"。

E

离心率（eccentricity，e）：对椭圆从圆形偏离了多少的一种度量；椭圆两焦点间的距离和长轴长度的比值。

日食（eclipse）：（1）一个天体被另一个天体全部或者部分遮掩。（2）一个天体穿过另一个天体的阴影时，该天体发出的光被全部或者部分遮掩。

日食季（eclipse season）：一年中月球的交点线十分接近太阳的时期，这段时期内很有可能发生日食。

食双星（eclipsing binary）：一种双星系统，两颗恒星的轨道面差不多同我们的视线方向平行时，从地球上看就好像这两颗恒星交互通过对方。请注意与分光双星（spectroscopic binary）和目视双星（visual binary）对比。

黄道（ecliptic）：（1）一年中太阳在群星之间移动的视路径。（2）地球轨道平面在天球上的投影。

黄道面（ecliptic plane）：地球绕太阳旋转的轨道平面。黄道是该平面在天球上的投影。

有效温度（effective temperature）：恒星等黑体开始辐射时的温度。

喷出物（ejecta）：（1）小行星或彗星撞击行星表面喷出的物质，并形成一个撞击坑。（2）恒星爆炸喷出的物质。

电场（electric field）：无论带电物体处于静止状态还是运动状态都可以向其施力的物理场。请注意与磁场（magnetic field）对比。

电场力（electric force）：电场向带电粒子施加的作用力。请注意与磁场力（magnetic force）对比。

电磁力（electromagnetic force）：作用于带电粒子上的既包括电场力又包括磁场力的力。自然界四种基本力之一。由光子传递的力。

电磁辐射（electromagnetic radiation）：电荷加速运动时在电场和磁场内引起的运动变化。在量子力学中，表示光子流，即"光"。

电磁波谱（electromagnetic spectrum）：由所有可能的电磁辐射频率或者波长构成，范围从伽马射线到无线电波，包括人类眼睛可以观察到的可见光。

电磁波（electromagnetic wave）：电场强度和磁场强度连续不断振荡的横波。

电子（electron，e⁻）：一种亚原子粒子，其负电荷为1.6×10^{-19}库仑（C），静止质量为9.1×10^{-31}千克（kg），质量能量为8×10^{-14}焦耳（J）。正电子的反粒子。请注意与质子（proton）和中子（neutron）对比。

电子简并（electron-degenerate）：在量子力学中，电子密度被缩到极限时物质的状态。

电弱理论（electroweak theory）：将电磁力和弱核力统一描述的量子理论。

元素（element）：92种天然元素（例如氢、氧和铀）以及20多种人造元素（例如钚）之一。各元素由其原子中的核子具有的质子数量来界定。

基本粒子（elementary particle）：自然界中构成物质的最基本单位。

椭圆（ellipse）：一个平面切截一个圆锥面，且与圆锥轴既不成0°也不成90°，则圆锥和平面交截线是个椭圆。

椭圆星系（elliptical galaxy）：哈勃E型星系，外形呈圆形或者椭圆形，几乎没有星系盘，以老年恒星为主。

发射（emission）：原子、分子或者粒子从高能级状态变为低能级状态时释放出电磁能。请注意与吸收（absorption）对比。

发射线（emission line）：在窄波段内精准发射电子辐射时在频谱上出现的强度峰值。请注意与吸收线（absorption line）对比。

经验科学（empirical science）：主要基于观察结果和实验数据的科学探究。这种研究为描述性研究而非基于理论推导。

能量（energy）：提供天体和系统运动能力的守恒量。单位：焦耳（J）。

能量传输（energy transport）：将能量从一个地方传输到另一个地方。在恒星中，能量传输主要通过辐射或者对流实现。

熵（entropy）：反映系统无序程度的物理量，在系统形状不受影响的情况下，系统可以重新排练的方式越多，熵越大。

赤道（equator）：在天体表面一个假想的大圈，它与两极距离相等，将天体分为北半球和南半球。赤道面通过天体的中心，与其自转轴垂直。请注意与子午线（meridian）对比。

均衡（equilibrium）：一个物体的物理过程相互平衡使得该物体的性质或者条件保持恒定的状态。

昼夜平分点（equinox）：字面意思为"相等的夜晚"。（1）黄道与天球赤道相交的两点之一。（2）一年中太阳位于该两点之一的时间（春分和秋分）。此时，地球上各地的白天和夜晚都是一样长。

等效性原理（equivalence principle）：该理论指出在空间上自由飘浮的参考系与在引力场作用下自由落体的参考系是等价的。

侵蚀（erosion）：行星的表面形貌受到风或水的磨损。

逃逸速度（escape velocity）：物体获得抛物线速度从而永久脱离另一物体的引力束缚所需的最低速度。

永久膨胀（eternal inflation）：认为宇宙可能永远膨胀的理论。在宇宙中，量子效应可能会让宇宙减慢扩展，最终停止膨胀，然后发生"大爆炸"。

事件（event）：时空中的某个特定位置。

事件视界（event horizon）：黑洞的有效"表面"。在该表面上任何事物——甚至是光——都不能逃脱黑洞。

演化轨迹（evolutionary track）：恒星在生命周期内在赫罗图上的演化路径。

激发态（excited state）：特定原子、分子或者粒子高于其基态的能量级。请注意与基态（ground state），系外行星（exoplanet）对比，参见太阳系外行星（extrasolar planet）。

太阳系外行星（extrasolar planet）：也称为系外行星（exoplanet）。绕恒星而非太阳旋转的行星。

F

F：参见华氏温标（Fahrenheit）。

华氏温标（Fahrenheit，F）：尼尔·加布里埃尔·华伦海特（Daniel Gabriel Fahrenheit, 1686—1736）定义的任意温标——将32℉定为水的熔点，而212℉定为水的沸点。单位：℉。请注意与摄氏温标（Celsius）和开氏温标（Kelvin scale）对比。

断层（fault）：行星或者卫星的外壳发生断裂，并且块状物质沿断裂面有明显相对移动的构造。

滤波器（filter）：传输有限波长范围内的电磁辐射的仪器。在光学范围内，这种仪器普遍由各种不同的玻璃组成，并具有其传输的光的色调。

上玄月（first equartor Moon）：月相之一，出现上玄月时，在地球上只能看到月球的西半边被太阳照亮。

裂隙（fissure）：行星岩石圈发生断裂，并有岩浆涌出。

平坦旋转曲线（flat rotation curve）：螺旋星系的旋转曲线，星系外面部分的旋转速率不仅不降低反而与最外面一点的速率保持相对恒定。

平坦宇宙（flat universe）：空间结构可以用欧几里得几何解释的无限宇宙，球面上的三角形之和始终等于180°。请注意与闭合宇宙（closed universe）和开放宇宙（open universe）对比。

平坦性问题（flatness problem）：天文学家得出一个令人惊异的结果，即当今宇宙中$\Omega_{质量}$加上Ω_Λ之和非常接近1。意思是说，宇宙非常可能是完全平坦的，这点十分让人惊异。

通量（flux）：每秒钟通过每平方米平面的能量综合。单位：瓦特/米²（W/m²）。

磁流管（flux tube）：管状结构中的强磁场。太阳大气中存在磁流管，磁流管还连接木星和其卫星依奥（Io）。

近飞探测器（flyby）：航天器首先飞近然后持续飞过某个行星或者卫星。进行近飞探测时，航天器可以探测多个天体，但是只能短暂停留在其目标附近。请注意与轨道卫星（Orbiter）对比。

焦距（focal length）：透镜的物镜或者主镜与远处物体发出的光的聚焦平面（焦平面）之间的光学距离。

焦平面（focal plane）：与镜头或镜子的光轴垂直的，并在其上成像的平面。

焦点（focus）：（1）定义椭圆的两点之一。（2）透镜焦平面上的一点。

力（force）：物体受到的推力或者拉力。

参考系（frame of reference）：观察者用以测量距离和运动的坐标系。

自由落体（free fall）：物体只受其重力作用下的运动。

频率（frequency）：周期性过程，每秒钟发生的次数。单位赫兹（Hz），1/s。

满月（full moon）：月相的一种，从地球上观看，月球的正面全部被太阳照亮，出现在新月后两周左右。

G

星系（Galaxy）：受引力束缚的系统，由恒星、星团、气体、尘埃和暗物质组成；直径通常超过1 000光年，并被视为一个疏散的单个天体。

星系团（galaxy cluster）：成百上千个星系在引力束缚下聚集而成的庞大天体系统；直径通常为1 000～1 500万光年。请注意与星系群（galaxy group）和超星系团（supercluster）对比。

星系群（galaxy group）：若干或数十成百的星系在引力束缚下聚集而成的小型天体系统；直径通常为400万～600万光年。请注意与星系团（galaxy cluster）和超星系团（supercluster）对比。

伽马射线（gamma ray）：相比所有其他类型的电磁辐射，频率和光子能较高但是波长却较短的电磁辐射。

气体巨星（gas giant）：主要由氢和氦气组成的巨星。在我们的太阳系中，木星和土星都是气体巨星。请注意与冰巨星（ice giant）对比。

高斯（Gauss）：磁通密度的基本单位。

广义相对论时间膨胀（general relativistic time dilation）：经证实的预测，认为时钟在引力场中比没有在引力场中走得慢一些。

广义相对论（general relativity）：参见广义相对论（theory of relativity）。

广义相对论（general theory of relativity）：有时简称为"general relativity"。爱因斯坦提出的理论，

将引力描述为大质量物体对时空的扭曲，使粒子沿着时空中两个事件之间最短的路径运动。此理论适用于所有类型的运动。请注意与狭义相对论（special theory of relativity）对比。

地心说（geocentric）：以地心为中心的坐标系。请注意与日心说（heliocentric）对比。

测地线（geodesic）：在无外力作用下，物体在空间中的运行路径。

几何学（geometry）：数学的分支之一，主要研究点、线、角和形状。

巨星系（giant galaxy）：光度约在10亿太阳光度（$L_\odot$）以上的星系。请注意与矮星系（dwarf galaxy）对比。

巨分子云（giant molecular cloud）：主要由分子气体和尘埃组成的星际云，是太阳质量的数十万倍。

巨行星（giant planet）：太阳系中最大的行星之一（土星、木星、天王星或者海王星），大小十倍于类地行星，质量也是类地行星的数倍，且没有固体的表面。

凸圆（gibbous）：月球、水星或者金星的位相之一，被太阳照亮的部分大于半圆。请注意与新月形（crescent）对比。

全球环流（global circulation）：行星大气在整个行星范围内的大规模环流模式。

球状星团（globular cluster）：由成千上万颗甚至上百万颗恒星组成的、外观呈球对称分布的、高密度星团。请注意与疏散星团（Open cluster）对比。

胶子（gluon）：在强核力下携带（或者传递）相互作用的粒子。

薄纱光环（gossamer ring）：木星主环外面一圈极其稀薄的行星环。

大统一理论（grand unified theory，GUT）：统一解释强核力、弱核力和电磁力的量子理论，该理论不包括引力。

花岗岩（granite）：岩浆冷却形成的岩石，含有大量细窄的、密集而均匀分布的平行孔隙，可以散射反射光或者透射光。

引力透镜（gravitational lens）：一种大质量天体，可以通过引力聚焦使更遥远天体发出的光从而形成多个更明亮的可能被弯曲的放大图像。

引力透镜效应（gravitational lensing）：引力造成光线弯曲，可用于探测太阳系外行星。

引力势能（gravitational potential energy）：天体所具备的能量仅与该天体在引力场中的位置有关。

引力红移（gravitational redshift）：在引力井深处的天体所发出的辐射向长波长段移动。

引力波（gravitational wave）：加速运动的质量天体在时空结构中发出的波。

引力（gravity）：（1）大质量天体之间相互吸引的作用力。（2）大质量天体造成时空扭曲而产生的效应。（3）自然界中的四种基本力之一。

大圆弧（great circle）：圆弧中心为球体中心的圆

弧。天赤道、子午线和黄道都是天球上的大圆弧，因为它们都经过天顶。

大红斑（Great Red Spot）：木星南半球上巨大的椭圆形砖红色反气旋。

温室效应（greenhouse effect）：参见大气温室效应（atmospheric greenhouse effect）和传统温室效应（conventional greenhouse effect）。

温室气体（greenhouse gas）：可见辐射可穿透但能吸收红外辐射的一种大气气体，例如二氧化碳。

公历（Gregorian calendar）：现代日历。

基态（ground state）：原子等系统或者系统某部分的可能的最低能态。

GUT：参见大统一理论（grand unified theory）。

H

电离氢区（H II region）：因附近高温大质量恒星的紫外线照射而发生电离的星际气体区域。

赫罗图（H-R diagram）：赫罗图为恒星的光度与表面温度的关系图。赫罗图上的演化路径显示了恒星的演化特性。

宜居带（habitable zone）：行星必须位于离其绕之旋转的恒星特定距离，才能保持生命得以维持的温度；该温度通常为水以液态形式存在的温度。

哈德利环流（Hadley circulation）：经过简化的、不同寻常的大气全球环流，将热能直接从行星的赤道传输到两极地区。

半衰期（half-life）：特定放射性母体元素有半数发生衰变时所需要的时间。

晕圈（halo）：恒星和暗物质呈球面对称的低密度分布区域，表示星系最外层的区域。

调和定律（harmonic law）：参见开普勒第三定律。

霍金辐射（Hawking radiation）：黑洞发出的辐射。

林轨迹（Hayashi track）：原恒星靠近主序星阶段时沿赫罗图的演化路径。

彗头（head）：彗星的一部分，包括彗核和慧发的内部。

热寂（heat death）：开放宇宙可能的最终宿命，届时熵占上风，所有能量和结构生成过程全部终结。

重元素（heavy element）：也称为大质量元素。（1）在天文学中，指任何比氢元素重的元素。（2）在其他科学（有时也在天文学中），指周期表中的任何最重元素，例如铀和钍。

海森堡不确定性原理（Heisenberg uncertainty principle）：粒子的位置和动量的乘积不得小于既定值（普朗克常数）的一种物理限制。

日心说（heliocentric）：将太阳中心作为其中心点的坐标系。对比地心说（geocentric）。

日震学（helioseismology）：通过太阳振荡来研究太阳内部的科学。

氦闪（helium flash）：红巨星的塌缩氦核中的氦元素爆炸燃烧。

赫比格–哈罗天体（Herbig–haro object）：新诞生的恒星受偶极外向流刺激喷出气体和灰尘，这些气体和灰尘发生剧烈碰撞、产生光芒。

遗传（heredity）：一代物体将其特征传递给下一代的过程。

赫兹（hertz，Hz）：一种频率单位，相当于每秒圈数。

赫罗图（Hertzsprng–Russell diagram）：参见赫罗图（H-R diagram）。

HH天体（HH Object）：参见赫比格—哈罗天体。

分级群聚（hierarchical clustering）：形成大型结构的"自下而上"的过程。小尺度结构首先形成星系群，星系群再形成星系团，然后再形成超星系团。

大质量恒星（high–mass star）：主序星质量大约是8倍太阳质量（$M_\odot$）以上的恒星。请注意与小质量恒星（low–mass star）对比。

高速星（high–velocity star）：在太阳附近发现的位于银晕中的恒星，与银盘恒星不同，它的移动速度更快，且自转方向通常与银晕以及银晕恒星的自转方向相反。

同质（homogeneous）：在宇宙学中，表示观察者在任何方向观测到的宇宙都具有相同特性。

地平线（horizon）：分开天和地的边界线。

视界问题（horizon problem）：宇宙微波背景辐射在所有方向都非常均匀，这一观测结果非常令人费解，因为在早期宇宙中，彼此相隔极远的区域应该在"地平线之上"。

水平分支（horizontal branch）：赫罗图上的一个区域，该区域的恒星在稳定核心中将氦燃烧成碳。

热暗物质（hot dark matter）：暗物质微粒，移动速度太快以至于引力无法将它们限制在被星系的普通发光物质占据的区域。请注意与冷暗物质（cold dark matter）对比。

热木星（hot Jupiter）：离其母恒星十分近的类似于木星的巨大太阳系外行星。

热点（hot spot）：在该位置地幔物质构成的热岩浆柱向上喷发到行星表面附近。

哈勃常数（Hubble constant，H_0）：将行星的退行速度与它们的距离相关系的比例常数。另参见哈勃时间（Hubble time）。

哈勃时间（Hubble time）：根据哈勃常数的倒数估算的宇宙年龄。

哈勃定律（Hubble's law）：指出星系远离我们而去的速度与该行星的距离成正比的定律。

飓风（hurricane）：也称为旋风或者台风。在北半球逆时针旋转而在南半球顺时针旋转的大型热带气旋系统。飓风可从中心向外延伸600千米以上，产生时速300千米/时以上的风。

氢燃烧（hydrogen burning）：四个氢原子核聚变成一个氦原子而释放出能量。

氢壳燃烧（hydrogen shell burning）：氢在围绕恒星中心的外壳内发生聚变，可能会造成更大质量的元素发生简并或者聚变形成更大质量的元素。

水圈（hydrosphere）：液态水占地球的绝大部分。请注意与生物圈（biosphere）和岩石圈（lithosphere）对比。

流体静力学平衡（hydrostatic equilibrium）：物体内某点承受的重力与物体内部的压强相互平衡的状态。

假说（hypothesis）：以科学原理和知识为基础并经过深思熟虑而提出的观点，可导向可验证的预测。请注意与理论（theory）对比。

Hz：参见赫兹（hertz）。

I

冰（ice）：挥发性物质的固体形态；偶尔表示挥发性物质本身，不论它们的物理形态如何。

冰巨星（ice giant）：主要由液态挥发性物质（冰）构成的巨行星。在太阳系中，天王星和海王星都是冰巨星。请注意与气体巨星（gas giant）对比。

理想气体定律（ideal gas law）：压强（P）与粒子的数量密度（n）以及温度（T）之间的关系，$P = nkT$，其中 k 表示玻尔兹曼常数。

火成活动（igneous activity）：熔岩（岩浆）的形成和作用。

撞击坑（impact crater）：固体行星或者卫星表面因受到其他天体的撞击而留下的疤痕。

撞击成坑（impact cratering）：涉及到固体行星之间相互碰撞的过程。

折射率（index of refraction，n）：真空中的光速（c）与光学介质中的光速（v）之间的比值。

惰性气体（insert gas）：仅在极端温度和压强下与其他元素结合的气态元素，例如氦、氖和氩。

惯性（inertia）：物体保持其运动状态的趋势。

惯性参照系（inertial frame of reference）：（1）不加速运动的参照系。（2）在广义相对论中，意指在引力场中自由落体的参照系。

暴胀（inflation）：极早期宇宙发生的短暂性超快速膨胀。标准大爆炸模型适用于暴胀之后的宇宙膨胀。

红外线辐射（infrared radiation）：频率和光子能量介于可见光和微波波段之间的电磁辐射。参见紫外线辐射（ultraviolet radiation）。

不稳定带（instability strip）：赫罗图上的一个区域，该区域中的恒星光度发生周期性变化。

积分时间（integration time）：探测器采集和合计光子的间隔时间。

光强度（intensity of light）：每单位面积每秒钟发出的辐射能量大小。电磁辐射的单位：瓦特每平方米（W/m²）。

云际气体（intercloud gas）：充斥在星际云之间的太空中的星际介质密度较低的区域。

干涉（interference）：两组波发生相互作用造成高低不同的强度，取决于这两组波的振幅是相互增强（相长干涉）还是相互抵消（相消干涉）。

干涉仪（interferometer）：也称为干涉测量阵列（interferometric array）。整体分离可以决定系统的角分辨率的一组或者一批既相互分离又相互关联的光学或者无线电望远镜。

干涉型阵列（interferometric array）：参见干涉仪（interferometer）。

星际云（interstellar cloud）：星际介质中离散的高密度区域，主要由原子或者分子氢以及尘埃构成。

星际尘埃（interstellar dust）：遍布星际空间的微小颗粒物质（0.01～10毫米），主要由碳和硅构成。

星际消光（interstellar extinction）：星际尘埃造成可见光和紫外线变暗。

星际气体（interstellar gas）：比空气密度低得多的稀薄气体，在星际介质中占99%。

星际介质（interstellar medium）：星系内充斥在恒星之间的太空中的气体和尘埃。

平方反比定律（inverse square law）：表示数量会随着距离源的远近的平方而下降。

离子（ion）：失去或获得了一个或者多个电子的原子或者分子。

离子尾（ion tail）：由电离气体构成的一种彗尾。离子尾中的颗粒在背向太阳的方向被太阳风高速直接推离彗头。

电离（ionize）：电子从原子或者分子中剥离，产生自由电子和带正电荷原子或者分子。

电离层（ionosphere）：地球大气高空的一个层区，其中大部分原子都被太阳辐射电离。

IR：红外线（infrared）。

铁陨石（iron meteorite）：主要由铁镍合金构成的金属陨石。请注意与石铁陨石（stony-iron meteorite）和石陨石（stone meteorite）对比。

不规则星系（irregular galaxy）：外观不规则或者不对称的星系。请注意与椭圆星系（elliptical galaxy），S0星系（S0 galaxy）和螺旋星系（spiral galaxy）对比。

不规则卫星（irregular moon）：被行星俘获的卫星。有些不规则卫星围绕行星旋转的方向与该行星的自转方向相反，并且大部分这类卫星的轨道都较为遥远和不稳定。请注意与规则卫星（regular moon）对比。

同位素（isotopes）：具有不同中子数的同一元素的不同形式。

各向同性（isotropic）：在天文学中，表示观察者无论从哪个方向观看宇宙的性质都是相同的。

J

J：参见焦耳（joule）。

央斯基（jansky，Jy）：通量密度的基本单位。单位：瓦特/米²/赫兹（W/m²/Hz）。

喷流（jet）：（1）因受到太阳加热而从彗核中喷出的气体和尘埃流。（2）从原恒星或者活动星系核中喷出来的平行的线性明亮辐射。

焦耳（joule，J）：能量或者功的单位。1焦=1牛米。

Jy：参见央斯基（Jansky，Jy）。

K

K：参见开尔文（kelvin）。

K-T边界（K-T boundary）：参见白垩纪-第三纪边界（Cretaceous-Tertiary boundary）。

KBO：参见柯伊伯带天体（Kuiper Belt object）。

开尔文（Kelvin，K）：开式温标的基本单位。

开氏温标（Kelvin scale）：开尔文勋爵（原名威廉·汤姆森，1824—1907）定义的温标。采用摄氏度数，但是将0 K定义为绝对零度而非水的熔点。请注意与摄氏温标（Celsius）和华氏温标（Fahrenheit）对比。

开普勒第一定律（Kepler's first law）：约翰尼斯·开普勒（Johannes Kepler）推论出的行星运动定律，指出每一行星沿一个椭圆轨道环绕太阳，而太阳则处在椭圆的一个焦点上。

开普勒定律（Kepler's laws）：约翰尼斯·开普勒根据第谷·布拉赫（Tycho Brahe）获得的数据而推论出来的三条行星运动定律。

开普勒第二定律（Kepler's second law）：也称为等面积定律，是约翰尼斯·开普勒推论出来的一条行星运动定律，指出无论行星在其轨道上处于任何位置，在相等时间内太阳和行星的连线所扫过的面积相等。

开普勒第三定律（Kepler's third law）：也称为调和定律，是约翰尼斯·开普勒推论出来的一条行星运动定律，描述了行星轨道周期和其离太阳距离之间的关系。该定律指出行星轨道周期（单位：年）的平方等于行星轨道半长轴（单位：天文单位）的立方（$P_年$）² = （A_{Au}）³。

动能（kinetic energy，Ek）：物体运动产生的能量，$E_K = mv²$单位：焦耳（J）。

柯克伍德空隙（Kirkwood gap）：因与木星发生轨道共振而形成的主小行星带上的空隙。

柯伊伯带（Kuiper Belt）：彗核密集的盘状区域，从海王星轨道可能一直延伸到离太阳数千天文单位的地方。柯伊伯带内部最密集的部分的边缘大约离太阳50天文单位。

柯伊伯带天体（Kuiper Belt object，KBO）：也称为海王星外天体（trans-Neptunian object），是一种在海王星轨道以外在柯伊伯带内围绕太阳运行的冰质微星（彗核）。

L

拉格朗日平衡点（Lagrangian equilibrium point）：由两个围绕共同质心旋转的轨道近乎圆形的大质量天体构成的系统中的五个平衡点的其中之一。只有两个拉格朗日平衡点（L_4和L_5）是稳定的。位于这五个点上任意一点的第三个小天体将与前两个大质量天体的质心保持步调一致。

着陆舱（lander）：用于在行星或者月球上着陆的载满各种仪器的宇宙飞船。请注意与探测车（rover）比较。

大尺度结构（large-scale structure）：宇宙中最大尺度的可观测聚集物，包括星系群、星系团和超星系团。

纬度（latitude）：近乎球形的天体赤道面以北（+）或以南（-）的角距离。

等面积定律（law of equal areas）：参见开普勒第二定律。

闰年（leap year）：全年有366天，每4年1次，年份除以4可整除。地球围绕太阳公转1周为1年，时间约为约365又1/4天，闰年是用于弥补平年累积多出的时间。

长度收缩（length contraction）：运动物体在其运动方向上发生的相对收缩。

狮子座流星雨（leonids）：因坦普尔·塔特尔彗星遗留下来的尘埃碎片而形成的十一月流星雨。

天平动（libration）：始终以一面朝向其伴星的轨道运行的天体在视觉上发生的震荡（例如地球的卫星：月球），这是因为该天体的轨道是椭圆形而非圆形的。

生命（life）：生物体通过从环境中吸收能量而得以繁衍、进化和自我给养的生化过程。所有地球生命都涉及到依赖于自我复制的分子核糖核酸（RNA）和脱氧核糖核酸（DNA）的碳基化学。

光（light）：构成整个电磁谱的所有电磁辐射。

光年（light-year，ly）：光一年传播的距离——大约等于9万亿千米（km）。

临边（limb）：行星、卫星或者太阳的可观测圆面的最外边缘。

临边昏暗（limb darkening）：因行星或者恒星临边附近的大气吸收增强而导致行星或者恒星看起来较昏暗。

交点线（line of nodes）：（1）两个轨道平面相交形成的线。（2）地球的赤道面与黄道面相交形成的线。

岩石圈（lithosphere）：地球（或者任何行星或者卫星）的固体易碎部分，包括地壳和地幔上层。请注意与生物圈（biosphere）和水圈（hydrosphere）对比。

岩石圈板块（lithospheric plate）：地球岩石圈中单独的一块区域，可以独自移动，参见大陆漂移（continental drift）和板块构造论（plate tectonics）。

本星系群（local Group）：银河系和仙女座星系为其成员之一的小型星系群。

长周期彗星（long-period comet）：轨道周期超过200年的彗星。请注意与短周期彗星（short-period comet）对比。

纵波（longitudinal wave）：与波传播方向平行的方向上振动的波。请注意与横波（transverse wave）对比。

回顾时（look-back time）：光从天体达到地球所传播的时间。

小质量恒星（low-mass star）：主序质量小于约8倍太阳质量（$M_☉$）的恒星。请注意与大质量恒星（high-mass star）对比。

光度（luminosity）：物体发出的总光通量，单位：瓦特（W）。参见亮度（brightness）。

光度型（luminosity class）：基于恒星大小的光谱分类，从最大的超巨型到最小的白矮星。

光度—温度—半径关系（luminosity-temperature-radius relationship）：恒星这三种性质之间的关系。如果知道其中任何两种性质，就可以计算出第三种性质。

发光物质（luminous matter）：也称为普通物质，是发射电磁辐射的星系中的物质，包括恒星，气体和尘埃。请注意与暗物质（dark matter）对比。

月食（lunar eclipse）：月球部分或者全部进入地球影子中可看到月食。请注意与日食（solar eclipse）对比。

月潮（lunar tide）：因受到月球不同的引力作用而在地球上产生的潮汐。另参见潮汐（tide）（定义2）。

M

M型小行星（M-type asteroid）：尺寸更大的已分化小行星被撞击后遗留下来的金属核心碎片；主要由铁和镍构成。请注意与C型小行星（C-type asteroid）和S型小行星（s-type asteroid）对比。

晕族大质量致密天体（MACHO）：包括褐矮星、白矮星和黑洞，被认为是暗物质的候选天体。请注意与大质量弱相互作用粒子（WIMP）对比。

岩浆（magma）：熔融岩石，通常包括溶解的气体和固体矿物。

磁场（magnetic field）：能够对移动的电荷施力的场。

磁力（magnetic force）：与电荷的相对运动有关的或者由电荷的相对运动引起的作用力。请注意与电力对比，同时参见电磁力。

磁气圈（magnetosphere）：围绕具有较强磁场和等离子体的行星周围的区域。

星等（magnitude）：天文学家用以描述恒星亮度或者光度的体系。恒星越亮，星等越小。

主小行星带（main asteroid belt）：参见小行星带。

主星序（main sequence）：赫罗图上大多数恒星所在的区域。主序星在其核心内将氢聚变成氦。

主序寿命（main-sequence lifetime）：恒星在主序星期间在核心内将氢聚变成氦的时间长短。

主序折向点（main-sequence turnoff）：在赫罗

图上同龄星族（例如星团）刚刚演化离开主序阶段的位置。主序折向点的位置取决于星族的年龄。

地幔（mantle）：岩态行星中位于地壳和核心之间的固体部分。

海（mare，pl.maria）：月球上由玄武岩熔岩流构成的黑暗地区。

质量（mass）：（1）惯性质量：抵抗运动状态变化的物质的一种性质。（2）引力质量：由物质对其他物体的吸引力而决定的物质的性质。根据广义相对论，这两种质量是等价的。

质光关系（mass-luminosity relationship）：主序星的光度（L）和质量（m）之间的经验关系，表示为幂次定律，例如$L \propto m^{3.5}$。

质量转移（mass transfer）：双星系统的一个子星的质量转移到其伴星上。当其中一个子星演化到超出其洛希瓣范围之外时，就会发生物质转移，以至于该子星的外层向其伴星拉近。

大质量元素（massive element）：参见重元素。

物质（matter）：（1）由质子、中子和电子等具有质量的粒子构成的物体。（2）太空中任何具有质量的物体。

蒙德极小期（maunder minimum）：从1645年至1715年，当时观测者发现太阳黑子极少。

兆巴（megabar）：压强单位，等于100万巴。

百万光年（mly）：距离单位，等于100万光年。

子午线（meridian）：天空中从正北方地平线经过天顶到达正南方地平线的虚构线。子午线将观测者的天空划分为东西两半部分。请注意与赤道对比。

中间层（mesosphere）：平流层上方的一层地球大气，距地面50千米到约90千米。

流星（meteor）：一小片行星际碎片高速穿过地球大气时产生的光迹。请注意与陨石（meteorite）和流星体（meteoroid）对比。

流星雨（meteor shower）：高于正常数量的流星，当地球穿过一个正在瓦解的彗星的轨道继而横扫其残余碎片，就会形成流星雨。

陨石（meteorite）：得以达到行星表面的流星。请注意与流星（meteor）和流星体（meteoroid）对比。

流星体（meteoroid）：大小从100微米（μm）到100米不等的彗星或者小行星碎片。流星体进入到行星大气中产生陨石，这是一种大气现象。请注意与流星（meteor）和陨石（meteorite）对比；另参见微星（planetesimal）和黄道尘埃（zodiacal dust）。

千分尺（micrometer，μm）：也称为微米（micron），10^{-6}米；用于测量电磁辐射波长的长度单位。请注意与纳米（nanometer）对比。

微米（micron）：参见千分尺（micrometer）。

微波辐射（microwave radiation）：频率和光子能量在红外辐射和无线电波波段之间的光谱区域的电磁辐射。

银河系（Milky Way Galaxy）：太阳和太阳系所在的星系。

近代物理学（modern physics）：通常表示自麦克斯韦方程发表以来所发展出的物理定律，包括相对论和量子力学。

分子云（molecular cloud）：主要由分子氢构成的星际云。

分子云核心（molecular-cloud core）：分子云内部的密集物质块，是在分子云塌缩和分裂时形成的。原恒星是从分子云核心中产生的。

分子（molecule）：通常指能够保持化学性质的物质的最小粒子，由两个或者两个以上的原子构成。极少数分子是由单个原子构成，例如氦分子。

动量（momentum）：与粒子的质量和速度相关的物理量。单位：千克米每秒（kg·m/s）。

卫星（moon）：围绕质量较大的天体旋转的质量较小的天体。行星、矮行星、小行星和柯伊伯带天体周围都发现存在卫星。

多元宇宙（multiverse）：一大批平行宇宙构成的所有一切。

突变（mutation）：在生物上，表示自我复制物质的缺陷繁殖。

N

天底（nadir）：天球上位于观察者正下方的一点，请注意与天顶（zenith）对比。

纳米（nanometer，nm）：一米的十亿分之一；用于测量光的波长的单位。请注意与千分尺（micrometer）对比。

自然选择（natural selection）：通过该过程，任何结构的形式，从分子到整个生物体，最能适应环境的比不那么适应环境的更普遍。

NCP：参见北天极（north celestial pole）。

小潮（neap tide）：当月球和太阳对地球产生的引力作用相互成直角时，大约在上弦月或者下弦月期间发生的强度极弱的潮汐，此时潮汐最不明显。请注意与大潮（spring tide）对比。另参见潮汐（tide）（定义2）。

近地小行星（near-Earth asteroid）：轨道与地球轨道相交的小行星。另参见近地天体（near-Earth object）。

近地天体（near-Earth object，NEO）：轨道与地球轨道相交的小行星、彗星或者大型流星。

星云（nebula）：星际气体和尘埃云，或者被恒星照亮（亮星云），或者它们的轮廓在更明亮的背景衬托下若隐若现（暗星云）。

星云假说（nebular hypothesis）：伊曼努尔·康德（Immanuel Kant）于1734年提出的第一个貌似合理的太阳系形成理论。康德假设太阳系是由于自转的气体星云塌缩而形成的。

中微子（neutrino）：β衰变过程中发射出的质量极小的中性粒子。中微子仅与物质发生极微弱的相互作用，因此能够穿过大量物质。

中微子冷却（neutrino cooling）：恒星中心的热能由中微子而非电磁辐射或者对流传递出去的过程。

中子（neutron）：不带静电荷的亚原子粒子，其静止质量和静止能量几乎与质子的静止质量和静止能量相等。请注意与电子（electron）和质子（proton）对比。

中子星（neutron star）：II型超新星爆发遗留下来的中子简并残骸。

新月（new Moon）：月球处于地球和太阳之间所呈现的月相，此时从地球上只能看到月球未被太阳照亮的一面。请注意与满月（full moon）对比。

牛顿（Newton，N）：以每二次方秒1米（1 m/s²）的加速度加速1千克物质所需的作用力。单位：千克米每二次方秒（kg·m/s²）。

牛顿第一运动定律（Newton's first law of motion）：艾萨克·牛顿（Isaac Newton）提出的定律，指出除非受到不平衡外力作用，物体将始终保持静止或匀速直线运动。

牛顿定律（Newton's laws）：参见牛顿第一定律，牛顿第二定律和牛顿第三定律。

牛顿第二运动定律（Newton's second law of motion）：艾萨克·牛顿提出的定律，指出如果物体受到不平衡的外力作用，该物体的加速将与作用力成正比，与物体的质量成反比：$a=F/m$。加速度的方向与不平衡外力的方向相同。

牛顿第三运动定律（Newton's third law of motion）：艾萨克·牛顿提出的定律，指出任何一个作用力都存在一个大小相等、方向相反的反作用力。

普通物质（normal matter）：参见发光物质（luminous matter）。

北天极（north celestial pole，NCP）：地球自转轴在天球北半球上的投影。请注意与南天极（South Pole）对比。

北极（North Pole）：地球自转轴与地球表面在北半球的交叉点。请注意与南极（South Pole）对比。

新星（nova）：双星系统中的白矮星表面上的一层物质发生核聚变失控而导致的恒星爆炸。

核燃烧（nuclear burning）：低质量元素聚变释放出能量。

核聚变（nuclear fusion）：两个低质量原子核结合成一个质量更大的原子核。

核合成（nucleosynthesis）：在大爆炸（大爆炸核合成）时或者恒星内部（恒星核合成），由较低质量的原子核形成较高质量的原子核。

核子/核心（nucleus，nuclei）：（1）原子的致密中心部分。（2）星系、彗星或者其他漫射天体的中央核心。

O

物镜（objective lens）：形成物体影像的望远镜或者照相机中的主要光学元件。

扁率（oblateness）：原本为球形的行星或者恒星因快速自转而变扁平。

黄道角（obliquity）：天体赤道面与其轨道面的交角。

观测不确定度（observational uncertainty）：真正的测量永远都不是完美的；所有测量都存在一定程度的不确定性。

奥卡姆剃刀（Occam's razor）：最简单的假设也许是最可取的原则；该理论是由中世纪英国牧师奥卡姆的威廉（William of Occam, 1285—1349）提出。

奥尔特云（Oort Cloud）：布满了大量彗核的球体云团，从柯伊伯带一直延伸到距离太阳50 000个天文单位（AU）以上的区域。

不透明度（opacity）：测量物质阻挡辐射进入其内的有效性。

疏散星团（open cluster）：螺旋星系盘中由数十颗到数千颗松散束缚在一起的恒星群。请注意与球状星团（globular cluster）对比。

开放宇宙（open universe）：空间结构反相弯曲（类似于马鞍面）的无限宇宙，以至于三角形内角之和总是小于180°。请注意与闭合宇宙（closed universe）和平坦宇宙（flat universe）对比。

轨道（orbit）：在相互引力或者电吸引力作用下一个物体围绕另一个物体旋转所经过的路径。

轨道共振（orbital resonance）：两个天体的轨道周期成简单的整数比关系。

轨道卫星（orbiter）：在轨道上围绕行星或者月球旋转的宇宙飞船。

有机（organic）：表示物质不一定为生物，但却含有碳元素。

P

P波（P wave）：参见初波（primary wave）。

偶产生（pair production）：从电磁能量源中产生粒子-反粒子对。

古地磁学（paleomagnetism）：记录岩石中保存的地球磁场。

视差（parallax）：（1）因观察者的视角变化而导致的一个物体相对另一个物体在视觉上发生的位置移动。（2）在天文学中，表示因地球在其轨道上的位置变化而导致的邻近恒星在视觉上发生的位移。

母体元素（parent element）：衰变形成更稳定的子体产物（daughter products）的放射性元素。

秒差距（parsec, pc）：以1天文单位（AU）为基础，视差为1弧秒时的恒星距离。1秒差距大约等于3.26光年。

月偏食（partial lunar eclipse）：月球穿过地球影子的半影时形成的月食。请注意与月全食（total lunar eclipse）对比。

日偏食（partial solar eclipse）：当地球穿过月球影子的半影时发生的一种日食，在此情况下，月球只挡住了太阳圆盘的一部分。请注意与日环食（annular solar eclipse）和日全食（total solar eclipse）对比。

秒差距（pc）：参见秒差距（parsec）。

本动速度（peculiar velocity）：星系相对宇宙总体膨胀的运动。

半影（penumbra，penumbrae）：（1）光源部分被挡住的影子的外面部分。（2）围绕太阳黑子本影的区域。半影比周围的太阳表面温度更低，更暗淡，其温度和亮度都高于太阳黑子的本影。

近日点（perihelion，perihelia）：太阳轨道上距离太阳最近的一点。请注意与远日点（aphelion）对比。

周期（period）：定期重复的过程完成一次循环所需的时间。

周期—光度关系（period-luminosity relationship）：造父变星或者天琴座RR型变星等脉动变星的光变周期与光度之间的关系。光变周期较长的造父变星和天琴座RR型变星的光度高于光变周期较短的其他脉动变星。

英仙座流星雨（perseids）：因斯威夫特-塔特尔彗星撒下尘埃残余形成的壮观的八月流星雨。请注意与狮子座流星雨（leonid）对比。

位相（phase）：由于在地球上相对太阳和物体的观测位置发生变化，月球或者行星被照亮的一面呈现的不同外观，包括蛾眉位相和凸月位相。

光微子（photino）：与光子相关的基本粒子，是冷暗物质的候选粒子之一。

光化反应（photochemical reaction）：由吸收电磁辐射导致的化学反应。

光离解（photodissociation）：在光子作用下分子分裂成较小的分子或者单个原子。

光电效应（photoelectric effect）：在特定临界频率以上被光子照亮的物质发射出子的效应。

测光法（photometry）：通常在特定波长范围内测量光源亮度的过程。

光子（photon）：也称为光量子。电子辐射的离散单元或者粒子。光子的能量等于普朗克常数h乘以电磁辐射的频率f：$E_{光子} = h \times f$。光子是传递电磁力的粒子。

光球层（photosphere）：在可见光下可见的太阳的视表面。

物理定律（physical law）：对物质如何运进行预测的宽泛观点，以大量实证检验为基础。另参见理论（theory）。

像素（pixel）：数字图像阵列中最小的图像元素。

普朗克时期（Planck era）：大爆炸后的最早时间阶段，当时的宇宙作为一个整体必须采用量子力学才能描述。

普朗克光谱（Planck spectrum）：参见黑体光谱（blackbody spectrum）。

普朗克常数（Planck's constant，h）：光子的能量与光子频率之间的恒定比率。该常数定义了在特定频率或者波长下单个光子具有的能量大小。数值：$h = 6.63 \times 10^{-34}$焦秒。

行星（planet）：（1）围绕太阳或者其他恒星旋转的大型天体，并且只能通过反射太阳或者恒星发出的光而发亮。（2）太阳系中满足下列条件的天体：围绕太阳旋转；质量必须足够大。（3）能够清除轨道附近区域的更小天体。请注意与矮行星（dwarf planet）对比。

行星迁移（planet migration）：行星通过与其他天体发生引力相互作用或者与原行星盘中的气体发生相互作用而损失轨道能量，从形成时距离母恒星的距离移动到其他距离位置上。

行星状星云（planetary nebula）：垂死的渐进巨星支恒星喷发出的向外扩张的物质外壳。

行星系（planetary system）：由围绕恒星旋转的行星和其他更小天体组成的系统。

微星（planetesimal）：直径在100米或以上的由岩石和冰构成的原始天体，可与其他天体结合形成行星。请注意与流星（meteoroid）和黄道尘埃（zodiacal dust）对比。

等离子体（plasma）：主要由带电离子构成的气体，可能还含有少量中性原子。

板块构造论（plate tectonics）：研究岩石圈板块运动的地质理论，为大陆漂移说提供了理论基础。

正电子（positron）：带正电荷的亚原子粒子；电子的反粒子。

功率（power）：做功的速率或传播能量的速率。单位：瓦特（W）或者焦/秒（J/s）。

岁差（precession of the equinoxes）：由于地球自转轴发生进动，在黄道面与天赤道面之间的方向发生缓慢变动。

压强（pressure）：作用在每单位面积上的力。单位：牛/米^2（N/m^2）或者巴。

原始大气（primary atmosphere）：随着其主行星一起形成的主要由氢气和氦气构成的大气。请注意与次生大气（secondary atmosphere）对比。

主镜（primary mirror）：反射式望远镜上面的主要光学镜面。主镜决定了望远镜的聚光能力和分辨率。请注意与副镜（secondary mirror）对比。

初波（primary wave）：也称为P波。纵向地震波，产生的振动涉及到与波传播方向平行的压缩和反压缩。请注意与次波（secondary wave）对比。

原理（principle）：关于宇宙是怎样的总体概念或者见解，指引我们构建新的科学理论。原理可以为可验证的理论。

顺行（prograde motion）：（1）卫星的自转或者轨道运动与其围绕旋转的行星同方向。（2）从地球轨道面上方观察，太阳系天体的轨道运动为逆时针方向。请注意与逆行（retrograde motion）对比。

日珥（prominence）：太阳光球层上方的拱形喷流，通常与太阳黑子有关。

成比例（proportional）：表示两个物体之间的比值是一个常数。

质子（p，p+）：一种亚原子粒子，带正电荷1.6×10^{-19}库仑（C），质量1.67×10^{-27}千克（kg），静止能量1.5×10^{-10}

焦耳（J）。请注意与电子（electron）和中子（neutron）对比。

质子—质子链反应（proton-proton chain）：发生氢燃烧的一种方式，是在太阳等小质量恒星中发生氢燃烧的最重要的途径。参见碳氮氧循环（carbon-nitrogen-oxygen cycle）和三α过程（triple-alpha process）。

原行星盘（protoplanetary disk）：也称为星周盘（circumstellar disk）。年轻恒星周围围绕的沉积盘残余，从中可能会形成行星系统。

原恒星（protostar）：通过将引力能转换成热能而非在核心内发生核反应而发光的年轻恒星。

脉冲星（pulsar）：快速自转的中子星，向太空中发射出两束类似于探照灯一样的辐射光束。对于遥远的观察者而言，该恒星忽隐忽现，闪闪发光，因而得名。

脉动变星（pulsating variable star）：发生周期性径向脉动的变星。

Q

QCD：参见量子色动力学（quantum chromodynamics）。

QED：参见量子电动力学（quantum electrodynamics）。

量子化（quantized）：表示以离散的不可再分割的单位存在的量子。

量子色动力学（quantum chromodynamics, QCD）：描述强核力以及通过胶子传递强核力的量子力学理论。请注意与量子电动力学（quantum electrodynamics）对比。

量子效率（quantum efficiency）：落入探测器中并在探测器中实际产生响应的光子数量。

量子电动力学（quantum electrodynamics，QED）：描述电磁力以及通过光子传递电磁力的量子理论。请注意与量子色动力学（Quantum chromodynamics）对比。

量子力学（quantum mechanics）：研究原子和亚原子粒子的量子化和概率行为的物理学分支。

光量子（quantum of light）：参见光子（photon）。

夸克（quark）：构成质子和中子的基本单元。

类恒星（quasar）：类恒星射电源的简称，是光度最高的活动星系核，从银河系极遥远的距离才能看到。

R

径向速度（radial velocity）：在靠近或者远离观察者方向的速度分量。

弧度（radian）：长度等于圆周半径的弧线所对的角。因此，半径的2π倍等于360°，1弧度大约等于57.3°。

辐射点（radiant）：流星雨在天空中的发源处，流星看起来似乎都来自该处。

辐射带（radiation belt）：行星周围的高能粒子形成的环圈。

辐射传输（radiative transfer）：通过电磁辐射将能量从一个位置传递到另一个位置。

辐射区（radiative zone）：恒星内部能量通过辐射向外传输的区域。

射电星系（radio galaxy）：一种椭圆星系，中心具有活动星系核，发射出强烈的位于电磁光谱无线电波段的辐射（$10^{35} \sim 10^{38}$ 瓦特）。请注意与赛弗特星系（Seyfert galaxy）对比。

射电望远镜（radio telescope）：用于探测和测量天体发出的无线电辐射的仪器。

无线电波（radio wave）：位于光谱极长波段的电磁辐射，超出了微波波段。

放射性同位素（radioisotope）：一种放射性元素。

放射性定年法（radiometric dating）：通过放射性衰变测量矿物等物质的年龄的方法。

比率（ratio）：两个或者两个以上的事物在数量或者尺寸方面的关系。

射线/辐射纹（ray）：（1）一束电磁辐射。（2）年轻撞击坑常常带有的明亮条纹。

复合（recombination）：在宇宙早期发生的事件，氢原子核和氦原子核与电子组合形成中性原子。电子被移除后，宇宙对于电磁辐射而言变成透明的。

红巨星（red giant）：演化脱离了主序带并在简并氦核周围的氢壳中燃烧氢元素的小质量恒星。

红巨星支（red giant branch）：赫罗图上小质量恒星脱离了主序带向水平分支演化的区域。

红化（reddening）：透过星际尘埃观察，恒星和其他天体看起来比实际颜色更红的效应。发生红化是因为蓝光比红光更易吸收和分散。

红移（redshift）：也称为多普勒红移（Doppler redshift）。多普勒频移、引力红移或者宇宙红移等效应都可能导致向波长更长的光移动。请注意与蓝移（blueshift）对比。

反射望远镜（reflecting telescope）：采用镜子采集和聚焦入射电磁辐射以在其焦平面上成像的望远镜。反射式望远镜的尺寸由主镜的直径决定。请注意与折射望远镜（refracting telescope）对比。

反射（reflection）：一束光射在两个具有不同折射率的介质之间的表面不会穿过该表面而是发生改向。如果表面是平坦和光滑的，入射角等于反射角。请注意与折射（refraction）对比。

折射望远镜（refracting telescope）：采用物镜收集和聚焦光线的望远镜。请注意与反射望远镜（reflecting telescope）对比。

折射（refraction）：一束光穿过具有不同折射率的两种介质之间的界面时改变方向或者弯曲。请注意与反射（reflection）对比。

耐火材料（refractory material）：在高温下保持固态的材料。请注意与挥发性物质（volatile material）对比。

规则卫星（regular moon）：与其围绕旋转的行星一起形成的卫星。请注意与不规则卫星（irregular moon）对比。

相对湿度（relative humidity）：在指定温度下一定体积的空气所含有的水分量与在同等温度下相同体积的空气含有的水分总量之比（表示为百分比）。

相对论性运动（relativistic motion）：在两个单个的参考系下，运动具有差异性。

相对论性的（relativistic）：描述在以接近光速的速度运动的系统中或者在邻近极强引力场的系统中发生的物理过程。

相对论性射束（relativistic beaming）：物质以近乎光速的速度运动时在其运动方向发出辐射。

遥感（remote sensing）：采用图像、光谱、雷达或者其他技术测量遥远距离之外的物体的特性。

分辨率（resolution）：望远镜分开两个点光源的能力。分辨率取决于望远镜的光圈以及接收到的光的波长。

静止波长（rest wavelength）：我们所看到的相对观察者静止的物体所发出的光的波长。

逆行（retrograde motion）：（1）卫星的自转或者轨道运动与其围绕旋转的行星方向相反。（2）从地球轨道面上方观察，太阳系天体的轨道运动为顺时针方向。请注意与顺行（prograde motion）对比。

环状物（ring）：在轨道上围绕行星或者恒星旋转的大量小颗粒。太阳系的四大巨行星的环状物是由各种硅、有机物质和冰质物构成的。

环弧（ring arc）：原本连续和狭窄的环状物中密度较高的非连续区域。

窄环（ringlet）：由环状物颗粒构成的狭窄的高密度区域。

洛希极限（roche limit）：当行星与卫星、小行星或者彗星近到一定距离以至于其潮汐应力超过了这些小天体的自引力，导致这些小天体解体分散。

洛希瓣（roche lobe）：两个恒星周围的沙漏形或者8字形体积空间，能够约束受任意一个恒星的引力束缚的物质。

自转曲线（rotating curve）：展示星系中恒星和气体的轨道速度如何随着距星系中心的径向距离而改变的图形。

探测车（rover）：带有测量仪器的遥控车，用于横穿和探测类地行星或者卫星的表面。

天琴座RR型变星（RR Lyrae variable）：可以根据定期定时的脉动准确预测其光度的巨大变星。天琴座RR型变星用以测量球状星团的距离。

S

S型小行星（S-type asteroid）：由原始状态已改变的物质构成的小行星，很可能是更巨大的、已分化天体破碎后的外层部分。请注意与C型小行星（C-type asteroid）和M型小行星（M-type asteroid）对比。

S波（S wave）：参见次波（secondary wave）。

S0型星系（S0 galaxy）：具有中央隆起、外表像椭圆星系一样光滑的圆盘状螺旋星系。请注意与椭圆星系（elliptical galaxy）、不规则星系（irregular galaxy）和螺旋星系（spiral galaxy）对比。

卫星（satellite）：在轨道上围绕质量更大的物体运动的物体。

标度因子（scale factor，R_u）：与空间中两个点之间的距离成比例的维度数字。标度因子随宇宙膨胀而增加。

散射（scattering）：光子因与分子或者尘埃粒子发生交互作用导致其运动方向随意改变。

史瓦西半径（Schwarzschild radius）：距离一个非自转球形黑洞中心的距离，在该距离上逃逸速度等于光速。

科学方法（scientific method）：用于验证科学假设和理论的正确性或者试图证明科学假设和理论是错误的正规程序——包括假设、预测和试验或者观测。

科学记数法（scientific notation）：数字的标准表达式，表示为小数点左侧只有一位数字（可以为零）的数字乘以10的指数幂，该指数幂应能正确地表示该数的数值，例如 $2.99 \times 10^8 = 299\,000\,000$。

SCP：参见南天极（south celestial pole）。

热力学第二定律（second law of thermodynamics）：指出孤立系统的熵或者失序总是随着该系统的演化而增加的定律。

次生大气（secondary atmosphere）：由于火山活动、彗星撞击或者其他地质作用而产生的气体，有时候是在其寄宿行星形成之后才形成的。参见原始大气（primary atmosphere）。

次级撞击坑（secondary crater）：因撞击坑喷射出的物质而形成的坑。

副镜（secondary mirror）：发射望远镜光轴上的小镜子，可以将光束通过主镜上的小孔返回去，从而缩短望远镜的机械长度。

次级波（secondary wave）：也称为S波，是一种导致物质横向运动的横向地震波，请注意与初波（primary wave）对比。

地震波（seismic wave）：因行星上发生地震、大型爆炸或者行星表面被撞击而发生的横穿行星内部的震荡。

地震仪（seismometer）：测量地震波振幅和频率的仪器。

自引力（self-gravity）：相同物体各个部分之间的引力。

半长轴（semimajor axis）：椭圆长轴的一半。

SETI搜寻地外文明计划（Search for Extraterrestrial Intelligence project）：采用先进技术和无线电望远镜搜寻宇宙中其他智能生命的迹象。

赛佛特星系（Seyfert galaxy）：具有活动星系核的一种螺旋星系；于1943年首次被卡尔·基南·赛佛特（Carl Seyfert）发现。请注意与射电星系（radio galaxy）对比。

牧羊卫星（shepherd moon）：近距离围绕环状物旋转并通过引力作用限制环状物颗粒的轨道的卫星。

盾状火山（shield volcano）：流动性极强的岩浆从单个来源流出并向四周扩散而形成的火山。请注意与复合火山（composite volcano）对比。

短周期彗星（short-period comet）：轨道周期不到200年的彗星。请注意与长周期彗星（long-period comet）对比。

恒星日（sidereal day）：地球自转到相对恒星的同一位置所需的时长：23小时50分钟。请注意与太阳日（solar day）对比。

恒星周期（sidereal period）：相对恒星测得的天体的轨道或者自转周期。请注意与会合周期（synodic period）对比。

硅酸盐（silicate）：由硅和氧混合其他元素构成的一种矿物。

奇点（singularity）：在该点上，数学表达式或方程失去意义，例如分数的分母无限接近零。参见黑洞（black hole）。

太阳元素丰度（solar abundance）：在太阳大气层中观测到的某种元素的相对含量，以该元素的原子数量与氢原子的数量之比表示。

太阳日（solar day）：地球绕轴自转24小时，以至于太阳又回到地球自转开始时的相同地方，子午线。参见恒星日（sidereal day）。

日食（solar eclipse）：当太阳部分或者全部被月球挡住时发生的食相。

太阳耀斑（solar flare）：太阳表面发生的爆炸，与复杂的太阳黑子群和强磁场有关。

太阳极大期（solar maximum，maxium）：大约每隔11年发生一次，此时太阳活动处于最高峰，即太阳黑子活动和相关现象（例如日珥、耀斑和晕物质抛射）处于最高峰。

太阳中微子问题（solar neutrino problem）：历史观测数据显示理论预测的中微子数只有约三分之一来自于太阳。

太阳系（Solar System）：由太阳、行星、白矮星、卫星、小行星、彗星和柯伊伯带天体一级相关联的气体和尘埃构成的受到引力束缚的系统。

日潮（solar tide）：因受到太阳不同的引力作用而在地球上产生的潮汐。请注意与月潮（lunar tide）对比。另参见潮汐（tide）（定义2）。

太阳风（solar wind）：太阳发射出的并在星际空间中高速流动的带电粒子流。

至点（solstice）：字面意思是指"太阳静止不动"。（1）黄道上两个最北端和最南端的点。（2）当太阳处于其中一个点时，一年的两个时节之一（夏至和冬至）。请注意与二分点（equinox）对比。

南天极（south celestial pole，SCP）：地球自转轴在天球南半球的投影。请注意与北天极（north celestial pole）对比。

南极（South Pole）：地球自转轴与地球表面在南半球的交叉点对比。

时空（spacetime）：我们所在的四维连续体，包括三维空间和一维时间。

狭义相对论（special theory of relativity）：爱因斯坦提出的理论，解释了恒定光速这一事实是怎样影响非加速参照系产生的。请注意与广义相对论（general theory of relativity）对比。

光谱型（spectral type）：基于恒星光谱上的吸收线和吸收线强度的恒星分类系统。光谱型与恒星的表面温度相关。

光谱仪（spectrograph）：将物体发出的光分解成各成分色光的仪器。

分光仪（spectrometer）：采用电子手段数字记录光谱的光谱仪。

分光双星（spectroscopic binary）：双星系统的存在和性质仅仅根据各自光谱线的多普勒频移来判断。请注意与食双星（eclipsing binary）和视双星（visual binary）对比。

分光视差（spectroscopic parallax）：根据光谱确定的光度和观测到的亮度确定恒星的距离。

光谱径向速度法（spectroscopic radial velocity method）：通过研究和分析恒星发出的光发生的多普勒频移探测太阳系外行星的方法。

光谱学（spectroscopy）：根据各成分色光的波长研究物体发出的电磁辐射。

光谱（spectrum，spectra）：（1）根据波长确定的电磁辐射强度。（2）根据波长分类的光波。

速度（speed）：不考虑移动方向的情况下，物体位置随时间的变动率。单位：米/秒（m/s）或者千米/时（km/h）。请注意与速率（velocity）对比。

球对称（spherically symmetric）：描述一个物体的性质只取决于离该物体中心的距离，以至于该物体从任何方向看都具有相同的形状。

轨道共振（spin-orbit resonance）：是天体力学中的一种效应与现象，轨道共振是发生在两个天体的运行轨道的公转周期成简单整数比关系，他们之间互相受到周期性引力影响，这使他们的轨道在引力扰乱中保持稳定。

螺旋密度波（spiral density wave）：星系盘的局部重力发生的稳定螺旋形变化，可能是由邻近星系或者螺旋星系的非球形隆起和棒状体产生的反冲造成的。

螺旋星云（spiral galaxy）：哈勃S型星系，具有明显可辨的盘面，盘面内存在强烈螺旋运动。请注意与椭圆星系（elliptical galaxy）、不规则星系（irregular galaxy）和S0行星（S0 galaxy）对比。

辐条（spoke）：图形B环中偶尔可见的几处狭窄的径向特征。这些辐条在背景散射光下显得十分暗淡，而在前景散射光下显得明亮，表明它们是由微小颗粒构成。辐条的起源尚不十分清楚。

偶现流星（sporadic meteor）：与特定流星雨无关的流星。

扩张中心（spreading center）：两个构造板块相互分离的地带。

大潮（spring tide）：因月潮和日潮相互增强而在邻近新月或者满月时发生的极强潮汐。请注意与小潮（neap tide）对比。另参见潮汐（tide）（定义2）。

稳定平衡（stable equilibrium）：系统被微弱干扰后又回到之前条件的平衡状态。请注意与不稳定平衡（unstable equilibrium）对比。

标准烛光（standard candle）：光度已知或者可以撇开距离进行预测的天体，以至于可根据其亮度通过辐射的平方反比定律计算其距离。

标准模型（standard model）：结合电弱理论和量子色动力学描述已知形态的物质的结构的粒子物理理论。

恒星（star）：被引力束缚在一起的发光气体球。普通的恒星由内部核反应提供能量。

恒星团（star cluster）：同一时间在同一大致位置形成的一群恒星。

静态平衡（static equilibrium）：系统内的作用力都处于平衡状态中，从而让该系统保持始终不变。请注意与动态平衡（dynamic equilibrium）对比。

斯特藩—玻耳兹曼常数（Stefan-Boltzmann constant，σ）：将物体发出的光通量与其绝对温度的四次方相关系的比例常数。数值：5.67×10^{-8} W/（m2K4）（W=瓦特，m=米，K=开尔文）

斯特藩——玻耳兹曼定律（Stefan-Boltzmann law）：指出物体表面发出的电磁能量，即发出的所有波长光子的能量之和，与该物体温度的四次方成正比的定律。

恒星质量损失（stellar mass loss）：恒星在演化过程中其最外层大气发生的质量损失。

恒星掩星（stellar occultation）：行星或者其他太阳系天体运行到观察者或者某颗恒星之间导致恒星发出的光变暗淡的事件。

星族（stellar population）：年龄、成分和动态特性类似的一群恒星。

立体视觉（stereoscopic vision）：动物的大脑结合其两只眼睛所看到信息以感知周围物体的距离。

石铁陨石（stony-iron meteorite）：由硅酸盐矿物和铁-镍合金混合物构成的陨石。请注意与铁陨石（iron meteorite）和石陨石（stony meteorite）对比。

石陨石（stony meteorite）：主要由硅酸盐矿物构成的陨石，类似于在地球上发现的陨石。请注意与铁陨石（iron meteorite）和石铁陨石（stony-iron meteorite）对比。

平流层（stratosphere）：直接在对流层上面的大气层。在地球上，平流层一直延伸到海拔50千米（km）。

弦论（string theory）：将粒子想象成10维度时空的弦理论；是目前万有理论的候选理论之一。

强核力（strong nuclear force）：将原子核束缚在一起的质子和中子之间的近距吸引力；自然界的四种基本力之一，通过胶子传播。请注意与弱核力（weak nuclear force）对比。

俯冲带（subduction zone）：两个构造板块相互靠拢的区域，其中一个板块从另外一个板块下面滑过，被向下拖曳到另一板块的内部。

亚巨星（subgiant）：大小和光度比普通巨星低的巨星。亚巨星演化变成巨星。

亚巨星支（subgiant branch）：赫罗图上脱离了主序带但还未到达红巨星支的恒星所在的区域。

升华（sublimation）：固体不是首先变成液体而是直接变成气体的过程。

亚音速（subsonic）：在介质中以低于该介质中音速的速度移动。请注意与超音速（supersonic）对比。

夏至（summer solstice）：（1）太阳离天赤道距离最远时所在的两点之一。（2）太阳位于该位置时的日子，是夏天开始的第一天（北半球约为6月21日，南半球约为12月22日）。请注意与冬至（winter solstice）对比。

掠日彗星（sungrazer）：近日点位于几倍于太阳表面直径的距离之内的彗星。

太阳黑子（sunspot）：当太阳的磁流环闯入太阳表面而在太阳表面上造成瞬息即逝的温度较低的区域。

太阳黑子周期（sunspot cycle）：太阳黑子活动由增强到减弱的11年左右的周期，是完整的22年周期的一半，在22年周期中，太阳的磁极首先发生倒转，再回到最初的状态。

超星系团（supercluster）：星系团和星系群聚集在一起构成的超大天体系统；一般而言，大小超过1亿光年，包含数万到数十万个星系。请注意与星系团（galaxy cluster）和星系群（galaxy group）对比。

超光速运动（superluminal motion）：喷流的速度看起来超过光速（实际上并没有）。

特大质量黑洞（supermassive black hole）：星系中心质量是1 000倍太阳质量（$M_{\odot}$）或以上的黑洞，这些黑洞的引力为活动星系核提供动力。

超新星（supernova, supernovae）：导致巨大能量释放的恒星爆炸，包括将物质高速抛向星际介质中。参见Ia型超新星（Ia supernova）和II型超新星（Type II supernova）。

超音速（supersonic）：在介质中以高于该介质中音速的速度移动。

超弦理论（superstring theory）：参见弦理论（string theory）。

表面亮度（surface brightness）：每单位面积发射或者反射的电磁辐射量。

表面波（surface wave）：在行星或者卫星表面传播的地震波。

对称性（symmetry）：（1）物体的一种特性，表示物体围绕一个特定点、线、面旋转。（2）在理论物理学中，表示物理定律或者系统的不同方面相对应，例如物质和反物质的对称。

同步自转（synchronous rotation）：表示物体围绕其自转轴自转的周期与在轨道上围绕另一物体旋转的周期相等。轨道共振的特殊类型。

同步辐射（synchrotron radiation）：电子在强磁场中以近乎光速的速度螺旋移动而产生的辐射；此种辐射在地球上是首先在"同步加速器"中被识别出的，因而得名。

会合周期（synodic period）：相对于太阳测得的天体的轨道或者自转周期。请注意与恒星周期（sidereal period）对比。

T

金牛T星（T Tauri star）：大量周围物质被驱散以至于可以在可见光波长下观测到的年轻恒星。

彗尾（tail）：在太阳风和太阳的压力下从彗发中卷走的气体和尘埃流。

构造作用（tectonism）：行星的岩石圈发生变形。

望远镜（telescope）：天文学家使用的基本工具。从伽马射线到无线电波整个波段，望远镜能够收集和聚焦天体发出的从伽马射线到无线电波整个波段的电磁辐射。

温度（temperature）：气体、固体或液体中原子或分子平均动能的量度。

类地行星（terrestrial planet）：类似于地球的行星，由岩石和金属构成并具有固体表面。在太阳系中，类地行星包括水星、金星、地球和火星。请注意与巨行星（giant planet）对比。

理论模型（theoretical model）：根据已知物体定律或理论详细描述特定物体或者系统的特性。通常表示基于详细描述对预测的特性进行计算机计算。

理论（theory）：与物理定律紧密相关的并对世界作出可验证的预测的成熟观念或者一组观念。经良好验证的理论可称为物理定律或者简单事实。请注意与假说（hypothesis）对比。

万有理论（theory of everything，TOE）：将自然界中的四种基本力即强核力、弱核力、电磁力和引力统一起来的理论。

热传导（thermal conduction）：一种能量传输形式，即粒子的热能通过碰撞或者其他交互作用传输给相邻粒子。传导是固体物质传输热能的最重要方式。

热能（thermal energy）：隐藏在原子、分子和粒子的无规则运动中的能量，据此我们得以测量它们的温度。

热平衡（thermal equilibrium）：物体释放热能的速率等于吸收热能的速率的状态。

热运动（thermal motion）：原子、分子和粒子的无规则运动，能够产生热辐射。

热辐射（thermal radiation）：在任何物质中因带电粒子的无规则运动而导致的电磁辐射。

热层（thermosphere）：高度在90千米以上的地球大气层。在接近顶端高度约600千米位置，温度可达到1 000K。

下弦月（third quarter Moon）：从地球上观看，只

有月球的东半部分被太阳照亮时所呈现出来的月相。大约发生在满月后的一周。

潮汐隆起（tidal bulge）：天体在潮汐应力作用下发生变形。

潮汐锁定（tidal locking）：天体自转通过其潮汐隆起时因内部摩擦作用导致的同步自转。

潮汐应力（tidal stress）：因一个质量物体作用在另一质量物体不同部分的引力差异导致的应力。

潮汐（tide）：（1）由于两个质量物体的尺寸增大，一个质量物体对另一质量物体产生的不同引力效应而导致质量物体变形。（2）在地球上，表示地球自转经过月球和太阳造成的潮汐隆起时导致的海洋潮起潮落。

时间膨胀（time dilation）：时间的相对论性"延伸"。请注意与广义相对论性时间膨胀（general relativistic time dilation）对比。

TNO：参见海王星外天体（trans-Neptunian object）。

TOE：参见万有理论（theory of everything）。

地形起伏（topographic relief）：行星表面上从一点到另一点的海拔差异。

龙卷风（tornado）：猛烈旋转的空气柱，通常直径为75米，风速为200千米/时（km/h）。据观测，有些龙卷风的直径可超过3千米，速度可达500千米/时。

环面（torus）：三维的类似于甜甜圈形状的环。

月全食（total lunar eclipse）：月球穿过地球影子本影时发生的一种月食。请注意与月偏食（partial lunar eclipse）对比。

日全食（total solar eclipse）：当地球穿过月球影子的本影导致月球将整个太阳圆盘遮住时发生的一种日食。请注意与日环食（annular solar eclipse）和日偏食（partial solar eclipse）对比。

转换断层（transform fault）：岩石圈板块之间破裂带上的活跃下滑段。

中天法（transit method）：通过观测行星从恒星的前面经过时，恒星亮度的强弱变化来探测太阳系外行星的方法。

外海王星天体（trans-Neptunian object，TNO）：参见柯伊伯带天体（Kuiper Belt object）。

横波（transverse wave）：振动方向与波传播方向垂直的波。参见纵波（longitudinal wave）。

三α过程（triple-alpha process）：将三个氦核（α粒子）结合成一个碳原子核的核聚变反应。另参见碳氮氧循环（carbon-nitrogen-oxygen cycle）和质子-质子链反应（proton-proton chain）。

特洛伊小行星（Trojan asteroid）：在木星轨道的L_4和L_5拉格朗日点围绕太阳旋转的一群小行星的其中之一。

回归年（tropical year）：从一个春分点到另一个春分点所经历的时间。

热带（tropics）：地球上南纬23.5°到北纬23.5°之间的区域。在该区域中，太阳看起来全年两次直接位于头顶上。

对流层顶（tropopause）：行星对流层的顶端。

对流层（troposphere）：行星大气中对流占主导地位的大气层。地球上，对流层是指与地面最接近的大气层，大部分天气现象都发生在对流层。请注意与平流层（stratosphere）对比。

音叉图（tuning fork diagram）：具有两条分支的哈勃星系分类叉形图。哈勃在图上将星系分成椭圆星系、S0星系、螺旋星系、棒状螺旋星系和不规则星系。

湍流（turbulence）：一团气体在体积更大的气体云中的无规则运动。

Ia型超新星（Type Ia supernova）：喷出的物质中没有氢元素的超新星爆炸。大多数超Ia型超新星都被认为是双星系统中的白矮星吞噬其伴星上的物质而发生二氧化碳燃烧失控的结果。

II型超新星（Type II supernova）：已演化的大质量恒星的简并核心突然塌缩和反弹随机发生超新星爆炸。

台风（typhoon）：参见飓风（hurricane）。

U

紫外线辐射（ultraviolet，UV, radiation）：一种电磁辐射，其频率和光子能量高于可见光但低于X射线，波长短于可见光但长于X射线。请注意与红外辐射（infrared radiation）对比。

本影（umbra，umbrae）：（1）影子最黑暗的部分，在此区域光源被完全挡住。（2）太阳黑子最暗淡最里面的部分。参见半影（penumbra）。

不平衡力（unbalanced force）：作用在物体上合力值非零。

非束缚轨道（unbound orbit）：在此类轨道上，运行速度超过逃逸速度。请注意与束缚轨道（bound orbit）对比。

不确定性原理（uncertainty principle）：参见海森堡不确定性原理（Heisenberg uncertainty principle）。

活动星系核统一模型（unified model of AGNs）：统一模型试图将多种星系核的活动统一解释为特大质量黑洞周围的物质被吸积的结果。

均速圆周运动（uniform circular motion）：以恒定速度在圆周上运动。

单位（unit）：基本测量数量，例如公制单位和英制单位。

万有引力常数（universal gravitational constant，G）：万有引力的比例常数。数值：$G=6.673\times10^{-11}$牛·米²/千克²（Nm²/kg²）。

万有引力定律（universal law of gravitation）：两个物体之间的万有引力与它们的质量乘积成正比，与它们距离的平方成反比：$F\propto(m_1m_2/r^2)$。

宇宙（universe）：包罗万象的所有空间。

不稳定平衡（unstable equilibrium）：在此平衡状态中，微弱的扰动即会导致系统失去平衡。参见稳定平衡（stable equilibrium）。

V

真空（vacuum）：包含物质极少的空间区域。然而，在量子力学和广义相对论中，即使完全真空也具有物理特性。

变星（variable star）：光度不断变化的恒星。据发现，许多周期变星都位于赫罗图的不稳定带内。

速率（velocity）：物体随时间发生的速度变化，它是标量，而速度是矢量，还包含方向。单位：米/秒（m/s）或者千米/时（km/h）。请注意与速度（speed）对比。

春分（vernal equinox）：（1）太阳经过天赤道的其中两点之一。（2）太阳出现在该位置时的日子，标志着春季的第一天（北半球约为3月21日，南半球约为9月23日）。请注意与秋分（autumnal equinox）对比。

虚粒子（virtual particle）：根据量子力学，仅短暂存在的粒子。根据该理论，基本力是通过虚粒子的交换而实现的。

目视双星（visual binary）：处于其中的两颗恒星可以从地球上单独观测到双星系统。请注意与食双星（eclipsing binary）和分光双星（spectroscopic binary）对比。

空洞（void）：太空中几乎或者全部不含有物质的区域，包括宇宙空间中不存在星系的区域。

挥发性物质（volatile material）：有时称为冰（ice）。在中等温度下保持气态的物质。请注意与耐火物质（refractory material）对比。

火山作用（volcanism）：行星或者卫星上发生的火山活动。

漩涡（vortex，vortices）：任何循环流体系统，特指：（1）大气反气旋或者气旋；（2）涡流或者涡旋。

W

W：参见瓦特（watt）。

月亏（waning）：在地球上观看，从满月到新月，月球被照亮的部分逐渐减少的月相变化。请注意与月盈（waxing）对比。

瓦特（watt，W）：功率的度量。单位：焦/秒（J/s）。

波（wave）：沿着表面移动或者穿过空间或者介质的扰动。

波前（wavefront）：电磁波的虚构表面，或为平面或为球面，与传播方向垂直。

波长（wavelength）：波上具有相同性质的两点间的距离。波在一个周期内传播的距离。单位：米。

月盈（waxing）：在地球上观看，从新月到满月，月球被照亮的部分逐渐增大的月相变化。请注意与月亏（waning）对比。

弱核力（weak nuclear force）：引起某些放射现象和亚原子粒子之间的某种交互作用的作用力。弱核力是自然界的四种基本力之一，通过交换W和Z粒子而实现。请注意与强核力（strong nuclear force）对比。

天气（weather）：大气在特定时间和地点的状态。请注意与气候（climate）对比。

重力（weight）：（1）等于物体的质量乘以引力加速度的作用力。（2）在广义相对论中，重力等于物体的质量乘以被观测物体所在的参考系的加速度。

白矮星（white dwarf）：（1）小质量恒星在演化尽头留下的恒星残留物。典型的白矮星质量为0.6倍太阳质量（$M_\odot$），尺寸相当于地球大小；由不燃的电子简并碳构成。

维恩定律（Wien's law）：描述发光黑体发出的电磁辐射的峰值波长继而其颜色是如何随着温度的变化而变化的。

WIMP：大质量弱相互作用粒子。假设与引力发生相互作用但不与电磁辐射发生相互作用的大质量粒子，暗物质的候选粒子之一。请注意与MACHO对比。

冬至（winter solstice）：（1）太阳离天赤道距离最远时所在的两点之一。（2）太阳位于该位置时的日子，是冬季开始的第一天（北半球约为12月22日，南半球约为6月21日）。请注意与夏至（summer solstice）对比。

X

X射线（X-ray）：一种电磁辐射，其频率和光子能量高于紫外线但低于伽马射线，波长短于紫外线但长于伽马射线。

X射线双星（X-ray binary）：在该双星系统中，正在演化的恒星将质量溢流到坍塌的伴星上，例如中子星和黑洞。落入的物质被加热到极高温度，发出明亮的X射线。

Y

年（Year）：地球围绕太阳旋转一周所需的时间。太阳年是指根据从一个二分点开始再回到该二分点的时间测量的。恒星年是地球真正的轨道周期，是相对恒星测量的。

Z

天顶（zenith）：天球上位于观察者头顶正上方的一点。请注意与天底（nadir）对比。

零龄主序（zero-age main sequence）：赫罗图上标示星系团中所有质量的恒星开启生命的区域。

黄道带（zodiac）：沿着黄道面分布的星座。

黄道尘（zodiacal dust）：直径小于100微米（µm）的彗星和小行星碎片颗粒。请注意与流星（meteoroid）和微星（planetesimal）对比。

黄道光（zodiacal light）：因黄道尘反射太阳光而在夜空中形成的光带。

纬向风（zonal wind）：在与行星赤道平行的方向上移动的全球性空气循环。

◆部分答案

第1章

小结自测

1. 一个夜晚的时间
2. b–d–a–c–e
3. 证伪
4. b
5. c
6. 数学

概念题

19. 例如,太阳到海王星的距离相当于从纽约市飞往伦敦所需的时间。
21. 250万年。这是光从仙女座到达地球所需的时间。
25. "理论"一般是指一个人的观点,无论是否有证明、证据或者验证的方法。"科学理论"是指对自然界发生的现象的解释,必须基于观测值和数据,并进行可验证预测。
27. 这表明其中一个领域存在错误的理论、依据或者认知,并且这两个领域都需要认真研究,以调和差异。
33. 宇宙学理论从本质上指出,对于宇宙中的所有观察者而言,宇宙都是相同的。

解答题

47. $5.9×10^{17}$英里。
49. $5.25×10^8$毫米。最近的恒星距离地球15.75千米,仙女座的距离是$1.3×10^7$千米。
51. 5 333千米/时或者6.7倍远。
55. 86 400→$8.64×10^4$和0.0123→$1.23×10^{-2}$。
57. 0.24秒

第2章

小结自测

1. d
2. d
3. 地球自转轴倾斜
4. a
5. a
6. b
7. 位置;运动
8. a–d–b–c
9. 最近;最远

概念题

25. 北天极,南天极,天赤道
33. 季节变化察觉不到。
45. 至于当地球与太阳所在平面以及地球与月球所在平面排成一条线才会发生日食或者月食。
49. 月光是被反射的太阳光。
53. 零。

解答题

57. 50分钟之后
63. 15分钟,13.8分钟,1.2分钟。
71. (a)北纬66.5°,(b)邻近夏至。
75. (a)是,(b)是,(c)否。
77. 316年

第3章

小结自测

1. b–a–c
2. 所有选项都是相同。
3. d
4. e
5. a
6. a

概念题

17. 加速度反映了物体的速度或者方向变化得有多快。
19. 该行星的加速度是恒定的。
23. 月球的引力是地球引力的$\frac{1}{6}$。
25. 束缚轨道一次又一次不断重复,非束缚轨道永不返回。
27. 该天体来自于太阳系以外。

解答题

29. (a)6.94米/秒², (b)8 328 牛顿, (c)道路挤压轮胎。
33. (a)200千米/时,(b)200千米/时。
39. 85千克,314牛顿。
41. 强4%。
43. (a)0.71年,(b)41.7千米/秒。

第4章

小结自测

1. c
2. d
3. a, c, e
4. e–c–b–d–a
5. (a)3 ; (b)4 ; (c)2; (d)6; (e)7 ; (f)1; (g)5

概念题

17. 距离
21. 伽马射线;无线电波
23. 色差
27. 当波从一个角度经过具有不同传播速度的介质时即发生折射。
31. 光必须穿过湍流大气。

解答题

39. 380米;3.05米
41. 大200万倍
45. 480米
47. $5.5×10^{11}$位/秒
51. 27厘米

第5章

小结自测

1. b–c–a–d–e–f
2. b
3. b
4. 温度;压强
5. a

概念题

27. 处于流体静力平衡中的一小团气体。
37. 引力势能,动能,热能
41. 含碳
45. 光谱径向速度;中天法;微透镜;直接成像

49. 恒星非常亮，距离极远，而行星看起来离它们的恒星十分近。因此，我们难以屏蔽星光，继而近距离地观测到行星的发射光。

解答题

55. 太阳的自旋角动量是木星轨道角动量的5.6%。

57. $\dfrac{L_{木星}}{L_{地球}}=727$

63. 1%

65. （a）体积大4.9倍，（b）质量大4.9倍

67. （a）$D_{俄塞里斯}$=1.82×10⁵千米，（b）俄塞里斯比木星大34%倍。

第6章

小结自测

1. b

2. b

3. d

4. e

5. c

6. c

7. c–b–e–d–a

概念题

31. 火成岩可以采用放射性定年法测定年龄，但是沉积岩和变质岩则不能。

35. 放射性衰变和摩擦。

41. 横波不能穿透液体。

47. 颜色越蓝，越炽热。

55. 火星温度和大气压强都极低，因此不存在液态水。

解答题

57. （a）体积=1.08×10²¹立方米，（b）面积=5.09×10¹⁴平方米，（c）体积将大8倍，面积将大4倍。

61. 110　瓦特/米²。

65. 5 800K

67. （a）9.35微米，（b）131瓦特。

71. 1.2亿年之前。

第7章

小结自测

1. d–b–c–f–a–e

2. d

3. c

4. d

5. b

概念题

29. 在最近发生的撞击作用下，原始大气或者气体/尘埃的残余物。

31. 冰质彗星产生的撞击。

35. 甲烷、水、氨气

41. 太阳风中的带电粒子被磁气圈俘获，继而进入上层大气。

49. 极热。

解答题

57. （a）64个硬币，（b）1.84×10¹⁹

59. 这两张图相互呼应。这种趋势表示的是因果关系而非证明。

61. （a）271.7K，（b）156.9K

63. （a）–21℃，（b）没有考虑温室效应。

第8章

小结自测

1. 气体；冰

2. 错误

3. 温度；压强

4. a–c–f–e–b–d

5. b

6. b

7. 所有选项都正确

8. a

概念题

23. 类地行星是体积较小的固态行星，距离太阳较近，密度较高；次生大气稀薄，磁场微弱，具有少量卫星，没有行星环。巨行星是体积较大的气态行星，距离太阳较远，密度较低；次生大气浓厚，磁场较强，并且具有大量行星环和卫星。

27. 卫星和人造卫星。

37. 土星和海王星将类似于地球；天王星将具有极端的季节。

47. 这些环在洛希极限之内，永远也不可能形成一个环。

解答题

56. 632AU。比海王星轨道远21倍。

57. （a）1320个地球。

（b）$\dfrac{P_J}{P_\oplus}=\dfrac{m_J/v_J}{m_\oplus/v_\oplus}=\dfrac{m_J v_\oplus}{m_\oplus v_J}=\dfrac{318m_\oplus}{m_\oplus}\cdot\dfrac{v_\oplus}{1320v_\oplus}=0.24$

59. 海王星上的压强比天王星上的压强上升得快。土星上的大气压强升高速度最慢，海王星最快。

61. 速度为499千米/时的西风。

63. 60K。

第9章

小结自测

1. 白矮星、卫星、小行星、彗星

2. 活跃

3. 质量极大

4. b

5. d

6. a

概念题

27. 木卫二的表面覆盖了水冰，这是表明地下存在液态水的间接证据。

31. 附近木星产生的引力"搅动"让小行星带中的天体均匀地混合在一起。

35. 柯伊伯带天体距离太阳太远，以至于它们上面的挥发性气体不能升华成气体状态。

39. 小行星是耐火性岩石和铁在自引力作用下松散聚集成一体的天体。彗核主要是由冰和有机物被松散的脉岩结合在一起的"脏雪球"。

43. 我们经过彗星的尘埃尾；尘埃颗粒猛烈撞击大气层，即产生"流星雨"。

概念题

51. （a）2.5千米/秒，（b）比木卫一火山口中的物质的速度快2.5倍。

53. （a）表面积4.14×10¹³平方米，体积2.51×10¹⁹立方米，（b）1.24×10¹¹立方米，（c）2×10⁸年，（d）至少20倍。

55. 大2.7倍。该环很可能是由于中等大小的卫星在潮汐应力作用下发生分裂而产生，而不是由于邻近卫星上的物质颗粒慢慢逃逸出去而造成。

59. （a）2.2　AU（恩克），17.9 AU（哈雷），178.3AU（海尔-博普），（b）35.8　AU（哈雷），356.6　AU（海尔-博普），（c）海尔-博普。

63. 2 500万吨氢弹爆炸相当于一个彗核撞击地球释放出的能量。

第10章

小结自测

1. b

2. a

3. b

4. d

5. 速率；周期；距离

6. b

7. d

8. c

9. c

概念题

25. 从火星和木星上，我们可以测量到更遥远的恒

星的距离。从金星上，我们只能测量到更近的恒星的距离。

31. 如果两颗恒星光度相同，但其中一颗尺寸更大，尺寸更大的恒星稳定性一定更低。如果两颗恒星大小相同，光度更高的恒星一定更炽热。

35. 红外光子的波长较长，紫外光子的波长较短。在真实的气体云中，光子将在各个方向随意传播，而不是在一个方向上移动。

41. 如果倾角较小，可以忽略。如果倾角大小中等，我们将高估双星系统的质量。

45. （a）如果质量太低，核心内部的核聚变反应无法持续。（b）如果内部产生的热核能太大，会迅速炸掉恒星的最外层。

概念题

51. 恒星C的视差将是恒星A的两倍，恒星B的四倍。

55. 4.22年

57. 参宿七的距离是参宿四的两倍，才能看起来与参宿四一样亮；参宿七的光度大约是参宿四的四倍。参宿四是红色的，温度远低于参宿七，因此尺寸肯定更大。

61. 每存在一颗类似于太阳的恒星，宇宙中就有10^{-4}颗光度是太阳一万倍的恒星。如果宇宙中存在10^6颗类似于太阳的恒星，就有100颗光度是太阳一万倍的恒星。

65. 两个质量物体的正中间；距离质量较大物体2/3处。

第11章
小结自测

1. b
2. e=a=g；h=b；d=c
3. c
4. a
5. c
6. c
7. a
8. a

概念题

35. 海洋温度不是非常高。

41. 太阳或者任何其他恒星内部存在极少的裂变核。

47. 中微子会首先到达地球，因为中微子不与任何其他物质发生交互作用，可以直线穿过恒星或者行星。

55. 从太阳大气中喷出的持续不断的低密度带电粒子流。

59. 地球围绕太阳旋转，因此在太空中随着太阳的旋

转而移动。

解答题

65. （a）1 650千克/米³，（b）比水的密度高65%。

69. （a）8.3分钟之后，（b）大约10万年之后。

71. （a）光球层底部之上的高度，（b）在太阳的上层大气中，温度和密度之间不存在关联关系，表明太阳不是像黑体一样释放能量。

75. （a）1.1克，（b）500颗氢弹。

77. 数十万年。此时间远远短于地球的年龄，因此此机制不可行。

第12章
小结自测

1. a
2. a
3. b
4. d
5. c-f-h-d-i-a-e-g-b
6. d-c-f-a-b-e-g

概念题

23. 低质量、低光度恒星更普遍，因为它们的寿命更长。

27. 氢燃烧速度越快，恒星将变得越大，光度越高，这样产生的多余的能量才能逃逸出来；但是，因为恒星核心的温度保持恒定，恒星的表面温度将下降。

33. 光度更高，核燃烧速度越快，恒星存活的时间越短。

37. 该恒星将继续燃烧更重的元素直到铁为止，然后将变成II型超新星。随着该恒星燃烧氧和更重的元素，其在赫罗图上的轨迹将在水平分支区域和巨星支区域形成小圆环。

41. 不稳定平衡。如果你稍微向平衡点的一侧移动一点，引力将你进一步拉拽，离平衡点更远。

解答题

47. （a）560亿年，（b）1.1亿年，（c）36万年，上述年龄与图12.1中所述的真实恒星的年龄顺序相同。

49. （a）83千米/秒，（b）37千米/秒，（c）因为恒星的表面引力下降，质量损失将随着恒星不断增大而增加。

53. 是；距离，通过分光视差法。

57. 224千米

59. （a）$1.8×10^{13}L_\odot$，（b）$1.8×10^5L_\odot$，（c）$1.8×10^{-3}L_\odot$，（d）$1.8×10^{-11}L_\odot$

第13章
小结自测

1. c

2. e-a-f-b-c-d
3. d
4. d
5. b
6. a, b, d, e, f
7. b

概念题

37. 在每次连续燃烧循环中，供以发生聚变的原子核越来越少，并且核心温度越高，燃料彻底燃烧的速度越快。

41. 两者皆是。首先，核心爆炸；随后，释放出的能量形成振动波，导致恒星爆炸。

47. 束缚能是将原子核破裂成各个组成部分所需的能量大小。核反应中最初反应物和最终产物之间的束缚能之差即是该反应中释放出的能量。

51. 时间高速膨胀。介子运动速度越快，在发生衰变之前移动的距离越长。

57. 相对论效应只在极端情况下才显现出来，例如当速度近乎光速时或者恰好在一个黑洞或者中子星附近。

解答题

60. （a）$3.8×10^{23}$千克/分，（b）每分钟损失月球质量的5.25倍。

62. （a）30 300秒差距，（b）我们不能采用时差法测量更远恒星的距离，因为它们的距离超过了1 000秒差距。

64. $7×10^{13}$焦

66. 1 560千米。远远超过变星的半径（大约10千米）。

68. 地球的半径将为113千米左右。

第14章
小结测试

1. a
2. b
3. a
4. c-d-a-b
5. a
6. a. b. d
7. （a）促使理论的发展；（b）和（c）是根据理论进行的预测和观测结果。
8. a. c. e

概念题

25. 各向同性是指如果我们从大尺度角度观测太空，我们从一个方向看到的物质分布与从另一个方向看到的物质分布是相同的。

29. 该观察者将看到所有星系都在膨胀，如同我们所看到的一样。

33. 它们的速度为负，可能被银河系（的引力）束缚。这些数目极少的星系并不否定哈勃定律，因为它们不是哈勃流的一部分。

37. 随着距离越来越远，我们需要更明亮的天体作为测量标准，这样才能观测到它们。

解答题

51. 7 588千米/秒

53. 如果H_0=60，1.63×10^{10}年；如果H_0=110，8.9×10^{9}年

57. 1.1毫米；2.63K

61. 0.24原子/米^3。

第15章

小结自测

1. a
2. a
3. c
4. c, d
5. c
6. b
7. b
8. c-b-d-a

概念题

25. 在三维空间中的随机运动形成一个球体形状。

33. 发光物质是与光发生相互作用的物质。

37. 晕圈是远大于星系盘本身的球形质量分布。

43. 根据活动星系核的时间变异性，其尺寸约等于太阳系大小，因为天体的大小不可能超过变异性的时间尺度。

49. 超星系团由多个星系团构成。星系团体积较小，因此星系一律围绕彼此旋转，而超新系团却没有时间让情况向此状态发展。我们属于本星系群的一部分，本星系群体积太小还不能称之为"团"。我们也属于本超星系团的一部分，该本超星系团也包括室女座星系团，这点可以通过我们在室女座星系团的引力作用下相对室女座的运动得到证明。

解答题

53. (a) 10^{53}千克，(b) 10^{80}个粒子。

55. 10^{11}个星系

57. 暗物质是发光物质的4倍

63. 83光分或者大约10AU

65. 280万年

第16章

小结自测

1. b
2. a
3. c
4. e-b-a-d-c
5. d
6. c
7. b
8. d
9. c

概念题

27. 超精细结构（或者氢原子中的电子发生自旋反转）

37. 银河系的自转曲线是平坦的，表明银河系中高达90%的物质都是暗物质。

47. 位于星系最中心的大质量物体；首先作为强无线电源被探测到，然后被探测到属于X射线源。

51. 最先在银河系的暗物质晕中形成的小型原星系的残余物。

解答题

59. 19.3微米

57. 约0.02%

61. (a) 30万年，(b) 该晕圈大约比圆盘大3倍。

65. (a) 1.53×10^{-10}焦，(b) 1.11×10^{-15}千克，(c) 6 440亿倍。

第17章

小结自测

1. c
2. a
3. a, c, e
4. b, d
5. a-b-c-d
6. c, e, f
7. a

概念题

25. 就像我们地球、银河系或者太阳系没有被空间膨胀撕裂一样，它们也能够抵抗暗物质的斥力并保持平衡；引力将它们束缚在一起。另外，许多物质都不是真空的，因此太阳中的暗能量极低。

29. 引力、强核力、弱核力、电磁力

37. 如果光子含有的能量大于粒子和其反粒子的结合质能，该光子可变成向不同方向飞散的粒子和反粒子对，保持质能和动量守恒。

49. 致密普通物质的不均质性不够强，无法形成今天我们所见到的结构。

57. 核力为短程力，不能在宇宙距离上发挥作用，电磁力只对带电粒子发挥作用；宇宙中的大部分物质都是中性的。

解答题

63. 每立方米5个原子。

64. 10^{-30}千克，比氢原子轻1 000倍。我们可以忽略不计。

66. 2.7×10^{34}个。

68. (a) 10^{13}倍太阳质量，(b) 10^{14}～10^{15}倍太阳质量，(c) 10^{16}～10^{18}倍太阳质量。

70. 54亿年。因为在此期间内星系运动速度会加速，并且合并需要两个星系彼此擦肩而过很多次，因此这只是粗略估算。

第18章

小结自测

1. d
2. c
3. d
4. a
5. b
6. d
7. d

概念题

27. 蓝藻细菌慢慢将二氧化碳分子分裂成氧气分子。该过程大约需要40亿年才能让氧气量达到如今的水平。

29. 我们与黑猩猩类似（600万年之前），在此之前是灵长动物（700万年之前），比之更早的是真菌（10亿年之前）。

33. 合理稳定的环境，丰富的基础材料，化学能够在其中产生作用的"液体"，以及大量时间。

35. 氢和氦主要源自于大爆炸。其他元素源自于红巨星和超新星。

37. 行星周围的空间区域，在该区域我们认为生命可能会出现在类似于地球的条件中。广义而言，该界限是水变成固态（温度太低）或者气体（温度太高）的距离，但详细情况又与太阳输出的能量以及行星的特性有关，例如反照率和温室效应的强度。

解答题

47. A的数量将是B的59%。

单位和数值

数量	基本单位	数值
长度	米（m）	太阳半径（$R_\odot$）= 6.962 65×10^8 米 天文单位（AU）= 1.495 98×10^{11} 米 1 天文单位 = 149 598 000 千米 光年（ly）= 9.460 5×10^{15} 米 1 光年 = 6.324×10^4 天文单位 1 秒差距（pc）= 3.261 光年 = 3.085 7×10^{16} 米 1 米 = 3.281 英尺
体积	米^3（m^3）	1 立方米 = 1 000 升 = 264.2 加仑
质量	千克（kg）	1 千克 = 1 000 克 地球质量（$M_\oplus$）= 5.973 6×10^{24} 千克 太阳质量（$M_\odot$）= 1.989 1×10^{30} 千克
时间	秒（s）	1 时（h）= 60 分（min）= 3 600 秒 太阳日（正午至正午）= 86 400 秒 恒星日（地球自转周期）= 86 164.1 秒 回归年（二分点至二分点）= 365.242 19 天 = 3.155 69×10^7 秒 恒星年（地球自转周期）= 365.256 36 天 = 3.155 81×10^7 秒
速度	米/秒（m/s）	1 米/秒 = 2.237 英里/时 1 千米/秒 = 1 000 米/秒 = 3 600 千米/时 c = 3.00×10^8 米/秒 = 300 000 千米/秒
加速度	米/秒^2（m/s^2）	地球上的重力加速度（g）= 9.81 米/秒^2
能量	焦（J）	1 焦 = 1 千克·米^2/秒^2（kg·m^2/s^2） 1 百万吨 = 4.19×10^{15} 焦
功率	瓦（W）	1 瓦 = 1 焦/秒 太阳光度（$L_\odot$）= 3.827×10^{26} 瓦
力	牛（N）	1 牛 = 1 千克·米/秒^2 1 磅（lb）= 4.448 牛 1 牛 = 0.224 81 磅
压强	牛/米^2（N/m^2）	海平面上的大气压强 = 1.013×10^5 牛顿/秒^2 = 1.013 巴
温度	开（K）	绝对零度 = 0 K = −273.15℃ = −459.67℉

来源：数据源于美国空间科学数据中心（2002）；《观察者手册》（加拿大皇家天文学会，2001）；美国国家标准与技术研究所（2002）。

斯泰茜·佩林（Stacy Palen）
韦伯州立大学

劳拉·凯（Laura Kay）
巴德纳学院

布拉德·史密斯（Brad Smith）
新墨西哥州圣达菲市

乔治·布卢门撒尔（George Blumenthal）
加州大学圣克鲁兹分校

果壳书斋　科学可以这样看丛书（35本）

　　门外汉都能读懂的世界科学名著。在学者的陪同下，作一次奇妙的科学之旅。他们的见解可将我们的想象力推向极限！

序号	书名	作者	定价
1	量子理论	〔英〕曼吉特·库马尔	55.80元
2	生物中心主义	〔美〕罗伯特·兰札 等	32.80元
3	物理学的未来	〔美〕加来道雄	53.80元
4	量子宇宙	〔英〕布莱恩·考克斯 等	32.80元
5	平行宇宙（新版）	〔美〕加来道雄	43.80元
6	达尔文的黑匣子	〔美〕迈克尔·J.贝希	42.80元
7	终极理论（第二版）	〔加〕马克·麦卡琴	57.80元
8	心灵的未来	〔美〕加来道雄	48.80元
9	行走零度（修订版）	〔美〕切特·雷莫	32.80元
10	领悟我们的宇宙（彩版）	〔美〕斯泰茜·帕伦 等	168.00元
11	遗传的革命	〔英〕内莎·凯里	39.80元
12	达尔文的疑问	〔美〕斯蒂芬·迈耶	59.80元
13	物种之神	〔南非〕迈克尔·特林格	59.80元
14	抑癌基因	〔英〕休·阿姆斯特朗	39.80元
15	暴力解剖	〔英〕阿德里安·雷恩	68.80元
16	奇异的宇宙与时间现实	〔美〕李·斯莫林 等	59.80元
17	垃圾DNA	〔英〕内莎·凯里	39.80元
18	机器消灭秘密	〔美〕安迪·格林伯格	49.80元
19	量子创造力	〔美〕阿米特·哥斯瓦米	39.80元
20	十大物理学家	〔英〕布莱恩·克莱格	39.80元
21	失落的非洲寺庙（彩版）	〔南非〕迈克尔·特林格	88.00元
22	量子纠缠	〔英〕布莱恩·克莱格	32.80元
23	超空间	〔美〕加来道雄	59.80元
24	量子时代	〔英〕布莱恩·克莱格	预估39.80
25	宇宙简史	〔美〕尼尔·德格拉斯·泰森	预估68.80
26	不确定的边缘	〔英〕迈克尔·布鲁克斯	预估42.80
27	自由基	〔英〕迈克尔·布鲁克斯	预估49.80
28	搞不懂的13件事	〔英〕迈克尔·布鲁克斯	预估49.80
29	阿尔茨海默症有救了	〔美〕玛莉·纽波特	预估49.80
30	超感官知觉	〔英〕布莱恩·克莱格	预估39.80
31	科学大浩劫	〔英〕布莱恩·克莱格	预估39.80
32	宇宙中的相对论	〔英〕布莱恩·克莱格	预估42.80
33	构造时间机器	〔英〕布莱恩·克莱格	预估42.80
34	哲学大对话	〔美〕诺曼·梅尔赫特	预估128
35	血液礼赞	〔英〕罗丝·乔治	预估49.80

欢迎加入平行宇宙读者群·果壳书斋。QQ：484863244

邮购：重庆出版社天猫旗舰店、渝书坊微商城。各地书店、网上书店有售。